U0052586

國家圖書館出版品預行編目資料

生產與作業管理／潘俊明著.－－修訂四版二刷.
－－臺北市：三民，2016
面；　公分
含索引
ISBN 978-957-14-4789-6　(平裝)
1. 生產管理 2. 作業管理

494.5　　97001024

© 生產與作業管理

著作人　潘俊明
發行人　劉振強
著作財產權人　三民書局股份有限公司
發行所　三民書局股份有限公司
地址　臺北市復興北路386號
電話　(02)25006600
郵撥帳號　0009998-5
門市部　(復北店) 臺北市復興北路386號
(重南店) 臺北市重慶南路一段61號

出版日期　初版一刷　1995年6月
修訂四版一刷　2008年4月
修訂四版二刷　2016年6月
編號　S 492410
行政院新聞局登記證局版臺業字第〇二〇〇號

ISBN 978-957-14-4789-6 (平裝)

http://www.sanmin.com.tw 三民網路書店

Production and Operations Management

Production

Production

Operations

Operations Management

Management

生產與作業管理

修訂四版序

本人《生產與作業管理》一書出版於民國八十四年，前曾兩次修訂。本次修訂第四版內容共有十八章，依序為生產與作業管理概論、企業政策與國際化競爭、企業的生產力與競爭力、產品發展、預測、製程規劃、工作與工作環境設計、產能規劃、廠址選擇、廠房與設施規劃、後勤管理、日程規劃、專案管理、存貨管理、物料需求規劃、安全管理與設備保養、品質管理，以及生產與作業管理未來發展。

筆者在本次修訂時，設法以淺近的文字與實例，有條理的說明各課題之重要理論與實務，相信應可協助讀者輕鬆學習生產與作業管理。唯以筆者才疏學淺，難免仍有謬誤之處，懇請各界賢達不吝指正，以期本書品質得以持續改進。

有好的教科書，才有可能實現學術本土化。筆者希望本書能產生拋磚引玉的效果。本書本次修訂特別增加有關因應環境變化的策略觀、以服務業協助企業進行產業升級、新科技帶動新經濟的發展、電子商務、供應鏈、全球運籌管理、職業道德等新課題的討論，相信已包括目前國際上生產與作業管理或營運管理學術發展之大要。

本書第四版修訂過程中，承蒙侯秉忠先生協助整理習題、解答與校對，謹此表達感謝之意。我要感謝我的先父潘鎮亞先生、我的母親潘王鴻筠女士，他們給予我的教育、信念、鼓勵與愛心，是指導我追求本書修訂品質的動力。我要感謝我的妻子林碧齡、兒女顥之與顥元，他們在我修訂此書的過程中，對我多所容忍與鼓勵，終使本書第四版之修訂得以順利完成。

近年來育達商業技術學院創辦人王廣亞先生、東南科技大學校長周文賢先生、王秉鈞先生、黃明亮先生、吳兆寅先生、賀偉先生曾對我多所教導與提攜，特此致謝。謹將本書獻給眾多愛護、容忍、照顧我的人。謝謝您。

五十而知天命。人生經歷對我的成長與學術生涯多有啟發。謹此感謝所有眾生大德，在此致上我對您誠摯的祝福。

潘俊明

民國 97 年 3 月

自 序

我在就讀博士班時，便曾想寫一本有關生產管理的教科書。畢業之後，匆匆數年已過。其間雖亦曾努力，但卻未能一償所願。此次承蒙三民書局劉振強董事長的厚愛，得以達成此一心願，內心感激不已，謹此致上我最深的謝意。

本書內容共十二章，依序為生產與作業管理概論、企業的生產策略、預測、產品發展、產能計劃、廠址與配銷系統、製程規劃、廠房佈置、工作設計與工作場所設計、品質管制、排程管理，以及存貨管理。本書內容深入淺出，可做專科學校一個學年「生產與作業管理課程」教科書之用。但此書若使用於大學部或碩、博士班相關之課程時，則應可於一學期之中即用完此書。

在本書撰寫的過程中，筆者已設法將以往在企業中之工作經驗與理論相互印證，並力求文字及實例之淺顯易懂。我共花兩年時間完成此書，書中一字一句均是我親手所作。唯以我的才疏學淺而文采不佳，在書中仍難免有文字不通及謬誤之處。盼望各界賢達不吝指正，以期本書品質能逐漸改善。

我很幸運，在一生中受到多人的愛護與照顧。首先我要感謝我的父母及兄弟姊妹，他們不斷給我愛心與鼓勵，並使我得以有所成長。在各級學校中曾經教育我的師長及同學也對我有極大的助益。其中尤以鄭武經老師、Jack C. Hayya 教授、吳尚勇先生、林子文先生等至今仍對我耳提面命，更應特別感謝。在中央大學及臺灣工業技術學院校長劉清田及諸位同仁也對我頗有愛護，在此一併致上感激之忱。另外技術學院企管系碩士班研究生李建森君、林瑞峰君及張源彬君大力賜助，協助閱讀及修改稿件，而工管系張麗華小姐協助打字及整理，並使此書終能面世，也都是我特別要感謝的人。

我更要感謝我的妻子碧齡、兒女顥之與顥元，他們在我寫書的過程中對我多有容忍及鼓勵。沒有他們的包容及愛心，我是無法順利完成此書的。

謹將此書獻給所有曾經愛護及照顧我的人，並在此致上我深摯的謝忱。謝謝您。

國立臺灣工業技術學院
企管系　潘俊明
民國84年7月

目　次

contents

contents

contents

第一章

生產與作業管理概論

Production and Operations Management

前　言

本書討論生產與作業管理。生產與作業管理是一個重要領域，值得深入研究之。筆者於本書中深入淺出的討論生產與作業管理，以及與其相關議題，並盡力提供簡明實例，以協助讀者瞭解。但以本課題含括企業經營所有領域，相關內容廣泛，而各子題也博大精深，實難以包含全部內容而仍能免於艱澀。謹此奉請讀者諸君閱讀此書時寬柔以待筆者之不足，若有謬誤之處，並請不吝指正。

生產活動是人類創造產品及附加價值的主要活動，其歷史久遠，應該可溯及人類有史以來，可說是極為重要的一個課題。現在國內外管理學界及本書中所討論的生產管理，主要是自西方工業革命之後，在工業生產方面取得的進展與管理方法。我國及遠古以來的生產與生產管理，由於筆者歷史造詣不足，未能包括在內。此一部分仍有待歷史學家協助整理。

西方工業革命之後，由於工廠興起等原因，工業生產改採集中、大量生產的方式為之。由於規模大，使用的資源多，生產管理遂成為一門重要學科。本書討論生產與作業管理，在各章節中對個別課題闢有專論。本章為本書的簡介，以討論生產與作業管理概論揭開本書序幕。本章第一節討論生產與作業管理的概念，第二節簡介生產與生產過程，第三節說明生產過程與生產系統的差異，第四節討論生產管理的歷史發展。

第一節　生產與作業管理概論

企業活動通常包括技術、商業、財務、安全、會計和管理等六方面。本課程討論的生產與作業管理，是其中的技術部分，內容包括由開始準備生產，到製造或加工完成。因此，所謂生產管理，是企業對日常生產活動與生產資源進行計畫、組織與管制，以便經濟有效的達成企業目標。自從工業革命至今，由於企業的規模、活動方式及營運範圍不斷擴充，生產管理的內容與名稱也逐漸改變。一般而言，此一領域較為人所熟知的名稱，包含有早期的科學管理、工廠管理，以及現今通用的生產管理、生產與作業管理，以及營運管理 (Operations Management)。除了實務上的發展以外，在學術界方面，生產管理專長在國內外也都蓬勃發展，國內多以生產與作業管理為名，而國外則以營運管理名之。

作業管理中的作業 (Operations) 一詞，其英文本意包括企業活動中除管理以外的一切活動。企業的營運可包括由生產開始，直到將貨品交給顧客使用為止間所有活動。因此，「作業管理」實應稱為「營運管理」，而營運管理是對於企業營運活動的管理。同時，由另外一個角度而言，若以「作業管理」為此一領域的名稱時，其研究或許以單一作業為主，但若使用「營運管理」此一名詞時，則採取整體觀。

所謂營運管理，是對於「執行」的管理。因為要管理「執行」的過程，就必須管理「執行」的「配套」和「配套措施」。因此，營運管理既是對於「執行」的管理，也是對於其「配套」和「配套措施」的管理。我們知道，管理是計畫、組織、指揮與管制。因此，營運管理是對於「執行」、「配套」和「配套措施」的計畫、組織、指揮與管制。

第二節 生產與生產過程

所謂生產，是將生產元素投入生產過程中，經由生產過程轉變物理性質或化學性質以後，成為產品的整個過程。經濟學認為任何經濟組織在討論生產時，都要回答以下三個問題：(1)為誰生產，(2)生產什麼，以及(3)如何生產。本課程所討論的生產，是針對如何生產這個部分，至於「為誰生產、生產什麼」這兩個問題，應該屬於策略或行銷決策，在此暫不討論。

生產相關的因素極多，這些因素可概分為投入 (Input)、生產過程 (Production Process)、產出 (Output) 等三部分。學者常以圖 1-1 表示生產的觀念。由於投入、生產過程及產出三者間有密不可分的關係，所以在討論生產時，必須先瞭解這三方面的內容。

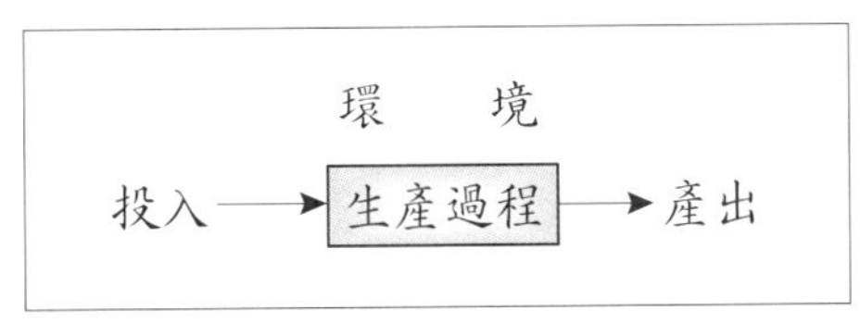

圖 1-1　傳統的生產觀念

生產的定義，有狹義與廣義之分。狹義的生產是產品的生產，而廣義的生產，則亦可包含服務產品在內。也就是說，廣義而言，服務也是一種產品。因此，生產也可分為產品導向 (Product Oriented) 及服務導向 (Service Oriented) 等二種。例如生產汽車、電子產品及機械設備等，是生產實體產品，而提供醫療服務、餐飲、娛樂、零售、通訊、運輸等，則是服務導向的生產活動。為協助讀者瞭解生產與生產過程，現在簡介相關名詞與概念如下：

一、生產部門

在企業組織中，各部門各有功能、各司其職。常見的有生產、行銷、財務、人事等部門。這些部門或功能，依其對企業的貢獻，又可分為生產 (Production) 及服務 (Service) 二類部門。在小型生產企業中，生產類部門直接負責生產作業，因此其預算及管理有較大自主權，也較受重視。其餘部門並不直接負責營利，僅對內或對外提供服務，因此，屬於服務類部門。服務類部門由於不能營利，通常較不受重視，其預算與管理也受限制。例如企業中的人事、總務、保養等部門，或醫院中的事務單位都屬於服務類部門。此類部門雖然有時工作繁重，卻難免不受重視。

管理者對生產的定義也可能改變企業對生產部門的看法。管理者若採行狹義的生產定義，則只有直接負責生產的單位才是生產部門；但若採行廣義的生產定義，則企業既以營利為目的，其所有部門均為生產部門。

二、投　入

企業營運的過程中，為維持營運，必須使用許多資源。學者常以投入這個名稱來代表所使用的生產資源。生產資源可包含廠房、設備、原物料、零配件、人力、水電、科技等。大類而言，投入資源可概分為人、財、物、方法、資訊等五項。但若將前列的設備與科技、人力等組合在一起，便成為一個生產過程。廣義的說，企業使用的所有資源，都是投入的一部分。因此，生產過程、時間、管理系統等也都屬於投入的一部分。

三、產　出

企業活動所創造出來的結果，可稱為產出。產出包括「產品」以及「副產品」兩種。產品是有形的實體成品或無形的服務產品。副產品則包括同時產出的廢棄物、剩餘品及各類污染物質。

四、生產增值過程與附加價值

在生產時，不論所生產的是產品還是服務，我們都希望能採用經濟有效的方式，並產出高價值的產品。因此，生產是一個增值過程 (Value-Added Process)，而增值愈大，生產活動便愈有效率。現在說明增值或附加價值的意義如下。

附加價值 (Value Added) 是一種衡量企業經營績效的方法，也可以代表每一員工的生產力。企業生產時，所使用的部分原物料及半成品等，有時由外面採購而來。例如汽車業向外購買輪胎，或電視機廠購買電子零件、映像管等。附加價值是經由生產而產生的價值，因此附加價值的計算，是由企業生產總額中，扣除購入部分之後，所餘下的生產數額。

附加價值之計算可分成兩種，一為扣除法，一為加總法，我國經濟部規定之附加價值計算採用扣除法，其附加價值計算公式如下：

附加價值 = 生產總值 −（原材料費用 + 燃料費用 + 電力費 + 其他費用）　(1.1)

附加價值也可以加總計算之。日本「通產省」，相等於我們的「經濟部」，認為附加價值可以用下列「加總公式」計算：

附加價值 = 報酬薪資 + 津貼 + 福利 + 金融費用 + 保留盈餘 + 稅負　(1.2)
= 用人費用 + 營業利益

增值有降低生產成本、提高生產效率，以及提高產品價值等幾種方法。原則上，產品價值取決於產品品質，售價也與品質有關，有時與生產成本並無密切關係。因此，品質愈高，其售價便可相對提高。如果在生產時，能夠同時降低成本，或提高效率、品質與售價，則利潤可以提高，其企業競爭力也可以領先。生產是一個增值過程，生產資源經由生產系統加工之後，轉變為產品。因此，加工是增值的方法，而加工的方法通常包括以下四種：

⑴改變物性或化性。

⑵運輸。

⑶儲存。

⑷檢驗。

所謂改變物性或化性，是將生產元素的物理或化學性質改變，以生產出具備特定性質、功能、形狀的產品。常見的加工及裝配便屬於此類活動。運輸及儲存可以增加產品價值。例如大盤商、經銷商等，將產品由產地運送到市場，以滿足當地需求，便是運輸使產品增值的實例。有些產品需要冷藏或封窖一段時間再上市，其儲存過程改變產品物性或化性，並進而提高其價值。例如法國白蘭地酒愈陳愈香，也愈昂貴，便是一個例子。不過，以儲存與運輸的方式增值，通常屬於配銷體系的工作。

檢驗與商譽有密切關係。產品通過檢驗，或商家具有商譽，都能增進消費者信心，並進而提高產品價值。例如名牌成衣、服飾、香水等，由於具有商譽，可保證設計、加工及使用品質，通常得以高價行銷。另外，如公證公司 (Inspection House) 接受委託，負責代客檢驗以確保貨品質量，也是利用檢驗以增值的例子。

五、產　品

前面說過，企業活動所創造出來的結果，可稱為產出，而產出包括「產品」以及「副產品」兩種。一般而言，產品分為有形產品及無形的服務二種。例如汽車是一種有形的產品，而銀行及金融機構所提供的服務，則是無形產品。原則上，產品有形，服務無形。同時，服務產銷過程倚賴人力。服務過程中，服務人員與顧客接觸頻繁、相互影響，可決定消費過程與品質，所以服務業有「人格密集」的特性。

實體產品可以預先生產、儲存並運送到市場中販售，所以產品生產批量及市場大。服務產品通常無法儲存，必須面對面提供服務以滿足顧客需求，因此產品批量小，市場局限於當地。品質管制方面，產品的品質容易衡量，但服務品質卻偏重於消費者的感受，很難量化。隨著經濟的發展，服務業所佔產值不斷增加，在北歐與北美國家更已超過國民生產毛額的 50%。為協助讀者多瞭解服務產品，謹此將產品與服務特性列表如表 1–1 以供參考。

表 1–1　產品與服務特性之比較

產品之特性	產　品	服　務
產品是否有形	有　形	無　形
生產系統與顧客之接觸	很　少	頻　繁
顧客是否參與生產	不參與	參　與
消費場所	在廠外	當場消費
資金與設備	密　集	較不密集
勞　工	較不密集	勞力及人格密集
品質之衡量	較　易	很困難
成品能否儲存	可　以	不可以
生產之前置時間	較　長	很　短
市場範圍	可以包含大範圍	限於當地
批　量	大	小

六、生產過程之選擇

所謂生產過程，也稱為製造過程，是用以執行生產活動，將生產元素組合、轉化為產品的過程。生產過程本身也牽涉到生產科技的組合與利用。對於此一課題，本書後續章節有專章論述，在此先不冗言。現在先討論生產過程的選擇如下。生產品質與生產效率都受生產過程影響。因此，選擇合適的生產過程，是管理重點之一。除了選擇生產過程 (Process Selection) 之外，引進生產過程以後，如何在使用過程中，繼續改善生產過程 (Process Improvement)，以使生產更有效率，也是另一個重點課題。

在使用的過程中，若能不斷改善生產過程，也能陸續提高生產過程的品質，使生產更有效率。若改善的時間夠久，次數夠多，其改善成果累積起來，有時更能超過引進新一代設備的效果。在生產科技改變時，若引進新一代的生產設備，其生產力將呈現階梯式的成長，但日常的改善則小幅度的提高生產過程的生產力（如圖 1–2）。可是在改善的效果累積到某個程度之後（如圖 1–2 中之 A、B、C 點），則對手即便引進新生產設備也無法以生產力取勝。日本許多企業以此方式在世界市場上取得領先地位。若能採用高科技設備並予以改良，企業的生產力必然可以領先群倫，其競爭力便也可

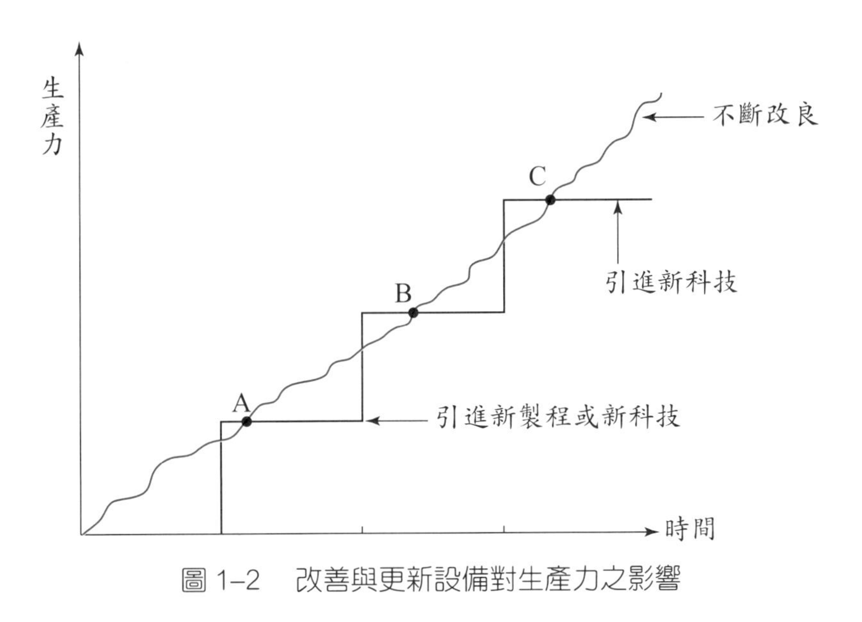

圖 1–2　改善與更新設備對生產力之影響

以提高。但若要以此方式不斷提高企業的競爭力，企業內員工的水準必須先行提升，管理者的能力與心態也必須先行改善。

在選擇生產過程前，原則上，應該根據企業目標及需求，擬定考慮的重點及優先

順序。通常在選擇生產過程之前，管理者需要先瞭解以下五項重點：

⑴生產目標為何？此一生產過程能否滿足企業目標及需求？

⑵產品種類及品質如何？

⑶產量若干？

⑷是否能取得質量合宜的生產元素？

⑸市面上能滿足企業生產需求的生產過程有哪些？其功能、特性、服務及價位如何？

在瞭解企業生產需求，及市面上生產過程的功能、價格之後，下一步是檢視各生產過程實際操作表現。除了技術資料之外，效率 (Efficiency)、效用 (Effectiveness)、產能 (Capacity)、品質 (Quality)、前置時間 (Lead Time) 及彈性 (Flexibility) 等也都是重點。企業應該選擇最合用、最能提高企業生產力及競爭力的生產過程。

在企管領域中，特別區分效率與效用的定義。經濟學界在討論效率時，通常不另外討論效用的概念。但效率與效用不同，謹此簡略說明如下。效率是單位資源的平均產量。效用則指每單位資源所產出的合格產品比率。例如生產速度快，是效率好。但生產品質高，良品比率多，則效用高。又如政府在修築道路、提供公共服務時，除效率之外，也要考慮最低服務品質的概念。因此，平均道路面積、平均救護品質等，就牽涉到「效用」的概念。在「效用」概念下，若還說「以價制量」或「消費者付費」，便流於注重「效率」的概念，卻忽略「效用」概念，可說並非完全正確。

另外，產能是單位時間內之最大產量。品質則是產品在功能、造型、使用、美觀等方面的綜合表現。前置時間是由準備生產，至開始生產之中所需之時間。彈性則是改裝設備，以生產其他產品，或改變產量之能力。原則上，設計生產過程時，在以上六方面已預做限制。選擇生產過程時，應該設法找出這六方面最佳搭配最好者，以配合企業目標、策略，並改善企業短、中、長期生產力及競爭能力。

第三節 生產系統

由於人類智識提高，自古以來人類組織便不斷擴大，生產系統也是一樣，隨著產能、市場擴大，生產組織便不斷擴充。據說在第二次世界大戰結束時，美國通用汽車的年度預算金額，竟比日本全國的預算還高，由此可知，有時企業的規模與複雜程度，還可以超過一個小國的水準。因此，在大型生產系統中，相關的活動與牽涉的金額、數量，可能極大而難以管理。為協助讀者取得概括的瞭解，謹此討論生產系統相關議題如下。

一、生產系統

生產時，通常經過許多道加工手續，甚或經過數個生產過程，整個生產系統 (Production System) 有時非常複雜。但在本書討論過程中，為簡化討論內容，通常假設生產時只經過一個生產過程。但實務中，一個生產系統中有時有好幾個生產過程，同時，生產系統中至少應有以下三個部分：

◆ 1. 生產服務部門

生產服務 (Production Service) 通常有專門部門負責，此一部門在我國企業中常稱為生產管制部門。生產服務部門負責產品試製、訂定規格、生產元素的準備、安排、保管、訂定工作量、決定設備使用計畫、進行品質管制、日程控制等工作。有時，成品之保管等工作亦可由此一部門負責。

◆ 2. 生　產

生產部門負責產品之生產工作。在我國企業中，生產工作大多由「生產課」或「製造課」負責，而其工作內容則為生產及工作計畫、執行與管制。若企業規模大，則亦可有製造部或生產部，以負責所有生產服務與生產工作。

◆ 3. 技術服務

技術服務 (Technical Service) 部門通常負責製程安排、機具、設備調整、維護以及維修所需工具、物料之準備、保管等。在我國企業中，此類工作常由保養部門負責，在美國企業中，此類工作多由工業工程部門負責。

前述內容偏重於小型純粹生產性質的企業，但若由營運管理的觀點而言之，則生產系統所涵蓋範圍更大。如圖 1–3 所示，若僅由生產的角度看生產系統時，其定義較

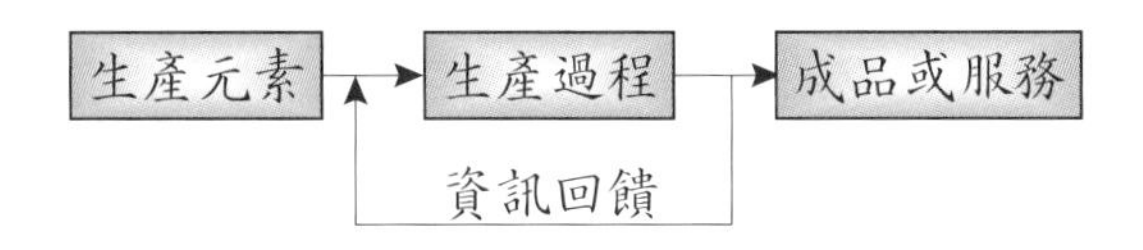

圖 1–3　狹義的生產系統

為狹義，只包括生產元素進入生產過程、加工以及產品生產完成等三部分。但若採行廣義的定義，則可包含由最初級原料的萃取開始，以及原料之生產、採購、產品之生產，直到配銷 (Distribution) 及顧客消費等部分（如圖 1–4）。採行廣義生產系統定義

時，我們實際上假設整個企業是一個生產系統，其中的行銷、財務、會計、人事等部門，則是生產服務部門。

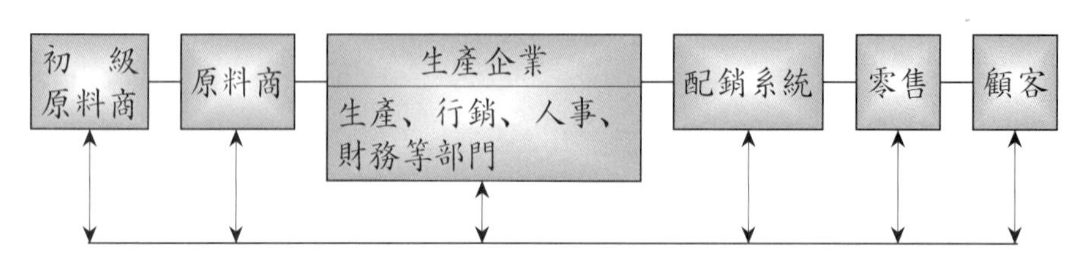

圖 1–4　廣義的生產系統

二、生產與作業管理的內容

前面說過，所謂生產管理，是企業對日常生產活動與生產資源進行計畫、組織與管制，以便經濟有效的達成企業目標。企業推動生產與作業管理時，其主要的目的，短期而言，以實現企業經營目標、提高經濟效益為主；長期則追求企業的永續發展。隨著近年來國際化、全球化的趨勢，有關生產策略或製造策略的概念甚囂塵上，並帶動有關生產營運系統的策略發展，並使生產與作業管理的範疇逐漸擴充，以生產系統為競爭工具的中心理念，把生產管理也擴及生產管理系統的設計、定位與運用。現在概述其內容如下：

◆ 1. 生產與作業管理的策略

生產與作業管理的策略發展，由 1980 年代萌芽，當時歐美等國由於以財務運作為導向，忽視了生產力 (Productivity) 與競爭力 (Competitiveness)，並導致競爭力下降。為了恢復競爭優勢，歐美等國學者在國家支持下赴日本、德國以及亞洲四小龍取經，並開啟了製造策略 (Manufacturing Strategy) 的研究課題。當時許多學者提出改善生產力與競爭力的策略觀念。

生產與作業管理策略，主要由生產與作業管理系統的設計、定位與運用著眼，希望能整體運用生產與作業管理系統，以提高企業的生產力與競爭力。也就是說，生產與作業管理策略，以提高企業競爭優勢為出發點，對生產與作業管理系統進行策略定位，明確選擇生產與作業管理系統的結構，並對相關運作決策提出戰略指導思想。此一課題頗為新穎，可說還處於概念境界，市面上並無具體方案以資遵循。

◆ 2. 生產與作業管理系統的設計

在設計生產與作業管理系統時，西方一般都以經濟規模與生產效率為主要考量。

除此之外，並無其他指導方針。其實西方企業在設立企業時，通常也以營利為主要目的，並無其他所謂「治國方針」。這是很有趣的現象，值得當代管理學者慢慢思考。一般而言，在設計生產與作業管理系統時，其中主要有兩個思路。第一，是所生產的產品線 (Product Line)。在這一方面，通常包括產品決策 (Product Decision)、產品設計 (Product Design)、加工過程 (Production Process) 的設計與選擇、以及整體產品線的發展與延伸等。瞭解這些項目之後，管理者可據以選擇相關的生產科技、設備，以及搭配方式，以確保科技、經濟效益，並協助達成生產需求。第二，根據生產需求以準備與佈置廠房、設施、設備、運銷體系等，以便建立最適用的生產硬體。

◆ 3. 生產與作業管理系統的運作

以往工廠的設計，主要由生產過程著眼。但若以生產與作業管理的策略著手時，其重點則在於整體能力的擴建，以及如何搭配運作，以便同時兼顧生產力與競爭力，並使兩者極大化。若由決策層次而言，由生產過程著眼時，可以說是由下而上、化整為零的考慮其運作方式。但若由策略觀著手時，則是由上而下、全面、鳥瞰的考慮生產與作業管理系統的運作。具體而言，其工作內容是：尋求最佳搭配方式以便合理利用生產資源、改善生產系統，以使其運作能最全面的配合競爭需求。

三、生產與作業管理的目標

一般而言，若由企業營利的角度而言，生產與作業管理的目標可如下所述：

◆ 1. 生產顧客滿意的產品，也就是「物美」

一般而言，營業部門、產品設計部門及產品製造部門共同研商後確定產品的規格。在製造過程中，企業應該嚴加管制品質，使所生產的產品合乎既定的產品規格。

◆ 2. 以最低的成本生產，也就是「價廉」

企業利潤是銷貨收入減掉銷貨成本的差額。降低成本是提高利潤最直接的方法之一。產品成本包括直接材料成本、直接人工成本及製造費用。生產管理的目標在提高生產效率、降低成本與費用，並進而提高企業的利潤。提高售價也可提高企業利潤，但對於生產部門而言，雖可提高產品品質以提高產品價值，但能否提高售價，則仍應視市場需求，以及行銷部門的決策而定。

◆ 3. 如期完成生產活動，也就是「準時交貨」，或具備「時效」

每批產品都有完工時限。生產與作業管理的第三個目標是確保生產進度，使所有產品在完工時限內完工。若不能在交貨期限內完工，將無法準時交貨，並使企業蒙受損失。因此應事先仔細安排生產日程，再按照排定的日程跟催 (Follow Up) 進度。

但若將觀點轉向全球競爭的角度時，生產與作業管理的目標卻有所不同。一般而言，西方推動的改革包括敏捷、高效、優質、準時等四項，說明如下：

◆ 1.敏捷 (Agile)

美國里海大學曾經提出敏捷製造 (Agile Manufacturing; AM) 的概念。所謂敏捷製造，是要求生產系統能針對顧客需求變化，迅速做出正確反應。也就是說，生產與作業管理系統能夠一體運作，敏銳的捕捉到新市場機會，並迅速調整產品與生產決策，以落實市場機會。同時，這也意謂著具有彈性，能夠培養出靈活的應變能力，在最短時間內完成新產品研發、生產、上市，以便與市場變化同步，掌握主動的優勢。

◆ 2.高 效

所謂高效，是以最少的資源達成最高的效益，在這一方面，有成本與品質兩種考量。若能以較低成本達成相同品質，甚或更高品質，則其效益與效用均較佳，就能達成高效。通常為達成高效，需要做好計畫，使過程合理化，加強製程管制以減少消耗、縮短生產週期並減少庫存。

◆ 3.優 質

西方社會以往在進行生產時，為了區隔產品與市場，有時並不提供品質最佳的產品。這是很有趣的概念，雖然不一定正確。所謂優質產品，應該是品質高而穩定，質量超過顧客期望。如果能提供優質產品，其競爭力必然提高。

◆ 4.準 時

所謂準時，是能達成顧客協商好的交期，正確提供預定的樣式、數量、質量和價格，以滿足顧客需求。

以上四項生產與作業管理的目標，提供我們努力的方向。其實，一個交響樂團演奏時，也正遵循此四項要求行事。在指揮選定曲目之後，所有演奏人員按照曲目及指揮的要求，在適當時機利用適當樂器，有節奏的與大家和奏出美妙的樂曲。交響樂團日常不斷練習，以改善自己的演奏技巧，也學習如何與別人搭配，以便在表演時能恰如其分的發出天籟之音。也就是說，若要達成上述四項要求，在日常工作中要抱持學習的態度，以活到老學到老的心情不斷改善自己，也學習與其他部門搭配，以求止於至善。

四、生產管理系統

「生產管理」這個學門在發展的過程中，由於各國文化的差異，其發展結果有所不同。在西方社會中，由於管理者與勞工分屬不同社會階層，管理者負責計畫及管制等管理工作，而實際之執行工作則交由勞工負責，因此西方社會在此一領域內之討論便較著重於計畫及管制營運活動，很少討論實務之執行，而生產管理之主要目的是協助管理者進行營運活動之計畫與管制。但在我國及日本這種東方社會中，由古代開始，早已建立固有的哲學思想。在我國的社會體系中，管理者與勞工雖然分屬於不同之社會階層，但在上層、中層及下層之間，可以藉科舉或官舉等國家考試與教育系統進行人才之交流，所以各社會階層之間仍有其資訊及人才互通。在這種狀況下，東方社會中的管理者與勞工有較密切的關係，而其分工方式也與西方不同，管理者不但負責計畫與管制，也積極參與工作的執行。在某些狀況下，執行的重要性還可能超越計畫及管制。由於這種文化的差異，生產管理在我國及日本便有不同的發展，而東方的管理者在積極參與執行工作的過程中，更常由執行經驗中瞭解並改善執行過程，進而改善企業之生產系統及其管理方法。

五、系統內的交互影響

在一般討論生產系統運作的文獻中，對於資訊回饋部分，大多討論加工過程間資訊互通及其影響。但在生產系統中，除生產過程中產生的資訊以外，還有許多其他因素及資訊，也可能影響生產系統。例如成品雖然重要，但只是生產系統眾多產出中的一小部分。生產的時候，我們也同時決定產品品質、品牌形象、員工士氣、銷售通路、銷售方式、價格、企業文化、生產科技、供應商、原物料品質，以及其他生產元素等。這些因素交互運作時，也對生產系統及其運作產生影響。這些因素有些是管理決策，有些是生產過程的副產品。綜合之後，都對生產系統、系統內成員，以及其他因素產生影響。這些影響日積月累，逐漸定型，其影響有時可大於管理者對生產系統的影響。

另外，在企業營運的過程中，由於企業環境 (Corporate Environment) 不斷改變，企業的地位及其營運方式亦將隨之調整。原則上，企業的環境可概分為內在環境 (Internal Environment) 及外在環境 (External Environment) 兩種。企業所處之產業為其內在環境，而國內外的經濟體系則為其外在環境。在內在環境方面，波特 (M. E. Porter) 認為企業在營運中可能遭受來自供應商、顧客、現有對手、潛在對手，以及替代產品等五方面的壓力 (如圖 1–5)。原則上，只要壓力變化，企業的內在環境便改變。同時，產業只是國內外經濟體系中極小之一環，在經濟體系產生變化時產業亦將隨之變化，進而帶動企業調整其行為。

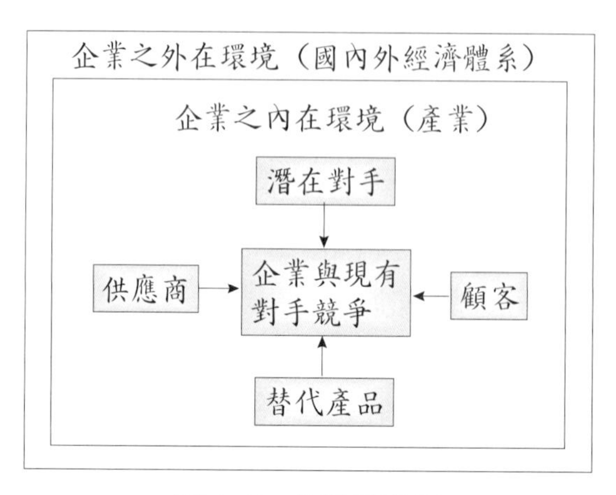

圖 1–5　企業與環境

另外，企業也受環境影響，企業因環境變化而調整行為時，生產系統通常受到直接的衝擊。因此，營運的過程中，環境因素對生產系統及其運作有重大的影響。綜合以上討論可知，宏觀而言之，如圖 1–6 所示，生產系統與生產元素、管理決策、環境因素、管理者、管理系統、產品、副產品等，統合而成一個「生產管理系統」(Production and Operations Management System)。

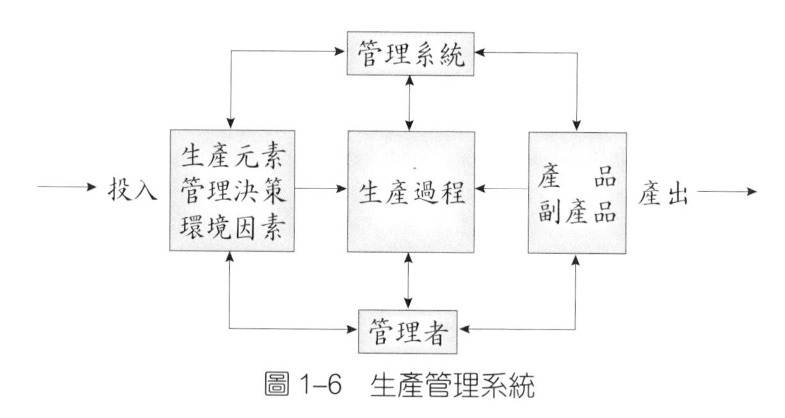

圖 1–6　生產管理系統

在此一生產管理系統中，生產過程與其他四部分交互影響。若以迴歸分析的方式表達此一系統，則其關係應可以下列公式說明之：

$$產出 = f(投入，生產過程，管理系統，管理者，前期產出，組織現狀) \tag{1.3}$$

也就是說，產出受投入、生產過程、管理系統、管理者、前期產出、組織現狀的影響，同時，各因素相互間有連鎖反應，系統中任一部分改變之後，將對其他部分產生影響。因此，改善生產管理時，管理者必須同時改善生產管理系統中之六個部分，以及其結合、搭配方式。若只修正其中少數部分，卻未全面調整其搭配方式，可能無法全面改善生產系統之運作。

六、服務產品與服務業的影響

在討論生產與生產過程時，必須也要關注服務內容與服務業的發展，以及它們的影響。原則上，在任何生產與營運過程中，都有服務的成分。服務業與農、漁、牧、礦及各類生產事業有互補共生的關係。在農、漁、牧、礦及各類生產事業進行產業升級時，新服務業將應運而生。這些新興服務業所提供的服務，將可進一步協助其他產業提高生產力。假如新服務業無法協助其他產業提高生產力，這些新服務業必將如曇花一現，而無法長存。同理，原來應用於其他產業中的科技與方法，也可用以創造、改善服務業的生產過程與產品，以提高服務業生產力。例如速食業者麥當勞(McDonald's)、便利商店業者 7–11 等，都使用了現代企業管理、工業工程 (Industrial Engineering) 中的學術與方法，協助它們改善店址選擇、內部佈置、管理系統與方法等，並因此而提高生產力與競爭力。

由此可知，除非服務業能協助企業進行國際化以擴大市場，能協助其他產業取得資源、銷路，或協助改善、提高經營效率，否則便沒有長期生存的價值與能力。也就是說，服務業若不能與原有的農、漁、牧、礦及各類生產事業共存與互補，即使能取得短期效益，恐也無法長期生存。

因此，在進行產業升級時，管理者必須思考應該如何設計、設立新的服務業廠商，以及如何利用這些新服務業者協助推動企業升級或產業升級?

另外，新興服務業可能改變社會、工商業現有的遊戲規則，並導引出其他法制、工商及人力資源需求。例如由於電腦、網路加快了資訊傳遞的速度，生產與服務業運作過程加速，可能導致企業原有內控失效而產生問題。茲舉例一、二如下。美國股市改用電腦交易時，曾經由於交易速度突然加快，已超出系統負荷，而發生所謂「黑色星期一」 (Black Monday) 的股災。1995 年新加坡英國霸凌銀行交易員李森超過授權額度操作日經 225 指數期貨，虧損數十億美元，並引起全球股匯市重挫。英國霸凌銀行本是一個超過兩百年的知名銀行，卻因為這一個小小的內部控制失當，造成銀行經營崩解並易手給荷興銀行。

「內部控制」是企業賴以預防舞弊及錯誤的重要機制。所謂「內部稽核」，是利用企業內部獨立的組織與人員，對經營活動作連續性或偶發性的查核、研究、建議與評估的一種管理制度。但在市場、工具與服務內容與方式改變時，「內部控制」與「內部稽核」的方法與過程可能改變或失效。因此，在生產與服務業變化時，企業的內控與稽核必須配合修正，才能有效地以內控協助完成管理過程與企業目標。

七、以價值鏈、供應鏈、全球運籌管理改善企業系統生產力

電腦及網路的發展，改變企業經營的方法與內容，帶動新產品與新市場的發展。為永續經營起見，企業必須趕上時代的進展，儘速引用電腦與網路以成為企業的競爭能力之一。如果能儘速以電腦與網路開展新的科技、競爭領先優勢，必能迅速有效提高企業競爭優勢。目前國際市場上都採取研究價值鏈、改善供應鏈，利用網路推動全球運籌管理以掌控全球市場的做法。如果企業不能在這一方面發展出獨特有效的創新做法與成效，勢將受市場擺佈，無法獨立發展，只能代工為生。

在近代工業發展的過程中，已經出現過幾個有趣的過程，每一過程有不同的競爭功能。我們知道，國內企業多以生產起家，為提高生產力不斷改善產品與製程，並逐漸擴大規模。許多企業同時擴大規模時，市場整體供應量充足，因而產生競爭。為爭取顧客，企業必須加強行銷，因此在生產導向發展成功之後，行銷功能必然日趨重要。但生產、行銷成功的企業規模不斷擴大，造成大企業每天掌握大量現金流動，財務管理因而也成為重要的功能之一。

但若企業以財務管理為主要競爭功能時，由於重視短期財務績效，有可能忽視其他功能，並導致整體生產力下降。在這種狀況下，為恢復企業整體生產力，以服務、掌握更大市場，企業必須整體調適企業系統，使各功能既可有效的獨立運作，也能共創「加成效果」或「加乘效果」(Synergy)。現在由於國際化與全球化的趨勢日漸高漲，西方企業享有掌控市場的優勢，以價值鏈的概念改善供應鏈，並利用網路推動「全球運籌管理」，以便能更緊密地掌控全球市場。此時，開發中國家為獲取訂單，自願地配合國外進口商建立供應鏈網路資料，使得西方企業全球運籌管理網絡逐漸成形，並可直接由網路檢視第一線供應商的成本結構。

其實在近代企業發展的過程中，每一個階段的競爭功能不同。在每一階段中都需要發展新功能，並將新功能納入企業系統，進而調適系統以提高生產力。企業每天都在演變，每天也需要調適系統以發揮生產力。目前全球企業朝著價值鏈、供應鏈、全球運籌管理的方向改善企業系統與生產力。我國企業應該以此為標竿，建立積極性，努力改善企業系統的生產力。

第四節 生產管理的歷史發展

人類自古以來為了生存必須生產，我國留存的古董文物、長城、大運河，以及埃及的金字塔，羅馬、馬雅、古希臘的舊城遺址等，都是古人生產及生產管理成就的證明。但這些成就由於歷史久遠，今人有時難以詳細說明其生產及管理過程。我們現在所討論的生產管理，是西方工業革命之後的產物，因此所討論的內容多由西方工業革命開始。謹此簡短說明以協助讀者瞭解。

一、生產管理的歷史發展

在過去的百餘年間，生產與作業管理歷經許多變化，已逐漸發展成一個更完整的學門。本節討論生產與作業管理的歷史發展，並列舉其中大要者以供讀者參考。為協助讀者瞭解引導改變的重要人、事，筆者並將近代西方生產管理發展大事整理如表 1–2 所示。以下簡短說明以協助讀者瞭解。

表 1–2　近代西方生產管理發展大事紀

年　代	貢　獻	主要研究人員
1700 年間	蒸汽機，工廠	瓦特 (James Watt)
	《國富論》，分工觀念	亞當史密斯 (Adam Smith)
	零件互換	伊利惠特尼 (Eli Whitney)
	廠房佈置及工作流程	瓦特、波頓 (James Watt, Mathew Boulton)
1800 年間	廠址分析	謝佛、偉伯 (J. V. J. A. Schaffle, Alfred Weber)
	分工制度	白貝芝 (Charles Babbage)
	工廠管理	亨利道尼 (Henry Towne)
	工業心理學	魏廷豪斯 (George Wesfinghouse)
1910 年間	科學管理理論	泰勒 (Frederick Taylor)
	時間研究	吉爾布雷斯 (Frank Gilbreth)
	生產線	亨利福特 (Henry Ford)
	日程安排	甘特 (Henry Gantt)
	存貨分析	哈里斯 (F. W. Harris)
1930 年間	工業心理學	梅爾、吉爾布雷斯 (Elton Mayo, Lillian Gilbreth)
	品質管制	休哈特、道奇、羅米格 (Walter A. Shewart, Harold F. Dodge, H. G. Romig)

	工作抽樣	德貝特 (L. H. C. Tippett)
1940 年間	電　腦	Sperry 公司 (Unisys)
	線性規劃	丹吉克 (George Dontzig)
1950 年間	專案管理	Rand 公司
1960 年間	電腦模擬	傑福利高頓等人 (Geoffrey Gordon)
1970 年間	物料需求規劃	傑瑟夫歐利奇 (Joseph Orlicky)
1980 年間	機器人	喬治迪瓦等人 (George C. Devol)

◆ 1.蒸汽機帶動工業革命

討論西方的工業革命時，蒸汽機是第一個話題，並特別提及詹姆斯瓦特 (James Watt) 的貢獻。其實，在瓦特發明蒸汽機之前，許多前輩如湯馬斯沙勿略 (Thomas Savery, 1698)，湯馬斯紐康瑪與約翰考利 (Thomas Newcomer and John Cawley, 1705) 等人都曾研究蒸汽機。不過直到 1769 年瓦特發展出經濟可用的蒸汽機之後，商業化蒸汽機才真正出現。同時，在以蒸汽機帶動紡織機械後，便開動了工業革命的火車頭。

在以蒸汽機帶動紡織設備之前，大部分企業由家族經營，其規模小，設備也簡陋。以蒸汽機為動力的紡織機械速度快，但價格卻昂貴，並非一般家庭工業所能負擔。因此，生產活動逐漸集中於工廠之內，工人也集中到工廠工作。當時廠址選擇問題成為生產管理上最迫切需要解決的問題。

◆ 2.泰勒推動科學管理思潮

工業革命之後，生產管理重要性提高，廣受學者重視。當時在生產管理方面，學者中較知名者，首推**傅瑞德力克泰勒 (Frederick Taylor)**。他在 1911 年推出《科學管理原理》一書，極力提倡**科學管理 (Scientific Management)** 的觀念，建議科學化的管理工廠中的人與設備。泰勒也鼓勵運用工作設計、時間研究、動作研究等方法，以設立生產標準。他也曾推動論件計酬等管理方法。許多泰勒當時提出的看法及做法，至今仍然有用。例如泰勒提出的 **3 S：標準化 (Standardization)、簡單化 (Simplification)、專業化 (Specialization)** 等概念，至今仍然代表效率與管理。泰勒建議企業使用下述**改善效率**方法以提高企業生產力：

(1)管理者可計畫、搜集、改良現有工作方法，並設立標準以供工人參考使用之。

(2)企業有系統、有方法的選擇、訓練及培養員工。

(3)鼓勵管理者與工人合作，以使產量及薪資極大化。

(4)推動分工，以使管理者及工人都能執行自己熟練的工作。

泰勒提出的觀念很有系統，卻非獨創。他在《科學管理原理》一書中，將當時許多學者、專家的觀念及做法，整理成有系統、可行的理論及做法。因此，泰勒科學管理的概念包含許多先人智慧。例如，1800 年間波頓 (M. Boulton) 與瓦特曾經按工作順序安排製造過程，當時也曾經事先設計並分析過工人的工作，並按預估產量而訂定工人薪資。十八世紀末，查爾斯白貝芝 (Charles Babbage) 曾將數學及早期電腦的觀念應用於生產管理中。泰勒的《科學管理原理》一書上市後，科學管理的學術基礎可說已奠定完成。

另外，在工作簡化、工業心理學、工作抽樣 (Work Sampling) 等方面，富蘭克與莉蓮吉爾布雷斯夫婦 (Frank and Lillian Gilbreth)、愛頓梅爾 (Elton Mayo) 以及德貝特 (L.H.C. Tippett) 等人也有貢獻。魏廷豪斯等人 (G. Westinghouse) 也曾在退休俸、醫療福利、員工訓練等領域中創設許多制度。

◆ 3.數量模型進入管理領域

在科學管理發展過程中，數量模型之運用也日漸成熟。1914 年，亨利甘特 (Henry Gantt) 發展出目前在產業界通用的甘特圖表 (Gantt Chart)。1917 年，哈里斯 (F. W. Harris) 推出知名的經濟訂購量模型 (Economic Order Quantity Model; EOQ)，開啟了將數量模型應用於管理決策之潮流。1931 年，休哈特 (W. Schewhart)、道奇 (H. Dodge) 及羅米格 (H. G. Romig) 等人推出品管圖表，更奠定統計品管的基礎。凡此種種，都擴大數量模型在管理上的應用空間。

◆ 4.電腦與網路繼續前進

1940 年代中人類發明電腦，由於電腦可用以高速計算，許多以前無法計算的問題，忽然之間都能解決了。這種發展使數量模型方便之門大開。其間，1940 年丹吉克 (G. Dantzig) 將線性規劃方法應用於資源規劃、運輸以及指派工作等管理問題上。1950、1960 及 1970 年間，又有要徑法 (Critical Path Method; CPM)、車間日程安排 (Job Shop Scheduling)，以及物料需求規劃 (Material Requirement Planning; MRP) 等方法之出現。

至今為止，電腦相關科技仍在繼續跨步前進。現在對生產管理衝擊最大的，莫過於電腦與機器人 (Robotics)，以及網路科技。這些發展對生產管理產生衝擊，也促使我們繼續前進。

二、現代生產與作業管理的特徵

由前述生產與作業管理的歷史可知，生產與作業管理的發展雖然緩慢，在過去百餘年間卻已累積許多成果，成為一個完整的學門。隨著科技的發展，此一領域日漸擴大，並顯示多彩多姿的面貌。在不同國家、地區、產業中，生產與作業管理的意義與內容已經不同。例如在開發中國家與已開發國家中，或在半導體產業與木器加工業中，生產或作業便有極大差異。他們使用不同世代的科技，管理概念雖然類似，管理時所使用的工具與方法卻可能有霄壤之別。

具體而言，若要綜合評論現代生產與作業管理，並列舉其特徵，則或可由下列六項著手：

◆ 1.重視新科技的工、商業應用

在企業營運的過程中，新科技不斷出現，也立即影響企業資訊及生產流程，並進而帶動企業整體的改變。例如在企業使用的生產資源方面，投入的內容不斷改變，資訊已成為重要生產元素之一，對於高級技術人力的需求也不斷擴大。由於高級技術人力增加，企業利用新科技的能力提高，並帶動新科技工業或商業應用的風潮。若由生產過程而觀之，其影響更明顯。例如在精密加工、半導體、化工、藥品等產業中，企業使用許多高新科技，使科技普及速度加快，也縮小了生產部門與實驗室間的差距。即使科技層次較低的企業，也不免要使用電腦軟硬體與網路等通訊科技。

另外，若由產出而觀察之，則幾乎所有企業都努力提高產品與製程的科技含量。姑且先不談工業產品，先以市面上流行的飲料為例，現在臺灣流行的番茄汁飲料爭相以生物科技及茄紅素含量為號召，頗有「我家番茄科技含量天下第一」的氣概。固然這種趨勢與市場需求有關，由於市場喜歡高科技產品，企業當然迎合此一趨勢，並以此為號召。但不可否認，企業未嘗不是此一趨勢的始作俑者。

◆ 2.根據國際分工，各國與地區有各自特色

由於各國科技與經濟結構不同，世界上本來就有國際分工的現象。例如開發中國家經常以廉價勞工與資源生產價值較低的產品。在科技成分逐漸提高時，其生產加工內容也逐漸改變，改以代客加工 (Original Equipment Manufacturing；簡稱 OEM) 或代客設計生產 (Original Equipment Design and Manufacturing；簡稱 ODM) 的方式替國際大廠生產有科技含量的產品。但高科技產品有賴於科技自主，例如美國、德國、日本等國家常以科技專利掌握主要零組件的生產與銷售，其他國家只能以加工效益配合。由於這種現象，國際分工也造成各國、各地皆有其特色。以臺灣為例，由於我們

沒有高科技的規模與範疇經濟，缺乏整體研發能力，只好以生產效益為競爭工具。

這種現象不只出現在國際上，在同一個國家中也有類似狀況。例如由於氣候的差異，新竹可以設立科學園區，其他地區卻不一定適合。在大陸各省中，由於氣候、技術人力等因素，雖然是同一個國家，各省、市卻有不同的經濟結構與分工狀況。國際分工造成各國科技與專長不同，因此，國際大廠在各國採購不同零件。這種狀況當然也可能發生在大陸各省、市之間。

◆ 3.管理與過程有標準化的趨勢

在歐洲籌組共同市場之後，由國際標準化組織 (International Organization for Standardization) 於 1987 年公佈了 ISO 9000 系列之品質管理及品質保證標準，並要求全球企業採用 ISO 標準以提高產品或服務品質。因此，ISO 9000 品質管理系統認證已成為進入歐洲共同市場的門檻。世界其他國家企業，必須經由 ISO 認證以滿足歐洲共同市場的品質門檻規定。在這種趨勢帶動下，美國也已設立自己的標準。現在東南亞、南北美洲也已籌設類似區域組織，未來並可能設立自己的品質標準。在國際互動的過程中，這些標準未來終將趨於一致，並造成各國企業管理與生產過程漸趨標準化。

◆ 4.生產系統彈性化

以往大型生產設備由於彈性不足，雖然可以大量生產，但在產品改變型式或加工過程、方法時，卻難以調整而使成本提高。自從彈性製造系統 (Flexible Manufacturing System, FMS) 的概念出現之後，改善生產系統彈性就成為一個發展趨勢。電腦輔助設計 (CAD)、電腦輔助製造 (CAM)、模組化 (Modularization)、並行工程 (Concurrent Engineering)、成組技術 (Group Technology) 等技術的發展，更協助改善生產系統彈性。現代化的新製造設備大多已有電腦控制的機制，有些設備彈性極大，已可根據生產需求而調整機具。

◆ 5.生產模式改採顧客導向，可能使多樣小量的生產模式當道

隨著經濟、科技與生活水準提高，市場需求改變，標準化、低價商品需求漸趨平穩，小眾商品則開始當道。所謂小眾商品，顧名思義，與大眾商品不同，是更有顧客導向、用以滿足顧客特殊需求的產品。由於新製造設備彈性大，很容易調整機具以生產不同產品，因此，多樣小量生產模式已經可行。

◆ 6.注重環保、推動綠色永續生產

由於全球資源消耗以及提高競爭力的需求，先進國家不斷推動生產能自動分解的原材料及產品。這種做法開啟了綠色生產的序幕，也推動永續生產的列車。所謂綠色

生產，又稱為環保型生產，是注重生態平衡，關心企業環保責任的生產方式。推動綠色生產的目的，是節省生產資源、減少環境污染，並生產有助於環保的產品。由於先進國家已有環保科技，推動綠色永續生產 (Green Production) 可提高先進國家的競爭力。但這種做法對開發中國家則有影響，開發中國家由於缺少相關科技，必須向先進國家採購此類科技，使生產成本提高而利潤下降。

由此可知，研究與發展已成為現代企業營運的主要競爭工具之一。這種發展提高了先進國家的進入門檻。若要進入先進國家之林，所有開發中國家必須更注重研究發展，必須累積科技實力以提高生產力與競爭力。

由於科技、經濟的發展，高科技已開始改變生產與作業管理的面貌。數學模型、電腦、網路等將繼續引導生產與作業管理進步。

三、現代生產與作業管理面對的新環境

自從西方工業革命以來，企業環境的變化便不斷加速。科技發展當然是主要的動力。企業擴充產能之後，使產品多樣化，也產生推波助瀾的效果。近年來科技與政經環境演變加速，使生產與作業管理面對更多挑戰。謹此說明如下：

◆ 1.產品生命週期縮短

由於工業化國家增加，顧客學習效果累積，以及生產製程彈性化等原因，市面上產品的生命週期快速縮短。電腦輔助設計 (CAD) 系統問世以後，設計新汽車的時程由數個月縮短到一天至一週之間。電腦控制的彈性製造系統可以輕易的改變生產步驟，在短時間內改變產品內容與造型。同時，由於供應來源很多，為爭奇鬥豔起見，新產品不斷出現，並使產品生命週期不斷縮短。

◆ 2.產品多樣化

由於經濟長期繁榮，消費者有能力、也傾向於嘗試與眾不同的產品，使小眾產品市場擴大，也推動了產品多樣化的趨勢。

◆ 3.市場競爭白熱化

二次大戰結束至今，世界維持長期和平，原來低度開發國家有機會進行工業化，使工業化國家增加，產品來源不斷擴充。由於研發能力與專利的保障，高科技產品的主要零配件大多由先進國家生產與控制，大多數開發中國家只能替先進國家代工以賺取加工利潤。為追求營運效益、維持或提高利潤起見，這些國家不斷改善生產與加工效益。在這種狀況下，市場已經演變成買方市場，使市場競爭日趨白熱化。

四、電子商務的發展

電腦與網路的發展日新月異，電子商務 (E-commerce) 已經成為現代人生活的一部份。所謂電子商務是運用數位技術 (Digital Technology)，在網際網路或互聯網 (Internet) 上進行交易。電子商務交易的活動可包括採購、銷售、貿易、服務和資訊交流，而其內容則可包含市場交易的所有輔助活動，例如：行銷、客戶支援 (Customer Support)、配送和貨款支付。相對於常規商業的實體商務 (Brick-and-mortar Business)，電子商務則可能以非實體商務的方式進行。

常見的電子商務術語很多，在這裡我們簡介有網際網路、企業內部網路 (Intranet)、外部網路 (Extranet)、萬維網 (World Wide Web; WWW) 及電子商務這五個名詞。

首先介紹網際網路。網際網路又稱互聯網，是一個匯集全球電子計算機硬體與軟體的平臺，可以極低的成本供用戶共享、傳播數位資訊。其次，我們簡單介紹企業內部網路與外部網路。所謂企業內部網路，也可簡稱為內網，是將企業內部各功能或職能部門 (Functional Department) 以內部網路連結起來，成為一個內部網路。所謂外部網路，則是將企業內部網路擴展、延伸，讓供應商、顧客等外部組織也納入，使他們成為企業內部網路的授權用戶時，內部網路相形擴大，並成為一個外部網路。接下來，讓我們討論萬維網的概念。我們知道，在電腦與網路興起後，為拓展網際網路在各國內與國際之間的網路的通用性，需要先制訂能為大家接受的傳輸、運用標準，才能讓大家在網路環境中進行資料的儲存、檢索、格式化 (Format) 和瀏覽、展示。提摩西・博納斯李爵士 (Timothy Berners-Lee) 於 1989 年在歐洲核子研究組織 (CERN) 工作期間發明了網際網路的工作環境標準或稱萬維網，並提供免費使用。

也就是說，網際網路為通用起見，需要制訂可廣為各界接受的標準，始能在網路環境中進行標準化或統一格式的儲存、檢索、格式化與資訊展示、交流。提摩西・博納斯李爵士所發展出來的萬維網，已獲得大家接受，成為現在通行的網際網路環境。

很顯然的，由於博納斯李爵士無私的將萬維網提供免費使用，網際網路迅速流行開來，並成為重要的網際溝通工具。對於博納斯李爵士的無私奉獻，許多人把他拿來和比爾・蓋茲 (Bill Gates) 比較。萬維網可以免費使用，比爾・蓋茲的微軟視窗 (Microsoft Windows) 卻成為賺取暴利的產品。因此，許多人認為博納斯李顯然具有較高貴的情操，值得讚許。

博納斯李目前在麻省理工學院負責萬維網聯盟 (W3C)，繼續推動萬維網相關用途、協定的開發協議和方針，以盡量開展萬維網的潛能並確保其長期發展❶。

為增進讀者對電子商務內容的初步瞭解，謹此將電子商務中常見的術語與定義列表如表 1–3 所示。

表 1–3　電子商務的術語與定義

術語	定義
網際網路	網際網路又稱互聯網，是一個匯集全球電子計算機硬體與軟體的平臺，可以極低的成本供用戶共享、傳播數位資訊。
互聯網所提供的功能	(1)通訊：發送電子郵件、傳輸數據與資料。 (2)瀏覽訊息：搜索資料庫、閱讀電子書籍。 (3)提供資訊：傳遞文件、圖片。
萬維網	網際網路為通用起見，需要制訂可廣為各界接受的標準，始能在網路環境中進行標準化或統一格式的儲存、檢索、格式化與資訊展示、交流，World Wide Web (WWW) 是現行的一個環境。
電子商務	(1)用數位技術在網際網路上進行的交易與活動。 (2)交易活動的內容：採購、銷售、商品貿易、服務、資訊提供，以及相關的輔助活動，例如：市場營銷、客戶支持、配送服務、貨款支付等。

為協助讀者簡單明瞭的瞭解電子商務，現在我們由電子商務的分類、電子商務的營利模式，以及電子商務的優點這三個角度說明電子商務如下。

㈠電子商務的分類

由於網際網路的盛行，以網際網路執行的電子商務應運而生。一般而言，常見的電子商務共有九種分類❷。常見的電子商務可以在顧客與顧客之間進行，也可以在顧客與企業、顧客與政府、企業與顧客、企業與企業、企業與政府、政府與顧客、政府與企業、政府對政府之間進行。

為協助讀者明確的瞭解這九種分類方式及其英文簡稱，謹此將這九種分類方式列表說明如表 1–4 所示。

表 1–4　電子商務的分類

分類	顧客	企業	政府
顧客	C2C	C2B	C2G
企業	B2C	B2B	B2G
政府	G2C	G2B	G2G

㈡電子商務的營利模式

電子商務剛開始發展時，許多人無法認同，並認為電子商務可能無法真正成形。這個想法雖然不錯，例如據說亞馬遜 (Amazon) 由網路書店開始，現在擴充並增加了各種商品，卻仍然虧損。但隨著科技與營利模式的改良，電子商務的營利模式不斷改善，增加了廣告商、服務、虛擬商場、電子零售、資訊提供、銷售服務、電子採購等營利模式。這些發展已經大大提高了電子商務的營利空間。

在廣告商的營利模式下，企業可以提供免費服務與信息的方式吸引目標顧客，並以在網站上銷售廣告，或提供廣告空間的方式營利。在服務的模式下，企業可設立網站對顧客提供服務，例如永慶房屋在網路上提供房屋仲介服務，以及易遊網 (ezTravel) 在網路上提供購買機票及安排旅遊服務，都是有趣的實例。電子商務發展的極致，可能是虛擬商場，甚至可達到全球供應鏈、全球運籌管理的程度。電子零售是在網路上經營零售業務，現在戴爾 (Dell) 電腦已經證明可行並已獲利。

資訊提供是另一種眾所周知的電子商務模式，證交所現在已經有股價資訊的即時服務。國內各報社也多已設置自己的電子報。銷售服務中最有知名度的，可能是網路拍賣。網路拍賣已經證明可行，連財政部、國稅局都開始研究應該如何處理相關的稅務問題，可謂十分有趣。另外，在企業採購方面，電子商務也沒有缺席。採購商與供應商現在已經可以在網路上進行報價與交易，同時還有反向報價、議價、投標等許多創新的發展。

為協助讀者簡便的瞭解電子商務營利模式，現在將電子商務營利模式列表說明如表 1–5 所示。

表 1–5　電子商務營利模式

模　式	內　容
廣告商	企業經由提供免費服務與信息的方式吸引目標顧客，並以銷售網站廣告空間的方式營利。
服　務	企業可建立網站以對顧客提供服務，例如提供網上房屋仲介服務的永慶房屋仲介網，或提供網上購買機票及相關旅遊服務的易遊網都是有趣的實例。
虛擬商場	企業可在網站上提供多種大量商品的展示、銷售、配送服務，例如亞馬遜書店、三民書局都有自己的網路虛擬商場。
電子零售	企業可經由網路提供顧客訂製產品之服務，例如戴爾電腦就經由網路提供電腦訂製服務。

資訊提供	企業可經由網路提供某些或特定即時資訊，例如股價、新聞等。
銷售服務	企業可在網路上提供買、賣雙方之仲介服務，例如 Yahoo 拍賣網。
電子採購	企業可提供其他企業買、賣雙方高效率、低成本之搜尋、連結、採購服務。

㈢電子商務的優點

電子商務的發展方興未艾，前景不可限量。由於科技的發展有機遇性質，學者專家對電子商務的發展雖多抱持樂觀態度，卻仍難以界定發展時程。雖然如此，由於電子商務能跨越地理距離的限制，還是有許多明顯的優點。現在說明如下。首先，是電子商務的服務範圍無遠弗屆，顧客不必出門，只要上網就可以瀏覽、選擇並下單採購。其次，在資料處理成本方面，由於有電腦與網路等工具，可大幅降低搜尋、處理資訊的成本。在即時服務方面，大多數有電子商務服務的企業提供 24 小時服務，因此時間就不是問題了。由於網際網路遍布世界各地，而無線網路也已大幅發展，顧客可在各地上網，到處都可進入網路消費市場的入口，使得電子商務更形方便。

對於有意經營電子商務的企業而言，只要有電腦，在設立網站之後，便可向電信局或網路服務供應商 (Internet Service Provider) 登錄上網。也就是說，經營電子商務的進入成本或進入障礙低。由於電子商務可利用電腦軟硬體處理文書及商務服務，具有虛擬商務的性質，其營運成本相對下降。電子商務利用網際網路提供服務，比價容易，並因而容易取得較低的供應成本。在利用網際網路執行電子商務時，由於電腦軟硬體的發展帶來便利性，已經大幅改善了企業產品研發、生產調度的環境，使產品研發與生產調度的生產與營運效率因而改善。由於以上種種，企業與供應商資訊更透明，也能協助供應商改善其營運品質。

為協助讀者有條理的瞭解電子商務的優點，現在將電子商務的優點列表說明如表 1–6 所示。

表 1–6　電子商務的優點

營運管理之收益	內容說明
服務範圍擴大	顧客可在家中或任何可上網處所進行購物。
降低資料處理成本	降低處理、檢索客戶資訊之成本。
提供即時服務	顧客可經由網路進行 24 小時採購或要求服務。
提供更多消費市場入口	網際網路遍佈各地，提供更多新的消費市場入口。
進入成本較低	電子商務進入成本遠較傳統商家低。

營運成本低	電子商務經由電子軟硬體提供網路，相關服務人員、硬體設施、日常文書處理等成本較低。
可由供應商取得較低價格	電子商務的特性可協助生產與供應商取得更多即時資訊以降低成本。
改善產品研發環境	經由電子商務與網際網路的協助，研發人員可更快由線上取得資訊，並藉以減少設計成本與新產品上市時間。
改善生產調度	經由電子商務的即時資訊，企業能更準確、即時安排、調整生產活動以降低成本。
改善供應商品質	經由電子商務的即時資訊，供應商與顧客更易瞭解生產廠商、產品、零件方面的即時市場資訊，並促使供應商改善。

網際網路帶動電子商務的發展，電子商務的迅速發展則使供應鏈管理、全球運籌管理，以及虛擬企業成為可能。由於這種連帶產生的貢獻，網際網路入口網站，例如雅虎 (Yahoo)，以及亞馬遜等許多與網際網路相關的電子商務企業雖然沒有盈餘，甚或虧損，各國政府卻仍然青睞不已，並協助這些公司維持很高的股票價格，以吸引更進一步的產業與科技發展。電子商務的發展已經改變企業經營的內容，其未來的發展一定對營運管理產生極大影響。

五、生產與作業管理的發展趨勢

由以上討論可知，生產與作業管理的內容與環境不斷改變。具體而言，生產與作業管理的發展趨勢 (Trend) 有以下六個：

◆ 1. 生產與作業管理的策略地位提高

前面說過，企業活動內容通常包括技術、商業、財務、安全、會計和管理等六方面。生產本就是重要的一環，在供應來源增加造成競爭激烈之後，企業被迫思考如何提升生產與作業管理，以提高生產競爭優勢。同時，由於製造策略等領域的發展，更使生產或製造策略成為提高生產力與競爭力的可行方案之一。同時，生產使用的資源與金額遠超過其他領域，因此，如何建構生產戰略、如何提高生產戰略的高度，已經成為重要的努力方向。

◆ 2. 利用新科技以建立更有彈性的生產系統

經濟繁榮帶來小眾市場，也分割了原來標準化市場，若要維持產量與市場，企業必須也進軍各小眾市場。為此，企業必須建立更有彈性的生產系統，以生產能滿足特殊需求的產品。同時，由於電腦、網路等新科技的發展，使企業能利用網路與電腦軟體，以操作散居各地的工廠產能。

在這種狀況下，企業面臨挑戰，必須能整體利用戰力，又要能針對市場需求，生產出各特殊市場合用的產品。因此，如何建立具高效能與彈性的生產系統、如何建構合用的生產管理系統，已成為不可迴避的挑戰。

◆ 3.利用新科技改良生產系統，以提高生產力

近年來不斷出現新科技，其中大部分與電腦有關，或可以電腦控制。網路與通訊科技是最新的發展。如何將這些新科技整合在生產系統中，以創造企業的競爭力，是一個嶄新的挑戰。發展新科技是提高生產力的途徑之一。另外，若能比別人更善用新科技，也是提高生產力的方法之一。因此，如何利用新科技以改良生產系統，是一個重要研究課題。

◆ 4.發展、改良綠色產品以提高競爭力

目前由於環保呼聲不斷，歐美等國已推廣綠色產品。例如德國汽車上使用的零件，便以可自行分解或回收使用為號召。另外，生產所產生的污染也是一個大問題，可能破壞居住環境。嚴格的說，污染環境的成本極大，若要將環境還原到原來的程度，需要極大的支出，可說遠超過外銷產品之所得。因此，為了外銷而污染環境，可能造成整體財富上的損失。而環境污染之後，若要還原，還需要由國外進口防治污染的科技與設備，所費不貲。因此，企業應該發展綠色產品、綠色製程，以及產業內環境污染防護科技與設備，以具體提高生產力與競爭力。

◆ 5.研究因應、參與國際化競爭之道

國際化、全球化的趨勢方興未艾，全球各地的企業都受影響。因此，企業必須瞭解國際化的內容與影響，以便因應國際競爭。如果可能，更要培養人才與技能，找出參與國際競爭之道，以積極利用國際化並實現其市場價值。

近年來由於電腦及網路的發展，目前國際市場上都採取研究價值鏈、改善供應鏈，利用網路推動全球運籌管理以掌控全球市場的做法。如果企業只從事生產活動，卻沒有配銷通路而不能直接接觸消費市場，未來可能受到買方及市場的擺佈，只能從事代工賺取微利為生。為了強化企業生產力，延伸向自主、獨立的行銷、配銷、財務管理，並服務、掌握更大市場機會，企業必須整體調適、擴充企業系統，創造能各功能獨立運作，整合產生合作的加成效果的生產系統。如何利用現已建立的供應鏈網路發展新競爭力，並設法走向市場獨立運作，是現代生產事業的新挑戰之一。

◆ 6.積極研究服務產品與產業，以尋求增進產值之道

隨著經濟的發展，服務業日漸成長，對經濟產生影響。由於服務業在生產毛額中所佔比例日漸增加，如何改善服務業的效率，已經成為重要的課題。學者指出，運用

生產與作業管理中的理論與方法，或可立即改善服務業的生產力。因此，值得研議利用現有的方法與模型，以改善服務業生產力。

另外，生產工業產品時，生產固然重要，但生產的目的是藉以滿足顧客需求。因此，產品只是其中一小部分，管理者值得思考如何擴大產品中的服務成分。其次，也值得努力擴大市場行銷、配銷參與比例，以具體實現市場價值與利潤。

本節討論生產與作業管理的歷史沿革與發展，並由歷史沿革開始，然後討論當前的發展，以及所面臨的挑戰；內容新穎有趣，值得詳細閱讀。

第五節 結　語

生產活動是人類創造價值的主要活動之一，其歷史堪稱久遠。由於生產的產值高，生產與生產管理自然受到重視，因此，生產與作業管理是一個重要課題。現在國內外管理學界討論的生產管理，內容包括自西方工業革命以後，在工業生產及管理方面的進展。

西方工業革命之後，由於工廠興起等原因，工業生產改採集中、大量生產的方式為之。由於規模大，使用的資源多，生產管理遂成為一門重要學科。本書討論生產與作業管理，在各章節中對個別課題闢有專論。本書共分十八章。本章為本書的簡介，以討論生產與作業管理概論揭開本書序幕。本章第一節討論生產與作業管理的概念，第二節簡介生產與生產過程，第三節說明生產過程與生產系統的差異，第四節討論生產管理的歷史發展。本章內容簡明扼要，在各小節中，並對專有名詞詳加說明，應該對讀者極有幫助。

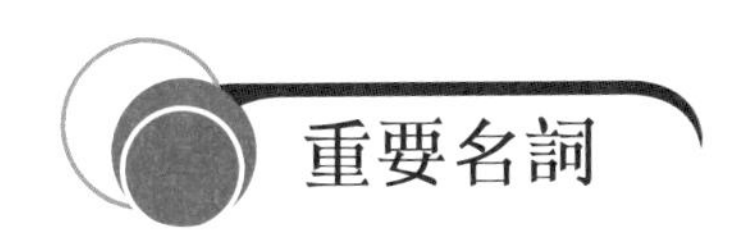

生　產	投　入	服務導向
作　業	生產系統	生產部門
生產管理	產　出	生產類部門
作業管理	產　品	服務類部門
營運管理	產品服務	增　值
生產過程	產品導向	附加價值

加工方法
改　善
效　率
效　用
產　能
品　質
前置時間
彈　性
生產服務
技術服務
工業工程
分工方式
企業環境
生產管理系統
生產與作業管理策略
科學管理
敏捷製造
高　效
優　質
綠色永續生產
改善效率方法

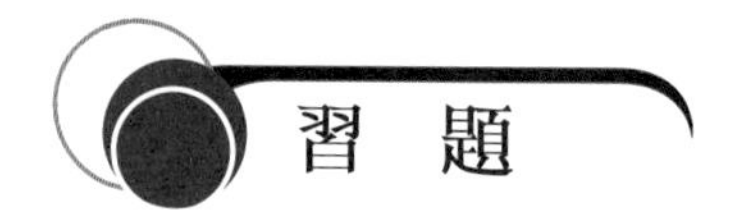

習　題

簡答題

1. 生產的定義在廣義及狹義上有何差異?
2. 試問銀行等金融機構之產品有哪些項目?
3. 試說明企業的產出包含哪些?
4. 試說明產品與服務之差異。
5. 為什麼服務業有人格密集的特性?
6. 在選擇生產過程前，管理者應先就哪些事項做出決定?
7. 生產過程在實際運作上之表現可由哪些項目觀察之? 其定義為何?
8. 生產系統包含哪些部分? 生產系統與生產過程有何差異?
9. 試比較廣義與狹義的生產系統間之差異。
10. 試說明環境與生產系統之關係。
11. 試說明生產管理系統之組成與其間之關係。
12. 泰勒的科學管理概念包含哪些? 由何而來?
13. 在科學管理發展期間，另外有哪些人對生產管理理論的發展也有貢獻?
14. 電腦革命與網路發展對生產管理有何影響?
15. 試說明敏捷製造。
16. 試說明附加價值的概念。
17. 試說明綠色永續生產的意義與目的。
18. 試說明現代生產與作業管理的特徵。
19. 試說明生產與作業管理的發展趨勢。
20. 試說明泰勒建議可藉以改善效率的方法為何?

註　文

❶在電腦與網路興起後，為拓展網際網路在各國內與國際之間的網路的通用性，需要先制訂能為大家共同接受的傳輸、運用標準，才能在通行的網路環境中進行資料的儲存、檢索、格式化(Format)、瀏覽和展示。提摩西・博納斯李爵士 (Sir Timothy Berners-Lee) 於 1989 年在歐洲核子研究組織 (CERN) 工作期間，發明了網際網路的工作環境標準，此一標準名為萬維網 (World Wide Web; WWW)，並很大方的提供免費使用。

為繼續拓展萬維網的功能，提摩西・博納斯李在 1994 年轉往麻省理工學院任職，並創建了萬維網聯盟 (W3C) 以開發萬維網的協議和方針、發展萬維網潛能並確保其長期發展。目前萬維網是一個國際化的聯盟機構，其會員、全職工作人員和公眾攜手合作開發萬維網標準。

W3C 以制定萬維網標準和方針的方式履行其使命。到 2004 年為止的頭十年中，W3C 出版了八十多份 W3C 推薦標準，並積極參與教育、推廣及相關軟體開發工作，並已成為一個討論萬維網的主要公開論壇。為了盡展萬維網潛能，網路基礎技術必須兼容，還要能並蓄不同的瀏覽軟硬體，讓它們協同工作。W3C 稱此一目標為增進「萬維網互用性」。為達成此一目的，W3C 致力於通過、出版、公開非商業性質的萬維網語言和協議標準，以維持萬維網全球通用。

提摩西・博納斯李爵士由 1994 年 W3C 建立以來一直擔任 W3C 的總監。全球已有許多不同領域的組織加入 W3C，參與此一制定萬維網標準的中立論壇活動。W3C 對萬維網作出了傑出的貢獻，為保證萬維網在未來持續發展，並能適應多元化的人員、硬體和軟體需求，W3C 會員、職員正繼續擴大與各方面專家攜手合作，共同開發這些技術。

W3C 的全球倡導計畫包括培育全球四十多個國家、地區和國際的聯絡組織。W3C 的活動，除了具公益性質外，當然也影響相關應用的收益內容，謹此建議有興趣的讀者與企業上網搜尋更多資訊參考。對於相關議題有興趣的讀者，可先進入 http://www.w3c.org.hk/Consortium/index.html.hk 參考。

❷請參考 Laudon, K. C. and Laudon, J. P., *Management Information Systems*, 9th Edition, New Jersey, Prentice Hall, 2002.

筆記欄

第二章

企業政策與國際化競爭

Production and Operations Management

前　言

國際化使企業營運範圍擴大，企業也面對更多國際級競爭對手，因此，競爭環境已經具體改變。對國內企業而言，在國際市場劇烈變化之際，有必要利用企業政策以提高生產力與競爭力。基於此一觀念，本章特別討論企業政策與國際化，並提出建議以供讀者參考。本章由近代企業環境變遷談起，第二節進而討論國際化的進展與影響，第三節簡介企業政策的部分內容，第四節討論製造策略的發展，第五節是結語。

大家都知道，在經營過程中，為了確保企業成功與發展，管理者必須慎選目標，然後依據目標修訂策略，排定執行方法及步驟，並依序執行之。一般大企業多有明訂的目標及策略，至於中小企業有時並無明文的目標與策略。不過不論有無明文目標與策略，若長期觀察某一企業之決策行為，仍然可以觀察其發展走向。也就是說，由企業決策及行為，可以瞭解企業目標及策略走勢。同時，營運決策也是目標及策略之體現。

在營運決策的過程中，企業將累積資源及經驗，並改變企業體質。若能在營運過程中累積經驗，可以培養企業能力與專長。企業的能力與專長，後來也能影響未來的目標及策略。也就是說，目標、策略、決策及行為間，有互動作用，而企業文化也因而改變。因此，企業應該訂定目標與策略，並設計適當步驟及執行方法，以培養企業專長及能力。培養出專長及能力之後，若能於營運過程中利用、發揮專長，則企業可提高其生產力與競爭力，並取得較大勝算。

若環境改變，影響到競爭方式時，企業原有專長及能力也可能轉瞬間便無用武之地。因此，訂定目標及策略時，必須重視環境變遷的影響，並預先研擬因應之道。

第一節　近代企業環境之變遷

西方工業革命之後，生產力不斷提高，產能、產量也日漸增加。同時，社會日漸繁榮，國民可支配所得增加。由於社會富裕、教育普及，消費者意識逐漸抬頭，企業環境也不斷改變。這些現象不僅出現在歐美地區，各工業化國家都有類似現象。由以往經驗可知，隨著工業發展，社會富裕以後，教育水準提高而消費需求改變，企業環境便不斷變化。企業是此一變化的催化劑，而企業也隨環境而改變。現在說明近代企業環境的變遷如下。

企業環境變化五階段

由工業革命至今，企業環境不斷改變。至今為止，已可以觀察到企業環境經歷五個演變階段。謹此概述如下：

◆ 1.生產導向時代

工業革命之後到1930年之間，西方積極振興工業，企業也努力增加產能及產量。當時商品供給仍然不足，只要有產品，不愁沒銷路。因此，企業以增產為主。企業經營的重點，是繼續擴大產量，因此，當時的企業大多以生產部門主導，也追求大量生產。這個階段是一個生產導向時代。

◆ 2.行銷導向時代

在生產導向時代中，企業產能與生產力迅速提高，並帶動經濟成長，使社會日趨繁榮。經濟成長一段時間之後，由於貨品充裕，消費者對基本商品的需求已日漸滿足，標準化商品需求開始下降。此時，如何銷售變成經營的重點。為了增加銷售，企業開始加強行銷活動，也拉開了「行銷導向時代」的序幕。1930年代初期，通用汽車開始逐年改變汽車造型，以吸引求新求變的消費者。當時通用汽車採行此一做法後，立即在市場上獲得成功，並超越福特汽車，成為市場領導者至今。

行銷導向時代開始之後，企業經營重心由「生產」轉向「行銷」。管理重點也由「加強內部管理」改變為「滿足外界需求」。因此，企業內部權力結構改變，行銷人才也開始擔任企業高層主管。行銷導向的第二個影響，是注重**研究發展 (Research & Development)**。當時為配合市場需求，企業開始加強研究發展，以確保科技領先，能領先市場變化。行銷導向時代由1930年代開始，至今其影響仍在。

◆ 3.財務導向時代

在生產、行銷導向這兩個階段中，企業規模日漸擴大，營業額及資金不斷增加。早期**財務部門 (Financial Department)** 的功能，是籌備資金以應企業營運所需，但在企業規模擴大，閒置資金增加之後，財務部門轉而尋求投資方法，以利用閒置資金取得更大收益。積極運用財務方法及工具，遂成為重要工作之一。此時，企業由財務操作取得的收益，有時還超過其生產所得。在這種狀況下，企業競相投入財務、金融市場操作，並大量任用財務專長人員，財務導向時代因而來臨。

自古以來，財務管理就是一個重要領域。但企業投入金融操作，則大多在企業規模擴大、營運及閒置資金增加之後開始。美國最近這一波財務導向時代由1960年代開始，至 1990 年代其影響才開始下降。我國則在 1980 年代進入財務導向時代。

1960 年代中，美國企業規模已經很大，若繼續擴充，其利潤有時不增反減。企業因此改變策略，不再擴充規模，轉而努力提高利潤。為由財務操作中取利，美國企業競相任用財務、會計、法律等專業人才，並委任他們擔任高級主管，以改善企業財務表現。這些人進入企業之後，精心利用財務專業工具以處理併購 (Merger and Acquisition)、股票上市等事宜。由於專業不同，這些人有時不關心生產本業，只注重財務操作。由 1960 至 1980 年間，美國企業為了提高收益，開始減少生產設備及保養投資，並削減研發支出。到 1980 年代中葉，財務導向的缺點逐漸呈現出來。美國電子、工具機業及汽車業為提高收益而縮減各類投資，進行各類策略重整 (Strategic Restructuring)，並減少、縮短產品線。此一發展造成市場佔有率降低，在某些產業中，美國產品甚至完全喪失競爭力。

◆ 4. 生產力導向時代

在美國企業以財務為導向，專注於增加收益時，日本、德國及亞洲各工業新興國，仍然處於生產或行銷導向時代，並以生產力在世界市場中取得優勢。當時為因應這種挑戰，以美國為首的西方國家，遂展開提高生產力的活動。當時許多學者、專家進行製造策略比較研究，希望能找出提高企業生產力及競爭力的方法，以挽回西方企業的頹勢。「生產力導向時代」因而來臨。

截至目前為止，對於生產力導向時代的競爭方式究竟如何，意見仍然分歧。美、日、歐洲銀行、企業不斷進行合縱連橫，以繼續擴大經濟規模。也有些企業積極發展特殊專長，希望能利用、發揮專長以便取勝。大多數學者及專家認為，經歷以上四個企業環境階段之後，企業必須在生產、行銷、財務、研發各方面都維持強勁的競爭力，才能確保市場優勢。

原則上，在環境改變時，企業必須因應環境變化。有趣的是，各國企業所經歷企業環境可能不同，因此，遂有經濟分工的現象。例如許多人認為現在大陸是世界的工廠，其言下之意，也就是現在大陸正經歷生產導向時代。另外，由於各國企業所處企業環境階段不同，在與各國企業競爭時，實應採取不同競爭方式。

由以上敘述可知，由西方工業革命開始，隨著工商歷史的進展，企業與環境均不斷改變，且此二者於改變中互相影響。同時，在這一段歷史中，我們也可以觀察到變革對企業競爭方式所產生的影響。概略言之，此類影響至少包含以下幾點：

(1)企業規模日漸擴大，企業組織隨功能增加而日趨複雜，為因應管理上之挑戰，遂有企業內分權及各分公司或部門自治的現象產生。

⑵由於企業的規模、競爭方式等均已改變，行銷、財務等新興功能日趨重要，企業內必須增加部門以負責新興功能之任務。這些部門設立於各企業內之後，加速了競爭方式的改變。

⑶在競爭方式改變時，產品的賣點改變，因而產品品質逐漸提高，社會需求及企業競爭方式趨向複雜化。企業若欲維持其競爭力，必須能順利將新興功能融合於原有體系之內。企業若欲提高其生產力及競爭力，更必須在各功能上均保持優勢，並妥善將企業之功能相互搭配。

◆ 5. 全球運籌管理時代

近年來國際大廠開始強調提供客戶即時服務、縮短交貨期、強化全球生產供應體系和提升企業本身的競爭力，因此造就了全球運籌產銷的趨勢。全球運籌管理就是物流，也就是 1920 年代所謂的實體分配，例如運輸和儲存，以及較佳的行銷手法。美國運籌管理協會 (Council of Logistics Management) 認為「運籌」是以符合顧客要求為目的，就原材料、在製品、製成品、與關連資訊從產出點到消費點之間的流程與儲存，進行有效率且具成本效益的計畫、執行與控制。在物流這個領域中，1990 年代有了策略性物流 (Strategic Logistics) 的概念，希望利用通路夥伴聯盟與物流能力來爭取競爭優勢。

康柏 (Compaq) 等資訊大廠為因應直銷業者蠶食市場的壓力，曾經推出接單生產 (Build to Order; BTO) 的營運策略，並開啟了全球運籌產銷時代。美國戴爾 (Dell) 與 Gateway 2000 等電腦直銷業者在 1990 年代中期以後業績大增，康柏、HP 與 IBM 等知名品牌廠商積極謀求圖強制敵之道。康柏在 1997 年 7 月率先推出「最佳運送模式」(Optimized Distribution Model; ODM) 計畫，以最低價格提供顧客選擇產品內裝、交貨期、組合方式的交易方式 (Give customers the options of what, when, and how they want it, at the lowest price.)。也就是「以最低價格、依照客戶的需求生產，按照客戶要求的時間與運送方式將產品提供給客戶」。最佳運送模式 (ODM) 的執行策略有三：

⑴「接單生產」(Build to Order; BTO)

為能更有效的調和供需，康柏將「預測生產」(Build to Forecast; BTF) 的做法，改變為「接單生產」，以便按照實際使用者的需求生產。這種做法可以減少因預測與實際需求之間的差距而形成的庫存壓力。

⑵「顧客配置化生產」(Configuration to Order; CTO)

由於個人電腦系統規格存在多樣化的需求，康柏將 BTO 執行策略擴及「顧客配置化生產」(Configuration to Order; CTO)，不但可依訂單生產／組裝產品，更可依照客戶希望的系統配置規格（例如光碟機倍數、記憶體容量、網路週邊需求等）進行後段的組裝工作。

⑶由通路商負責組裝工作

一般 BTO 可由 OEM 廠商負責生產與組裝工作，不過康柏的「ODM 模式」計畫則要求通路商負責最後的系統配置工作，並進而形成所謂**通路商組裝規劃** (Channel Configuration Program; CCP)。

康柏推出 ODM 模式後，其他資訊大廠也陸續跟進，例如 IBM 曾推行 AAP (Authorized Assembler Program) 計畫，將後段的組裝工作交由認證合格的廠商（稱為 AAP 廠商）負責。後來則更進一步與零件供應商合作，將零組件直接送給合作的通路商以簡化流程。HP 也曾與通路商合作實施名為 Extended Solution Partnership Program (ESPP) 的「**接單生產**」計畫，將部份系統配置工作交給合格通路商負責，以便生產符合使用者需求的產品，以減低庫存壓力。

在實行全球運籌管理時，康柏、HP 與 IBM 等資訊大廠可利用 ODM 與 BTO 等模式，僅保留產銷價值鏈中自己最具競爭力，最有附加價值的核心業務，例如產品規劃、行銷與採購；並將生產、物料倉儲、零組件／半成品／成品存貨、前段系統組裝等工作交給具有全球運籌能力的代工夥伴執行。系統後半段的配置及組裝工作則下放給合作通路廠商。這一個環節緊扣的上下游協力廠商系統，形成了資訊大廠的**虛擬企業** (Virtual Business)，而這個系統的密切配合，更協助他們在激烈競爭的資訊產業中脫穎而出。

我國及其他承接資訊大廠 OEM 訂單的國家及廠商，在全球運籌管理中成為全球即時供貨 (Just-in-time) 體系中的重要環節之一，是品牌商及通路商的供應來源。國際大廠推動全球運籌管理之後，OEM 廠商除負責製造責任外，還承擔了過去由品牌商揹負的庫存壓力與風險。因此 OEM 廠商需要利用更多模組化設計，將組裝程序簡化，以採用更少零組件種類、更節省材料成本。在與上游零組件供應商合作方面，也必須保持更緊密的合作關係，以便在生產方面達到及時供貨的效果，並同步降低存貨風險。同時，為接近市場以快速反應市場需求、降低庫存，OEM 廠商也需要積極的在接近客戶或市場的地點，佈設組裝據點與發貨倉庫。在這種狀況下，OEM 廠商的營運內容改變，將演變成營運範圍趨向於全球化；其所提供的產品，不只有實體產品、設計與維修，也將延伸包括部分後勤服務，並逐漸形成代工廠商的全球運籌產銷模式。

我們知道，在近代企業發展的過程中，每一階段的競爭功能不同。在每一階段中都需要根據競爭功能的改變發展新功能，並將新功能納入企業系統，然後調適整個系統以提高生產力、發揮競爭力。除了由於科技改變帶來的階段性變化之外，企業成員、心態與工作方式、內容每天都在演變，也每天需要調適自己以發揮生產力。在企業發展經歷了生產、行銷、財務導向的階段之後，大部分企業內都有了生產、行銷、財務等功能或部門。為了積極提高生產力，歐美企業已經以改善系統配置與配合的方式提高整體生產力。同時，電腦及網路的發展已引發有關價值鏈、供應鏈，以及利用網路推動全球運籌管理以掌控全球市場的做法。

隨著企業發展進入不同的階段，以及新競爭功能的出現，企業必須先增補競爭所需的新功能，然後不斷調適企業系統，使各功能獨立有效運作，也能合作產生**加乘效果**。國際化與全球化的趨勢帶動價值鏈、供應鏈的研究，利用網路推動全球運籌管理已成為掌控全球市場的必要措施。開發中國家為了獲取訂單，不斷配合國外進口商的需求而建立供應鏈網路資料。由於這種發展，西方企業的全球運籌管理網絡已逐漸成形，並可直接由網路檢視第一線供應商的成本結構。這種發展協助將國際買方的影響力向前向後延伸，更加提高國際大企業的競爭力，並對開發中國家產生更大壓力。

面對這種全球運籌管理的壓力時，在世界經濟分工中負責代工的開發中國家企業應該儘速引用價值鏈、供應鏈、全球運籌管理方面的研究成果，並反覆尋求改善市場、企業系統及生產力之道，以便儘早改善市場上的競爭狀態。

由歷史發展可知，企業環境變化時，雖然短期內可能只影響到少數部門，但長期必然改變整個企業系統的運作。同時，由於環境改變帶動主要競爭功能的轉變與增減，其長期影響必然長存於企業之中。歐美企業以往在面對競爭功能轉變時，根據演變階段而改變主要競爭功能與企業主管。德國與日本則以增加新功能，並將此一新功能納入原有體系，仍以原有的生產部門為主要競爭功能。在環境變遷時，照理說企業應該還是以產品或科技為主要競爭工具，並輔以強大的行銷、財務等功能取勝。因此，看起來德國與日本的做法有其可取之處。

在近代企業發展的歷史中，企業環境的發展帶動生產、行銷、財務管理等功能的出現。在每一個功能出現之後，企業必須先嫻熟此一新的競爭功能，並在此一功能也取得領先，才能提高競爭能力。在生產、行銷、財務管理等功能出現時，企業的競爭功能不斷充實、逐漸發展，成為一個完整的企業個體。但各新功能的發展確實也影響企業體質及發展。有些企業隨著環境的發展改變主導部門，有些企業則堅持以產品領先作為主導的做法。這兩種發展方式創造出不同的企業組織與競爭優勢，使世界企業活動多樣化、豐富化。

除此之外，我們還可以有不同觀察與論點。在生產、行銷、財務管理等功能出現時，企業設法增補新的競爭功能，並盡量改善這些新競爭功能以提高競爭能力。為了不斷提高競爭能力，許多企業不斷循環改善企業內的各功能部門，以便改善企業的整體系統。這種做法非常有效，也值得推廣。但由線性規劃等數學規劃方法可知，個體的極佳化通常不能產生整體的極佳化。所以，若要尋求達成整體的極佳化，就需要由整體著眼，進而規劃能達成整體極佳化的個體運作方式。現在西方推動的全球運籌管理，可說就是由此著眼而推動的企業經營改善活動，講起來頗有其中的智慧。

原則上，企業的改善活動，可由各功能部門開始，逐步一個、一個的循環改善所有部門。在改善各個部門的過程中，也需要觀察這些改善能如何發展、調適整個企業系統，以便將企業改善的成果內化 (Internalize) 與調適，好帶動企業與能力不斷升級，不斷更上一層樓。

在本文所述的五個企業環境發展階段中，在企業高層管理者、主導部門、品質概念、消費者需求以及生產批量等方面已產生極大變化。為協助讀者取得整體觀起見，謹此將相關變化內容整理如表 2–1 所示。原則上，在進入不同企業環境階段時，由於各國企業可能處於不同競爭階段，在與此競爭時，企業必須能夠調整其目標、策略及競爭功能，以便因應不同的競爭需求並取得競爭優勢。

表 2–1　歐美企業面對近代企業環境與競爭狀況變化之反應

企業環境	主要競爭部門	高層主管專業	生產批量	消費者需求	品　質	競爭因素
生產導向	生產部門	理工背景	大	產量充分供應	符合規格	生產效率
行銷導向	行銷管理部門	行銷專長	大	產品特色	產品耐用	行銷能力
財務導向	財務管理部門	財務專長	大	產品精美	產品精美	財務決策能力
生產力導向	財務管理部門	財務專長	彈性配合需求	產品精美	產品優雅	系統協調運作
全球運籌管理	財務管理部門	財務專長	彈性配合需求	產品精美適用	滿足特殊需求	企業全球運籌能力

國際上進行製造策略研究時，學者發現日本、德國企業在環境演變時，其因應做法與歐美企業不同。歐美企業在環境由生產導向進入行銷導向時，改以行銷專長的人擔任高層管理者；而環境演變進入財務導向以後，便改由財務專業人才為高層管理者。由於這種做法，歐美企業的生產能力逐漸下降，在 1980 年代中期已經落後於日本、德國，以及亞洲新興工業國家。

反觀日本、德國企業，卻有不同做法。日本與德國企業在環境演變至行銷導向時，在企業組織內增加行銷部門，並盡量趕上，做好行銷工作。甚至在企業內推廣相關概念與做法，協助企業內所有員工瞭解行銷的功能與工作。但由於他們理解「企業以生產為目的」，因此企業高層管理者仍維持由具有生產專長者擔任之。同樣的，在環境演變到財務導向時，企業也立即增加財務部門，努力加強整體對於財務管理的知識與能力，但仍然維持由具有生產專長的人士擔任高層管理者。

由於以上不同做法，日本與德國企業在環境演變過程中，仍然能專注於提高生產能力，同步發展出生產、行銷、財務等專長，以及組織全面整合、一體運作的能力。歐美企業在這個過程中，跟隨環境的改變而調整企業主導力量與部門，雖經歷同樣演變過程，卻演變成截然不同的企業組織，並導致企業生產力與競爭力下降。

由以上討論可知，企業原以生產為目的而成立，無論環境如何演變，都應該繼續加強生產部門，努力提高生產力，以維持企業原有的目的與所需競爭能力。企業既以生產為目的而成立，高層管理者中必須維持具有生產專長的人，也應以生產部門為其主導部門。把話講得更直接一點，筆者認為日本、德國企業的做法正確：企業高層管理者應該由「具有生產專長的人」擔任才對。

企業專心經營本業，是企業成立的初衷，也是企業經營的主要目的。生產企業本以生產為主，照理說應該維持此一主導部門與主導思想。在環境演變時，若隨意改變主導部門，企業原先培養、累積出來的專長與員工將於轉瞬間失去作用，可能造成很大的浪費。同時，若在新興專長方面無法建立超越其他企業的優勢、無法勝過其他企業時，更可能喪失立足之地，極其危險。同理，若一個成功的行銷企業，因為行銷功能強大，生意很好，便想增加生產部門以自行生產，也可能有危險。隔行如隔山，一個成功的行銷企業，可能有高強的行銷能力，但若不能取得和累積生產經驗與專長，將很難確保生產方面的競爭優勢，當然就不一定能做好生產工作。

第二節　國際化的發展

所謂國際化 (Internationalization)，在英文中是國際合作的意思。對於企業而言，所謂國際化，是以國際通用的概念、方法，與國際對手在國際市場上競爭。國際化以後，不但我們可以進入外國市場，外國企業也可進入我們的市場，與我們以相同規範競爭。與國際化齊名的，另外還有全球化 (Globalization) 這個字，全球化的英文涵義是 “to make global or worldwide in scope or application”，則有全球同化的意涵。實務上，國際化似乎比較中性，而全球化則具有強制的意味。一般在進行國際化時，仍然容許保留各國、各地的特色，但在全球化時，其中各國、各地的特色，在經過全球化浪潮衝擊之後，可能逐漸消逝而所剩無幾。

近年來，國際化浪潮已席捲世界，除了企業活動範圍超越國界之外，由於各國加入**世界貿易組織** (World Trade Organization; WTO)，並接受 WTO 的規範，各國法律、規章等必須符合 WTO 的規範，已開動了全球同化的列車。同時，由於歐洲單一市場的發展，**國際標準化組織** (International Organization for Standardization) 於 1987 年公佈 ISO 9000 系列之品質管理及品質保證標準，並要求全球企業採用 ISO 標準以提高產品或服務品質。因此，ISO 9000 品質管理系統認證已成為進入歐洲共同市場的門檻。也就是說，歐洲共同市場強制世界其他國家企業，必須經由 ISO 認證以符合歐洲共同市場的品質門檻規定。此一做法有全球化的強制性質。但為與歐洲企業往來，各國企業只好勉力取得 ISO 認證。

全球化的浪潮，在對 WTO 的抗議活動不斷增加，以及美國紐約 911 恐怖事件之後，勢頭已經下降。全球化的未來發展如何，仍值得識者拭目以待。國際化對於各國內政、企業發展都有影響，其影響層面既廣且深，無法以三言兩語帶過。現在簡略說明其中與企業管理相關部分如下：

一、服務業國際化的現象

國際化有很多好處，但也有缺點。在國際化的過程中，各國都想儘速與世界接軌。以新加坡為例，當初建國時，新加坡為了快速達成國際化，因而全面引進英語教育，並以英語為國語之一。但全面實行英語教育之後，竟然造成人民對國家、民族認同的問題，並使華人在國內選舉中變成弱勢。有鑑於此，新加坡政府立即全面恢復母語教育，才挽回國民對國家、民族的認同。前車之鑑，後事之師，我們現在正進行教育改革，其中也有不少國際化的意涵與做法。教育改革就是一種社會改革，因此，必須妥善規劃教育改革，才能避免盲目國際化的失誤。

討論國際化的議題時，有人擔憂國際化帶來的競爭問題。但識者認為不必過於擔憂。即以電子商務發展之後，服務業國際化的結果為例，學者認為服務業進行國際化時，雖然企業規模擴大，但其營運對其祖國的經濟效益不大，反而有益於當地經濟。例如在金融業中，美國運通 (American Express) 是金融業國際化的重砲之一。1996 年美國運通總營業額達 162 億美元之多，其中 120 億美元的營收來自國內，國外營收約 42 億美元之譜，佔總營業額的 25%，但國外總雇用人數則高達總員工數之 40% 左右。

在美國運通總營收約 162 億美元中，海外盈餘轉回國內的部分只有 3%，共約 5 億美元。也就是說，美國運通雖執世界金融之牛耳，但其國際化對美國卻無太大實質效益。服務業國外營業支出高於國外營收，是國際服務業常見的現象。就金融業而言，其國外辦公室、設備及雇用員工支出常較國內為高。究其原因，可能是進行國際化時，由於市場差異、業務範圍受限等因素，使其效率降低，而成本較高。

另外如美林證券 1996 年總營收中，約有 76% 來自國內，而 24% 來自國外。與美國運通的經驗類似，其所能回饋本國的盈餘也只約 3%。同時，由於顧客對國外金融機構信賴程度不同，有時不願意與外商打交道，並造成業務推廣困難。以日本為例，在當地購買微軟 (Microsoft) 股票時，每 100 股手續費為 500 美元，但若透過網際網路經由美林證券購買時，其手續費僅約 3 美元。雖然費用差距如此之大，但日本顧客仍然願意經由日本銀行買賣外國股票。

由以上討論可知，服務業者雖可進行國際化，但其市場不大，不可能取得太多經濟效益。原則上，外國服務業者進入本地市場時，雖可分享部分市場，卻無法霸佔整個市場，無法由國外市場取得太大經濟利益。外國服務業者進入本地市場時，將創造當地就業機會，並帶動該地經濟發展。也就是說，服務業者進行國際化時，仍然有利於發展當地的市場與經濟。在這種理解之下，可做如下推論：國家若要改善國際貿易收支，可能必須加強生產事業的競爭能力，以加強外銷的方式創造經濟效益。

話雖如此，但生產事業與服務業者前往外國投資，確實可增加國外影響力。同時，國外分支機構經營成功時，也可能排擠當地國企業，反之亦然。除政治、社會影響力之外，也有些企業前往國外投資以利用當地廉價的資源或人力，也有人想藉以取得外國市場資訊或科技，以便改善競爭能力、提高經營利潤與競爭優勢。

二、國際化的影響

國際化將改變企業營運環境，並改變企業營運方法、技術等。對於企業而言，概念上，國際化至少將帶來以下八項影響：

(1)生產過程更資本密集，大公司、大廠更具有成本優勢。

(2)競爭由經濟規模擴大到範疇規模。

(3)為追求經濟規模與範疇規模，企業必須建立並擴大行銷、配銷體系。

(4)領先的國際化企業在生產、行銷、管理上將具有優勢。

(5)競爭或仍以成本為主，但在策略上，將更注重生產、行銷、製程發展。由於大企業不斷進入開發中市場，並退出衰退市場，未來將造成寡佔市場的局面。

⑹在寡佔局面下，產品的特殊能力、保留盈餘的運用、繼續成長的方式等三方面相形重要，若處置得當，將可協助企業繼續成長。

⑺企業組織改造、總公司角色定位、成長方式、成長過程、多角化的方式等，將成為未來重要課題。

⑻改善垂直整合 (Vertical Integration) 以及供應鏈 (Supply Chain)，將可提高企業體質。

由以上八項可知，國際化之後，由於企業營運範圍、市場擴大，企業必須擴大規模。因此，在競爭時，領先國際化的大型企業將具有競爭優勢。此類企業跨足數個產業，所以在科技、人力、行銷管道上可能佔優勢，有時甚至可以控制產業或市場。但此類企業由於規模過大，內部控制不免產生困擾。

在面對內部控制上的困難時，此類企業必須進行組織改造，以明確界定總公司與分公司間分工與合作關係。同時，在策略方面，需要注重成長方式、成長過程。在多角化、垂直整合，以及供應鏈整合方面，還要能創造經濟規模的優勢，否則難免會有成本過高、效率下降的困擾。

三、對國內製造業者進行國際化之部分觀察

筆者曾參與波士頓大學的國際製造策略調查研究，在臺灣進行製造策略調查。以下藉此一調查結果說明此一課題。在本小節中，我們討論二個子題：國際化與環境之關係，以及進行國際化生產的理由。現在說明如下。

在 1998 年的調查中，我們詢問企業是否已進行國際化，以及它們對環境的看法，其結果可如表 2–2 所示。由表 2–2 可知，未進行國際化之企業在「常用不同行銷策略」，以及「能全面把握市場變動趨勢」這兩項上，分數高於已進行國際化企業。也就是說，企業是否進行國際化，和它能否掌握環境變化有關。這個答案很有趣，所有企業面對類似的環境，但若能掌握行銷策略，也能瞭解及把握市場變化，則不一定需要進行國際化才能生存。

進行國際化時，常見的做法有國外設廠生產、成立國外研究單位、在國外建立行銷部門與通路等三種。在 1998 年的調查中，我們對於國外設廠企業調查其國際化理由。在已進行國際化的企業中，屬於消費品產業者共有 14 家，基礎產業類有 39 家，電子製品業類有 33 家，機械製品類則有 17 家。現在將其國際化生產理由整理、排名如表 2–3 所示。

表 2–2　國際化與環境之關係

環境因素	國際化	未國際化
貴事業單位所面對之市場特性相同程度很高	+	++
在國內，貴事業單位所屬產業設立新事業單位時在法律上有極多之限制		
在國內，貴事業單位所屬產業設立新事業單位時需有極大資本	++	++
貴事業單位常用不同的行銷策略(如價格競爭、差異化策略、市場區隔策略等)	+	++
貴事業單位能全面把握市場需求變動的趨勢	+	++
在貴事業單位所屬產業內，企業的中高階管理人員的流動性很高	–	–
在貴事業單位所屬產業內，專業技術人員的流動性很高		

(註：++ 表極重要，+ 表重要，– 表不重要)

表 2–3　國際化生產的理由排名

分類	國際化理由	整體	消費	基礎	電子	機械
原料	接近較低成本之原料供應	6	3	5		3
原料	接近原料來源			6		9
原料	接近高品質之原料供應					6
勞工	獲得廉價勞工	1	1	2	3	10
環境	獲得有利社會與政策環境	5	4	4	5	2
優惠	取得稅率優惠與投資獎勵	4	2		4	7
市場	接近主要客戶	2		1	1	5
市場	提供快速服務與技術支援	3		3	2	1
對手	接近主要競爭對手					8
技術	接近技術來源					
環境	改善勞工工作生活品質					4

由表 2–3 可知，國內生產業者進行國際化生產的主要理由，包括獲得廉價勞工、接近主要客戶、提供快速服務與技術支援、取得稅率優惠與投資獎勵及接近低成本原料供應等五項。若將國際化生產理由排名，則按選取家數排名，其前三名依序為：接近較低成本之原料供應、獲得有利社會與政策環境、取得稅率優惠與投資獎勵。

由以上簡略討論可知，對於我國生產業者從事代工而言，若能繼續加強生產能力並掌握行銷方法及市場變化，其實不進行國際化也能繼續生存、發展。同時，我國生產業者進行國際化時，目的主要在接近低成本原料供應、獲得有利社會環境與政治環境，以及設法取得稅率優惠與投資獎勵等三方面。但若我國企業不甘於只替人代工，願意發心逐鹿於世界市場，則如何由代工廠商，蛻變成為一個利用運籌管理進入世界市場的國際企業，就成為一個重要的使命與課題了。

本節簡單討論國際化課題。國際化與全球化的發展已經造成國際競爭本土化、本土競爭國際化的情況。由於各地法令規章、文化、地區市場特色、地區消費偏好等原因，短期之內國際化與全球化的趨勢，還不會引發國外企業席捲本國市場的現象。同時，外國業者進軍本地市場時，將為本地創造更多就業機會，並帶動本地經濟發展。原則上服務業對國際貿易收支影響不如生產業，各國若要改善其國際貿易收支，仍應加強生產事業，並促進外銷以創造經濟效益。長期而言，由於臺灣廠商規模小，外國大企業仍可挾其人才、資源、資金、知識、技能方面的優勢，悄悄鯨吞蠶食我國廠商及市場。我國管理者必須預見此一可能性。進攻是最好的防衛，願與我國管理者共勉之。

第三節 企業政策與競爭策略

在企業政策這個領域中，常見的有「企業政策」(Business Policy) 及「策略管理」(Strategic Management) 這二個名詞。通常企業政策討論政策理念為多，而策略管理則偏向於策略的研擬與運用。本節討論的內容以波特 (Michael E. Porter) 提倡的競爭策略 (Competitive Strategy) 為主軸。謹此說明如下：

一、企業的競爭策略

哈佛大學的波特教授曾將企業的基本競爭策略整理成三個，這三個基本競爭策略是總體成本領導策略 (Overall Cost Leadership)、差異化策略 (Differentiation) 及定點化策略 (Focus)。

所謂總體成本領導策略，是企圖以低成本、高供應量取勝。差異化策略則以品質、式樣或品種上的差異競爭。至於定點化策略，則通常是僅選定某一特定市場為競爭範圍，並在該市場中以價格或差異化競爭。原則上，總體成本領導策略和差異化策略兩者，以整個市場為競爭範圍。而定點化策略則僅以特定市場為其競爭範圍。

1.總體成本領導策略

採用總體成本領導策略時，強調營運效率，因此，企業將設法降低成本，希望形成最低成本的優勢。採用這種策略時，第一，企業必須設法提高生產量，以達成經濟規模。第二，不斷改良、簡化生產過程，以降低成本。第三，增加大顧客，以擴大市場佔有率。同時，企業也將嚴格管制費用，以降低成本。採用此一策略時，其最終目的在於保持產品品質、服務、供應，於某一既定水準，但將成本降低到產業標準以下。若能達到此一目標，由於成本最低，即使面對激烈競爭，企業仍可享有較高利潤。

為取得經濟規模優勢，企業應該增加產量及市場佔有率。在採購方面，企業需要改良採購方式，以便低價取得原物料。在產品方面，企業需要改良產品及生產過程，使能大量、高速生產。同時，也要增加產品種類，以善用產能、增加產量，繼續降低固定成本分攤比例。為增加銷路，企業必須開拓市場，爭取大客戶。為降低成本，可能需要使用技術密集的生產設備。為開拓市場，可採行具有攻擊性的訂價策略，並忍受初期損失，以快速提高市場佔有率。若能提高市場佔有率，產量可以繼續增加，由於生產成本及原物料成本繼續下降，企業利潤或可大幅增加。長期而言，為維持成本優勢，企業需要不斷引進新生產設備以繼續提高產量、降低成本。對生產部門而言，使用總體成本領導策略時，策略重點是提高生產效率、降低成本。因此，要使用專用設備及技術人力，並推行自動化、使用機器人。為增加產量，可以採用存貨生產方式，並保持存貨以應不時之需。在設計產品時，要注意使產品容易生產，產品、零件盡量標準化，以及生產學習效果等，以提高經濟規模效益。一般而言，價格、品質、服務及供應量是競爭四要素。總體成本領導策略專注於降低成本，其做法是使用專業生產設備大量生產，以提高產量。品質、服務等還在其次，只要維持在產業平均水準即可。

總體成本領導策略有二個缺點。若設備過於專業化，在市場需求改變時，很難快速改變生產過程，有時無法迅速反映市場、產品樣式的變化。另外，生產科技改變時，必須投下大筆資金以改用新設備，才能保持成本領導優勢。

2.差異化策略

差異化策略注重凸顯產品特性，以提高產品競爭力。差異化可表現在許多方面，例如設計、品牌形象、技術、產品功能、服務、行銷、品質等都可作為特色。由於產品可以差異化取勝，不必以價格競爭，因此，有獲取高利潤的可能。差異化策略既以產品差異取勝，產品差異愈大，其效果愈明顯。同時，顧客若受產品特性吸引，將對該產品情有獨鍾，產品忠誠度高，不容易轉換產品。若要與採用差異化策略的企業競爭，競爭對手必須生產具有相同特性、更好的產品。因此，產品差異愈大，對手愈難競爭，等於是有了進入障礙 (Entry Barrier)，可以保護企業免於競爭。

企業若能成功採用差異化策略，其競爭地位可以提高。但差異化策略也有缺點。為使產品與眾不同，企業必須具備研究發展與產品設計能力。同時，為凸顯品質，企業通常要使用比較好的原物料，或提供較佳售後服務，因此成本往往較高。另外，產品雖然特殊，但由於價格高，將無法取得太大市場佔有率。採用差異化策略時，若以產品取勝，則生產部門要能生產特殊產品，使顧客欣賞、接受。無論以品質、樣式或科技取勝，產品都要具有特色，能吸引消費者。因此，要有生產彈性，能依照要求改變產品。若以行銷取勝，則品牌形象要能凸顯產品特性，並有特殊銷售或配銷優勢。若以服務取勝，則要有好的售後服務系統。原則上，差異化策略的重點，是以品質或服務取勝，成本及產量為次要因素。但使用差異化策略時，需要較多技術工人，因此與其他經濟因素比較時，工資通常成長較快，有可能影響成本，使企業競爭力下降。

◆ 3. 定點化策略

企業使用定點化策略時，僅以某些特定顧客、產品線或地區為競爭範圍，因此，定點化策略也稱為市場區隔化 (Market Segmentation) 策略。國內也有學者稱之為專門化策略。定點化策略既以滿足特定顧客為主，企業通常會針對顧客的特殊需求，發展出獨特產品，再以總體成本或差異化策略競爭。例如各校學生制服不同，也多由幾家固定商家供應，便是定點化策略運作的實例。採用定點化策略時，企業的競爭範圍限於特定市場之內。由於競爭對手少，有時也能享有高利潤。定點化策略也有缺點。首先，由於以特定市場為競爭範圍 (Market of Competition)，其市場胃納有限。其次，企業產品雖有該特定市場的保護，但由於只適用於該市場，可能反而造成限制，使產品無法進入整體市場競爭，只能困守於該特定市場中。

原則上，使用定點化策略時，企業將選擇適合的市場或產品線，只在該領域中發展競爭優勢。即使選用定點化策略，仍然要決定在該市場中，應該使用總體成本領導，還是採取差異化策略競爭。例如，在學生制服市場中，可以低價競爭，也可以樣式或品質競爭。

以上三種基本競爭策略各有優缺點，也各有其適用範圍 (Feasible Region)。前面已經討論過使用各該策略時，企業所需的能力，以及可能產生的風險。原則上，企業應該先研判本身的優勢與能力，進而選擇適用的基本競爭策略。選定策略之後，便應堅持策略路線，不斷加強策略能力，以確保成功。原則上，各策略有既定的組織結構、成本控制及思考方式，若能持之以恆，一定能建立策略優勢。因此，管理者必須堅持策略路線，並統一企業意志，以使策略得以執行。現在將執行策略時，所需的企業能力及技巧整理如表 2-4 以供讀者參考。另外，相關的策略風險則如表 2-5 所示。

表 2-4　執行策略應具備之能力及技巧

策略名稱	能力及技巧	組織需求
總體成本領導	・資金來源充裕 ・製程技術高 ・嚴密之勞力管制 ・產品易於生產 ・配銷成本低	・嚴密之成本控制 ・定期、迅速且詳盡之管制報表 ・職權分明 ・以量為考績之依據
差異化	・強大之行銷能力 ・產品設計能力強 ・創造力 ・基礎研究之能力 ・品質或技術之商譽 ・有悠久的歷史或者能引用其他行業之技術 ・與銷售通路合作無間	・研發、新產品及行銷部門合作無間 ・以質為考績之依據 ・能吸引技術勞工、科學家或具創造力之工人
定點化	・根據其策略內容，由上述策略因素中擇優為之	・根據其策略內容，由上述策略因素中擇優為之

表 2-5　策略之風險

策略名稱	基本競爭策略之風險
總體成本領導	・由於科技改變使投資及學習失效。 ・新對手或市場中之跟隨者經由模仿或改進設備而降低成本。 ・只注重成本，無法在產品或行銷上趕上時代。 ・成本增加而喪失成本領導之優勢。
差異化	・成本過高，使顧客無法為產品差異所吸引。 ・差異化之效果不足或失效。 ・對手模仿產品，致使產品差異減少。
定點化	・成本太高，市場中之顧客向外發展。 ・特定市場被整體市場同化。 ・對手分化並併吞該特定市場。

若企業同時採行多種基本策略，由於資源分散，力量不集中，必然造成「四不像」之狀況。此類企業不但無法因策略取勝，反而可能作法自斃。通常這類企業的市場佔有率不高且資金不足，卻設法同時以低成本、差異化或定點化策略競爭。由於對手太多，企業之攻擊可能因目標不明而失敗。陷身於四不像的境界之後，為了要脫離困境，企業可能不斷努力以認清真正的方向。在這個過程中，企業由於內部之爭議，將在三

種基本策略中流連徘徊，直到管理者下定決心之後，這種狀況才可能逐漸改善。通常，市場佔有率與投資報酬率的關係可以 U 字形表示之。由於企業同時採用多種競爭策略，其市場佔有率不高也不低，正好在獲利率最低的位置（如圖 2–1）。

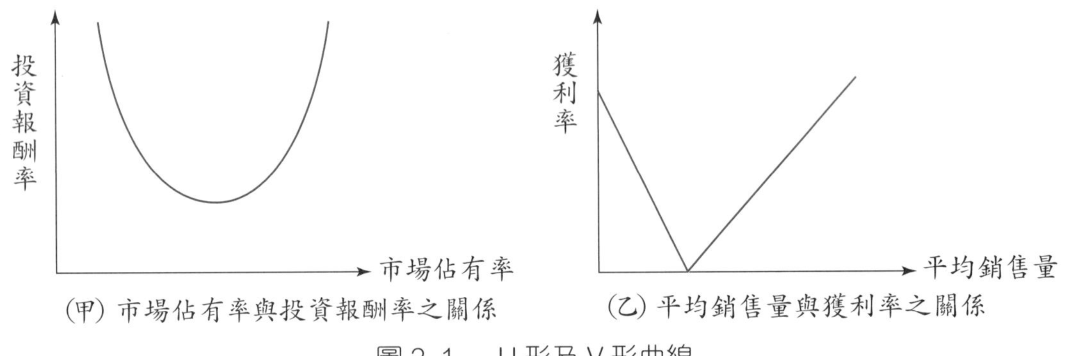

(甲) 市場佔有率與投資報酬率之關係　(乙) 平均銷售量與獲利率之關係

圖 2–1　U 形及 V 形曲線

長此以往，企業經營江河日下，一定很難挽救。此類狀況亦可以 V 形圖表示之。企業之銷售利潤通常呈 V 字形。平均銷售量極大或極小時，其獲利率高。銷售量中等時，其獲利率低。同時採用多種策略之企業，其市場佔有率及銷售量均屬中等，並因而獲取較低之利潤。因此，管理者應該不斷注意企業之策略取向，以免身陷於四不像境界而不自知。

二、生產部門在競爭策略中之地位

由有關企業競爭環境的簡略討論可知，歐美在企業環境演變過程中，企業的生產部門影響力逐漸下降，成為協助達成行銷、財務目標的工具之一。演變到今天，歐美企業甚至於可利用掌控主要零組件設計與專利、高價提供生產設備，以及掌握市場的優勢，以虛擬企業的方式將生產與加工過程，以極微薄的加工費用委由海外代工廠商負責。在這種情況下，具有生產能力而無行銷、財務與市場管理能力的代工廠商，成為企業中的佃農，出勞力卻不討好，僅能維持溫飽而已，並不完全合理。

臺灣企業在 1970 年代中開始進入生產導向時代，隨著企業不斷經營發展，臺灣企業輕舟已過萬重山，也已經歷了行銷與財務導向時代，而處於生產力導向階段了。在財務導向時代中，由於臺灣企業爭相以股票上市取得財務利益，企業的生產力確有下降之勢。現在外國大廠採用全球運籌管理整併國際市場，並將臺灣代工企業納入全球運籌管理體系中，已經造成臺灣企業利潤下降、以訂單生產為主業，看起來更無法獨立在全球發展了。

在企業環境演變的過程中，如果臺灣企業自滿於擔任外國大廠的代工廠商地位，只能跟隨外國廠商訂單的腳步發展。這種做法雖然能讓廠商獲利並協助國家與國民餬口，卻不免為追求小利而浪費了與國家發展有關的資源、人才與機會。外國大廠現在已經掌控了關鍵零組件、生產設備與市場，生產部分又已分工給代工廠商負責，成為具有研發、設計、行銷、品牌能力，以世界市場為操作範圍，能獲取高利的虛擬企業了。臺灣企業的代工業務利潤微薄，卻等於是我們所有的身家性命，其實具有策略上的重要性。因此，臺灣企業必須繼續加強生產能力與加工能力。但長期以代工為業，並非長久之計。為改善競爭狀況，我國企業不但應該繼續加強生產能力，還要建立自己的研發、行銷與財務管理能力，逐漸培養出自力發展科技、產品與市場的能力。也就是說，臺灣企業可以在為世界大廠代工的機會中，吸取有關科技、產品、市場知識與經驗，並有意識的培養出獨立發展、運作的能力，積極尋求機會自立於世界市場之中。

三、企業的目標與策略

前面曾經說過，企業若能妥善規劃目標與策略，並如期達成各階段目標，將可累積經驗、培養專長，以面對未來的挑戰。因此，企業的目標與策略極為重要。原則上，企業的目標與策略應該要同時顧及短期及長期發展，以免只追求短利而因小失大。企業的目標與策略，也要顧及環境的變化，並能藉以改善企業體質。現在說明企業目標與策略如下：

◆ 1.企業目標

建立並維護企業目標，是高層主管的重要工作。原則上，高層主管應該建立企業目標，然後統一員工心力，共同向既定目標 (Objective) 前進。為做好這些工作，高級主管要具備人際關係、資訊處理，以及決策等三方面的能力。在人際關係方面，管理者身為組織的領導者，負責全體員工的領導工作，又是部門間的聯繫者。在資訊處理上，主管既負責資訊的檢查、傳播，又是企業的發言人。而在決策的角色上，高級主管除工作上之決策以外，也要負責調處糾紛、分配資源，以及在必要時主持談判以解決問題。因此，管理者負責目標、策略的選擇，也負責目標與策略的執行。

為協助讀者瞭解企業目標應有的內容，謹此將企業目標 (Corporate Objectives) 的五項內容列示如下：

⑴企業形象及人格。

⑵企業內外之人際關係。

⑶企業的市場地位。

⑷企業的行動計畫。

⑸企業資源的分配及利用。

在訂定企業目標時，不可忽略以上任何一項。原則上，企業策略應與企業目標相互輝映，同時，企業策略也是以上五項內容的搭配及利用。企業目標與策略既有如此密切關係，兩者便應互為表裡，成為一體之兩面。為使企業目標明確，在訂定企業目標及策略前，管理者可以先準備一份**任務說明 (Mission Statement)**，以說明企業目標的原因與想法，以及如何實現這個目標。更具體的說，在任務說明的第一部分中，應該摘要的說明以下三項內容：

⑴企業活動的目標、原因。

⑵為達成企業活動與目的，所應該使用的方法。

⑶企業營運的目標及範圍。

以上三項提供「企業走向、活動內容、使用方法，以及為何而戰、如何應戰」的思想基礎。在界定了「企業為何而戰，以及如何應戰」之後，任務說明中第二部分應該具體說明以下四項：

⑴**市場機會 (Market Opportunity)** 及其選擇。

⑵企業的能力及資源。

⑶企業的價值觀及期望。

⑷企業對社會及股東的責任。

也就是說，在任務說明中，也要提出對於市場、**企業能力 (Compatibility)**、資源的觀察，以及企業對本身、對社會、對股東的期望與責任。原則上，在這個任務說明中，要說明如何利用能力及資源，以提高生產力及競爭力，並對社會及股東負責。所謂企業目標，是管理者對企業運作的企圖及預估。企業目標應該有層次，每一層級應有其各自的目標，同時，各級目標之間應有關聯性、從屬性，同級部門目標要能相輔相成。也就是說，目標與目標間，有如**矩陣組織 (Matrix Organization)** 中成員間之關係，各自運作，但互相合作、相輔相成達成同一目標。若任何部門的目標改變，其他所有部門及整體的目標都應該隨之修正。

◆ 2. 企業策略

企業策略是實現企業目標的方法與步驟，而企業目標也隱含企業策略的運用。原則上，企業策略應該包含戰略目標、戰略及戰術等三部分。**戰略目標**是對大勢所趨的期望，**戰略**是對整個戰場的佈置與移動概念，**戰術**則是用兵的方法。西方討論企業政策時，多僅注重戰術運用，在這一方面可說尚嫌不足。在國際化過程中，管理者應該多考量戰略目標及戰略這兩部分。西方企業策略有依企業成長速度而分類者。若以成長速度分類，企業策略有低速成長與高速成長這兩類。低速成長策略有以下三種：

⑴按兵不動，維持原狀。

⑵落日照大旗，緩慢撤兵。

⑶專注於特定機會或市場。

而高速成長策略有四種如下：

⑴併購 (Merger and Acquisition)。

⑵垂直整合 (Vertical Integration)。

⑶擴充產能或市場。

⑷多元化 (Diversification)。

原則上，企業所能承受的成長壓力，與其能力有關。在選擇策略之前，管理者必須量力而為，以免因成長過快而危及自身的生存。此外，也要考慮策略對達成目標究竟有無幫助。如果並無助益，當然不可使用此一策略，否則不做不錯，愈做愈錯，反而對企業有害。考慮策略是否合適時，還有許多方面值得考量。謹此條列十個問題如下，以供管理者參考：

⑴策略是否明確可行？

⑵策略有無獨特性？

⑶該策略能否因應變化，以奪取先機？

⑷若欲利用此一策略，企業有無足夠能力與資源？

⑸目標、策略是否互為因果，相輔相成？

⑹企業能否承擔此一策略之風險？

⑺策略能否滿足企業的價值觀及經營理念？

⑻策略能否協助企業善盡其社會責任？

⑼策略能否協助組織激勵員工、加強信心與決心？

⑽市場對此一策略的接受程度與反應如何？

第四節 製造策略的發展

前面談過，在企業環境演變的過程中，由於重心轉移至其他部門，生產部門的影響力日漸衰微。早期生產部門居於主導的地位，但在行銷導向及財務導向階段中，生產部門成為配合企業運作的部門之一，其重要性下降。由於生產部門不受重視，1980年左右，歐美企業已經發生生產力下降的現象，並導致歐美企業競爭力下降，無法與德、日，以及我國等新興工業國競爭。

類似狀況也曾在我國出現，李登輝總統執政時，物價飛漲，房市、股市熱絡，正是我國企業環境進入財務導向時代的跡象。當時優秀人才競相投入金融服務業，許多企業也進軍股市，設法將股票上市，以便在**金融市場 (Money Market)** 中取利。但這種金融發燒的狀況，實際上也重創了國內企業，使生產力下降。至今為止，國內企業還傷重未癒。但可喜的是，國內企業已再度注重生產力，我國企業也進入「生產力導向時代」了。

在企業環境變遷時，歐、美、臺灣企業有忽視生產部門的經驗，並導致生產部門喪失優勢。但德、日等國在企業環境變遷時，雖然提高行銷、財務部門的重要性，卻仍繼續加強生產部門。因此，整體而言，德、日企業體質較佳，也具有較高生產力。這可能是對於企業與資本主義運作的經驗問題，值得參考。現在回過頭來，讓我們繼續說明歐、美企業提高生產力的做法。

一、製造策略的發展

歐美各國於 1980 年代曾經推動製造策略研究，試圖以製造策略提高企業生產力。現在說明如下。

所謂製造策略，可以說是企業的生產策略，也是生產部門的營運策略。1980 年代日本、德國、我國及亞洲新興工業國家興起，美、歐等國企業深感競爭威脅，為挽回頹勢，遂開展提高生產力之研究領域。當時製造策略的研究由美國學界推動，並與各國學者合作，以進行製造策略的跨國研究。卜發 (E. S. Buffa)、蓋文 (D. Garvin)、甘恩 (T. G. Gunn)、海斯 (R. H. Hayes)、希爾 (T. Hill)、米勒 (J. Miller) 以及惠爾萊特 (S. C. Wheelwright) 等人都提出有趣的觀點。謹此略述如下。

海斯及惠爾萊特兩人認為，雖然企業可能具有最好的設備，或最大產能、最佳工程設計或修護能力，但若僅有單項優勢，在面對多因素競爭時，仍然無法維持市場優勢。因此，企業必須利用製造策略，搭配創造多項優勢，才能確保取勝。現在說明其做法如下：

⑴釐清企業目標與策略間的關係，在擬訂策略時，應減少目標與目標、策略與策略間的衝突。

⑵策略應該互相助益，以發揮其功用。

⑶若能妥善搭配企業各方面之優點，將可發揮優勢、提高企業生產力。

根據上述觀點，他們選出八類製造相關的決策，並建議深入研究搭配之法。在這八類決策中，產能、設施 (Infrastructure)、科技 (Technology)，以及垂直整合等四類，屬於結構性因素。勞動力 (Workforce)、品質、生產計畫 (Production Planning) 與物料管制 (Inventory Control)，以及組織等四項則屬於戰術性因素。所謂製造策略，是管理者搭配或組合以上八類決策的方式。也就是說，海斯及惠爾萊特認為，若能將此八類製造決策搭配妥善，將可提高企業生產力與競爭力。

甘恩在概念上同意海斯及惠爾萊特的觀點，並進而探討利用製造功能，以提高企業競爭力的方法。他認為應該以策略改進生產力，使企業成為世界級生產廠商，才能提高企業競爭能力。卜發也有類似看法，他由實務的角度出發，提出不同決策因素。卜發認為製造策略包含以下六種決策：

⑴生產系統定位 (Positioning)。

⑵產能／廠址 (Facility Location)。

⑶產品與製程科技。

⑷勞動力與工作設計 (Job Design)。

⑸日常決策。

⑹供應商 (Suppliers) 與垂直整合。

卜發認為若妥善組合這六種決策，企業必可發揮生產力。同時，卜發也認為生產部門應該是企業的主要競爭工具。

希爾曾寫過一本《製造策略》教科書。他認為企業目標、行銷策略，是產品在市場中制勝的因素。製造過程與基礎設施互有關聯，都是重要製造策略因素。希爾認為除了製造過程及基礎設施外，製造策略也應該考慮企業目標、行銷策略，與產品的市場定位。同時，企業應該根據企業目標、行銷策略，與產品的市場定位，進而研擬一脈相承的制勝因素。

另外，蓋文也曾編著一本《營運策略》教科書。他在書中將許多著名學者的觀念統合在一起，並倡議以企業的「製造能力」為競爭工具。在策略方法上，蓋文則認為品質、生產力、新產品 (New Product) 及製程是主要因素。同時，若欲以「製造能力」為競爭工具，企業應該擬定營運策略，長期計畫並執行之。

原則上，學者、專家認為若能妥善規劃製造決策，使目標與決策相輔相成，將可提高企業生產力。在以上討論中，海斯與惠爾萊特採取宏觀的立場，由大環境及結構、策略等方向著眼。卜發及甘恩等由實務出發，認為管理者可使用決策以改善生產部門與生產力。宏觀與微觀二種看法都有用處，企業應視其現狀，兼容並蓄的採行有利做法，以儘速改善生產部門，使生產力與競爭能力提高。

除上述製造策略觀點之外，另外還有許多調查研究。其中尤以米勒帶領的「製造未來調查」(Manufacturing Futures Survey) 最知名。筆者曾參與此一製造策略調查研究，負責臺灣地區調查研究工作，部分結論並已提供於本章第二節中以供參考。

二、競爭因素的分類

在製造策略的研究中，有一派提出競爭因素各有其重要性，有的因素是必要因素，有些則是充分因素。在這樣的概念下，所謂充分因素，就是為合乎市場競爭，所必須達成的基本需求，或稱合格因素 (Order Qualifying Criteria)。至於真正決定勝敗的因素，則稱為贏取訂單因素 (Order Winning Criteria)。基於此一分類，我們可以知道，企業的產品必須先能達到合格水準，顧客才可能將企業的產品列入選擇範圍。企業的產品進入候選名單之後，還要在贏取訂單因素上勝過競爭對手，才能獲得青睞並贏取訂單。

以上的分類方式非常有用，可以協助管理者分辨哪些是重要因素，並需要改善以提高產品的競爭力。值得注意的是，在環境改變時，重要競爭因素可能不同。也就是說，合格因素與贏取訂單因素也可能因時而異，管理者必須隨時觀察此類因素的轉變，並適時調整生產策略。

三、生產或製造策略

有關製造策略的研究，其實隱含著一種意涵，也就是鼓勵制訂生產或製造策略，以便整體提升、利用生產能力，以提高競爭力。原則上，生產策略必須配合企業策略，以協助達成企業目標。接下來，就要考慮市場定位的問題。在決定了市場定位以後，我們可以選定明確的市場區隔，以及參與競爭的市場區間。第三步是決定我們的企業專長優先順序，以及搭配方式。因此，生產策略需要考慮如何搭配、創造企業專長優勢，以及如何與企業政策或策略接軌，以使生產策略協助達成企業目標。有關如何擬定生產策略的課題，本書第三章第五節中討論競爭方式 (Competitive Approach) 時，並有更詳細的討論與說明，煩請讀者參考該節內容。

一般而言，常見的企業專長可歸屬於成本、品質、時效、彈性等四方面。制訂生產或製造策略時，必須就以上四方面進行選擇，以決定到底以哪一個為優先考量因素，以及這四項因素的優先順序。為協助讀者瞭解有關企業專長的課題，我們在第三章有更詳盡的說明。

四、利用製造策略提高生產力

由本章討論可知，唯有不斷提高生產力與競爭力、繼續進行產業升級，才能維持企業的競爭優勢。為達成此一目的，企業可使用製造策略，以培養、整合生產部門，並改進生產力，然後以生產上具備的優勢競爭。西方管理思想注重發揮既有優點，因此，在競爭時希望以優點取勝。為此，企業往往不斷繼續投資以加強現有優點。這種做法非常有用，但在競爭方式改變，或競爭因素由單向優勢競爭，改成多因素競爭時，也可能立即喪失競爭優勢。因此，若欲常保競爭優勢，便要不斷培養、發展新優勢，以繼續提高生產力。原則上，在剛開始發展工業時，若引進新生產科技及設備，可迅速有效提高生產力，這也是各國發展工業時採行的主要策略。在引進新科技、新設備之後，技術人才增加，生產力可迅速提高。

但此一學習效果 (Learning Effect) 將緩慢下降。在產業升級時，企業若無製程能力，只好繼續由外引進製程，並永遠當追隨者。引進新科技及設備可以提高企業生產力，但必須有充足的技術與管理人才，才能改善管理系統及組織結構，並發揮新科技及設備潛力。同時，若要繼續成長，企業還要有發展製程的能力。只有成為科技與設備的先知以後，才能真正領先世界。否則，追隨國外新科技，新設備，雖可提高生產力，仍只是在國內傲視群倫而已。因此，企業利用製造策略時，應注重以製造策略改善技術與管理人力，並以技術人力發展產品及製程，使成為領先的主要競爭工具。

許多人因此而以為只要不斷引進新科技及新設備，企業的生產力即可持續升高。因此，在談到生產力時，大部分的人都立刻想到應該引進新科技及新製造設備。引進新科技及新設備確實可以提高企業之生產力，但是若欲充分發揮新科技及新設備之潛力，企業必須有充足的人才、管理系統及相關的社會結構。若無法駕馭新科技，無法善用新設備，即便生產力提高，其增幅仍然無法達到該設備之極限。

採用新科技及新設備時，生產力大幅提高，其增幅類似圖 2-2 中之階梯。若企業具備充足之人才，也有合理的制度及管理方法，則企業之生產力可順利的提升到新科技、新設備之應有水準（B 點）。否則，企業之生產力可能介於圖 2–2 中 A、B 兩點之間。有時，其生產力更可能大幅下降至 A 點以下。因此，企業家及管理者均應在提升科技水準之同時，也改良管理制度 (System) 及管理方法，以提高員工之技術及知識水準，並改善工作環境及組織結構，才能充分發揮新科技及設備之潛能。

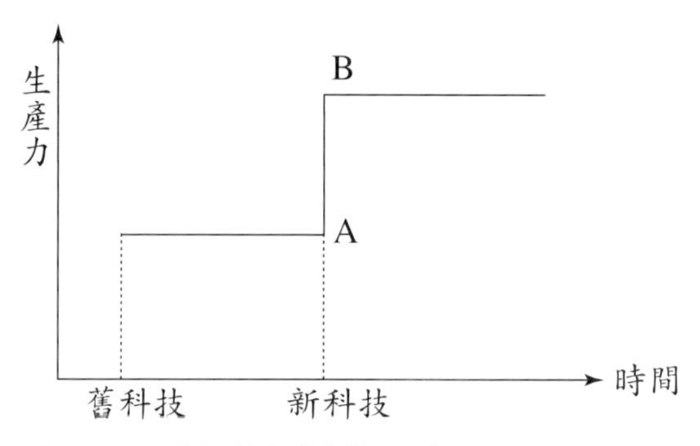

圖 2–2　新科技或新製程對生產力之影響

除此之外，各種新科技或設備均有其極限，在達到極限之後，生產力便不再增長。西方管理方法強調在此生產力極限之下，充分發揮企業優點，以優點取勝。因此，西方之學者專家發展出許多管理工具使企業之總體力量得以發揮至其極限。線型及非線型規劃中即有許多此類模型及工具。這種做法非常有用，能協助管理者決定最佳之產能運用方式。但是這種做法仍嫌保守。企業若有充足的人才，也能持之以恆的學習，一定能逐漸瞭解新科技、新設備的極限及其改良方法。在改良之後，科技及設備之潛能將可再度提高，企業之競爭優勢也將繼續加強。

如圖 2–3 所示，每一次改良將使生產力提高。其增幅雖不大，但是若改良次數多，

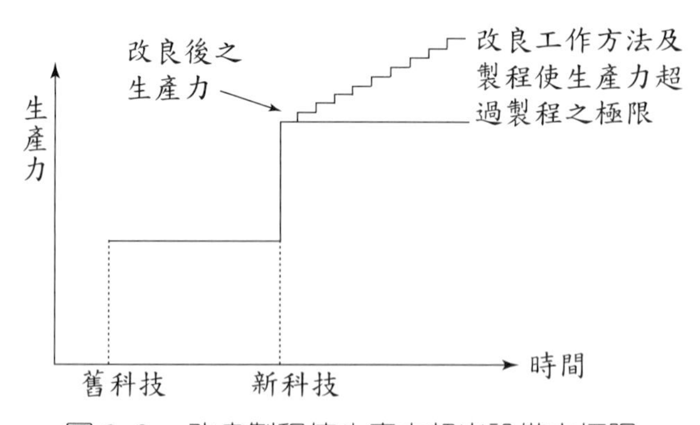

圖 2–3　改良製程使生產力超出設備之極限

其累積增幅仍然很大。有時其累積增幅甚至大於改用下一代新科技或設備之效果。若企業能進步到這個程度，則該企業已擁有充足之製程技術，可以自給自足，也可以將其生產科技出售以獲利。日本企業即以此種方式不斷提升其生產力，並進而在世界市場上呼風喚雨。豐田汽車之即時生產系統 (JIT System) 即為一最佳之例子。我國企業應該學習日本之經驗，不斷改良以提高生產力及競爭力。

第五節　結　語

隨著國際化與全球化的發展，企業政策的重要性不斷提高，企業政策的內涵也因而改變。以往的企業政策著重於企業內部功能的發展與整合，以及企業能力與市場機會的搭配。現在進入全球運籌管理時代，價值鏈、供應鏈，以及全球運籌管理成為發展、帶動企業系統整合與分工的主要思潮。對於臺灣企業從事國際代工業務而言，學習有關價值鏈、供應鏈，以及全球運籌管理的課題，當然有其重要性。但類似許多只負責代工生產的臺灣企業而言，在面對國際市場整合的時候，除了利用企業政策以提高生產力與競爭力之外，更需要檢討自己在世界市場中的定位，並尋求改善之道。

本章簡介企業政策與國際化課題，第一節由近代企業環境變遷談起，說明企業環境由生產導向、行銷導向、財務導向、生產力導向，繼續向全球運籌管理發展的過程。第二節簡單討論了國際化、全球化的影響。第三節說明企業政策中有關競爭策略的部分內容，第四節說明了製造策略的研究、發展與利用。本節延續前面的討論，提出一個小結。

近年來，企業管理學者、專家無不多方建議妥善規劃企業政策與製造決策，希望能經由妥善規劃，達成目標與決策相輔相成的目標，進而提高企業生產力。企業目標、策略、科技、產品、行銷策略與財務管理能力是企業在市場上取勝的重要因素。在生產能力方面，製造過程與基礎設施之間互有關聯，也是製造策略中必須考慮的重要因素。生產企業應該根據企業目標、行銷策略，與產品市場定位等因素，研究賴以制勝的要素與策略。本章提出宏觀與微觀二種製造策略看法。企業在面對國外大廠運用全球運籌管理的發展時，應該根據全球運籌管理的精神與內容，妥為規劃自己的製造策略。在尋求改善生產部門的生產力與競爭能力時，也應該學習、配合世界趨勢，發展價值鏈、供應鏈，以及全球運籌管理能力，以便在不久的將來可以建立起獨立面向市場與顧客的胸襟與能力。

重要名詞

環境演變	世界貿易組織	戰　術
企業目標	總體成本領導	高速成長策略
權力結構	差異化	低速成長策略
策　略	定點化	結構性因素
競爭策略	製造策略	戰略性因素
企業策略	策略風險	合格因素
國際化	任務說明	贏取訂單因素
全球化	戰略目標	企業專長
競爭因素	戰　略	

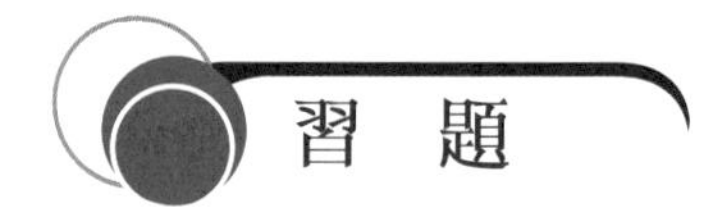

習　題

簡答題

1. 試說明企業環境。
2. 試說明企業環境變化的四階段。
3. 試說明企業環境變化對競爭方式的影響。
4. 試說明製造策略及其應用。
5. 基本競爭策略是什麼？有何差異？
6. 試說明企業目標的內容。
7. 企業的任務說明應有哪些內容？
8. 衡量策略的適切性時，應由何處著手？
9. 試說明製造策略的發展。
10. 試說明海斯及惠爾萊特對製造策略的看法。
11. 試說明卜發有關製造策略的六種決策。
12. 試說明合格因素與贏取訂單因素之意義及相互關係。

第三章

企業的生產力與競爭力

Production and Operations Management

前 言

過去一百年中，世界經濟多半以大型企業與金融機構為核心。公司法、政府法規，以及公平交易規範等，也多以大型企業為其立法與管理依據。在資本主義的概念下，大型企業以提高股東價值為主要目的，並經由層級分明的企業目標與策略，循序推動業務。一般而言，提高股東價值的主要方法，是增加資本投入並提高企業獲利率。如果企業獲利提高，股東權益改善，股價和現金周轉率將提高，使企業成長更快。

新經濟時代來臨之後，這種現象已經具體改變企業營運的方式。本章討論新經濟的概念，並在此一基礎上繼續探討改善企業生產力的方法。本章第一節簡介新經濟的概念。第二節討論企業的生產力。第三節說明企業的專長。第四節提高企業競爭地位。第五節是提高企業的競爭能力。第六節是結語。本章內容有趣，值得一讀再讀，以瞭解新時代中提高生產力與競爭力的方法。

第一節 新經濟的概念

1990 年代中，通信、網路交換設備、網路伺服器、網路搜尋引擎、電腦晶片、電腦設備、軟體、無線電話等相關產品問世，並推動新經濟概念的發展。在新經濟中，通訊、電腦、網路業者使用各種英文縮寫的特殊名詞，以全新語言交談。由於這些產業的興起，一夕之間，以往通用的企業戰略思維為之改變。以往金融、投資機構重視投資的穩定性，但電子新貴事業興起後，企業的穩定性竟然不再重要。貸款時，產品吸引力與前景成為評估的重點。

1980 年代早期，網際網路只是一種軍事科技，很少人想到作為商業應用的可能性。但現在透過區域與廣域網路，利用電子郵件通訊已是常態。網際網路儼然已成為新經濟的核心之一，因之而起還有許多相關領域，我們可以說，新經濟似已成形。

一、新經濟的影響

新經濟 (New Economy) 中，由於新科技不斷發展，市場上產品淘汰速度加快。這種現象也進一步加速產品與服務的擴充。為趕上進步，企業不斷進行電腦設備的汰換與升級，已造成電腦與相關產業不斷成長。有趣的是，有些企業營收有限，甚至需要經過好幾年才能開始獲利。但 2000 年代的美國，竟然有尚無營收的公司掛牌上市，還溢價發行股票。可以說，新經濟已經改變企業經營的心態與思維。有時只要能提出新創意或新技術，雖無產品，卻可以籌資。看起來，企業運作方式已經改變了。

在新經濟中，新產品發展成功之後，有時可在短時間內快速成長，公司的股價也隨之攀升。因此，若有新創意且可推出有用產品，有時小企業可以立即在市場上獲得成功。同時，電腦網路 (Network) 提供了一個新想像空間，許多電子專家爭相投入此一產業，希望能開發出新產品，一夕致富。在這種狀況下，市場上的股票作手及投資客躍躍欲試，並帶動新的市場投資風潮。投資公司成為有利可圖的事業，各種新財務操作工具也爭相登場。在這些財務操作工具中，有些是新概念，有些則是舊法翻新。

例如「**選擇權**」(Option) 就是舊瓶新酒的一種。所謂「選擇權」，是給予買方或賣方一個權利，讓他可以用某一特定價格買進或賣出「未來某一產品或股票」。到了選擇權的交割日，若產品的實際價格比選擇權議定價格高，買方可利用此一選擇權，以議定價格買下產品或股票，再轉售圖利。同樣的，若產品的實際價格比選擇權議定價格低，賣方可利用此一選擇權，以議定價格賣出產品或股票。現在再將選擇權詳細說明如後。「選擇權」，顧名思義是一種權利，可包括「買權」與「賣權」這兩種。「買權」與「賣權」都是可以交易的商品，投資人可以購買「買權」或「賣權」，也可以賣出「買權」或「賣權」。投資人不管是買進「買權」或「賣權」，都屬於買方；賣出「買權」或「賣權」的一方，稱為賣方。買方應向賣方支付權利金以購入「買權」或「賣權」，但履約與否，則是買方的權利。買方認為無利可圖時，可以不履約，但權利金則沒入賣方。賣方則有履約義務，為預防違約，並應繳交一定成數的保證金。

由於這些財務操作工具的出現，小型企業受到鼓舞，新公司不斷成立，造成經濟榮景可期的景象，好像企業競爭方法已經改變，到了小企業當道的時候了。其實，在新經濟中，企業競爭重點雖由生產成本轉向創新能力，但基本企業管理概念仍然不變。固然新經濟中強調創新能力，期望能創造新產品，並以之競爭。但若僅有創新能力，卻無法生產、配銷，企業仍將無法生存。同時，經濟環境的變遷，本就有循環演變的態勢。企業環境由生產導向、行銷導向、財務導向演變到生產力導向之後，現在有進入以研發為導向的趨勢。在此一階段中，企業若要取勝，可能還要增加研究發展能力以推陳出新，開創下一代的新科技與新產品。

也就是說，新經濟考驗企業的「**研發能力**」(R&D Ability)。若企業只有**製造能力** (Manufacturic Ability)，卻無研發能力，在新經濟中或將處於被動弱勢。但若企業在此一階段中，也能成功發展研發能力以因應挑戰，企業體質將更強健。因此，在新經濟中，企業應該加強研發能力，並引用國外新科技，以發展再創更具競爭力的新產品，繼續提高企業生產力與競爭力。

二、新經濟的挑戰

根據以往經驗，新工具、新市場出現時，由於市場運作方式，以及市場規模尚未明朗化，投資人與企業都爭相加入，希望能取得先機，以獲取最大利益。因此，一時眼花撩亂，許多對手以各種方式參與競爭，並以各種方式實現市場價值。此時，企業最好的策略是穩住腳步，先判斷市場變化。待選定競爭方式以後，再穩健的執行策略，以實現成果。對於新經濟的挑戰，目前常見的因應之道有以下三種：

◆ 1. 爭取人才與技術，以建立無法取代的競爭優勢

企業可經由合併以爭取人才與技術，再利用這些人才、技術建立屬於自己、無法取代的競爭優勢 (Competitive Advantage)。所謂「無法取代的競爭優勢」，是在短時間之內，其他企業無法迅速抄襲或取代的競爭優勢。在這一方面，應該如何組合人才與科技，才能建立這種優勢，正是管理者的重責大任之一。

◆ 2. 主導市場演變

面對市場演變時，最好能主導市場演變，使市場朝向對自己有利的方向發展。例如微軟公司 (Microsoft) 利用「支配市場」(Market Dominance) 的方式，已經能夠有效控制市場，就是一個好方法。另外，亦可使用市場分割策略 (Market Segmentation Strategy)，設法分割市場，以建立專屬於自己，且具有優勢的市場區間。目前市場上已經出現許多專業書店與名牌精品店，它們就是採取此類做法的例子。大部分知名品牌產品廠商，常設置自己品牌的店面，也是採用此一做法的實例。

◆ 3. 直接接觸顧客，或聯合市場精品供應商以掌握通路

戴爾電腦 (Dell Computer)、思科科技 (Cisco Systems)、統一超商等企業，都屬於以通路取勝的企業。這些企業建立自己的配銷通路 (Distribution Channel)，並與產業內精品供應商合作，然後利用配銷通路以提升競爭力，這是一種極有力的競爭方式。

原則上，每在某一新科技發展成熟時，企業便大力尋求利用此一新科技的方法，以擴大新科技的效用，並因而造成新一波新經濟或新產業的出現。電腦科技的發展，到了互聯網通行全球以後，有逐漸成熟的現象，並促成這一波新經濟發展。網路發展所帶來的熱潮仍在發燒，雖然在電腦與網路實體產品方面看起來有退燒的現象。這一波網路科技帶動的熱潮過後，企業經營仍將回歸正途，以投資穩定性和股東權益為主

要考量。但電腦與網路帶動的全球化，卻已經開始影響資訊的搜尋與傳播質量，也開始改變政治、社會、法律、經濟、企業交易的定義與方法，可能產生極大影響。

第二節 企業的生產力與競爭力

大部分產業中，產業內的企業互相倚靠，共同成長，但同時也互為對手，相互競爭。同時，企業環境改變時，**競爭方式** (Competitive Approach) 及**競爭強度** (Competitiveness) 將隨之變化。此時，對手因應環境的方式，也可能使競爭狀況惡化。原則上，企業在參與競爭時，可能有攻擊、合作以及防衛這三類做法。不論採取哪一種競爭方式，生產力仍然是最重要的因素。生產力高的企業，競爭力強；反之，則競爭能力弱。現在說明生產力的意義如下：

一、生產力的定義

衡量生產力的方式很多，各行業對**生產力** (Productivity) 也有不同定義，不可一概而論。目前常見的生產力計算方式可如下式所示：

$$生產力 = 產出 / 投入 \tag{3.1}$$

也就是說，生產力是平均每單位投入所產出的金額或數量。由上式可知，若欲提高生產力，可由提高產出著手，也可由減少投入而來。當然，若能同時提高產出、減少投入，其生產力將可大幅提高。以公式 (3.1) 計算生產力時，我們通常計算投入總額與產出總額的關係，而此一比例稱為**總生產力** (Total Factor Productivity)。但若只計算某單一因素的生產力，則可將該因素投入之總和代入公式 (3.1) 之投入項中，再計算生產力。同理，也可將數項因素投入之總和代入公式 (3.1)，並計算數項因素的生產力。

若僅計算單一投入的生產力時，稱為**單一因素生產力** (Single Factor Productivity)，同理，若計算數項投入的生產力，則稱為**多項因素生產力** (Multifactor Productivity)。不論單項或多項因素生產力，由於並非總生產力，都稱為部分因素生產力 (Partial Factor Productivity)。例如若計算單位人力之生產力時，其公式可列如下式：

$$人均生產力 = 產出 / 員工人數 \tag{3.2}$$

二、生產力下降的原因

生產力是一個重要的指標，可用以衡量投入與產出之間的關係。在大部分工業化國家中，政府設有專責部門以負責衡量及提高生產力。企業也很注意生產力與競爭力的關係。在比較生產力時，若生產力提高，則表示競爭力上升。否則，其競爭力便相對下降。競爭力下降可能造成國民生活水準下跌，使國力衰退。因此，必須努力提高生產力。

但有時明明生產力提高，卻仍有生產力下降的困擾。這是什麼道理呢？生產力的高低，並非絕對值，必須與其他國家或其他企業比較。若別人生產力提高的幅度超過我們時，雖然我們的生產力也提高了，但與別人比較，我們的生產力卻可能落於人後。此時，實質上等於我們的生產力下降了。因此，在提高生產力時，必須能超過別人的成長幅度，否則，我們的生產力就相對下降了。生產力下降的原因，眾說紛紜。國家整體或企業個體生產力下降的原因，最常為人所提及者，有以下三項：

◆ 1.服務業所佔比例提高

服務業生產力低，但在經濟中所佔比率提高，導致平均生產力 (Average Productivity) 下降。目前世界各國服務產值增加，現有管理方法及工具雖可協助服務業提高生產力，但緩不濟急。服務業產品無法儲存，經濟規模小，又要針對顧客需求而生產，因此很難提高生產力。由於服務業在經濟中所佔比率繼續擴大，導致平均生產力下降。

◆ 2.法令規章及稅賦日漸增加，加重企業的負擔

有人說，在國家進步過程中，通常政府、人民對企業活動管制漸增，使企業活動受限、成本增加、生產力下降。此一論點乍看之下頗有道理，但這種說法有對有錯。例如勞動基準法、公平交易法及環保法規等，確實增加企業負擔。但這些法規也提高產業的進入障礙 (Entry Barrier)，使企業競爭地位提高。同時，在稅賦上，固然各國稅賦不同，但至今為止，尚無法證明處於稅賦較高的國家中，企業生產力較低。

◆ 3.資本投資不足

資本投資與生產力有密切關係，若國內資本投資高，則國民生產力與生活水準提高。資本投資可來自國家及企業這兩方面。國家資本投資常用於基礎設施 (Infrastructure) 建設，而企業資本投資多用於生產設備。在資本投資的需求方面，若以美國為例，每增加一人，在食與住方面各需增加投資約 2 萬美元。在教育方面，政府與個人合計約需付出 10 萬美元。在廠房設施上，則需增加 8 萬美元投資額。在基礎

設施上又需要約 2 萬美元。合計起來，原則上每增加一人，其總資本投資約需 24 萬美元，才能維持生產力於原有水準。因此若資本投資不足，國家與企業生產力必然下降。

一般而言，經濟學界認為投資環境不良時，資本投資將下降。企管學界則認為，資本投資下降的原因有以下七項：

◆ 1. 勞工薪資 (Wage) 提高

◆ 2. 股東紅利太高

◆ 3. 環保法規及投資增加

◆ 4. 政府進行管制

◆ 5. 政治、經濟或社會不穩定

◆ 6. 勞工問題

不可否認的，勞工對生產力有影響。許多人認為，若勞工教育水準及勞工倫理不佳，將使生產力下降。在勞工問題方面，常見的論點如下：

(1)勞工意識抬頭，為使工會勢力擴大，工會 (Union) 提出更多要求，而政府及立法單位不斷立法以提供勞工更多保障。

(2)政府對勞工提供更多保障以後，造成企業社會責任與成本增加。例如臺灣及許多國家要求企業對殘障人士提供就業機會，以協助照顧殘障國民。此類做法使企業成本提高。

(3)勞工倫理改變，不再以工作為生活的重心。因此，勞工的工作態度不佳，但卻不斷要求改善薪資、休假及福利條件，使生產力下降。

◆ 7. 管理能力下降

研究人員發現，人類進步以後，使用的工具及系統日趨複雜而龐大，但管理者有時卻無法同時進步，造成生產力下降。一般而言，管理能力不足的領域，及其所佔比率如下：

(1)計畫及日程管理不善：30%

(2)資源協調不力：30%

(3)對勞工未提供完整指導：25%

(4)無法改變產能以因應需求變化：15%

(5)合計：100%

企業環境改變時，管理者有時無法應變，有時卻可能矯枉過正，因而使生產力下降。許多學者及專家認為，管理者能力不足，才是生產力下降的主因。

第三節 企業的專長

企業應該利用專長 (Focus)，以發揮競爭優勢，實現企業目標。原則上，在訂定政策之前，管理者必須先瞭解企業的優缺點，以便在策略中取長補短，提高企業競爭力。除利用企業現有專長之外，在實行企業政策的過程中，企業也可以累積經驗，以培養更多專長，繼續提高企業能力。因此，管理者在設定企業政策之前，應預測環境變化及未來所需能力，並據以加強企業策略，使用企業政策建立及增加企業專長。假如企業持續增加專長，並以專長競爭，將可維持競爭優勢。通常在競爭過程中，競爭優勢來自於以下兩方面：

◆ 1. 成本最低的優勢

若企業在產業中，可以維持其成本上之優勢，又能保持產品品質，將可採用較積極的訂價策略，以價格競爭，並大幅提高市場佔有率及利潤。這種優勢，就是前面討論過的總體成本領導策略優勢。

◆ 2. 差異化之優勢

若企業在交貨期、品質、科技、服務等方面，具有獨特優勢，而顧客也能接受其價格時，則企業可提高其競爭優勢及利潤。美國麥肯錫企管公司曾經做過研究，發現與上述論點相吻合的結果。麥肯錫公司發現，成功企業有兩個共通點：

⑴培養專長。

⑵發揮所長。

若企業能培養專長，並在競爭時以專長取勝，則企業生產力必高，且具有競爭優勢。此一企業是一個「有專長，也能發揮專長的組織」(Focused Organization)。由於此一企業在競爭中以專長應戰，容易取得競爭優勢及成果。

一般企業專長可歸屬於以下四類：規模經濟 (Economy)、創新 (Innovation)、滿足顧客特殊需求或客製化 (Customization)，以及營運績效 (Performance)。為協助讀者瞭解，現在將常見企業專長列如表 3–1 所示。概念上，所有企業專長都是一種差異化 (Differentiation) 的結果。不論生產事業或服務業都可利用這些專長，以提高企業競爭能力。

有關此一課題，本章第五節在討論競爭方式時，有更詳盡的討論。讀者可參考第五節內容以增進對於擬定生產策略相關課題的瞭解。

表 3-1　常見的企業專長

類　別	專長內容
成本 (Cost)	低成本 (Low Cost)
品質 (Quality)	高效能設計 (High-performance Design) 品質穩定 (Consistent Quality)
時效 (Time)	交貨時間短 (Fast Delivery Time) 準時交貨 (On-time Delivery)
彈性 (Flexibility)	能滿足顧客需求 (Customization) 能調整產量 (Volume Flexibility)

前人常說，人要有一技之長，並以專長取勝。但現在在國際市場中，很少僅以單項因素競爭。因此，在競爭方式改成以多項優勢競爭之後，這種說法仍有其不足之處。另外，若競爭環境改變，則企業專長也有可能轉瞬間便喪失用武之地。這種喪失專長 (Loss of Focus) 的現象，可能在以下幾種情況中發生：

◆ 1. 新產品取代舊產品

在科技與產品改變時，若企業無法跟進，則企業可能轉瞬間便喪失市場。此時，若堅守舊產品，即使以降價應變，由於市場需求改變，雖然能苟延殘喘於一時，後來仍將喪失其競爭優勢。例如以前電晶體上市時，小型收音機蔚為風潮。新力公司的傳統式收音機，立即在市場上喪失競爭優勢，並使新力公司幾乎瀕臨危境，便是一例。

◆ 2. 新功能 (New Attribute)

若產品賣點改變，或競爭對手推出新功能，而企業無法跟上，將使企業陷入困境。

◆ 3. 新工作 (New Task)

在環境改變時，企業有時必須進行一些調整。例如現在國內幼稚園紛紛增加美語課程，若幼稚園師資不足，無法增設美語課程時，也可能使該幼稚園競爭力下降。又如以低價競爭的產品，在市場品質需求提高時，也可能無法繼續以低價吸引顧客。

◆ 4. 產品老化 (Life Cycle Changes)

隨產品生命週期演進，產品及競爭方式不斷改變。同時，競爭對手也在應變，並使競爭方式繼續演化。這種演變是一種趨勢。生命週期改變時，若企業無法因應此一變化，並改變競爭方式，勢將逐漸喪失競爭優勢及地位。

◆ 5. 部門山頭主義 (Department Professionalism)

在營運的過程中，部門或個人的重要性，遠不如企業整體。若將部門或個人主義凌駕於整個企業之上，將造成企業內部衝突，使整體目標無法實現。例如企業若要以低價競爭，但部門卻堅持高品質時，價格與品質之爭將使企業無所適從，並喪失競爭力。企業以整體生產力競爭，單一專長雖然有用，但卻無法扭轉環境的變化。因此，企業應該以整體生產力競爭。各部門則應調整腳步，以協助企業達成整體目標。部門必須配合整體運作，不可存有部門山頭主義。

◆ 6.資訊不足 (Ignorance or Miscommunication)

若資訊不足，或不瞭解競爭環境，在計畫、執行及管制上，可能決策錯誤。若上下溝通脫節，也可能造成資訊不足，使企業無法整體運作，而喪失競爭優勢。因此，企業必須促進內部溝通，以免因資訊不足而喪失競爭優勢。在培養專長時，必須注重資訊管道。資訊管道猶如人體的神經系統，若資訊無法快速正確傳送，必將無法協調運作。因此，管理者必須不斷觀察、改善資訊系統與溝通管道，並利用資訊以提高生產力及競爭力。

第四節 提高企業競爭地位

由本章討論可知，企業必須不斷提高生產力與競爭力，才能生存發展。提高生產力的方法很多，引進新設備是其一。除引進新設備之外，使用新方法、改善員工品質、改善組織及工作方法，以及改良產品、原物料、配件等，也都可以提高生產力。前面說過，在由低度開發進入開發中國家時，以機器替代人力可迅速提高生產力。但在進入已開發國家的進程中，人力品質的重要性遠大於新設備。因此，除引進新設備之外，企業更要設法改善組織、工作方法及員工品質，使員工積極、主動求取新知，並發展新科技、新方法與新設備。

生產部門的目標

提高生產力是提高競爭力的不二法門，本節討論提高生產力的方法。但討論提高生產力的方法之前，要先定義生產部門的目標。前面說過，企業應該利用製造策略提高生產力。同時，目標、策略應該能改善企業體質。首先讓我們談一談企業生產部門的目標。一般而言，生產部門目標有以下八種：

⑴快速的發展新產品。

⑵提高存貨之周轉率。

⑶縮短訂貨、交貨時間。

⑷提高產品之品質。

⑸提高生產彈性。

⑹提高對顧客之服務水準。

⑺減少損耗。

⑻提高資產之報酬率。

甘恩在其書中曾提出看法，他認為，若能達成以上生產部門目標，企業生產力將可提高。提高生產力之後，生產部門將成為主要競爭工具之一。具備高生產力之後，再配合財務及行銷能力，企業競爭能力將大為提高。值得注意的是，在以上八項之中，降低成本並不在內。這是因為生產成本是生產部門運作的結果，如可改善生產部門的運作方式，則其生產成本便可降低，因此，不可捨本逐末。企業不但不可減少生產部門投資，更要繼續改良設備及工作方法，以提高生產力。

選定生產部門目標以後，還要設定策略，以及策略方法。目標、策略、方法應該愈簡單明瞭愈好。同時，策略及方法必須確實可行。目標、策略及方法間之關係可如圖 3–1 所示。原則上，目標、策略及方法必須環環相扣、簡單易行。由於資源有限，管理者應該視其急迫性，排定策略優先順序，並依序施行之。

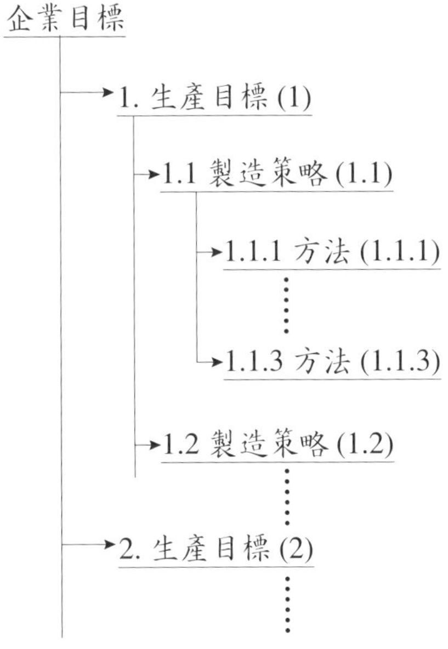

圖 3–1　目標、策略、方法間之關係

海斯及惠爾萊特認為與生產部門競爭力相關之因素可分類如表 3–2。

表 3–2 與生產部門競爭力相關之因素

	結構性因素（硬體）	內在性因素（軟體）
國家（宏觀）	第 1 組 ・財政及稅收政策 ・金融政策 ・貿易政策 ・工業政策 ・金融市場 ・政治結構 ・勞工組織	第 2 組 ・文化 ・傳統 ・宗教 ・價值觀 ・社會行為
企業（微觀）	第 3 組 ・市場之選擇 ・廠房及設備 （含產能、設施、廠址、製程科技） ・垂直整合	第 4 組 ・系統設計及管制 ・人力規劃 ・供應商關係 ・管理方式及發展政策 ・資金預算及運用 ・組織結構

分類方式包含結構性與內在性因素，以及國家與企業等二個方面。在結構性因素方面，財政及稅收政策、金融政策、貿易政策、工業政策、金融市場、政治結構、勞工組織等因素屬於國家施政之範疇。而內在性因素中，文化、傳統、宗教、價值觀及社會行為等也與國情有關，很難由企業改變之。這兩類因素塑造了企業的生活環境。企業能夠影響的因素列在表 3–2 之下半部。其中，硬體部分包括市場之選擇、廠房及設備決策（含產能、設施、廠址、製程科技等決策)、垂直整合等因素，而軟體部分則包括系統設計及管制、人力規劃、供應商關係、管理方式及發展政策、資金預算及運用，以及組織結構。一般而言，表 3–2 中之硬體部分為企業之環境及硬體設備；軟體部分則為企業組織成員之性質及企業可資運用以提高生產力之政策、方法等。在談及企業之生產力時，許多學者、專家都關注於表 3–2 中之第 1、第 2，及第 3 組因素。例如美國管理者即常常以日本政府之施政及日本與美國之文化 (Culture) 差異來說明日本生產力高於美國生產力的現象。而企業欲提高生產力時，也常常以更新設備，或引進新科技 (New Technology)、新設備 (New Equipment) 為主要之方法。其實，第 4 組因素也很重要。若企業能使用管理制度 (Management System) 及方法，創造出良性循環之系統，則不但企業之硬體設備能充分利用，假以時日，國家之軟、硬體也

將逐步改善。

在使用製造策略提升企業生產力及競爭力時，管理者應該以改良管理制度及管理方法為起點，將企業之日常工作作為達成中、長期目標及策略之工具。施行製造策略之目的在於發展及發揮企業生產力。其先決條件則為瞭解企業目標及達成目標之策略與方法。若能將短、中、長期之企業行為連貫起來，加強方法及策略之效果，則企業將可於達成其目標時，也同時提高生產力及競爭力，在市場上取得必勝之地位。

在西方管理觀念中，企業採用的基本競爭策略不外乎總體成本領導、差異化及定點化等三種。這三種基本策略各有其優缺點。同時使用兩種以上基本策略時，由於目標分歧，力量分散，不但不能蒙利，可能反而受害。基於這種觀點，西方之企業大都只選擇一種基本競爭策略，並在該策略之下，發展及發揮其競爭優勢。西方大企業大都採行總體成本領導策略或差異化策略，中小型企業 (Small & Medium Firms) 則使用定點化策略。也就是說，西方企業大都由成本、品質、式樣這三種特點中，選擇一個，作為其競爭工具。我國企業除了少數幾家之外，在世界上均屬於中、小型或超小型企業。但是，截至目前為止，大部分企業仍然僅以成本取勝。若企業只能以成本、品質、式樣中之一項競爭，在遇見產品成本、品質、式樣俱佳之對手時，必然丟盔棄甲，潰不成軍。美國企業敗於日本企業之手，正說明了這種狀況。所謂修身、齊家、治國、平天下，若企業能由修身做起，改善各員工之工作品質；然後齊家，加強各部門的運作；則管理者將可治國，統一企業內各部門之意志及力量；並進而在市場上平天下，修身是企業的第一要務，修身之後，企業才可能齊家、治國、平天下。加強管理、創造良性循環的工作系統及工作環境、提高企業內人力及其他資源的運用品質，正是企業在修身、齊家、治國、平天下的過程中必須從事的工作。

日本企業之管理精神發源於我國之文化傳統。東方的概念強調由基層做起，不斷改善，使工作、流程、科技、管理、人員均達合理化之境界。因此，日本企業可以游刃有餘，在世界市場中逐鹿中原。我國企業應該效法日本之做法，摒除花俏，回歸自然，由基礎做起。若企業能由基礎做起，不斷改善，則我國企業必能擁有高強之生產力。若能再把企業之短、中、長期努力方向統一起來，善加運用，則我國將能快速使工業升級，進入先進國家之林。本書各章節中之討論多集中於由基層做起及將企業之短、中、長期努力組合起來這兩種觀念與做法。長治久安有賴於制度及管理之合理化，而這也正是企業致勝之基礎。

第五節 提高企業的競爭能力

對企業而言，生產力就是競爭力。唯有企業各部門均衡發展，一起成長，才能提高企業競爭能力。管理者應該設法培養生產部門，使生產部門成為企業之主要競爭工具之一。尤其在生產型企業中，若生產部門生產力低，無法在成本、品質及式樣上取勝，則不論財務、行銷及其他支援部門多有效率，企業仍然無法生存。讓我們再強調一次，若欲提高生產企業的生產力，管理者必須培養生產部門優點，並消除缺點，以全面改善成本、品質、供應能力、生產彈性。

製造策略是提高生產力的策略。企業可利用製造策略逐步健全企業體質，以提高企業生產力。一般而言，生產部門的競爭工具有成本、品質、供應量及生產彈性等四種。以往西方管理者認為生產部門無法同時擁有這四種優點，因此，僅就四種競爭工具中選擇一、二，並憑之以競爭。反之，東方則試圖同時全面改善設備、制度、方法、員工等，以便兼有成本、品質、供應量及生產彈性等所有優點。

原則上，若欲提高企業之競爭力，必須先提高生產力，而改良生產部門則是提高生產力的唯一方法。生產部門的運作取決於產品、產能、生產系統、生產科技、人力運用、日常工作、採購、供應商及垂直整合等決策。管理者可利用製造策略整合這些決策，以便提高生產力與競爭力。以下簡述提高企業競爭力之步驟：

一、分析競爭狀況

在決定策略之前，企業要先瞭解環境、對手與競爭方式，然後再決定目標，以及達成目標的方法。策略內容應該包括內在、外在因素。在制定製造策略時，要注意能利用企業現有優點、培養未來優點，以及消除缺點。也就是說，在這個過程中，要特別注意市場走向，並分析競爭狀況及對手，以瞭解對手的優缺點。瞭解環境、對手的競爭方式、優缺點之後，企業可以再選擇市場定位，以及應該使用的競爭方式。

製造策略不但要可以維持當前競爭地位，還要能提高中、長期競爭優勢。因此，製造策略也要搭配企業短、中、長期目標與策略，使製造策略能協助達成中、長期目標。

二、選擇競爭方式

在選擇競爭方式方面，必須有全面的做法。在日本汽車進軍美國市場前，美國汽車品質本已甚佳，價格也合理。但日本車廠為進軍美國，將車身縮小並減少耗油量，然後以低價競爭，使競爭狀況完全改觀。日本汽車廠當時使用的競爭方式，與美國汽車廠完全不同，等於是具體改變產業內競爭方式，並以自己的優點攻擊對手的缺點。日本企業雖在世界上使用高明的財務及行銷策略競爭，但是其所擁有之強大生產力，才是成功的基礎。日本汽車進軍美國市場時，其競爭方式包括改良產品、改變競爭方式，以成本、品質、供應量及生產彈性取勝等。

一般而言，西方在討論策略時，第一步是正確的選擇目標 (Right Goal)。最主要的目標應該是投資能夠即時回收，因此，投資報酬率是主要的衡量工具。設定策略的第二個原則，是檢視所處的產業，以確保能在產業獲利。第三個重點，是利用差異化策略以提高產品對消費者的價值。在這一方面，值得瞭解的是競爭方式。目前大部分企業以價格競爭，而非以差異化競爭。目前流行的**價值鏈** (Value Chain) 概念認為，企業產品的價值是經由一連串的企業內部具體**價值活動** (Value Activities) 而創造出來，同時，也決定了**利潤** (Margin) 的大小。因此，企業競爭時，其實是以內部多項活動為競爭工具。透過此一價值鏈，企業可以查明企業在哪些活動中佔有優勢，又在哪些方面居於弱勢。

另一個問題是企業如何由活動中獲得優勢？一般企業以營運效益取勝。什麼是營運效益呢？所謂營運效益，是在與競爭對手相比時，我們做得比它好。因此，營運效益就是**最佳操作** (Best Practice) 的意思。但若大家都追求最有效率的生產方式，就會產生競爭合流或**競爭整合** (Competitive Convergence) 的問題，也就是說，大家都朝同一方向競爭，造成產品差異不大，必須以價格競爭的狀況。

另一種競爭方式，是採用策略競爭的方式。所謂策略競爭，是發掘產業中機會，向差異化發展，並以差異化競爭。由於選擇自己的目標，企業將走自己的路，與自己競爭。選擇策略以後，在概念上已經對自己設限，並決定了自己的產業定位。基於此一定位，企業可以選擇市場、營運的方式，以及做法。相關的決策包括產品、市場，以及行銷方式等。其次，企業可以進而調整組織結構、機器設備、配銷通路、銷售系統等。經由策略選擇，企業對自己設限，並創造自己獨一無二的地位。假如能這樣做，企業將可知道自己為何而戰，以及如何應戰。同時，如此，企業可以滿足某一種顧客需求，或只服務某一群顧客，而這種策略優勢才能真正成功。

選擇策略之後，另外也要考慮「**取捨**」(Trade-off) 的問題。通常，不同的競爭方式互不能相容，因此，必須選擇自己的路線，這就是「取捨」的意義。如何取捨呢？一般而言，取捨有以下幾種不同的型式：無可取代的特色、最佳價值鏈的差異性、形象衝突、品牌名聲、內部控制的設限。因此，不只要選擇策略、設限、設定目標、修改你的競爭方向，還要事先決定「什麼是你不想做的事?」

原則上，在設限之後，才能開始創造真正的優勢、主控權、及國內外市場。通常企業開始進入產業時，大多採取模仿的方式。接下來，則是創造製程優勢。第三步則要考慮調適 (Fit) 的概念。所謂「調適」，是將企業活動由一連串活動，調適成一連串互動活動。若能如此，將可建立整條價值鏈的特殊合作優勢，使競爭者欲模仿時，無法只模仿一個特色就能競爭，必須要複製整個價值鏈的特色以後，才能相與競爭。

價值鏈的「調適」，可分為三種：第一種是「一致性」。例如若定位在以價格競爭，就需要能將低成本政策貫徹於企業整體，而非只在製造或生產上。必須在服務、行銷，甚或任何決策上，都能符合低成本的原則。另外，還需要有「互補」及「調整」的能力。所謂調適，就是使所有活動都能相互支援，同時，在一致性不足，或不能互補時，還要有迅速自我調整的能力。

原則上，在設限之後才能開始真正創造優勢、主控權、及對於國內外市場理解與掌握。企業進入某一產業時，通常先採取模仿的方式競爭。其次，可能開始設法創造製程方面的優勢。第三步，是要設法創造整體調適的概念與能力。所謂「整體調適」，是將企業活動的內容，由一連串獨立的活動，整合成為一連串互動的活動。若能如此，將可建立起企業價值鏈的特殊有效合作優勢，使競爭者意圖模仿時，無法只模仿其中一個特色就能夠競爭，而要全面模仿或複製整個價值鏈的運作特色，才能參與競爭。

價值鏈的「整體調適」有三種內涵。第一，是所謂的「一致性」。例若企業定位以價格競爭，就要能把低成本或總體成本領導的概念與政策貫徹於企業整體，而不是只以較低的製造或生產成本競爭。也就是說，採用某一競爭策略時，除了生產之外，還要能在服務、行銷，以及所有決策上都符合以低成本競爭的原則。整體調適的另外兩個內涵，是具有「互補」及「調整」的能力。所謂整體調適，就是要求企業所有活動都要能相互合作、相互支援，以產生加乘效果。同時，若有一致性不足的狀況，或發現不能互補而無法產生加乘效果時，企業還要具有迅速發現，即刻自我調整的能力。也就是說，隨著企業發展進入不同階段，以及新競爭功能的出現，企業必須先增補競爭所需的新功能，然後不斷調適企業系統，使各功能獨立有效運作，也能合作產生加乘效果。

在進入市場國際化與全球化的時代之後，國際大型企業利用有關價值鏈、供應鏈的研究，進而推動以網路執行全球運籌管理的做法以進一步掌控全球市場。由於開發中國家為獲取訂單而盡力配合國際大進口商建立全球運籌管理網路及資料，由西方企業主導的全球運籌管理網絡已逐漸成形。現在國際大型企業已經可以網路檢視供應商及其原物料廠商的成本結構與日程管理資料。這種發展已經將國際買家的影響力向前、向後延伸，大幅提高國際大企業的競爭力與控制力，並對開發中國家及企業產生更大壓力。

面對這種全球運籌管理的壓力時，在世界經濟分工中負責代工的開發中國家企業應該儘速引用價值鏈、供應鏈、全球運籌管理方面的研究成果，並反覆尋求在這個環境中改善市場、企業系統及生產力之道，以便儘早改善市場上的競爭狀態。

在企業環境不斷演變的過程中，生產力與競爭力的意義也不斷改變。但不論企業環境如何改變，改善企業生產力必然能協助提高企業的競爭力。但在環境演變時，若只埋頭苦幹以提高生產力的競爭，卻罔顧環境、競爭功能與競爭工具的變化，可能無法保證一定能提高企業整體競爭力。目前國際大廠已經開始推動全球運籌管理。為確保企業能因應企業環境與主要競爭功能的轉變，並進而設法取勝，管理者必須儘速瞭解全球運籌管理的意涵與重點，進而推動政策以改善企業系統，並創造系統內外加乘效果。

三、培養優點、消除缺點

在選定競爭方式以後，企業應該利用製造策略，以改善生產部門，使能滿足競爭方式的要求。企業的資源有限，管理者應排定順序，決定改良體質、提高生產力的方法及步驟。另外，也應該要考慮策略、方法間的關係及相依程度。如果能使策略、方法相輔相成，並產生連鎖反應，則策略容易執行，成效也大。同時，策略及方法的延續性也很重要。如何延續其執行及效果，使能產生最大效益，也值得思考。

另外，在製造策略中也應該注重如何改善管理制度、人員、方法，以及如何改善企業硬體設備的搭配方式。改善制度、人力、方法及管理，是提高生產力的基礎。

四、驗收成果並修正策略

訂定策略、方法及執行步驟之後，還要確實執行。市場瞬息萬變，同時，難保計畫仍有不完備之處。因此，應該鼓勵全員參與驗收成果，以修正策略。在這一方面，日本有良好的經驗，值得我們參考。日本企業利用品管圈 (Quality Circle) 作為執行策略、驗收成果、修正策略之工具。在品管圈活動中，日本管理者向全體員工說明目標、策略、執行步驟及方式。員工則在執行的過程中，不斷檢視企業系統、工作方法及策略並提出改善方法。這種做法可謂集系統改良、策略修正、執行於一體，非常有用，也值得效法。

本節建議使用製造策略以整合製造決策、改善企業體質。唯有改善企業體質，才能提高生產力。具體而言，首先，企業應該分析競爭狀況及對手的優缺點。其次，選擇競爭方式。第三，利用製造策略以培養優點、消除缺點。第四，在執行策略時，應有系統的驗收成果並修正策略。

第六節 結　語

本章由新經濟的發展開始，延伸討論企業改善生產力與競爭力的方法。本章第一節簡單討論了新經濟的意義。第二節討論企業的生產力與競爭力。第三節就企業專長的課題，提出對於發展專長與喪失專長的看法。第四節與第五節分別討論如何提高企業競爭地位與競爭能力。

在企業環境不斷演變的過程中，生產力與競爭力的意義也不斷改變。但不論企業環境如何改變，改善生產力必然提高競爭力。但若只提高生產力，卻罔顧環境或競爭功能與工具的變化，將難以保證也能提高整體競爭力。因此，在經營過程中，管理者需要不斷預測與觀察整體環境的變化，以及主要競爭功能的轉變，並妥為因應之。

本章言簡意賅，內容豐富。本章討論的內容，能協助讀者深入瞭解生產力與競爭力的內涵，以及可用以提高生產力的方法，值得好好閱讀。

重要名詞

新經濟	單一因素生產力	生產部門生產力
選擇權	多因素生產力	競爭工具
競爭優勢	企業專長	競爭力
無法取代的競爭優勢	喪失專長	競爭方式
市場分割策略	有專長的企業	價值鏈
生產力	部門山頭主義	最佳操作
總生產力	生產部門目標	調　適

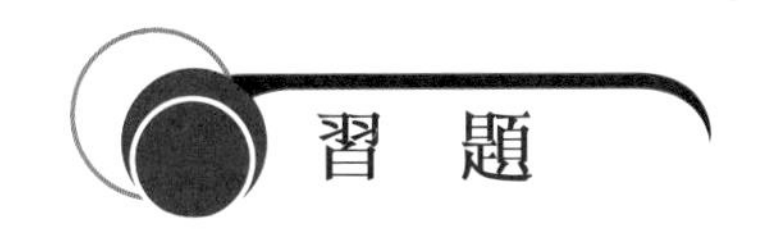

習題

1. 什麼是新經濟?
2. 試說明新經濟的影響及挑戰。
3. 如何計算生產力? 計算方式有幾種? 差異何在?
4. 生產力下降的原因有哪些?
5. 試說明提高生產力的方法。
6. 企業的專長與競爭有何關係?
7. 何時可能喪失企業專長?
8. 試說明無法取代的競爭優勢。
9. 試說明如何主導市場演變。
10. 試說明企管學界認為資本投資下降的原因。
11. 試說明生產部門的目標。
12. 試說明與生產部門競爭力有關之因素。
13. 如何提高企業競爭能力?
14. 如何選擇競爭方式?
15. 什麼是競爭整合? 如何面對競爭整合的問題?

筆記欄

第四章

產品發展

Production and Operations Management

前 言

隨著人類文明發展，新科技、新知識逐漸改變人類生活。同時，由於二次世界大戰後全球政治、經濟穩定，各國教育、經濟及生活水準不斷提高，各國經濟結構日漸改善。經濟結構變化時，除產業結構升級之外，產品、企業結構、管理策略，以及各國勞工政策、社會結構也改變。在工業升級的過程中，除了科技改變之外，企業組織及產品也有所變化。但引進科技容易，發展產品卻不易。因此，發展中國家企業經常只能以生產能力取勝，卻很少能發展世界級新產品。新產品發展管理是一個重要領域，對企業發展影響很大。只有世界級企業，才能發展世界級產品。我國正力求產業升級，發展新產品應該是首要努力方向之一。

自行銷導向時代開始，企業便需要開發新產品以因應市場需求，因此，研究發展工作受到重視。早期討論及研究產品開發的人，大多隸屬於行銷領域。行銷領域人員研究新產品時，不免多以行銷考量，而忽略其他領域的角色與影響。在發展新產品時，組織內各部門都應該參與意見，以便合力發展新產品，始能發揮整體戰力。例如近年來風行的「生產化設計」(Design to Manufacture) 或「易製化設計」(Design for Manufacturability) 概念，就建議也考慮產品生產的難易程度。這個概念非常重要，若能先考慮生產的難易程度，未來生產時必將較為順利。同理，開發產品時，若能多考慮其他領域的觀點，應該有益無害。

本章討論產品開發，第一節討論產品開發的意義。第二節探討產品計畫的觀念與工具。第三節說明新產品發展組織。第四節探討新產品策略。第五節有一個簡短的結語。

第一節 產品開發的意義

近年來，各國企業大力投入產品管理領域。這牽涉到三個概念，第一，產品可以管理，第二，可以管理產品，使產品效能發揮到最大程度。第三，管理產品可以使企業生產力及營運績效極大化。這些概念有獨到見解，值得參考。產品開發工作極為繁複，牽涉到創意產生、產品設計、試製、試銷、上市等過程。另外，新產品能否廣受歡迎，還牽涉到對於文化、生活習性的瞭解。若能開發出廣受國際歡迎的產品，表示企業已經能超越工業生產的範圍，有能力優游於科技與人文間，成為一個世界級、有教養 (Educated) 的企業法人了。對各國企業而言，若能開發出世界級產品，代表企業已經嫻熟本國與國際文化，更能超越本國文化的藩籬，對世界文化產生貢獻。這是一個傲人的成就，值得效法，並能以全球為市場，具有更大經濟效益。因此，所有企業都應該培養發展新產品的能力。

現在先回過頭來，繼續討論產品開發的課題。謹此說明產品開發的意義如下：

一、產品開發定義

所謂產品開發 (Product Development)，是新、舊產品的研究、設計和發展，以及產品的生產與上市。開發產品時，除產品之外，生產與加工過程也是重要的部分。產品是企業經營的重心，生產則是實現企業經營能力的過程。生產過程中，企業仰賴生產科技、人力與方法，以生產精良的產品達成企業目標的要求。因此，討論產品開發時，也要顧及是否有充分的能力，將產品概念付諸實現。我們知道，產品必須上市成功，才能對企業產生貢獻，所以上市的方法、步驟，以及售後服務需求等，也應該列入產品開發的研究之中。

二、新產品

產品可分為產品與服務兩類。其實，即使是相同的「實體產品」，也有其「形象及服務」的內容不同。例如汽車，除了實體產品之外，還要考慮使用安全及舒適的問題。因此，汽車廠不只是銷售汽車，也要提供「操作方便」與「使用安全」。若詳細考慮這個問題，有時難以區別到底是銷售產品，還是提供服務。產品有實體產品、產品形象、功能、功用等成分。產品形象可以提高產品價值。產品功能及產品功用是產品整體之一部分，但產品的實際用途也可能與原有功能、功用不同。在考量產品開發問題時，對於相同的實體產品，如果其「形象與服務內容」改變，其產品的包裝、形象與行銷做法就必須相應改變。因為即使是相同的實體產品，如果其「形象與服務內容」有所改變，其市場定位必將因而改變。因此，必須根據市場定位的變化，改變其產品的包裝、形象與行銷做法。

新產品 (New Product) 有創新產品與舊產品改良這兩種。所謂創新產品，是創造出來的全新產品；而舊產品改良，是修改舊產品的本體、形象、功能或用途之後，所產生的一個改良產品。創新產品需要龐大研發經費，耗時費力，又有上市風險，難免使企業退縮不前。改良產品可利用原有銷售通路與市場，修改容易而成功希望較大。因此，一般企業傾向於發展改良產品。

三、開發新產品的原因

前面說過，發展新產品耗時費力，必須投入資源，又有極大風險，所以有時令企業裹足不前。但新產品提供成長機會，值得企業努力開發。企業開發新產品的誘因，有外在因素與內在因素兩類（如圖 4–1）。外在因素有市場需求、競爭狀況改變、供應來源或原物料變化，以及科技、法規、社會及其他等等環境因素。內在因素有追求企業成長、財務目的、利用過剩產能、管理創意及其他等。

若將圖 4–1 中的內、外在因素按其動機分類，則這些因素可以概分為技術導向 (Technology Driven)、市場導向 (Market Driven)、充實產品組合 (Product Portfolio)，以及充實企業組合 (Business Portfolio) 等四類。不論開發新產品的原因，是由於市場需求改變，還是由於新科技出現，新產品都需要有市場需求，並能提高利潤才有開發價值。除此之外，近年來許多企業為了充實產品組合或充實企業組合而開發新產品。若以此為目的，則開發新產品更具有策略導向的概念。

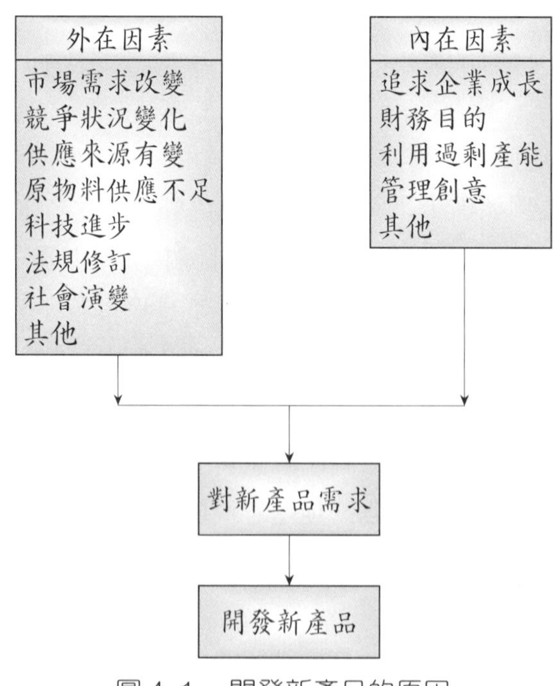

圖 4–1 開發新產品的原因

四、產品開發決策的影響

產品開發決策與市場需求、行銷通路、科技、企業競爭地位、經濟效益、企業內人才水準等因素有關。中小型企業大多沒有行銷渠道，因此，希望經由開發新產品，提供顧客更多選擇以增加訂貨量。對於有行銷渠道的大型企業而言，則希望能開發出好的新產品，以擴充產量與市場，並實現企業目標。不論其目的何在，新產品開發完成時，將同時決定其相關生產、行銷決策。這些決策影響企業未來營運方式、績效與利潤。因此，產品開發決策對企業經營有很大影響。

此外，對大型企業而言，企業主將經營理念轉化成企業目標之後，必須順利開發產品，然後生產、上市，以取得較大市場佔有率與利潤。也就是說，若要實現經營理念與企業目標，便需要能開發出成功的產品，並將之成功生產、上市。由以上討論可知，產品開發影響整個經營過程。為協助讀者瞭解此一影響過程與層面，謹此將其影響的層面與內容整理如表 4–1 所示。

表 4–1　產品開發決策影響層面及內容概述

影響層面	影響內容
能否勝任 (Fit)	・產品是否能搭配現有產品？ ・是否符合企業專長及市場需求？ ・能否提高現有產品的形象及銷售量？
原物料 (Material)	・選擇使用之原物料。 ・原物料影響產品之強度、功能、耐用程度、壽命。
勞動力 (Labor)	・勞工所需之技術水準。 ・勞工人數。
設　備 (Equipment)	・所需設備種類及工時。
製　程 (Process)	・製程種類。 ・科技水準。
財務需求 (Financing)	・資本需求與產量、原物料、設備、工時等均有關係。 ・利潤率及總利潤。成本之高低。
行　銷 (Marketing)	・行銷方式及路線。
服　務 (Service)	・服務之需求。

五、產品開發的過程與方式

產品開發過程 (Process) 中，依序有以下步驟：產生創意、市場與技術評估、篩選創意、搜集相關資訊、提出方案、設計新產品、試製、評鑑及改良試製品、產品及製程定型、準備生產、正式生產、上市、提供售後服務、搜集銷售及使用資料，以及將使用資料回饋給產品開發、生產部門等。有人將上述步驟縮減為六階段，即產品選擇、設計、試製、準備生產、生產與銷售。也有人將之劃分為五個階段，包括計畫、資訊搜集、試製、準備生產、正式生產等。還有人採行四階段或二階段的看法(詳如圖 4–2)。

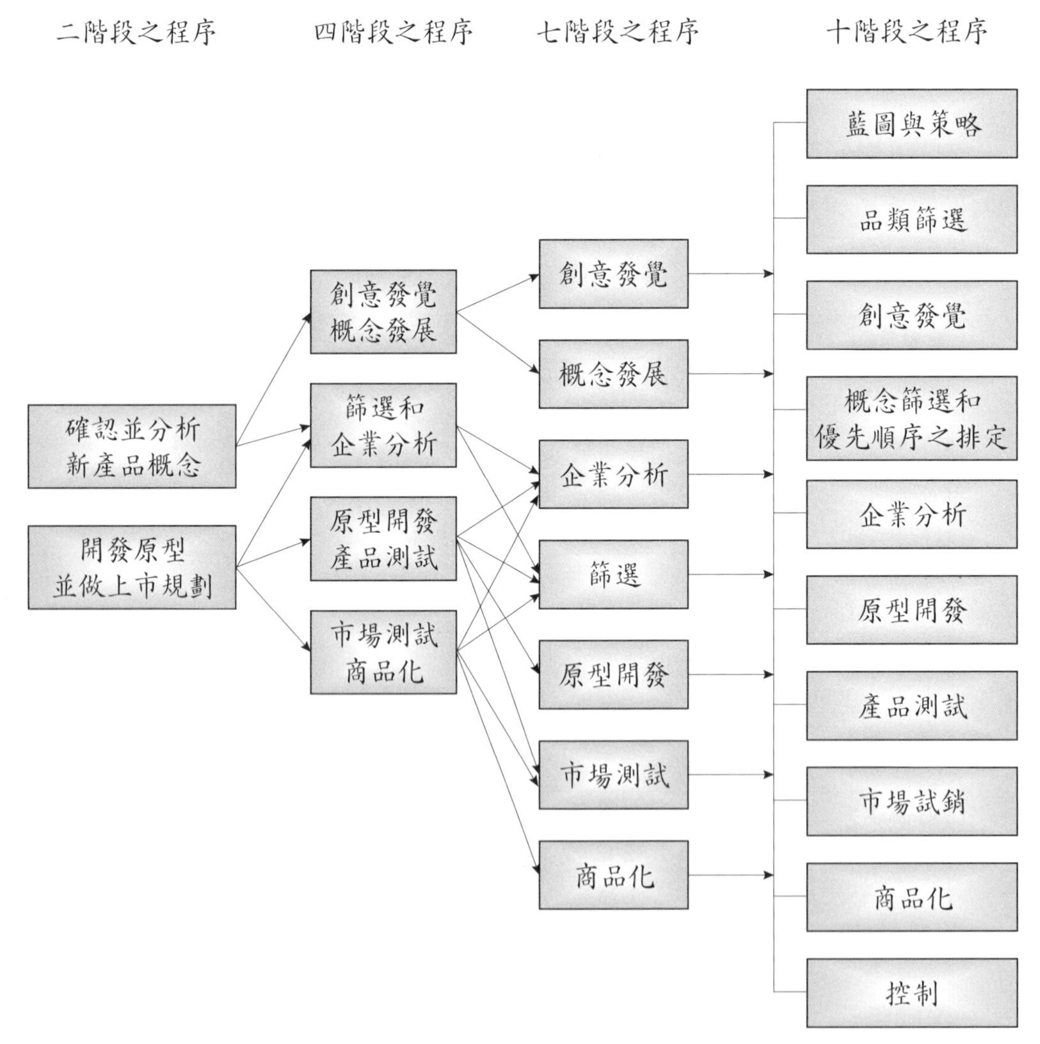

資料來源：《研究發展管理手冊》，80 年版，p. 6，經濟部科技顧問室與生產力中心。

圖 4–2　產品開發過程步驟圖

至於產品開發方式 (Approach)，若依照從事產品開發者而定義之，可有三種方式如下：

⑴自行開發。

⑵合作開發。

⑶引進新產品。

以上三種方法各有優缺點。企業可根據本身能力、市場需求及其他重要相關因素，決定開發產品所使用的方式。開發產品時，除了提供下一代新產品，以供市場競爭所需之外，還要能協助企業提高生產力與競爭能力。因此，企業應該利用產品開發過程，繼續加強技術能力。若本身技術能力不足，則可利用合作方式開發新產品。不過，如果可行，應該盡量自行開發產品。

通常在產品開發的過程中，管理者應該注意以下幾個原則：

⑴新產品確實有足夠市場胃納。

⑵新產品能利用及加強企業專長。

⑶新產品能協助企業達成短、中、長期目標。

⑷新產品能具體提高企業生產力及競爭力。

六、新產品失敗的原因

產品開發工作聽起來有趣，看起來簡單，但做起來卻不容易。即使老手也可能犯錯。例如摩托羅拉 (Motorola) 公司是有名的手機廠商，也曾經推出許多優秀產品。手機的掀蓋式開關，就是摩托羅拉公司的專利。但摩托羅拉這樣的名廠，卻也曾推出 V-70 這種定位錯誤的產品。V-70 型手機是摺合式手機，但除了可以摺合之外，還可以利用接合處為轉軸，看起來非常花俏。由於 V-70 花俏異常，商界人士不感興趣，但應該能吸引年輕人及學生用戶。然而 V-70 結構複雜，因此，產品成本高，無法低價銷售。所以，V-70 雖可吸引年輕人及學生顧客，但這些人卻付不起高價，因此產生產品市場定位錯誤的問題，註定要失敗。

但有趣的是，由於已經設計完成，且已生產，若不銷售到某一數量，一定造成極大損失。因此，摩托羅拉公司重金廣告，還推出手機鑲鑽石的噱頭，希望提升 V-70 的銷售量。但在此一過程中，由於沒有把售價下降到能接受的程度，因此廣告雖多，卻仍然回天乏術，無法大幅增加銷售量。

以上就是一個開發產品失敗的例子。開發新產品，是常見的企業活動。在各專業雜誌中，經常有成功產品的報導，也每每吸引讀者注意。但討論新產品失敗的文章，卻很少見。因為在產品開發失敗後，研發團隊很快就解散，開發過程的記錄可能因而散失。另外，可能很少人願意重新面對失敗。因此，少有討論新產品開發失敗的文章。但前車之鑑，後事之師，企業應該嚴肅檢討新產品失敗的原因與過程，以為未來之參考。原則上，新產品失敗 (Failure) 常見的原因有如下十二項：

(1)市場太小。
(2)企業能力不足。
(3)與其他產品並無差異。
(4)產品沒有特殊優點。
(5)定位錯誤或誤解消費者需求。
(6)配銷通路不足。
(7)需求預測錯誤。
(8)對手可以迅速仿製。
(9)消費需求改變。
(10)環境改變。
(11)投資報酬率太低。
(12)管理不善，或組織內部有紛爭。

可能造成新產品失敗的原因很多，但不論如何，如果開發新產品失敗，一定是產品開發管理過程產生問題。原則上，若新產品失敗，表示理想與實際間差距太大，因而無法將理想實現。雖然大部分管理者瞭解發展新產品的重要性，但真能管理新產品發展過程的人很少，而能發展新產品以實現企業策略目標者，更少之又少。讓我們大家共勉之。

第二節 產品計畫的觀念與工具

在多變的企業環境中，為維持企業生存與發展，企業必須根據市場需求，以經濟有效的方法，生產並提供質量合宜的產品與服務。也就是說，企業必須跟隨顧客需求的演變，提供適合顧客需求的產品。在這個過程中，企業可以等待市場需求改變之後，再隨著需求改變產品，也可以事先計畫，準備好了以後，在適當時機推出產品。當然若能事先做好計畫，把新產品準備好，就可以以逸待勞，在市場改變時先取得上市的優勢。因此，企業需要做產品計畫 (Product Plan)，對未來生產與提供的產品，進行定義與準備。

一般而言，產品計畫當然要以企業策略為依據。根據企業使命、策略目標訂定企業的性質、任務、發展方向、模式之後，企業可以決定顧客市場區間、從事的業務、優先順序、執行方法等。接下來，便可根據業務概念，針對市場需求進行預測、設計、選擇，以排定未來的產品。

一、產品計畫的考量因素

產品是企業服務市場以及取得利潤的工具，是企業生存、發展的基礎，對企業各部都有既廣又深的影響；企業的短、中、長期利益，企業的穩定與發展，可說取決於企業的產品計畫。因此，產品計畫是一個必須注意的重要領域。一般而言，產品計畫植基於企業目標與策略，而其執行結果，又對企業目標與策略產生影響。在訂定產品計畫時，必須考量以下因素：

◆ 1. 市場需求

在規劃產品計畫時，首先要確保市場上有需求，而企業的產品也能滿足這項需求。原則上，管理者應該利用市場調查與市場預測方法，以便盡可能掌握市場情報。若未能進行深入的市場需求調查，或做出錯誤的判斷，便有可能錯認市場需求，從而使產品計畫出錯，並導致企業整體的失敗。因此，在進行產品計畫時，必須審慎的進行市場調查與預測，並詳細評估調查與預測結果，以確保所得資訊與判斷正確無誤。

市場調查、預測方法很多，由於產品、產業不同，其所應該使用的方法也就不同。同時，各方法又有其特殊適用條件，企業應該謹慎選擇調查、預測的方法，以確保所得資訊有用。

◆ 2. 產品生命週期 (Product Life Cycle)

產品各有其生命週期，對於企業而言，現有產品上市一段時間之後，由於產品逐漸老化，必須在適當時機推出新產品，以維持整體銷售額與銷售量。因此，產品計畫也要考慮產品生命週期，並從而計畫產品轉型、推出新產品的時機、以及舊產品退出市場的機制。

◆ 3. 企業能力

產品計畫要靠企業的生產與配銷能力，才能付諸實現。因此，產品計畫必須配合企業能力。原則上，產品計畫應該盡量利用、加強企業本業專長，以發揮企業內部現有優勢，並提高產品成功的機率。企業的財務能力、人力資源、原物料、技術能力、歷史、文化、管理能力等，都值得考慮。原則上，如果技術能力高強，則可多往科技層面發展；若行銷能力強，則可多發展改良產品以利用市場機會；若財力有限，不可發展太多新產品，以免超過財務負荷而造成困擾。

若企業能預期未來產品與科技需求，也可以利用生產新產品的機會培養未來的關鍵能力。這是一種策略決策 (Strategic Decision)，應該由企業高層做出決定，不可逕由產品規劃部門定案。

4. 產品的經濟效益

企業提供產品固然有服務的涵義在內，但產品的經濟效益更有重要性。由銷售產品所取得的利潤，是企業生存、發展的基金。因此，企業必須詳細評估產品的生產、銷售成本，以及損益平衡點、銷售量、利潤率等，以確保值得推出此類產品。另外，產品對於企業未來發展有何影響，也是重要的考量。

5. 延伸產品線的效果

大型企業為打響知名度，並利用商譽，以在同一市場中獲取最大效益起見，通常會逐漸延伸產品線，以建立完整的產品線。此時，如何規劃產品計畫，以逐步建立產品線，便成為策略重點。產品線延伸的方向、縱深，以及建立產品線的時機等，受企業政策、目標影響，也影響企業的整體發展。

二、產品生命週期

產品生命週期的概念很有趣，對產品擬人化，認為產品也有生命，其銷售量像人的一生一樣，有介紹期、成長期、成熟期與衰退期之分，並在各期間中有起有伏，也有生命終止之時。本書第六章也討論製造過程的生命週期，對此一課題有興趣的讀者，可同時參考第六章的討論內容。這裡介紹產品生命週期的概念與分辨週期之法，謹此說明如下。

在產品生命週期中，新產品進入市場時，其銷售量由零開始，陸續增加。到成長期時，其銷售量大幅上升。進入成熟期後，由於產品已經廣為市場接受，銷售量成長減緩。到成熟期中期時，銷售量並開始下降。進入衰退期時，銷售量繼續下降，若此一產品可以成為必需品，則其銷售量降到某一程度後，便拉平而繼續維持。否則，該產品銷量日減，終有棄世之時。

若要評估產品處於哪一個生命週期，可使用圖 4–3 與公式 (4.1) 的方法計算之。如圖 4–3 所示，產品銷售量的增減幅度，可以利用 Δt 與 Δy 並套入公式 (4.1) 以計算之。

$$g=\frac{\text{後期銷售量}-\text{前期銷售量}}{\text{前期銷售量}} \tag{4.1}$$

原則上，在不同生命階段中，產品銷售量成長幅度不同。若假設銷售量的成長幅度為 g，在介紹期中，通常 g 小於 10%。在成長期中，銷售量成長快速，通常 g 大於 10%。到成熟期時，銷售量成長減緩，g 值可能小於 10%。到了銷售量開始衰退時，g 值便呈現負值。

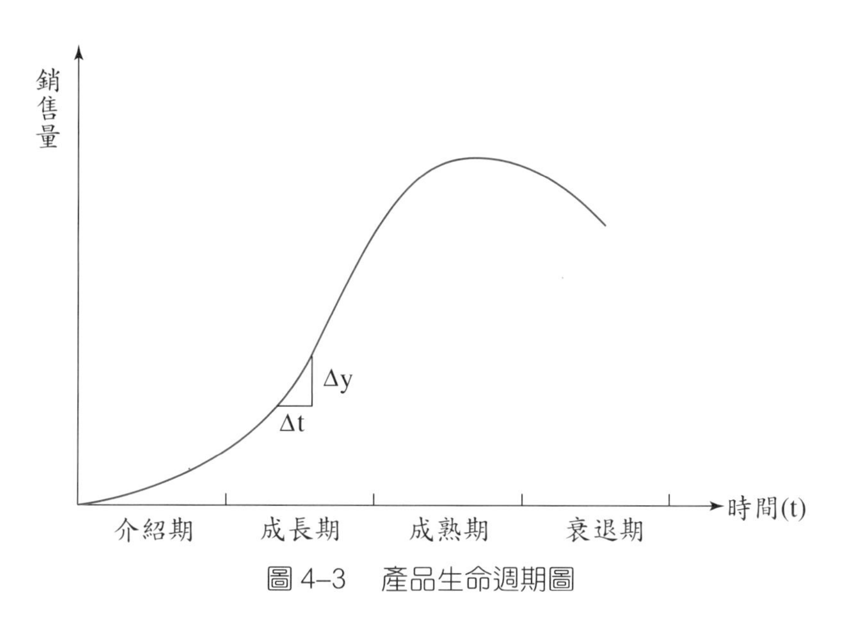

圖 4-3　產品生命週期圖

三、新產品設計方法

設計新產品時，根據產品結構與特性，可以採用不同的設計方法，以加快設計速度，改善設計品質。對於以往沒有經驗的新產品而言，由於沒有經驗，有時需要從零做起。但對於延伸性質的新產品而言，若能利用現有產品科技，將使設計過程大量簡化，也能取得較佳設計成果。一般而言，對於延伸性質的新產品，常見的設計方法有以下概念：

◆ 1. 模組化

採用模組化概念時，設計人員根據往例，以已經成形、常用的零組件模組，將主要零件組合成一新產品。另外，也可以利用模組化概念，將需要定時整修、填充材料的組件作成可抽換的模組，以便利使用。若欲使用模組化概念，零組件必須能先標準化，並完成零組件模組化。例如目前常用的電腦印表機墨水匣，就是模組化成功的實例之一。

2.中間產品

若欲設計介於兩個產品之間的中間產品，原則上，可以利用兩產品現有科技與零組件，設法組合而成一個新產品。這種做法可迴避許多設計、試製、技術開發等工作與成本，通常更可獲得較佳而可行的設計成果。

採行此一做法時，最重要的是選取適當的零組件與科技。若能選到適當的零組件，通常可以利用現有相鄰產品的科技經驗，得到事半功倍的成效。

3.延伸產品

延伸產品的概念與中間產品類似，但中間產品介於兩個現有產品之間，可說是在已知領域中開發另一個類似產品，相對簡單。在延伸產品的概念下，我們試圖將現有科技與零組件組合起來，應用於一個未知領域，困難較大。但若可應用現有零組件與科技，只要能在組合完成後，進行必要的實驗與試用，並進行修改以增進產品效用，成功的機會仍大。

一般而言，延伸產品的難度較大，延伸的距離愈大，其設計與科技難度愈大。

四、設計加工過程

產品設計完成之後，必須經過生產過程，才能製造出成品上市。因此，設計產品時，必須也考慮如何改良產品的加工過程，使加工過程順利。設計加工過程的目的，是選擇施工科技與加工方法，以使加工過程合理化。在設計產品時，通常以產品功能為導向，因此注重功能、品質、美觀、實用。但在生產時，為提高生產速度，通常以加工方便、簡單為導向。因此，任何產品經過生產過程之後，便已產生變化，嚴重時，並可能在多方面已經悖離原先設計的產品概念。這種現象創造出許多產品品質、產品功能、應用上的困難，值得管理者特別瞭解與注意。

另外，有些產品在設計時，便已經埋下失敗的種子，造成產品未來使用上的困難，或使產品容易損壞。例如目前常用的馬克杯，由於把手是另外貼上去的，使用馬克杯一段時間之後，馬克杯的把手必然要脫落。這個問題無法避免，因為是在設計時便造成品質問題。對於這種因設計而產生的問題，在設計加工過程時，可以同步檢視並改善之。因此，設計加工過程不只要選擇合用的先進科技、合理的製程，以及降低加工成本，也要同步、客觀的檢視、改良產品，使產品容易生產，並提高產品品質。

通常在設計加工過程時，應該注意以下五項：

1.合理採用先進科技

採用先進科技通常能提高品質與營運效率，也可減少原物料浪費，或對環保產生幫助。但產品成本通常也是考量因素之一，因此，在決定使用的科技時，也要同步考慮相關成本。

◆ 2.善用企業生產經驗

在設計加工過程時，應該盡量利用企業的生產經驗。對於沒有使用經驗的科技與設備，除非必要，不應該使用，以免徒增加工過程中的困擾。同樣的，對於所需要的原物料、技術人力等，也需要事先規劃。

◆ 3.加工過程合理化

設計加工過程時，要盡量使加工過程合理化，以便達成貨暢其流的目的，使加工過程順暢而有節奏，並能提高加工品質、降低加工成本。原物料在製程中的搬運與處理也是重點。原則上，應該盡量減少、避免搬運與處理工作，以免搬運、處理成本過高，或因搬運、處理而造成品質問題。另外，應該避免加工過程迴轉或倒流，以免在製程中造成瓶頸。

◆ 4.加工成本合理化

生產是一個增值過程，每增加一個工序，產品應該相應增值。因此，應該避免過於昂貴的工序，並去除不必要的工序，以免產品價值不增反減。原則上，在加工的過程中，應該盡量提高經濟效益，除效率提高之外，還要能提高產品效用，以創造更大的經濟效益。

◆ 5.人機互動合理化

在加工過程中，員工使用機器、設備以及各種裝置、工具，以進行加工手續。原則上，應該進行動作、時間研究，使加工動作合理化，能符合動作研究原則，並避免工業傷害。在加工時間方面，也要注意員工的工作節奏，以免過勞。人機互動還有空間利用的問題，如何提供充分空間，如何保留員工互動的空間與機會，讓員工在工作時，仍能看到別人，以免產生孤獨感等，也都是考慮的要點。

五、設計加工過程的程序

在設計加工過程時，應該事先排好程序，以資遵循並確保品質。一般而言，設計加工過程的程序可如圖 4-4 所示，現在說明如下：

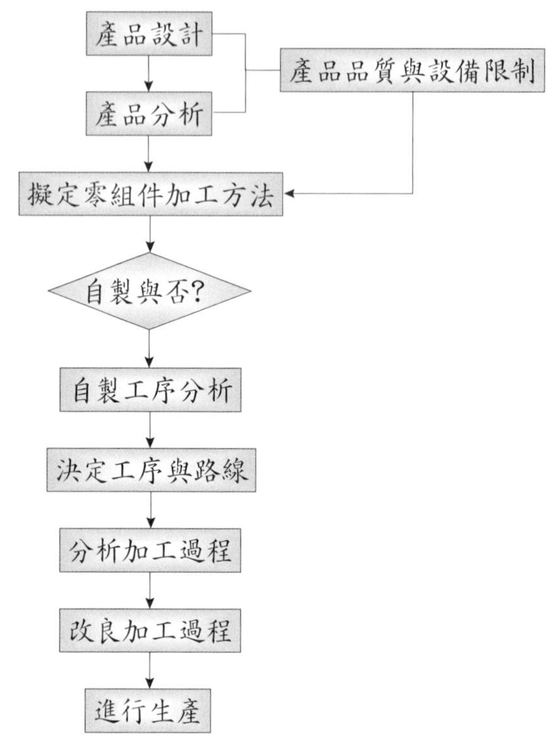

圖 4–4　設計加工過程的程序

◆ 1. 產品設計與產品分析

一般而言，設計產品以後，應該先對產品進行分析，將產品圖、裝配圖表、零組件、加工、組合順序等明確以書面記錄下來。

◆ 2. 產品品質與設備限制

接下來，對於產品應有的品質、功能、以及生產設備上的限制等，進行定義，以確保產品能順利生產。

◆ 3. 擬定零組件加工方法

根據產品使用零組件的目的與功能，可以訂定所需零組件與加工的精密度，以及所應該使用的加工方法。

◆ 4. 自製或委託加工

根據加工的需求，接下來，企業可以技術、產能、人力、經驗為基礎，判斷應該自製還是委託加工。

◆ 5. 對自製工序進行分析

對於決定自製的零組件，企業應該檢視產能、生產經驗、預期困難，以及因應之道，以確保未來加工時，可以達成生產需求。

◆ 6.決定工序與路線

企業應該根據自製、外購計畫，以及其他相關資料，訂出產品加工的工序與路線，並進行改良，以設計最佳路線，使加工過程順暢。

◆ 7.模擬以分析加工過程

設計加工過程的最後一道手續，是根據產品加工的工序與路線，進行整體模擬以進一步改善加工過程。同時，也應該準備各零組件工程圖表、加工順序圖表、途程表，以及相關工程、工時、原材料使用量等資料，以供未來生產時使用。

六、同步工程

近年來，同步工程 (Concurrent Engineering; CE) 的概念受到重視。美國國防部防禦分析研究所在 1986 年提出同步工程的概念，建議整體、同步設計產品及與其相關的製造與支援過程。這種概念鼓勵產品開發人員由設計產品開始，就同步考慮由產品概念的發想，一直到產品使用完成報廢處理之間，所有的品質、成本、進度、以及顧客對產品的要求等事項。這種概念之所以產生，是有鑑於在以往產品設計的過程中，由於各階段工作獨立分工的結果，造成上、下手之間溝通不良，甚或有所衝突的狀況，並因此而提出以組成跨部門多專長人員小組的方式，來統一產品概念，並同步協同一起工作。

同步工程的概念與日本旋轉舞臺的概念類似，在前臺正在上演時，後臺先準備好下一幕所需的佈置，時間一到，將後臺轉到前臺，就可以不間斷的繼續演出了。現在再回到有關同步工程的討論，繼續說明如下。在同步工程的理念之下，大家組成一個團隊，以統一的產品概念，整理出所有工程步驟，然後將產品開發所有上、下游工作按專長分工，並行分別推動設計與執行工作。然後按部就班配合產品開發工作，以便產品由開發至生產、上市能一氣呵成。

同步工程的概念注意到產品設計過程中，各步驟之間，以及設計與生產之間的差異，並以組成團隊的方式共同瞭解產品理念與需求，並推動同步設計、準備、評估執行步驟的做法，以及早發現問題，共同努力解決。這種概念非常有用，值得學習。

本節討論產品計畫，共討論產品計畫考慮因素、生命週期、新產品設計方法、設計加工過程、設計加工過程的程序，以及同步工程等六個課題。產品是企業服務市場、賺取利潤的重要工具，為規劃企業產品上市的計畫，企業應該精心規劃其產品計畫。在產品計畫的考慮因素方面，本節討論了市場需求、產品生命週期、企業能力、產品經濟效益，以及延伸產品線的效果等五個因素。在生命週期方面，討論的重點是各週期階段中，產品銷售量成長的幅度。在新產品設計方法上，本節簡介了模組化、中間產品，以及延伸產品等三種簡單概念。在設計加工方法方面，我們討論了設計加工過程的程序。最後我們也討論了同步工程的概念。本節討論內容有趣，能協助讀者瞭解產品計畫相關的工作與內容。

第三節 新產品發展部門的組織方式

為做好新產品發展管理，企業應慎選新產品發展部門的組織方式。發展新產品工作複雜，需要有正式的部門負責，以做好新產品發展工作。常見的新產品發展組織，有以下七種。現在簡介如下:

一、研究發展部門 (Research & Development Department)

高科技與製藥、化工企業中，新產品發展工作常由研究發展部門負責。使用這種組織方式能整合研發人員的技術、知識、經驗及能力，以發展具有科技深度的產品。

但其缺點則有: ⑴市場、消費者、行銷及生產人員的看法易受忽視。⑵研發部門員工追求完美，工作速度較慢，可能延誤新產品發展時程。

二、行銷╱產品經理 (Market / Product Manager)

有些企業由行銷經理或產品經理負責發展新產品。由於行銷經理與產品經理瞭解市場動態，此一方式能迅速反映市場變化，適用於消費品產業。但由於以市場反映為主，開發新產品時，有時可能倉促推出新產品。另外，行銷經理注重短期績效，卻可能沒有研發專長，因此，通常只發展改良產品。

許多消費品企業也由產品經理負責發展新產品。其優點有: ⑴產品經理瞭解市場及產品，能開發出受市場歡迎的產品。⑵產品經理與生產部門互動多，通常能獲得生產部門協助，以試製新產品。其缺點則有: ⑴產品經理通常沒有研發專長，只能推出改良產品。⑵產品經理注重短期績效，很少發展創新產品。

三、新產品發展部門 (New Product Development Department)

許多企業設置新產品發展部門，以結合研發、行銷及生產人才，共同開發新產品。

這種方式有如下三種優點：⑴能平衡來自研發與行銷部門的歧見。⑵能聚集各種人才，一起發展新產品。⑶能兼顧短、中、長期目標。但這種方式也有二項缺點：⑴研發與行銷部門可能對新產品發展部門不滿，認為侵犯了他們的工作機會。⑵若綜合各種人才，其組織過於嚴密，可能扼殺創意。為消除以上缺點，許多企業以高級主管兼管新產品發展部門，並在企業內推廣內部創業。

四、創業部 (Entrepreneurial Division)

許多企業早已瞭解，員工中可能有不少創業人才。為利用這些人創業的能力，很多企業推動企業內創業。所謂企業內創業，是鼓勵員工在企業架構下，利用企業資源與能力，開創新產品或新市場，以達成創業的目的。推行企業內創業時，可利用「創業部」的組織方式，協助將創意付諸實現。有創意的員工，可利用創業部的資金與研發人才，協助發展新產品。同時，推行企業內創業時，產品開發成功之後，提供創意、負責發展的員工可擔任經營者，或與企業合作產銷該種產品。

這種方式對企業非常有利，既能留住人才，又能利用員工創意及創業能力，以發展事業。但這種方式也有成本高、風險大的缺點。

五、高層委員會

企業也可成立高層委員會，以負責督導新產品發展工作。高層委員會有下列三種組織方式：

⑴新產品委員會 (New Product Committee)。

⑵新產品小組 (Task Force)。

⑶最高主管直轄小組。

新產品委員會通常包括所有一級主管，以決定新產品發展優先順序、篩選創意、協調、執行新產品策略。至於發展創意、試製等較低層次的工作，則交由企業內各相關部門負責。這種方式能由上而下，將高層管理者的觀念，在發展新產品時逐步實現之。同時，採用此一組織方式時，高級主管較支持發展新產品的工作。

第二種方式是新產品小組。新產品小組的組成和運作，與新產品委員會類似。但新產品小組只由相關主管組成，產品開發完成之後，小組即予解散。新產品小組有集中力量、全力出擊的優點。但由於工作完成後即予解散，無法保留知識、經驗與資料。

第三種方式是最高主管直轄小組。最高主管直轄小組的成員，包括最高主管及少數幕僚人員。這些幕僚人員負責市場定義、開發創意等工作，並直接向董事長或總經理負責。新產品發展及試製等工作，則由各權責部門執行。這種小組最主要的優點，是能把策略及觀念成形，以兼顧產品發展與策略目標。但由於小組人少，有時無法貫徹目標，也可能無法協調或追蹤產品發展過程。

六、創業小組 (Venture Group)

創業小組與新產品小組類似，但組織層次較低。創業小組通常採用矩陣式組織，小組成員同時向原部門及創業小組負責。也就是說，創業小組使用矩陣式組織，得視其需求由各部門抽調人手，以發展新產品。這種組織方式能統合利用各種人才及資源，但由於組織、權責複雜，有時不免產生利益衝突。同時，創業小組解散後，其知識、經驗及技術有時也無法留存下來。

七、跨部門新產品小組 (Multidivisional Group)

有些企業將新產品發展工作，交由各部門新產品小組負責。如果採用這種方式，則部門內可設新產品小組。此一小組可享有適當資源及預算，並向部門主管負責。這種做法能利用各種人才，但也有浪費的缺點。為免上述浪費狀況，企業可設立跨部門新產品發展小組，並以小組負責新產品的發展。跨部門新產品小組中，可設置少數幕僚人員。這些人負責協調工作，並於適當時機向各部門借調人才、設備，以發展新產品。此一組織方式的優點，是可以共同發展新產品以免浪費。但由於其跨部門的特色，也可能受部門主管排斥，使小組無法運作。企業應該根據組織狀況與研發需求，以設置合適的新產品部門。新產品部門的組織應該權責分明，也要能匯總企業力量，以快速有效發展新產品。

第四節 新產品發展策略

一、新產品發展策略的種類

企業必須做好新產品發展工作，才能繼續成長、茁壯。因此，發展新產品是一個重要工作。但發展新產品時，必須投資在研發、工程設計、試銷等工作上，又不能保證成功，其風險很大。為確保能做好新產品發展工作，企業必須設定新產品發展策略，而新產品發展策略有主動及被動二種（表 4-2）。

表 4–2　新產品策略及做法

策　略	主　動	被　動
做　法	研究發展	防　衛
	行　銷	仿　製
	創　業	改良後跟進
	併　購	回　應

若要發展新產品以改變競爭狀態，則可使用主動發展新產品策略。至於被動策略，則通常用以反映市場需求。這兩類策略之下，各自又有四類做法。「被動策略」有如下四類做法：「防衛」、「仿製」、「改良後跟進」以及「回應」。採用防衛策略時，只能發揮短期內保護現有產品及市場的效果。企業也可採用仿製的手段，領先或同時推出類似產品，以免對手在市場上佔盡優勢。第三類做法是改良後跟進。此一做法與仿製類似，但更積極，除了仿製之外，更進而改良該一產品，以較佳產品爭奪市場。另外企業也可發展新產品，以回應市場需求。

主動策略項下則有「研究發展」、「行銷」、「創業」及「併購」等四種做法。主動策略可用以改變競爭狀況，是比較積極的做法。目前美、日及歐洲等先進國家企業，大多採用研究發展的做法，以發展高品質、高科技產品，藉以提高競爭優勢。至於行銷策略的做法，則著重在以行銷策略打開新市場或改變市場狀況。第三種做法是創業策略。企業可推動企業內創業，以協助有創意、具創業能力的員工進行企業內創業。待產品開發成功以後，企業可以合資或連鎖經營的方式與員工合作經營。第四種是併購。企業可併購其他企業，或利用推出新產品、進入新市場等方式，以提高企業的競爭力。近年來，日本、美國、歐洲電子業者、銀行業者不斷以併購方式擴充，就是實例。主動策略的優點在於其主動的本質。企業如果主動積極的改變市場及競爭環境，應該更有機會實現企業目標。

二、選擇新產品策略應考慮之因素

在成長機會矩陣裡，一共有四種組合（如表 4–3）。這幾種組合為現有市場現有產品（I）、新市場現有產品（II）、現有市場新產品（III），及新市場新產品（IV）。而其相對策略為市場普及化（I）、擴大市場（II）、發展產品（III），及多元化（IV）。採用被動策略的企業大都只在現有市場中推銷現有產品（I）或新產品（III）。採用主動策略的企業則根據其目標，在成長機會矩陣的所有組合中求取成長機會。

表 4–3 成長機會矩陣

市場＼產品	現有產品	新產品
現有市場	（I）市場普及化	（III）發展產品
新市場	（II）擴大市場	（IV）多元化

在決定主動或被動策略以前，企業應該先研判其競爭地位。原則上，如果新產品能獲得專利權保護，或對手無法迅速仿製新產品，則以主動策略較佳；否則，可採用被動策略。如果市場規模夠大，引進新產品的企業常能以經濟規模取勝，其他企業很難以仿製品篡奪其主導地位，亦以主動策略較佳；否則，亦可採用被動策略。市場中的競爭狀況也是重要的因素，如果產品不易仿製，對手也比較理性，則主動策略較佳，否則亦以被動策略為宜。企業在運銷系統中的地位也有重大的關係，訂貨生產的企業通常依顧客訂單生產，採用被動的策略。產業別更有影響，消費品企業通常需要開發新產品。而工業產品業則包括顧客及原料商都可能採主動策略，發展新產品。

為了分散風險、提高競爭地位，也有一些企業以新產品策略充實產品組合或企業組合。這類企業通常採取主動策略。由於其目的不同，其新產品開發程序也可能不同。如果目的在於擴充產品組合，則可使用前面談過的新產品開發程序，篩選並開發與企業目前產品、市場、配銷通路及目標相近的產品。如果目的是加強企業組合，則任何具有潛力的產品都值得考慮。而考慮的重點在於產品能否協助企業達成中、長期目標。如果可能以某種新創意或新產品，改進企業的策略地位或目標，即應發展該項新產品。

綜上所述，企業應該根據下列因素決定其新產品策略：

⑴新產品保護性。

⑵市場規模。

⑶企業規模。

⑷競爭狀況。

⑸企業在運銷系統中之地位。

⑹產品組合策略。

⑺企業組合策略。

如果情況許可，企業應該盡量主動的以新產品影響或改變產業結構及環境。採用主動策略的企業，如果能改變產業結構及環境，當然較能拔得頭籌，制敵機先。原則上，企業可以視實際狀況，混用主動及被動策略的做法。這種方式進可攻、退可守，如果能靈活運用，必然能加強企業的競爭能力。

三、電子商務時代產品與流程設計管理

隨著電子商務的發展，產品設計流程與策略也有進展。在設計流程方面，常見到利用多功能部門小組 (Multi-functional Department Groupings) 的做法，將行銷、設計、製造、銷售和物流等功能領域都包括在內，成立一個多功能部門小組，共同負責產品與流程的設計管理。產品設計流程有「循序工程」(Sequential Engineering; SE) 和「同步工程」或「並行工程」(Concurrent Engineering; CE) 兩種。所謂「循序工程」，是產品設計完成前一個部門的設計工作後，依照順序交給下一個部門來接手其他的工作。「並行工程」強調跨部門合作，同步並行開發。「循序工程」看起來簡便，但由於各階段工程由不同部門負責，難免有實際和思想上的隔閡，並因而產生脫節的狀況與結果。並行工程以專案跨部門合作的方式推動產品於流程開發，有助於改善期初設計決策品質，可降低開發設計流程的長度和成本。由於這些優點，並行工程已經廣為各界接受。

產品設計的流程可能影響銷售戰略、生產效率、維修和生產成本，對於企業競爭優勢也有很大影響。為改善產品設計流程及其管理，學者專家提出許多值得參考的做法。謹此將常見的設計改進方法說明如下①②③：

◆ 1. 量產化設計 (Design for Manufacture; DFM)

所謂量產化設計，是在設計產品時，事先考慮如何設計才能有助於量產的需求，以便產品、零配件容易製造和裝配。也就是說，在設計產品時，將產品設計和流程規劃結合，確保生產方面的需求有系統的整合到設計流程中，以確保能夠經濟、方便、有效的生產。量產化設計有四個重要的考量：簡化 (Simplification)、標準化 (Standardization)、模組化 (Modularization)，和簡易裝配設計 (Design for Assembly; DFA)。所謂簡化，是減少產品中所需零組件、零件數量。標準化是追求產品共用零組件、配件。模組化是將標準零組件以模組的方式組合成一體，以利組合、使用與維護。簡易裝配設計則在設計時盡量縮減裝配線上所需零組件數目，事先評估裝配方法與順序，使產品容易裝配完成。

◆ 2. 環保設計 (Design for Environment; DFE)

環保設計主要考量如何以可再生材料設計產品、零組件與配件；如何設計產品以便在維修產品的過程中使用可再生材料並提高產品壽命；以及如何在生產、消費、維修，以及最終銷毀廢棄產品的過程中使用最少原材料和能源。

◆ 3. 品質功能佈署 (Quality Function Deployment; QFD)

所謂品質功能佈署，是一種設計管理的方法，其重點是事先瞭解顧客的需求與反應，將顧客需求轉化為產品的工程規格。在產品設計開始前期，我們可利用品質功能佈署的想法與做法，經由設計工程師的努力，將顧客對於產品的需求與反應，設計進入產品之中。採用品質功能佈署做法後，由於能在設計過程中針對顧客需求與反應進行改進，設計出來的產品能更好的滿足顧客需求。此外，採用品質功能佈署的做法時，設計人員有機會反省(1)原設計與顧客需求間之差異，以及(2)由設計產品開始、經過生產、完成，以及產品滿足顧客需求的整個過程，並加以改善，可以提高製造過程效率、減少生產問題，使總成本大為下降。

◆ 4. 產品防錯設計或耐用設計 (Design for Robustness)

產品耐用設計，也譯成產品防錯設計，英文另稱 Robust Design，源於日本由 Genichi Taguchi 博士發展出來的 Taguchi Method。耐用設計 (Design for Robustness) 是一種產品設計方法，可用以大幅改善產品設計工程方面的生產力。這種方法主要在於事先考量環境、生產差異可能對產品造成的影響、因之而起的零配件損耗，以及產品使用過程中，由於產品失效而產生的影響成本。耐用設計的主要期望，是藉以設計出耐用 (Reliable) 的產品。

第五節 結　語

企業若能做好新產品發展工作，可以順利提高競爭能力，因此，產品發展對企業生存、發展影響很大。假如只有生產能力，卻不能自行發展新產品，在環境或科技改變時，企業可能遭受較大衝擊，有時甚至毫無還手之力。因此，企業必須加強其新產品發展能力。產品開發工作極為繁複，牽涉到創意產生、產品設計、試製、試銷、上市等過程，因此，除科技能力之外，尚必須具備行銷能力。另外，新產品能否廣受歡迎，除科技之外，還牽涉到對於文化、生活習性的瞭解。若能開發出廣受國際歡迎的產品，表示企業已經超越工業生產的範圍，能優游於科技與人文間，成為一個世界級、有教養 (Educated) 的法人，也具有文化能力了。對各國企業而言，若能開發出世界級產品，代表企業已經嫻熟本國與國際文化，更能超越本國文化的藩籬，為世界文化產生貢獻。因此，所有企業都應該培養發展新產品的能力。

本章討論產品發展，內容包括產品開發的意義、產品計畫的觀念與工具、新產品發展部門的組織方式，以及新產品發展策略。本章內容簡明有用，值得詳細研讀。

重要名詞

易製化設計
產品開發
新產品
產品功能
產品功用
產品組合
企業組合
產品線
產品生命週期
產品形象
銷售通路
配銷渠道
產品開發過程
產品開發方式
產品計畫
模組化
同步工程
新產品發展策略
成長機會矩陣
新產品策略

習　題

簡答題

1. 試說明產品管理牽涉到那三種觀念。
2. 為什麼企業應該開發新產品?
3. 產品開發決策有哪些影響?
4. 試說明產品開發的過程有幾種分類方式，各自內容如何。
5. 試說明產品開發應注意的原則。
6. 試說明行銷觀念中的產品開發過程。
7. 試說明新產品失敗的原因。
8. 試說明產品計畫。
9. 試說明產品生命週期如何判定。
10. 試說明常見的新產品設計方法。
11. 試說明設計加工過程的目的與方法。
12. 什麼是同步工程?
13. 新產品發展組織有幾種?
14. 試說明新產品發展策略。
15. 如何選擇新產品策略?

參考文獻

① Chase, R. B., Aquilano, N. J. and Jacobs, F. R., *Operations Management for Competitive Advantage*, 9th ed., Boston, MA: McGraw-Hill/Irwin, 2001.

② Rao, S. S., "Enterprise Resource Planning: Business Needs and Technologies," *Industrial Management and Data Systems*, Vol. 100, No. 2, 2000, pp. 81–88.

③ Turban, E., McLean, E. and Wetherbe, J., *Information Technology for Management*, 3rd ed., New York: John Wiley and Sons, 2002.

第五章

預　測

Production and Operations Management

前　言

對於生產企業而言，所謂預測，是根據過去的銷售記錄，以預測未來的需求。預測結果是管理者未來計畫、執行及管制的基礎。也就是說，計畫時，管理者可根據預測結果，以擬訂未來的計畫及衡量標準。因此，預測也是後期採購、庫存、產能計畫，以及行銷、配銷、售後服務，與財務管理的依據。總而言之，預測是企業計畫的基礎，對企業整體運作極有幫助。

除預測之外，管理者的研究、判斷能力也很重要。在取得預測結果以後，管理者必須消化、判斷，並進行必要的修正之後，才可將預測結果作為計畫與管理的參考。也就是說，預測結果可作為決策參考資料，但管理人員的經驗及判斷，則是預測結果的試金石。企業環境不斷變化，預測使用動態的資料，因此預測結果包含動態影響在內。管理者必須研判預測結果的準確程度，並進行必要的調整。但如何調整，調整幅度多大，則視管理經驗及判斷能力而定。因此，預測的準確性與功用到底多大，與管理者的經驗與判斷能力息息相關。

第一節　預測方法的分類

一般而言，現有的預測方法至少有 150 種以上，其中常用的約有 30 種。舉凡未來經濟、軍事、技術、人口、能源、銷售、需求走向等，都可以預測。根據預測期間的長短，預測可分為短期、中期及長期等 3 種。短期預測在數天至數個月之內。若預測期間由一年到數年之間，則為中期預測。長期預測涵蓋的期間長，可以由數年到數十年之久。由於短、中、長期預測所要求的準確性不同，因此短、中、長期預測應該使用不同的預測方法。

若由預測方法的制度化、明文化程度分類，則有正式及非正式預測方法兩類（如圖 5-1）。所謂正式預測方法，是有制式方法及步驟以資遵循者。非正式的預測方法通常並無明文步驟。

正式的預測方法又分為定性及定量方法兩種。**定性方法 (Qualitative Method)** 通常係由事物的特徵 (Attribute) 或特性 (Character) 進行判斷。而定量方法

(Quantitative Method) 則大都經由數量方法，將資料之間的關係分析出來，以為預測的依據。原則上，短期與中期預測常使用定量方法，而長期預測大都使用定性方法為之。圖 5–1 中所示之預測方法為較常見的預測方法。除了這些方法單獨使用於預測工作中之外，也有許多學者專家嘗試將數種預測方法合併使用於同一事件之預測之中。據說若將數種方法混合使用，其預測結果可能較佳。但市面上的文獻中語焉不詳，在此無法詳加說明。對此課題有興趣之學者，應可就預測方法之混合方式及使用時機進行較深入之研究。

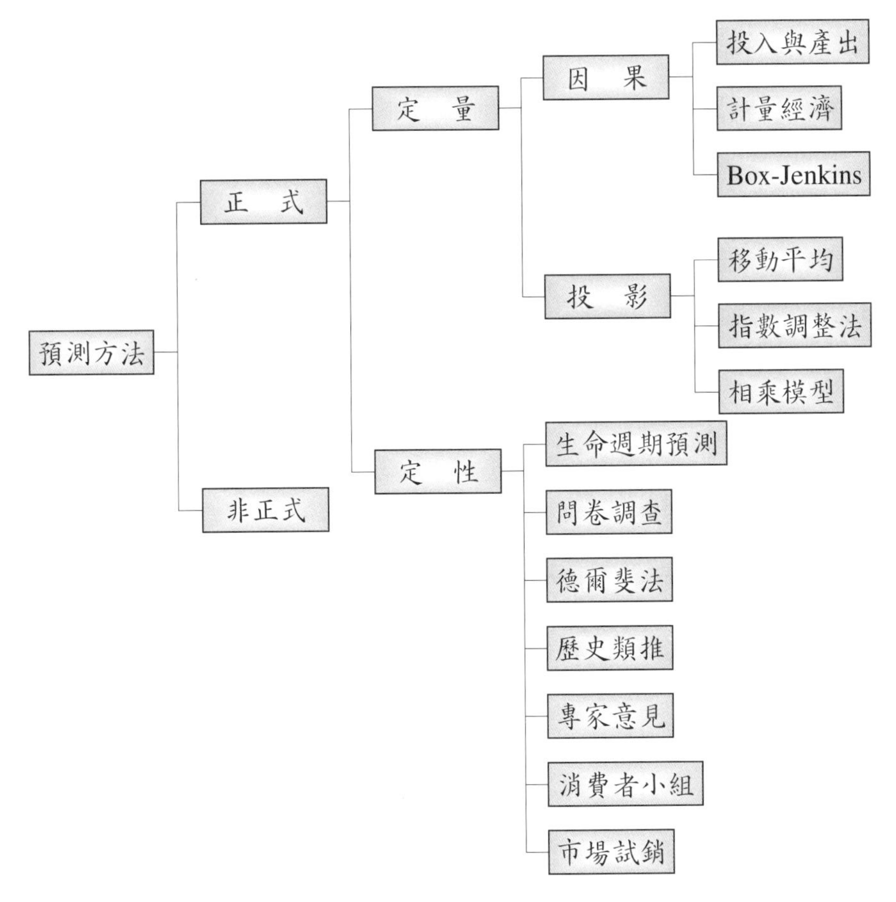

圖 5–1 常見的預測方法分類

原則上，定性預測可用於長期預測。尤其在變化由外在因素主導時，由於外在因素變化難以掌握，可能必須借助於定性預測，以便做出理性的決策。企業中許多重大的決策都有這種特性。例如創新產品及劃時代科技之出現與利用，並無任何先例可資參考，便常常需要以定性預測方法進行預測。大部分定性預測方法係以口頭或書面的方式，向專家或當事人搜集意見，並以此為分析、預測的依據。圖 5–1 中定性項下之調查 (Survey)、專家意見 (Expert Opinion)、消費者小組 (Consumer Panel)、市場試銷 (Test Marketing) 等便屬此類預測方法。而歷史類推 (Historical Analogy) 則為由歷史經驗類推並判斷以便預測。另外，生命週期 (Life Cycle) 預測也是常用的定性方法。有經驗的管理者在經歷數項產品之生產及銷售之後，常可憑藉其經驗而預測其他類似產品在市場上的表現。這種生命週期預測結果若能搭配其他相關資訊，常可協助管理者做出極其正確的決策，非常有用。

德爾斐法 (Delphi) 是定性預測方法中另一種較受重視的預測工具。德爾斐法也是一種利用專家意見預測的方法，但其執行方式有其特殊之處，在第三節中我們將深入的討論此一預測方法，以協助讀者瞭解並利用此一預測方法。

定量預測方法概略可分為因果模型 (Causal Models) 及投影模型 (Autoprojection Models) 等二類。投影模型的原理較為簡單，是以現有數據的平均值為預測的基準，也就是將現狀投射到未來，並以之為其預測值。常見的投影模型有移動平均 (Moving Average)、指數調整法 (Exponential Smoothing Method) 以及迴歸分析 (Regression) 等。因果模型通常使用較複雜的統計方法，在預測過程中通常也考慮外在所帶來的影響，在此不予詳細討論之。

一、預測方法的適用範圍

一般而言，投影模型較適合用於穩定的環境之下，如變化太大，其預測便不準確了。因此，以投影模型做短期預測較為適合。因果模型可以適用於中期預測，在有些情況下，此類模型也用於長期預測之中。各類預測模型在需求預測中的適用範圍可詳如表 5–1。

表 5–1　預測方法之適用範圍

適用範圍	短期（0～3 月）	中期（3 月～2 年）	長期（2 年以上）
需求預測	個別產品 銷售量	總銷售量 （同類產品）	總銷售量
決　策	存貨管理 裝配排程 勞工需求量 生產日程	員工需求量 生產計畫 生產日程 採　購 配　銷	廠　址 產　能 製　程

預測方法	投影模型 因果模型 定性方法	因果模型 定性方法	因果模型 定性方法

表 5–1 之內容可供一般管理用途之參考，但若欲詳細探討各類型預測方法之特定用途，則需參閱其他專門討論預測之文獻。

目前有關預測的研究方興未艾，市面上亦出現許多預測方面的學術期刊及書籍。雖然這些文獻大都以英文出版，但仍有極大參考價值，有興趣深入瞭解的讀者可逕行參考之。本章內容僅在於預測的簡介，以協助讀者獲取初步的預測知識為目的，因此本章內容仍以概念及少數方法之介紹為主，並不進行深入的討論。

二、產品生命週期與預測方法選擇

此外，在企業使用預測方法時，針對產品生命週期的變化，預測方法也有不同的適用範圍，如表 5–2 所示。現在說明如下。原則上，在生命週期的介紹期中，預測內容通常包括產品開發、技術發展趨勢、資本投資等長期預測。產品開發通常可使用德爾斐法預測，技術發展趨勢使用歷史類推法，資本投資則由定性方法中選擇適用者為之。

在成長期中，銷售預測、庫存需要量是主要預測內容，也都屬於短期預測，銷售預測通常使用指數調整法，庫存需要量則可使用定量時間序列預測之。進入成熟期之後，主要的預測內容是銷售量的趨勢和季節性變化，這種短期預測通常使用迴歸模型即可。

表 5–2　產品生命週期與預測方法選擇

階　段	預測內容	市　場	預測方法	方法分類
介紹期	產品開發	開　發	德爾斐法	長　期
	技術發展趨勢	發　展	歷史類推	長　期
	資本投資	未來發展	定性方法	長　期
成長期	銷售預測	快速成長	指數調整法	短　期
	庫存需要量	快速成長	定量時間序列	短　期
成熟期	銷售量的趨勢和季節性變化	市場飽和	迴歸模型	短　期

照理說，自有人類以來，就有預測的需求。人類歷史已久，所使用過的預測方法當然不計其數。根據文化發展及學術能力，各國、各地方所能使用的預測方法不同。在預測方法的普及性方面，賴斯 (Rice) 等人曾經調查發現❶❷，定性預測方法仍然是

跨國公司最常使用的預測方法。同時，雖然數學、統計方法，以及電腦使用都已經達到一個程度，但世界上最流行，使用最成功的預測方法，卻仍然是定性方法。這毋寧是一個對學術界很大的諷刺。在此應該鼓勵學術界繼續改善、簡化各種定量預測方法，期盼能及早發展出簡單好用的定量預測方法。

三、預測方法的普及性

在預測方法的普及性方面，謹此列表比較如表 5–3 所示。在先進國家中，專家或管理者意見，以及德爾斐法依序都有超過 20% 的普及性。另外，市場調查、市場試銷、指數調整、迴歸分析這三種方法，在普及性方面已經超過 10%。時間序列分解法、自然推論、歷史類推、Box-Jenkins 法等普及率在 10% 以下。在比較先進國家與開發中國家時，我們可以發現極大差異。整體而言，開發中國家採用預測的普及性低，而且其普及率落後先進國家很多。開發中國家重視專家或管理者意見，其普及率有 25% 之多。開發中國家也有 12% 採用市場調查、市場試銷預測。德爾斐法也是開發中國家可能接受的預測方法之一，其普及率約有 9%。

表 5–3　預測方法的普及性

預測方法	先進國家	開發中國家
專家或管理者意見	29%	25%
德爾斐法	24%	9%
市場調查、市場試銷	17%	12%
指數調整	16%	1%
迴歸分析	14%	1%
時間序列分解法	9%	2%
自然推論、歷史類推	7%	2%
Box-Jenkins 法	7%	–

第二節 預測的目的

預測是企業計畫的基礎，對企業整體運作極其重要。對於生產事業而言，我們可經由預測瞭解以下四種資訊：

⑴企業目標及其達成率。

⑵各產品、各部門在企業營運中所佔的比重。

⑶哪些因素比較重要並應事先因應。

⑷目前市面上的新資訊及市場展望。

在預測的作用上，消極而言，管理者可經由預測取得資訊，以防止企業因環境改變而受損害。積極而言之，管理者並可參考預測結果以修訂企業目標、策略及執行步驟。預測對於企業內其他部門也很有用。簡略而言之，對於銷售部門而言，可以預估市場變化、市場規模及顧客特性，以訂定銷售目標、銷售人員數目、廣告預算等。對財務部門而言，有了預測結果以後，可憑以估計資金需求、財務規劃、收益比等。人事部門也可以根據預測結果，進而預估人力、教育訓練方面的需求。

整體而言，預測的目的是對未來進行預估，藉以取得資訊、瞭解市場變化，並進而修訂企業目標、策略、執行方法等，以確保企業目標得以順利達成。

第三節 如何選擇預測方法

使用定量方法時，必須要有足夠數據，否則預測結果不可信。因此，是否有足夠的數據資料，是一個重點。若預測方法步驟多，過程複雜時，通常預測過程需要較長時間，也要有熟練的預測人員。同時，其所需用資料、費用也較多。但通常此類方法較為準確。因此，所需要的準確程度，時間及預算多少，也是選擇預測方法考慮的重要因素。此外，預測方法及結果是否簡明易懂，當然也是重要的考量。

如果企業有足夠數據資料，下一步便需考量資料的**分配型態** (Pattern of Data)（圖 5-2）。資料的統計分配型態不同時，應該使用不同的預測方法。例如，有些預測方法能將趨勢或週期性變化分離出來，以利分析之用，但另有些較為簡便的方法，卻只能觀察整體變化。預測期間長短也是重點。短期預測需要較準確的預測結果。中期預測的期間由數月到數年，準確程度要求稍低。長期預測的預測期間可由三年至數十年不等，其所要求的準確性更低。通常短期預測可使用投影模型和因果模型，中期預測可利用因果模型，長期預測則以使用定性預測方法為佳。

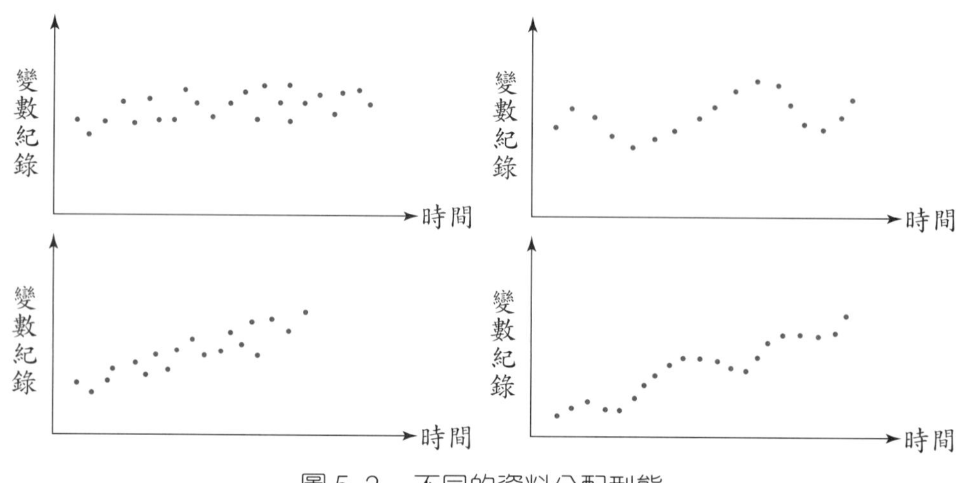

圖 5–2　不同的資料分配型態

在預測成本方面，如圖 5–3 所示，理論上，我們可以選擇總成本最低的預測方法。圖 5–3 的觀念雖然簡單，卻不易執行。因為預測費用容易估算，但預測不準確，或完全不做預測所衍生的成本則難以估計。

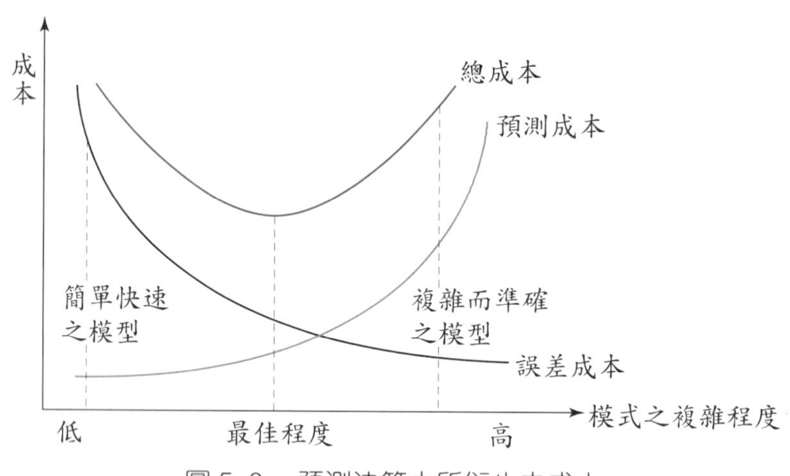

圖 5–3　預測決策中所衍生之成本

現在簡介預測方法如下。

一、定性方法

預測長期社會、政治、經濟、科技等之變化時，由於缺乏數據，通常無法使用定量方法。此時，可使用定性方法以進行預測。定性方法中較知名者，有問卷調查、專家意見、消費者小組、歷史類推、市場試銷，以及德爾斐法等。此類方法大多以專家意見為預測基準。其中以德爾斐法較具特色。現在簡略說明如下。

德爾斐法是美國蘭德公司 (Rand Corp.) 在 1940 年間綜合以往預測方法設計出來的一種問卷調查方法，常應用於建廠、新產品、新科技等重大決策中。德爾斐法預測過程如下，首先，主持單位根據預測內容選擇若干位專家、學者為預測員，並將事先備妥的預測題目及參考資料寄交各預測員，請預測員參考資料後回答問題。在收到專家、學者的預測結果後，預測機構將預測結果彙整、歸納、統計後做出報告，並以之為第二回合預測的參考資料。同理，第二回合預測結果又可作為第三回合預測的參考。經過數回合預測之後，通常預測結果可集中到某一程度。而預測結果常以統計上的中間值或眾數 (Mode) 為準。

德爾斐法的執行過程有其特色，其中較值得注意者有以下幾項：

◆ 1. 採取匿名方式，以免預測受權威人士影響

在各回合之預測整理報告中，通常僅列出不同看法、意見及比例，但不顯示人名。這種做法可讓預測人員參考其他專家看法，卻不受別人名氣或聲望的影響。

◆ 2. 回饋資訊以協助判斷

在德爾斐法過程中，各回合報告可協助瞭解不同看法及原因，並擴展預測員的視野。因此，預測員可參考別人的看法，以做出更聰明的決策。

◆ 3. 以統計方法協助預測

在德爾斐法中，以統計方法整理並分析預測的分配狀況，並做出報告。收到此一報告後，預測人員可瞭解別人的預測及其分配狀況，並以之為根據而調整看法。

德爾斐法是一種專家預測法，因此專家必須具有代表性。其次，專家人數可在 20 至 50 人之間，以確保能符合常態分配 (Normal Distribution) 的特性。第三，預測單位必須具備足夠學術能力。例如選擇預測員、設計預測問卷，以及有計畫、有組織的分發、回收、分析、利用預測問卷等。第四，預測單位必須具備執行能力，以確保預測過程的匿名性與準確性。

二、定量方法

在定量預測方法中，投影模型與因果模型這二類是最常見的。投影模型是把現有數據資料的平均值投影到未來，並以此為預測的結果，而因果模型是較完整而複雜的預測模型。在使用因果模型預測時，常設法辨別與結果相關的所有因素，並查明其因果關係，藉以建立因果模型。因此，使用因果模型預測時，通常要先瞭解因果關係的相關程度 (Correlation) 如何，才能判斷預測的準確性。

定量預測方法非常通用，很值得學習。在管理工作之中，管理者雖然不一定要親手進行預測，但我們知道，在瞭解預測方法及其限制後，我們才能判斷預測結果，也才可以真正的利用預測結果，使其發揮效用。因此，管理者仍然必須精通預測方法。

三、數據資料中所包含的因素及其意義

在以定量方法預測時，我們必須使用數據資料。而在預測的過程中，我們希望能將數據資料中的主要結構或因素分離出來，以協助我們瞭解變化的內涵，並進而預測未來。原則上，在大部分數據資料內都有時間變化所帶來的影響。因此，在使用統計方法分析數據資料時，常將數據按其發生時間排列，並稱之為時間序列 (Time Series)。時間序列分析的原理是基於「歷史可能一再重複」(History Repeats Itself) 的假設，認為過去與未來之間有其共通性，可能產生類似的變化。到目前為止，在時間序列分析之中，我們已知可能存在於時間序列內的因素有以下四種：

(1)趨勢 (Trend; T)。

(2)季節性變化 (Seasonal Variation; S)。

(3)週期性變化 (Cyclical Variation; C)。

(4)誤差 (Random Variation; e)。

除了以上四項之外，還有一個常數項，是時間序列在時間為零時的基礎值。現在說明各項因素如下：

◆ 1.常數項

在大多數時間序列之中都有一個常數項。若某一時間序列為常數時間序列，其數學模型可寫為

$$y_t = a + e_t \tag{5.1}$$

而 y, a, e 及 t 分別為實際值、常數項、誤差及時間。第一期時其 t 值為 1，或 t=1。此時公式 (5.1) 可寫為

$$y_1 = a + e_1$$

在時間改變時，t 值隨之而變，但常數項則維持不變。例如第二期時公式 (5.1) 則可寫成

$$y_2 = a + e_2$$

並以此類推之。

在其他狀況下，時間序列可能為線性、二次或二次方以上。但不論時間序列的型態如何，大部分時間序列中仍有其常數項。

◆ 2. 趨　勢

所謂趨勢就是時間序列的整體走向。原則上，趨勢有往上、往下及不變等三種動向。通常趨勢是以一條直線來表示的，例如一個線性時間序列可以下式表示之

$$y_t = a + bt + e_t \tag{5.2}$$

此時，公式 (5.2) 中之 y_t 值即為其趨勢，而 b 值則為趨勢在每期之內的增減值。若 b 為正值，則趨勢為向上增長。若 b 為負值，則趨勢為向下減少。而若 b=0，則其趨勢不變，此時該時間序列為一常數時間序列，可以用公式 (5.1) 表示之。

◆ 3. 季節性變化

季節性變化是因季節改變而帶來的影響。有些產品在季節改變時，銷售量可能大幅變化。例如冷氣機、泳裝等在夏季時銷量大，在冬季時銷量小，季節性影響極大。對這類受季節性影響的產品而言，在預測時若未特別將季節性影響分離出來，並在適當時機加入其影響，則其預測結果可能並不正確，也就失去了預測的意義及作用。

季節的長短因時機及地點而有不同。例如在一天之中，上下班尖峰時間之內，路上車輛多，可能較擁擠。此時，尖峰時間與離峰時間也可以視為不同的季節。另外對超級市場而言，週六及週日生意興隆，週一卻門可羅雀，也等於是某種季節性變化所帶來的影響。

◆ 4. 週期性變化

在觀察較長期的時間序列時，經常能看出長期性、周而復始的變化，這就是所謂的週期性變化。週期性變化的型態與季節性變化有類似之處，但其長度不同。原則上，在一個週期之中至少有三個以上的季節性變化。如圖 5–4 所示，週期有周而復始的現象。但值得注意的是，週期性變化的兩邊有時並不對稱，其長短或綿延的時間也可能並不一致。

週期性變化由於每個週期可能有所差異，所以很難將其影響分離出來。以經濟預測為例，經濟學家費盡千辛萬苦，卻仍然無法掌握週期性變化的起點與終點。因此我們必須瞭解，至今為止，我們還缺乏觀察週期性變化的能力。在大部分預測方法中，我們也仍然無法準確預測週期性變化。

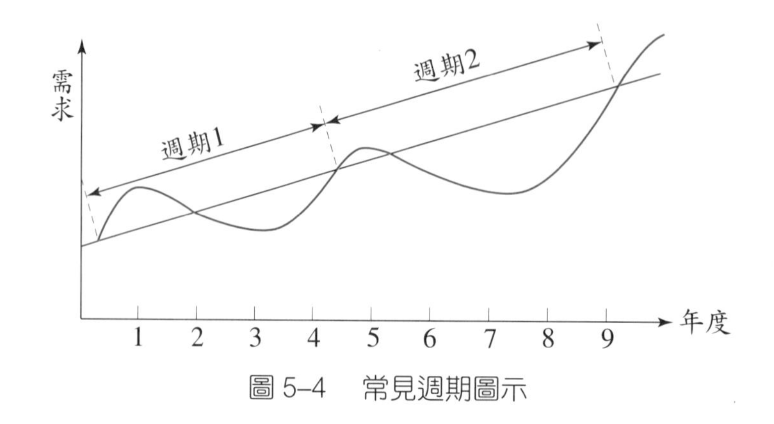

圖 5–4 常見週期圖示

5.誤 差

前面提及過，預測的誤差是實際值與預測值之間的差異。也就是說，誤差是在預測中所無法掌握的變化。其實誤差有不規則變動 (Irregular Variation) 及隨機變動 (Random Variation) 這兩部分。不規則變動是突發事件引起的，可能以後再也不重複。而隨機變動則是由於未知原因所引起的。

由於誤差是未知的，是不可預測的，所以在預測中並不使用誤差來預測未來。另外，在大部分統計方法中，我們也假設誤差的平均值為零，且誤差為常態分配，其變異數為 σ^2。也就是說，誤差有以下特性：

$$e_t \sim N(0, \sigma^2) \tag{5.3}$$

假如誤差並非常態分配，且其平均值不等於零，則不可以使用統計方法分析，因為分析結果並無意義。

四、衡量預測誤差的方法

在預測的過程中，我們必須知道，預測是對未來的預估，並非既成的事實，一定有其誤差。這種誤差有時是因使用錯誤的資訊或數據而產生的，有些則是由於預測方法或模型而引起的。不論誤差由何而來，誤差都可能對決策產生影響。一般而言，消除誤差的方法至少有以下兩種：

⑴選擇最合適的資訊、數據及預測方法。

⑵瞭解誤差來源及規模，先行調整，以免影響決策。

在選擇預測方法時，我們必先瞭解該預測方法所可能造成的誤差。在瞭解預測方法所可能造成的誤差之後，我們才能比較各預測方法的優劣，也才能將誤差由預測中排除掉。

衡量預測誤差時可用的方法很多，通常每一種方法只衡量某一方面的誤差，因此，在衡量誤差時，我們常同時使用兩種以上衡量方式。原則上，在衡量誤差時，我們至少要瞭解誤差的大小，以及預測是高估還是低估了。通常在瞭解誤差的大小時，我們對誤差是正是負並不在意，但要瞭解一共有多少誤差。因此，在計算誤差大小時，我們常用「差異絕對值平均」(Mean Absolute Deviation; MAD) 計算之。但在計算預測是否高估時，誤差是正是負就值得注意了。此時，較常用的方法是「偏差」(BIAS)。現在將此兩種方法說明於下：

1. 偏差 (BIAS)

偏差是預測值與實際值之差的平均值，其計算公式如下：

$$\text{BIAS} = \frac{\sum_{i=1}^{n}(A_i - F_i)}{n} \tag{5.4}$$

在公式 (5.4) 之中，A_i 是第 i 期之實際值，F_i 是第 i 期之預測值，i 是各期之期數，而 n 則為總觀察數。

偏差也稱為平均誤差 (Mean Average Error)，可用以觀察整體上誤差到底是正是負。假如由整體看來誤差是正的，則預測便低估了，而偏差即是低估的程度。反之，若偏差為負值，則預測便可能高估了實際值，而偏差就是其高估的程度或規模 (Size)。使用偏差雖然可達成上述之效果，但有時誤差正負相抵之後，反而可能造成誤解，使人以為誤差極小。為了克服這種困難，通常在使用偏差衡量預測誤差時，我們也同時觀察其差異絕對值平均 (MAD)，現在將 MAD 說明如下。

2. 差異絕對值平均 (MAD)

偏差的缺點已如前述。「差異絕對值平均」正好可用以彌補「偏差」的缺點。因此，「偏差」與「差異絕對值平均」這兩種方法常常搭配使用，用以衡量預測的誤差及誤差的方向。預測誤差的大小可以用「差異絕對值平均」(MAD) 來衡量，差異絕對值平均的公式如下：

$$\text{MAD} = \frac{\sum_{i=1}^{n}|A_i - F_i|}{n} \tag{5.5}$$

公式 (5.5) 中之各項均與公式 (5.4) 中相同，不過公式 (5.5) 計算誤差絕對值的平均值，因此我們把它稱為「差異絕對值平均」或「誤差絕對值平均」。

誤差絕對值平均可用於衡量一共有多少誤差。不論誤差是正是負，誤差便是誤差，因此，在計算 MAD 時，我們只取誤差的絕對值，憑以計算 MAD。

在使用 BIAS 及 MAD 時，BIAS 可用以衡量預測是高估還是低估了。而 MAD 則可用來判斷預測方法或模型的準確性。另外，使用 BIAS 及 MAD 時，我們對個別誤差一視同仁，不管差異大小，都視為誤差。但在某些狀況下，誤差大，可能產生較大的影響。在這種狀況時，BIAS 及 MAD 不一定適用，可能改用在統計學中常見的平均平方差 (Mean Square Error) 較為合適。

對於預測誤差的衡量，一般有兩種不同的看法。有的人認為在預測完成才需要衡量預測的誤差。也有人認為衡量預測誤差可以幫助我們選擇預測方法。採行第二種看法的人，通常先討論預測誤差，並根據誤差之大小選擇預測方法及模型中的參數。筆者較認同此一看法，因此在本章中將本節安排在預測方法之前討論之。

五、系統對預測的依賴性

在進行預測時，系統對預測的依賴性，是一個重點❹。所謂系統對於預測的依賴性，是系統的準確運作，是否有賴於短期預測的準確性。也就是說，在預測中產生的錯誤，對於系統的順利運作，是不是可能產生極大影響。這是一種系統配套運作的概念，一個系統如果配套完整而準確，系統便能順利運作。反之，則此一系統將無法正確運作。例如即時系統 (Just In Time; JIT)、供應鏈 (Supply Chain; SC) 通常都以一端或終端用戶的用量或銷售量為基礎而運作，為維持連續補貨，必須預測在系統中各端點用戶的使用量或銷售量。如果這個預測有錯誤，整個系統的運作就無法達成目標。在這種狀況下，我們可說，這些系統對預測有依賴性。

一般而言，JIT 系統由於採用由供應商管理的連續補貨做法，可降低企業庫存量，並縮短交貨時間。但若企業或供應商預測錯誤，無法滿足 JIT 系統生產需求時，也可能造成系統無法順利運作。另外，在使用 JIT 系統時，連續補貨的形式有很多種，常見的有快速反應 (Quick Response; QP)、即時反應 (JIT)、供應商庫存管理 (Vendor-Managed Inventory; VMI)、零庫存 (Zero-Inventory; ZI) 等做法。在這種系統運作時，「預測」要有能力即時回應顧客需求，能處理突然、快速的變化。原則上，現代企業所使用的系統之間差異不大，可能都對預測有依賴性。同時，即時系統運作成功的原因，主要在於其預測系統的配套與準確性。

六、電子商務中的協同運作系統

在網路、電子商務普及之後，企業由電子商務取得更多實務經驗。一般而言，快速反應、連續補貨系統 (Continuous Replenishment Program; CRP)、共同管理庫存 (Co-Managed Inventory; CMI) 等系統經常無法有效預測及運作。這些系統無法有效運作的原因很多，其主因則在於未能共用資訊。因此，學者專家因而有了所謂協作的概念，並促成協同規劃、預測和補貨 (Collaborative Planning, Forecasting and Replenishment; CPFR) 系統的出現。

在協同運作的概念下，協同規劃、預測和補貨系統中的成員成為協作伙伴，協同執行規劃、預測和補貨等工作。新產品開發過程中，學者建議早期市場調查研究活動可提高新產品成功的機會。在新產品開發早期過程中，可使用判斷性新產品預測 (Judgmental New Product Forecasting) 概念❸，由分銷商、項目經理、產品經理、專家、銷售經理和供應商共同預測新產品的市場前景。這些做法非常有用，團隊成員討論時可出現更多觀點，接觸並選定的決策、方案及關鍵點，由於親自參與預測過程，團隊成員對決策有更大的責任感。

第四節 投影模型

在使用投影模型進行預測時，我們通常利用時間序列分析 (Time Series Analysis) 找出其發展趨勢，再將此一趨勢投影到未來，藉以進行預測。在此以工廠中存貨量之增減為例說明之。若某公司擬預測下年度各月份中之存貨量，則預測人員可將本年 12 個月中之存貨量按其時間順序排列，再將此 12 期時間序列 (12–Period Time Series) 延伸向未來，以找出下年度各月份中之預估存貨量。假如在本年度各月份中的存貨均保持不變，則此 12 期時間序列中的趨勢係一直線，並與 x 軸平行（圖 5–5（甲））。但如果各月份中之存貨數量不同，而且呈現出逐月等量增加的趨勢，則此時間序列的趨勢應該是向右上方延伸的一條直線（圖 5–5（乙））。反之，若存貨逐月等量下降，則其趨勢便為向右下方延伸的一條直線（圖 5–5（丙））。

為什麼我們要大費周章的討論趨勢呢？因為在以投影模型預測時，我們就是把趨勢線延伸到未來，再根據各該時間之趨勢值決定其預測值。例如在圖 5–5（乙）中，假設存貨增加之趨勢不變，則在下年度 4 月份時（圖 5–5（乙）中之第 16 期），其存

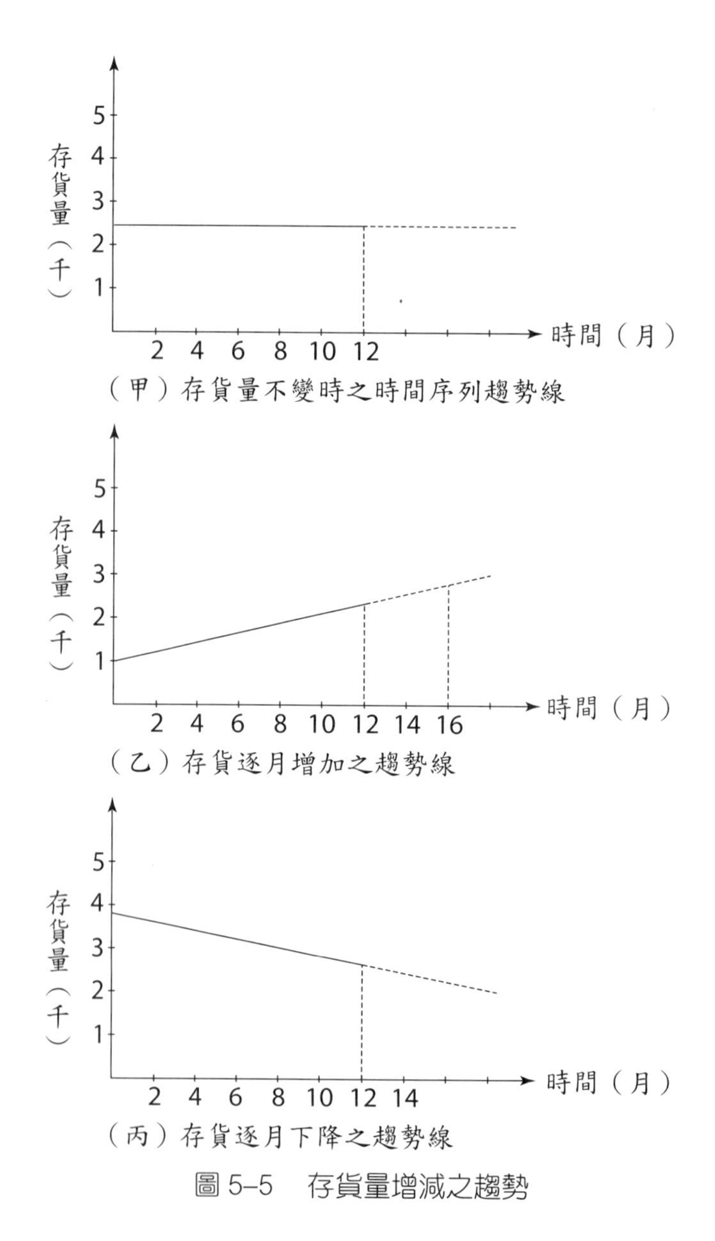

圖 5–5　存貨量增減之趨勢

貨量便可能到達 3,000 單位。因此，若依據此一趨勢預測，則下年度 4 月份存貨量之預測便是 3,000 單位了。

投影模型既然是以其趨勢進行預測，則趨勢的計算便極為重要。計算趨勢的方法有許多，各個方法亦各有其不同的考量，所以其計算結果便不盡相同。因此，即便使用同一時間序列，假如使用不同的預測模型，其預測結果也可能大異其趣。對於管理者而言，預測的目的在於藉以瞭解未來所可能發生的變化，以便事先因應。所以希望預測愈準確愈好。因此，預測方法的選擇便極其重要，最好能正確的將變化反應出來，

達成反應變化 (Responsiveness) 的目標。除此之外，預測模型也要能「及時」反應變化，能在變化之初就反應出變化的現狀及其可能影響。因此，預測模型希望達成的第二目標就是即時反應 (Respond to Change in Time)。假如預測模型有延期 (Lag) 反應的現象，則管理者至少也要瞭解其延期的狀況及影響大小，否則預測便容易失真，也無法達成預測的目的了。

一般常見而屬於投影模型類的預測方法有以下幾種:

⑴時間序列分析法 (Time Series Analysis)。

⑵移動平均法 (Moving Average Method)。

⑶指數調整法 (Exponential Smoothing Method)。

在下文中我們將逐一對這幾種方法進行討論，以增進對這些方法的瞭解。

一、線性時間序列

在不同的時間序列中，其趨勢並不相同。趨勢的分類方式有很多。一般而言，趨勢可分為二種，一種是定型的 (Deterministic Trend)，另一種是變動的 (Stochastic Trend)。在圖 5–5 中所見的趨勢就是定型的趨勢。而變動的趨勢則大都是指非線性 (Nonlinear) 的趨勢。在公式 (5.1) 及 (5.2) 中，我們所討論的時間序列便有定型趨勢。前面曾經討論過，在利用公式 (5.1) 進行預測時，我們假設下期的銷售量可能與本期相同。因此，下期的預測值便是本期的實際銷售量。這種做法就是通稱的自然推論法或天真預測法 (Native Forecasting)。假如我們將公式 (5.2) 中的趨勢延伸到未來，並以等量的增或減進行預測，此一預測也是一種自然推論。在這個推論中，我們假設「歷史可能重複」(History Repeats Itself)。

在利用時間序列預測時，假如我們把銷售量當成應變數 (Dependent Variable)，把時間當成自變數 (Independent Variable)，則我們可以使用迴歸分析 (Regression Analysis) 中常用的最小平方法 (Least Square Method) 進行計算，以算出其趨勢。在使用簡單直線迴歸模型時，我們假設銷售量 (y) 與時間 (t) 的關係有如公式 (5.1) 或 (5.2) 中所示，也就是

$$y_t = a + e_t$$

或

$$y_t = a + bt + e_t$$

為什麼在以上兩個式子中有誤差項 (e_t) 呢? 這是因為銷售量與時間有線性關係，但並非完全相關，銷售量也可能由於其他原因而有所變化，而其他原因則是我們並不瞭解的。我們在計算其趨勢時，希望使誤差愈小愈好，而最小平方法中所使用的誤差平方值（如表 5–4），便可以協助我們達成此一目標。

表 5–4　最小平方法迴歸預測泳衣銷售

年　度 t	銷售量 y	ty	t^2	預　測 $Y=27.57+1.57t$	誤　差 $(y-Y)$	誤差平方 $(y-Y)^2$
1	27	27	1	29.14	–2.14	4.5796
2	35	70	4	30.71	4.29	18.4041
3	29	87	9	32.28	–3.28	10.7584
4	33	132	16	33.85	–0.85	0.7225
5	37	185	25	35.42	1.58	2.4964
6	41	246	36	37.00	4.00	16.0000
7	35	245	49	38.57	–3.57	12.7449
合計 28		992	140		0	65.7059

$$\bar{t}=\frac{28}{7}=4$$

$$\bar{y}=\frac{237}{7}=33.86$$

$$\text{SE}=\sqrt{\frac{\Sigma(y-Y)^2}{n}}=\sqrt{\frac{65.7059}{7}}=3.06$$

$$b=\frac{\Sigma ty-n\bar{t}\bar{y}}{\Sigma t^2-n\bar{t}^2}=\frac{992-7(4)(33.86)}{140-7(4^2)}=\frac{44}{28}=1.57$$

$$a=\bar{y}-b\bar{t}=33.86-1.57(4)=27.57$$

$$Y=27.57+1.57t$$

除此之外，由誤差平方項 $(y-Y)^2$，及 a, b 項我們可看出來另外一點，那就是在利用迴歸分析時，我們其實是以平均值作為基礎進行預測。也就是說，這種預測是以平均值為基準的一種預測。同時，在這裡也可概略的說投影模型都是以平均值為其預測，不過在進行預測的過程中，也依據其目的及現況進行若干調整。

我們現在回過頭來討論以簡單迴歸進行時間序列分析的步驟及方法。以表 5–4 中所示之資料為例，假如在過去七年之中，泳衣之銷售量經記錄如表 5–4 所示，且管理者決定以線性迴歸模型進行預測。則此一線性模型中之係數可以下列公式計算之:

$$b = \frac{\sum ty - n\bar{t}\bar{y}}{\sum t^2 - n\bar{t}^2} \tag{5.6}$$

$$a = \bar{y} - b\bar{t} \tag{5.7}$$

而預測之誤差則可以下式計算之

$$\text{SE} = \sqrt{\frac{\sum (y - Y)^2}{n}} \tag{5.8}$$

在將表 5–2 中之資料代入公式 (5.6)～(5.8) 之後可得

$$a = 27.57$$
$$b = 1.57$$
$$\text{SE} = 3.06$$

而預測模型則為

$$Y_t = a + bt$$
$$Y_t = 27.57 + 1.57t \tag{5.9}$$

而在預測時，可以把擬預測之期數 (t) 代入公式 (5.9) 並進而計算出其預測值。

在此也值得提醒讀者注意一點，公式 (5.9) 中所列之公式，其實便是一條趨勢線，而這種計算趨勢線，並以趨勢線預測的方法，也散見於許多其他預測模型中。

二、移動平均法

假如要用以往數年中的銷售量記錄，預測下一年度的銷售量，其最簡單的方法莫過於計算其平均值。平均值是以往銷售量經過調整之後的結果。在計算平均值時，我們把期中銷售量的變動平均分攤在各期中。假如以平均值預測，則我們是假設銷售量與時間的關係是一個常數時間序列，而公式 (5.1) 也正是這種關係的數學模型。

但若以平均值為預測值，除了必須保存以往所有銷售的記錄之外，在計算時我們也把所有數據一視同仁，賦予一樣大的比重。這種做法把很久以前的數據看得太重要了，卻又把近期資料的影響低估了。為了消除以上所提及的兩個缺點，學者遂以移動平均 (Moving Average) 取代簡單平均 (Simple Average)，並以移動平均為一種預測值。

在以移動平均預測時，我們可以根據數據的特性，只保留必要的幾個近期數據，然後計算其平均值，再以此平均值作為其預測值。例如若數據是每月的銷售量，則在預測時可保留最近十二期之記錄並計算其平均值。而若數據是每季之銷售量，則通常只需要保留近四期的數據，並憑之以計算其移動平均。移動平均又可分成二類，假如在計算移動平均時，每個數字的比重相同，則此一移動平均可稱為簡單移動平均 (Simple Moving Average)。但若各數據的比重不同，也就是有不同的權數 (Weight)，則其移動平均是一種加權移動平均 (Weighted Moving Average)。原則上，在決定使用多少數據及使用哪一種權數時，我們可由誤差絕對值的平均值 (Mean Absolute Deviation; MAD) 決定之。

也就是說，誤差絕對值平均 (MAD) 最小時的數據數目及其權數就是最好的數據數目及權數。同時，我們也應該瞭解，在計算移動平均時，使用的數據愈多，其所算出來的移動平均值愈平均，也愈接近簡單平均值，但卻也較不能反映近期中已產生的變化。而若使用少數幾個數據時，其所算出的移動平均值便較能立即將近期變化反映出來。因此，如果預測的對象穩定，則可使用較多數據。否則，即應使用較少數據。

一般而言，簡單移動平均的公式可如下式：

$$F_{t+1} = \frac{1}{n}\sum_{i=t-n+1}^{t} A_i \tag{5.10}$$

其中，t 是本期之期數，F_{t+1} 是下期預測，A_i 是第 i 期的實際值，而 $n=t-(t-n+1)+1$ 是計算移動平均時使用的數據數目。謹此說明如下。假設過去兩年各季的銷售量為 40, 25, 30, 50, 42, 25, 30, 48, 由於這些資料係季銷售資料，因此可設 n=4。假如要預測第 9 期的銷售，則可計算四期移動平均如下：

$$\begin{aligned}
F_t &= \frac{1}{n}\sum_{i=t-n+1}^{t} A_i \\
&= \frac{1}{4}\sum_{i=8-4+1}^{8} A_i \\
&= \frac{1}{4}\sum_{5}^{8} A_i \\
&= \frac{1}{4}(42+25+30+48) \\
&= 36.25
\end{aligned}$$

但有時，資料的性質不明顯，在某些狀況下，我們無法立刻判斷應使用的 n 值為多少。此時，我們可以將數據先製圖，再以目視判斷之。若以目視仍然無法判斷，則可以計算不同 n 值時的 MAD，再根據最小的 MAD 值判定 n 值。現以下例說明此一過程。

例一

林博通內兒科診所過去十週內各週之病患人數經列表如表 5–5。林醫師擬預測下週之病患人數，如果以移動平均法預測，其預測值應為若干？其應使用之 n 值又為若干？

表 5–5　林博通診所過去十週病患人數記錄

週　次 i	病患人數 A_i
1	22
2	21
3	25
4	27
5	35
6	29
7	33
8	37
9	41
10	37
合　計	307

解答

在解答此類問題時，由於在事先並不清楚數據之內是否有特別的季節性影響，因此我們無法立刻決定 n 的數值。前面說過，在這種狀況下，最好先把這些數據製圖，再試著由圖形之中觀察並判斷其週期性或季節性影響。此外，我們也可由圖形之中觀察在近期之內，病患人數是否有突發的增減。

把表 5–5 中的數據按其時間製圖後可如圖 5–6 所示。在圖 5–6 中，我們可以看出在這十週之中，病患人數大體上呈現出增長的趨勢。可是，在圖形中也有三週病患人數較前一週少。在圖形中也可以明顯看出，在第 8 及第 9 這兩週內，病患人數已遠超過前七週內各週之病患數。因此，在預測時，似乎只要利用近期數字即可。但是，假如更注意一點，我們還可以發現另外一個事實。那就是，病患人數在下降一期之後，在以下三週中便呈現增長的趨勢。而且在前面十週的記錄中，這種狀況發生了兩次。所以，似乎在計算移動平均時，也可以考量這個趨勢。

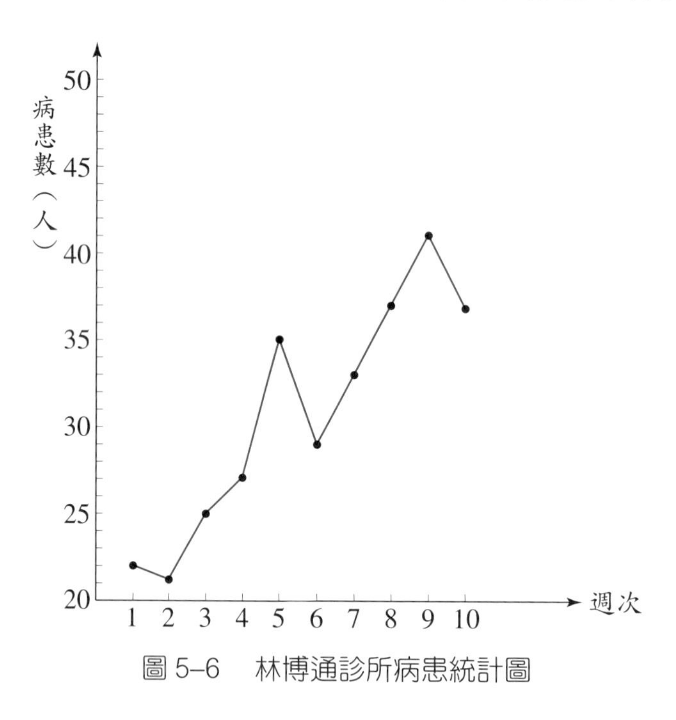

圖 5–6　林博通診所病患統計圖

由以上的討論可知，實際上，在這個問題中，我們可以使用的 n 值包含 1, 2, 3, 4, 5 等五個。至於到底哪一個 n 值才最好，則仍然不得而知。而在使用不同的 n 值時，第 11 週的預測值也有所不同。現在計算如下表以資說明：

表 5–6　不同 n 值下的預測值

n	預　測
1	37
2	(41+37)/2=39
3	(37+41+37)/3=38.33
4	(33+37+41+37)/4=37
5	(29+33+37+41+37)/5=35.4

由上可知，假如 n=1，我們便只用前一期的銷售量作為下期之預測。而若 n=2，在計算移動平均時，我們則利用前二期內的二個實際值，再以其平均值為下期之預測。也就是說我們根據 n 的數值而決定使用多少個數據。同時，若預測第 11 期的銷售，則其使用的數據包含由第 10 期開始倒數的 n 個數據。而其移動

平均值便是這 n 個數據的平均值。另外一點也值得我們注意，在決定 n 以後，我們需要有 n 個數據，才可以計算第 $n+1$ 期之移動平均。例如若 $n=4$，則我們由第 5 週開始才有第一個四期移動平均。而若 $n=5$，則更要到第 6 週才有第一個五期移動平均值。

現在將二期及三期移動平均計算並列表如表 5–7。由表 5–7 中之誤差絕對值平均 (MAD) 及偏差 (BIAS) 可知，二期移動平均的預測似乎較佳，在誤差絕對值平均及偏差上均有較佳之表現。

表 5–7　林博通診所病患數預測（$n=2$ 及 $n=3$）

週次 i	病患數 A_i	二期之移動平均 F_i	偏差 (A_i-F_i)	三期之移動平均 F_i	偏差 (A_i-F_i)
1	22				
2	21				
3	25	21.5	3.5		
4	27	23	4	22.67	4.33
5	35	26	9	24.33	10.67
6	29	31	−2	29	0
7	33	32	1	30.33	2.67
8	37	31	6	32.33	4.67
9	41	35	6	33	8
10	37	39	−2	37	0
11	?	39		38.33	
			25.5		30.34
二期之移動平均 $BIAS=\frac{25.5}{8}=3.1875$ $MAD=\frac{33.5}{8}=4.1875$			三期之移動平均 $BIAS=\frac{30.34}{7}=4.33$ $MAD=\frac{30.34}{7}=4.33$		

但截至目前為止，我們仍然不知道 $n=2$ 是否已是最佳的數值。為了設法找出最好的 n 值，我們可以再用 $n=4$ 及 $n=5$ 來計算其移動平均，並比較其誤差絕對值平均及偏差。在表 5–8 中我們將 $n=4$ 及 $n=5$ 時之移動平均、誤差絕對值平均及偏差整理並列表。而由表 5–8 可知，在 $n=4$ 及 $n=5$ 時，其平均絕對差及偏差均較 $n=2$ 時為高。因此，我們在此可以確定 $n=2$ 確係最佳之數據數目。

表 5–8 林博通診所病患數預測（n=4 及 n=5）

週次 i	病患數 A_i	四期之移動平均 F_i	偏差 (A_i-F_i)	五期之移動平均 F_i	偏差 (A_i-F_i)
1	22				
2	21				
3	25				
4	27				
5	35	23.75	12.25		
6	29	27	2	26	3
7	33	29	4	27.4	5.6
8	37	31	6	29.8	7.2
9	41	33.5	7.5	32.2	8.8
10	37	35	2	35	2
11	?		33.75		26.6
四期之移動平均 $BIAS=\frac{33.75}{4}=8.4375$ $MAD=\frac{33.75}{4}=8.4375$				五期之移動平均 $BIAS=\frac{26.6}{5}=5.32$ $MAD=\frac{26.6}{5}=5.32$	

原則上，在以移動平均法預測時，必須慎選其 n 值。以上的討論雖然看似複雜，其實若以電腦進行計算，則其工作並不困難。而且現在已有電腦軟體可以自行判斷並選擇最佳之 n 值，更簡化了我們的工作。

三、指數調整法

指數調整法又稱為指數平滑法，也是一個常用的預測方法。這種方法是將數據按其距今之遠近而賦予不同的權數。原則上，近期的數據有較大的比重，很久以前的數據則比重小。這種比重大小的不同是以指數表現的。指數調整法的公式如下：

$$F_{t+1} = \alpha A_t + (1-\alpha)F_t \tag{5.11}$$

在公式 (5.11) 中，F_{t+1} 是下期之預測值，t 是本期之期數，A_t 是本期之實際值，F_t 則是在 t–1 期中對 t 期之預測值，α 則是調整係數，且 $0 \le \alpha \le 1$。

原則上，指數調整法比移動平均法好。因為在指數調整法中，我們以 α 為本期實際值的比重或權數。調整係數 α 的值在 0 與 1 之間（$0\le\alpha\le1$）。如果本期實際值對下期有極大的影響，則 α 值可以取高一點，讓它接近 1。反之，則可取較小的 α 值。

指數調整法除了上述優點之外，由於其模型上的特性，還有其他優點。現在說明如下。由公式 (5.11) 我們可以推演出以下各方程式：

$$
\begin{aligned}
F_t &= \alpha A_{t-1} + (1-\alpha)F_{t-1} \\
F_{t-1} &= \alpha A_{t-2} + (1-\alpha)F_{t-2} \\
\vdots \quad & \quad \vdots \\
F_2 &= \alpha A_1 + (1-\alpha)F_1
\end{aligned} \tag{5.12}
$$

也就是說，在使用指數調整法預測時，雖然一次計算只利用兩個數據，但其實以往的所有數據都已經考慮在內。因此，使用指數調整法時，不需要保存太多數據。這是指數調整法的另一優點。

此外，若將公式 (5.12) 中之各式代入公式 (5.11) 之中，公式 (5.11) 將成為

$$
\begin{aligned}
F_{t+1} &= \alpha A_t + \alpha(1-\alpha)A_{t-1} + \alpha(1-\alpha)^2 A_{t-2} + \cdots + \alpha(1-\alpha)^{t-1}A_1 + (1-\alpha)^t F_1 \\
&= \alpha\sum_{i=0}^{t-1}(1-\alpha)^i A_{t-i} + (1-\alpha)^t F_1
\end{aligned} \tag{5.13}
$$

也就是說，在下期之預測中，不但包含以往所有的實際值，而且各數據的比重為 $(1-\alpha)^i$。距今愈遠的數據，其 i 值愈大。同時，由於 $(1-\alpha)$ 小於 1，所以若 i 值愈大，則 $(1-\alpha)^i$ 愈小，其比重就愈小。以上這種做法不但反映出近期數據變化的影響，也把以往所有數據的影響都包含在預測內。這便是指數調整法的又一個優點。也可以說，指數調整法是以指數來調整各個數據的重要性。這也是指數調整法名稱之由來。

四、調整模型的缺點

在前面討論的移動平均及指數調整法中，在公式之內都有運用權數來調整數據比重的做法。這類模型通稱為**調整模型 (Smoothing Models)**，亦稱為「平滑模型」。此類模型的優點在於可調整各數據之比重，以正確反映各數據對下期預測的影響。但這種優點卻也正是它的缺點。具體而言，調整模型有兩個缺點。第一個缺點是延期反應 (Lag)。如表 5–9 所示，若 n=2，其移動平均雖然以每月 10 單位增加，與實際值增幅相同，但其移動平均卻每月都比實際值低 15 單位。

這種缺點在使用指數調整法時也會發生。雖然使用雙重指數調整法 (Double

Exponential Smoothing Method) 可以解決這個問題，但總是較為麻煩。第二個缺點則是調整模型只能用於預測下期，而不可以用於預測超過一期以後的銷售。以表 5–9 為例，在取得第二個月的實際值 (A_2) 之前，我們無法計算第三個月的預測值 (F_3)。同理，若無第七個月的實際值，則亦無法計算第八個月的預測值。

表 5–9　二期移動平均及延期反應之現狀

月 i	銷　售 A_i	預　測 F_i	偏　差 (A_i-F_i)
1	10		
2	20		
3	30	15	15
4	40	25	15
5	50	35	15
6	60	45	15

五、時間序列分解法 (Time Series Decomposition Method)

前面曾經討論過，在一個時間序列中，其數據資料裡可能包含趨勢、季節性、週期性，及誤差等四部分。時間序列分解法可以用來把上列四部分分離出來，並應用於預測之中。在進行預測時，由於各部分的影響因時因地而有不同，有時需要特別注重其中某部分因素的影響。此時，我們可以把此一因素分離出來，在預測時特別處理其影響。例如，對零售業而言，季節性影響非常重要。在預測銷售時，我們便可以在算出趨勢之後，再把季節性影響也包括在預測之內。另外，例如財務規劃及產能需求又和週期性影響非常相關。此時亦可把週期性因素特別分離出來，然後在預測時再專程把它包括進去。

也就是說，分解法是把實際值分析後，分離出其中影響較大的因素，並在預測時特別再把此一因素重新加入預測中。這種做法使得各個因素的影響明確化，並得以分別處理之，非常方便有效。原則上，分解法比其他投影模型更為完善，除了考慮趨勢值 (T) 之外，也可以把季節性 (S)、週期性 (C) 等因素包含於預測之內。一般常見的「線性分解模型」有相加模型 (Additive Model) 及相乘模型 (Multiplicative Model) 這兩類。在相加模型中，我們假設實際值是各個因素相加之和，亦即

$$Y = T + S + C + e \tag{5.14}$$

而在相乘模型的假設之下，我們認為實際值是其中各因素之乘積：

$$Y = T \cdot S \cdot C \cdot e \tag{5.15}$$

在相加及相乘模型中，其假設及計算均有所不同。在相加模型中，每個因素的單位都相同，是實際預測值的數量單位。但在相乘模型中，只有趨勢值是以實際單位計算，其他因素的影響則均以「比例」表示之。在實務工作中，相乘模型使用較多。因此，在大部分書籍中，都著重於相乘模型的討論，本書亦不例外，在本節中將對相乘模型做深入的討論。通常在使用相乘模型時，最常見的是把季節性影響特別分離處理。在此，我們便討論此類問題，藉以觀察使用分解模型預測的過程。

在討論分解模型的文獻中，除了相加及相乘模型之外，也還有其他的模型。此外，在分離各因素的影響方面，也有許多不同的計算方法。在此我們僅就相乘模型中一種較常用的方法，進行較深入的瞭解。

六、線性趨勢之相乘模型 (Linear Trend, Multiplicative Model)

由公式 (5.15) 可知，在相乘模型中，我們假設實際值是趨勢 (T)、季節性因素 (S)、週期性因素 (C)，及誤差 (e) 等四項的乘積。在實際運算時，我們通常先找出其趨勢線，並根據該趨勢線算出在各該時間中的趨勢值 (T_t)。接下來，我們再根據趨勢值與實際值決定其他各項因素的比例，並將求出之 T、S、C 等值代入公式 (5.15) 以計算其預測值。但若使用此一模型預測時，管理者希望能把季節影響分出來，而不管週期性影響，則公式 (5.15) 便可簡化為

$$Y_t = T_t \cdot S_t \tag{5.16}$$

也就是說，此時我們假設實際值是趨勢與季節性因素之乘積，而週期性影響並不存在。

現在利用例子說明相乘模型如下。假設臺北市公車處某路線公車之乘客數經記錄如表 5–10，現在擬以線性趨勢之相乘模型預測下季之乘客數。

表 5–10 中之乘客數資料經製圖後可如圖 5–7 所示。由圖 5–7 中可看出乘客人數持續增長之趨勢。此外，由圖形中亦可看出在每年之第 1 及第 3 季中，其乘客數較少，而在第 2 及第 4 季之中，乘客人數迭有增加。類似這種問題，其實以相加或相乘模型均可求解。在此我們根據題旨，以相乘模型解之如下。

表 5–10　某公車路線每季乘客數記錄及最小平方法中之計算數據

季 t	乘客數（千人） Y_t	t^2	tY_t
1	4.5	1	4.5
2	8	4	16
3	5.5	9	16.5
4	10	16	40
5	9.5	25	47.5
6	14	36	84
7	12	49	84
8	16	64	128
9	15.5	81	139.5
10	20	100	200
11	17.5	121	192.5
12	22	144	264
13	21.5	169	279.5
14	27	196	378
$\sum t=105$	$\sum Y_t=203$	$\sum t^2=1015$	$\sum tY_t=1874$

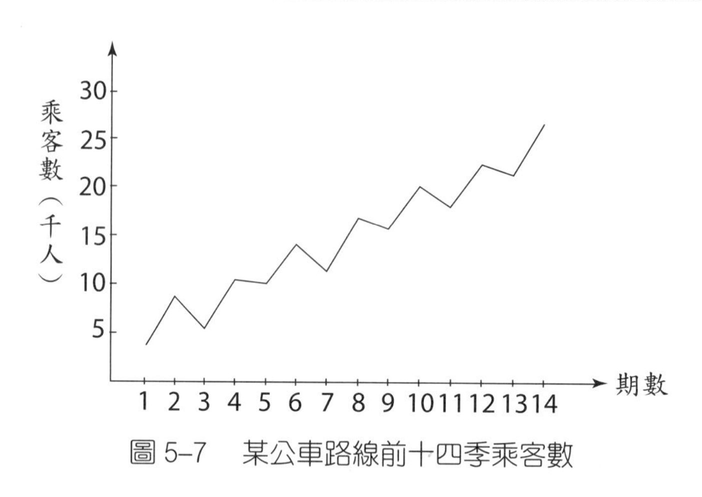

圖 5–7　某公車路線前十四季乘客數

在利用線性趨勢之相乘模型預測時，我們把問題分成三個段落，陸續解答之。這三個段落是：

第一步：先求出其趨勢線及各期之趨勢值。

第二步：將實際值除以趨勢值以求出各期之季節性因素，並按期別取得該期之季節性因素平均值。

第三步：將趨勢值與各期季節性因素平均值相乘，以取得該期之預測值、趨勢線與趨勢值。

由表 5–10 中之數值可計算出 $\bar{t}$ 及 $\overline{Y}$ 如下：

$$\bar{t}=\frac{\sum t}{n}=\frac{105}{14}=7.5$$

$$\overline{Y}=\frac{\sum Y_t}{n}=\frac{203}{14}=14.5$$

趨勢線的計算方式，在前面已經討論過了。公式 (5.6)～(5.8) 是線性迴歸模型計算趨勢線及標準差的公式。現在若將表 5–10 中之數據分析，並以公式 (5.6)～(5.7) 計算之，則趨勢線之斜率為

$$\begin{aligned} b&=\frac{\sum tY_t-n\bar{t}\overline{Y}}{\sum t^2-n\bar{t}^2}\\ &=\frac{1874-14(7.5)(14.5)}{1015-14(7.5)^2}\\ &=1.545 \end{aligned}$$

而常數項是

$$\begin{aligned} a&=\overline{Y}-b\bar{t}\\ &=14.5-1.545(7.5)\\ &=2.91 \end{aligned}$$

也就是說，在期初之時，t=0，當時 a=2.91，亦即當時即有 2,910 名乘客。另外，因為 b=1.545，所以我們知道，在每期中乘客人數增加 1545 人。把這個關係寫成一個方程式時，此方程式可寫如下式：

$$T_t=2.91+1.545t \tag{5.17}$$

在上式中，我們把公式 (5.9) 中之 Y_t 改寫為 T_t，這是因為公式 (5.17) 係用以計算趨勢線，而趨勢線只是線性趨勢之相乘模型中的一部分，並非預測結果。反之，在公式 (5.9) 中，我們假設該時間序列是線性的，因此要求出趨勢線，並且以之計算預測值 (Y_t)。

根據公式 (5.17)，我們可以計算各期之趨勢值。例如在第 1 期時 t=1，將此 t 值代

入公式 (5.17) 則可算出其趨勢值為

$$T_1 = 2.91 + 1.545(1)$$
$$= 4.455$$

而若 t=10，則第 10 期之趨勢值為

$$T_{10} = 2.91 + 1.545(10)$$
$$= 18.36$$

現在將各期中之趨勢值及實際值整理如表 5–11 及圖 5–8。

表 5–11　各期乘客數之實際值及趨勢值

期　別 i	實際值 Y_i	趨勢值 T_i
1	4.5	4.46
2	8.0	6.00
3	5.5	7.55
4	10.0	9.09
5	9.5	10.64
6	14.0	12.18
7	12.0	13.73
8	16.0	15.27
9	15.5	16.82
10	20.0	18.36
11	17.5	19.91
12	22.0	21.45
13	21.5	23.00
14	27.0	24.54

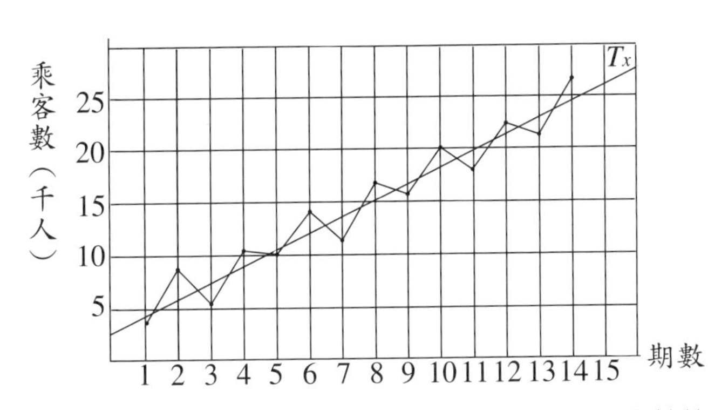

圖 5–8 某公車路線十四季中乘客數實際值與趨勢值

七、季節性因素 (Seasonal Component)

由表 5–11 及圖 5–8 可知，在實際值與趨勢值之間尚有差異。而且這種差異有其往復性。似乎在每年第 1 及第 3 季中，乘客人數下降。而在第 2 及第 4 季中，乘客人數則大幅增加。這種乘客人數的變化，其實就是季節性因素所帶來的影響。假如在預測中把這種季節性因素分離出來並特別處理，當然可以提高預測之準確性。

原則上，趨勢線是數據中所呈現的走勢，是一個整體方向，其中並不包括季節性變動。假如要瞭解在各季中的季節性變化，我們還要比較實際值與趨勢值之間的差異，並以數據表明此一差異，用以協助我們做進一步的分析。假如我們假設在實際值中，只有趨勢及季節性變動，並無週期性變化，則各期中之季節性變動就是實際值與趨勢值之間的差異。在相乘模型中，由於

$$Y_t = T_t \cdot S_t$$

因此，季節性因素可以計算如下：

$$S_t = \frac{Y_t}{T_t} \tag{5.18}$$

也就是說，季節性因素是實際值除以趨勢值所得之比例。因此，這種計算季節性因素的方法稱為趨勢比例法 (Ratio-to-trend Method)。

現在舉例說明如下。由表 5–11 可知，第 1 季之實際值為 4.5，而其趨勢值為 4.46，故其季節性因素為

$$\frac{Y_1}{T_1}=\frac{4.5}{4.46}=1.01$$

而第 2 季之季節性因素亦可計算如下:

$$\frac{Y_2}{T_2}=\frac{8.0}{6.00}=1.33$$

其他各季之季節性因素亦可用公式 (5.18) 予以計算之。

我們知道，在實際值中，除了季節性因素及趨勢之外，還有誤差的存在。這些誤差是由於未知的因素而產生的，而這些誤差更使同一季但不同年度的季節性因素不同。假如把這些誤差分攤在不同年度中，則誤差所造成的差異可以降低，且此一季節性因素亦將更具代表性。因此，在算出各季之季節性因素之後，我們通常再把同季中之季節性因素加總平均，取得各季中季節性因素之平均值，以之為預測時之依據 (如表 5–12)。

表 5–12　各季之季節性因素平均值

	季別			
年度別	1	2	3	4
1	1.01	1.33	0.73	1.10
2	0.89	1.15	0.87	1.07
3	0.92	1.09	0.88	1.03
4	0.93	1.10		
合　計	3.75	4.67	2.48	3.20
平　均	0.94	1.17	0.83	1.07

八、加入季節性因素

以線性分解模型中的相乘模型預測時，第一步是找出其趨勢線，第二步是計算季節性因素，第三步則是把趨勢及季節性因素相乘以取得其預測值。在前面我們已經進行了第一步及第二步的工作，此處我們可以把趨勢值與季節性因素相乘，取得預測的乘客數。在表 5–11 及表 5–12 中，我們已經列出各期乘客數的趨勢值、各期的季節性因素。以及各季平均季節性因素，由公式 (5.16) 可知，以線性相乘模型預測時，

$$Y_t=T_t\cdot S_t$$

也就是說，此時，各期實際值是各期趨勢值 (T_t) 與該期季節性因素 (S_t) 的乘積。

但在預測時，由於尚未有實際值，我們是先根據趨勢計算該期之趨勢值，然後再將此趨勢值與該期之平均季節性因素相乘，以便取得其預測值。換句話說，此時公式 (5.16) 可修正為

$$\hat{Y}_t = \hat{T}_t \cdot \bar{S}_q \qquad (5.19)$$
$$t = 1, 2, 3, 4$$

在公式 (5.19) 中，$\hat{Y}_t$ 為 t 期之預測值，$\hat{T}_t$ 為第 t 期之趨勢值，而 q 則為該期所屬當年度之季數。$\bar{S}_q$ 則為該季之平均季節性因素。例如第 15 期是第 4 年之第 3 季，q=3。由表 5–12 可知，第 3 季之平均季節性因素為

$$\bar{S}_3 = 0.83$$

而第 15 期的趨勢值也可以公式 (5.17) 計算如下：

$$\hat{T}_{15} = 2.91 + 1.545(15) = 26.09$$

因此，第 15 期乘客數之預測便可參考公式 (5.19) 計算如下：

$$\hat{Y}_{15} = \hat{T}_{15} \times \bar{S}_3$$
$$= 26.09(0.83)$$
$$= 21.66$$

另外，假如管理者也要預測第 16 及第 17 兩季之乘客數，則其預測也可進行如下：

$$\hat{T}_{16} = 2.91 + 1.545(16) = 27.63$$
$$\hat{T}_{17} = 2.91 + 1.545(17) = 29.18$$
$$\hat{Y}_{16} = 27.63(1.07) = 29.56 \text{（人）}$$
$$\hat{Y}_{17} = 29.18(0.94) = 27.43 \text{（人）}$$

由以上第 15 期至第 17 期之預測可知，在本例中，我們以相乘模型預測，在乘上各該期之平均季節性因素之後，各期之預測值均已適度表現出各季乘客數之增減概況，而此一預測結果也符合第 1 期至第 14 期間實際值之變化型態。

在使用相乘模型預測時，由於在預測中包含趨勢 (T_t) 及季節性因素 (S_t) 這兩部

分，其結果已較為精確。而使用平均季節性因素 ($\bar{S}_q$) 更可將各年度中的季節性變化分攤調整，使其更具代表性。因此，在以線性相乘模型預測時，其預測結果已頗具準確性。此類模型在生產管理領域中用處極大。在諸如生產計畫、日程安排、採購、保養、人員安排等問題中，均可見其應用。

此外，在方法上而言，相乘模型不只應用於線性分解模型中。類似的做法在指數調整法及移動平均法中也曾見到。這種相乘模型的概念在預測中非常有用。許多複雜的問題無法以一個模型取得精確的答案，但在將問題分解成幾個相關問題，並分別解答之後，有時便可取得較精確的解答。因此，學習並瞭解相乘模型的概念、方法及解答過程，在方法及研究能力的培養上，也是極有意義的。

不過，在此我們也要提醒讀者以下幾點。原則上，線性趨勢相乘模型非常有用。但若其實際值並非線性，則此模型便不可使用，以免產生過大的誤差。也就是說，如果違反了線性趨勢相乘模型的假設，則此一模型便不可使用。此外，在長期時間序列中，有時也包含了一些政治、經濟、科技或文化上的突發事件。這些突發事件可能對銷售量有極大的影響。如果這種影響是暫時的，則預測人員可以把它當成一個異常狀況 (Outlier)，將它剔除。但假如這種影響非常長遠，可能具體改變未來的走勢，則預測人員可能需要特別把這種變化以其他方式表現在模型內，有時也可能需要改用其他模型。

第五節 結 語

在日新月異的工商社會中，環境及需求不斷改變，改變的幅度與速度也與日俱增。為了事先因應未來的變化，以求取企業最大的成長，管理者必須善用預測。預測是一個有用的工具，可用以提高企業應變的能力，並使企業得以利用改變所帶來的機會。對於能使用預測，願意進行預測的人而言，預測未來是一個神乎其技的藝術。例如「孔明借東風」便是一個很好的例子。

管理者身負企業成敗之責，為了善盡其責，每個管理者都應該學習並力行預測。在法律上常有所謂「不可抗力」的定義與理由，但在管理上，「不可抗力」只是管理者能力不足或管理疏失的藉口。日本管理者於管理失誤過大時，常有以身殉職的做法。這是日本武士道精神的延續，有時過於殘酷，也可能矯枉過正，並且更使經驗無法整理而傳承下去。但不論如何，這種做法表現出管理者負責知恥的態度，至少在精神上極為可取，假如管理者負責知恥，則他必然敬業樂群，且時時以做好管理工作為其志業，這種管理者當然也就極重視預測了。

各種預測方法均有其特殊之假設及適用範圍。在使用預測方法時，必先確定其假設及適用範圍均能符合模型之需。在選擇預測方法時，有些人建議由理論背景、假設及適用範圍著手。但在電腦普及之後，也有人提議再加上預測誤差的比較。預測誤差的衡量方法很多，在本章中我們介紹了「差異絕對值平均」(Mean Absolute Deviation; MAD) 及「偏差」(BIAS) 這兩種方法。原則上，這兩種方法有互補作用，在同時使用時，可同時觀察「預測」以及「預測方法」的適用程度。

預測方法由古至今可謂不計其數，有正式方法及步驟的預測方法可歸類於正式預測方法中，其他的則為非正式預測方法。原則上，正式預測方法是曾經研究並明文記錄下來的預測方法，而非正式預測方法雖未經明文整理，但卻也不能一筆勾銷其實用價值。正式預測方法又可分為定性 (Qualitative) 及定量 (Quantitative) 方法兩類。通常定性方法較適用於中、長期預測，定量方法則較常用於短期及中期預測。在本章中，這兩種方法及其適用範圍有詳細的討論，這些理論應可供管理者極佳的參考。

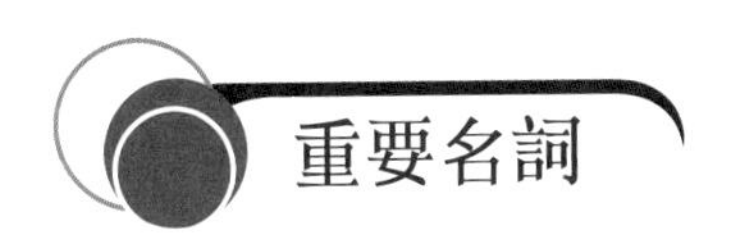

重要名詞

預　測	資料分配型態	指數調整法
定量預測方法	德爾斐法	調整模型
定性預測方法	偏　差	即時反應
因果模型	差異絕對值平均	時間序列分解法
投影模型	移動平均法	季節性因素
長期預測	加權移動平均	週期性因素

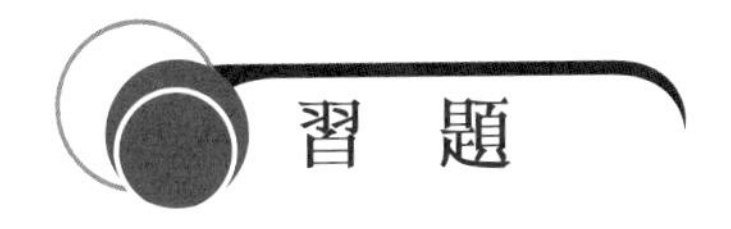

習　題

一、簡答題

1. 預測為何重要?
2. 預測的方法如何分類?
3. 各類方法的適用範圍如何?
4. 預測的目的何在?

5. 如何選擇預測方法?

6. 德爾斐法如何使用? 其過程中之特色值得注意者有哪些?

7. 在時間序列中可能存在的因素有哪些?

8. 消除預測誤差的方法有哪些?

9. 衡量預測誤差的方法有哪些? 如何搭配使用?

10. 投影模型如何預測?

11. 預測模型的目標何在?

12. 常見投影模型類的預測方法有幾種?

13. 指數調整法為什麼比移動平均法好?

14. 調整模型的缺點何在?

二、計算題

1. 小筠服裝量販店前四季之銷售量為 6,000、5,000、7,000 及 6,000 件。試以移動平均法預測其下一季之銷貨量。

2. 上題中之資料若以指數調整法預測時，試計算 α=0.1、0.3、0.5 及 0.7 時之預測值。

3. 大方圖書公司過去五年之圖書銷量為 10,000、12,000、15,000、18,000、20,000。

(1)試計算其三年、四年及五年之移動平均，並預測本年度之銷售量。

(2)若以 0.5、0.3、0.2 及 0.1 之權數計算其移動平均，則年度之預測為若干?

(3)若 α 為 0.3，試計算本年度之預測值。

4. 嘉禮公司禮品銷售量呈現如下表之成長率:

年　度	1993				1994	
季　別	1	2	3	4	1	2
成長率	5.3	5.3	5.6	6.9	7.2	7.2

試以移動平均法及指數調整法（α=0.3）計算 1994 年第 3 季之預測值。

5. 世平企業某產品的銷售量經記錄如下:

年度＼月	1	2	3	4	5	6	7	8	9	10	11	12
1992	741	700	774	932	1,099	1,223	1,290	1,349	1,341	1,296	1,066	901
1993	951	861	938	1,109	1,274	1,422	1,486	1,555	1,604	1,600	1,403	1,209

⑴試將上表中資料製圖以比較其趨勢及季節性變化。

⑵試以相乘模型計算其趨勢值及季節性因素。

⑶試以移動平均法預測 1994 年 1 月之銷售。

⑷試以指數調整法（α=0.7）預測 1994 年 1 月之銷售。

⑸請根據預測之誤差，決定哪一種方法比較適合本題之預測。

6. 大宇航空過去二年之乘客人數如下表所示（千人）：

年度＼月份	1	2	3	4	5	6	7	8	9	10	11	12
1991	26	24.5	27.9	29.1	34.7	33.1	36	37.5	34.8	35.5	33.4	32.9
1992	27	26.3	29.8	32.6	35.1	34.4	35.7	33.6	31.9	35.1	33.4	37.6

⑴試以移動平均法預測 1993 年 1 月的乘客人數。

⑵試以指數調整法預測 1993 年 1 月的乘客人數。

⑶試以移動平均法預測 1994 年 1 月的乘客人數。

⑷試以相乘模型計算各月份之季節性因素，並比較 1992 及 1993 年各月份的季節性因素。

⑸哪一種方法較適合本題之預測？為什麼？

7. 李白公司銷售文具，去年及前年的原子筆銷售量記錄如下：

年　度	1992				1993			
季	1	2	3	4	1	2	3	4
銷　售	12	13	16	19	23	26	30	28

⑴試以移動平均法預測下季之銷售。

⑵試以 α=0.1 及 0.3 預測下季之銷售。

⑶試以相乘模型預測下季之銷售。

⑷哪一種模型最適合用於本題中之預測？為什麼？

8. 杜甫企業生產拔鬚器，上兩年之生產量如下：

年　度	1992				1993			
季	1	2	3	4	1	2	3	4
產　量	100	120	140	170	150	160	190	200

⑴試計算其 2、3、4 期之移動平均並預測下期產量。

(2)試以 α=0.4 預測下期產量。

(3)試以相乘模型預測下期產量。

(4)哪一個模型較佳？為什麼？

參考文獻

① Dalrymple, D. J., "Sales Forecasting Practices from a United States Survey," *International Journal of Forecasting*, Vol. 3, 1987, pp. 379–391.

② Rice, G., "Forecasting in US Firms: A Role for TQM?" *International Journal of Operations and Production Management*, Vol. 17, No. 2, 1997, pp. 211–220.

③ Ozer, M., "The Use of Internet-based Groupware in New Product Forecasting," *Journal of the Market Research Society*, Vol. 41, No. 4, 1999, pp. 425–439.

④ Yasin, M. and Wafa, M., "An Empirical Examination of Factors Influenced JIT Success," *International Journal of Operations and Production Management*, Vol. 16, No. 1, 1996, pp. 19–26.

第六章

製程規劃

Production and Operations Management

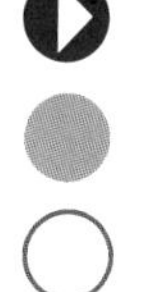

前 言

古人說:「工欲善其事,必先利其器。」用這句話來說明企業與其「製造過程」的關係也極為貼切。企業在營運的過程中,必須與其他企業競爭,而其競爭所憑藉的工具,則是企業的「生產系統」或「製造過程」(Production Process)。任何企業都有其生產系統 (Production System)。在第一章及第二章中我們曾經討論過「生產系統」與「生產過程」。廣義的說,企業本身便是一個生產系統。但若將生產系統狹義的定義,則只有「製造過程」或「生產過程」才是「生產系統」。我們在本章的討論內容中,對「生產系統」採行狹義的定義,只針對「生產過程」進行探討。

「生產過程」也稱為「製造過程」或「製程」。在英文中,其稱呼就更多了。「生產過程」常見的英文名稱至少有 Production Process, Manufacturing Process, Transformation Process,以及 Conversion Process 等四種。生產過程的功能是執行生產活動。在生產元素進入生產過程之後,經過加工、儲存、運輸、檢驗等手續,逐漸轉變為「成品」。在這個過程中,產品的價值逐漸提高。因此,生產活動是一個增加附加價值的活動,而生產過程則是增值活動的過程。

生產過程也是執行企業政策的工具之一。因此,企業的生產過程必須有執行企業政策的能力。同時,在訂定企業政策時,管理者應該根據企業生產過程的能力而決定目標及策略,也要根據企業目標及策略的需求選擇及改進生產過程。

第一節 製造過程的定義

在生產活動中,管理者結合人、財、物、方法及資訊,把輸入生產過程的生產元素轉變為成品。這個結合生產元素,將生產元素轉變為成品的過程,就是製造過程或生產過程。生產所使用的科技對「結合」與「轉變」生產元素的方法有很大的影響。因此,有時「生產科技」與「生產過程」或「製造過程」有相同的意義。這種狀況在技術密集產業中更為常見,有時只要知道其所使用的生產科技,便可知道其生產過程。在這種狀況下,「生產科技」可說是「生產過程」的同義字。

一、製程選擇

製造過程對生產方式、成本及品質都有很大的影響。因此，製程選擇非常重要。製程投資牽涉龐大的金額，而決策之後，其生產方法、勞力、投資、產品，及品質便已確定，很難改變。因此，製程選擇對企業在短、中、長期中的成本及生產效率都有極大的影響。製程選擇也決定員工的教育水準、技術層次及其作息方式。假如製程的科技水準高，員工的工作態度及自尊心也可能改善。

製程選擇的目的在於取得適用的製程，以便經濟、有效地生產低成本、高品質的產品。製程對企業能力也有影響。因此，選擇製程時，也要顧及企業在生產及競爭上的需求。另外，「製程改善」可以改善生產能力。製程改善通常包括設備的重新佈置，以及引進部分新科技、新設備，和人力資源的改善等。

二、製程改善的重要性

製程選擇的目的在於取得適用的製程，以便經濟、有效地生產低成本、高品質的產品，藉以滿足企業及市場的需求。一般而言，大部分人士在考慮製程問題時，大都以能否滿足市場需求為主。其實製程對企業能力也有極大影響，也可能具體改變企業的行為。因此，在選擇製程時，也要顧及企業本身在生產及競爭上的需求。

有時選擇製程的目的在於改善生產能力。其實「製程改善」也可以改善生產能力。製程改善通常包括設備的重新佈置，以及引進部分新科技、新設備，和人力資源的改善等。通常製程改善是以提高生產能力、改善品質為目的，其做法有許多種。有關製程改善的做法，在本章第四節中有較詳盡的討論。

一般而言，企業改善製程的原因不外乎以下幾項：

⑴生產效率低（如成本高、生產過程中有瓶頸等）

⑵意外事件及工業安全問題多

⑶產品或服務的設計改變

⑷引進新產品或新服務

⑸產量或產品組合改變

⑹方法或設備改變

⑺環保或法令、規章上的需求改變

⑻人性或道德上的需求（如員工單獨作業、無人交談等）

原則上，改善的內容與目標有關。如果員工在工作過程中，由於製程所限，無法或沒有機會與同儕見面或交談，則經過一段時間以後，員工的心態及行為都可能改變。因此，現代的管理學者、專家大都鼓勵在工作場所中，維持必要的社交機會及時間，但有時仍不免未顧及員工在社交上的需求。若有此問題時，管理者應基於人性需求的考量，設法改善製程。

原則上，在改善製程時，最常見的做法有縮短加工、搬運時間、改善品質、提高生產力等。

第二節 選擇製程考慮的因素

企業在競爭中所使用的工具有「成本、品質、服務、彈性」等四個因素。這四個因素的組合有無限多種，只要其組合方式改變，企業的競爭方式及競爭地位便改變。通常在設計及選擇製程時，我們主要考慮效率 (Efficiency)、效用 (Effectiveness)、產能 (Capacity)、前置時間 (Lead Time)，以及彈性 (Flexibility) 等五個因素。這五個因素決定了製程的能力。在選擇製程時，除了考慮企業的目標、策略，以及上述五個因素之外，還要考慮製程的適應能力 (Adaptability)。工商環境改變的速度及幅度愈來愈大，為了趕上環境改變的腳步，企業必須不斷改善製程。此處所謂製程的適應能力是指製程適應長期變化，隨需求改變的能力。適應能力與彈性不同，彈性是製程在短期之內因應需求變化的能力。

一、產品流動型態與工作重複程度

對於製程的型態或種類到底有幾種，有許多不同的看法。有人認為可以根據其產量，把製程分為專案生產過程 (Project Production Process)、間歇生產過程 (Intermittent Production Process)、連續生產過程 (Continuous Production Process) 等。但有些人認為如化工廠、水廠、電廠等連續不斷的生產過程，與連續生產過程不同。這些人因而增加了一種「連綿生產過程」(Processing Process) 的定義，並以之代表在這些工廠內綿綿不絕、連續不斷的生產過程。在電腦、群組技術 (Group Technology)，以及機器人 (Robotics) 等先進科技進入生產過程之後，又有一種稱為「群組生產過程」(Cellular Process) 的生產過程出現。

原則上，生產過程的分類，至少應考慮產品的流動型態 (Flow Type) 以及工作的重複程度 (Repetitiveness of Operations)。另外，設備佈置型態 (Layout Types) 也是值得考慮的因素之一。現在說明如下。

早期對於製程的型態，常有如圖 6–1 所見的分類方式。在圖 6–1 中共有專案、車間工廠 (Job Shop)，及生產線 (Line) 這三種型態。在一個專案中，我們通常只生產極小數量、獨一無二的產品。由於工作極為複雜，又包含許多不同的生產活動，我們將這些生產活動以專案組織起來，並委由專案管理者負責。而專案管理者的主要工作是確保所需的原物料及設備可及時送到，使專案的各個部分準時完成。車間工廠是最常見的生產過程，也就是前面曾提及的「間歇生產過程」。在車間工廠中，每個產品的加工過程不同，因此，產品流動的型態五花八門，不一而足。此類工廠通常生產小量多樣的產品。例如修車廠、醫院、印刷廠、學校等都採用車間工廠或間歇生產過程的產品流動型態。

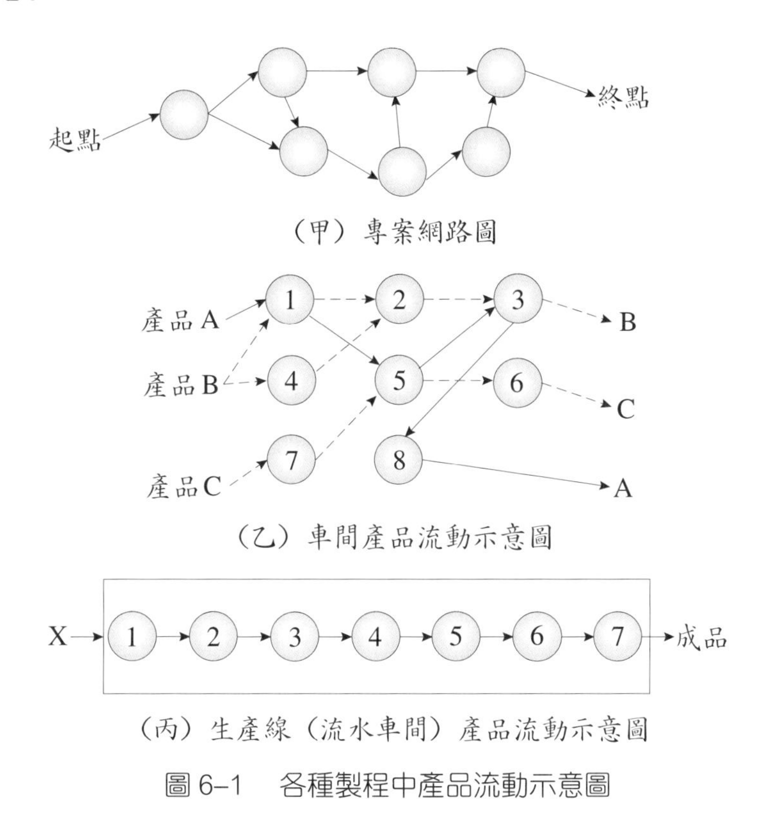

圖 6–1　各種製程中產品流動示意圖

至於生產線則極為不同。生產線又稱為流動車間 (Flow Shop)。在流動車間中，產品的加工過程類似，因此，產品在廠中的流動型態相同。在某些狀況下，所有產品完全相同，也經過完全相同的流動型態。若比較以上三種製程型態，其間之主要差異是產品在生產過程中的流動方式。在流動車間中，所有產品經過相同的生產過程，其流動方式相同。在車間工廠中，每個產品可以有不同的生產過程，其流動方式互異。而在專案中，我們集中所有資源以生產產品，產品並不在生產過程中流動，反而是生產資源及設備在流動。

若由「工作或作業的重複性」此一觀點來分類製程時，我們可由生產數量的多少而分類之。一般而言，我們把生產活動分成以下四類：

⑴**連續生產 (Continuous Production)**。

⑵**大量生產 (Mass Production)**。

⑶**批量生產 (Batch Production)**。

⑷**單件生產 (Unit Production)**。

連續生產是指連綿不斷的生產活動。例如化工廠、藥廠、電廠等通常是經年累月不斷的生產，只有在大修時才可能停機。如果因某些原因必須停機時，重新開、試機也可能需要花費極大的成本。大量生產是指一般生產線生產方式。例如電器產品、汽車、筆等產品的生產便是大量生產的型態。批量生產則是產品分批的生產，而各批產品也可以不同。而單件生產，顧名思義，當然是一次生產一件或極少的數量。例如醫院、建築業、土木業或建廠等都屬於此類生產型態。由以上的討論可知，工作或作業的重複程度以連續生產為最高，幾乎已達到連綿不斷的程度。作業的重複程度在大量生產及批量生產中依次而遞減，到了單件生產時更到達幾乎不再重複的程度。

這種分類方式與前面所提及的「產品的流動型態」也很有關聯。由連續生產下降到單件生產的過程中，產品生產時之流動型態也可能由生產線而車間工廠，再由車間工廠而到專案的型態。

二、設備佈置的型態與製程

另外，設備佈置的型態也對製程型態的分類有所影響。一般而言，早期使用的設備佈置型態有**程序佈置 (Process Layout)** 及**產品佈置 (Product Layout)** 這兩種。程序佈置系統是以加工的「程序」為主，也就是不以「產品」的「製程」為主。這種佈置最常見的例子如修車廠、學校、醫院、快餐店及訂貨生產等行業。在程序中心佈置系統中，機器設備按其功能排列，而產品在加工的過程中則按其加工步驟及需求，在機器設備間流動。由於這種佈置不以「產品」為主，因此所能生產的產品種類較多。

程序佈置系統中的佈置型態可如圖 6–2 所示。此類設備佈置的優點很多，現在說明如下。程序佈置系統最大的優點是彈性非常大，可以生產許多種不同的產品。這種優點在企業以「多樣化」方式競爭時，是極為有利的工具。由於生產許多種不同產品，累積了產品及技術經驗，這種企業也能以其「專業技能」(Expertise) 競爭。它們在競爭時是以「專業技能」及「品質」取勝，而非以「特定產品」競爭。另外由於許多產品共用設備，其固定成本較低，設備的「可靠度」(Reliability) 及「利用率」(Availability) 也較高。在這種狀況下，設備集中而使得保養、維修均較易實施。同時，任何一部設備停機時，也不至於對整體工作產生太大的影響。

部門 A
部門 B
部門 C
產品甲
產品甲
產品乙
產品乙
部門 D
部門 E
部門 F

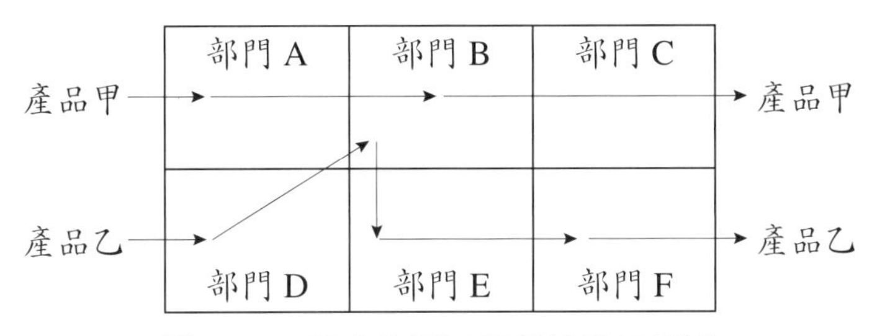

圖 6–2　程序佈置及產品流動示意圖

產品佈置系統則是以「產品」為中心的系統。如圖 6–3 所示，產品佈置系統中的機器設備是根據產品的加工過程，依序排列成一條生產線。由於機器設備按加工過程排成一條生產線，因此在工作過程中，產品在生產線上順流而下，而產品在機器設備之間的搬運、移動及等候時間也削減到最小的程度。

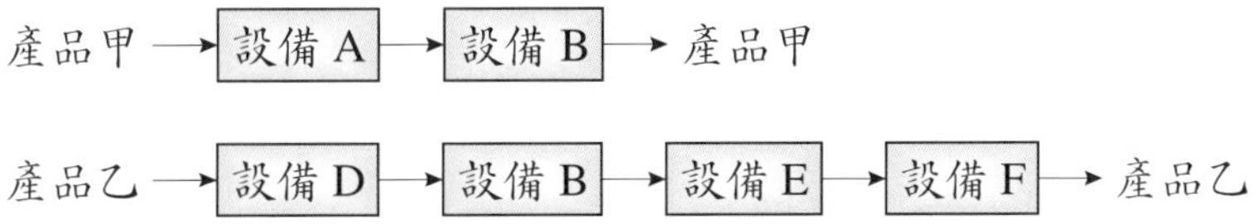

產品甲
設備 A
設備 B
產品甲
產品乙
設備 D
設備 B
設備 E
設備 F
產品乙

圖 6–3　產品佈置及產品流動示意圖

產品佈置系統的優點也很多，最主要的優點是生產線上的生產速度較快。而由於產品是在生產線上流動，其管理工作也較簡便。同時，在生產線上的機器設備緊密排列，有些並以輸送帶協運半成品順流而下，因此產品搬運時間、距離均短，而設備、空間、原物料及勞工等的利用率便因而提高。

如圖 6–2 及圖 6–3 所示，甲及乙兩種產品在程序佈置及產品佈置系統中之流動型態有別。甲、乙兩種產品的加工順序如下：

產　品	加工順序
甲	A、B
乙	D、B、E、F

在程序佈置系統中，產品（或顧客）在機器設備（或部門）之間循各自之需求流動。但在產品佈置系統中，情況便大不相同了。在產品佈置系統中，生產線是按加工過程而排列的。因此，在加工過程中，產品全都沿生產線順流而下。以圖 6–3 中所示之兩條生產線為例，所有的甲產品都經由同一條生產線，而所有的乙產品則均經過另一條生產線。

原則上，在選擇佈置型態時，主要的著眼點在於其經濟效益。如圖 6–4 所示，採用上述兩種不同的佈置方式時，其總成本不同。在產量小時，程序中心系統下之總成本較低。但若產量增加到某個程度之後，產品中心系統卻較經濟。所以我們在選擇佈置型態時，要先瞭解其產量需求如何。如果產量小於圖 6–4 中之 b 點，以採行程序中心系統為佳，否則以採用產品中心系統為宜。

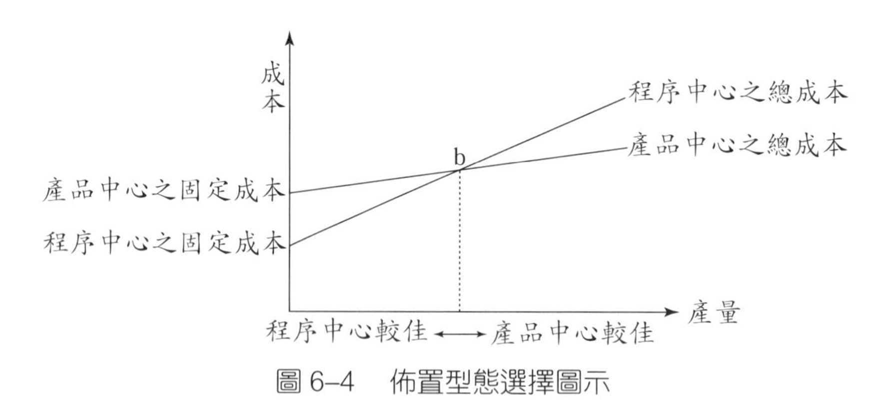

圖 6–4　佈置型態選擇圖示

除了「程序佈置」與「產品佈置」這兩種佈置型態之外，另外還有一種「定點佈置」(Fixed Position Layout) 的設備佈置型態。定點佈置型態常見於超大型產品之生產活動中。有時產品的重量、體積過大，或由於其他因素致使產品無法移動、不適合移動。在這種生產過程中我們把產品固定於一處，而生產過程則移往產品生產的處所，並在該地進行生產活動。例如大樓、水壩、建廠、飛機、造船等生產活動便常用「定點佈置」的型態。而在這些生產活動中，產品及加工過程皆保持固定，而員工、原物料及機器、設備則隨加工的需求而移動。另外，在有些狀況下，由於產品或服務新穎，必須借重於多方面的人才，也可能使用定點佈置的型態。例如召開會議或研發突破性產品時，便常召集各地人才共聚一堂研商對策。

定點佈置管理工作的重點，在於原物料、員工、設備的準時供應、運輸、儲存。因為定點佈置是一個專案，而專案通常牽涉到許多連貫的大型活動，因此任何一個活動延誤便可能影響到整體。各個活動所使用的技術、人力、設備、原物料等也可能不同。如果某一活動延期，所需要管理的技術、人力、設備及原物料便可能呈倍數增長。因此，專案的管理行政較其他的佈置型態來得複雜。而原物料及設備體積龐大、種類又多，通常要在工地儲存。如果同時進行多項活動，則原物料、設備的儲存及管理也是極繁複的工作。定點佈置常見的使用範圍還包括農業、消防、修路、建屋、維修、油井採勘、救難活動、軍事作戰等。在這些活動中，我們都需要把人、原物料、設備帶到現場，並在現場進行必要的「生產活動」。

三、產量與產品生命週期

既然製造過程用於「產品」之生產，在討論製造過程時便也需要談及產品。產品的種類極多，而各類產品的生產型態也可能不同。假如我們根據產品的產量來觀察產品，產品至少可以分為小量、中量及大量等三類。小量的產品大都是依據顧客的特殊需求而訂做的，這類產品包含印刷品、航空設備、工具機，及製造過程 (Production Process) 的生產等。由於這些產品是依顧客需求而訂製，所以生產廠商通常不在廠內保持存貨。最小量的產品通常一次只生產一件。例如服裝店可能依據顧客的要求，一次只縫製一套。原則上，這些生產小量產品的企業必須能提供獨一無二，品質精良的產品，他們也要能根據顧客的要求而修改產品或製程。在這種狀況，通常成本或價格並非最重要的競爭因素。此類企業是以其生產彈性、產品品質，以及服務等因素競爭。

至於產量大的產品則有不同的競爭方式。生產大量產品的企業通常較注重成本與價格。大量產品大部分是標準化的產品，其需求穩定，花樣也較少。在競爭時，除了價格之外，能否以現貨快速交貨也很重要。因此，企業通常要在廠中保持存貨。以鋼鐵、鋁、米、糖、汽油等基本商品為例，由於其產品差異小，因此產品供應之可靠性及產品價格便是主要的競爭工具。

產量介於小量及大量間的商品，通常在競爭時則根據需求及競爭狀況，而機動調整其競爭策略。原則上，產品的品質、花樣、價格、生產彈性，以及供應之可靠性等，都可能是競爭重點。同時，生產消費性產品的企業可能需要保留存貨，而工業性產品廠商，則仍以應客戶需求而生產較多。

以上的討論著重於產量與競爭因素的關係，這個關係可整理如表 6-1 所示。

產品生命週期與產量也有密切的關係，我們現在說明如下。在將產品引進市場以後，一直到產品功成身退為止，產品一共經歷四個階段。這四個階段是介紹期、成長期、成熟期及衰退期。在介紹期中，產品剛上市，產量小，產品型式多。經過了介紹期之後，產品進入成長期，此時產量大幅增加，產品也逐漸標準化。在成熟期中，產

表 6–1 產量與競爭因素之關係

產　量	小　量	中　量	大　量
重要因素	・生產彈性 ・品　質 ・服　務	・綜合並調整品質、價格、樣式、生產彈性、供應等因素	・價　格 ・供應可靠性
存貨策略	・無存貨	・機動調整	・保持存貨

量仍然很大，但其增幅已開始下降，有時產量還可能下降。產品上市一段時間之後，新產品或替代品開始進入市場。在這些產品的競爭之下，原有產品可能逐漸為新產品取代，並自市場中消失，有些產品也可能逐漸轉變為基本商品。產品在市場上的銷售量，在四個生命階段中均有所不同，其現象可如圖 6–5 所示。而圖 6–5 中的產品生命週期曲線，則是產品銷售量隨生命週期變化所經歷的軌跡。

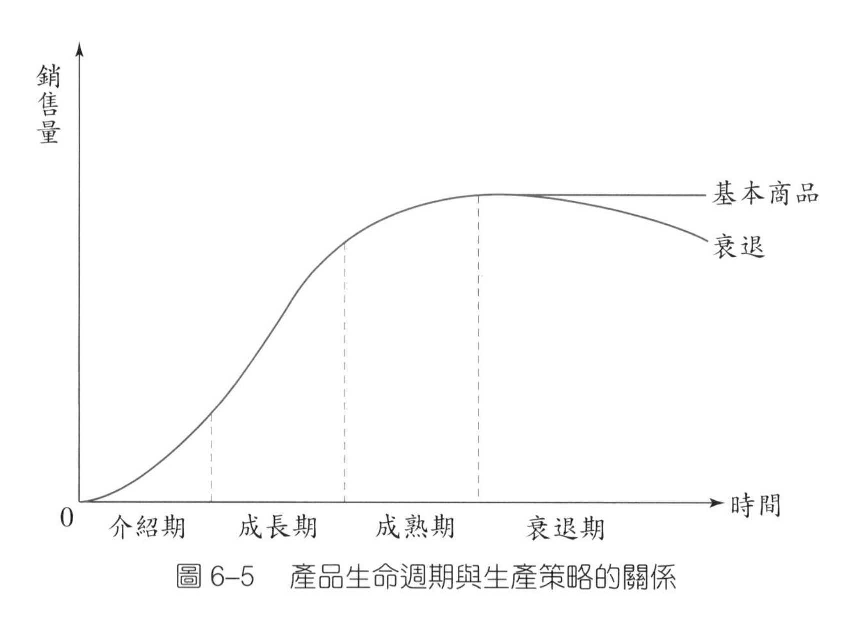

圖 6–5 產品生命週期與生產策略的關係

表 6–2 產品生命週期與生產策略的關係

生命週期	介紹期	成長期	成熟期	衰退期
產　量	少	增　加	多	多或少
產品型式	多	減　少	少	少
競爭因素	品質生產彈性	品質供應量	價格可靠性	價　格

產品生命週期的觀念在管理上非常有用，尤其在行銷這個領域中，生命週期的觀念更為重要。管理者通常可以根據產品生命週期的變化而調整其定價及促銷策略，有

時也可以設法改變或延長產品的生命週期。

由於產品性質不同，各產品的生命週期也有所不同。原則上，流行產品及時髦產品的生命短。此類產品的介紹期與衰退期均極短暫。而相較之下，其成長期及成熟期則稍長。一般商品的生命則較流行商品為長，且其各階段期間的長度也較平均。

產品生命週期的觀念也可以運用於生產科技、產能以及其他與生產有關的決策上。一般而言，在介紹期中，產品的產量少而型式多。因此其競爭的因素是以品質與生產彈性為主。在產品進入成長期之後，由於產品型式日漸標準化，產量也逐漸增加，產品的品質與供應能力便成為主要的競爭因素。在產品進入成熟期之後，產品已經標準化，也進入量產的階段。在這個階段中，產品價格及可靠度則為主要的競爭工具。至於已經被淘汰而進入衰退期的產品則唯有以價格取勝而已。以上所討論的生命週期及競爭因素可整理如圖 6–5 中之附表所示。

四、生產方式

生產過程的選擇與產品種類及產量 (Volume/Variety) 有密切的關係。產量大時，我們比較可能使用自動化、大量的生產過程。產量小而產品種類多時，企業則可能大量利用技術工人，並使用「用途較廣」的工具、機器及設備。企業所採行的生產方式也與產品種類及產量有關，現在說明如下。

常見的生產方式有「**訂貨生產**」(Make-to-order) 及「**存貨生產**」(Make-to-stock) 這兩種。訂貨生產的企業在收到顧客訂單之後，按訂單中的需求量生產。使用存貨生產方式的企業則以批量 (Batch Size) 方式生產。生產出來的產品先存入倉庫中，再按企業的銷售計畫順序出貨。原則上，採用存貨生產方式的企業必須有較大的規模，有自己的配銷系統。同時，採行這種生產方式時，企業可以大量的生產少數幾種產品。而訂貨生產的企業則面對完全不同的挑戰。由於訂單內容由顧客指定，採用訂貨生產方式的企業必須要能生產多樣產品，且其產量也可能有大有小。此類企業的規模通常也較小。

針對上述的討論，當然有些例外的狀況。例如服務業即便規模很大，也不可能採用存貨生產方式。又如汽車廠規模雖大卻仍然生產多種多樣產品。嚴格的說，汽車廠的生產方式有時是「**訂貨裝配**」(Assemble-to-order) 的方式。

原則上，訂貨生產方式對企業的管理階層產生極大的挑戰。企業在收到訂單之後，需要立即進行計畫、訂貨、排程等工作，以便趕上交貨日期。也就是說，管理者必須要能在極短期間內完成所有的計畫及準備工作，並排出日程立即生產。通常在使用訂貨生產方式時，生產、品質等方面的管理都可能產生問題。反之，在採用存貨生產方式時，企業通常有較充裕的時間準備。由於產品變動小，準備及管理工作也較簡單易行。

第三節 生產過程簡介

原則上，選擇生產過程應該根據產品種類，以及產量而定。產品種類和生產數量與企業的經營策略有關，所以生產過程的選擇，應該與企業策略有關。在選擇生產過程時所考慮的重點，至少包含產品種類、生產量、產品生命週期、損益平衡、設備佈置、生產方式等。管理者在選擇生產過程時，是根據生產過程的效率、效用、產能、前置時間及彈性，選擇一個最能滿足企業生產需求的製程。

設計及選擇生產過程是一個永續的過程。企業必須不斷改善生產過程，以保持領先的地位。因此，不斷改進生產過程也非常重要。為幫助讀者瞭解常見的製造過程，謹此簡介專案生產過程、間歇生產過程、連續生產過程，以及連綿生產過程於後。

一、專案生產過程 (Project Process)

通常在專案中，我們只生產少數產品或服務。由於產品或服務極為新穎，沒有生產經驗，或由於產品體積、重量、尺寸太大而無法移動，管理者只好以專案的方式，配合人才、資源及設備，到現場實地生產。在生產完成之後，此一專案便解散。因此，原則上一個專案只生產某幾個產品一次。下一次即使生產類似產品，但負責生產的人、資源，及設備也可能不同。常見的專案生產過程，有造橋、修路、建屋、造船、挖井、建造太空梭等。在服務業方面，成立委員會、召開會議、研討會等也都屬於專案的型態。

二、間歇生產過程 (Intermittent Flow Process)

在間歇生產過程中，產品的生產或加工程序不同。因此，產品在生產過程中的流動型態是間歇性的。這種生產過程的特性有以下幾項：

⑴人員及設備按功能排列。

⑵使用多種原、物料。

⑶人員、原、物料、半成品運輸距離及運輸量大。

⑷加工時間差異大。

也就是說，在間歇生產過程中，不同的產品經過不同的加工過程，使用不同的原物料，需要不同的加工作業，加工時間也不相同。這種生產過程適用於生產在外型、結構、原、物料，及加工過程上不同的產品。原則上，生產多種不同產品，有時針對顧客需求而特別訂製者，便應該使用間歇生產過程。間歇生產過程也稱為車間工廠(Job Shop)，例如服裝店、各公司的辦公室、修車廠、加工廠、公園、診所、超市、圖書館、法院等，以及大部分的服務業都採用間歇生產過程，而間歇生產過程也適合滿足不同顧客需求的特性。

間歇生產過程通常用以生產多種小量產品。各類產品可能只使用一部分設備。同時，由於各種產品的產量太小，所以不值得為每一種產品設立其專屬的生產線，因此設備、工具及人員係按其功能集中排列。在生產活動中，許多不同的原物料經由不同的加工路線，在不同的機器、設備上加工、生產及運送。間歇生產過程的優點至少有以下幾項：

⑴可以合理的成本生產多種產品。

⑵由於設備集中排列，員工以通用設備生產多種產品，設備投資低。

⑶員工負責多項工作，工作內容多變化，因此，員工心情較佳。

間歇生產過程也有缺點，現在綜合列述如下：

⑴產量增加時成本大幅提高，因此間歇生產過程不適合大量生產。

⑵半成品存貨投資大。

⑶半成品搬運成本高。

⑷容易產生延期交貨的狀況。

⑸需用具有技術的工人。

⑹管理工作複雜，需要較多中級管理人員。

三、連續生產過程 (Continuous Flow Process)

產品種類少而產量甚大時，為節省搬運成本、提高生產速度，我們可以將設備按加工過程排成一條生產線。這個生產線 (Line) 就是一個連續生產過程，也稱為「流動車間」。原則上，連續生產過程中的設備大多是龐大專用的設備。連續生產過程的特性如下：

⑴原物料類似。

⑵加工時間相近。

⑶產品相似。

常見的連續生產過程有汽車裝配線、電器產品裝配線，以及電子零件生產線等。若企業產品種類少而產量大，應可使用連續生產過程。在連續生產過程中，由於產品及作業標準化，企業可採用特殊設備以進行生產活動。由於這些設備按照加工過程排列，每單位變動加工成本較低，但設備固定投資則較大。在連續生產過程中，產品加工及流動過程類似或相同，都經過同一條生產線。因此管理工作較為簡單。此外，由於作業流程相同，在生產線上可以使用「輸送帶」等自動搬運設備及工具。這些自動化搬運設備使產品流動更單純，而單位加工成本也因而下降。

生產線除了使加工流程標準化之外，其加工時間也穩定，因此，製程管理較為簡單，單位產量及交貨時間容易控制。同時，加工流程、日程安排，及管制等，在設定生產線時也已安排完成。因此，連續生產過程中的產品，不需逐一追蹤其流程，生產線上的分工單純、員工的技術需求下降，管理者的管制能力相形提高。綜上所述，連續生產過程的優點有以下七項：

(1)產量大而單位生產成本低。

(2)可大量採購原物料或享用數量折扣以降低原物料成本。

(3)半成品存貨少。

(4)使用人力少，員工技術需求低。

(5)可減少中間管理人員的數量。

(6)可妥善利用空間。

(7)管理容易。

雖然連續生產過程有以上優點，但缺點也不少，謹此說明如下。連續生產過程投資龐大是主要問題之一。同時，在建立生產線之後，由於生產彈性小，所能生產的產品種類與數量受到限制。第三，生產線上的員工長期負責單一工作，日久之後可能造成士氣低落、缺勤等現象。第四，在規劃生產線時，由於生產節奏的限制，必須將工作分割成許多單元，並按順序交由各工作站執行生產工作。由於種種限制，分割出來的各工作單元無法完全相等，因此，生產線上難免有勞逸不均的狀況。第五，使用生產線時，企業必須保存大量的原物料「安全存貨」。最後，生產線中大多是特殊而專用的設備，採購成本高，運行及維修成本也高。

四、連綿生產過程 (Processing Process)

連綿生產過程與連續生產過程類似。最常見的連綿生產過程大多用於生產水、瓦斯、化學品、煤、食品、橡膠、麵粉、酒、水泥、汽油、漆、牛奶及藥品等產品。雖然連綿生產過程與連續生產過程類似，但其間差異卻也極大。使用連綿生產過程時，我們使用自動化或電腦控制的重型、特殊設備。這些設備按照生產需求以管線連接在一起。連綿生產過程通常由管路、輸送帶、儲油塔、管路開關 (Valve)、大桶 (Vats)、儲存箱 (Bins) 等連接而組成。其佈置完全依照加工過程，產量則由設備產能及管路流量、混合速度等而定。一般而言，這種生產過程所需員工人數少而水準高。這些員工的主要工作，是監看設備及維修設備。

連綿生產過程和其他生產過程一樣，在設計生產過程時，都要考慮到以下問題：

加工過程、原物料的加工內容、儲存位置、哪些加工作業同時進行、如何將原物料、零件同時送達同一地點加工，如何平衡生產過程，以達成管制上的要求等。在人工方面，連綿生產過程中的員工對加工的影響更大。例如在化工業中，化學反應的時間控制非常重要。因此，在生產活動開始前的裝機、試機及過程控制，複雜而又重要。而此類生產過程的期初固定投資極大，變動成本佔總成本的比例卻又極小。凡此種種都與其他生產過程不同。

一般連綿生產過程多使用流體原物料，這些原物料在進入生產過程之後，經由「分解」或「結合」等物理、化學反應而轉化成各種產品。在一般生產過程中，我們將零件加工、組合成產品。連綿生產過程則有時將原、物料分解成為下游產品。因此，若說一般生產過程是一個不連續的「合成過程」(Synthetic Process)，則連綿生產過程可說是成一個「分析過程」(Analytic Process)。這種講法可協助我們瞭解連綿生產過程的運作內容，非常有用，但此一說法也並非完全正確。原則上，所有的生產過程或生產活動中，都有多次的分解與結合活動，並非只有單一的「分解」或「結合」而已。

由於連綿生產過程大多資金密集 (Capital Intensive) 或知識密集 (Knowledge Intensive)，連綿生產過程中的文化與管理工作也有其特色。原則上，由於員工知識水準較高，互動時較有禮貌，行為也較有約束。管理者必須具備專業知識，知識也是管理權威的一部份。也就是說，如果管理者專業知識不足，將有時難以執行管理工作。

第四節　選擇製造過程

對於製程選擇問題，市面上的教科書及學術專刊大多只討論選擇製程時所應考慮的因素，至於用什麼方法來決定何時使用哪一種製程，則並不多見。這是因為各產業或企業在選擇製程時，其所面對的問題並不完全相同。因此，要建立一個通用的方法頗不容易。有些人認為選擇製程是一個重大的投資案，這種投資案可以使用**投資分析** (Investment Analysis) 來計算其**報酬率** (Internal Rate of Return; IRR)，或**淨現值** (Net Present Value; NPV)，然後根據財務分析的資料，再選擇財務分析上最合算的製程。這種方法很實用，在進行財務分析之前，管理者先就其他因素進行考量，然後把合格的方案挑出來進行財務分析。但這種方法也有其不足之處，根據財務分析選出的製程可能在財務表現上頗為出色，但在其他因素上就不一定是最好的。同時，在進行財務分析時必須就未來需求、價格等等方面做一些假設。這些假設的可靠性如何難以估計，因此財務分析的結果雖有參考價值，但卻並不一定正確。

一、產品製程矩陣

製程若無法滿足企業在生產上的需求，其影響可能是極其嚴重的。因此，根據企業在各階段中的生產需求而選擇製程也是極可取的一種方法。美國的海斯教授與惠爾萊特教授曾經根據這種觀念而提出一種「**產品製程矩陣**」(Product-process Matrix)。在這個矩陣中，他們根據在不同產品生命階段中的生產需求，排出其適用的製程型態，並據以提出製程選擇上的建議。這種做法實用又有趣，頗值得注意。

如圖 6–6 所示，假如把產品的生命週期與製程的生命週期搭配起來，則可見如圖 6–6 中所示之搭配方式。原則上，在產品生命週期的各階段中，市場逐漸接受此一產品，需求量日增，產量也相應擴大。因此，在各階段中所應該採用的生產過程也有所不同。若將產品種類與產量按產品生命週期分別之，則在介紹期、成長期、成熟期與產品成為大宗商品的各階段中，產品的種類與產量依序可有如下四種：

⑴**多種小量** (Low Volume, Low Standardization, One of a Kind)。

⑵**多種少量** (Multiple Product, Low Volume)。

⑶**少樣中量** (Few Major Product, Higher Volume)。

⑷**標準化大量** (High Volume, High Standardization, Commodity Products)。

而適用於各該階段中的製程則可如圖 6–6 及表 6–3 所示，分別為：

海斯與惠爾萊特提出的這些建議可謂簡單而又實用，是極為可行的做法，頗值得管理者研究採行。採用這種方法選擇製程時，管理者根據生產需求而決定製程，其所選擇的製程應較能滿足生產的需求。當然，要真正能根據生產需求來選擇製程，則管理者要先研究市場及需求的現況，再研判未來可能的變化。在確實瞭解生產需求之後，管理者便可以前述的方法選擇製程了。

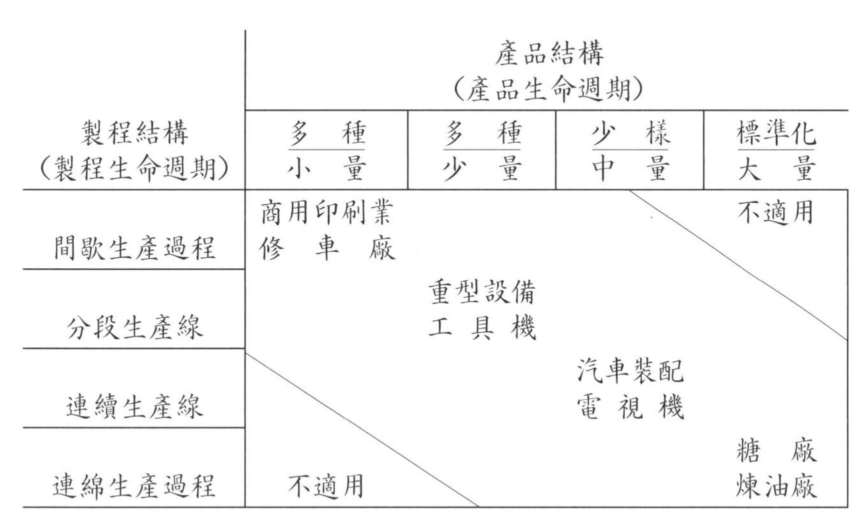

圖 6–6　產品製程矩陣

資料來源：R. H. Hayes, and S. C. Wheelwright, *Restoring Our Competitive Edge*, John Wiley Sons, Inc., 1984.

表 6–3　產品結構與製程的關係

產品種類	產　量	試用製程
多　種	小　量	間歇生產過程
多　種	少　量	分段生產線
少　樣	中　量	連續生產線
標準化	大　量	連綿生產過程

二、群組技術

所謂群組技術 (Group Technology; GT)，是將生產的產品及零配件按照其類似特性編組，並根據其編組進行組織與管理。群組技術由前蘇聯工程師米特羅法諾夫創見，於 1959 年提出，並引起世界各國專家、學者注意。早期研究與應用的範圍，以加工過程中的類似製程為分組原則，將類似產品編成一組，然後以共用一條生產線的方式加工、生產。

目前市場改變，已經有需求多樣化的狀況，因此，生產方式改向多種小量，成為一個趨勢。此時，群組技術的重要性更為提高。另外，由於新製程大多利用電腦控制，很容易以改變指令的方式，來調整其加工方法，因此，也進一步推動了群組技術的應用。學者、專家認為，群組技術的概念與做法，對發展電腦整合製造 (Computer

Integrated Manufacturing; CIM) 也很有幫助。

三、電腦整合製造

學者認為群組技術是電腦整合製造的基礎之一，若能將群組技術逐步擴大，便可演變成一個電腦整合製造系統。因此，在推動建立電腦整合製造系統 (Computer Integrated Manufacturing System; CIMS) 時，可以由實施群組技術著手，然後根據需要繼續引進電腦技術，以逐漸發展成一個完整的電腦整合製造系統。

電腦整合製造的概念，於 1973 年由美國哈林頓 (Joseph Harrington) 首先提出，並引起很多回響。所謂 CIMS，是以電腦軟硬體將現代電腦技術、管理、生產、資訊、自動化技術、系統工程技術整合起來，以便將生產流程中的人、技術、資訊、管理整合運用的一個生產系統。CIMS 的理念很好，但至今為止還沒有真正成形。概念上，CIMS 牽涉到三個階段的整合，現在說明如下：

◆ 1.將相關電腦軟硬體結合

在這一個階段，我們可以網路將互相獨立的電腦軟硬體結合起來，以創造數據、訊息互相流通、交換運用的環境。例如將電腦輔助設計 (Computer Aided Design; CAD)、系統與電腦輔助製造 (Computer Aided Manufacturing; CAM)、電腦輔助生產管理 (Computer Aided Process Management; CAPM) 等系統結合起來，以建立可以資訊流通、共用資訊的環境。

◆ 2.將電腦軟硬體及其應用整合

在建立公用的資料庫之後，可以經由系統內或系統間的通訊，促成資訊、數據的共享與處理。如果能建立一個平臺，更可建立全系統內資訊存取的功能，將電腦軟硬體與其運用完全整合起來。

◆ 3.整體經營的整合

CIMS 的最完整階段，是整體經營的整合。所謂整體的整合，在技術面而言，第一，生產過程、生產計畫的安排與調整，以及相關的模擬與優質化。第二，自動化經營過程資訊搜集與監控。第三，借助 CIMS 系統，以及這種資料庫系統、知識管理系統等，以協助高層管理者決策。

在 CIMS 的結構方面，原則上，CIMS 牽涉到人 / 組織、技術 / 科技、經營三者的結合，因此，其結構可如圖 6–7 所示。在這三者交集的地方，就是整合困難之處。現在說明如下：

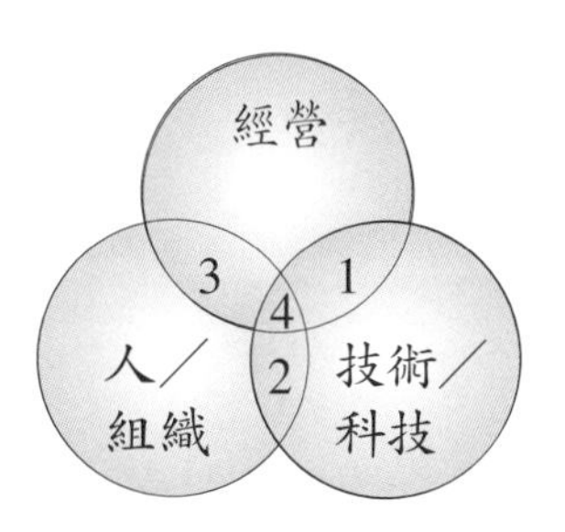

圖 6–7　CIMS 的結構

⑴技術／科技與經營的結合

在技術／科技與經營的結合方面，如何利用電腦、自動化科技、製造科技、資訊科技等，以協助企業達成企業目標，是考慮的重點。其中，可以努力的重點是：縮短產品設計、開發時間；提高品質、減少庫存等。

⑵人／組織與技術／科技的結合

在人／組織與技術／科技的結合方面，企業可以建立科技技術平臺，以協助企業的組織與人推動工作，以增進合作、簡化工作、提高效率。其努力重點是以科技、資訊共享的方式，協助推動工作，並提高組織效率。

⑶人／組織與經營的結合

在人／組織與經營的結合方面，應該努力在新的平臺上，協助人／組織瞭解經營方法與目的，並更有效率的達成企業目標。

⑷人／組織、技術／科技、經營三者的結合

在人／組織、技術／科技、經營三者的結合之後，應該努力實現人／組織、技術／科技、經營三者的結合成果，以便形成能將生產流程中的人、技術、資訊、管理整合運用的一個生產系統，使能更有效的達成企業目標。

為協助讀者瞭解 CIMS 的系統結構（如圖 6–8），現在說明如下。

一般而言，在一個 CIMS 中，至少有四個應用系統與兩個支援系統。CIMS 中的應用系統有管理資訊系統、工程設計系統、製造自動化系統，與品質保證系統。支援系統方面，則有電腦通訊網路與資料庫系統這兩個系統。現在說明如下：

◆ 1. 管理資訊系統

管理 CIMS 的資訊系統由企業經營管理、生產管理、人力資源管理、財務管理等子系統整合而成，其基本功能有資訊搜集、傳送、處理、查詢等，可協助提供資訊、協助決策。管理資訊系統等於是 CIMS 的神經中樞，可以協助指揮、控制 CIMS 中其他部分的運作。

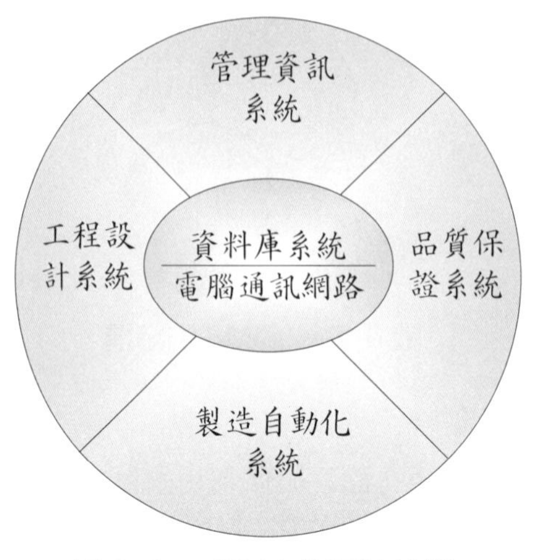

圖 6–8 CIMS 的系統結構

◆ 2. 工程設計系統

工程設計系統中可包括 CAD、CAM、CAPM 等系統，用以協助產品概念設計、工程、結構分析、設計、製程設計等。工程設計系統可以協助產品開發過程，使產品開發更有效率、更自動化。

◆ 3. 製造自動化系統

CIMS 中的製造自動化系統，可以由各種數值控制 (Numerical Control; NC) 機器、設備、加工站、各類運輸設備、電腦軟硬體等組成，用以從事資訊傳遞、生產等活動。製造自動化系統在電腦的控制下，負責由零件開始，到生產完成為止的整個生產活動。

◆ 4. 品質保證系統

品質保證系統 (Quality Assurance System; QAS) 負責搜集、儲存、處理、回饋企業運作過程中與品質有關的各項數據，並以這些數據分析結果協助品質分析、評定、決策規劃、控制等。

◆ 5. 電腦通訊網路

前面說過，在 CIMS 內有四種應用系統與兩個支援系統。為使在這六個系統中的資訊、數據得以共享，必須要有完整的通訊網路，以協助存取資訊與數據，因此，電腦通訊網路是 CIMS 中必備的支援系統之一。

◆ 6. 資料庫系統

在使用 CIMS 之後，企業運作等於是一個資訊、數據搜集、傳遞、處理的過程，並輔以電腦軟硬體以資協助。在 CIMS 中有龐大而種類繁多的數據資料，因此，CIMS

必須有至少一個完整的資料庫系統，以協助儲存這些數據資料，使各系統能共享同一組數據資料。

第五節 生產系統定位

「定位」這個名詞是行銷學中常用的一個名詞。在行銷學中，所謂市場定位是根據競爭產品的相對地位，替企業的產品選擇一個明確、特殊而有利的市場地位，以便在顧客心目中取得深刻而有利的競爭優勢。在市場定位的過程中，常見的做法是根據企業產品的品質、功能或新奇程度，選擇一個價位，並藉以與競爭產品有所區隔，使顧客感覺可由購買企業的產品而取得最大的回報。

生產系統定位的觀念與市場定位類似，其做法卻有所不同。卜發 (Buffa) 曾經討論生產系統定位的觀念。他認為企業若欲提高生產力，其最有效的做法莫過於將產品的生產需求與生產系統之選擇做一個妥當的搭配，使生產系統發揮最大的功能，生產出最符合需求的產品。他這種生產系統定位的觀念頗為實用，與本章第四節的討論相互輝映，而且更為明確。此外，他的觀念較海斯 (Hayes) 及惠爾萊特 (Wheel wright) 的想法更為深入。因此，本節將就此一觀念進行由淺入深的一系列介紹，以加強我國管理者對此一觀念之瞭解。

一、程序中心系統

許多行業依據顧客需求，生產特殊的產品。例如航空工業，造船業，高級西服店，印刷等行業即經常依照顧客之需求，設計並生產符合顧客需求之產品。這類行業通常使用以程序為中心之生產系統。在這類系統中，設備及人員已事先設定，按其功能組織起來。以生產程序為中心之生產系統，能迅速改變生產過程，只要產品或生產程序類似，即可生產。專案生產與小批生產均為程序中心系統。每件產品經由特有之順序，間斷的使用生產設備及人力。也就是說，產品之工作流程依據其工作內容而定。程序中心系統的生產彈性很大，可因產品而變更生產過程。

程序中心的觀念，可使用於任何系統中。管理者應該依據生產需求，調整產能、設備及人力，以提高生產系統之彈性。

二、產品中心系統

產品中心系統以產品為中心，這種系統用於生產大批量的產品。由於生產量大，各類產品均有專屬之生產線。生產線中之機械、設備、及人員按照產品之生產程序排列。即便生產液狀或氣態之產品，其機械與管路也可以連接在一起，而成為一個大設備。煉油廠和化工廠等均為此類觀念之產物。大批生產及連續生產過程均為產品中心系統。這種系統適用於連續生產大量、標準化產品。為便於存貨管理、生產計畫與管制，及行銷起見，企業通常保持許多存貨。

三、混合式系統

介於程序中心與產品中心之間，還有多種小量與多種大量這二種生產型態。如果產品種類多，而各種產品之生產量小，則以使用程序中心系統為宜。由於產量小，生產時可以批為單位，各批之產量則由顧客或管理者指定。如果各批之產量夠大，在生產時，亦可將設備及人力按產品需求，排成生產線，生產完成之後，設備人力即可歸建。目前之成衣，皮包等加工業均使用此類方式。在各工業國家中，亦有約 50～70% 之零件以此方式生產。原則上，產品種類愈少，管理者及員工愈可能專精於某些產品，提高生產力。反之，若企業採行差異化之策略，生產許多不同產品，則其生產力及競爭能力必低。

多種大量之產品通常以使用混合式系統為宜。在生產過程中，某些部分採用程序中心系統，其他部分則使用產品中心系統。以電器產品及汽車之生產為例，零件均以程序中心系統生產，其裝配過程則以產品中心系統生產。零件之產量雖大，由於生產速度快，仍無需專屬生產線。因此，零件之生產係以批為單位，生產完成之後，即庫存以供裝配線使用。成品裝配之速度慢，故而需使用專用之生產線以加速生產。

四、存貨生產與訂貨生產

原則上，任何企業均可使用存貨生產或訂貨生產方式。使用存貨生產方式之企業，按企業之生產及行銷計畫生產。產品完成之後，保存於倉庫中，按計畫逐批運銷。使用訂貨生產方式之企業，則依據客戶訂單生產。這類企業需要較高之生產彈性，能迅速有效的修改生產程序，以生產不同產品。採用訂貨生產方式時，企業通常不必保持存貨。存貨生產方式之優點則在於管理者能事先計畫產能、產量與存貨，其變動成本低而產品供應量及服務較佳。原則上，採用存貨生產方式之企業，其現貨較多，企業若欲以大量現貨迅速擴充市場，則該企業應採用存貨生產方式。

生產方式與生產系統之間並無絕對之關係，不論是產品中心或程序中心之系統均可以存貨或訂單之方式生產。以汽車業為例，雖然許多公司使用產品中心系統，卻也不乏使用訂貨生產之例。以豐田汽車為例，該公司即使用即時生產系統 (Just In Time (JIT) System)。JIT 之長處在於能使用訂貨生產方式。豐田汽車之生產系統無異於任何產品中心系統，但此系統顯然亦可使用訂貨生產方式生產。

五、生產系統定位

如果把生產系統和生產方式綜合起來，則基本之生產系統定位方式共有四種 (如表 6–4)。不論企業使用程序中心或產品中心系統，均可選擇使用存貨或訂貨生產方式。在表 6–4 中，共列出產品中心 / 存貨生產，產品中心 / 訂貨生產，程序中心 / 存貨生產，以及程序中心 / 訂貨生產等四種基本之生產系統定位方式。各種定位方式及適用之產品也列於表中。定位方式與管理系統、管理方式、生產計畫、生產管制、日程、及存貨政策都有密切的關係。原則上，使用存貨生產方式時，生產量大，產品差異小，管理、生產計畫及管制均較單純。使用訂貨生產方式之企業，必須生產多種不同產品。由於產品互異，每次估價、報價、採購、生產、交貨之內容及方法均不同，管理者必須嚴密的管制與追蹤整個生產過程。訂貨生產與存貨生產之差異主要在於管理之複雜程度。使用訂貨生產方式之企業必須有極高之管理彈性與管理能力，否則，管理過程中易滋生困擾。

表 6–4　基本定位方式

生產系統 / 生產方式	存貨生產	訂貨生產
產品中心	產品中心／存貨生產 ・影印機 ・電　視 ・計算機 ・汽　油	產品中心／訂貨生產 ・建築設備 ・貨車、大客車 ・實驗用化學藥品 ・電線、紡織品 ・電子零件
程序中心	程序中心／存貨生產 ・醫療器材 ・電子零件 ・鋼鐵製品 ・塑膠零件 ・一般零件	程序中心／訂貨生產 ・工具、工具機 ・電子零件 ・太空船、船舶、飛機 ・建　築 ・橋樑、道路

程序中心系統之生產彈性大，能用以生產許多小量之產品。其機械、設備、人力愈多，產能愈大。產能大，則生產量大，且同時生產之不同產品亦多。若同時生產許多不同產品，生產工作之追蹤、管理必然繁複。而產品中心之系統適合於生產少種、大量產品。由於生產線固定，產量穩定，生產彈性小，管理工作也較單純。

前述之生產系統與生產方式各有其優缺點，在搭配使用時，不同定位方式之生產系統亦各有其特色與專長。原則上，程序中心／訂貨生產系統之管理最困難，而產品中心／存貨生產方式之管理最易。生產彈性則以程序中心／訂貨生產系統為佳，產品中心／存貨生產方式之生產彈性最差。各種定位方式之管理難度及生產彈性可如圖 6–9 所示。訂貨生產與存貨生產之主要差異在於生產計畫之自主性。使用存貨生產方式時，管理者通常可以及早計畫、準備，並設法排除困難。而使用訂貨生產方式之企業，卻必須設法趕上交貨期。若交貨期短、產品種類多，則或無充裕時間計畫、準備，在這種情況下，管理者僅得以經驗或判斷設法解決紛至沓來的問題，故而其管理難度高。

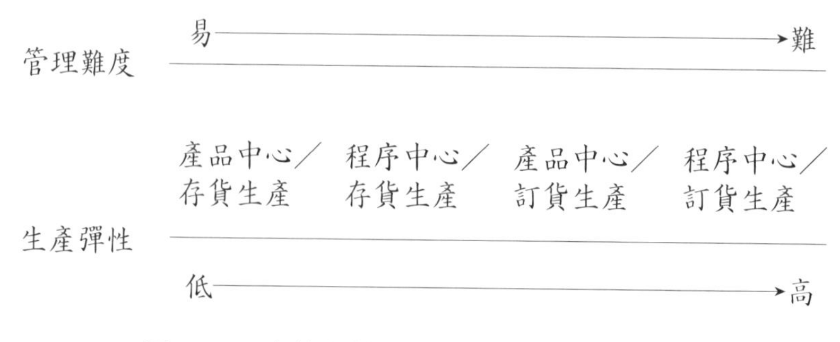

圖 6–9 定位與管理難度及生產彈性之關係

生產系統定位與產品、產量、管理能力、企業規模、經營方式等均有密切的關係。若產品容易生產，產量小，而管理者之管理能力強，則可採用訂貨生產之定位方式。如果產品不易生產、產量大、管理彈性低，則應採用存貨生產。企業規模與經營方式也有極大之關係。若企業能負擔存貨，又有自己的運銷通路，則可採用存貨生產方式，計畫生產。否則，應以採用訂貨生產為宜。

六、生產系統定位策略

在產品生命週期中，產品及產量隨著介紹期、成長期、成熟期、衰退期之來臨而變化。產品的式樣在成長、成熟期中日趨標準化，在衰退期中，若產品成為基本商品，則其結構將更為簡化。產量在介紹期、成長期及成熟期中不斷成長，產品衰退之後，或逐漸消失，或轉變為基本商品而保持大量、低價之地位。原則上，隨著生命週期之變化，生產型態及生產方式也應該改變。產品由介紹期進入成長期及成熟期時，企業即應改採大批生產或連續生產過程。生產系統應該由程序中心轉變成產品中心。在這個過程中，產量不斷增加，生產系統也應該隨之改變。原則上，在這個過程中，生產系統經歷三種階段。在第一個階段中，由於產品新穎，又在試銷階段，產量不大，企業可採用程序中心系統。在第二個階段中，生產量逐漸增加，企業可採用程序中心與產品中心合用之生產系統，零件生產以程序中心系統為主，而裝配工作則改用產品中心之生產線。若產量不足，無法負擔專用生產線，則可由數種產品共用一條生產線，以提高使用率。在汽車業中即不乏此例，大部分汽車廠均有由數種車型共用一條生產線之狀況。這個狀況持續下去，到了第三個階段以後，需求量不斷提高，生產量也明顯增加，企業可改用產品中心系統，為產品設立其專屬生產線。

在以上三個階段中，管理者應根據產品生命週期及產量之變化，使用以下五種生產系統定位策略：

⑴程序中心，訂製生產系統。

⑵多種小量，程序中心，訂貨生產系統。

⑶中量，程序中心，訂貨或存貨生產系統。

⑷多種大量，程序中心與產品中心合用之存貨生產系統。

⑸高量，產品中心，存貨生產系統。

隨著產品生命週期及產量之改變，生產系統應逐步升級，由程序中心而產品中心，由訂製、訂貨而存貨生產。管理者應該根據產量決定生產系統之定位。也就是說，產量為自變數，而定位為因變數。產品生命週期與生產系統定位策略的關係可以圖形表示如圖 6–10。由圖 6–10 可知，當產品邁入不同生命階段時，由於產量改變，管理者應該伺機改變生產系統定位策略。產品、產品生命週期、市場、銷售狀況及定位策略應互為因果，而這些因素都對定位策略有極大之影響。

原則上，很少企業會固守在圖 6–10 之對角線上。企業應該根據其目標及策略，機動調整生產系統之定位。一般而言，程序中心系統生產彈性大，能生產多種產品。若企業企圖以品質、服務等因素滿足顧客需求，則可定位於對角線右下方之策略組合區。若企業欲以價格及供應量取勝，則對角線左上方之策略組合較為適宜。因此，生產系統定位策略適用之策略組合可如圖 6–11 之帶狀區域。企業得依據其目標、策略

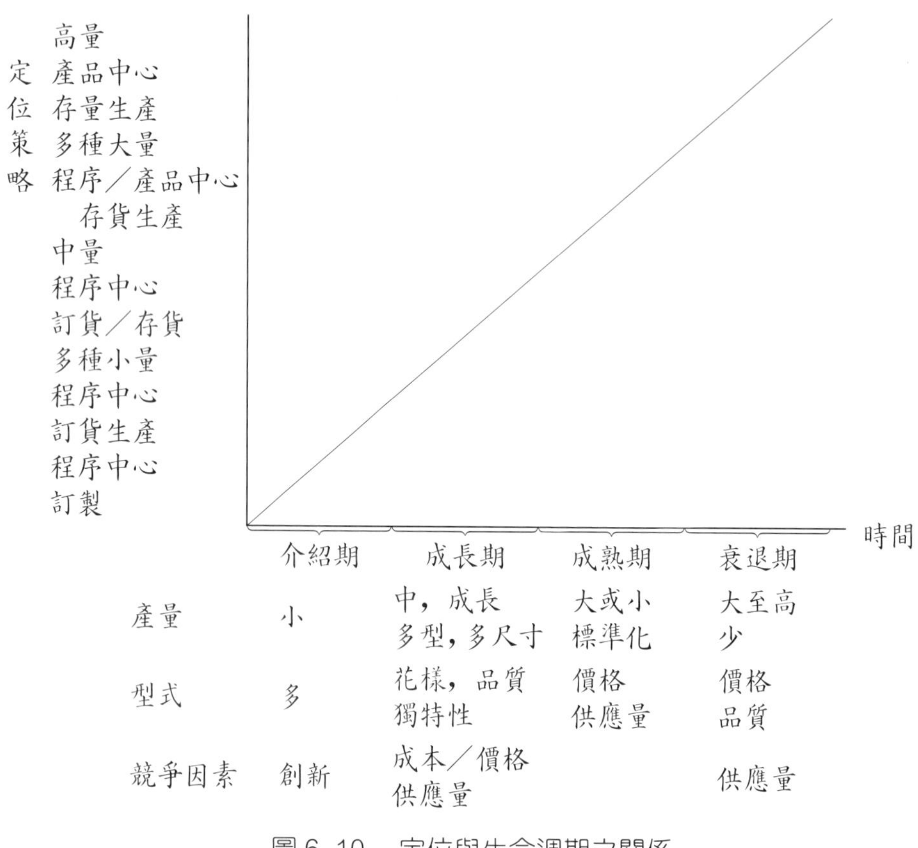

圖 6–10　定位與生命週期之關係

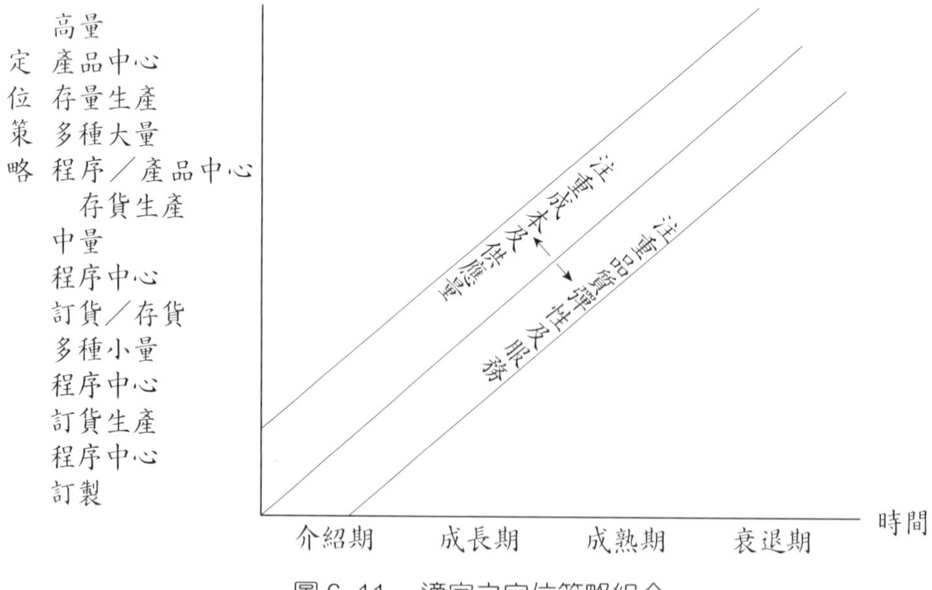

圖 6–11　適宜之定位策略組合

及經營方式，就圖 6–11 之帶狀區域中，選擇適宜之定位策略。如果生產系統定位改變，則使用之管理、計畫及管制方法也應改變或調整。除此之外，企業使用之策略及目標也可能隨時空之變化而改變，管理者應該隨之調整生產系統定位策略、管理策略及計畫與管制方法。生產系統定位策略必須能反映以上各因素及生產科技之變化。

七、生產系統定位與企業策略之關係

生產系統定位策略與產品生命週期及產量有密切的關係。生產系統定位又對產品之品質、價格、供應量及服務有極大之影響。因此，定位策略與企業策略密不可分。有些企業能有效的生產新產品，有些企業擅長於生產大量、定型之產品。企業各有其優缺點，定位之目的在於善用企業優點。管理者應該在圖 6–11 之帶狀區域中，視競爭狀況及企業之優缺點，機動調整其生產系統定位策略。管理者可以生產系統定位策略降低企業之成本、增加產品之供應量，也可以定位於圖 6–11 帶狀區域中之右側以提高生產彈性和品質、增加產品種類及型式。原則上，生產系統定位策略應該反映企業之目標及策略，協助達成企業之目標。

企業之基本策略不外乎總體成本領導、差異化及定點化等三種。選擇總體成本領導策略之企業，企圖以低成本、高產量取勝。此類企業之生產系統應具有低成本、高供應能力之優點。其生產系統應定位於產品中心、存貨生產之區域。這類企業亦應設法加強生產過程中之學習曲線效果。若企業能善用學習效果，又能正確的將生產系統定位，則其生產力及競爭力均將大幅提高，企業亦必能有效達成其總體成本領導策略。

採行差異化策略之企業，視其實際做法，亦應有不同之定位策略。若以高品質為其競爭工具，由於注重品質，其成本必然較高。但若其數量夠大，仍可採行產品中心系統。同時，管理者應加強生產系統之彈性。若企業以新產品或改良產品競爭，產品種類多，產量亦小，則可使用程序中心、訂貨生產方式，待產量增加之後，則可回歸圖 6–11 中對角線附近之策略組合。此類企業若生產之產品種類或型式過多，管理易生問題，可能進而造成產銷配合之問題，並影響生產力與市場佔有率。

若企業係針對某特定市場，以價格競爭，則不論產量如何，均應使用產品中心、存貨生產策略。這種策略對以特定區域或市場為主之企業極有價值。此類企業應根據市場規模，設計廠房及產能，以產品中心、存貨生產方式競爭。至於以接受特殊訂單為主之企業，其生產系統必須有極大之生產彈性。由於產品型式多，產量也不穩定，此類企業應該採用程序中心、訂貨生產之生產方式。

企業若採用定點化策略，且各產品之產量夠大，則可採用產品中心之系統，否則亦應利用程序中心、訂貨生產之方式。

第六節 結 語

製程規劃與生產科技對生產活動均有極大的影響，都是重要的管理決策。製程規劃與生產科技的選擇有密切的關係，在討論這兩個因素時，應該顧及其間的關係。原則上，愈先進的科技對生產系統所產生的影響愈大。企業在選擇製程及生產科技時必須也考慮到這種影響。

本章之討論由製造過程的定義開始。在第二節中則探討設計及選擇製程時所應考慮的因素。第三節則為常見生產過程之簡介。生產科技是應用於生產活動中的科技與方法，管理者應該對生產科技有較全面的瞭解。第四節探討製造過程的選擇，並簡介投資分析在製程選擇上之功用，以及產品製程矩陣的觀念。第五節的討論集中於生產系統定位的問題之上。此一觀念與產品製程矩陣類似，在應用上更有較深入的想法，是極為有趣的議題之一。

本章的內容深入淺出，也較其他教科書中之討論更為全面，應該是很有參考價值的。

重要名詞

製　程	程序佈置	訂貨生產
製程選擇	產品佈置	存貨生產
製程改善	佈置型態	產品製程矩陣
產品流動型態	定點佈置	群組技術
車　間	生產策略	電腦整合製造
流動車間	生產方式	生產系統定位

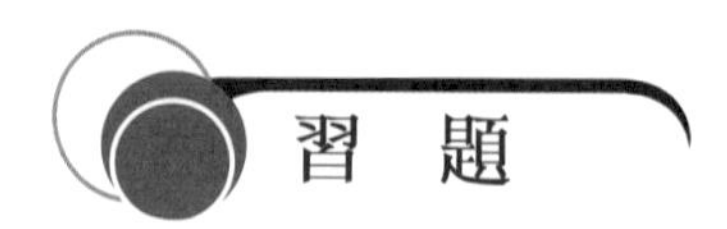

習 題

簡答題

1. 試述生產過程之定義及功能。

2. 試述生產元素之種類。

3. 試述生產增值過程中的增值活動種類。

4. 為什麼製程改善有其重要性?

5. 企業改善製程之原因何在?

6. 設計及選擇製程時主要的考慮因素為何?

7. 試述產品流動型態與工作重複程度的關係，以及此一關係對製程設計及選擇之影響。

8. 試比較程序佈置與產品佈置之異同及各自之優缺點。

9. 試說明產量、產品生命週期與製程選擇之關係。

10. 試述產量與競爭因素之關係。

11. 試述產品生命週期與生產策略之關係。

12. 試述生產方式與製程選擇之關係。

13. 試說明專案生產過程及其使用增加之原因。

14. 試說明各類生產過程及其使用時機。

15. 試比較各類型生產過程之優缺點。

16. 選擇製程所可應用的方法為何?

17. 試說明產品製程矩陣。

18. 生產系統定位是什麼?

19. 如何進行生產系統定位?

筆記欄

第七章

工作與工作環境設計

Production and Operations Management

前　言

管理學門是一個新興學科，不免因年幼而不成體系。但此一現象在過去百餘年間已取得長足之改善。許多早期的觀念及做法，在這段期間內經過修正及補充，已蔚為較完整的學說。同時，許多學派在理論或實務上，已與其他學派產生互補作用，並進而使管理學術發展日趨完善。在工作設計方面的理論及實務也是一樣，經歷前人之耕耘之後，已逐漸合併而成形。目前在管理教科書中，在工作設計方面的探討，大都包含 Job Design 及 Work Design，有些學者把 Job Design 與 Work Design 分開來談，也有人把它們合併於一章之內一起討論。後者之做法似乎認為 Job Design 是 Work Design 的一部分。

本章討論工作設計的定義、日常工作之重要、工作設計相關概念及做法、工作簡化、工作系統設計與工作衡量、設計工作環境時考量之因素等課題，將完整回顧此一領域的發展。同時，工作設計與工作環境設計這兩個課題，與社會的演變有關。因此，讀者在研習本章時，值得同時觀察以往與現在工業社會與環境之異同，以及期間之差異。

第一節　工作設計的定義

「工作設計」這個名詞非常通俗，人人能懂。但中文的「工作設計」，是由英文翻譯而來，而可以翻成「工作設計」的英文名詞至少有 Job Design 及 Work Design 這兩個，但這兩個名詞的意義卻有所不同。正確的說，工作設計應該是 Job Design，是討論所從事的工作項目、工作中所使用的人才與工作方法，以及工作與組織內其他工作之關係。至於 Work Design，雖然有時也翻成工作設計，但其正確之翻譯似以「工作系統設計」為宜。工作系統設計所探討的內容，是如何設計及建立簡單而有效的工作系統，以便提高生產力及人力的效用。教科書中常將以上兩個主題放在一起討論，在討論時，作者也大多沒有做明確的劃分。但「工作設計」與「工作系統設計」其實有差異，不可混為一談。本章明確劃分此二項主題，並簡明介紹之。

自泰勒 (Frederick Taylor) 提倡「科學管理」開始，工作設計便已引人注意。在科學管理的概念中，泰勒認為任何工作都可以經過分解，再衡量工時及工作內容，然後找出一個更好的工作方法。因此，泰勒認為管理者應以科學方法研究工作 (Jobs)，使用分析或實驗方法找出最經濟有效的生產方法。這種概念後來就發展成科學管理學派或效率學派。效率學派注重工作設計的技術及方法，而其目的則在於提高工作效率或生產力。現行的專業化 (Specialization) 便是效率學派所極力倡議的一種做法。嚴格的說，自動化 (Automation) 的概念也在當時便已發展出其雛形。

科學管理對工作設計有極大影響，但不可諱言的，科學管理下的工作設計只注重經濟效益，故而未能在社會需求 (Social Needs) 及個人需求這兩方面著眼。我們知道，企業的員工是人，而人有其社會需求，希望能被接受 (Recognized)，也希望有歸屬感 (Belonged)。員工更有其個人的需求，希望自重 (Feel Important)，也希望對生活、工作及未來有所掌握 (to Feel in Control)。而這兩項需求皆對員工的工作有所影響。由於科學管理學派未能滿足員工在這兩方面的需求，後來遂有行為學派之興起。

行為學派之興起大約是在 1920 至 1930 年間，早期具代表性人物有梅爾 (Elton Mayo) 及羅里斯博格 (F. J. Roethlisberger) 等人。行為學派所注重之因素為人類心理、動機，及領導等方面。在 1973 年美國曾經發表一篇名為〈工作在美國〉的研究報告，並使行為學派的學說倍受重視。在該報告中提出員工普遍對工作不滿，其中與工作設計相關者至少有以下二項:

⑴工人認為工作無趣。

⑵工人希望能對工作有所掌握。

原則上，這兩項不滿之主因是由過度工作專業化而引起的。而專業化也正是效率學派與行為學派之主要分歧點。行為學派強調的重點是員工欲望及需求之滿足，而與此相關所發展出之觀念及做法則有工作輪調 (Job Rotation)、工作豐富化 (Job Enrichment) 及工作擴大化 (Work Enlargement) 等。

除了上述之兩個學派之外，在 1950 年間由崔斯特 (Eric Trist) 所推動的科技社會體系 (Sociotechnical System) 也對工作設計的做法產生影響。科技社會體系之學說與前述二者不同，它認為在工作設計時應同時顧及科技體系與社會體系。崔斯特認為工作組織是人與科技或設備，所組合而成的一個科技社會體系，有其特殊之目的及工作。人與設備都是此一體系之組成分子，而這兩者間的相互搭配則決定了此一體系的經濟效應及員工滿足感。因此，科技社會體系的產品包含其所生產的經濟效益及員工在工作中的滿足感。因此，在工作設計時，其所應分析者是整個系統之搭配及運作，而不只是單一的工作。而其所應關切之對象也不僅僅是員工個人而已，更應考慮工作團隊或小組之運作。

科技社會體系的觀念極為有趣，也是在此一領域中最新的發展。此一觀念的發展顯然與科學管理及行為學派兩者有關。行為學派與科學管理學派各有所重，也有互補的地方。而科技社會體系則更試圖將觀點擴及整體，而不是只看各個組成分子。由某一角度而言，由科學管理、行為學派而到科技社會體系的發展，頗有「見樹不見林，見林不見樹，見樹又見林」的意味。科技社會體系的觀念及做法受前二者之影響，許多做法與「工作豐富化」的做法類似，但在工作執行及員工組織方面卻又有過之而無不及。

科技社會體系的觀念在理論上頗為誘人，但在實務上卻沒有受到重視。究其主因，可能是曲高和寡，過度重視基層員工，要求管理者給予員工極大自主權，致使管理者產生抗拒之心。但是這種做法在北歐航空公司試行的結果卻非常之好。因此，管理者可以多加研究將此一方法應用在工作設計及員工管理上之做法。

第二節 日常工作之重要

企業設定策略之目的，在於以經濟有效的方式達成其目標。因此，在設定策略時，管理者必須考慮如何利用企業之優點以達成企業目標。在選定策略之後，管理者更應該設計執行步驟及管制方法，確實執行，以期圓滿達成目標。同時，策略之執行步驟及管制方法，應該落實於日常工作中，才能確保策略之執行。任何企業之生產部門均有其日常必需之工作。管理者若僅將計畫之製造策略、執行步驟及管制方法送交生產部門，卻不考慮其實際執行績效，則必然造成「三分鐘熱度」的狀況，不但生產部門之工作受到影響，企業之其他各部門也一定會受到連帶的影響。除了無法藉策略達成目標之外，企業還可能因而遭受其他損失。

企業之日常工作應為執行策略之方法及工具。也就是說，管理者應該把策略轉化為策略行為，並將策略行為與日常工作合而為一。唯有如此，才能確保策略之執行。由於日常工作與策略行為實為一體之兩面，若在執行日常工作時，企業也同時執行其策略，當然也較能達成其企業目標。

組織方法、管理方式及工作品質這三種因素對企業之日常工作影響極大。因此，在討論日常工作時，必須由這三方面著手。原則上，管理者應設計出能促進良性循環之組織與工作環境，使員工互相合作，使工作日新又新。在許多企業中，有時可見到爭功諉過，相互鬥爭的現象。有些管理者更以為這是正常的現象。這是一個極大的錯誤。只有在組織不良，分工不清楚，權責不明確，管理者私心重的狀況下，才可能產生爭權奪利與推諉塞責。因此，如何劃分權責，如何追蹤績效、賞善罰惡，是管理者在設計生產系統時必須考慮的因素。許多管理者在企業中培養派系，藉以搜集情報。殊不知在採行這種做法時，企業內部無法合作，其工作品質必然低落，企業之競爭能力自然下降。長此以往，企業當然無法與人競爭。因此，在設計組織時，管理者應強調如何以組織促成合作，而非僅注重互相制衡的作用。計畫與管理的目的不止於分配資源，更應該注意如何創造最大成果。所有可能影響成果的人、事、物都是不良因素。管理者的首要工作即在於排除這些不良因素以發揮企業之生產力至其極致。組織的目的不在於如何安排及管理人員而已，管理者更應該強調協同合作的觀念。因此，在決定組織方式時，更應該瞭解員工在組織內互動的狀況與方式。只有能產生良性循環，群策群力的組織才是好的組織。而唯有能發揮全員能力，達成目標的組織才能使企業不斷成長。

品質觀念與工作品質關係密切。對於品質觀念及品質管制方法，東西兩方之看法不同。西方管理者常以為品質是管理者的責任，因此，管理者通常設定品質目標及管制方法，並派遣專人負責管理品質。由於品質管制人員無法檢視所有產品，學者專家因而設計出各類統計品管工具以加強品質管制。東方之觀念則與「修身、齊家、治國、平天下」及「吾日三省吾身，為人謀而不忠乎？與朋友交而不信乎？傳不習乎？」之觀念類似，把品質責任放在每個人身上。因此，東方國家如日本者，遂有品管圈、全面品質管制等做法。原則上，唯有員工均有品管觀念並且身體力行，才可能提高工作品質，提升產品品質。因此，管理者在執行品質管制之前，應該先由灌輸員工品管觀念及改良工作的方法著手。若能以整體力量改良品質，則企業必然可以迅速提升品質。同時，品管的工作永無止境，只有能「苟日新，日日新，又日新」，持續的做下去，才能確保企業品質高人一等。

企業之日常工作與企業成敗息息相關。管理者必須具備強勁的韌力，不斷的簡化工作，提高工作品質。唯有如此，才能善盡管理者的責任。

一、由日本管理方法看日常工作的策略涵義

1970 年左右，美國摩托羅拉公司富蘭克林鎮的電視機廠由於經營不善而轉讓給日本的松下電器公司。在松下電器公司經營三年之後，該廠之生產力提高了 30%，不良率也降為 4%。雖然這個廠的不良率仍遠高於日本本廠 0.5% 不良率之標準，其品質

之改善仍然令人吃驚。另外，日本之三友電氣公司於 1977 年中買下希爾斯公司位於渥利克之電視機廠。在短短兩個月中，該廠之不良率即由 30% 下降為 5%，而生產力也大為提高。這兩個例子均令美國管理人員扼腕不已。這些消息見報之後，引起許多學者的注意。卜發 (Buffa)、惠爾萊特 (Wheelwright) 及邢柏格 (Schonberger) 等美國學者更以此為例，勸導美國企業加強日常工作之管理。

一般管理者常常以為企業之政策、組織及管理方法即為管理之整體，只要加強政策、組織及管理方法，企業活動自然上軌道。這種觀念失之偏頗；因為在執行的過程中若有任何疏失，仍將使企業活動功虧一簣。因此，如何管理日常活動實係管理者必修課程之一。不僅如此，管理者之考績更應以此為主。

二、大處著眼，小處著手

西方管理理論常常強調解決問題之方法。在遭遇問題時，管理者以兵來將擋，水來土掩的方式，找出方法，解決問題。例如物料需求規劃系統 (MRP) 即為此類觀念之產品，這種做法實乃大小通吃、速戰速決的方式。既然企業有存貨管理的問題，我們就採用物料需求規劃系統，以電腦協助管理存貨。東方管理哲學卻與西方之做法完全不同。以日本豐田汽車之即時管理系統為例，日本管理者在遭遇問題時，經常採取大處著眼，小處著手的方式，找出問題之根源，消除引起問題之原因。因此，日本管理者與員工合作，不斷尋找問題，改良製程。這種各個擊破，不斷改善，繼續整合的做法，成就了日本今日無堅不摧的企業競爭力。日本管理方法中不斷改良生產流程及員工心態之做法，在短期內似乎並無明顯之效果。但是，改良之地方及次數多了以後，其累積之效果便非常驚人。日本今日之所以能採行低成本，高品質策略，以供應能力及生產彈性與對手競爭，其主因即在於日本有超人一等之員工與生產系統。而「大處著眼，小處著手，不斷改善」即為其致勝之關鍵。

三、防止問題而非解決問題

許多企業以管理者解決問題之能力為判斷管理者之依據，管理者之升遷與其解決問題之能力關係密切，殊不知防止問題更需要敏銳的觀察力、恆心與韌力，管理者解決問題之決斷力極為重要。但是，解決問題或裁決勝負只是管理工作之一小部分，倘若管理者以此為常業，該企業必然已病入膏肓，情況危急。而防止企業經營不善，則需要管理者未雨綢繆，防止問題之發生。防止問題之道在於由日常工作中加強計畫，切實執行，在執行過程中，發掘問題，消除原因。而管理者也必須深入瞭解工作流程，設法改善工作環境及流程。在問題發生時，先瞭解問題之成因，並設計辦法以防止類似問題重演。唯有如此，企業才能免於拖累，全力提高生產力以開拓未來。

日常工作應為企業策略之延伸，日常工作應為實現策略及目標之工具。因此，管理者不可忽視日常工作。日常工作確有其策略涵義，唯有將策略落實於日常工作中，一點一滴，有恆的做下去，才可能達成「有恆為成功之本」的目標。在下面，我們檢視日本豐田汽車使用之即時生產管理系統 (JIT)，並藉以瞭解如何在日常工作中體現企業策略，及如何以日常工作實現企業策略。

四、JIT 之因果論

豐田之 JIT 系統特別強調事情之因果。以品管圈使用之魚骨圖為例 (圖 7–1)，其基本假設為任何事件均有其原因；因此，任何事件均非突發事件。在遭遇問題時，首要工作在於將原因列明，管理者與員工再共同決定事件之主要成因。主要原因可列於魚骨圖中之主要幹道上，屬於各主要原因之次要因素則列於各該主要幹道之分叉線上。解決問題之方式為一舉消滅其成因，而其順序由其重要性或影響而定，影響較大的因素應該優先鏟除掉。這種做法之優點甚多。其主要的好處在於可以防止舊事重演。這種觀念用於鼓勵員工時，也非常有用。如果能瞭解使員工努力工作的原因，並加以

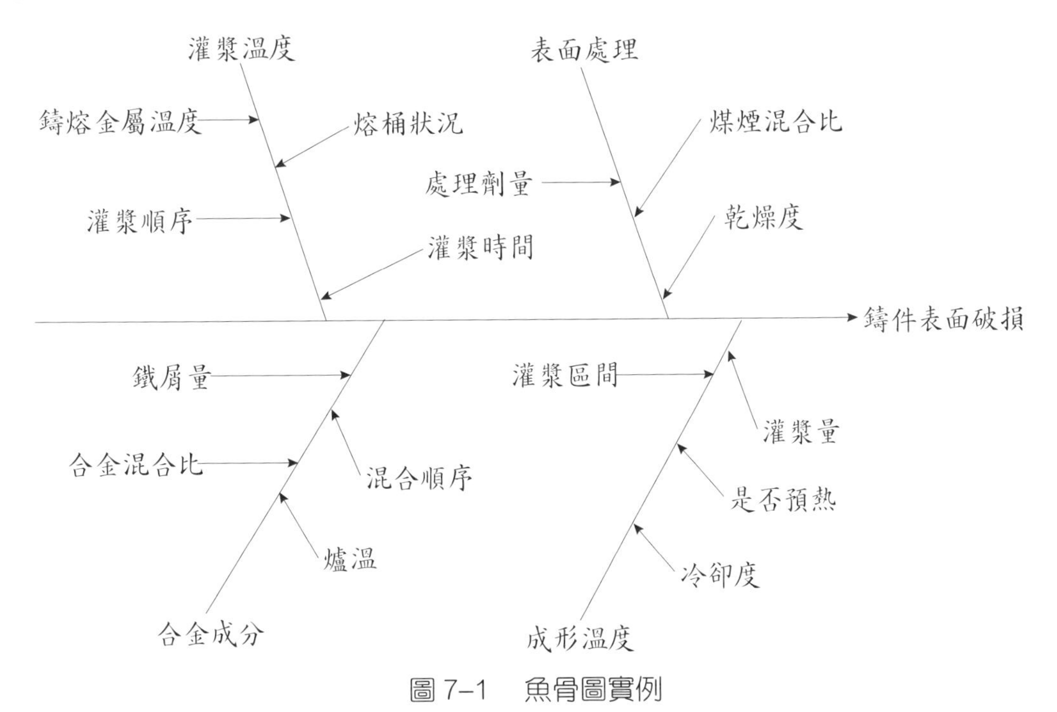

圖 7–1　魚骨圖實例

發揚光大，則員工之工作情緒、工作態度均將改善。類似這種因果論之運用，在 JIT 系統中到處可見。

五、降低批量

批量就是每次生產之產品數量。在存貨管理學中，批量由成本而定。與批量相關之成本有訂貨成本與保管成本兩種。常用的經濟批量 (Economic Order Quantity; EOQ) 即為總存貨成本最低時之生產量或採購量 (如圖 7–2)。依據這種理論，經濟批量實為最佳之批量。而使用經濟批量時，在保管成本等於訂購成本時，其總存貨成本最低。日本管理者卻不以此為滿足。他們認為既然總成本為保管成本與訂購成本之和；而總成本最低時，保管成本等於訂購成本，若降低訂購成本，則保管成本與總存貨成本均可持續下降。由於這種認識，豐田不斷改良工具及模具，增加載運器具如吊車、鐵軌等以減少裝換機成本及時間。由於裝換機成本不斷下降，JIT 系統遂可以經濟有效的生產小批量產品。JIT 系統之目標在於能把經濟批量減至一個單位。如果能達成此一目標，該系統之保管成本將為零。這種做法除了降低成本之外，生產系統之彈性也可發揮至極限。

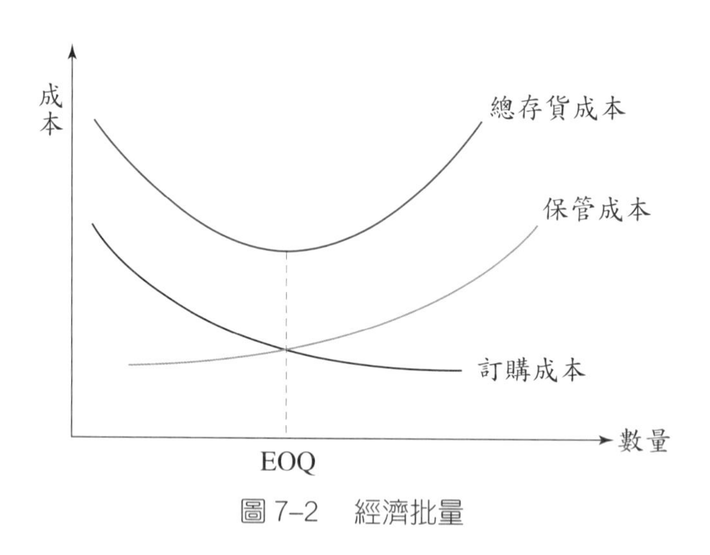

圖 7–2　經濟批量

六、鼓勵與回饋

JIT 系統之運作由降低批量開始。由於批量減少，存貨自然減少，存貨成本也不斷下降。批量減小之後，在生產過程中較易發現不良品。由於存貨不多，不良品的影響也更形惡化，因此，品質管制就更為重要。加強品質管制之後，修改不良品所耗之時間減少，也免除原物料之浪費。這些效果累積起來之後，生產系統之生產力大為提高。由於系統中之存貨減少了，生產系統對市場的反映也更為迅速，預測也更準確，使得管理工作既簡單又有效。除此之外，這種做法也能迅速反映變化，鼓勵員工改善工作品質。在生產過程中，由於批量小，無存貨，各步驟之生產活動更依賴前段工程中之產品。第二個工人若發現使用之零件為不良品，必然立即向生產該零組件之員工反映。因此，第一個工人當然設法改善生產品質，減少不良品。反之，若採用大批生產方式，保存大量存貨，則生產時由倉庫中領用原物料，即便發現不良品，也無法追究責任。因此，員工對不良品的反映極小。

在 JIT 系統中，由於能立即發現不良品，容易追究責任，管理者及生產者也能經由觀察不良品及生產過程而發現造成不良之原因，因此極易改善生產系統。由於員工之品質意識提高，生產者、管理者及幕僚人員更能通力合作以管制不良品，提高生產效率，降低批量。類似之良性循環，使 JIT 系統運作得更順利。

七、責任感

在生產批量大時，由於存貨多，不良品之影響小，但是，生產批量小時，不良品之影響大增。這種影響改變了生產過程中員工之關係。上游員工必須設法改善品質，提高生產力以消除下游員工之困擾。由於這種觀念及認識，使得生產系統中之員工更具責任感及團隊精神。

八、小組活動

JIT 系統中之員工常以小組方式聯誼。由於員工之密切聯繫，員工之責任感、團隊精神及員工之工作情緒提高。這種敬業樂群的觀念不斷蔓延，並造成極大之影響。JIT 及品管圈之所以能成功，其主因即在於這種敬業樂群之觀念及其影響。而這種敬業樂群觀念，卻是由 JIT 系統在員工工作中培養出來的。

九、消除存貨

任何系統均有其特色，生產系統中各機能間之互動性即為其特色之一。而在情況變動時，各機能如何互動，如何應變，對整個生產系統之生產力有極大之影響。在生產系統中，存貨具有緩衝的功能，需求變化時，存貨可協助生產系統應變。在 JIT 系統運作時，管理者逐步減少存貨。由於存貨減少，生產系統及管理者必須提高生產力或減少不良品，在這個過程中，生產人員必須不斷改良生產方法以求提高生產力。這種狀況持續下去，JIT 系統終能達成零庫存之目標。零庫存是 JIT 系統表面的目標，改善生產方法，提高品質，提高生產力，以及減低生產成本才是真正的目的。

庫存量減少之後，庫存成本降低，倉庫面積因而大幅縮小，廠房使用也較為經濟。原用於管理存貨之費用與人力均可轉用於生產，生產力因此大為提高。這種現象在比較國瑞汽車與臺灣福特六和之倉庫內容後將更為明顯易懂。

十、提高生產力

JIT 系統之優點在於能發掘問題，設法解決問題。由於員工合作，找出問題，消除原因，管理者的工作量減少，管理者可利用更多時間進行計畫及預測。因此，生產部門之運作更有效率。除此之外，其優點尚包括以下幾種：

(1)批量減小。

(2)安全存貨減少。

(3)不良品減少。

(4)工時降低。

(5)間接存貨成本減少。

(6)倉庫面積縮小。

(7)減少處理存貨之設備。

(8)存貨管制人員及成本均下降。

(9)無需盤點存貨。

由於以上優點，JIT 系統之生產成本大幅下降。再加上中級管理人員及成本之減少，使企業生產力不斷提高。而管理者工作減少，又加強策略性工作，更促成良性循環，加速提高企業之生產力。

十一、市場效應

由於生產力提高，不良品減少，JIT 系統之交貨更為順利，生產系統也更能迅速有效的反映市場變化。同時，裝、換機時間縮短，生產時間下降，使得交貨時間既短又準確。因此，行銷部門較能掌握交貨時間。由於批量小，產品組合及產量均可隨市場動態而調整，行銷部門也容易管理市場變化，預測之準確性因而提高。凡此種種，均能提高企業對市場之反映及影響。

十二、全面品質管制

全面品質管制與零缺點計畫是 JIT 系統中並行的兩種觀念。在這兩種觀念之下，所有缺點及不良品均應在發源處消弭掉，而且品質管制不但是生產員工之責，同時也是所有員工的責任。這種觀念與西方之品管觀念大不相同。西方之統計品管強調抽樣檢驗，因此常在生產過程中或生產完成後逐批檢驗。而全面品質管制卻由生產前開始，希望防止不良品之發生。由於這種特色，全面品質管制不但減少不良品，也同時減少工時、原物料及設備之損耗，生產系統也無需修改或報廢不良品。

除了觀念上之差異以外，東西方之品質責任歸屬也有所不同。在西式系統中，品管工作由品管人員負責。品管部門是幕僚單位，並不負責生產。但在日式系統中，生產人員卻負責品質。也就是說，在日式系統中，執行單位或線式組織即負責管理品質，這種做法與一般之組織觀念不同。在一般組織中，考核工作由主管或幕僚負責。例如我國人事考核即由主管及人事單位負責。日式系統將品管責任委諸生產人員之後，由於員工自行負責，使得員工對自己及工作更加尊重，也促使員工更為敬業樂群。

日式之全面品質管制有如下幾項特點：

⑴全面管制而非重點管制，統計品管常選擇管制重點，全面品質管制卻將所有工作視為重點。

⑵以管制圖協助員工瞭解並管理品質。

⑶必須達成品質標準。

⑷品質不良時，生產員工有權立即停止生產線。

⑸員工對不良品自負修理之責。在員工生產出不良品之後，該員工應負責改良，通常員工可於下班後，留下來修理不良品。由於這種做法把品質責任明確劃分，員工必須負責，員工因而更注重品質。

⑹發掘問題，找出原因，消除問題。

⑺全檢而非抽檢。

日式系統中之品管人員負責制定與維護品質標準，檢查工作則由生產員工負責，每件產品均詳細檢驗以確保品質。品管部門與生產部門合作以推動品管工作，即便是原物料也經由全檢以保證品質。

十三、看　板

JIT 系統是一個牽引式系統 (Pull System)，而看板則為該系統運作之關鍵。在需用零件時，使用部門依據需求至存貨點領料。領用零件之規格及數量則根據生產量而定。如圖 7–3 所示，在生產線中共有三個工作站，工作站之間設有存貨點以存放原物料或半成品。工作站間之供貨順序按甲乙丙之順序為之。工作站甲負責供應零件給工作站乙；工作站乙之半成品則交由丙工作站以生產成品；工作站丙依據訂單將需用之半成品數量及規格註明於領料看板 A，置放於存貨點 3，藉以通知工作站乙有關之生產資料；工作站乙由存貨點 3 取得領料看板 A 之後，即憑此看板 A 將需用之零件註明於領料看板 B，置放於存貨點 2；工作站甲經由類似過程向存貨點 1 領取原材料（領料看板 C），開始生產。

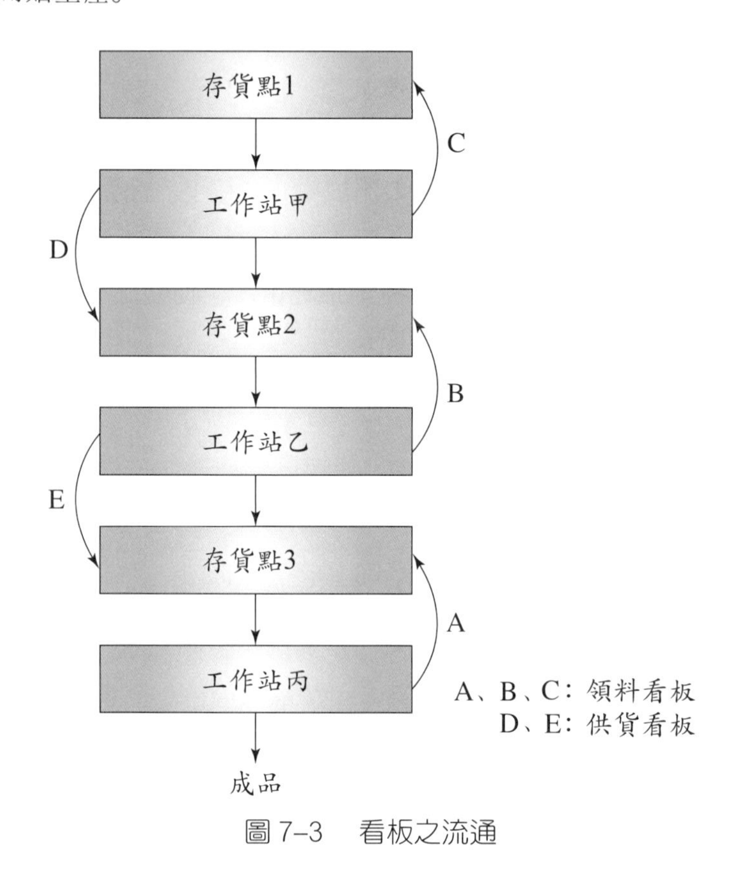

圖 7–3　看板之流通

甲工作站在完成該站之生產活動後，將完成之半成品放置於盒內，加上一張供貨看板 D，一起放置於存貨點 2，以供乙工作站領用。供貨看板 D 之內容則與領料看板 B 之內容相同。工作站乙於領料時，將供貨看板 D 一起取回，並將下批生產時需要之零件規格及數量註明於領料看板中，放置於上次領用材料之盒內，一起放置於存貨點 2，以供甲工作站準備下批生產需用之材料。乙工作站生產完畢後，亦經前述相同之程序，將完成之半成品及供貨看板 E，置於存貨點 3，以供丙工作站領用。同時，亦取回丙工作站留置於存貨點 3 之領料看板，開始生產下批需用之半成品。丙工作站於生產完畢後，即將成品繳庫。

各該工作站於生產完成後，可憑領料及供貨看板記錄領用原物料之數量，並據以計算成本。由於前後工作站間以看板聯繫，在需用材料時才生產，半成品存貨大量減少。倘若上下游工作站配合不良，可能使生產中斷。因此，部門內與部門間之人員必須密切配合，其團隊精神也逐漸提高。由於以看板控制存貨，存貨工作日漸簡化，存貨成本也大幅下降。

十四、日常工作在日式系統中之地位

日常工作在日本系統中佔極重要的地位。日本管理者把日常工作當成策略之延伸。日常工作不但是完成策略之工具，也是策略之全部，這種觀念非常正確。因為，若無法於日常工作中實踐策略，策略便僅止於空談而已。因此，勞工管理、品質管制、存貨管理、組織理論等在日式系統中都是切實執行，不斷改善的工作。日式系統以不斷改善生產方法及生產品質的方式提高生產力，日常工作是凝聚組織成員之工具，組織中的權責以直線式組織劃分。由於組織精簡，權責分明，組織活動得以切實配合策略之執行，組織活動亦可以與策略合為一體。

由於日本系統能不斷改善，由工作中學習，日式系統之工作效率及學習效果均高，生產成本也不斷下降。因此，日本企業得以採行低價格、高品質之競爭策略。在電子、汽車、工具機及半導體市場中，日本企業均採用低價格、高品質策略。其做法為以低價格、高品質擊潰競爭者。在成為市場領導者之後，日本企業便以量取勝，賺取極大之利潤。

日本企業之做法顯然與眾不同。在西式系統中，監督、計畫等工作常由幕僚單位負責，日本企業卻將此類工作交由直線式組織中之管理者處理。將美、日兩種組織方式兩相對照之後，可以發現下述情況。美式系統由於使用大量幕僚人員負責計畫及監督工作，但計畫、執行及監督之間並無直接之聯繫。雖然系統龐大，人力充沛，卻由於各自為政，目標分歧，有時事倍功半。而日本系統由於採取直線式組織，事權統一，權責分明。雖然人員精簡，但因產能充足，工作得法，仍能獲取勝算。同時，由於採用直線式組織，日本企業更得以將上下之策略及目標統一，策略及目標得以體現於日常工作中，而日常工作便也成為貫徹實行策略之手段。

日本企業以日常活動實現策略目標之方式可以下例說明之。日本三友電氣公司之副總經理曾經下令減少原物料及半成品存貨，該公司之生產經理根據這個要求，擬訂下列六個策略行動：

(1)將原物料及配件標準化。

⑵增加交貨次數，縮小交貨批量。

⑶以群組技術 (Group Technology) 之方式，成立一條共用生產線，生產類似、產量少之產品。

⑷降低裝換機時間以降低批量。

⑸縮小倉庫面積。

⑹訓練員工以貫徹上列命令，切實執行。

由於以上做法，該公司得以於一年內將半成品存貨由十天之存量降為一天半之存量，生產批量也由二至三天之使用量降至一天之用量。倉庫面積減少 75%，銷售額增加 207%，利潤增加 729%。

由上例可知，日常工作實極為重要。若能將日常工作與策略相結合，以日常工作實現策略目標，則策略必可達成。而日常工作也能具體表現其策略意義。

第三節 工作設計相關概念及做法

一般而言，工作設計的目標在於確定工作之內容和工作人員所需具備的技術及訓練，以便設計工作，提高生產力及員工之滿足感。具體而言，在進行工作設計時，管理者所關切的課題至少有三個：

⑴工作的內容如何？

⑵誰適合從事此一工作？

⑶工作的地點及與其他工作之關係。

工作設計對生產力有很大的影響，也可能影響到員工的工作情緒，因此工作設計是一個不容忽視的課題。在工作設計時，為了全面搜集資訊，應該同時參考管理者及所有員工的看法。為了做好工作設計，執行「工作設計」此一工作時，其所應注意之事項至少有以下四項：

⑴由受過訓練，有經驗，對問題充分瞭解的人士進行工作設計。

⑵應該使工作設計配合企業目標之需求。

⑶將工作設計的過程、因素及結果記錄下來。

⑷管理者及員工應能瞭解並同意其結果。

工作設計所牽涉到的因素既多且雜，在進行工作設計時常有掛一漏萬之可能，為了使工作設計盡善盡美，管理者應該全面參考不同的意見。因此，在工作設計的過程中，應該有明確的做法以便管理者及員工都能參與。而若能把過程及結果都以書面記錄下來，則其前因後果有跡可尋，也較能為全體人員瞭解與接受。

有關工作設計的概念及做法甚多，現在將較常見的概述於後：

一、專業化

在目前的社會中，專業化的做法極為普遍。例如律師、會計師、教師、技工等等都在從事其所專精的部分工作。有些專業化的工作頗為有趣，例如律師、會計師等即是。有些專業化的工作卻單調沈悶，例如生產線上的某些工作站，可能經年累月從事單調乏味、一成不變的工作，而使員工極端厭惡。當然員工是否會覺得無聊，和員工的智力、教育水準、工作的內容等都有關係。原則上愈年輕、聰明、教育水準愈高的人，愈可能厭倦單調重複的工作。而這些人在心理疲勞之餘，也就可能使離職率與缺工率上升而造成管理上的問題。在許多狀況下，這種現象也可能使生產力下降，或造成工業安全上產生危險。

專業化的概念及做法自科學管理以來便已逐漸擴充其範圍，至今仍極為盛行。此一做法之優劣互見（如表 7–1），有時也有爭議。到底是否到處適用，也是另一個值得爭議的問題。原則上，在工作場所中使用專業化之做法極為常見。假定對於應否在某些工作上採用專業化的做法仍有爭議時，管理者不妨參考表 7–1，做一利弊得失之分析，以便做一明智之決定。

表 7–1　專業化之優缺點分析

優缺點	在管理方面	在員工方面
優　點	・生產力高 ・工資低 ・不必多加訓練	・勞工水準不必太高 ・勞工職責簡單 ・工作不費心力
缺　點	・難以要求提高工作品質 ・工作倦怠使離職、缺工及工安問題增加	・工作單調無聊 ・升遷機會少 ・對工作無法掌握 ・沒有工作滿足感

在行為學派的學說中，員工的社會需求及個人需求能否滿足，是極為重要的考量。為了滿足員工的欲望與需求，行為學派提出了工作擴大化、工作輪調及工作豐富化等幾項做法。現在逐一說明之。

二、工作擴大化

所謂工作擴大化，是水平的擴充員工的工作範圍，也就是增加員工的工作技能，使其能做多項工作，有機會多做幾種工作，並進而使其工作多樣化，使工作更為有趣。

三、工作輪調

在許多企業中都可見工作輪調的做法。所謂輪調是定期或不定期的改變工人的工作或單位。這種做法可使員工接觸到不同的工作及環境，當然也可使工人免於留在一處過久而產生倦怠。同時，也可使員工學習不同的工作技能，進而使員工具備多項技能，且可於必要時協助其他部門之工作。

四、工作豐富化

在以往數十年間，「工作豐富化」的觀念及做法已經廣為流傳。早期推廣此一觀念最力者為賀斯博格 (Frederick Herzberg)。賀斯博格認為工作豐富化就是在工作內容中增加計畫、檢驗等職責，而這種做法對員工造成挑戰，並可因而提高其滿足感。

工作豐富化的具體做法是在工作中增加計畫及管制的成分，可說是一種垂直式的工作擴大化，在員工的工作中增加了一部分管理的工作。在推行工作豐富化之後，員工有機會在工作中得到成就感，受尊重、責任感以及自我成長的感覺，通常可能提高他們在工作中的滿足感，頗為有益。

在賀斯博格之外，還有許多學者曾經研究過工作豐富化的做法，他們認為假如工人對工作豐富化的做法產生反應，則此一做法便能生效。否則此一做法亦可能失效。因此，管理者在推行工作豐富化之前應該先調查是否需要改變工作內容，並深入瞭解員工所想見的改變是什麼。他們也認為並不是所有企業或工作都能以工作豐富化改善之，而工作豐富化在某些狀況下也可能產生意料之外的結果。賀斯博格認為在推行工作豐富化時可用的原則有五個：

⑴以增加工作困難度及工作責任的方式改變工作。

⑵在某種程度下，增加工人對工作的權責。

⑶在控制之下，增加員工安排工作日程的權責。

⑷讓員工定期收到工作表現之記錄。

⑸提供員工新的學習環境以促進員工成長。

五、工作生活品質

工作生活品質 (Quality of Worklife; QWL) 是另一個極受重視的新觀念。工作生活品質的做法在美國已有許多企業採行之。我國勞委會每年召開的研討會也都把此一議題包含在內。根據工作生活品質的觀念，假如工作生活品質改善，則員工觀念得以溝通，而長期生產力便得以改善。同時，員工及企業也可以推行改善工作，設法降低離職率及缺勤。另外，勞資間之關係也可因而改善。

工作生活品質的做法有一個基本的目標，那就是要根本的把工作場所的「文化」改變，以便造成對員工及企業均有利的一個局面。工作生活品質在各地所實行之內容頗不一致。大體而言，工作生活品質所注重的領域有四個，現在概述如下：

1.薪　資

以前員工較注意薪資所得之多少，不過現在的員工已逐漸轉而注意分紅、健康保險、退休金等項目。也有人對工作獎金，入股等極為重視。在這種情況下，管理者對薪資的看法及做法也值得有所改變。

2.工作環境

長久以來管理者均以提供一個安全、健康的工作環境給員工為第一要務，他們也認為員工的權益應該受到保障。國內外最近的發展則包含工作環境的設計要能提高工作情緒、降低壓力、減少挫折感及減少加班等。此外，平等 (Egalitarian Treatment) 也是一個重要的考量。員工希望能與管理者一樣不必打卡，希望減少工作規則，希望增加員工的自主權，希望有較佳的餐廳、洗手間、辦公室等，甚至還有員工希望也有專用的停車位等個人福利。

3.工作本身

現在的員工對工作已有不同的看法，他們希望工作能不斷改善。除了前面提及的工作擴大化、工作豐富化、輪調、教育訓練等之外，他們還盼望工作能滿足其對人生之需求，能提供更大的權責，也能夠提高他們的自尊心。

4.成長的機會

在這一方面的發展，其實是極有趣而又有挑戰性的一些發展。管理者現在所面對的員工已與其前輩不同。這些人不自滿於工作，希望還有成長的機會。員工希望其工作有挑戰性，希望工作能提供升遷的機會，也希望能在公司內感到自傲並有較佳的形象。管理者要怎樣滿足這些需求，實為一個極有趣的問題。

六、Z 理論

Z 理論是由大內 (William Ouchi) 所提出的一種概念。大內認為除了 X 理論及 Y 理論所提及的「性惡」及「性善」觀之外，在管理上還有另外一種選擇，而這也就是所謂的 Z 理論。在 Z 理論中，大內推廣勞資間互尊互重互忠的做法，也注重員工個人的成長與發展，要求員工間平等，也鼓勵員工參與管理決策。Z 理論的推廣曾經風行一時，也有人認為由於文化的差異，可能在西方無法取得共鳴。大內是日裔美國教授，其 Z 理論有強烈的東方色彩，與常見的西方管理模式確有差異。但雖然 Z 理論頗為新穎，仍舊在美國 HP、IBM 及許多大企業中獲得採行。而上述之懷疑也就不攻自破。

與 Z 理論觀點不謀而合的做法有許多種，較常見的有以下幾項：

⑴終身雇用制。

⑵輪調。

⑶由下而上，由上而下循環之計畫方式。

⑷合議式的決策過程。

七、品管圈

品管圈（Quality Control Circle，亦稱 Quality Circle; QC）在 1961 年即已在日本開始試行，我國當時也在政府部門及台塑企業中曾有使用此種做法。品管圈的做法盛行不衰，到今天仍在各地不斷成長。所謂品管圈是企業將同一部門或場所中的員工，以志願參加的方式編成小組，定期討論與工作相關的所有問題，並提出改善意見。品管圈常見的特色有以下幾個：

⑴主管支持或參與。

⑵志願參加。

⑶一組約有 10 至 12 人。

⑷參與人員背景不同，層面很廣。

⑸定期於工餘聚會討論。

⑹自定議程，自選問題並予以研究。

⑺注重問題之本質及解決問題之方法。

在推行品管圈的企業內，對於品管圈之成效有許多讚譽之辭，甚至有人提出數據說明之。曾有人提及，品管圈所提出之改善案，其投資報酬常在四倍到八倍之間，有極大之效益。而在執行中，卻也發覺到員工需要企業之協助，例如問題之重要性、使用的統計工具、改善的技術與方法等，都是員工必須學習的東西。實行品管圈的企業常發現不但品質獲得改善，連員工的參與感、工作情緒、工作方法、上下之間的關係等都可能因而改善。而在品管圈執行的過程中，有些做法常使生產力大為提高，現在列述如下：

⑴提案改善制度。

⑵零件互換。

⑶單元化及貨櫃化。

⑷標準化。

⑸改善工作及工作場所之設計。

⑹成本降低計畫。

⑺改善工作組織。

⑻減少浪費。

⑼零缺點。

⑽價值分析。

⑾使用管理工具及統計圖表。

八、精實生產

1980 年代中，由於日本、德國，以及以臺灣為首的亞洲四小龍競爭力領先，JIT 生產方式日益引人注意。美國麻省理工學院沃馬克（J. P. Womack, D. T. Jones, 和 D. Ross）等教授與日美歐等多國專家、學者合組成國際汽車研究專案 (International Motor Vehicle Program)，在調查 15 國 90 個汽車廠之後，對 JIT 生產方式進行實地考察研究，並提出了 JIT 的改良版本，稱為**精實生產 (Lean Production)**。所謂精實生產，其主要概念認為，企業內不必要的活動，有如人體內多餘的脂肪，不但無用，更可能造成人體負擔過重，甚至有生命危險，因此，應該努力袪除不必要的活動，以精簡而有效的進行生產活動。

精實生產的概念由 JIT 出發，但將 JIT 繼續改善，提出更完整的理論與想法。現在概略說明如下。

㈠精實生產的基本思想

精實生產的基本思想可歸納如下：

1. 反對成本主義，提倡以市場需求與競爭因素為指導思想

一般而言，老式企業在決定產品價格時，主要考慮到售價等於成本加利潤的概念，也就是說，成本加上利潤以後，就可計算出售價。這種想法認為成本是固定的，忽略了市場與競爭的現實，純以企業本身的成本與利潤取向為出發點。其實，產品價格應該由市場機制決定，若要提高利潤，在售價不變的狀況下，必須降低成本。因此，企業必須積極進行改善，以繼續提高生產力，降低成本。

◆ 2. 以零庫存和零缺點為目標

根據精實生產的概念，凡是不能增值的活動，都是浪費。精實生產舉出七種浪費如下：不良品、多餘產品、不合理的加工過程、搬運、儲藏、多餘動作、半成品等待時間。基於此一想法，只有以零庫存和零缺點為目標，才能真正消除浪費。

◆ 3. 不斷改善

為達成零庫存和零缺點的目標，企業需要不斷進步，而只有不斷改善才能繼續進步。每一次改善之後，生產條件改善了，但在新條件下，又能發現新的不合理狀況。因此，改善是一個無止境的過程，只有繼續改善，才能繼續進步。

◆ 4. 把問題與挑戰看成發展的機會

在面對問題與挑戰時，最容易採取鴕鳥心態，故意忽視問題。但忽視問題時，問題不會消失，只會累積下來，成為未來更大的問題。精實生產提倡正視問題，以打破沙鍋問到底的精神，尋找問題的根源，以求徹底解決、消除問題。

㈡精實生產的內容

精實生產引用了 JIT 的概念，並繼續發展之。在精實生產的內容方面，包含了不少 JIT 的內容，現在說明如下：

◆ 1. 準時或及時生產

所謂準時或及時生產，就是 JIT 所提倡的適時生產，或在有需求的時候，生產出所需要的產品。在這一方面，包含許多前面討論過的 JIT 概念。現在列述如下：

⑴牽引式生產規劃系統。

⑵計畫平準化。

所謂計畫平準化，是以平穩的運作狀態，使生產物流與市場需求同步化、韻律化。也就是說，使採購、生產、發貨各環節都符合市場的韻律，以減少甚至消除原物料、零配件、半成品與成品庫存。為達成平準化，在生產率上，要與市場同步，使生產率等於市場需求。另外，為提高與市場韻律的搭配程度，生產批量應該縮小，最好能達到一次生產一個產品的目標。一次生產一個產品時，等於每一批量中只有一件，而生產線中則有不斷重複的批量，而非不斷重複的產品，使每一件產品都能獲得最大的照顧。

⑶使用看板管理。

◆ 2.鼓勵主觀與積極

精實生產鼓吹以人為中心，鼓勵發揮員工的主觀與積極，經由品管圈、提案改善制度、團隊，以及目標管理等方法，鼓舞士氣以發覺並發揮潛能。在這一方面，有幾個有趣的做法。

⑴彈性配置作業人數。

所謂彈性配置作業人數，是將生產線上的作業人數，隨產量與產品種類而機動調整，以利用最少人力達成最大效益。在這一方面，有一個「少人化」的概念。所謂少人化，是減少人數，而非減少工序。同時，優先改善工作，而非優先改善設備。因此，彈性配置作業人數的做法，就是鼓勵改善工作內容，以便以最少的人力，達成最大的效益。

⑵減少、消除不能增值的職位與人員。

在企業中，有許多維修、檢驗的工作，這些工作人員若能發展出多項專長，便可在空閒時參與正常生產活動，避免人力的浪費。類似的人力浪費很多，若能認真分析，可以不斷減少此類浪費。

⑶生產線上實行集體責任制。

在精實生產中，生產線上工人分成小組，並實行集體責任制，使小組成員互相幫助、不斷交流，以增進合作。小組中任何成員發現問題之後，都可立即停止生產線，而整個小組則協助尋求問題與解答，以追求改善之道。採用這種方法之後，每一次停止生產線，便解決了一種問題，使生產線不斷改進。

⑷提高員工積極性。

精實生產強調新勞資關係，培養工人自主性，鼓勵員工大力參與提案改善，以做出最大的貢獻。對於有用的建議與改善，企業並定期評比、獎勵，使員工更有參與感與榮譽感。

◆ 3.一次做好的概念

精實生產鼓勵一次做好，所謂一次做好，就是要求零缺點，希望能經由事先防範、事前準備，一次就把工作做好。為達到這種目標，精實生產推動品質管理自動化的做法，在機器、設備上安裝自動檢測裝置，以協助自動檢測。生產線上的員工在發現問題時，也可以立即停止生產，並尋求改善之道。

在實施這些做法之後，零缺點的概念將進入人心，而不斷改善的目標，也能真正實現。員工的自主性、積極心也能日漸提高，願意主動發現問題、解決問題。

◆ 4.改善生產系統設計

精實生產也注重改善產品與生產系統的設計。在這一方面，有以下幾種做法：

⑴簡化設計。

在簡化設計方面，首先要改善產品，使產品簡單易製，最好是體型類似，內部根據需求而改變結構。另外，例如模組化、零配件標準化等，也非常有用。其次，是製程的簡化，盡量採用簡單而容易掌握的工序，輔以防呆裝置或功能。在前置時間方面，可以同步準備的概念，事先準備以縮短前置時間。也可以改進設備的方式，或改進工序，以減少準備時間。

⑵建立能及時生產的工作單元。

實施小批量生產以後，原物料與半成品存貨減少，不需要太大的空間。同時，為能有效照顧生產線上的產品，需要建立人數不多卻能及時生產的工作單元。一般而言，最好是利用 U 形生產線，原物料、配件由生產線的這一頭進入，而成品則由另一頭出去。

⑶使用專案組織管理。

在這一方面，一般而言，可採用專案管理組織，以團隊合作的方式，進行資訊流通，就現有目標、問題、重要事項取得共識。另外，也可使用同步工程的做法，協助大家事前瞭解與準備，以便明確目標、問題與解決方案。

◆ 5.建立新的公共關係概念

企業運作過程中，必須與供應商合作，精實生產鼓吹與供應商合作的雙贏理念，注重與供應商的長期合作關係，也推動合理分配盈餘。另外，精實生產更鼓勵將供應商視為企業內部的一個單位，對供應商提供支援，以協助供應商繼續進步。有些企業更成立類似供應商讀書會的組織，以加強與供應商的交流與溝通，協助供應商學習管理新知、新技術、經營經驗與失敗教訓等。

此外，精實生產也鼓勵與顧客溝通，以顧客第一的概念，主動積極的追求改善產品，以提高顧客的滿意度。

九、敏捷製造

1980 年代中，在麻省理工學院沃馬克精實生產概念時，美國里海大學的 Iacocca 研究所也提出敏捷製造 (Agile Manufacturing; AM) 的理念，強調生產快速、大批量根

據顧客需求訂製 (Mass Customerization)、虛擬組織、順暢的供應鏈溝通、持續改善、自動學習、流程再造、創新與調整等特性。敏捷製造有一點像是一個理想，希望能擁有熟練生產技能、高素質的員工，使用具備高彈性、先進、實用的生產設備與科技，並搭配靈活的內、外管理機制，以最佳的企業體系迅速反映市場需求與市場變化。

敏捷製造包括許多新觀念與理想，看起來，敏捷製造採用許多 JIT 的概念，並特別突出反映市場變化的彈性與時效。現在擇要說明其基本思想如下：

◆ 1.給顧客最大的收穫與滿意

⑴敏捷製造強調以顧客的需求為中心，讓顧客在採購、使用產品時，取得最大滿意。在處理顧客關係時，建議採用以下思維：

①品質包括產品品質與工作品質，為提高顧客滿意度，應以零缺點為目標。

②為縮短產品上市時間，除採用彈性製程、同步工程等技術與管理方法外，更要加強與顧客溝通，以建立發現市場變化、顧客參與產品設計、開發的機制。

③品質的範圍擴大，除顧客本身需求外，也考慮到生態環境的需求。

⑵從銷售產品轉向提供解答。

◆ 2.以人為核心資源

敏捷製造強調人在生產中的重要性與主導性，認為人才是核心資源，尤其是有知識、有技能、有開創精神、有合作意識、有強烈責任感的人才。敏捷製造建議尊重員工、強化員工職能，並培養員工大我、小我合一的概念，由企業的角度思考與解決問題。其具體的做法有以下三項：

⑴對工作小組與成員授權。

⑵培養具有知識、高素質的員工。

⑶重視持續的教育訓練。

◆ 3.以合作的方式促進、加強競爭

在這一方面，敏捷製造強調企業可以按照專長分工合作，以實現互補、雙贏的局面。例如企業可與其他企業合作，以雙方專長的零配件迅速開發、組合成能使顧客滿意、利潤最大的產品。此一概念與虛擬企業的概念類似，頗為有趣。

◆ 4.開放、彈性的設計、產品、企業理念

敏捷製造強調開放、彈性的設計、產品、企業理念，在產品設計、系統、合作方式上都採取開放思維，以及具有彈性的做法。除了系統的開放與彈性之外，員工要具有多技能以因應其他工作需求。組織要有彈性，可以根據需求靈活重組。技術要採用先進的智慧型技術，盡量以模組化方式在短時間內，按照需求重新配置，並生產能適

應市場變化的新產品。

十、虛擬製造

所謂虛擬製造，是以電腦將新產品開發過程，應用模擬 (Simulation) 技術，在電腦上模擬，成功之後，再模擬生產的整個過程。也就是說，在模擬方面的軟體發展出來之後，已經有了成熟的模擬技術，能夠在電腦上虛擬的操作產品的設計、生產或裝配，將整個製程中的所有工序在電腦上操作，以事先發現所有可能產生的問題。除了設計、生產之外，包括製程計畫、產能調度、裝配計畫、後勤作業、財務、會計、採購，以及管理等，也都能以模擬的方式事先演練以發現問題。

虛擬製造是敏捷製造的核心工具之一，一般可以劃分為三種：以設計為中心、以生產為中心，以及以控制為中心。以設計為中心的虛擬製造系統，可協助設計者事先瞭解生產過程中可能產生的狀況，以協助改善產品設計與開發。以生產為中心的虛擬製造系統，則用於模擬生產製造過程，以提供資訊，協助改善生產計畫、生產、製造程序等。至於以控制為中心的虛擬製造系統，則針對機器、設備控制部分進行模擬，以協助改善生產過程。

十一、虛擬企業

虛擬企業的概念與虛擬製造類似，是針對特定目的或目標，以有效利用不同企業中的優勢或資源為基礎，利用電腦與網路將分散在各地的資源或設備整合利用的一個企業經營實體。虛擬企業在功能上與傳統企業相同，但其企業疆界則不是固定的，其企業資源也隨著目標的改變而改變。這種虛擬企業的概念很普通，也早已常見於貿易公司的經營型態中。

貿易公司根據國外顧客的訂單，向生產工廠訂貨，有時一個工廠便可生產所訂購的貨品，但有時則需要數家企業合作生產不同零組件，然後在一地組裝成產品。這種概念和一個虛擬企業的概念相類似。另外，現在有許多公司僅以設計產品為主，將生產交由其他企業完成後，再由設計的公司銷售出去，講起來，這也是一種虛擬企業的運作型態。

但上述例子雖然與虛擬企業類似，仍有不同之處。其最大差異應該是以網路分享資源的部分。未來此一領域應該有更大的發展，到虛擬企業發展成熟時，有可能連合作企業的機器、設備，都可由虛擬企業在遠距以網路操控，以進行生產活動。

十二、約束理論

以色列物理學家高得拉特 (Eli Goldratt) 曾經提出一種有趣的理論，稱為約束理論 (Theory of Constraints)，也可稱為限制理論。可用以協助改善生產條件。約束理論最初稱為最佳生產技術 (Optimized Production Technology; OPT)，其主要概念有以下五種：

(1)發現系統裡的瓶頸或約束。

(2)找出更有效利用瓶頸或約束的方法。

(3)在這種條件下，尋求最有效利用系統的方法。

(4)若產能還是不足，設法打破瓶頸或約束的限制。

(5)解除約束後，再重複由(1)至(5)的步驟，繼續尋求改善。

約束理論的概念很有趣，高得拉特在發佈約束理論時，也搭配使用產銷率／有效產出、庫存、營運費用等三種績效評估指標，以及各種代號，以協助瞭解並使用約束理論。但約束理論的概念，其實早已見於持續改善的過程中。在進行改善時，我們改善了某一部分之後，系統中原來不是瓶頸但資源稍小的部分，可能成為瓶頸，因此，又成為第二次改善的主要目標。同樣的，改善了這第二個瓶頸之後，第三個瓶頸又出現了，也需要改善之。也就是說，每一次改善時，雖消除了現在的瓶頸，但由於系統產能變大，使原來次要的瓶頸一躍成為主要的瓶頸，因此，改善是一個永無止境的過程。

十三、流程改造

美國管理專家哈默 (Michael Hammer) 於 1990 年提出流程改造 (Business Process Reengineering) 的概念，並於 1993 年與錢霹 (James Champy) 合作出版了《再造公司——企業革命宣言》一書，更炒熱了流程改造的風潮。在 1980 年代開始，個人電腦容量大增，已經取代了大型電腦。但原來的電腦軟體在個人電腦上並不適用，必須改寫。因此，本來流程改造是要改寫電腦軟體，以使個人電腦可以用於企業活動中。但既然要改寫電腦軟體，當然先要定義新時代中的企業流程，因此遂有流程改造之名。但哈默與錢霹提倡流程改造時，卻把流程改造的意義擴大了，也帶動全世界企業改善流程的風潮。這是蠻有意思的一個現象。

哈默對流程改造的定義是，徹底重新思考企業流程，以便在成本、品質、服務，以及反應速度等關鍵指標上取得巨大的改善。在這種定義下，流程改造的特性有四：

⑴以顧客需求為出發點。

⑵以企業流程為改造對象。

⑶流程改造的主要任務，是對企業流程徹底、根本的重新思考和設計。

⑷以取得巨大的改善為目標。

在進行流程改造時，哈默認為應該以人為中心，將人視為最核心的資源，加強對員工的教育訓練，以充實知識、提高技能、改善意志。同時，還要建立信任、開放、創新、向上的企業文化。

第四節 工作簡化

在進行工作設計時，最簡明的做法莫過於將工作簡化，以使之簡單易行。**自動化 (Automation)** 是一種極可取的做法。所謂自動化，是以機械或電子設備取代人力，進行工作。早期對於這種做法常用**機械化 (Mechanization)** 這種說法，不過由於「自動化」的意義及範圍較大，現在大都已改用「自動化」這個名詞了。自動化在現代的定義很多，常見而為人所接受的一種說法是，一個系統、製程，或設備具有自動及自制的功能。自動化已經是一種趨勢，在未來可想而知一定有愈來愈多自動化的做法。這種做法原則上優點大於缺點，但有時其缺點也可能有很大的影響。管理者應該對自動化的優缺點有一全面的瞭解，以便在決策時做出明智的決定。自動化的優點有以下幾項：

⑴適用於單調、重複、無聊、危險的工作。

⑵自動化過程之產品品質及產量較為穩定。

⑶產量通常超過人力所及。

⑷可避免人際衝突。

但自動化同時也有一些缺點，茲列述如下：

⑴員工懼怕由於自動化而減少就業機會。

⑵自動化之初期投資極大，而其產量及經濟規模也必須維持在某個水準才划算。

⑶自動化系統只能從事某些工作，彈性較低。

⑷需要花錢訓練員工使用自動化設備。

除了自動化之外，工作簡化之做法當然還有很多，例如合併作業、同時作業等等都是可行的方法。在進行工作簡化或工作改善時，其可行之做法是對現狀提出疑問並

尋求解答。現在列述一些可用的問題如下：

(1)為什麼在此有延遲現象產生?
(2)如何縮短或消除搬運狀況?
(3)原料可否事先處理?
(4)工作或作業是否必要?
(5)工作可否縮短?
(6)合併作業能否提高效率?
(7)是否有更好的工作方法?
(8)設備能否更有效的利用?
(9)工具或設備能否協助工作?
(10)工作場所是否適合?
(11)閒置時間是否已有效利用?
(12)員工的工作疲勞能否降低?
(13)員工是否有改善意見?
(14)員工之技術能力是否足以勝任工作?
(15)重新佈置製程能否提高生產力?

第五節　工作系統設計與工作衡量

西方近代管理學說在過去百餘年間已有長足的進展，許多早期發展出來的觀念及做法經過後人陸續的補充及詮釋，已經形成完整的學派，這些學派之間在理論及實務上又有時有互補之勢。這種發展極有意義，並進而使管理學術之發展日趨完善。有關工作設計 (Job Design) 及工作系統設計 (Work Design) 這兩個領域的發展，也與其他領域一樣，在經歷前人辛苦耕耘之後，現在已逐漸合併成形。在西方的生產與作業管理教科書中，在探討這兩個領域時，已有許多人把這兩個領域合併於「工作系統設計」這個標題下討論之。

本書在本章前面數節中把「工作設計」與「工作系統設計」分開來，並將之詳細說明。本節則將工作設計 (Job Design) 合併在工作系統設計 (Work Design) 之內當成同一體系，進而一起討論在這兩個領域中所發展出來而常用的一些方法。也就是說，本節之做法是把「工作設計」當做「工作系統設計」的一部分，並將在工作系統設計中常用的方法做一全面而簡明的討論。現在說明如下。

通常在討論工作系統設計時，大部分的「生產與作業管理」教科書把討論範圍局限於使用的數量方法及動作與時間研究這兩方面。這兩方面當然極為重要，但有關「工作系統」本身的一些討論卻也有其意義及其必要。因此本節亦將說明有關工作系統之定義等課題。

一、工作系統

工作系統 (Work System) 是一個組織 (Organization)，同時，一個組織之內也可以包含一個以上的工作系統。同理，在任一部門或單位之內也可以有一個或多個工作系統，而這些工作系統的大小不一，並沒有固定的型態，任何組織或工作系統都有其存在之目的。雖然幾乎所有組織或工作系統都有多重目標 (Multiple Goals)，但在其起初之時，大都以滿足某一個目標 (Single Goal) 而成立。為了達成此一目的，工作系統必須利用一些資源，並以這些資源從事某些工作。在從事這些工作的時候，資源及使用資源的方法及結果可能改變工作系統的目的及對資源的需求。因此，工作系統之目的、資源及系統本身便形成相互影響之勢（如圖 7–4 所示）。所謂資源即為工作中所使用的生產資源，可包含人、財、物、方法、資訊等五類。在第一章中我們已經討論過投入 (Input) 的生產資源，在此不再重複。資源本身無法自然形成企業的產品，企業必須以生產系統把生產資源加工、組合，並製造成企業的產品。

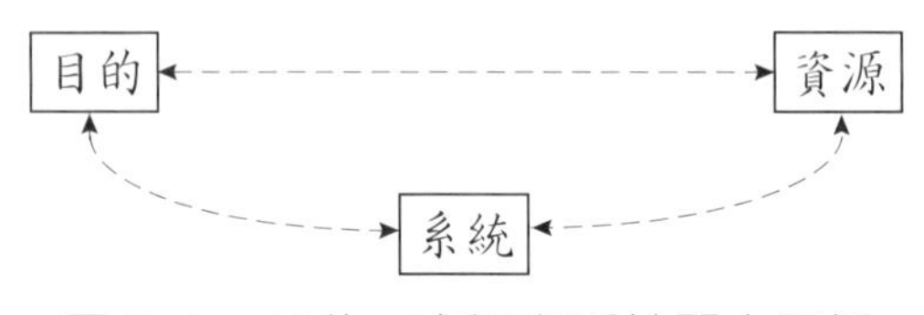

圖 7–4　目的、資源與系統間之關係

同樣的，系統在運作過程中也受生產或工作系統之目的，以及其所使用資源之影響。因此，在目的及資源的影響之下，系統也逐漸改變。久而久之，目的、資源，及系統三者互動並合而為一。此時系統可說已經成為目的、資源，及系統本身所合成之產物，而工作系統的定義當然已將其目的及資源包含在內了。

在討論工作系統時，工作系統是焦點。但我們必須同時瞭解，在一個工作系統之上仍有許多工作系統，因此一個工作系統是整個人類社會的一部分。在一個工作系統之下，仍有更小的工作系統，因此，一個工作系統也是其他小的工作系統的組合。在

2. 動　素

動素 (Therbligs) 這個字是吉爾布雷斯 (Gilbreth) 這個字由後向前拼音而成的一個字，本身並無任何意義。吉爾布雷斯夫婦在研究工作動作 (Task Motions) 之後，靈機一動，便以這個字來命名這種分析方法，這是動素這個字的由來。所謂**動素分析** (Therbligs Analysis) 是把組成工作的基本動作 (Elemental Motions) 分析出來，其做法是將工作細分成「基本的動作單元」(或稱動素)，然後分析各動素之必要性以消除非必要之動作。

最常見的動素有伸手 (R)、移動 (M)、抓取 (G) 等。動素研究是一個非常有意義且有趣的做法。不過，由於此一研究之成本太高，通常只適用於不斷重複的工作，現在已很少有人從事此一研究了。除了在低度開發地區之外，這種重複的工作大都可以自動化設備代替人力工作。因此，動素研究的概念雖極為有益，但其實用性卻已逐漸消退。

3. 細微動作分析

在研究工作時，由於各個動作既短又快，因此很難把工作分解成動素，再把這些動素依順序記錄下來。為了確實記錄在工作中的所有動作，研究人員以高速攝影的方式把工作拍成影片，然後再以較低的速度在實驗室中播放出來不斷研究，這種研究方式就稱為**細微動作分析** (Micromotion Study)。在這種研究中的計時工作通常使用**高速計時器** (Microchrometer) 或以攝影機本身的速度為計時之工具。

4. 慢速動作研究

所謂**慢速動作研究** (Memomotion Study) 也是一種動作研究，不過這種研究是對工作做一長期間的研究。在攝影時我們以低速攝影機攝影，而其影片則以較高速度在實驗室中放映，以便觀察連續工作之狀況。

三、工作衡量

在生產系統中，人使用機器、設備工具以進行生產工作。原則上，機器的速度是固定的，在短期內其生產力不變，但人的工作速度則可能不同。為了做好產能規劃、製程設計，及日程管制等工作，管理者需要進行**工作衡量** (Work Measurement) 以設定工作標準。設定工作標準的方法很多，常見的至少有三種，現在說明如下。

最常見的方法是時間研究 (Time Study)，國內統計資料不詳。不過，在美國則有約三分之二的工作標準是以時間研究的方式設定的。另外較常見的方法則有**工作抽樣** (Work Sampling) 及方法時間衡量 (Method-time Measurement; MTM)。在某些狀況下，管理者也可能使用以往的記錄為依據，並進而設定工作的標準。現在我們逐項說明如下：

1.時間研究

所謂時間研究是使用碼錶 (Stopwatch) 衡量員工基本工作單元 (Work Elements) 數次，然後再計算該基本工作單元的平均時間。根據計算所得及實驗觀察的資訊，研究人員再評估樣本數及計算所得的平均時間是否足夠正確。假如樣本數足夠，則研究人員便可據以建立工作時間標準。碼錶計時的研究方式是由泰勒在 1881 年首創的，這種方法至今仍然通用。簡單的說，時間研究是以某一員工的工作表現為基準，將其工作時間取樣而記錄下來，然後據以建立工作標準。在做時間研究時，主要的工具就是碼錶，而其計時方式有二種：連續計時 (Continuous Timing) 及重新計時 (Snapback Timing)。連續計時是讓碼錶連續不斷的走下去，而重新計時則是在一個工作完成後，記下時間，把碼錶歸零，然後重新開始計時。在進行時間研究時，研究人員所遵循的步驟如下：

(1)決定所要研究的工作。

(2)把工作分解成明細的單元。

(3)決定衡量多久及衡量多少工作週期。

(4)將工作表現、工作時間等資料記錄下來。

(5)計算平均週期時間 (Average Cycle Time)。

(6)計算正常工作時間 (Normal Time)。

(7)計算標準時間 (Standard Time)。

時間研究是非常敏感的一種研究，很容易受到員工心情變化的影響。有些人對此抱著懷疑的態度，有人又對此興奮不已，這些都對工作速度有所影響。此外，員工是否受過訓練，是否是熟手工，也都是必須瞭解的。原則上，時間研究的對象應該受過訓練，最好是熟手工。同時研究人員也要受過訓練，具有觀察的能力，以便在研究中隨機應變。

研究人員對工作本身也應該有充分的瞭解，他們應該能夠把工作分成明細而可衡量的工作單元，以便進行時間衡量。把工作分成明細的工作單元是很重要的工作，其原因可概述如下：

(1)每一工作單元耗時不同。

(2)工作單元標準設立之後，亦可應用於其他類似之工作當中。

(3)以工作單元為基準可以明確的將工作描述下來。

⑷以工作單元為基準較易避免誤差之發生。

⑸在同一工作週期中，某些工作單元可能重複出現。

另外一個值得注意的事項則是所應採取之樣本數。原則上，採樣數應大到一個程度才能確保衡量的結果具有代表性。因此，研究人員也要在這一方面多所注意。在計算樣本數時，可用的公式如下：

$$n = \frac{Z^2 s^2}{e^2} \tag{7.1}$$

在公式 (7.1) 中，n 是樣本數，Z 是常態分配中的**常態數值 (Normal Score)**，而常態數值是根據所想達成的信賴度而決定的。為了決定樣本數之大小，在研究時，我們通常先採取一個 10 到 20 個觀測值的樣本，然後計算其標準差。在公式 (7.1) 中之 s 即為此一標準差。至於公式 (7.1) 中的 e 則是所願意承受之抽樣誤差。

在時間研究中，我們最終之目的在於建立工作標準。時間研究所應遵循的步驟共有七項，在前面我們已經討論過了，不再贅述。現在以一個例子說明此一過程，為了簡化討論起見，我們將由第五個步驟談起。對第一到第四個步驟間的過程有興趣的讀者，可以參考市面上有關「工時學」或「動作與時間研究」等方面之教科書。

在進行時間研究並記錄工作時間時，研究人員亦應同時把被研究者的**表現評比 (Performance Rating)** 估計出來。所謂表現評比，是該受訪對象相對於一般員工，在工作表現上超前或落後之比例。如果受訪對象工作時間較常人快 10%，則其表現評比為 R=1.10。若其工作所需時間較常人慢 10%，則其表現評比為 R=0.90。

現在假設某一時間研究所得之平均工作週期，在以百分之一秒計算時，其工作時間如下：

$$t = 18$$

而表現評比為 R=0.90。

由於其表現評比為 R=0.90，因此換算成正常時間以後，其正常時間為

正常工作時間 = 平均工作週期 × 表現評比

$$\begin{aligned} \text{NT} &= t \cdot R \\ &= (18)(0.90) \\ &= 16.2 \end{aligned} \tag{7.2}$$

接下來我們便可以計算標準工作時間了。員工在工作時，由於體力、健康、衛生及其他個人需求，可能造成若干延誤的狀況。例如，在一般狀況下，我們至少應保留5% 左右的時間給員工，好讓他有時間去滿足其某些個人需求。至於疲勞所造成的延遲，也是影響工作甚鉅的一個因素。有些工作可能極為消耗體力，此時研究人員便應預留較大的**寬放時間** (Allowance)，以免員工體力消耗過度。寬放時間之長短應視工作性質而定，有時工作極端消耗體力，預留 30% 的寬放時間也是合理的，例如綑工、水泥工等之工作便可歸屬於此一類工作之下。這個寬放時間可以用比例表示之，若以比例表之時，則我們稱之為**寬放因素** (Allowance Factor)。此一寬放因素之大小究應如何，除了應視其工作之疲勞程度、個人需求等因素之外，有時也是勞資談判的中心議題之一。

一般而言，大部分工作都需要 15% 左右的寬放時間，亦即寬放因素 AF=0.15。假設在本例中亦預留 15% 的寬放時間，則此一工作之標準工作時間可計算如下：

$$\begin{aligned} ST &= NT(1+AF) \\ &= 16.2(1+0.15) \\ &= 18.63 \end{aligned} \tag{7.3}$$

在算出標準工作時間之後，接下來便可以計算**標準工時** (Standard Hour)。所謂標準工時是每小時的標準產量，也就是每小時所應生產之件數。標準工時之計算有其特殊的意義，許多企業以論件計酬的方式計算生產現場員工之薪資。要計算每一件產品的工資之前，我們需要先算出每小時之產量，而標準工時就是每小時的產量。延續前面的計算結果，我們可以計算標準工時 (SH) 如下：

$$\begin{aligned} SH &= \text{工作時間}/ST \\ &= 60/0.1863 \\ &= 322\ \text{件}/\text{小時} \end{aligned} \tag{7.4}$$

也就是說，根據前述的標準工作時間，我們可算出其標準工時為每小時 322 件。假如每小時之工資為新臺幣 75 元，則其論件計酬之工資 (Piece Rate) 為

$$\begin{aligned} \text{每件工資} &= \text{時薪}/SH \\ &= 75/322 \\ &= 0.2329\ \text{元}/\text{件} \end{aligned} \tag{7.5}$$

時間研究之結果可用於決定標準工作時間、標準工時及件工工資，但這種方法卻也不時遭受質疑。其受質疑之處在於雖然整體之計算尚稱合理，但其表現評比卻完全是主觀的判斷，而這一個主觀的判斷也對時間研究的結果有極大的影響。

◆ 2.工作抽樣

工作抽樣正可以克服上述主觀表現評比之問題。工作抽樣 (Work Sampling) 是對某一工人進行大量的觀測取樣，並以之為計算標準工作時間之基準。以工作抽樣從事工作衡量的優點不少，工作抽樣簡單，不必由專家擔任衡量的工作，而且受訪者也不必知道別人正在觀測其工作，因此其工作速度比較不受影響，其觀測結果之準確性較高。可是在以工作抽樣做工作衡量時，仍有其缺點，其最主要的缺點是必須採取大量樣本。假如想要提高可信度，則所需之樣本數可能更要大為提高。

工作抽樣時所需之樣本數可以下式計算之：

$$N=\frac{Z^2p(1-p)}{e^2} \tag{7.6}$$

在公式 (7.6) 中之 N 為所需之樣本數，Z 為其常態分配所對應之常態數值，為便於計算起見，有些書上逕自設 Z^2 值為 4 而計算之。p 為在工作抽樣時間內該員工花在該工作上之時間比例，至於 e 則是抽樣研究中所願承受之誤差。原則上，p 及 e 二者是比例。現在以一個假設的例子來說明工作抽樣的過程。假設某一被測之工作約佔工作時間之 30%，觀測結果之可靠性希望維持在 95% 左右，而所願意接受之誤差為 ±2%，則所需之樣本數可以用公式 (7.6) 計算如下：

$$\begin{aligned}N&=\frac{Z^2p(1-p)}{e^2}\\&=\frac{(1.96)^2(0.3)(1-0.3)}{(0.02)^2}\\&=2016.84\\&=2{,}017\text{ 件樣本}\end{aligned}$$

工作抽樣的目的也是在於建立工作標準。因此，只算出所需之樣本數還不夠，必須也要繼續算出其工作標準。

假設某甲在郵局上班，並負責郵件之處理。若在工作抽樣中發現在觀測期間內，他約有 80% 的時間用於工作，其他之 20% 則並未有效利用。若其工作表現評比為

R=1.15，在過去一週內他一共處理了一萬件郵件，則其標準工作時間可計算如下：

$$
\begin{aligned}
\text{NT} &= \frac{\text{觀測時間} \times R}{\text{工作數}} \\
&= \frac{(60\text{ 分})(8\text{ 時})(6\text{ 天})(1.15)}{10000\text{ 件}} \\
&= 0.3312\text{ 分 / 件} \\
\text{ST} &= \text{NT}(1 + \text{AF}) \\
&= 0.3312\text{ 分 }(1 + 0.2) \\
&= 0.3974\text{ 分}
\end{aligned}
$$

若將標準工作時間換算成標準工時，則某甲在一週內之工作件數可以公式 (7.4) 計算為

$$
\begin{aligned}
\text{SH} &= \frac{60(8)(6)}{0.3974} \\
&= 7{,}247\text{ 件}
\end{aligned}
$$

由此可知，雖然某甲在工作時間內僅有約 80% 的時間真正用於工作之上，但由於其工作效率高，他在一週內所完成的工作仍遠遠超過其工作標準之需求。

◆ 3. 方法時間衡量

另外一種較為常用的方法是以事先設定的時間標準 (Predetermined Time Standard) 來計算正常工作時間，並以之為決定工作標準之依據。在這種做法中，最常見的一種方法是「方法時間衡量」(Method-time Measurement; MTM)。MTM 是由美國的方法工程協會在 1940 年代發展出來的一種方法。這種方法是針對基本動作單元所需的時間進行密集的研究，並將其所需的時間訂出標準。在使用此一方法時，研究人員可以把工作分解成基本動作單元，然後參考 MTM 的標準，再按工作所需的動作把所需的工作時間計算出來。

MTM 中使用的時間單位是「時間衡量單位」(Time Measurement Unit; TMU)。每一個 TMU 等於 0.00001 小時或 0.0006 分鐘。原則上，在一分鐘之內可能包含 100 個以上的基本動作單元，而一個工作更包含高達數百個基本動作單元。例如，伸手 (Reach) 的動作便可包含其伸展距離、目標之清晰程度等之考量。因此，MTM 雖然複雜，但所得之結果亦可能極為準確。但由於此一方法極為複雜，必須將工作細分到 MTM 所要求的程度，再還原計算出其工作時間，其工程甚為繁複。因此，有人認為

使用時間研究可能比用 MTM 法還好。

由於篇幅所限，我們對 MTM 所使用的表格與方法不予詳細介紹。對此一課題有興趣的讀者可以參考有關時間研究之書籍以取得更深入的瞭解。

第六節　設計工作環境時考量之因素

工作環境對工作系統設計也有影響，是在進行工作設計或工作系統設計時，應該一併考慮的一個課題。在工作環境設計時所應考量的因素極多，在考量這些因素時，我們大都由它們對人體之影響著眼。因此，也有人稱這些因素為人因因素（Human-factor Factors 或 Ergonomic Factors）。在產業不斷改變，產品日漸升級的狀況下，這些因素對生產力的影響不斷增加。因此，管理者應該特別加強在這些方面的考量，以便藉改善工作環境而提高生產力。

在設計工作環境時所需考量的人的因素極多。為協助讀者取得必要之瞭解，並簡化討論內容起見，我們擇其大要而簡明的探討如下：

一、人體結構因素

在設計工作環境時，管理者及設計人員都需要瞭解當地人民的人體結構。例如手、腳、臂、腿及身長、體格等因素都是重要的考量。工作桌椅的高矮、洗手間、洗臉檯的大小高低，汽車、卡車的方向盤、座位等都與人體結構因素有關。再如工具的長短、大小、門窗的尺寸、消防栓、滅火器的重量、大小等，可說無一不與人體結構因素有關。

在這一方面的研究非常重要，國內有關此一方面的研究，筆者尚少接觸，無法置評。原則上，在這個領域中的研究，應有極大的空間及應用。而且在營養狀況改變後，人體結構的變化也可預期。日本新一代身長及體格已有改變，並造成產品規格之變化，即為一顯而易見，也可能發生於我國之例子。

在考量人體結構因素時，有些狀況之下可以採用人體結構數據之平均值為基準，有時卻又不可以平均值為設計之依據。例如門的尺寸、滅火器的重量、大小、通道之大小等必須要能適合大多數人的需求。此時，此類產品之設計便可能需要能滿足 99.9% 人的需求。另外，例如男、女、老、幼不同的體格也可能造成極大的差異。因此，在設計工作環境時，管理者不可不慎。

二、神經反應因素

人類有神經系統，並憑之以感覺外界。人類工作時，其神經系統提供正常的反應，使人類得以正確的工作。這種神經系統的運作，久而久之，可能成為一種習慣，也可以是一種例行的反應。為了協助員工做好其工作，在設計工作環境時便要按人類的神經反應從事。

例如電器或電燈的開關向上是開，向下是關。又例如螺旋向右鎖緊，向左轉則放鬆，都是一些通則。如果符合這些通則，員工之工作符合其認知與習慣，工作起來便勝任愉快，否則便常易出錯。管理者必須對這些人類神經反應或習慣有一概括而全面的瞭解，以免在設計工作環境時造成未來的災禍或困擾。

三、肌肉強度因素

人體肌肉的強度對其所從事的工作當然有極大的影響。肌肉的強度與工作的重複程度、疲勞程度等有關，因此也是值得探討的因素。疲勞除了可因肌肉強度而有所影響之外，也可能因心理倦怠、焦慮、壓力等而加劇其反應。而為了因應人體疲勞及其對工作之不良影響，管理者通常以增加放寬時間或增加休息次數的方式克服或化解員工之疲勞。

四、溫度與濕度

溫度與濕度對人體有其影響，這種影響在粗重工作中可使人體加速疲勞。在要求準確性或創造性的工作上，溫度及濕度更可能大大的影響生產力。原則上，適合人體工作的溫度在攝氏 24 至 25 度之間。溫度與濕度的搭配也很重要。濕度高時，其相對溫度便應下降，否則人體將感覺不適。

目前在國內的電子業等廠區內，大都有溫度與濕度之調節。這種溫度與濕度的控制對生產力頗有影響，值得特別注意。另外，空調時換氣的程度也是值得注意的。如果空氣中的含氧量不足，也可能使員工疲勞，使生產力下降。

五、照　明

工作場所的照明對員工的工作與健康均有極大的影響。照明的強度 (Intensity)、對比 (Contrast)，及色澤 (Color) 都是在設計工作環境時所應考慮的因素。原則上照明的強度、對比都要適合工作的需求，色澤也要適合工作及員工的要求。一般認為適宜的強度可如表 7–2 所示。

表 7–2　一般適合之照明強度表

照　明（呎燭光）	工作或場所
1,800	手術房
1,000	銲接
500	細緻產品之檢驗
300	精密產品之裝配
200	一般機械加工
100	縫紉
80	打字、工作檯上之加工
50	書寫、閱讀及檔案管理
20	粗工、用餐
10	收、發貨品
5	背景光度
0.5	月光之光度
0.1	電影院內之照明

一般員工大都偏好自然光之照明。但天然光線有時過強，有時又太弱，其變化極大，故不如電燈光線這麼穩定。另外，如開窗引用外界之天然光線時，又可能造成清理窗戶玻璃等之困擾。因此，外國已有許多企業或商場全用電力照明。不過這種方式也有其缺點，在不見天日的狀況下，歹徒可能產生錯覺而肆意惹是生非。國外的地下鐵 (Subway) 及車站內犯罪率高，便與其照明方式有某種關係。與此有關者，還有光線的刺目或耀眼程度 (Glare) 及色澤。在光線耀眼時，人的注意力及警覺心可能提高，但若光線過於耀眼，又可能傷害視力。因此，在強光下工作又需要戴鴨舌帽以遮擋強光。顏色或色澤也是在此一項目之下值得特別注意的因素之一。美國的「職業安全及衛生法案」曾設定顏色之使用標準（如表 7–3 所示），現在說明如下。

表 7–3　美國「職業安全衛生法案」之顏色使用標準

白　色	紅　色	橘　色	黃　色
・車道分隔線 ・廢棄物收集場 ・室內角落 ・食品及飲料站	・消防設備 ・易燃液體 ・防空洞燈號 ・緊急按鈕 ・警報器箱	・危險機械 ・電力設備 ・封閉式動力開關	・注　意 ・警衛亭 ・建築設備 ・懸吊裝置 ・圓柱、柱子 ・易燃物品

綠 色	黑 色	藍 色	紫 色
・安 全 ・急救箱 ・通行燈號	・車道分隔線 ・方向標幟	・維修中之設備 ・失效之開關 ・廢棄之水喉	・輻射危險 ・輻射物 ・廢棄輻射物 ・輻射設備

如表 7–3 所示，對於特定處所或物品，為了協助人們辨識之，可以使用表 7–3 內所註明之顏色，特別把它凸顯出來。這種做法賦予顏色特殊的意義，也以顏色表示特定的意義，是極有用處的做法。另外，在醫院、銀行、辦公室、餐館、公共場所中以不同色澤改良裝潢、做不同的心理訴求，也是現代人生活中的一個趨勢。鮮豔顏色的傢俱常用來表現個性或進步。綠色、藍色等較冷淡的顏色則用於標示休息或靜默。較溫暖的色澤，如黃色、金黃色，及紅色等則代表活動量較大之區域。而明亮的色澤也可以使空間顯得更大且更有現代感。

在不同的文化中，顏色另有其特殊之意義。例如在中國，金黃色是帝王之色，紅色、綠色、藍色、白色等皆各有其適用之場合。在其他文化中，亦有類似或相反之用法。管理者應該視文化與場合之搭配而使用顏色，以免貽笑大方。

六、噪音與震動

在環保意識提高以後，人們對噪音更加注意。噪音可能造成聽力喪失，也可能使生產力下降。噪音與震動常常一起出現，震動即造成噪音，也使人心神不寧。對於噪音的管制較引人注意，至於震動的影響及管制，則較少為人知曉。噪音的衡量單位是「分貝」(Decibels; Db)。美國職業安全及衛生法案 (Occupational Safety and Health Act; OSHA) 也已設定了噪音的管制標準。如表 7–4 所示，一般人對於噪音的承受能力是有其極限的。雖然有些人的抵抗力強，但為了維護聽力及健康起見，大家仍以採取遠離噪音或控制噪音、縮短接觸時間等做法為宜。

原則上，每增加 10 分貝，等於噪音強度增加 10 倍。表 7–4 中的數值是人體對噪音的安全承受範圍。在生活中，噪音隨時都有。例如吸塵器就可以發出 70 分貝的噪音，在辦公室中約 60 分貝，而電鋸則可發出 110 分貝的噪音。除了噪音的強度值得注意之外，高頻率及突發的聲音更可能使人分心或受驚嚇。因此，在工作場所中也要管制高頻率的聲響並避免突發的噪音。常見的噪音防治方法有以下幾種：

⑴減少震動以控制噪音。

⑵進行隔音。

⑶以耳塞、頭盔、地毯等減少員工與噪音或震動之接觸。

⑷放背景音樂以中和噪音。

表 7-4　OSHA 中人體對噪音之安全標準

每天接觸時間（小時）	音量（分貝）
8	90
6	92
4	95
3	97
2	100
3/2	102
1	105
1/2	110
1/4 以下	115

七、工業安全與衛生

「工業安全與衛生」一直都是一個重要的話題，各國政府也都大力鼓吹，希望提醒企業家、管理者與員工共同提高警覺，以改善工業安全。工業災害及職場衛生不但可能影響生產力，更可能造成企業大筆的財務支出。因此，對於工業安全與衛生的顧慮，其出發點即有其道義上之考量，也有其實務上之必要。若不注意工業安全與衛生，在短期內企業生產力下降，在長期中更可能造成員工身體上不可彌補的傷害。

工業災害或工業意外大都是由於疏忽而產生的。兩種或兩種以上的不安全動作同時進行時，便有可能產生意外。而在人體疲勞或心神鬆懈時，疏忽及意外的可能性也就提高了。為了改善工業安全，管理者可以參考過去意外的經驗，設法改善工作場所，並加強安全方面的訓練，加強防護器材、設備等。至於員工方面，則除了加強有關之訓練之外，更應加強其敬業樂群的工作態度。若員工敬業樂群，能向管理者提出警告及改善之建議，而管理者也能正視問題，設法解決，員工又遵守安全規則，那麼工業意外便可以大量減少了。

職場衛生 (Health) 是除了安全之外，另一個值得注意的事項。職業病通常是由於職場中衛生狀況不佳而引起的。常見的職業病如石肺症、化學中毒、視力或聽力減退、甚至於某些癌症，其主因都是由於員工長期接觸到不健康的空氣、水或其他物質。為了改善員工的健康，維持企業的長期生產力，管理者也應該努力改善工作場所中的衛生狀況。

第七節 電子商務與虛擬團隊

電腦、網路與電子商務促成經由互聯網（或簡稱網路）進行商務。全球電子商務的推行代表企業與個人進入一個更大的市場，並具有更大的靈活性和流動性。這種靈活性和流動性，協助企業經由互聯網更加擴展，並可在任何地方雇用員工和生產產品。這種企業實際上是一種虛擬企業，而其所雇用或來往的人員是一個虛擬團隊。

一、全球電子商務面對的障礙

虛擬團隊由於語言的障礙、地方政府的法規，以及使用互聯網的侷限，在全球商務所扮演的角色仍未全面。一般而言，全球電子商務面臨以下障礙❶（如表 7–5 所示）：

表 7–5 全球電子商務面對的障礙

全球電子商務障礙	內　容
法律問題	司法管轄權、進出口法規和執行、知識產權、安全、合約、認證程序、隱私保護、用戶技術
市場進入問題	資訊技術基礎設施
財務問題	關稅、稅收、電子支付系統、貨幣兌換
語　言	語言、翻譯費用、翻譯速度

通常在以互聯網進行商務時，在法律方面，企業首先需要面對司法管轄權、進出口法規和執行、知識產權、安全、合約、認證程序、隱私保護、用戶技術等方面的問題。以電子商務的方式在其他國家進行商務時，各國的資訊技術基礎設施是否相容，也是一個大問題。在財務方面，企業也需要處理有關關稅、稅收、電子支付系統、貨幣兌換的問題。而語言方面，企業更面臨不同語言、翻譯的難易程度、費用、翻譯或理解的速度問題。

二、對於服務業的影響

雖然面對以上問題，電子商務仍然漸進的改變了全球的服務業❷。以互聯網進行電子商務的企業，提供以資訊交換為核心的服務。由於使用互聯網，其交易成本下降。互聯網提高了快速正確決策的能力，使企業能在瞬息萬變的全球市場中，以同步的方式，更快的做出正確決定。

在流程改造方面，電子商務已經開始改變全球服務業的結構與其營運方式。例如在與國際銀行往來方面，現在只要經由互聯網進行認證，本人不必親自到場，即可進行交易。在電子商務資訊服務方面，例如管理諮詢服務，可即時經由互聯網路提供立即的現場服務。在企業經營策略方面，虛擬企業已經成為一個新潮流，可用以協助企業突破成長極限，繼續擴充業務。

三、虛擬團隊的運作

虛擬團隊利用視訊會議、電子郵件、互聯網、區域網路、公司內網和各種高級群組技術與軟、硬體，無論身處何處都可一起工作，已經突破了地區、時間、組織結構的障礙。這種發展已經改變了企業原有面對面工作的型態。雖然如此，人際關係與交流仍然有其重要性，尤其在面對需要高效能，以及很重要的業務時，虛擬團隊仍無法取代親臨現場的必要性①。原則上，虛擬團隊的運作需要團隊成員之間的信任感。團隊成員可能需要更努力工作，以彌補與團隊成員分處兩地所產生的不信任感。

虛擬團隊需要共同的目標與意願，願意借助於互聯網超越時間、空間和組織界線的限制，通過各自負責但互相關連的任務一起完成工作。為協助讀者更深入的理解虛擬團隊，現在將虛擬團隊的特徵說明如下。虛擬團隊在共同特性方面，有幾個特點。首先，他們所處的地方，在地理上有隔閡，是分處不同地區。其次，雖然分處不同地區，他們卻由共同的目標所驅動。第三，他們都具備有通訊方面的技術，能以互聯網路溝通。第四，他們願意，也親自參與此一跨越國土邊界的合作。在其他特性方面，首先，虛擬團隊並不是一個永久的團隊。其次，團隊成員共同制訂決策、解決問題，也對結果共同負責。第三，團隊規模通常不大。第四，團隊成員不固定。第五，所有團隊成員都具備資訊方面的專長或能力。

四、虛擬團隊的類型

虛擬團隊借助於一系列的電子交換技術，可跨越常人實體的地理界線，共同工作。由社會層面而言，雖然他們之間不常見面，很少串門子，但他們確實可以不同的方式與人合作，產生成果。不只如此，虛擬團隊還有許多不同的類型②，現在說明如下：

◆ 1.網狀團隊

網狀團隊成員之間呈現網狀聯繫的狀態。網狀團隊通常由共同合作，希望共同達成一個相同目標的許多個人成員組成。

2. 平行團隊

平行團隊負責執行傳統組織所不願意執行，甚或設法逃避的特殊任務、工作或功能。

3. 專案 / 產品開發團隊

團隊成員為特定的顧客或項目，在特定時間合作。

4. 工作 / 生產團隊

團隊成員合作進行常規和有持續性質的工作。

5. 服務團隊

團隊成員跨越時間和空間，共同進行服務工作。

6. 管理團隊

分處於不同地方的管理團隊成員，跨越時空的區隔，共同進行管理工作。

7. 行動團隊

在緊急狀況下，迅速合作做出反應。

實際上，虛擬團隊的運作方式，除了在本節第三小節所述的差異之外，其運作的目的、方式，與我們所熟知的一般團隊類似。有些甚至成形已久，早就存在。例如所謂的行動團隊的合作方式，就類似電影情節中常見的民航機飛行員失去駕駛能力，地面航管人員利用無線電指導乘客，以協助乘客駕駛飛機並安全落地的做法。現在由於互聯網日漸發達，這種合作方式將日漸增多，未來其團隊形態也不可能侷限於以上七種。

電子商務、虛擬企業與虛擬團隊的發展，已經開始改變工作與工作環境的定義。這種發展與變化，必然影響企業內部的工作與工作環境內容。不論員工或企業管理者，都應該深入體察電腦時代、電子商務、虛擬企業，以及虛擬團隊的內涵與意義，進而調整自己的工作能力、專長與工作習慣，以便及早因應未來在工作上、在工作環境上可能產生的變化。

第八節 結 語

工作設計 (Job Design) 與工作環境設計 (Work Design) 是兩個有趣的課題，近年來美國有將此二課題合一，然後以 Job Design 含括這兩個課題的趨勢。本章簡介了以上兩個課題，並於本章中呈現常見的相關概念，以協助讀者建立相關理論基礎。工作設計與工作環境設計這兩個課題，與社會演變有密切的關係，通常要隨社會演變而改變。因此，研究工作設計與工作環境設計，可以回顧工業社會與人類、社會演變的痕跡，非常有趣。原則上，工作設計與工作環境設計的演變，追隨國家社會的進步，也是一個無止盡的過程。管理者有幸必須面對這種挑戰，應該抱著活到老學到老的心情，努力追隨國家社會同步前進，並不斷在工作設計與工作環境設計方面再創新貢獻。

本章第七節特別討論電子商務發展與虛擬團隊的做法。電子商務的發展已經具體改變全球企業營運的方式，而虛擬團隊正是因為電子商務興起而發展出來的一種新組織運作模式。我們也可說，虛擬團隊因電子商務而起，也對企業營運模式產生無遠弗屆的影響。

本章討論工作設計的定義、日常工作之重要、工作設計相關概念及做法、工作簡化、工作系統設計與工作衡量、設計工作環境時考量之因素等課題，已完整回顧此一領域的發展，應對讀者極有參考價值。

重要名詞

工作設計
工作系統設計
科技社會體系
防止問題
JIT 系統
牽引式系統
看　板
專業化
工作擴大化
工作豐富化
工作生活品質
Z 理論

品管圈
動作研究
時間研究
精實生產
計畫平準化
一次做好
敏捷製造
虛擬製造
虛擬企業
約束理論
流程改造
工作簡化

動作經濟原則
工作衡量
正常工作時間
標準時間
表現評比
標準工時
方法時間衡量
工作標準
工作環境
人因因素

習　題

一、簡答題

1. 工作設計與工作系統設計有何異同?

2. 工作設計的哲學思想歷經哪些學派之演變？其影響何在？
3. 行為學派對工作設計所強調的重點為何？其所發展出之相關觀念及做法有哪些？
4. 科技社會體系對工作設計的看法如何？
5. 哪些因素對企業的日常工作有所影響？
6. JIT 系統之因果論在日常工作中有何具體表現？
7. JIT 系統之優點何在？
8. 日式全面品質管制之特點何在？
9. 試說明看板之流通方式。
10. 在工作設計中，管理者所關切的課題為何？
11. 在工作設計中，所應注意的事項有哪些？
12. 在工作設計中，常見的概念及做法有哪些？
13. 專業化的優缺點何在？
14. 工作生活品質的基本目標何在？其所注重的領域有哪些？
15. Z 理論是什麼？與 Z 理論不謀而合的做法有哪些？
16. 品管圈有哪些特色？其提高生產力的做法有哪些？
17. 自動化有哪些優點及缺點？
18. 在工作簡化或工作改善時，其所可提出的問題有哪些？
19. 試說明目的、資源與系統間之關係。
20. 工作系統的特性何在？
21. 試說明精實生產。
22. 試說明虛擬製造與虛擬企業之異同。
23. 約束理論的意義何在？
24. 試說明流程改造的起源目的與做法。
25. 動作研究是什麼？其常用的方法與工具有哪些？
26. 試說明動作經濟原則。
27. 時間研究是什麼？其研究時遵循之步驟為何？
28. 工作抽樣是什麼？

二、計算題

1. 某時間研究衡量之工作週期為 4 分鐘，若該員工之表現評比為 0.85，且寬放時間為 15%，其標準工作時間應為若干？其標準工時又應為多少？

2. 在上題中，若每小時工資 120 元，則每件論件計酬之工資應為多少？
3. 某時間研究所記錄之工作週期為 5 分鐘。若該員工之表現評比為 1.10，且寬放時間為 20%，其標準工時應為若干？
4. 設某一受測工作約佔工作時間之 30%，其觀測結果之可靠度為 95%，所願意承受之誤差若為 ±3%，試問應觀測多少樣本才能取得合理的結果？
5. 某受測工作約佔工作時間之 60%，若需達成 99% 的可靠性，且所願承受之誤差為 5%，試問應取樣若干？

註　文

❶ Turban E., Lee J., King, D., and Chung, H. M., *Electronic Commerce: A Managerial Perspective*, Upper Saddle River, NJ: Prentice Hall, 2000.

❷ Wymbs, C., "How E-Commerce Is Transforming and Internationalizing Service Industries," *Journal of Service Marketing*, Vol. 4, No. 6, 2000, pp. 463–477.

參考文獻

① Lipnack, J. and Stamps, J., *Virtual Teams: Reaching Across Space, Time, and Organizations with Technology*, New York: John Wiley.

② Duarte, D., and Snyder, N., *Mastering Virtual Teams*, San Francisco, CA: Jossey-Bass Publishers, 1999.

筆記欄

第八章

產能規劃

Production and Operations Management

前　言

子曰:「人無遠慮，必有近憂。」這句話用在產能決策上，實在極為貼切。所有企業或機構都可能有產能問題，不是產能過剩，便是產能不足。能夠正好有足夠產能以應付需求者，可能百不及一。因此，企業管理者應該在產能決策上深思遠慮，並設定適當的產能策略，以便滿足企業短、中、長期產能之需求。

產能決策影響深遠，對企業的發展有極大影響。一般在討論及產能問題時，常以為若產能不足，使企業無法滿足市場需求，將坐失發展良機，而若產能過剩，也可能由於固定成本太高，使企業喪失競爭能力。除了這些短期的影響之外，產能也能改變企業長期行為。例如，若產能不足，也無法擴充產能，企業自然而然保守。反之，若產能充裕，為利用產能，便可能積極擴大市場。因此，企業也將較積極進取，並因而改變企業的行為及企業的未來。

第一節　產能的定義

所謂產能，是企業在正常狀況下，在某一段期間中之最大產量。產能估算之單位，通常因產品及業別而異。例如原子筆以打 (Dozen) 計、汽車則以輛為單位、航空客運以座位哩數為準，而醫院卻又以病床或可診療之門診人數為計算產能之單位。在估算產能之前，必須先瞭解應該使用之單位。產能亦可以設備時數計算之。企業若使用相同設備生產多種產品，其產能即可使用「機器小時」計之。

企業的產能，由於目的及計算方式之差異，可分為以下幾種:

◆ 1.設計產能 (Design Capacity)

所謂設計產能，是在設計生產過程時，所設定之最高產量。設計產能通常是生產過程可長期負擔之最大產量。生產量若小於生產過程之設計產能，設備之損耗即在可接受之範圍內。所以，設計產能即設備之正常產能。

◆ 2.計畫產能 (Effective Capacity)

計畫產能是依據產品類別及設備現況，所計畫之最大產量。由於產品不同，同一生產過程，可能有不同之產能表現。計畫產能也稱為可用產能或有效產能，也就是在計畫時確定能動用的產能。

◆ 3.實際產能 (Actual Capacity)

實際產能是參考產品類別、數量、需求及設備現況之後，所確定能生產之總產量。實際產能可能大於或小於設計產能。企業超用產能時，其實際產能可能大於設計產能。

一、計算產能之方法

一般而言，設備之可用時間可計算如下：

$$T = tDR \tag{8.1}$$

其中，T 是設備之全期可用時間，t 是每日工作時數，D 是期間內之工作日數，R 是設備之計畫使用率。通常

$$\begin{aligned} R &= (1 - \text{計畫保修率}) \\ &= (1 - \theta) \end{aligned} \tag{8.2}$$

例如，若民國七十九年十月之工作日數為 24 天，每日工作 8 小時，開機、關機，及保養時間等佔 8 小時之 10%，則該設備之可用時間為

$$\begin{aligned} T &= tDR = tD(1 - \theta) \\ &= (8)(24)(1 - 0.1) \\ &= 172.8 \text{ 小時} \end{aligned}$$

由於設備維修將影響產能，管理者應該將維修、保養等工作安排在正常工作時間之外，以增加設備之可用時間。設備使用率應該不大於 1，亦即 $R \leq 1$。若 $R > 1$，則企業即超用產能。假如由於趕工而偶爾超用產能，還情有可原。若管理者為爭取績效而長期超用產能，則必然增加設備耗損，縮短設備壽命，降低產品品質，進而減低企業中、長期之生產力及競爭能力。

由於產品種類不同，產能之計算方式也可能不同。原則上，產能之計算應由下而上，由基層部門算起。計算產能時，管理者應將設備之可用時間換算為產能。其計算方式大致包含以下兩種：

◆ 1.單一產品，相同設備

若只生產一種產品，且使用同一種設備，則其產能可以計算如下：

$$P = \frac{TN}{t_w} \tag{8.3}$$

在公式 (8.3) 中，P 為產能，T 為設備之可用時間，N 為同一設備數目，而 t_w 為每件產品需用之作業時間。

2. 多種產品，相同設備

同理，管理者可使用公式 (8.3) 以計算同類產品，相同設備狀況下之產能。原則上，在計算產能前，管理者應先以下式計算每單位產品之工作時間。

$$t_w = \sum_{i=1}^{n} t_i w_i \tag{8.4}$$

公式 (8.4) 中之 t_w 即為公式 (8.3) 中之每單位產品工作時間，t_i 為第 i 種產品每單位之工作時間，而 w_i 則為第 i 種產品產量佔總產量之百分比，n 則為產品種類之總數。

若產品使用之設備超過一種，則產能可以公式 (8.3) 就各設備分別計算之。若產品也超過一種，則其平均單位工作時間應以公式 (8.4) 計算之。

二、影響產能的因素 (Capacity Determinants)

一個企業的產能到底有多少，取決於許多因素。現在舉例如後以資說明。在超級市場中，顧客選取商品之後，必須到櫃臺結帳。在結帳時，收銀員 (Cashier) 將貨品點明並將貨價計入收銀機 (Cash Register) 內。在計價完畢之後，另有一位包裝人員負責協助顧客將貨品裝袋。顧客在結帳之後，便可攜帶所選購之貨品離去。在這一個系統中，工作的安排方式可能影響結帳的速度。也就是說，工作安排的方式可能改變了系統的產能。

假定在此一系統中，收銀員每分鐘可計價約 50 件貨品，而收銀機的產能為每分鐘 700 個貨價。在計價時，收銀員將貨價及數量打入 (Key in) 收銀機，而收銀機則按其設定之程式，一五一十的將貨價記錄起來。由於收銀員與收銀機共同運作，這個系統是一個協同運作的系統 (System in Unison)，而此一系統的產能為每分鐘 50 件貨品。可是我們知道，結帳的過程還包括將貨品裝袋，讓顧客付錢後把貨品帶走。因此，在計算產能時，也要把裝袋的工作計算在內。

假設包裝員每分鐘可將 35 件貨品裝袋，如圖 8–1 所示。此時，計價與包裝是兩個分開的工作，但這兩個工作合起來成為一個結帳系統。由於包裝工作較耗時，在這個連續系統 (System in Series) 中，每分鐘卻只能處理 35 件貨品，也就是說，在這種安排之下，每個櫃臺每分鐘只能處理 35 件貨品。

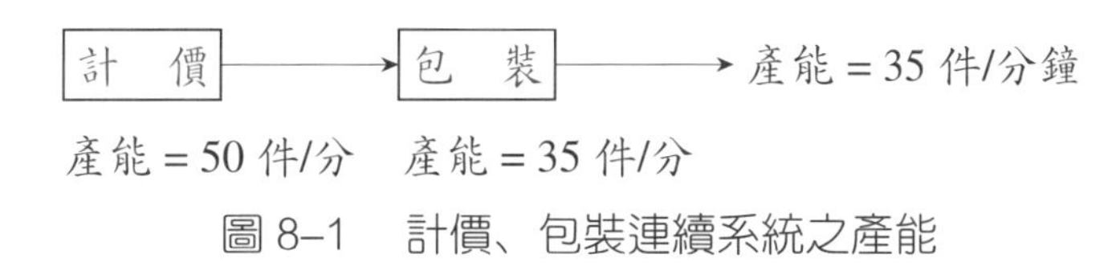

圖 8–1　計價、包裝連續系統之產能

現在假設此超級市場有 10 個結帳櫃臺，這 10 個櫃臺是平行運作系統 (System in Parallel)，其產能則為 10 個櫃臺產能之和，一共是每分鐘 350 件貨品。

在這個例子中，我們觀察了收銀員、收銀機、包裝員等三個單元在協同運作、連續運作及平行運作系統中運行。10 個收銀員總和的產能是每分鐘 500 件。收銀機的總產能是一分鐘 7000 件。但在包括包裝員於系統中之後，其總產能卻縮小到每分鐘只有 350 件而已。由此可見工作過程之安排確實可能影響系統之產能。而在本例中影響產能的**瓶頸作業 (Bottleneck Operation)** 則是包裝工作。

在較為龐大的系統中，有些產品的製程很長，在製造過程中可能有多個瓶頸存在。而在某些狀況下，由於狀況特殊，時間、空間、勞工、原物料供應等等也可能成為瓶頸，甚或同時成為瓶頸。這種狀況在英文中稱為 Multiple Bottlenecks，對產能可能造成極大的影響。

除了以上提及的因素之外，還有許多因素可能影響產能。為協助讀者瞭解這些因素起見，謹將這些因素條列於後：

(1)設施因素 (Facilities Factors)。

(2)產品／服務因素 (Product/Service Factors)。

(3)製程因素 (Process Factors)。

(4)人因因素 (Human-factor Factors)。

(5)營運因素 (Operation Factors)。

(6)原物料因素 (Input Factors)。

(7)需求因素 (Demand Factors)。

(8)其他外在因素 (External Factors)。

影響產能的因素很多。為了方便起見，我們把它們分成八類如上。在這八類當中，每一類又包含許多因素。現在將各類因素之內容簡述如下：

◆ 1.設施因素

設施對產能有極大的影響。假如我們把機器的設計產能當成是先天的能力的話，那麼設施就是後天的環境了。設施如果能配合機器的需求，則機器的產能可能較宜發揮。否則，機器的產能可能就無法全面利用了。所謂設施是指廠房的地點、大小、廠房佈置、燈光、通風、室內外環境、收發貨設備、搬運工具、方式，以及生產活動中所使用的工具等。

◆ 2. 產品／服務因素

產品或服務的設計及生產方式也對產能有重大的影響。原則上，若生產的產品類似，使用的零配件相同，則生產速度較快，產能也可相對提高。反之，若生產產品差異極大，要求的品質又高，則生產速度當然減緩，企業的產能也就下降了。另外，假如有利用「**量產化設計**」(Design to Manufacture) 的觀念，在設計時便設法配合生產的要求，使生產工作事半功倍，則生產活動簡便易行，企業的產能也就較高了。

◆ 3. 製程因素

製造過程因素包含產品的加工過程及品質要求，以及製程本身這兩部分。假如產品的加工過程複雜，而要求的品質又高，則生產速度可能下降。另外，如果製造過程的設計產能不高、開機換模時間長等，也可能使產能下降。另外，製程使用的難易程度、人機配合的比例及方式等，也是不可忽視的因素。

◆ 4. 人因因素

在工業工程領域中，有一個「人因工程」(Human Factor Engineering) 專長。所謂人因，在工作環境設計方面，可以包含(1)在**精神物理學** (Psychophysics) 中，有關人類知覺上的反應，(2)在**人體衡量** (Anthropometry) 上所討論的人體結構，以及(3)**生化機械學** (Biomechanics) 中對人體動作的研究等三方面。在有關人因因素的討論中，我們主要關切員工的教育訓練、技術能力、經驗、員工的士氣、工作上的反應，以及員工對設備、管理的反應等因素。

◆ 5. 營運因素

在企業營運的過程中，營運管理上的決策、觀念，及實際行為都可能影響產能。例如在生產排程、存貨管理、生產管制、成品管理及交貨方式、品管方式、對市場需求的預測及反應方式等等，都會影響產能。

◆ 6. 原物料因素

原物料的品質，及可取得的數量等都會影響產能。另外，工具、配件的品質，工具、配件是否合用等，也都可能使生產速度改變。在某些狀況下，由於原物料被壟斷，企業無法取得原物料，則企業的產能更可能閒置，而使英雄無用武之地。

◆ 7. 需求因素

假如產能大於需求，則可能發生產能利用偏低的狀況。此時，產能利用率是

$$產能利用率 = \frac{產出}{產能} \tag{8.5}$$

把這個公式重新安排時，我們可得下式

$$產能 = \frac{產出}{產能利用率} \tag{8.6}$$

也就是說，在這種狀況下，我們實際上是採行低產能利用率的政策。也可以說，此時我們政策性的決定維持多餘產能。但是，在這個公式中，另外一個涵義則是「只有利用到的產能才是產能」。而到底能利用多少產能，在這種狀況下，則完全取決於需求之多少了。

◆ 8.其他外在因素

除了前述因素之外，還有許多因素可能影響產能。這些因素大多是外在因素。這些外在因素有些是突發的，有些是漸進的。例如天然災害、戰爭、人禍等是突發的。而例如產品安全、勞工保護、環保要求等需求是漸進的，會愈來愈緊，對企業產生壓力。

現在將前述因素的內容整理如表 8–1，以供讀者參考。

表 8–1　影響產能的因素及內容

因素	內容
設施因素	‧廠址 ‧廠房佈置 ‧內外環境之設計 ‧搭配之設備
產品／服務因素	‧產品設計及品質需求 ‧產品種類及異同 ‧產品生產之難易
製程因素	‧產品加工過程複雜程度 ‧製程的設計產能 ‧製程的工作品質 ‧開機換模時間
人因因素	‧員工之教育、訓練 ‧員工之技術能力、經驗 ‧員工之士氣及激勵方式 ‧員工對工作、設備及管理之反應

營運因素	・營運管理上在排程、存貨管理、生產管制、成品管理、交貨、品管方式、反映市場需求的方式及態度等方面之決策、觀念及行為 ・對市場需求之預測及看法
原物料因素	・原物料品質 ・原物料供應數量及穩定程度 ・零配件、工具之合用程度
需求因素	・需求數量 ・需求之增減及穩定程度
其他外在因素	・天災人禍 ・產品安全 ・勞工保護措施 ・環保需求

三、產能決策的意涵

前面說過，產能決策影響深遠，對企業的積極性及發展有極大影響。若產能不足，在市場急速擴大時，企業不但坐失發展良機，更可能趨於保守，不積極參與競爭，而使企業發展緩慢。但若有多餘產能，為利用產能，便可能積極進取、不斷擴大市場與市場參與。因此，產能決策可以影響企業的行為及未來。現在說明產能決策的意涵如下：

1.決定合理的企業營運規模

產能決策耗時費力，也需要投入資本，決策之後又很難重作一次，可說是一個值得注重的重要決策。其實，產能就是生產規模，因此產能決策之後，企業最大生產規模便已確定，並影響企業未來的發展。生產規模過大，管理起來相對困難。同時，若超過目前的需求，也可能造成產能閒置，並提高固定成本分攤額度，使產品成本提高。

但若產能太小，造成生產規模縮小，使生產排程相對困難，對於產量與品質產生影響。經營起來縛手縛腳，造成經營者的困擾，有時更可能喪失競爭力。由此可知，產能決策不只是生產量的問題，其實更牽涉到企業生產規模、組織結構、經營管理等層面，因此，在這裡提醒讀者，在決定產能時，其實是決定合理的企業營運規模。

2.影響企業內各相關子系統的協調運作能力

產能決策除了影響生產量之外，也和企業內其他系統的規模與運作有關。假如只提高生產方面的產能，而未同步擴大企業內其他系統的規模與運作能力，便可能在其他系統中產生瓶頸，使生產方面的產能無法發揮。產能取決於整個系統中的最小運作能力，因此，若僅增加生產能力，卻不擴充其他生產服務部門，將無法充分發揮產能。

管理學者常說，在規模擴大時，其管理、協調、支援的困難程度，以等比級數增加。因此，擴充產能時，必須同步擴展企業內各系統及其運作能力。

◆ 3.提高企業生產方面的經濟效益

自從工業革命以來，企業不斷尋求擴充的機會，以追求更大經濟效益。但在成長的過程中，企業發現有時擴充不但不能提高經濟效益，更造成直接成本提高，收益減少的狀況。以經濟學的理論而言，這是由於邊際成本超過邊際效益的緣故。也就是說，有時擴大產能不但不能提高效益，反而可能產生損失，因為其管理、協調、支援的困難程度過大，使成本提高，甚或造成失控而產生困擾。管理者必須分析產能決策的經濟效益，以免造成困擾。

四、經濟規模的涵義

產能決策是重要的管理決策之一，同時，此一決策必須遵循經濟學中的經濟規模概念，以免造成不經濟的狀況。所謂經濟規模，是指單位產品或產出的生產成本，隨生產規模的變動而變動。這種變動有三種結果。第一，單位產品或產出的生產成本，在生產規模變動時，生產成本不變。也就是說，規模報酬不變，因此，擴大規模與否，對單位成本沒有影響。第二，單位生產成本隨生產規模的增加而下降，也就是規模報酬遞增的狀況，因此，擴大規模有利。第三，單位產品或產出的生產成本，隨生產規模的增加而增加，也就是規模報酬遞減。此時，就有規模的不經濟性存在，擴大規模不利。

規模經濟受到以下因素的影響，現在說明如下：

◆ 1.分工產生的專業化

在進行分工之後，由於長期專門從事某一工作，員工將發展專業知識與技術，因此提高其學習效果，可以更加改善技術與成品的品質、生產效率等，使生產成本降低。

◆ 2.設備專業化

隨生產規模擴大，企業使用的專門設備增加，而減少工序之間的搬運、處理與損耗。使用專門設備之後，生產工序間的輔助作業減少，生產效率提高，因此將產生經濟效益。

◆ 3.設計專業設備時，必須取得整體搭配的經濟規模

設備專業化時產生了生產要素的不可分割性，也就是說，為了作業搭配而不得不使用最小公倍數的方式決定產能。因此，專業化設備通常有其必須的經濟規劃。

◆ 4.設備加大時，設備製造費用成本下降

在擴大設備時，容量擴大，但其使用的設備製造材料與成本下降。例如生產水管時，若將直徑擴大一倍，使用的管件材料增加一倍，但其水管流量卻可增加三倍。由於這種幾何關係，造成在使用較大設備時，可以產生經濟規模。

◆ 5.固定成本分攤比例下降

由第 4 項的說明可知，在產量增加時，由於生產設備成本增加的幅度小，在生產規模擴大之後，每一單位產品分攤的固定成本下降，因此單位成本降低。

◆ 6.其他單位成本下降

前面說過，在擴充產能時，管理、協調、支援的困難度與成本有可能提高。但若在規模太小時，由於沒有經濟規模，其管理、協調、支援成本相對較高，造成單位平均成本高。若擴充規模，而其管理、協調、支援成本不提高，或能產生加成效果時，則每單位的平均成本下降，也可以產生經濟規模。

本節討論產能的定義，共討論了產能的定義、影響產能的因素、產能決策的意涵，與經濟規模的涵義等四個課題。本節內容精簡而有趣，值得參考。

第二節 短期產能

在企業計畫期間的劃分上，有所謂短期、中期及長期的分別。原則上，短期是一年之內，中期是一至三年，而長期則是三年或五年以上。在產能上，雖然並沒有特別清楚的定義，但原則上，期間的定義似也可採行同樣的做法。

討論企業的產能時，在中、長期上，產能的增減會牽涉到硬體設施及設備的增減。但在短期產能決策中，企業的硬體設備不易改變。因此，決定短期產能之目的在於探討當期內是否有足夠的產能以達成生產目標，以及如何達成生產目標。為了解答這二個問題，管理者必須計算實際產能，比較需求與實際產能之差異，再決定以什麼方式達成生產目標。在短期產能不足時，管理者可以下列方式增加短期產能：

◆ 1.增加產能

⑴加班。

⑵增加工作班次（如三班制：早、午、晚班）。

⑶增加臨時員工。

⑷租用員工或設備。

(5)將產品外包生產。

2.改善使用產能之方式

(1)調整工作班次或人員以善用產能。

(2)預先計畫產能使用之方式。

(3)保留存貨以因應旺季需求。

(4)延期交貨。

3.修改產品

(1)零件標準化。

(2)簡化工作內容。

(3)簡化工作流程。

(4)降低工作品質。

4.調整需求

(1)隨需求調整價格。

(2)以廣告或促銷手段調整需求。

(3)不滿足需求。

一、產能是否充足?

在短期產能決策上，第一個考慮是產能是否足以應付短期需求。其次則在於以什麼方式來滿足生產需求。在判斷產能是否充足時，主要的著眼點在於瞭解是否有可能在某些時段之中，在某些產能上有所不足。假如在某些產能上確有不足之處，則也要瞭解到底缺少多少，以及有哪些方法可資運用以增加產能。

二、滿足生產需求的方式

不論產能是否充足，管理者都需要決定滿足生產需求的方式。原則上，在選擇生產方式時，品質、成本、交期等都是考慮的因素。如果牽涉到「託外加工」的方式，則受託廠商所提供的服務，以及我方對他們所能加諸的限制到什麼程度，也都應列入考慮範圍。

在一般教科書中，在考慮以什麼方式滿足需求時，通常只考慮成本，並以成本最低者為最佳之選擇。假如企業的目的只在降低成本，對其他因素並不關心，則這種做法當屬正當。同時，假使不論採行那一種生產方式，其品質、交期及服務均相同時，則只考慮成本也就足夠了。但若以上兩種狀況均不存在時，則是否應該只以成本高低為其決策之依據，便值得商榷了。

第三節 長期產能

產能不足或產能過剩都有其不良影響。若產能不足，市場擴大了，企業卻無法增產，可能坐失良機或讓對手輕易的提高市場佔有率。反之，若產能過剩，在市場快速成長時，由於還有多餘產能，應可把握機會，擴充市場佔有率。但是，若需求趨緩或減少，由於固定資產利用率低，生產成本提高，則連企業的生存都可能受影響。因此，產能不足雖然可慮，其影響卻遠不如產能過剩。產能過剩的原因很多（表 8–2）。通常在擴充產能時，管理者必須考慮經濟規模。因此，產能之增幅都不小。另外，擴充產能費時耗力，不可能經常擴充。企業不得不在擴充時預留產能以因應需求之變化。為了避免競爭對手趁機坐大，企業有時故意保留多餘產能。若數家企業同時採行此類做法，整個產業之產能必然過剩。生產過程及生產技術之革新也可能引起產能過剩。新科技或新製程之生產速度快，改用新製程或新生產科技之後，產量提高，產能也可能因而超過需求。如表 8–2 所示，除以上幾種原因之外，還有很多因素可能造成產能過剩。

表 8–2　產能過剩之因素及內容

因素	內容
技術性因素	・必須大幅增加產能 ・經濟規模 ・增加產能耗時費力 ・最低之經濟增幅不斷提高 ・生產科技之改進
結構性因素	・極高之退出障礙 ・供應商之壓力 ・建立信譽以吸引顧客 ・對手進行垂直整合使市場及缺貨壓力擴大 ・產能與市場佔有率相關 ・生產設備更新
競爭性因素	・產業內廠商眾多 ・市場上無明顯之市場領導者 ・新企業進入產業 ・先增加產能較為有利

資訊性因素	・對未來需求過於樂觀 ・對未來之看法及假設不同 ・市場訊號無法流通 ・產業結構改變 ・金融機構之壓力
管理性因素	・管理者之技術背景及產業經驗 ・對風險之反應
政府方面之因素	・不當的節稅規定 ・培養民族工業 ・設法維持或增加就業人口

產能過剩不但使生產成本提高，市場價格下降，也可能改變買賣雙方之議價能力。買方通常希望賣方產業產能過剩。如果賣方產能過剩，買方即可予取予求，獲得殺價的優勢。臺灣外銷產業有時不得不與韓、新、港及其他地區之供應商競價以獲取訂單，即為一明顯之實例。若產能過剩，在市場需求正常或增加時，其影響尚不明顯。若需求萎縮，則可能造成立即而長遠的影響。需求萎縮，供應商必然削價求售，買方將因而瞭解賣方之底價。而需求回升之後，賣方可能必須以低價成交。因此，產能過剩可能使產業獲利率下降。由於以上種種原因，企業通常極力防止產能過剩。

一、預測產能

由於企業大都極力防止產能過剩，因此，一般而言，企業之產能無法應付快速的市場擴張。若市場需求快速增加，將造成銷售損失或其他更大之影響。為了提高企業應變之彈性，許多企業因此而保留安全產能 (Capacity Cushion)。安全產能之作用與存貨管理中之安全存貨 (Safety Stock) 類似，都是用以應付突如其來的需求。若需求快速增加，企業可使用安全產能，迅速的提高產能。安全產能之數量通常根據維持多餘產能之成本與產能不足之成本而定。原則上，在決定安全產能之前，應預估未來產能需求。

在預測銷售或產能時，經常使用指數調整法 (Exponential Smoothing Method)。產能預測之結果極具參考價值。如果需求變動之可能性大，管理者還可以做出樂觀、正常，及悲觀等三種預測，並據以計算產能或需求之期望值。也有許多學者建議使用決策樹 (Decision Tree) 以計算最有利的產能。

二、安全產能

若企業的產能與需求相近，在市場需求急速增加時，必然無法滿足突然增加的需求。因此，如果可能，企業應該保留安全產能。安全產能是超出正常需求之產能，用以應付突然增加的需求。在美國企業中，管理者可以下式決定產能：

$$產能 = \frac{C_s - C_x}{C_s} \tag{8.7}$$

其中，C_s 為產能不足時，每單位產生之成本，而 C_x 則為每單位多餘產能之成本。假如保留多餘產能之成本為每單位 1 元，而產能不足之損失為每單位 3 元，且需求之預測如下表：

需求數量（萬件）	機　率	累計機率
100	0.30	0.30
110	0.20	0.50
120	0.20	0.70
130	0.10	0.80
140	0.10	0.90
150	0.05	0.95
160	0.05	1.00

則企業之產能應至少滿足需求累計機率之 (3−1)/3=67%。也就是說，企業之產能應為 120 萬件，在一般狀況下，企業之安全產能是產能超出預測需求累計機率 50% 之部分。在本例中，安全產能為（120 萬件−110 萬件）=10 萬件。也就是說，美國企業通常只設法滿足 50% 的需求。通常，美國式系統中之安全產能有以下幾種：

⑴成品或半成品存貨。

⑵多餘之空間、設備、人員。

⑶用以增加產能之預算。

⑷多餘之流動資金。

日本式系統之做法與美國式系統不同。日本管理者常常設法保留多餘產能，使工作量小於產能。這種現象在即時生產系統 (JIT) 中更為明顯。由於工作量小於產能，員工在產品品質不良時，可立即停止生產線，改良生產過程。同時，由於產能充足，設備、人員及工具都不至於使用過度，品質自然較高。此時企業既無需保留過多存貨，且又可利用預防保養使設備得以順利運轉。由於這種做法，日本企業可以較佳品質，以及較高之生產彈性與競爭對手抗衡。

日本企業之產能顯然係以滿足最高之需求為著眼點。有些日本企業並保留部分過時設備，予以改良，充為多餘產能。如果必要，保養人員等間接人工亦可適時投入生產。

三、增減產能

在決定長期產能時，首要的考慮在於應否增減產能。對於健全發展的企業而言，由於需求不斷增長，可能需要擴充產能。但是，即便管理上軌道的企業，有時也可能面臨產能過剩的問題。例如台塑企業即曾關閉新東塑膠公司，以減少該企業在塑膠第三次加工之產能。減少產能之方法不外乎減少投資、撤資、裁員、將多餘產能出租、出售等。原則上，企業應以損失最小或最有利的方式減少產能。增減產能之決定不但與成本有關，也與競爭狀況、產品壽命、公司策略及目標、學習能力等有極密切之關聯。原則上，根據**經濟規模** (Economy of Scale) 的觀念，產能大、產量大，則成本較低。但是，如果產能很大，卻無法合理的利用產能，則資產閒置之損失必然驚人。因此，在增減產能時，應該設法兼顧短期利潤與長期發展。

一般而言，在決定增加產能之前，管理者必須先瞭解現有產能之數量，以及引起產能不足之癥結所在。除此之外，管理者也應該預測未來的市場需求。根據以上三類資訊，我們才能決定以下四點：

(1)什麼時候增加產能？

(2)增加多少產能？

(3)在哪裡增加產能？

(4)以什麼方式增加產能？

許多人以為產能策略的重心在於財務規劃，抱持這種觀念的人通常將產能決策當成投資，投資報酬率或淨現值 (Net Present Value) 最高的決策即是最佳的產能決策。這種看法雖然非常有用，卻過於偏重短期目標。實際上，財務規劃只是管理工具之一，真正的重點應該是分析時所使用的資料與資訊。投資之淨現值 (NPV) 受產能投資之時間、產能增幅、競爭狀況、產品壽命及其他許多因素影響。這些因素有些可受人為控制，有些卻無法控制。各因素間又或多或少有其互動性。同時，需求及科技發展也經常改變。所以，企業在決定產能決策之前，必須先預估產業及對手之活動及影響，進而預測各種狀況下之資金流量及機率。因此，產能決策的重心在於產業及競爭對手分析，財務分析只是其中的一小部分。

四、競爭狀況

產業中的競爭狀況對產能決策影響很大。競爭對手數目多寡，競爭方式，需求是否穩定，以及許多其他因素都對產業的產能有極大的影響。若競爭對手多，市場上並無明顯的領導者，多數企業都認為需求將持續成長，而競爭方式又不理性，則產業之產能終將過剩。在這種狀況下，企業必須慎重的考慮應否大幅增加產能。企業本身的財力，企業在產業中的地位，以及企業的競爭策略也都是重要的因素。如果企業資金充裕，在產業中屬於重量級的企業，有其特定的優勢，並且又想以低成本取勝，則企業應盡速增加產能，以取得市場領導者之地位。市場及競爭狀況變化萬千，並無放諸四海皆準的產能策略。原則上，長期產能決策應能反映企業在產業中之地位及做法。在決定長期產能時，管理者必須分析競爭狀況，並選擇最有利的市場地位。

五、學習曲線效果

人類有學習能力。企業中的員工在熟悉了工作方法及生產過程之後，生產速度將以某種比例不斷加快。這種效果稱為**學習曲線效果 (Learning Curve Effect)**。學習曲線也稱為進步曲線或經驗曲線。原則上，學習效果隨生產量增加而提高。也就是說，生產量愈大，每單位產品之生產時間愈小。這種生產時間減少的狀況，當然對產能有極大的影響。學習效果除了因員工對工作熟練而提高工作速度之外，還包括工具、工作方法、產品設計，及其他方面的改善。

學習曲線效果是在 1930 年代中在美國整理出來的。當時在生產飛機機身時，管理者發現在生產過程中，生產的架數愈多，下一架所需的時間便愈少。在記錄工作時間遞減的幅度之後，管理者發現在直接人工上，遞減後的幅度為 80%，也就是說，第 2 架所需時間是第 1 架的 80%，第 4 架所需的時間是第 2 架的 80%。這種關係可以用**負指數方程式 (Negative Exponential Function)** 表示如下：

$$M = mN^{r} \tag{8.8}$$

M 是第 N 件產品所需之工時，m 是第一件產品所耗之直接人工，N 是生產的產品數，而 r 是學習曲線的指數。同時，

$$r = log_{e}(\text{學習率}/0.693) \tag{8.9}$$

在前飛機機身之例子中，第 2 架所耗工時為 100,000 小時。由於學習率為 80%，第 2 架的工時可以公式 (8.8) 計算如下：

$$M=(100{,}000)2^{\log(0.8/0.693)}$$
$$=(100{,}000)2^{-0.322}$$
$$=80{,}000 \text{ 小時}$$

學習效果已由學者專家歸納整理如表 8–3 及表 8–4 所示。如表 8–3 所示，若學習率為 80%，在數量加倍時，則其直接人工下降之幅度為

$$\text{直接人工減幅}=1-\text{學習率}$$
$$=1-0.8$$
$$=0.2$$

表 8–3　學習效果表

	學習率							
單位數	60%	65%	70%	75%	80%	85%	90%	95%
1	1.000	1.000	1.000	1.000	1.000	1.000	1.000	1.000
2	0.600	0.650	0.700	0.750	0.800	0.850	0.900	0.950
3	0.445	0.505	0.568	0.634	0.702	0.773	0.846	0.922
4	0.360	0.423	0.490	0.563	0.640	0.723	0.810	0.903
5	0.305	0.368	0.437	0.512	0.596	0.686	0.783	0.888
6	0.267	0.328	0.398	0.475	0.562	0.657	0.762	0.876
7	0.238	0.298	0.367	0.446	0.535	0.634	0.744	0.866
8	0.216	0.275	0.343	0.422	0.512	0.614	0.729	0.857
9	0.198	0.255	0.323	0.402	0.493	0.597	0.716	0.849
10	0.183	0.239	0.306	0.385	0.477	0.583	0.705	0.843
12	0.160	0.214	0.278	0.357	0.449	0.558	0.685	0.832
14	0.143	0.194	0.257	0.334	0.428	0.539	0.669	0.823
16	0.129	0.179	0.240	0.316	0.410	0.522	0.656	0.815
18	0.119	0.166	0.226	0.301	0.394	0.508	0.645	0.807
20	0.109	0.155	0.214	0.288	0.381	0.495	0.634	0.801
22	0.103	0.146	0.204	0.277	0.369	0.484	0.625	0.796
24	0.096	0.139	0.195	0.267	0.359	0.475	0.616	0.790
25	0.093	0.135	0.191	0.263	0.355	0.470	0.613	0.788

30	0.082	0.121	0.174	0.244	0.335	0.451	0.596	0.778
35	0.073	0.109	0.161	0.229	0.318	0.435	0.583	0.769
40	0.066	0.101	0.149	0.216	0.305	0.421	0.571	0.761
45	0.061	0.094	0.141	0.206	0.294	0.410	0.561	0.755
50	0.056	0.088	0.134	0.197	0.284	0.399	0.552	0.749
60	0.049	0.079	0.122	0.183	0.268	0.383	0.537	0.739
70	0.044	0.071	0.112	0.172	0.255	0.369	0.524	0.730
80	0.039	0.066	0.105	0.162	0.244	0.358	0.514	0.723
90	0.036	0.061	0.099	0.155	0.235	0.348	0.505	0.717
100	0.034	0.057	0.094	0.148	0.227	0.339	0.497	0.711
120	0.029	0.051	0.085	0.137	0.214	0.326	0.483	0.702
140	0.026	0.046	0.079	0.129	0.204	0.314	0.472	0.694
160	0.024	0.043	0.073	0.122	0.195	0.304	0.462	0.687
180	0.022	0.040	0.069	0.116	0.188	0.296	0.454	0.681
200	0.020	0.037	0.066	0.111	0.182	0.289	0.447	0.676
250	0.017	0.032	0.058	0.101	0.169	0.274	0.432	0.666
300	0.015	0.029	0.053	0.094	0.159	0.263	0.420	0.656
350	0.013	0.026	0.049	0.088	0.152	0.253	0.411	0.648
400	0.012	0.024	0.046	0.083	0.145	0.245	0.402	0.642
450	0.011	0.022	0.043	0.079	0.139	0.239	0.395	0.636
500	0.010	0.021	0.041	0.076	0.135	0.233	0.389	0.631
600	0.009	0.019	0.037	0.070	0.128	0.223	0.378	0.623
700	0.008	0.017	0.034	0.066	0.121	0.215	0.369	0.616
800	0.007	0.016	0.032	0.063	0.116	0.209	0.362	0.609
900	0.006	0.015	0.030	0.059	0.112	0.203	0.356	0.605
1,000	0.006	0.014	0.029	0.057	0.108	0.198	0.349	0.599
1,200	0.005	0.012	0.026	0.053	0.102	0.189	0.340	0.592
1,400	0.004	0.011	0.024	0.049	0.097	0.183	0.333	0.585
1,600	0.004	0.010	0.023	0.047	0.093	0.177	0.326	0.579
1,800	0.004	0.009	0.021	0.046	0.090	0.173	0.320	0.574
2,000	0.004	0.008	0.020	0.043	0.087	0.168	0.315	0.569
2,500	0.003	0.007	0.018	0.039	0.081	0.159	0.304	0.561
3,000	0.002	0.006	0.016	0.036	0.076	0.153	0.296	0.533

例一

若生產第 1 個產品耗費 10 小時，學習率為 80%，那麼第 5 個產品需時多少?

解答

由表 8–3(學習率 80%，產量 5)可查出第 5 件產品之工時為第 1 個之 0.596。故其工時為 10×0.596=5.96 小時。

表 8–4　累積學習效果表

	學習率							
單位數	60%	65%	70%	75%	80%	85%	90%	95%
1	1.00	1.00	1.00	1.00	1.00	1.00	1.00	1.00
2	1.60	1.65	1.70	1.75	1.80	1.85	1.90	1.95
3	2.05	2.16	2.27	2.38	2.50	2.62	2.75	2.87
4	2.41	2.58	2.76	2.95	3.14	3.35	3.56	3.77
5	2.71	2.95	3.19	3.46	3.74	4.03	4.34	4.66
6	2.98	3.27	3.59	3.93	4.29	4.69	5.10	5.54
7	3.22	3.57	3.96	4.38	4.83	5.32	5.85	6.40
8	3.43	3.85	4.30	4.80	5.35	5.94	6.57	7.26
9	3.63	4.10	4.63	5.20	5.84	6.53	7.29	8.11
10	3.81	4.34	4.93	5.59	6.32	7.12	7.99	8.96
12	4.14	4.78	5.50	6.32	7.23	8.24	9.37	10.62
14	4.44	5.18	6.03	6.99	8.09	9.33	10.72	13.27
16	4.70	5.54	6.51	7.64	8.92	10.38	12.04	13.91
18	4.95	5.88	6.97	8.25	9.72	11.41	13.33	15.52
20	5.17	6.19	7.41	8.83	10.48	12.40	14.61	17.13
22	5.38	6.49	7.82	9.39	11.23	13.38	15.86	18.72
24	5.57	6.77	8.21	9.93	11.95	14.33	17.10	20.31
25	5.67	6.91	8.40	10.19	12.31	14.80	17.71	21.10
30	6.09	7.54	9.31	11.45	14.02	17.09	20.73	25.00
35	6.48	8.11	10.13	12.72	15.64	19.29	23.67	28.86
40	6.82	8.63	10.90	13.72	17.19	21.43	26.54	32.68
45	7.13	9.11	11.62	14.77	18.68	23.50	29.37	36.47

50	7.42	9.57	12.31	15.78	20.12	25.51	32.14	40.22
60	7.94	10.39	13.57	17.67	22.87	29.41	37.57	47.65
70	8.40	11.13	14.74	19.43	25.47	33.17	42.87	54.99
80	8.81	11.82	15.82	21.09	27.96	36.80	48.05	62.25
90	9.19	12.45	16.83	22.67	30.35	40.32	53.14	69.45
100	9.54	13.03	17.79	24.18	32.65	43.75	58.14	76.59
120	10.16	14.11	19.57	27.02	37.05	50.39	67.93	90.71
140	10.72	15.08	21.20	29.67	41.22	56.78	77.46	104.7
160	11.21	15.97	22.72	32.17	45.20	62.95	86.80	118.5
180	11.67	16.79	24.14	34.54	49.03	68.95	95.96	132.1
200	12.09	17.55	25.48	36.80	52.72	74.79	105.0	145.7
250	13.01	19.30	28.56	42.08	61.47	88.83	126.9	179.2
300	13.81	20.81	31.34	46.94	69.66	102.2	149.2	212.2
350	14.51	22.18	33.89	51.48	77.43	115.1	169.0	244.8
400	15.14	23.44	36.26	55.75	84.85	127.6	189.3	277.0
450	15.72	24.60	38.48	59.80	91.97	139.7	209.2	309.0
500	16.26	25.68	40.58	63.68	98.85	151.5	228.8	340.6
600	17.21	27.67	44.47	70.97	112.0	174.2	267.1	403.3
700	18.06	29.45	48.04	77.77	124.4	196.1	304.5	465.3
800	18.82	31.09	51.36	84.18	136.3	217.3	341.0	526.5
900	19.51	32.60	54.46	90.26	147.7	237.9	376.9	587.2
1,000	20.15	34.01	57.40	96.07	158.7	257.9	412.2	647.4
1,200	21.30	36.59	62.85	107.0	179.7	296.6	481.2	766.6
1,400	22.32	38.92	67.85	117.2	199.6	333.9	548.4	884.2
1,600	23.23	41.04	72.49	126.8	218.6	369.9	614.2	1001
1,800	24.06	43.00	76.85	135.9	236.8	404.9	678.8	1116
2,000	24.83	44.84	80.96	144.7	254.4	438.9	742.3	1230
2,500	26.53	48.97	90.39	165.0	296.1	520.8	897.0	1513
3,000	27.99	52.62	98.90	183.7	335.2	598.9	1047	1791

例二

若生產第 1 個產品需 10 小時，學習率為 80%，生產 5 個產品共需時多少？

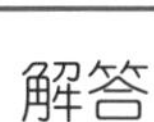

解答

由表 8–4（學習率 80%，產量 5）可知生產 5 件產品所耗時間為第 1 件產品之 3.74 倍。因此，總工時為 10×3.74=37.4 小時。

因此，若第 1 單位產品之工時為 100,000 小時，則第 2、4、8 及第 16 單位之直接工時可計算如下：

產品編號	佔第 1 單位直接工時之比例	所需直接人工之工時
1	100%	100,000
2	(100%)(80%)=80%	80,000
4	(80%)(80%)=64%	64,000
8	(64%)(80%)=51.2%	51,200
16	(51.2%)(80%)=40.96%	40,960

若將上述之數字製圖，則在學習率為 80% 時，學習曲線可如圖 8–2 所示。

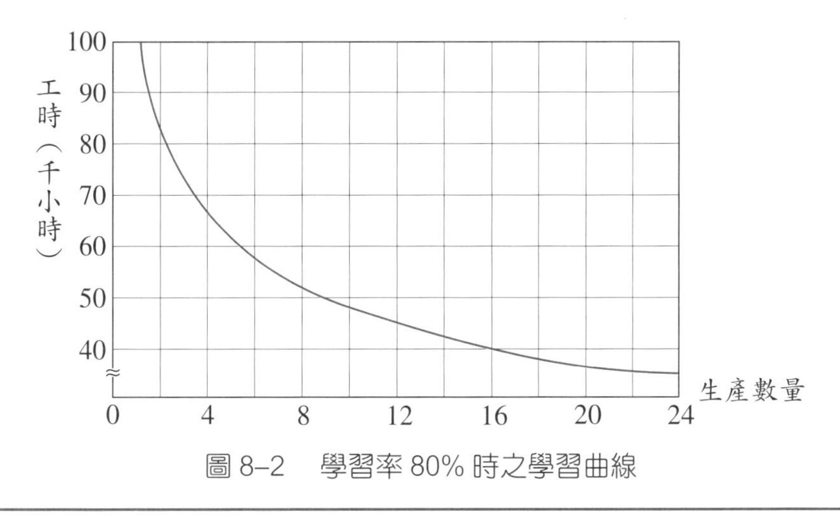

圖 8–2　學習率 80% 時之學習曲線

由上述討論可知，學習效果的影響極大。在學習率為 80% 時，第 8 單位產品的直接人工便已下降到第 1 單位的一半左右。而若產量為 50 件時，則第 50 單位產品的直接工時更不到第 1 單位所需直接工時的 20%。因此，在產量大時，學習效果對產能更產生極大的影響。如表 8–4 所示，在學習率為 80% 時，生產 50 單位產品所需之總工時是第 1 單位之 20.12 倍。也就是說，此時每單位之平均直接工時只是第 1 單位所需直接工時的 40.24%，而在這種狀況下，產能之計算便應以此一數據為其計算之依據。否則，若仍以第 1 單位之工時為基準而計算產能，則可能造成嚴重的低估產能。這種現象在產量愈大時愈明顯，而其影響也愈大。

除此之外，學習曲線理論中還有四個值得觀察的變數 (Parameter)。現在以下例說明之。設若某產品在過去五天內之生產量如下：

日　數	產　量
1	30
2	55
3	75
4	88
5	93

則其學習曲線之效果也可表示如圖 8–3。而以此一方式表現學習效果時，學習曲線通常即如圖 8–3 之形狀。有時其學習曲線也可能呈 S 形，如圖 8–4 所示。

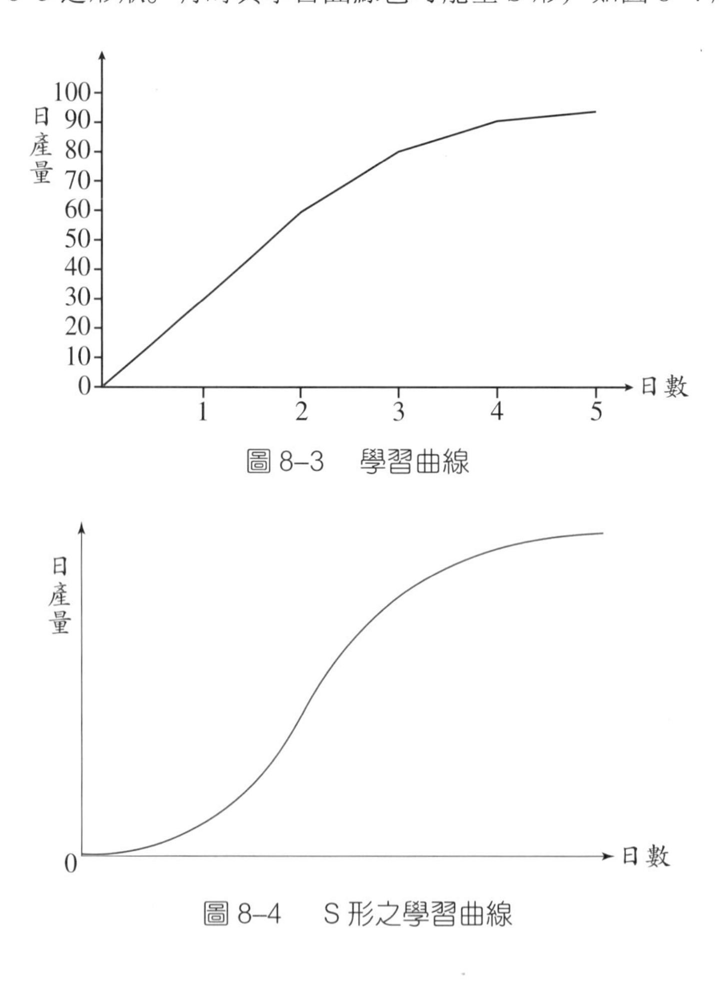

圖 8–3　學習曲線

圖 8–4　S 形之學習曲線

在觀察學習曲線時，值得觀察之處有以下四點：

⑴起點 (Starting Point)。

⑵曲線之形狀 (Shape of Curve)。

⑶成長率 (Rate of Increase)。

⑷穩定後之速度 (Steady State)。

原則上，由於企業的資源及能力不同，各個企業可能在學習上有不同的表現。如圖 8–5 所示，假設有三家企業，其學習曲線可示之如圖中之形狀。現在就以上提及之四點，討論並說明如下：

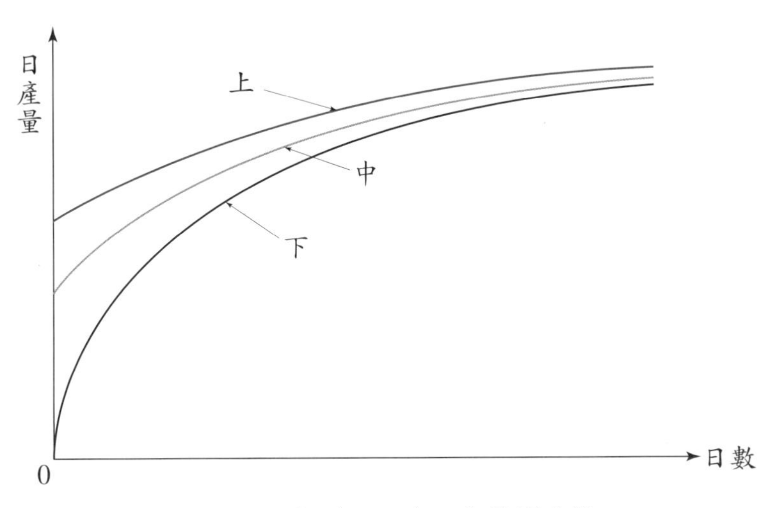

圖 8–5　起點不同之三條學習曲線

◆ 1. 起　點

學習曲線的起點是各個企業在開始生產所能達到的標準。原則上，這個起點愈高，在學習的過程中所耗費的訓練成本愈低，其工作效率卻較高。同時起點高表示員工或製程能力較高，達到穩定狀態的時間也較早。而這也表示其學習成本較低。

◆ 2. 曲線之形狀

由學習曲線的形狀可以看出其學習過程。前面提過，學習曲線的形狀有圖 8–3 及圖 8–4 中所示之兩種。在極少數的狀況下，學習曲線也可能呈直線。曲線的形狀也表現出學習的效果。同時，原則上，曲線的形狀與工作的內容有關，而不受員工個人特性所影響。

◆ 3. 成長率

如圖 8–6 所示，每個人的學習能力不同。同理，每個企業的學習能力及學習效果也不同。在企業選擇員工、訓練講師和課程時，由觀察其學習之成長率，可協助管理者選擇學習能力高的對象。而在比較企業的學習能力時，原則上，學習能力高的企業，其成長率高，其生產成本較低，而其競爭能力也較高。如果企業的學習成長率較低，長期而言，這個企業的競爭能力可能也無法大幅上升。企業管理者便應設法由員工訓練、設備改善、產品改良等方面著手，進行改良，以提高該企業在學習上的成長率。

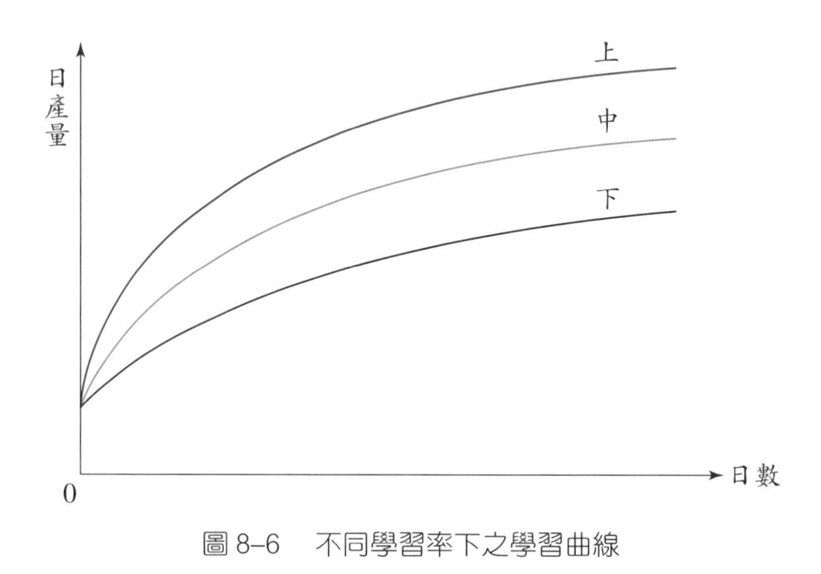

圖 8–6　不同學習率下之學習曲線

◆ 4. 穩定期間之速度

人類學習的效果使得員工的工作效率提高，但這種改善也有其極限。如圖 8–6 所示，這三條學習曲線在向右延伸到一個程度之後，都有漸趨平穩 (Levelling Off) 的趨勢。這就是改善接近極限，已經到了穩定期的現象。在觀察穩定期中之學習曲線時，有二點值得注意。第一是到達穩定期後，學習曲線的位置高低狀況。第二則是多久才到達穩定期？原則上，在到達穩定期時，其位置愈高，表示其學習所達成之效果愈高。而若穩定之後所達成的學習效果相同時，則愈早到達穩定期，其學習曲線上的成長愈高，所需的學習時間愈短。當然，我們希望員工及企業的學習都能夠既快又好。

學習效果對成本及產能均有極大的影響。而且其影響在短期及長期都有表現。原則上，在短期之內，只有直接工時才可能下降。機器設備在短期中並沒有學習效果。但在長期的學習過程中，學習效果則並不止於員工熟悉作業流程及工作內容而已。由於在長期工作之餘，企業及員工均已更瞭解工作及產品，企業可進而改良生產方法、生產設備、工具及產品。此時，產品及零配件將日趨標準化，而原物料及產能之使用亦將更為經濟有效。另外，學習也可能引起在廠房佈置、工作流程等方面之改善，經濟規模也可因而降低。在這種狀況下，甚至連組織系統也可能因學習而產生調適及改良。

因此，學習效果其實可以包括整個生產部門以及企業整體之學習效果。學習效果與管理有密切的關係，管理愈上軌道，企業整體之學習效果愈高。同時，各項資源及產能之使用亦更為經濟。在這種情況下，生產成本自然較競爭對手低。學習效果應用在產能決策上時，還有以下三種涵義：

⑴市場領導者之生產量最大，即便使用相同之生產過程，仍然有較高之學習效果。因此，其成本仍較低。

⑵任何企業能改良生產過程，提高學習效果，則其產能將不斷提高，其生產成本也必以較大之速度下降。即使產量接近，其生產成本仍然較低。

⑶為提高整體學習效果，產能決策應與產品生命週期配合。在介紹期及成長期中應提高產能機械化之程度。由成熟期開始，應設法提高自動化之比率。

六、產能、市場佔有率及價格經驗曲線

原則上，產能大的企業及提早增加產能之企業均將享受較高之市場佔有率。這是因為產量增加使成本下降，而成本下降又使利潤提高。企業因而更有能力增加投資以降低成本，提高其市場佔有率。由於產能大、產量大，企業將更注重產品之設計及生產。這種做法將使產品更容易生產，零件之互通程度也必然提高。也就是說，這類企業將更注重產品之生產性。在設計產品時，即設法使產品容易生產 (Design to Manufacture)。這種觀念也包含如何節約材料、原物料及零件之標準化、如何以低價原料取代高價原料，以及如何快速有效的生產高品質產品等觀念。因此，這類企業之學習效果將大為提高。

學習效果大的企業，其生產成本較低，其成本降幅也較大。如圖 8–7 所示。甲公司之學習效果較大，雖然在產量很小時其成本較高，但在產量增加之後，甲公司產品之成本大幅下降。乙公司之產能投資較低，較早達成損益平衡（如圖 8–7 之 b 點）。但是如果市場價格為 A，在產量超過 d 點之後，甲公司之單位產品利潤即高於乙公司。甲公司可採行 ABCDN，ABCEF，ABDN 或 ABDEF 等四種訂價策略。不論甲公司使用何種價格策略，乙公司終將一敗塗地。

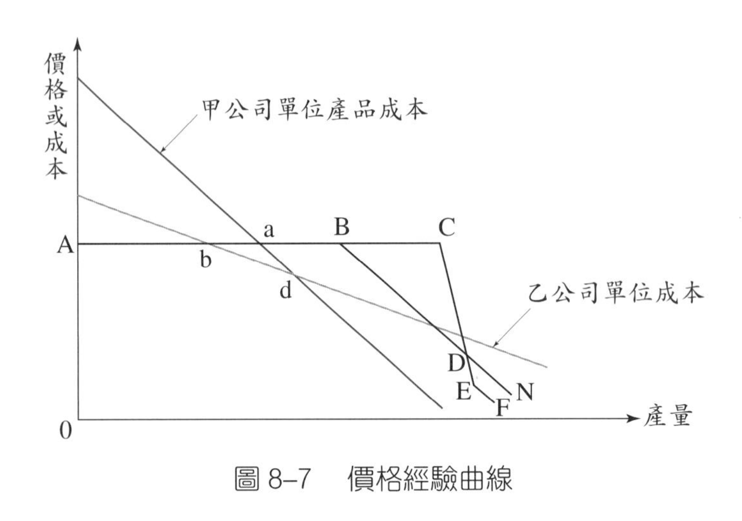

圖 8-7　價格經驗曲線

七、季節性及週期性需求

大部分產品都有季節性或週期性需求變化。這類產品的需求在旺季時不斷提高，淡季時又大幅減少。通常管理者在淡季時繼續生產存貨，以供旺季時之需求，這種做法造成資金積壓及風險增加，較佳之做法應為維持充足之產能以應旺季之需。同時，也可以選擇並設計季節性或週期性相反之產品，以運用淡季期間之閒置產能。美國的火爐及壁爐業者即採行此類策略，夏季銷售冷氣系統，冬季經營火爐及壁爐生意。類似這種產品組合，可以分段使用產能，極為理想。

八、生產科技

在許多行業之中，生產科技仍然不斷改良。倘若新生產科技發展出來，極可能使原有產能於轉瞬間喪失作用。積體電路的發明，對當時的電器業者即造成極大之傷害。在消費者改用小型收音機以後，當時大部分真空管收音機產能都閒置下來，使企業蒙受極大之損失。如果生產科技仍不穩定，產能決策即應考慮科技革新之可能性以及若生產科技改變，現有產能是否能轉用於其他產品。於此同時，企業並應瞭解新科技之發展，或自力發展新生產科技。只有確定在計畫期間內不可能開發出新生產科技，才可以大幅增加產能。

九、產品生命週期

產品生命週期與產品需求有密切的關係。因此，產品生命週期對產能決策也有極大之影響。在產品生命週期中，介紹期、成長期、成熟期及衰退期各有其不同之市場需求及產能需求。企業若能把握機會，提早增加產能，必然能隨著產品生命週期之變化而提高競爭能力，大幅增加市場佔有率。一般而言，在產品由介紹期進入成長期，由成長期進入成熟期，以及產品演變為大宗商品之前，企業均可提早大幅增加產能，以適時奪取市場佔有率。當然，在增加產能之前，企業仍需謹慎分析產業及競爭狀況，以避免造成產能過剩。

第四節　產能策略

所謂產能策略，就是以產能決策協助達成企業目標及策略之方法。對於沒有明顯企業目標或策略的企業而言，其產能決策通常獨立於企業目標或策略之外。這類企業可能在市場需求變動時，不定期的增減產能，以提高企業之短期利潤。因此，此類企業之產能策略以反映市場需求為主，是被動的。在這種情況下，產能策略由許多不相關或關係不明確的短期產能決定組成。由於這些決定不一定互相助益，目標及方法可能不一致。有時，甚至互相衝突而損傷企業之生產力。例如若企業大幅增加產能，卻發現技術人才不足。這可能即由於在以前之短期產能決定中，是以增加低技術設備或人力為主，當時並未顧及企業或產業未來之發展。產能決策是計畫下的產物。如果事先計畫得當，短期產能環環相扣，互相支援，則產能決定便成為產能決策。而產能決策連貫在一起，便成為企業之產能策略。若運用得法，企業可以利用產能策略提高其競爭力。以台塑企業為例，該公司逐年擴充產能。產能之擴充均早於市場反應。至目前為止，該企業已建立起國內塑膠及人造纖維業市場領導者之地位。又如統一企業以迅雷不及掩耳的速度，在需求成形之前，即大量設立統一超商 (7–Eleven Store)。現在也已成為零售業連鎖店之霸主。

產能策略應以協助達成企業目標及策略為主要著眼點。所以管理者應依據企業之目標與策略，訂定其產能策略。產能策略可包含增加產能與減少產能這兩個部分。我們在前一節已經概略的討論過減少產能之方法，本節之內容將以如何擴充產能為主。一般而言，產能策略應包含以下四部分：

(1)何時增加產能？

(2)產能之增幅多大？

(3)在哪裡增加產能？

(4)以什麼方式增加產能？

一、何時增加產能?

產能策略的第一部分在於決定何時增加產能。常見的做法有三種。企業可事先預測需求，增加產能以待需求實現，也可以在需求增加之同時增加產能。而最保守的方法，則為待需求漲幅確定之後，再增加產能。這三種做法可以圖形示之（如圖 8–8）。

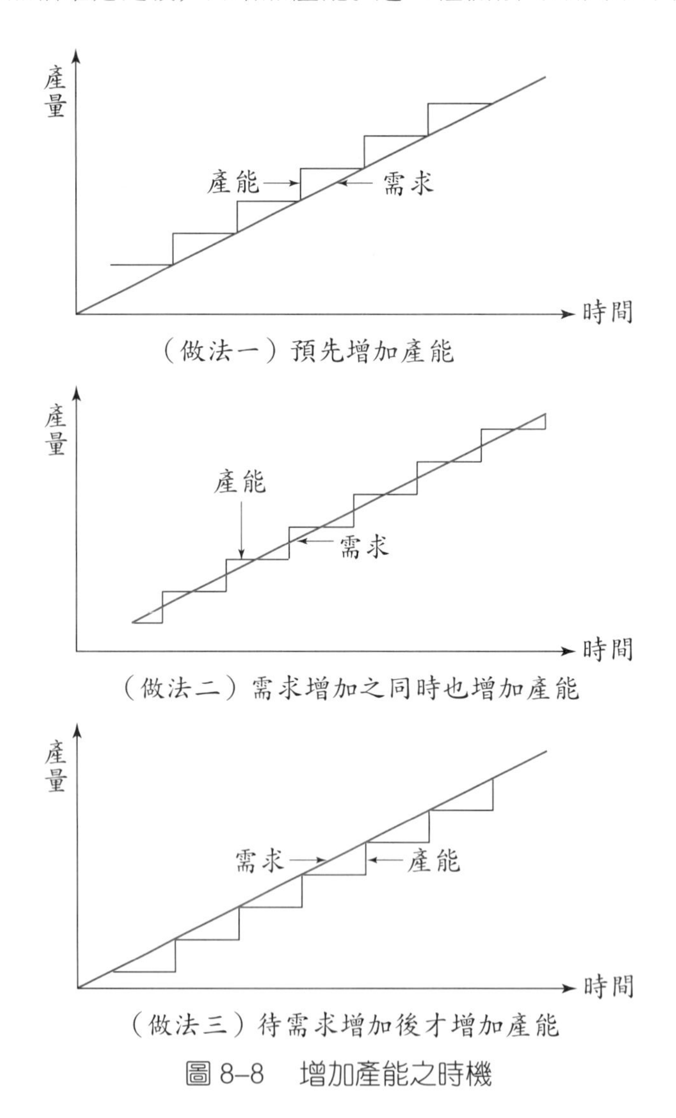

圖 8–8　增加產能之時機

企業若採行第一種做法，事先預測並擴充產能，在需求增加時，將可及時趕上，增加市場佔有率。若其對手採行較保守之做法，在市場擴大時，企業必然能夠奪取對手之市場佔有率，而在市場上立於不敗之地。同時，由於產能充足，企業的生產彈性及市場反應能力均高，品質及交貨期也較能控制。但是，這種做法也有很大的風險。

若需求並未成長，或漲幅小於預期之漲幅，則企業擁有太多之過剩產能，生產成本資金積壓均將成為極大之問題。採行第二種做法之企業，通常在需求開始超過產能時增加產能。在產能不足時，則設法增加短期產能以滿足市場需求。這種做法，實際上是設法使產能等於需求。採行此類做法之企業，通常無法隨市場之擴大，而大幅增加市場佔有率。但是，此類企業之風險較小，也能隨市場之擴張而穩定的成長。

採行第三種做法的企業極為保守。這類企業在市場擴大之後才擴充產能。因此，其設備利用率極高，其風險極小。這類企業之投資報酬率極高，但成長緩慢。若其對手採用前述擴張之做法，則此一企業之市場佔有率必然日漸縮小。

原則上，第一種做法之風險最大，第二種做法之風險次之，而第三種做法則幾乎毫無風險。但是，若企業能準確的預估需求，則採行第一種做法將可快速的增加企業之市場佔有率，提高企業之競爭能力。第二種做法可使企業繼續小幅成長。採行第三種做法之企業則或將逐漸喪失領導地位。

企業規模以及競爭對手的做法也與增加產能的時機有關。若小規模之企業希望趁市場擴大而大幅成長，最理想之做法莫過於在需求成形之前，先擴充產能。如此，在市場開始擴張時，必能適時取利。若企業規模在產業中舉足輕重，又有強大的財務能力，市場需求似乎也將持續成長，則企業更可採行先發制人 (Preemptive Strategies) 的產能策略。採行先發制人的產能策略時，企業在市場需求成形之前即大量增加產能，以滿足整個市場需求增幅為目的。由於企業已擁有大量產能，其競爭對手唯恐產業之產能過剩而產生價格戰，將被迫停止增加產能。企業可因而穩佔鰲頭，成為市場領導者。先發制人策略風險極大，企業又必須在增加產能後，承受一段產能過剩之損失。企業必須有足夠之財務能力以承擔大幅增加產能之成本及損失。除此之外，企業也必須能以密集的市場信號嚇阻競爭對手。若對手不理性，仍然增加產能，則可能由於價格戰而使整個產業之利潤下降。

二、產能之增幅多大?

需求成長的速度對產能增幅有極大之影響。若需求穩定的大幅成長，企業當然應該大幅增加產能。問題是，到底應該一次增加多少? 多久增加一次? 也就是說，企業到底應該不斷小幅度增加產能，還是三年或五年才一舉大幅增加產能? 以圖 8–9 為例，企業可一次增加 2,000 單位之產能，每二年增加一次。也可以每次增加 4,000 單位，四年增加一次。一般在討論這種問題時，管理者常根據資金成本及營運成本而定，經濟規模也是必須考慮的因素之一。除了以上這些因素之外，在考慮產能增幅時，管理者也應該就生產科技之變化、產品生命週期、供應商之供應能力，以及安全產能等觀點，進而愼重研究各計畫之優劣。若生產科技已經穩定，則大幅增加產能不至於大幅提高風險。否則，仍以小幅度增加產能較佳。生產科技之價格變動很快，其增幅遠大於產品或原物料價格之提升。因此，在比較產能投資計畫時，也應該把這個因素列入考慮。其他如土地價格之增長、土地面積、人力資源、資金運用等也都是不可遺漏的因素。

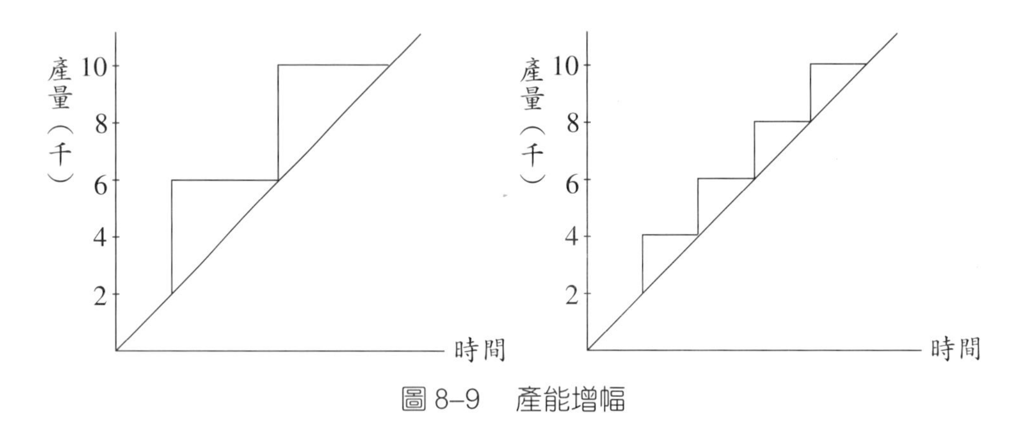

圖 8–9　產能增幅

產品需求之增幅與產品在生命週期中之地位有極大之關係。在成長期及成熟期中，產品需求可能以不同的速度增加。因此，管理者也必須瞭解各該產品之特性，及該產品在生命週期中之地位及意義。產能增加以後，原物料供應商是否有能力供貨，價格如何？這也是在計畫產能增幅時應考慮的重點之一。我國許多企業使用由日本進口之電子零件，這些企業在大幅擴充產能後，常受箝制，無法獲得充足之原物料，或不得不以高價購買原物料。類似狀況層出不窮，前車之鑑，後事之師，管理者不可不愼。此外，安全產能也與產能增幅有關。許多美國企業已開始效法日本企業，保留多餘產能。有些企業甚至保留約 20% 的安全產能，以便與市場一起成長。其次，企業之策略、市場規模也是重要的因素。企業若採用先發制人策略，可能一舉大幅增加產能。而穩健經營的企業則可能追隨於市場領導者之後，逐步緩慢增加產能。若市場規模大，企業為維持市場佔有率，在市場擴大時，其產能增幅必然也大。企業若欲採行整體成本領導策略，其產能及產能增幅必須在整個市場中佔大的比例。若企業採行市場區隔策略，只在某部分市場中活動，則其產能及產能增幅將僅以滿足該市場區間為主。

三、在哪裡增加產能？

在擴充產能時，擴充的產能應安排在什麼地方？這種問題可分為兩類。若企業之廠房集中於一處或只有一個廠房，則擴充產能時應考慮廠房或設備佈置的問題。若企業之工廠不只一處或可能設立新廠房，則管理者也需要解決廠址選擇的問題。廠房或設備佈置這方面的書很多，在此不再贅述。廠房佈置考慮重點在於空間利用，人力資源運用，設備利用率，工作環境，設備維修，以及工作及產品之流程。廠房及設備佈置對產能也有極大之影響。如圖 8-10 所示，將設備排列成生產線後，可能產生瓶頸，並進而限制了產能。圖 8-10 中之第二號設備即為瓶頸，因此，管理者不可忽視廠房及設備佈置對產能之影響。

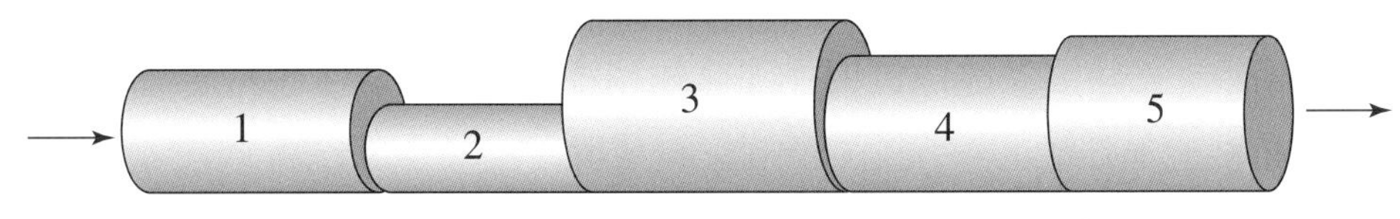

圖 8-10　設備佈置可能造成瓶頸，影響產能

一般在考慮廠址時，常強調運費。其實運費在產品成本所佔之比率不同。若運費為產品成本之大宗，在選擇廠址時，當然應注重運費之增減。否則，亦無需過度強調運費。以我國企業赴外地投資為例，其考慮因素也包含工資、原料取得、市場，配額及其他政經方面之考量。原則上，在選擇廠址時，除以上因素外，也應該考慮生產及交貨時間，運銷路線，運輸管理，整體存貨之數量及管制，顧客服務及運銷策略。因此，如何配置廠址以組合運銷網，如何選擇廠址以便將所有工廠以戰鬥陣勢排列也是不可忽視的重點。

四、以什麼方式增加產能？

除了增加產能之時間、數量及地點外，以什麼方式增加產能才能同時提高企業之中、長期生產力與競爭能力，也是不可忽視的問題。產能包含設備及人力。設備及人力又有很多種。管理者必須考慮如何選擇及組合設備與人力，以便同時提高企業之短、中、長期生產力。原則上，這個問題有技術及經濟這兩方面的考慮。由技術面來看，人力資源、科技之可靠性及來源，以及企業之資金都必須考慮。如果技術人才不足，企業當然無法使用技術密集的設備。若企業無法負擔設備投資，科技不穩定，也沒有來源，則企業只好使用次級之設備或人力。而由經濟面觀察時，何種組合才能使企業之短、中、長期生產成本下降，生產品質提高，則為另一主要之因素。各類設備使用時產生的學習效果對成本及產量均有影響。因此，除了考慮經濟規模，管理者也應該瞭解其學習效果。若能選擇學習效果高的設備，必然能提高企業之中、長期生產力。

為了防止生產科技過時，企業應盡量採用新式設備，並設法提升員工之技術水準。如果可能，企業亦應設法研究改良以提高生產力，防止生產科技過時。豐田汽車公司以自行研發之生產線及生產方式，提高生產力，在市場上取得領先之地位，即為一極佳之楷模。

五、產能策略

產能策略的重點在於將企業之短期產能決策與長期產能目標配合起來。若能以短期產能決策達成企業之長期產能目標，企業將可以利用產能策略提高生產力，達成企業之策略及目標。若短期產能決策與長期產能目標相衝突，除了造成資源浪費之外，增加之產能必然也無法順利納入生產系統。企業除了必須承擔高生產成本外，甚至可能使生產力降低，並進而喪失市場佔有率。

企業策略、產品生命週期、競爭狀況及生產系統之學習效果等，都和產能策略密切相關。在制定產能策略時，管理者必須參考以上幾種因素，選擇最有利的決策及時間，以短期決策配合長期目標。原則上，對採行總體成本領導策略之企業而言，其產能應該比對手早一步增加產能，且其產能增幅應大。新增加之廠房並應與原有之運銷路線配合，組成運銷網。採用專門化策略之企業則不必急於增加產能，只要產能足以應付需求即可。若需求擴大，則企業可根據需求之增加而增加產能。至於採行市場差異化策略之企業，則應使用與總體成本領導策略類似之做法，唯其產能增幅應相對於該市場之規模。

與產能相關之因素極多，各因素之影響力又不同。管理者應視當時情況與企業目標而決定其產能決策。如何將產能決策統一利用，則為產能策略之中心議題。除此之外，我們還應該瞭解產能決策其實是企業政策的一部分。企業必須先預測市場的發展趨勢，並決定以下兩點：

⑴企業要在市場中居於何種地位？

⑵市場擴充或縮小時，企業應該如何因應其產能需求之改變？

在回答了以上問題之後，企業才可能進而擬訂其產能策略。

第五節 結 語

產能乃企業於某既定期間之最大生產量。由於產能會影響生產成本以及企業滿足市場需求之能力，管理者必須設定企業之產能策略，以期以最有利之方式達成企業目標及策略。企業之短期產能決策若能與企業之長期產能目標配合一致，則企業可以其產能策略為競爭工具，提高生產力。與產能策略相關之因素極多，管理者在決定產能策略時，應視企業目標、策略及相關因素之消長，選擇最有利的方式將短期產能決策統一運用，以配合產能策略之目標。

重要名詞

產　能
設計產能
計畫產能
實際產能
量產化設計
產能決策
經濟規模
營運規模
短期產能
長期產能
安全產能
學習曲線效果
學習率
價格經驗曲線
產能策略

習　題

一、簡答題

1. 為什麼產能是一個重要的決策？
2. 產能可分為幾種？
3. 如何將設備可用時間換算成產能？
4. 影響產能的因素有哪些？
5. 平行運作系統的產能受制於什麼作業？
6. 增加短期產能的方式有哪些？
7. 長期產能決策有哪些？
8. 產能過剩的原因何在？
9. 安全產能是什麼？共有幾種？
10. 學習曲線值得觀察之處何在？
11. 學習曲線效果對成本及產能之影響何在？
12. 學習曲線效果在產能決策上的涵義何在？
13. 產能策略共有幾部分？試說明之。
14. 增加產能之時機有幾種做法？

15.哪些因素影響增加產能的方式?

二、計算題

1. 金鋼鑄件公司生產三種鑄件，其單位生產時間如下：

產　品	單位工時（小時）
甲	1
乙	1.5
丙	2

若三種產品產量相同，金鋼公司共有 3 位工作人員，每人每天工作 8 小時，試問其產能若干?

2. 自性洋行生產洋傘，產能過剩之成本為每單位 50 元，而產能不足之成本為 100 元，若其需求預測如下，試問其應有之產能為何?

需　求	機　率
150	0.3
160	0.25
170	0.15
180	0.10
190	0.10
200	0.10

3. 華翔公司生產雙引擎客機，若第 4 架及第 8 架飛機之裝配各耗時 35,840 及 28,672 小時，試問生產第 1 架飛機耗時若干?
4. 若某設備之計畫保修率為 15%，且每一工作天共有 8 小時，本月份有 25 個工作天，請問本月份該設備之可用時間共有幾小時幾分鐘?
5. 若某企業生產第 1 件產品耗時 1 小時，第 2 件產品耗時 36 分鐘。試問生產第 8 件產品耗時若干? 生產 8 件共耗時若干?
6. 甲、乙兩企業之學習率分別為 0.8 及 0.7，若第 1 件產品耗時 8 小時，試問若生產 64 件，甲、乙兩公司各自耗費多少小時於第 64 件產品上? 甲、乙兩企業生產 64 件各自需幾小時幾分鐘?

第九章 廠址選擇

Production and Operations Management

前 言

廠址決策影響深遠，因此，管理者在進行廠址選擇時，務必考慮周詳。錯誤的廠址決策可能造成無法收拾的後果，不可不慎。通常在廠址決策中，也要決定所使用的設備及產能。同時，廠址決策對企業的財務結構造成極大的壓力，也決定企業未來在成本及人力需求上的型態、企業的配銷方式及系統，以及設備及佈置方式。廠址決策在管理上至少影響以下幾項：

(1)使用的生產設備。

(2)工作流程。

(3)工作設計。

(4)存貨水準。

(5)未來人力需求的型態，以及人機間的互動關係。

(6)未來市場的範圍及配銷系統之組成。

由此可知廠址決策之重要性。廠址選擇決策是一個重要管理決策，共有二個理由。第一個理由是其影響層面廣而深，決策完成之後也很難復原或重來一次。其次，與廠址相關的決策可能影響企業長期的競爭能力、市場範圍及配銷方式。

第一節 廠址選擇問題

廠址選擇問題是一個很特別的問題，有些管理者終其一生，也沒有碰過這個問題。原則上，經營良好的企業為了擴充產能或擴張市場，有可能陸續的考慮甚或選擇新廠址。而經營不善的企業也可能為減產或降低成本而進行遷廠。企業若欲將新產品上市，而現有的設施不足，或無法提供足夠的科技支援，則企業也可能需要選擇廠址以建立新廠。若生產科技改變，原有生產設備已不敷使用，企業可以改用新製程，或在別處設立新廠。有時則產品與科技均未改變，但市場需求擴充。有時，市場也可能轉移至其他地區。再者，某地區的原料儲藏可能日漸枯竭，或者由於政府法令改變，致使某些原物料無法再行供應。例如馬來西亞政府對原木的開採進行管制，馬來西亞當地的鋸木業、木材加工業等便不得不遷移他處。另外，在科技、勞力的供應或成本大幅改變之時，企業也有可能需要選擇新廠址，設立新廠。

上述的各種狀況可綜合如表 9–1 所示。在表 9–1 中也列出了在各種狀況下所適用的解決方法。原則上，建設新廠並不是唯一的解決方法。有時其他方法可能更切合實際。

表 9–1　廠址選擇中可使用的不同方案

狀　況	問　題	可　行　方　案
新公司	並無生產設施	建廠、租廠或買廠
新產品	並無可用科技	改善製程、建廠或擴廠
新、或舊產品	產能不足	建廠、擴廠、外包、加班、增加班次
老產品	市場需求下降	改善製程、關廠、降低工資
老產品	市場區域改變	關廠或遷廠
老產品	勞工及科技成本上升	遷廠或與工會情商

在一般狀況下，建廠的目的大都在於增加產能。如果在其他地區設立新廠，有時也可以同時達到降低運銷成本之目的。在選擇廠址以建新廠之前，仍應先就其他方案進行評估。建設新廠耗時費力，除非確有必要，否則不應貿然為之。例如若產能不足，則以加班、增加班次、託外加工、增加設備等方法也可以增加產能。在原址增加設備可增加產能，又不至於消耗太多資源及時間。原則上，在決定如何增加產能時，常用損益平衡法分析之。而在比較建設新廠與其他增加產能做法之優劣時，則常以**資產投資** (Capital Investment) 等財務分析方法決定之。

一、廠址決策的目標

一般而言，企業選擇廠址時均有其目標。對於以利潤為主導的企業而言，「新廠址對成本的影響如何」是最重要的考量。大部分的學術論文在研究廠址問題時，都以如何降低運費或產品總成本為其考量依據，便是這個道理。至於以其他目標為考量的企業，則可能有不同做法。例如有些企業可能想要增加廠區或後勤系統 (Logistics System) 所能服務的市場範圍。在這種考量之下，企業也可能以供需平衡或服務水準為其目標。而這類企業選擇廠址時也可能較以其策略規劃為導向。

此外，廠址選擇也有其他的特點。由於應該考慮的因素太多，各個因素所佔的比重因時因地而有所不同，而且有些因素又無法量化，所以在選擇廠址時很難把待選之廠址明確的排出名次來。因此，在選擇廠址時不一定是在選擇一個唯一而最好的廠址

(a Best Location)，有時管理者是在幾個可用的 (Acceptable) 地點中選擇一個最合適的廠址。

二、選擇廠址的程序

任何一個企業在選擇廠址時，都必然經過一些判斷及選擇的過程。在這個過程之中，有些企業使用明文規定的程序，一步一步的分析、選擇。有些企業由於規模小、管理者教育不同等原因，則可能並無既定的程序。在這種狀況下，廠址決策便可能由管理者一手主導。原則上，小型企業或新公司在設廠時大都以老闆住所附近或其熟悉之區域為主。而規模較大的企業，在選擇廠址時，則較可能採用較為正式的程序。企業規模愈大，其可能考慮的範圍也愈大。參與國際競爭的企業，則更可能將廠址選擇的範圍擴及國外。但無論如何，廠址決策的最後決定者仍以高階層管理者為主。有時更由老闆本人做最後的選擇。

在選擇廠址時，由於需要考慮的因素太多了，又很難找到在每一個因素上都有最佳表現的廠址，所以通常我們必須選定某些因素作為主要的考量因素，再根據企業的目標進行評估及選擇。一般而言，正式的廠址選擇程序至少包括以下幾個步驟：

⑴決定廠址選擇之目的、考慮的因素，以及相關的限制。

⑵決定在選擇廠址時必須考慮的因素，以及在評估各廠址時所使用的標準 (Criteria)。

⑶設立模型並評估待選廠址。

⑷根據經濟上及定性因素上的需求，分析廠址選擇模式所得之資訊及結果。

⑸根據在第一步驟中所訂定之「目標」及「判斷標準」進行廠址之選擇。

一般而言，在第一步驟之中，主要的工作在於將廠址的目的清楚的定義出來。在目的或目標訂定清楚之後，管理者便可根據目標，決定在這個目標之下，所應考慮的因素及限制條件。原則上，在目標不同時，考慮的因素及限制便有不同之處。管理者不可人云亦云，因為別人考慮這些因素及限制，便照章全收。在第一步決定了廠址目標、考慮因素及限制條件之後，接下來，在第二步中，我們便應將評估廠址的標準訂定出來。評估的標準對結果有極大的影響，而評估標準不同時，其結果也有很大的差異。例如在決定醫院的位置時，以「全民平均交通距離」、「病患平均交通距離」，以及「醫院產能利用率」等不同標準所選出的地點可能南轅北轍，相差十萬八千里。

考慮的因素及評估標準都可能有定量及定性之分。有些因素是定性的，有些評估標準也是定性的。而在某些狀況下，甚至可能有些目標也是無法以數字表現出來的。

在這些狀況下，管理者必須想出辦法，把這些因素也包括在決策考量之中。在第三步驟之中，我們可以根據需求，將問題以模型表示出來，並進行模型的求解 (Solution)。在大部分狀況之下，損益平衡點，以及線性規劃，或資產投資等財務方法均可用以進行定量分析 (Quantitative Analysis)。而在定性因素的評估上，如何建立定性模型，則應視實際狀況而定。另外，在分析由模型中所計算出來的資料時，原則上應將定量及定性的需求分開來觀察。理想的廠址應在這兩方面都能滿足企業的需求才好。

在最後決定採用哪一個廠址之時，企業必須重行審視企業的目標、其對廠址的需求，以及廠址目標這三項之間是否吻合。如果吻合，接下來也要查明在廠址選擇中所建立的模型和所用的選擇標準，能否協助企業達成其所欲達成的目標。在進一步確定上述二項之後，企業才可以根據其評估結果，進行其廠址決策。

三、廠址問題的三個層次

在選擇廠址時，如果不訂出層次，逐步縮小其考慮範圍的話，那麼，在選擇時，便有如大海撈針，不知如何下手才好。為了簡化廠址選擇問題，大部分學者都同意，可以把廠址選擇問題分成三個層次，由大而小逐步解決之。廠址問題一般可分成下述的三個層次：

⑴地區或國際區域之選擇 (Regional/International Selection)。

⑵社區之選擇 (Community Selection)。

⑶地點之選擇 (Site Selection)。

在這三個層次之中，廠址選擇所考慮的地理範圍由大而小，漸漸理出頭緒，而考慮的因素也愈來愈明細。這種地理範圍的縮小，有如我國所常用的省、縣、鄉、地址一般，能夠協助管理者在選擇廠址時，一次只考慮一個問題，使問題明確而易解。

原則上，在以上所提及的三個層次中，其於各個層次所考慮的因素極不相同，在各層次中所使用的廠址選擇模型也有所差異，但由這三個層次綜合所得之結果則為企業所選定之廠址。這種將廠址問題分成三個層次的做法非常聰明，可以將問題化繁為簡，對選擇廠址極有幫助。另外，在此值得一提的是，在選擇廠址時，將問題分成三個層次的做法並不是一成不變的。如果問題更大，例如國際企業選擇廠址時，也可以將問題分成四個層次，由洲、國、省、縣等不同層次決定之。而若問題很小，只是在附近區域內選擇另一廠址，則只將問題分成區域及地點二個層次，似也已足夠。

上述之三個層次間之關係可如圖 9–1 所示。原則上，在選擇廠址時，我們是由上而下，逐步解決廠址選擇的問題。

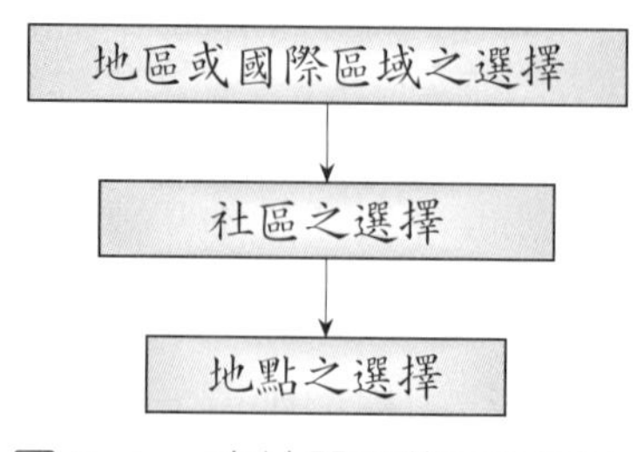

圖 9-1 廠址問題的三個層次

四、企業特性與廠址之選擇

原則上，生產企業可以根據其特性分類，以決定其物流系統之型態。現在說明如下：

1. 自然資源

假如企業的生產活動係以自然資源之處理或加工為主，則其廠址必須接近自然資源之產地。這種狀況在以下情況存在時更為明顯：

(1)在加工或處理過程中可能產生極大之損耗。

(2)經濟規模對產品成本有極大之影響，集中生產比另設分廠有利時。

(3)原物料由於易腐或其他原因，無法長途運輸，或長途運輸之成本過高時。

採礦取石，水產品加工、木材業、煉油廠、水廠等都是應該在原物料產地設廠的例子。另外，自然資源的體積龐大、重量大、易腐，或有其他物理及化學上的特性，致使其不易長途運送時，也應在產地設廠。例如大理石的採取及切割業均需在產地設廠。而切割完成之大理石產品在包裝及運輸上均較為經濟。此外，如水泥業等也是類似行業之一。

2. 產品體積或重量龐大

有些產品的體積或重量太過龐大，無法搬運；或即使可以搬運，其搬運成本也可能太過巨大。在這種狀況下，這些產品加工或處理的廠址亦須就近設廠，或在原地設廠。例如建設大樓、橋樑、道路、水壩等均必須在產品交貨之處所或附近設廠興建。高架橋或捷運系統中所使用的水泥架或鋼樑等，由於運輸困難，也只好就近生產或裝配。在這種狀況下，廠區通常在工地或其附近，與總公司距離頗遠，其間之連絡常以電話或現場探視等方法進行之。而總公司並不負責生產，只進行計畫、連絡、調度、管制等工作。

3. 一般企業

至於一般企業在決定其廠址及物流系統時，則需要考慮較多的因素。在考慮的因素之中，較常為人所提及者有土地成本、勞力供應、機械、設備、運輸及營運相關之成本等。另外，在類似之決策中，也常考慮一些不可量化的定性因素，這些定性因素包括當地的土地使用分類、法令規章等等。

一般企業在選擇廠址或物流系統時，由於需要考慮的因素太多，每一個因素比重又不一定，而常使企業不知由何處著手。

第二節　廠址選擇過程中所考慮的因素

在第一節中我們曾經提及，廠址決策可分為三個層級，而這三個層級是「地區或國際區域之選擇」、「社區之選擇」，以及「地點之選擇」。在這三個層次之中，我們所考慮的地理範圍由大而小，而考慮的因素也愈來愈明細。原則上，許多因素都可能影響到廠址之選擇。但是在以上三個層級中，各個層級中所考慮的因素則有所不同。在第一節中，我們也曾經討論到企業特性與廠址選擇之關係。原則上，若企業的生產活動係以自然資源之處理或加工為主，則其廠址必須接近自然資源之產地。若產品的體積或重量龐大，無法或不適合長途搬運，則其廠址亦應就地設廠或在交貨之附近區域設廠。至於一般企業，也可能有些因素較具影響力，可以左右企業廠址之選擇。

例如製造業廠址之選擇常需考慮能源供應、水源、勞工的供應、原物料之供應等。因此，水廠、煉油廠、礦廠大都在原物料之產地設廠。發電廠需要大量的冷卻水，因此也要接近水源區。重工業需要大量原料及電力，其廠址必須在港口和電廠附近。而若產品需配銷至許多地方，而運輸成本也是重要的考量時，則廠址便應設於交通樞紐附近。至於服務業則以方便為宜，所以店址要在顧客附近，或在顧客通勤路線範圍之內。

以上提及的因素都是影響廠址選擇的重要因素。這些重要因素凌駕於其他因素之上，也反映出企業的特性及其獨特的需求。除了這些與企業特性相關的因素之外，另外還有許多因素也值得考量。為了縮小考慮範圍，使問題明確易解，學者已將廠址問題分成三個層級，並在三個層級中分別考慮不同的因素。現在將這三個層級中所需考慮的因素說明於下：

一、選擇地區或國際區域時考量之因素

「地區或國際區域之選擇」是廠址問題的第一層級。在選擇地區或國際區域時，我們是根據企業的特性來選擇。企業的特性可以就其生產、行銷、營運、財務等方面來考量之。若由此一角度觀察「地區或國際區域」之選擇時，則至少有以下四個因素值得考慮：

⑴與市場、顧客或原物料來源間之距離。

⑵在該區域內之勞工型態及供應量。

⑶土地、原物料、交通工具、水、瓦斯及其他重要元素之供應。

⑷氣候、稅賦、規章、政經環境等環境因素。

以上這四項因素是在選擇「地區或國際區域」時所應考慮者。現在將此四項因素說明如下：

◆ 1.距　離

為了降低運輸成本、提高對顧客及市場的服務品質起見，廠址應距離市場、顧客及原物料來源愈近愈好。雖然在研究文獻中，無人曾經證明過最佳的距離應該多遠，但在美國的通則是，工廠與市場、顧客及供應商間之距離應在 200 英哩之內。若超過此一距離，其運輸成本可能就過高了。原則上，這個距離應該在哪一個範圍之內，與產品成本、價格及運費之比率有關，只要能將運費佔成本的比率控制在一定程度之內即可。除了運費之外，對於各該原物料的用量、原物料是否易腐等，也都和距離有關。在第一節中曾提及在「自然資源之處理」及「產品體積或重量龐大」等二種狀況下，可能必須在產地或附近設廠。同樣的，若原物料易腐，如水產、食品類等，其廠址亦需設於產地附近。

幾乎所有的營利事業都以市場服務水準為競爭工具之一，此類企業可能盡量在其市場附近設廠或開店。零售業者在人口密集或交通要衝之處開店，便是基於此一觀點。銀行、診所、美容院、旅館、餐館、糕餅業、洗衣店、地區營業處、便利商店、花店等都是以服務附近顧客為主，由於競爭壓力大、產品替代性高等因素之影響，此類業者若離顧客太遠，便可能在競爭上居於劣勢。

至於非營利事業店址的設立，通常也視其需求而定。例如郵局、電信局等散佈於市區內各人口密集處。警察局、消防隊、緊急醫療系統等則應視反應需求所需之時間而定其隊址。這些服務性機構距離若太遠，常易引起民怨而得不償失。例如美國在臺協會曾有移往天母之議，卻引起全省民眾極大之反對聲浪，便是一個現成的例子。

◆ 2.勞力供應

在選擇廠址時，該地區內之勞動力品質及數量，是否足敷企業目前及未來所需，是一個必須考量的因素。即以宏碁電腦 (Acer) 遷移至桃園為例，由於員工不願隨之轉移，宏碁後來不得不再搬回臺北市。這就是勞力供應可影響廠址選擇的實例之一。另外，外商來臺設廠，臺商赴東南亞及大陸投資，也都是為了利用當地廉價的勞動力而成行。但在考慮利用設廠地區內之廉價勞力時，必須也先行瞭解勞工薪資之增幅及趨勢，以便確定此一優勢可以維持多久。同時，勞工的教育及技術水準也與生產力有極大的關係。若勞工價廉但卻不能使用較先進的方法及設備，其生產力仍然不能提高，其競爭能力就不一定能大幅上升了。

除了工資水準、勞工水準及數量之外，當地對勞工管理的法令規章也是必須考慮的議題。例如當地勞工是否均已參加工會? 工會的力量及權限有多大? 除了薪資之外，是否還有其他隱藏性支出? 以上這些問題都是非常重要的。曾赴新加坡投資的企業一定知道，除了薪資之外，企業還必須替員工支付約薪資 25% 以上的公積金。而這種做法便使實質勞工成本大幅上升。類似之狀況在大陸及其他地區也很常見，管理者不可不注意及此。

另外，勞工的工作意願及工作態度也對生產力有很大的影響。在工作意願低、工作態度差的地方，即使勞動工資低，企業仍然無法獲益。因為若勞工的工作意願低、工作態度差，則其工作效率差，且其工作品質低落。在這種狀況下，企業的生產力自然難以提升。

如果是赴國外設廠，則當地管理人力的質量也值得注意。在國外投資設廠一段時間之後，企業可能進行本土化 (Localization)，以便在當地生根發展。但若當地管理人力不足，則企業培育的管理者往往可能跳槽，並回頭與企業競爭。此時，不但企業不易進行本土化，其所處競爭環境更可能日漸惡化。

◆ 3.資源的供應

在所選定的地區中，企業應該要能就地取得所需之原物料。尤其是難以取得、昂貴或運送耗時而必須使用的原物料，更應該要就地取材。此外，當地的交通設施，水、電、瓦斯、汽油、煤、燃油等之供應，以及通訊設施等，也和企業在當地的營運有關。企業在選擇設廠之區域時，也必須考慮到這些項目。

◆ 4.環境上的考量

企業設廠的地區要有對企業經營有利的環境。在這個地區中的天候當然是很重要的考量。此外，該區域內的政治、法律、社會及經濟環境也要能協助企業發展。現在將與環境有關的幾個重要項目條列如下以供參考：

⑴該地區之稅賦。

⑵當地對企業營運過程的管制法規（如環保、勞動基準法等等之規定）。

⑶進出口的管制及障礙。

⑷政治上的穩定性（如投資保障、人身保護等）。

⑸文化及經濟上的特性（如婦女就業之規定及方式等）。

若赴國外投資設廠時，更值得特別注意上述五個項目。在許多落後國家中，由於尚未進行自動化、合理化等，政府透明化不足而中央集權。由於政府貪污腐化、國家基礎設施不足，有時企業動輒得咎，因此，造成經營上的困擾。在這種地方，若能取得高官的協助，有時又有非分的好處，因而造成外商不得不與地方官員同流合污。美國海灣石油公司以前在韓國投資加油站時，曾經送禮以打通關節，但此一做法遭小股東質疑並告官起訴後，當時的管理者不得不去職。目前臺灣在世界 21 個主要出口國中，清廉度名列倒數第三名；立法院在民國九十五年五月三十日審查通過貪污治罪條例修正草案，增訂對於外國、大陸地區、香港或澳門公務員行求、期約或交付賄賂，或其他不正當利益者處以徒刑，並得併科罰金。為免誤觸法網，我國企業應該注意避免此類行為。

另外，赴國外投資時，必須面對隱含資訊 (Implicit Information) 的問題。所謂隱含資訊，是當地人民及文化對某一數字、事件、狀態的特定描述或定義，且為當地眾所周知者。例如上海人認為香港人話多，稱他們為港督（講多）。又如中國人不戴綠帽子，外國人卻不在意，也是一例。因此，清末時外商在華多用代辦 (Taipan) 以處理當地業務。但使用當地人處理涉外事務時，忠誠與否又值得注意。

二、選擇社區時所考慮的因素

在廠址問題的第二個層級中，我們所考慮的範圍已經縮小到社區的範圍。但若幅員廣大，在這第二個層級中所需考慮的地理範圍可能仍然不小。在這種狀況下，我們雖然已縮小了考慮範圍，但所需考慮的因素卻仍然不少。許多在選擇「地區或國際區域」時曾經考慮過的因素，在此仍需重新考慮一次。例如當地是否有合適的場地、地方政府的態度、法令規章、稅賦、市場特性、市場規模、以及當地的氣候等等，都是在範圍縮小到社區這個層次時，仍然需要重新考慮的因素之一。當地的社交休閒、保健設施如何，可能影響員工對該地區之觀感。例如當地住宅是否充裕，有沒有足夠的學校、教堂、醫院、購物中心，當地的消防及治安警力如何，當地的稅制及其他成本如何，以及當地是否有大專院校等，都和員工在該地區的生活有關，當然就值得特別注意。大專院校裡的設備及人力可以協助企業進行研發，企業也可以由畢業生中找尋企業所需的人才。因此，當地是否有大專院校，也是企業必須考慮的一個重要因素。美國的國際商業機器公司 (IBM) 在美國肯塔基州的雷興頓 (Lexington)、科羅拉多州的丹佛市 (Denver)，以及德州的奧斯汀 (Austin) 等三處設廠，據說就是因為當地有著名的大學，可以協助 IBM 在研發及人力上取得進展。另外，如科學園區設在新竹市，當然也是希望借助於清華大學、交通大學及工業技術研究院中的強大研究人力。

當地社區對企業的看法也很重要。有些社區希望吸引企業前往設廠，以便提高就業水準、增加社區之稅收。但有些社區則希望保持原有生活品質，並不歡迎企業在當地設廠。尤其是可能造成環境污染的企業，更可能引起當地居民極強烈的反感與抗爭。例如化學、水泥、鋼鐵業，以及機場、電廠等都曾經引起地區民眾的抗爭，並造成企業經營上的困擾。

前面曾經提及，當地是否有合適的場地也是一個重要的因素，針對這一點，世界各國多已經採行設立工業園區的方式，來提供場地，供企業在當地設廠。類似的做法還有科學園區、商業中心園區、大使館區等等。這種做法的優點很多，但也有些缺點。現在將其優缺點說明如後。在優點方面，這些土地已經事先規劃，能源、水源、排水系統、廢棄物處理系統、防治污染設施、交通系統等均已事先建設完成。由於這些規劃及建設均已完成，企業可以免除許多困擾及手續。而其缺點則在於這些園區由於其設計目標及使用之分區限制等，可能對企業未來的發展產生限制。例如廠房的大小、污染防治產能、營業內容、未來擴廠之規模等，在進入園區時即設定完成，如欲改變，企業可能必須遷廠。以萬客隆企業為例，它在工業區內設立倉庫，並兼營批發，即造成其營業項目是否符合工業區目標及規章之困擾。

三、選擇地點時所應考慮之因素

在廠址選擇問題的第三層級之中，我們考慮的問題與前二個層級中之問題不同。在這個層級之中，由於地區及社區已在前二個步驟中決定了，現在我們要做的是，在選定的大環境中選擇出一個最合適的地點。所謂「最合適」，並不是「最好」的意思。廠址問題中有許多定性因素。這些因素中更有很多是無法量化的。因此，有時管理者無法判斷何者為「最佳」之廠址。在大部分狀況下，我們是在幾個可用的場地中，設法選擇一個最合適的地點。而這個決策，也就是在廠址選擇的第三個層級中，管理者所必須處理者。

原則上，在決定設廠的地點時，最重要的考量是該地點能否滿足企業在營運過程中的需求。也就是說，場地的大小、場地四周土地的現況、土質、土地分區使用之規定、社區的態度、排水系統、廢棄物處理系統、水源供應、廢水處理、自來水、電力、瓦斯等之供應等都需要考慮。此外，交通運輸、當地市場的規模，以及整地、建廠之成本等，也是很重要的因素。在社區選擇中，我們曾提及工業園區等事先已規劃妥當的場地，是理想的設廠或開店地點。如果選用這些園區中的場地，則在此一層級中對各個廠址的考量因素可以減少許多，而此一問題也得以簡化不少。

同樣的，在選擇場地或地點時，許多在第一及第二層級中曾經考慮過的因素，在這裡也仍然需要再加考慮。只不過在此時所考慮的，可能更為明細一點。

為了協助讀者對廠址考慮因素更加瞭解，並建立系統化的層級觀念，謹此將廠址決策中所考量的主要因素彙整於表 9-2 中，以供讀者參考。在上述之所有因素中，在不同層級之中究以何者為重，其實也是一個很值得探討的問題。國內外學者均曾研究此一問題，但至今為止仍無定論。原則上，屬於重要因素者至少有以下幾項：

⑴社區的態度。

⑵勞工成本。

⑶原物料及成品的運輸成本。

⑷國、省、縣及地方稅賦。

在能源危機發生之後，能源成本在世界各地都引起注意。此後，能源成本也成為重要因素之一。

表 9-2　地點或廠址選擇所考量的因素

通　路	㈠周圍 ・街道寬度 ・交通量及其特性 ・路口寬度及交通信號 ・停車場及各項交通管制措施 ・公共運輸 ・至廠區之交通轉運站 ・都市更新計畫 ㈡地區（與員工及顧客相關者） ・至市中心或住宅區之車行交通時間 ・道路交通容量及未來公路改進計畫 ・是否有公共運輸服務
公共服務	當地現有之服務及產能

	・水源供應 ・洩洪系統 ・電力 ・通訊 ・若無上列四項服務則約需增加多少成本以因應之 ・家庭廢水系統 ・瓦斯 ・暖氣
廠地發展因素	・面積 ・地形 ・排水 ・自然特性、植物、保育、景觀、外觀等 ・地點之分區使用規定 ・如何利用、如何搭配原有建物 ・場所之形狀 ・土壤 ・森林面積 ・擴充空間
周圍之發展	・附近現行發展趨勢及型態 ・附近地區之分區使用規定 ・與地區主要發展計畫之關係 ・社區與鄰區特性 ・是否有增進工商業發展之活動 ・是否有改進教育、文化及娛樂設施之活動 ・住家情況
法律及規章	・所有權限制 ・土地利用權 ・其他對場地可能產生限制之條例、規定及限制 ・是否需要土地重劃

原則上，由於各產業及企業有不同的特性和需求，很難列出一份放諸四海皆準的考量因素順序。但製造業通常要注意原物料來源。因此，許多製造業廠商可能要在原物料產地附近或其集散地附近設廠。製造業需要將產品運銷出去，所以設廠時也一定會考慮到交通及運輸問題。大部分的鋼鐵廠都設在港口附近，便是基於此一考量。至於勞工成本及稅賦等則是次一級的考量因素。也就是說，在廠址選擇問題中，地區因素的重要性大於第二層級及第三層級中所考慮的因素。

至於服務業則有不同的考量。服務業及輕工業是勞力密集的行業，需要許多技術勞工及一般工人。對這些行業而言，勞工成本便成為極其重要的考量因素之一。地區性考量也仍然是這些行業選擇店址時最重要的層級。

對於小型服務業者而言，廠址問題的第二層級則是最重要的。例如診所的設立，通常要接近顧客，單一店面是否光鮮華麗，卻並非最重要的考量。但場地或店面的選擇卻是零售業者最需要注意者，店面是否能處於顧客集散地及流動路線上，對於零售業者的成敗有極大影響。對於零售業者而言，地點的選擇重於社區，而社區的選擇又比地區來得重要。

管理人員在評斷特定地點時，所應考慮的標準可如表 9–2 所示。定性因素在廠址考量中的重要性極大，我們在本章中已提及數次。為了協助讀者對定性因素有較全面的瞭解，謹將選擇廠址時應考慮的定性因素彙整於附錄中，以供參考。

第三節 選擇廠址所使用的模型

在選擇廠址的過程中，於各個層級內均有使用數量模型的必要。某些情況下，定性因素也可能進入分析過程內，此時選擇廠址也可能使用定性分析的模型。在選擇所使用的模型時，原則上要由其目標、分析之難易，以及分析結果是否簡明易行等方向判定之。例如，若製造業係以自然資源之處理為主，且於處理之過程中可能產生極大之損耗，則其生產特性可能主導廠址決策。這種需求可稱為執行上之需求 (Technical Requirement)。例如採礦業是原物料導向 (Raw Material Oriented) 的，啤酒業是水源導向 (Water Oriented) 的，鋁錠的生產是能源導向 (Energy Oriented) 的，服務業是顧客或業務導向 (Sales Oriented) 的。在這種狀況下，我們可將此類行業之廠址問題歸類於加工過程導向 (Technological Oriented)。在此項目下，若原物料產地、水源或能源非主導因素，則廠址選擇常為運輸導向 (Transportation Oriented) 的問題。

通常選擇廠址之目的在於使經濟活動的利潤極大化。但若各地的產品成本相同時，則其目標又可能是使相關成本極小化。此時之考量又大多以如何降低運輸成本為主。此外，如果原物料成本各地不同，而產品售價亦有不同，則廠址決策的目標又可能是以提高總收入為主。同時，在這種狀況下，廠址以接近顧客為要，廠址的設立也以小規模多廠址的方式為佳。假如產品之成本與售價均與廠址無關，則此時其廠址選擇便可能以接近顧客、保持與競爭對手間之距離、或接近經濟活動中心為主要考量。

綜上所述，則廠址問題可分成「加工過程導向」及「經濟導向」這兩類。而其目標也因廠址問題的不同而改變。

工業廠房之廠址選擇大都以降低「與廠址相關之所有成本」為其目的。解決這類問題時，學者常將運輸、生產、能源、勞工、稅賦等成本計入一個「線性規劃模型」並分析之。另外，在許多狀況下，各個廠址之固定及變動成本因其地點而有所差異。在固定成本方面，地價及建廠費用通常與設廠地點有關。因此，在處理這類問題時，我們常使用「損益平衡點模型」(Break-even Point Model) 進行分析。在使用損益平衡模型時，值得注意的是此一分析僅在生產量接近「損益平衡點」或「設計產能」時才具參考價值。若產量變動太大時，則損益平衡分析之結果便無意義。

至於服務業設廠或設立服務處之目標，則又有另外的考量。以醫院地點之選擇為例，其目標通常在於提高當地居民對醫療設施的使用率或使用量，藉以改善居民之健康。原則上，醫療院所的距離愈遠，則前往使用該醫療院所的病患便愈少。因此，在選擇醫療院所之院址時，成本或利潤都不是主要的考量因素。同樣的，有關警察局、消防隊、救護車隊址、政府設施、公共設施等地點之選擇，也通常不僅考慮經濟因素而已。

零售業者選擇店址時則常以店面對顧客的吸引力為主要考量，因此在設計模型時便常以此為依據。

一、地區或國際區域之選擇模型之一：運輸模型

在許多狀況下，運費是選擇廠址時所需考慮的主要因素之一。假如已知可用的廠址或倉儲地點何在，則在選擇廠址時可以使用**運輸模型** (Transportation Model)，將進出各該地點之貨物之運費計算出來，並選擇能使總運費極小化的設廠地點。也就是說，假如我們要由兩個可用之廠址中選擇一個，而運費是一個重要的考量因素，則在選擇時，我們可以將這兩個廠址分別配入原有之系統中，並分別計算出其總成本。在兩個總成本均計算出來之後，我們便可選擇總成本較低之廠址為設廠地點。

運輸模型是線性規劃 (Linear Programming) 方法中所發展出的第一個通用模型，對線性規劃的發展有極大的貢獻。同時，有許多企業都需要處理多廠址多倉儲中心間之產品運輸問題，而運輸模型正好可以協助企業解決此一問題。由於以上兩個理由，運輸模型是一個非常重要並值得特別學習的方法。運輸模型除了可用於解決產品在多個來源及市場間之運輸問題之外，同樣的模型也可用於解決其他的問題。例如生產規劃、工作分派 (Job Assignment)、廠址選擇等，都可使用運輸模型以求解。現在以一個廠址選擇例子說明運輸模型如下。

假如大工公司現在已有一個工廠，產能為 100 件產品。由於市場擴充，大工公司擬再設一個工廠，而新廠之產能已定為 110 件。大工公司現有之工廠在臺中市。現在

可用的廠址有兩個，分別在彰化市及苗栗縣境內，大工公司打算由這兩個廠址中擇一設廠。現在再假設不論其廠址何在，其產品成本均相同，因此，其主要之差異僅在於運費有所不同。假設大工公司現有三個發貨中心，各廠區至發貨中心間之單位運費及需求可整理如表 9–3 所示。現在大工公司必須在苗栗廠與彰化廠之間擇優設廠。

表 9–3　廠區至發貨中心之運費

發貨中心 廠區	一	二	三	供應量
臺中廠	1	2	3	100
苗栗廠	4	1	5	110
彰化廠	3	2	4	110
需求量	80	120	60	260 / 210*

* 大工公司現僅有臺中廠，需要增建一個新廠，並擬由苗栗及彰化的二個可用廠址中選擇一個，以便建立新廠。故其建廠後之總產量為 100+110=210 件。

這個問題若以線性規劃求解，則其線性規劃模型可寫成如下之兩個模型：

$$
\begin{aligned}
\text{Minimize: } & X_{11} + 2X_{12} + 3X_{13} + 4X_{21} + X_{22} + 5X_{23} \\
\text{Subjcct to: } & X_{11} + 2X_{12} + 3X_{13} = 100 \\
& X_{21} + 2X_{22} + 3X_{23} = 110 \\
& X_{11} + X_{21} \leq 80 \\
& X_{12} + X_{22} \leq 120 \\
& X_{13} + X_{23} \leq 60 \\
& X_{ij} \geq 0
\end{aligned}
\tag{9.1}
$$

以及

$$
\begin{aligned}
\text{Minimize: } & X_{11} + 2X_{12} + 3X_{13} + 3X_{31} + 2X_{32} + 4X_{33} \\
\text{Subject to: } & X_{11} + 2X_{12} + 3X_{13} = 100 \\
& X_{31} + 2X_{32} + 3X_{33} = 110 \\
& X_{11} + X_{31} \leq 80 \\
& X_{12} + X_{32} \leq 120 \\
& X_{13} + X_{33} \leq 60 \\
& X_{ij} \geq 0
\end{aligned}
\tag{9.2}
$$

而公式 (9.1) 及 (9.2) 中，X_{ij} 為由廠區 i 運送至發貨中心 j 的產品數量。在公式 (9.1) 中，我們假設新廠建於苗栗，並計算其最低之總運輸成本。在公式 (9.2) 中，我們則可以算出新廠設於彰化時之總運輸成本。在比較這兩個總運輸成本之後，總運輸成本較低者即為較佳之組合。

運輸模型也可以用表解法求解。在電腦日漸普及之後，由於電腦可以立刻算出結果，表解法的必要性已然大減。但表解法由於計算簡便，且其計算之邏輯也非常值得學習，在此不再贅述。

二、地區或國際區域之選擇模型之二：重心模型

有時候，在選擇廠址的過程中，運輸費用的多寡也可能是最重要的考量之一。例如倉庫或發貨中心之地點選擇，其主要的考量因素可能是運費。在這種狀況下，已知若干可用之地點，而我們要在這些地點中選擇一個，以便設置倉庫。這一種問題極為簡單，只要用前述之運輸模型計算並比較其運費，即可選擇運費較低的地點設置倉庫。但有時問題沒有這麼明確，我們並沒有已知可用的地點。此時，廠址選擇問題的型態有所改變。我們已知顧客及需求何在，但要選擇一個地點或地區設置倉庫，然後以此一倉庫來服務這些顧客，滿足他們的需求。通常在解答這種問題時，我們要先選一個地點，然後再把進出這個倉庫所有貨品之運費計算出來。

這種問題可以用「重心模型」(Center-of-Gravity Method) 求解。「重心模型」又稱為重力模型，可用以計算「東西向」及「南北向」的加權平均運費。在算出這個加權平均運費之後，我們可以再用「漸增分析法」(Incremental Analysis) 將倉庫地點向東西南北等四方移動少許，再計算其總運費之變化。假如在移動之後，其運費增加，則原先選定之廠址較佳。否則，我們便應繼續移動該廠址，直到運費降至最低為止。現在以一個例子說明這兩個模型如下。

例一

假設臺灣重工公司有一個工廠，此一工廠位處 A 點。同時，臺灣重工有兩個客戶，分別處於 B 點及 C 點。若其供需數量及單位運費如下：

地　點	供應量（噸）	需求量（噸）	單位運費（元/公里）
A	10		5
B		2	8
C		8	4

所有貨品均由 A 運往倉庫後，再轉運至 B 及 C。若現已先選定一個倉庫地點 W，且其東西向及南北向與 A、B、C 三點間之距離如下：

點	東西向（公里）	南北向（公里）
A	75	22
B	95	84
C	120	41

試問以「重心法」計算時，其平均運費若干？

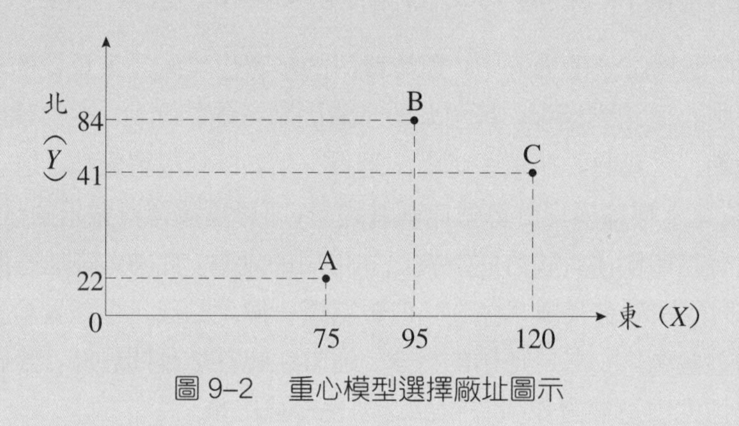

圖 9–2　重心模型選擇廠址圖示

解答

題中各點間之距離可以圖示之（如圖 9–2）。在圖 9–2 之中，W 點與各點之距離已按其座標距離畫出。預定之倉庫地點 W 是貨品的轉運點，W 點即是原點，而 W 點與所有點間之加權平均距離可以下式計算之：

$$\bar{Z} = \sum_i T_i V_i Z_i / \sum_i T_i V_i \tag{9.3}$$

在公式 (9.3) 中，Z 是在某方向之加權平均距離，T_i 是單位運輸成本，V_i 是運輸量，而 i 則是地點。

若將前述之數據代入公式 (9.3) 中，則其東西向之加權平均距離可計算如下：

$$\bar{X} = (T_A V_A X_A + T_B V_B X_B + T_C V_C X_C)/(T_A V_A + T_B V_B + T_C V_C)$$
$$= [(5 \times 10 \times 75) + (8 \times 2 \times 95) + (4 \times 8 \times 120)]/[(5 \times 10) + (8 \times 2) + (4$$

$\times 8)]$

$= 92.95$ 公里

而其南北向之距離亦可以公式 (9.3) 計算，為 38.3 公里。

在例一中我們說明了「重心模型」。假如管理者想要試著找出更佳之地點，則可將現有地點向東西南北四方稍微移動，並調整其與其他各點之距離後，重新計算其加權平均運費。這種做法稱為「漸增分析法」。讀者可以嘗試將地址移動，並使用「漸增分析法」改善上述之倉庫地點。另外，在使用「重心模型」決定地點後，亦可算其總運費如下：

$$C = \sum_i T_i V_i D_i \tag{9.4}$$

同時，在公式 (9.4) 中，C 為總運輸成本，T_i 為單位運輸成本，V_i 是運輸量，而 D_i 則為由 i 點至倉庫間之總距離。

三、社區選擇模型：損益平衡點模型

在社區選擇方面，我們在前面已經探討了許多應予考量的因素。在這些因素中，有些因素與產量有關。例如水、電、勞工成本、原物料成本等均可能與在該廠址中之產量有關。這種隨產量改變而改變的因素也可能對廠址選擇產生極大的影響。在社區選擇此一步驟中，我們應該正視這個問題，並予以適度的考量。通常我們可以用「損益平衡點模型」(Break-even Point Model) 來處理這種問題。

在使用損益平衡點模型時，我們把固定成本 (Fixed Cost) 與變動成本分別列出，然後再比較收入與支出何時平衡，達成收支平衡的產量即為損益平衡點。損益平衡分析可如圖 9–3 所示。

在圖 9–3 中，有幾點特別值得注意，現在說明如下。首先是在縱座標下方之固定成本。在設廠時，廠房、土地、設備等是固定成本。在營運的過程中，又有水電支出、勞工成本、原物料成本等支出。不過這些開支隨產量之增減而增減，是所謂的變動成本。總成本是固定成本與變動成本之總和。至於總收益則是產品銷售出去所得之收益。原則上銷售量愈大，其收益亦愈大。損益平衡點是收支正好相抵的一點，可以用數量表示之，也可用金額表達。如圖 9–3 中之 BEP(x) 即為損益平衡之產量，而 BEP($) 則為損益平衡之金額。損益平衡點也可以用公式計算之。一般而言，企業的收支可以計算如下：

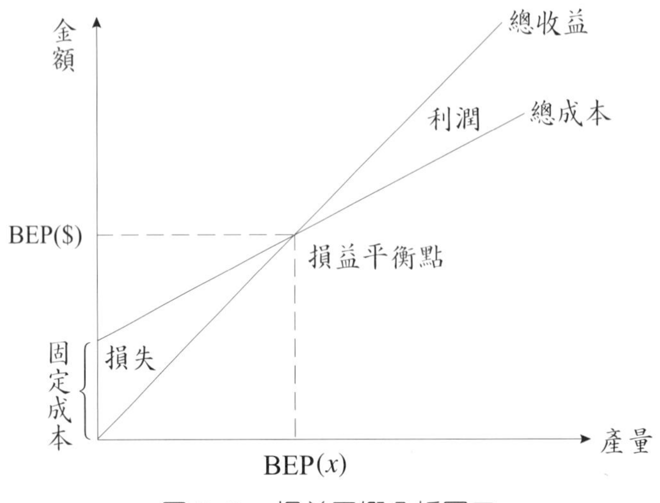

圖 9–3　損益平衡分析圖示

TR = 總收益 = Px

P = 單位售價

x = 產量

TC = 總成本 = $F + Vx$

F = 固定成本

V = 單位變動成本

在損益平衡時，由於收入等於支出，因此，

$$\text{TR} = \text{TC}$$

$$Px = F + Vx$$

此時，若針對數量而解之，我們可得損益平衡點如下：

$$\text{BEP}(x) = \frac{F}{P - V} \tag{9.5}$$

但若針對金額而解之，則損益平衡之金額可如下式所示：

$$\begin{aligned} \text{BEP}(\$) &= \text{BEP}(x) \times P \\ &= \frac{F}{P - V} \times P \\ &= \frac{F}{1 - V/P} \end{aligned} \tag{9.6}$$

由於企業的利潤是收入超出成本的部分，也就是說

$$利潤 = \text{TR} - \text{TC} = Px - F - Vx = (P - V)x - F \tag{9.7}$$

只要使用公式 (9.5)～(9.7)，我們便可直接進行損益平衡分析。現在以下例說明之。

例二

敦化企業公司的產品成本為每個 2 元，若固定成本為 80,000 元，產品單位售價為 7 元，請問其損益平衡點若干？其損益平衡金額又為多少？若產量為 20,000 單位時，其利潤如何？

解答

將上述數據導入公式 (9.5)～(9.7) 之後，損益平衡點之數量、金額，以及產量為 20,000 單位時之利潤分別為

$$\begin{aligned}\text{損益平衡點} = \text{BEP}(x) &= \frac{F}{P-V}\\ &= 80{,}000/(7-2)\\ &= 16{,}000 \text{ 單位}\end{aligned}$$

$$\begin{aligned}\text{損益平衡金額} = \text{BEP}(\$) &= \text{BEP}(x) \times P\\ &= 16{,}000 \times 7\\ &= 112{,}000 \text{ 元}\end{aligned}$$

$$\begin{aligned}\text{生產 20,000 單位時之利潤} &= (P-V)x - F\\ &= (7-2)(20{,}000) - 80{,}000\\ &= 20{,}000 \text{ 元}\end{aligned}$$

損益平衡分析是一種「成本數量分析」(Cost-volume Analysis)。一般企業大都以營利為目的，因此成本數量分析模型的功用極大。而損益平衡是成本數量模型中較常使用的模型之一。雖然在長期計畫中也不乏使用成本數量模型的例子，但基本上此類模型較適用於短期計畫。而且在使用此類模型時必須能將固定及變動成本明確劃分出來。成本數量模型的基本假設有以下幾個：

⑴成本若非固定，即為變動。

⑵單位成本及單位收益均為常數，並不隨數量之變化而改變。

⑶收支之金錢價值並不因時間不同而改變，今日之一元與未來收入之一元價值相等。

以上這些假設如果成立，則成本數量分析是非常簡單有用的分析工具之一。但若上述之假設不成立，則成本數量模型必須修改以因應狀況之改變。否則，其分析結果便可能失真。

在做損益平衡點之分析時，我們是在計算需要生產多少，才能達到收支平衡的狀態。但在以損益平衡分析模型選擇廠址時，其分析方式有所改變。通常在以此一模型選擇廠址時，我們想要決定的是，「在產量改變時，到底哪一個廠址較佳」。這種分析在市場未來有可能擴充時更有意義。一般而言，所謂固定成本，是並不因產量增減而改變的成本。例如土地、建築物、設備、土地及建物的稅金、保險支出等。而變動成本，包括勞工、原物料、運費等，卻隨著產量的改變而增減。在產量變化不大時，只要產量大於損益平衡點，我們便確知將有利潤。可是在產量變化幅度很大，可能隨市場之成長而增長時，我們除了想要知道是否有利潤之外，還想使利潤極大化。在這種期望之下，我們便有需要選擇一個在產量增長之後，仍然能使成本降到最低點的「廠址組合」。而所謂的廠址組合，在這裡我們是指影響固定及變動成本的所有因素。

在這種決策之中，產量變化的幅度及產量成長所需之時間是兩件值得注意的事。假如產量變化幅度極大，則在不同的產量區間內，其適用的廠址組合不同。如果我們著眼於未來的產量，選擇了一個在高產量狀況下較合用的廠址組合。但產量增長至此一幅度所耗時間極長時，企業卻有可能要虧損經營一段很長時間，在這種狀況下如何取捨，對管理者而言，是一個極大的試煉。現以下例說明如下。

長春公司擬在四個社區中擇一設廠。假如在這四個社區中設廠後之年度成本如表 9–4 所示，到底長春公司應該在何處設廠？在面對這種問題時，我們可以用損益平衡分析模型來解答之。通常我們比較這四個社區中之總成本，並據以決定各社區所適用之產量幅度。

若將表 9–4 中之成本製圖，則其成本可如圖 9–4 所示。由圖 9–4 可知，在產量等於 6,500 單位時，第一及第二社區都可以選用。若產量小於 6,500 單位，則第一社區是較佳的選擇。而在產量介於 6,500 及 11,000 單位時，則第二社區較佳。同理，在產量大於 11,000 單位時，第三社區卻又是應該設廠之處。

在進行社區選擇時，產量成長的幅度及時間顯然是重要的考量因素。假如產品是新產品，市場仍待開發，需要好幾年產量才會超過 6,500 單位，則現在長春公司可能

表 9-4　長春公司設廠社區成本資料

年度成本（千元）	社區			
	一	二	三	四
固定成本				
利　息	4	7	19	8
房　租	30	40	100	45
保　險	7	9	16	10
稅　金	7	8	15	8
行銷費用	6	7	17	8
其　他	8	10	33	11
合　計	62	81	200	90
變動成本				
原物料	6	5	2	6
運　費	3	3	1	3
勞　工	7	6	3	6
業　務	5	4	2	4
水、電、瓦斯	3	2	1	2
其　他	1	1	1	1
合　計	25	21	10	22

應在第一社區設廠。但若在一、二年之內，產量即可能成長並穩定在 10,000 單位左右，則又以在第二社區設廠為宜。假如在短期（1～2 年）內，產量便可能超過 11,000 件，當然管理者似乎便應在第三社區設廠。由以上的討論可知，在以損益平衡分析選擇社區時，管理者仍然需要做一些主觀的判斷。嚴格說起來，這種決策也和企業的基本競爭策略有關。一般採行「總體成本領導策略」的企業，為了取得市場領導者的地位，常常建立超大產能。這些企業在這種狀況下，極可能逕自選擇第三社區設廠，以便在未來競爭中取得經濟規模上的優勢。

在上述之例子中，原則上第二社區是較佳的選擇。第一社區在產量超過 6,500 單位之後，便可能使企業在競爭上居於劣勢。若產品是新產品，照理說市場應該會成長到一個程度。若企業自我設限，則在未來參與競爭時便可能較為消極。不過，若產量在一、二年後，真的超過 11,000 單位，其成本上之差異其實也不太大。同時，企業仍可在未來進行擴廠或增設新廠，以因應未來需求上的變化。另外，由圖 9-4 可知社區四在與其他社區相較之下均居於劣勢。因此，在決策過程中，社區四便自動遭受淘汰的命運。

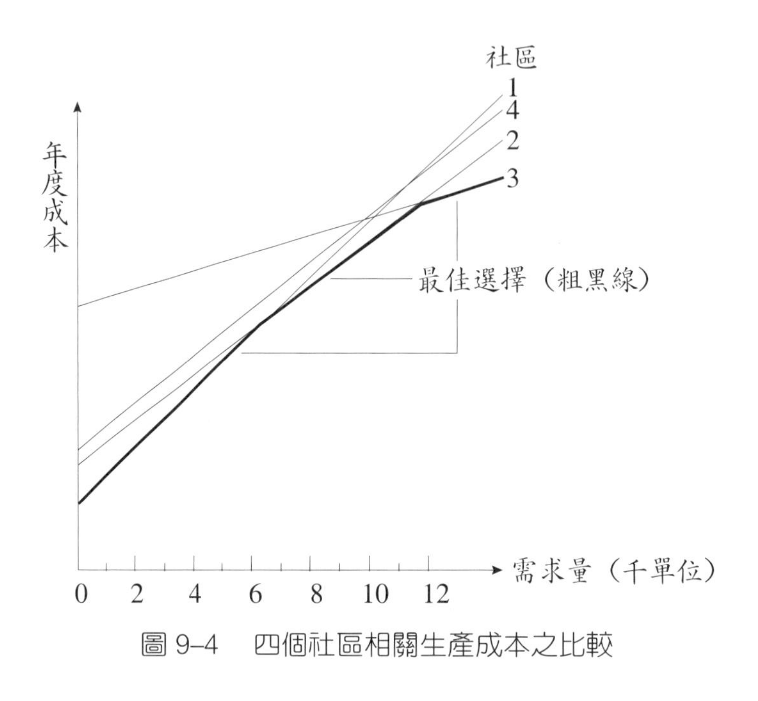

圖 9–4　四個社區相關生產成本之比較

四、地點選擇模型之一：加權因素模型

地點選擇是廠址選擇問題的第三層次，也是最接近最後結果的階段。此時，我們主要的考慮應該在於廠址是否足以因應企業營運的需求 (Operating Requirements)。因此，土地面積 (Size)、鄰近土地的狀況 (Adjoining Land)、土地分區使用之方式 (Zoning)、社區的態度 (Community Attitude)、土壤性質 (Soil)、水源、排水、水電、廢棄物處理、運輸、交通、當地市場的規模、設廠成本等都是應該考慮的因素。各地方的工業園區常為極佳之設廠地點。如果選擇工業園區設廠，以上提及之因素大都已經事先規劃、解決，可以省卻極多麻煩。原則上，在做出地點選擇決策之前，管理者應該先做一次現金流量分析 (Cash Flow Analysis)，針對土地、勞工、水電、運輸及其他因素之成本，進行完整的分析、研究。

地點選擇模型中較常見的有「加權因素模型」(Weighted Score Model)、「重心法」(Gravity Model)、「距離／次數分析法」(Distance and/or Frequency Analysis) 等。原則上，根據狀況之不同，管理者也可以設計不同的模型，以解答其地點選擇問題。我們在此將就不同的狀況，提出二種最常見的模型以供讀者參考使用。

在廠址選擇問題中的地點選擇部分，管理者常需要同時考慮許多因素，而這些因素又各有其重點。有時這些因素也很難量化，甚至有時只能做出「定性」的判斷 (Qualitative Judgement)。假如這些因素都很重要，也需要同時考慮之，則分析的工作就極為困難了。「加權因素分析法」，是可用以解決此一問題的模型之一。我們現在簡單說明如下。

在使用加權因素模型時，我們先把必須考慮的因素確定下來。然後評定各因素所佔的比重，並根據此一比重，給各因素訂定一個權數 (Weight)。原則上，重要的因素權數大，而影響小的因素權數則小。在選擇地點時，各因素的重要程度是管理者主觀的判斷，而權數便是管理者判斷的表現。各因素的評分結果乘上其權數之後便成為一個「加權評分」(a Weighted Score)。而「加權評分」之和便是各該地點的總得分，通常得分最高的地點便是最佳的設廠地點。我們現在看看如何使用「加權因素模型」選擇設廠地點。

假設南京企業公司擬由三個地點中選擇一個地點設店。經過謹慎考慮之後，管理者決定就各場地的年租金、交通狀況、店面的格局、附近地區顧客型態等四因素進行比較。現若各該店面的評比可如表 9–5 所示，南京企業公司應該在何地開店?

表 9–5　南京企業店址選擇評分表

因　素	權　數	可用之地點		
		忠孝東路	仁愛路	信義路
年 租 金	2	1	3	4
交通狀況	3	3	3	2
店面格局	2	2	4	2
顧客型態	1	4	1	2

根據表 9–5 中之資料，我們可以計算各地點之加權評分如表 9–6 所示。

表 9–6　南京企業店址選擇評分結果

因　素	權　數	可用之地點		
		忠孝東路	仁愛路	信義路
年租金	2	$2\times1=2$	$2\times3=6$	$2\times4=8$
交通狀況	3	$3\times3=9$	$3\times3=9$	$3\times2=6$
店面格局	2	$2\times2=4$	$2\times4=8$	$2\times2=4$
顧客型態	1	$1\times4=4$	$1\times1=1$	$1\times2=2$
總　分		19	24	20

由表 9–5 中可知，對於各因素之評分共有 1、2、3、4 等四種評分。在這裡，這四種評分方式分別代表劣、可、佳、極佳等四種評比。而在表 9–6 中，我們把這些評比分別乘上其權數，並將其加總而得到其總分。在比較這三個可用店址之總分之後可知，在三個店址之中，仁愛路店址的總分最高。因此，在此例中，仁愛路是最佳的設店地點。

在使用「加權因素模型」時，各因素的「權數」影響極大。在本例中，若年租金、交通狀況、店面格局、顧客型態等四因素之權數變更為 2、1、2、3 這個組合，則忠孝東路店面便成為最佳之選擇了。各因素的權數是管理者主觀的選擇。管理者在選定其權數時必須將其選擇切合實際之需求，給實際可能影響企業營運的因素一個較高之權數。否則，若權數與實際狀況有所出入，則「加權因素分析」的結果反而可能誤導決策之方向。

五、地點選擇模型之二：距離／次數模型

在由數個廠址中選擇一個地點以便設廠時，我們常選運輸成本較低的地點。但若運費與距離成正比時，其實只要比較其距離即可。此時，比較其距離，也就等於是比較其運輸成本。在比較距離時，由於對於距離有不同的定義，因此就有不同的計算方式。一般而言，可有三種不同的距離及計算方式。現在說明如下。

假如距離是以直線距離來估計的，則這種距離是「一度空間」(One Dimensional) 的距離。對於一度空間的距離，我們可用下式計算之：

$$d_1 = |x_1 - x_2| \tag{9.8}$$

其中，x_1 及 x_2 分別代表兩個點。假如兩點之間無法以直線連結，則其距離為「二度空間」(Two Dimensional) 的距離。例如在城市中，街道縱橫交錯。若非處於同一條街上，任何二點間均無法以直線距離交通。此時，兩點間之距離是

$$d_2 = |x_1 - x_2| + |y_1 - y_2| \tag{9.9}$$

至於在兩點之間必須以空運交通時，則其距離便是一個「三度空間」(Three Dimensional) 的距離了。這種距離的計算公式可如下式所示：

$$d_3 = \sqrt{(x_1 - x_2)^2 + (y_1 - y_2)^2} \tag{9.10}$$

現在以實例說明如下。

例三

假如宏大拉鍊公司有四個主要顧客。這些顧客都需要宏大公司定期服務。為了服務這些顧客，宏大公司擬增設一個服務站。現在有兩個可用的地點，而其相關資料如表 9-7 所示。請問宏大公司應在何處設站？

表 9-7　宏大公司服務站店址選擇問題

可用站址	顧客			
	甲	乙	丙	丁
一	7	4	12	14
二	11	10	7	5
每月服務次數	9	7	3	6

解答

在此題中，由於距離是直線距離，在計算時可用公式 (9.8) 直接計算如下：

站址一：$7 + 4 + 12 + 14 = 37$ 公里

站址二：$11 + 10 + 7 + 5 = 33$ 公里

根據以上之算式可知，若只看其直線距離，則第二個可用站址較佳。但在此題中，還有值得注意之處。在表 9-7 中，各個顧客每月所需要的服務次數不同。此時，只看其直線距離，卻不顧各顧客對服務的需求，則我們的決策仍然可能不夠全面。因此，在這種狀況下，我們應該把「距離」與「次數」同時列入考量之列。

此時，店址與顧客間之直線距離便是計算的基礎之一。為了把服務次數也包含在分析之內起見，我們應該計算其距離如下：

店址一：$(9 \times 7) + (7 \times 4) + (3 \times 12) + (6 \times 14) = 211$ 公里

店址二：$(9 \times 11) + (7 \times 10) + (3 \times 7) + (6 \times 5) = 220$ 公里

也就是說，如果把服務次數也列入考量，則店址一反而是較佳的選擇。這顯然是因為甲、乙兩個顧客需要較多服務而造成的影響。

假如在一度空間問題中，所有需要考量的地點都在同一條直線上，且並無上述有關服務次數的問題，則在選擇地點時可用所謂的「**中值規則**」(Median Rule)。也就是說，若欲使總距離極小化，則可以選擇「中值」之處設廠。現在以下例說明之。

所謂「中值」，是一組數字的中數。例如若中興公司在南港路上共有五個客戶，它們的門牌號碼如下：

顧　客	門牌號碼
東　昌	100
西　陵	700
南　興	800
北　海	900
中　華	200

假設號碼代表距離，則這五個距離的中數是 700 號。因此，若欲設立服務處，則以設於 700 號之地點最佳。而若將服務處設於 700 號，服務處與顧客間的距離可計算如下：

顧　客	地　址	與服務處間距離
東　昌	100	600
西　陵	700	0
南　興	800	100
北　海	900	200
中　華	200	500
合　計		1,400

根據「中值規則」，原則上，沒有任何一處與各顧客間之總距離可能小於 1400。因此，在這種狀況下，選擇「中值」是最佳的選擇。而在此例中，服務處的位置是

$$L_1 = 700$$

在「二度空間」的狀況下，距離的計算稍微複雜一點。但原則上其距離的計算與在「一度空間」下之計算類似。在二度空間的狀況下，店址的選擇不再局限於一條線上，而是由一個面中選擇一點。由於是在一個面中選擇一點，這個點的位置便應以其

於 x 及 y 軸上之位置表示之。也就是說，其位置之表現方式如下：

$$L_2 = (x, y)$$

因為店址的位置以其於 x 及 y 軸上的位置而表達之，在選擇店址時便需分別就 x 及 y 軸來決定其位置。現在說明如下。

例四

假如文昌公司擬設廠生產某產品，生產所用之原料由 A 及 B 處供應，而其產品則供應 C 及 D 兩處之顧客使用。此四處之位置及供需量可如表 9–8 所示。何處是文昌公司最佳之設廠地點？

表 9–8　文昌公司供需點資料表

地點	位置 (x, y)	供應量（噸）	需求量（噸）
A	(20, 70)	100	
B	(50, 20)	200	
C	(10, 40)		100
D	(90, 90)		150

解答

若將表 9–8 中各點之位置及供需量標示於圖中，則可如圖 9–5 所示。假如圖 9–5 中之 x 及 y 軸代表城市中縱橫交錯的街道。則若要由 A 點行往 B 點，便必須向東走 30 單位，再向南走 50 單位。也就是說，由 A 至 B 時，我們要由 20 向東行至 50，然後由 70 向下行至 20。因此，由 A 至 B 之距離可以公式 (9.9) 計算如下：

$$\begin{aligned} d_2 &= |x_1 - x_2| + |y_1 - y_2| \\ &= |20 - 50| + |70 - 20| \\ &= 80 \end{aligned}$$

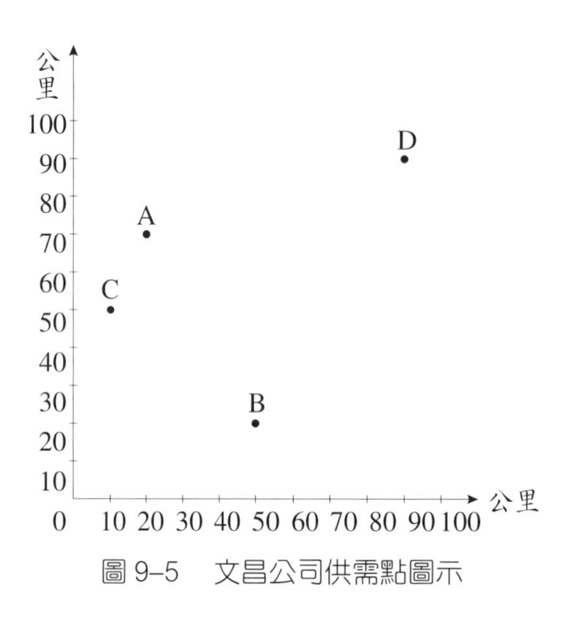

圖 9–5　文昌公司供需點圖示

假如 A 點與 B 點之間往返之次數為 100 次，則其總距離便成為 80 × 100=8,000。而往返次數也成為計算「加權距離」時之「權數」。

現在回過頭來討論文昌公司廠址選擇的問題。在「二度空間」裡選擇一個地點時，必須由 x 及 y 軸上分別決定這個地點的位置。原則上，最佳的一點在 x 及 y 軸上均處於「中值」的位置。也就是說，在決定這一點的位置時，我們可以在 x 及 y 軸上分別找出「中值」的位置，而最佳的地點就是這兩個中值相交之處。

在圖 9–5 中，我們要選擇一點以設廠。前面已經提過，最佳的設廠地點在 x 及 y 軸上均處於中值的位置。在文昌公司的例子中，由於有供需量的運輸問題，因此我們可以根據其運輸總量來決定其設廠地點。由表 9–8 及圖 9–5 可知，供需總量合計為 100+200+100+150=550 噸。原則上，我們所選的設廠地點最好在 x 及 y 軸上均處於運輸量之中值。也就是說，由此點向東向西運輸數量均分別為 550/2=275 噸。而由此點向南向北亦分別運輸 275 噸。現在我們可參考圖 9–5 的內容來選定設廠之地點。由圖 9–5 中的原點開始向東移動時，首先將遇見 C 點，而 C 點所需之數量為 100 噸。再繼續右移時，我們可經過 A 點，而由 A 點運往廠址之數量為 100 噸。但 C 及 A 兩點所運輸之數量合計為 200 噸，尚不及中值之 275 噸。因此，我們應該繼續向東移至 B 點止。到 B 點之後，總運輸量為 100+100+200=400 噸。因此，設廠地點之 x 軸位置應該在 50，也就是 B 點在 x 軸上之位置。其中，在 B 點之 200 噸中，我們可假設有 75 噸西運，另外之 125 噸則由 B 向東運，且其運輸距離均為零。

在取得 x 軸上之座標點之後，我們可再找尋廠址在 y 軸上座標點的位置。同樣的，我們由原點開始。若由原點向上移動，在經過 B 點到達 C 點時，其總運量已達 300 噸，與中值接近。故廠址在 y 軸上之座標值應為 40，與 C 點在 y 軸上之座標值相同。因此，文昌公司最佳廠址之位置是 L_2=(50, 40)。而此一位置所產生的運輸成本則可如表 9–9 所示。

表 9–9　文昌公司廠址地點之運輸成本

(1) 地點	(2) 位　置 (x, y)	(3) 與廠址間距離 $(\lvert 50-x\rvert+\lvert 40-y\rvert)$	(4) 運輸量 (噸)	(5) 運量距離 (3)×(4)
A	(20, 70)	$\lvert 50-20\rvert+\lvert 40-70\rvert$	100	6,000
B	(50, 20)	20	200	4,000
C	(10, 40)	40	100	4,000
D	(90, 90)	90	150	13,500
				27,500

假如距離是「三度空間」的距離，則點與點之間的距離是直線距離，但這些點不一定都處於同一條直線上。現在以文昌公司之例子說明之。假如在圖 9–5 中之 A、B、C、D 四點與廠址間可以空運連結之，則這些點之間的距離就是點與點之間的直線距離。現以 A、B 兩點為例說明之。在圖 9–5 中，A、B 兩點間在 x 軸及 y 軸上的距離可代入公式 (9.10) 中，以計算其間之直線距離如下：

$$d_3 = \sqrt{(x_1 - x_2)^2 + (y_1 - y_2)^2}$$
$$= \sqrt{30^2 + 50^2}$$
$$= 58.31$$

而在距離計算完成之後，兩點間的往返次數或運輸量也可作為加權之權數，並用以計算其加權運量距離。

原則上，在「三度空間」的狀況下，其最佳廠址之位置應在 x 及 y 軸上均處於平均值的位置。在計算位置時，我們仍然分別計算此點於 x 及 y 軸上的座標位置。而計算時所使用的公式則可如下二式：

$$x = \frac{\sum_{i=1}^{n}(NT_i)x_i}{NT} \qquad (9.11)$$

$$y = \frac{\sum_{i=1}^{n}(NT_i)y_i}{NT} \tag{9.12}$$

在公式 (9.11) 及 (9.12) 中，NT_i 是運或往返次數，而 x_i 及 y_i 則是 i 點在 x 及 y 座標上的位置，至於 NT 則是所有 NT_i 之和，我們現在繼續以文昌公司之例說明之。

若將表 9–8 及圖 9–5 中所示之數據導入公式 (9.11) 及 (9.12) 中，則廠址在 x 及 y 軸上之位置是

$$x = \frac{(100)(20)+(200)(50)+(100)(10)+(150)(90)}{100+200+100+150}$$
$$=48$$
$$y = \frac{(100)(70)+(200)(20)+(100)(40)+(150)(90)}{100+200+100+150}$$
$$=52$$

也就是說，在「三度空間」距離的狀況下，文昌公司最佳設廠地點的位置是

$$L_3=(48, 52)$$

而這個位置顯然不同於「二度空間」問題中所選擇之廠址。

第四節 多廠址問題

廠址選擇問題在進入多廠址選擇這個範圍之後，問題就變得更複雜了。在單一廠址選擇問題中，我們選擇廠址以達成企業的目標。同樣的，在多廠址選擇時，我們仍然以協助達成企業目標為其主要考量。但在選擇廠址時，新廠址的優劣除了取決於該廠址本身的條件之外，也要考量新廠址對原有配銷系統的影響及貢獻。假如要一次同時增加幾個廠址，則需要考慮的新廠址超過一個，這個問題的複雜程度更可能大為提高。在許多狀況下，企業生產好幾種產品。假如也要考慮新廠址所生產的產品種類，以及其所可能造成配銷上的問題，則此一問題還可能更趨複雜。前面討論過的「運輸模型」可用以解決此類「分配問題」(Allocation Problem)。但若廠址太多時，此一問題仍然可能複雜而難解。

對於多廠址選擇問題，目前至少有二種做法，有人把多廠址選擇問題簡化為單一

廠址問題，在選擇新廠址時，不考慮現有的配銷系統，只純就此一新廠址的條件進行選擇。另外也有把新廠址當成整個配銷網路 (Network) 中一部分的做法，若採行此一做法，則便需觀察新廠址對現有配銷系統的影響。大部分在多廠址方面的研究仍然以運銷成本及營運成本為主要考量。不過，近年來佛度士 (Ferdows) 等人也開始推廣多廠址的策略性觀念。

例如佛度士認為應該把國際企業在世界各地的工廠分成海外廠、零件廠、定點市場工廠、地區中心工廠、斥堠工廠及重點工廠等六種。所謂海外工廠 (Off-shore Factory)，是利用當地市場廉價生產資源，以便生產零件、半成品或成品，再回銷國內市場或本廠的工廠。而零件廠 (Source Factory) 是在原物料產區或生產資源便宜的地方設廠，並以之為企業零件、產品或生產過程的主要供應來源。定點市場工廠 (Server Factory) 是為滿足當地市場需求而設立的工廠。地區中心工廠 (Contributor Factory) 除了滿足地區市場的需求之外，也負責處理當地有關企業內部的一切活動。例如最近政府提倡的地區營運中心 (Regional Operating Center; ROC) 便是一種地區中心工廠。斥堠工廠 (Outpost Factory) 的主要目的在於搜集資訊，通常設在科技發達、有研發機構、競爭對手集中設廠，或顧客大量集中的地區。至於重點工廠 (Lead Factory) 則與總公司工廠合作，設法在製造或生產活動上建立策略性的優勢。重點工廠利用當地科技，搜集並利用資訊，並設法在當地建立獨特的生產能力。通常此類工廠也是企業某些產品的主要產地，與總公司合作以滿足全世界市場的需求。佛度士認為企業應該明確劃分各工廠的地位及權限，並使所有工廠分工合作，各司其職。同時，他也提出以下三個建議：

⑴在企業的配銷網路中，應該設立重點工廠，以促進研發並利用世界各地先進科技。

⑵分析現有的配銷網路，將工廠按上述六種方式分類，以便分工合作，加強並延續企業的競爭能力。

⑶企業的組織結構，應視各工廠今後的策略地位而有所調整。

第五節　結　語

廠址選擇是一個非常重要的決策。廠址對企業各功能的運作都有影響。廠址在管理上的影響至少包含生產設備、工作流程、工作設計、存貨水準、人力與人機互動關係，以及市場及配銷系統等。由於廠址牽涉到極大金額投資，而決策之後又很難復原或重來一次，廠址決策有寬廣而深遠的影響。因此，企業長期的生產力、競爭能力、市場、配銷都與廠址選擇有關。

在本章中，我們具體的討論廠址選擇問題。在第一節之中，我們針對廠址選擇的時機、做法、目標，進行討論。廠址問題一般可分成地區或國際區域的選擇、社區的選擇，以及地點的選擇等三個層次。在選擇廠址時，我們由上而下，一個層次一個層次的縮小討論範圍，直到選定確實的地點為止。後勤系統與廠址選擇有密切的關係。運輸方式、企業特性、後勤組織等因素對後勤系統及廠址都有影響。我們在第二節中對此有簡明的探討。

在廠址選擇的各個層級中，其所應考慮的因素有同有異。在第二節中，我們簡介了這些因素，也擇要進行了若干討論。原則上，選擇廠址所應考慮的因素與企業的特性及其營運需求有關。在第三節中，我們針對不同的廠址選擇層級，分別討論可用的模型。在地區層級中，我們簡介了「運輸模型」及「重心模型」。在社區這個層級中，我們介紹了「損益平衡點模型」。在地點選擇方面，我們則討論了「加權因素模型」及「距離／次數模型」等二個模型。這些模型各有其特性。在使用時，管理者應該根據需求而選定使用之模型。

目前國內企業正在進行國際化。在國際化的過程中，企業有可能要處理「多廠址」的問題。我們在第四節中，對這兩方面進行了探討。「多廠址」是大問題，牽涉極廣。第四節的內容係擇要而討論之。雖然仍然不夠全面，但應該已具規模，可以作為管理者極佳的參考。

附錄　選擇廠址時應考慮之定性因素

地點

國名 ______

地址 ______

與主要市場及港口之距離 ______

人口

	1980	1970	1960
鄉鎮市	____	____	____
縣	____	____	____
國	____	____	____

地方政府

地方政府型態 ______

都市計畫完成於 ______

尚未完成 ______

正在考慮 ______

鄉鎮市區內土地使用規則　有 ____ 否 ____

縣土地使用規則　有 ____ 否 ____

土地分割使用及標準 ______

正式消防隊員人數 ______

志願消防隊員人數 ______

火險等級　市區 ____ 郊外 ____

正式警員人數　市區 ____ 郊外 ____

鄉鎮市政府具有工程師　有 ____ 否 ____

提供垃圾清運服務　有 ____ 否 ____

公共圖書館　有 ____ 否 ____

教育設施

型式	數目	老師總數	學生總數	程度
小學	____	____	____	____
初中	____	____	____	____

高中 ______ ______ ______ ______

職業學校 ______ ______ ______ ______

專科 ______ ______ ______ ______

大學 ______ ______ ______ ______

大學之研究活動 ______

______

______

______

商業服務

市內之機械工廠 有 ______ 無 ______ 數目 ______

市內之模具廠 有 ______ 無 ______

馬達修理工廠 有 ______ 無 ______

報紙 日報數 ______ 週報數 ______

電臺 有 ______ 無 ______ 型式 ______ 數目 ______

電視臺 有 ______ 無 ______ 型式 ______ 數目 ______

金融服務

市內銀行數目 ______

最大銀行之資產 NT$ ______

交通服務

火車

火車經過本市 是 ______ 否 ______

火車站距離廠址 ______ 公里

每天共有貨車 ______ 班

可否轉運 是 ______ 否 ______

是否有運貨平臺及斜坡 是 ______ 否 ______

廠址距轉運站 ______ 公里

火車公司名稱 ______

汽車

是否有汽車客運 是 ______ 否 ______

市區附近有幾條公路 省道 ______ 國道 ______

廠址距高速公路交流道 ______ 公里

市區內共有幾家貨運公司 ____________________

貨船

市內有港口　是______否______

河港____海港____

是否有貨運碼頭　是______否______

航道深度 ____________________

航空

廠址距最近之公共機場 ____________________公里

最長之跑道 ____________________公尺

跑道有夜間照明設備　是______否______

是否准許私人飛機停放　是______否______

是否代為維修私人飛機　是______否______

廠址距最近之航空轉運站 ____________________公里

航經本地機場之航空公司 ____________________

____

____

貨運至主要港口或市場之時間

地名	火車（日數）	貨運（日數）	船運（日數）
______	______	______	______
______	______	______	______
______	______	______	______
______	______	______	______
______	______	______	______

公共服務

水

自來水供應商　公營______民營______

自來水供應商 ____________________

自來水公司名稱 ____________________

地址 ____________________

連絡人 ____________________

電話 ____________________

水源＿＿＿＿＿＿ 河＿＿＿＿＿＿ 井＿＿＿＿＿＿ 湖＿＿＿＿＿＿

河水供應量＿＿＿＿＿＿＿＿＿＿＿＿＿＿＿立方米／秒

湖（壩）水供應量＿＿＿＿＿＿＿＿＿＿＿＿＿立方米／秒

省政府衛生處許可字號＿＿＿＿＿＿＿＿＿＿＿＿＿＿＿＿

自來水供應量＿＿＿＿＿＿＿＿＿＿＿＿＿＿立方米／分

水廠供應量＿＿＿＿＿＿＿＿＿＿＿＿＿＿＿立方米／天

本地每日用水量＿＿＿＿＿＿＿＿＿＿＿＿＿立方米／天

尖峰時期每日用量＿＿＿＿＿＿＿＿＿＿＿＿立方米／天

地下水處理

處理廠型態＿＿＿＿＿＿＿＿＿＿＿＿＿＿＿＿＿＿＿＿

地下水處理符合政府規定　是＿＿＿ 否＿＿＿

地下水處理廠之產能　產能　目前工作量

立方米　＿＿＿＿　＿＿＿＿

人口數　＿＿＿＿　＿＿＿＿

瓦斯

是否有天然瓦斯　是＿＿＿ 否＿＿＿

瓦斯公司名稱＿＿＿＿＿＿＿＿＿＿＿＿＿＿＿＿＿＿＿

地址＿＿＿＿＿＿＿＿＿＿＿＿＿＿＿＿＿＿＿

連絡人＿＿＿＿＿＿＿＿＿＿＿＿＿＿＿＿＿＿

電話＿＿＿＿＿＿＿＿＿＿＿＿＿＿＿＿＿＿＿

電力

電力公司型態　公營＿＿＿ 民營＿＿＿

名稱＿＿＿＿＿＿＿＿＿＿＿＿＿＿＿＿＿＿＿

地址＿＿＿＿＿＿＿＿＿＿＿＿＿＿＿＿＿＿＿

連絡人＿＿＿＿＿＿＿＿＿＿＿＿＿＿＿＿＿＿

電話＿＿＿＿＿＿＿＿＿＿＿＿＿＿＿＿＿＿＿

本地區製造業特性

地區內工廠數共＿＿＿＿＿＿＿＿＿＿＿＿＿＿家

工廠中有工會者共＿＿＿＿＿＿＿＿＿＿＿＿＿家

地區內受雇於製造業之人數＿＿＿＿＿＿＿＿＿人

五年內勞資糾紛次數＿＿＿＿＿＿＿＿＿＿＿＿

共計影響生產力＿＿＿＿＿＿＿＿＿＿＿＿＿＿＿＿成

本區內較大雇主為

(1)名稱＿＿＿＿＿＿＿＿＿＿＿＿＿＿＿＿＿＿＿＿＿＿＿＿＿

雇用人數＿＿＿＿＿＿＿＿＿＿＿＿＿＿＿＿＿＿＿＿＿＿＿

產品＿＿＿＿＿＿＿＿＿＿＿＿＿＿＿＿＿＿＿＿＿＿＿＿＿

(2)名稱＿＿＿＿＿＿＿＿＿＿＿＿＿＿＿＿＿＿＿＿＿＿＿＿＿

雇用人數＿＿＿＿＿＿＿＿＿＿＿＿＿＿＿＿＿＿＿＿＿＿＿

產品＿＿＿＿＿＿＿＿＿＿＿＿＿＿＿＿＿＿＿＿＿＿＿＿＿

是否有勞工市場分析資料　是＿＿否＿＿

分析資料名稱＿＿＿＿＿＿＿＿＿＿＿＿＿＿＿＿＿＿＿＿＿＿

來源＿＿＿＿＿＿＿＿＿＿＿＿＿＿＿＿＿＿＿＿＿＿＿＿＿

分析時間＿＿＿＿＿＿＿＿＿＿＿＿＿＿＿＿＿＿＿＿＿＿＿

結果＿＿＿＿＿＿＿＿＿＿＿＿＿＿＿＿＿＿＿＿＿＿＿＿＿

勞工供應量估計共＿＿＿＿＿＿＿＿＿＿＿＿＿＿＿＿人

估計可靠否　是＿＿否＿＿

本縣勞工分析資料

縣名＿＿＿＿＿＿＿＿＿＿＿＿＿＿＿＿＿＿＿＿

政府中就業人口（年平均）＿＿＿＿＿＿＿＿＿＿＿＿人

失業人口＿＿＿＿＿＿＿＿＿＿＿＿＿＿＿＿＿＿人

總就業人口＿＿＿＿＿＿＿＿＿＿＿＿＿＿＿＿＿人

農業就業人口＿＿＿＿＿＿＿＿＿＿＿＿＿＿＿＿人

非農業就業人口＿＿＿＿＿＿＿＿＿＿＿＿＿＿＿人

製造業就業人口＿＿＿＿＿＿＿＿＿＿＿＿＿＿人

其他就業人口＿＿＿＿＿＿＿＿＿＿＿＿＿＿＿人

醫療服務

地區內醫院數＿＿＿＿＿＿＿＿＿＿＿＿＿＿＿＿＿＿

若本地無醫院，廠址距最近醫院＿＿＿＿＿＿＿＿＿＿＿公里

送醫時間＿＿＿＿＿＿＿＿＿＿＿＿＿＿

地區內診所數＿＿＿＿＿＿＿＿＿＿＿＿＿＿＿＿＿＿

醫事人員共＿＿＿＿＿＿＿＿＿＿＿＿＿＿＿＿＿＿人

護士人數＿＿＿＿＿＿＿＿＿＿＿＿＿＿＿＿＿＿＿人

娛樂設施

市內娛樂設施（二十公里半徑內）

高爾夫球場 ______

公園 ______

網球場 ______

游泳池 ______

籃球場 ______

會員俱樂部 ______

河（距離） ______

湖（距離） ______

活動種類：游泳 ______ 釣魚 ______

泛舟 ______ 滑水 ______

遊艇 ______

電影院 ______

博物館 ______

商會、工業會

名稱 ______

連絡人 ______

電話（公） ______ （家） ______

地址 ______

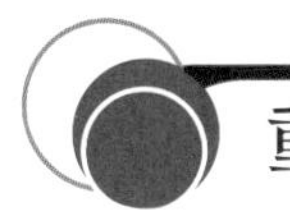

重要名詞

廠址選擇
廠址問題
後勤系統
物　流
企業特性
本土化
隱含資訊
運輸模型
轉運模型
重心模型
漸增分析法
損益平衡
成本數量分析
加權因素模型
距離／次數模型
多廠址策略
地區中心工廠
重點工廠

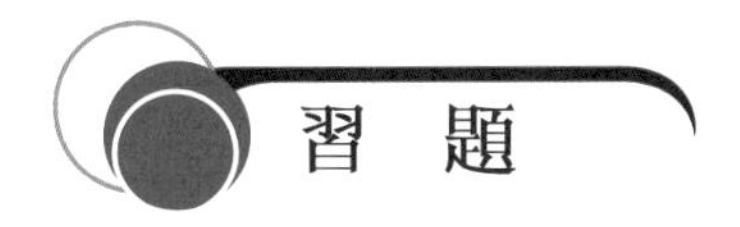

習　題

一、簡答題

1.廠址決策的重要性何在?
2.廠址決策在管理上的影響有哪些?
3.廠址決策中所可使用的不同方案有哪些?
4.選擇廠址的程序中有哪些步驟?
5.廠址問題有幾個層次?
6.配置優良的物流系統有哪些好處?
7.物流系統的功用何在?
8.企業特性與廠址選擇有什麼關係?
9.常見的運輸方式有幾種? 其營運特性如何?
10.選擇運輸方式時所應考慮的因素有哪些?
11.在地區或國際區域層次中，有哪些因素值得在廠址決策中考量之?
12.若以服務水準為競爭工具時，應如何選擇廠（店）址?
13.選擇廠址時，與環境相關的因素有哪些?
14.選擇社區時所應考慮的因素有哪些?
15.選擇地點時所應考慮的因素有哪些?
16.製造業與服務業在選擇廠址時，其考量因素有何不同?
17.多廠址問題的解法有幾種不同做法? 試說明之。
18.佛度士對於工廠有幾種分類? 他認為應該如何將各類工廠搭配在配銷網路中?

二、計算題

1. 富新商行現有一個工廠，其產能為 1,000。市場擴充之後，需求可能再增加 1,000。現有二個可能廠址如下表所示：

廠區至發貨中心運費表

廠區＼發貨中心	一	二	三	供應量
現　有	2	4	4	1,000
A	3	2	5	1,000
B	1	5	3	1,000
需　求	200	800	1,000	2,000

試問應由 A 及 B 中選擇哪一廠址設廠？其運費又為多少？

2. 若潘慧敏先生擬設立一個工廠，產品的成本為每單位 5 元，設廠之固定成本為 1,000,000 元，而產品之售價為每單位 21 元。試問其損益平衡點應為若干？其損益平衡金額若干？若欲每年取得毛利 500,000 元，則又應生產若干件產品？

3. 某速食店擬於汐止增設一個分店，其銷售量經預測如下表所示：

汐止店預估銷售金額表

品　名	成　本	單　價	月銷量
漢　堡	15	25	10,000
雞塊（10 片裝）	60	100	4,800
可　樂	5	25	15,000
紅　茶	2	20	8,400
生啤酒	20	40	10,000

若店址月租金及設備折舊折合約 600,000 元正，試問每月之損益平衡點為多少？

4. 東方快遞公司擬由三個地點中擇優設立一個連絡處。若三個地點之評比結果如下表所示：

	權　數	可用之地點		
		甲	乙	丙
年租金	3	4	2	4
交通狀況	2	3	1	3
格　局	1	3	3	2

顧客型態	2	2	4	4
未來擴充展望	3	2	1	1

（注）表中之 1、2、3、4 分別代表劣、可、佳、極佳。

試問東方公司應選擇何處設立連絡處？

5. 假設上題表中之 1、2、3、4 分別代表極佳、佳、可、劣，則東方公司又應於何處設立連絡處？

6. 德行公司擬由三個地點擇優設立一個服務站，其主要顧客共有四個公司。相關資料可如下表所示：

可用地點	顧　客			
	甲	乙	丙	丁
1	7	6	12	11
2	8	5	11	13
3	9	4	13	10
每月服務次數	8	7	10	15

試問應選擇何處設立服務站？

7. 展望企業在民生東路共有五個客户，他們的門牌號碼如下表所示。現擬選一個地點設立服務站。

顧　客	門牌號碼
甲	150
乙	900
丙	700
丁	520
戊	200

若以中數為基準選擇站址，試問應將服務站設在哪一個顧客附近？

8. 時代企業擬設廠生產某產品，其原料由 A 及 B 廠供應，產品送交 C、D 兩代理商銷售。若其供需點資料如下：

地　點	位　置 (x, y)	供應量（噸）	需求量（噸）
A	(40, 90)	200	
B	(50, 70)	300	
C	(10, 80)		400
D	(70, 50)		50

試問時代企業應於何處設廠?

9.在上題中，若以「三度空間」之方式計算其距離，則又應於何處設廠?

10.在第 8 題中，若 A 及 B 之供應量改為 300 及 200，試問以「二度空間」計算距離時，應於何處設廠?

11.在上題中若再以「三度空間」計算其距離，則又應於何處設廠?

12.行東商行擬由 3 個社區中擇一設廠。其相關之成本資料可如下表所示:

社　區	1	2	3
固定成本（萬元）	20	25	30
變動成本（元/單位）	18	16	10

試以損益平衡法選擇最佳之社區。

第十章

廠房與設施規劃

Production and Operations Management

前　言

廠房佈置是一個重要而有趣的課題，它對廠內生產活動的進行及互動有極大的影響，與生產力也有密切的關係。原則上，廠房佈置除了空間利用的考量之外，動線的規劃也頗受重視。此外，工作量、原物料的移動及其他許多因素也都需要注意。為了協助讀者對此一議題有較全面的瞭解起見，本章由佈置決策的簡介談起，然後在第二節中討論佈置決策的重要性、時機及考量因素。在第三節中我們則以較嚴謹的態度來觀察此一決策的定義。

在第四節中，廠房佈置常用的工具是我們討論的主題。廠房佈置決策可用的工具極多，由於篇幅所限，第四節只簡介產品產量圖表、物料運量表及作業／單位關係圖表等三項常用的工具。本章第五節則針對生產線平衡問題做一稍微深入的探討。其討論內容先從生產時間之組成談起，再討論生產時間與半成品移動方式之關係，最後才討論生產線平衡的方法及難題。

企業決策最有趣之處，可說在於決策因素間之互動及關聯。生產科技也對佈置決策有極大的影響。本章第六節針對新生產科技做一簡介，並於第七節討論引進新生產科技之做法。本章之內容由淺入深，甚有可讀性。

第一節　佈置決策簡介

廠房佈置 (Facility Layout) 是一個有趣的課題。這個決策通常對廠內生產活動的集散有極大的影響，它也影響原物料、半成品及成品的流動。企業的生產活動在廠內進行時，員工所使用的設備、工具及桌椅需要佔用地板面積 (Floor Space)，生產所使用的原物料、半成品及成品則在其間流動。為了使員工及設備的利用達到最有效率 (Efficiency)、效果 (Effectiveness) 最大的程度，管理者必須慎重計畫廠房佈置決策。除了空間利用的考量之外，動線的規劃也是頗為重要的。所謂動線，是人員、原物料、半成品及成品在廠內或店內流動的路線。如何使此一流動過程經濟、有效而安全則是必要的考量。

佈置決策的中心議題是設備的安排及置放 (Physical Arrangement)。在考慮這個議題時，通常可由以下四個方向開始思考：

⑴佈置決策應包含哪些工作站 (Work Center) 在內？

⑵各個工作站所需之空間有多少？

⑶各個工作站之空間應如何配置 (Configure)？

⑷各個工作站應設置於何處？

原則上，在上列第一個問題內，我們由策略、程序設計 (Process Design) 及提高生產力的觀點，來判斷哪些工作站的佈置應予改善。第二個問題則由空間之有效利用著手，希望能確保空間足敷使用，卻也不致產生浪費或造成工作上的危險。第三個問題是在研究空間內設備、人員、原物料、半成品、成品等的相對位置，以及該一空間之形狀。第四個問題則由生產力的觀點，進一步研討各工作站之間的相對位置 (Relative Location) 應該如何決定。

佈置決策在實務上及策略上均有其影響。在實務上，如果佈置得當，則工作及物料流動順暢，人員及設備之工作效率也可以提高。佈置也能藉以改善工作安全，提高工作情緒，促進工作夥伴間之互動與溝通。至於由策略的觀點討論佈置決策時，則以下幾點是值得注意的一些策略上的考量：

⑴佈置是以滿足目前的需求為主，還是必須也考慮未來在佈置上的演變？

⑵應該使用平房或樓房之空間配置？

⑶佈置決策由誰負責？是否接受員工之建議？

⑷應該使用哪一種佈置型態？

⑸應該使用哪些評估標準？

第二節　佈置決策的考量因素

佈置決策雖然重要，卻有時被忽略。佈置決策之所以重要，其原因至少有以下四項：第一，佈置決策牽涉大量人力及物力的投資。其次，佈置完成之後，若欲變更，可能造成重大之損失。因此，佈置有較長期的影響。第三，佈置決策對於短期成本及生產品質有重大的影響，可能影響企業的生產力。第四，佈置對員工的工作、情緒及安全均可能產生影響。

一、重新佈置的原因

由於佈置決策有以上所述之重要性，管理者必須適時而妥善的研擬及執行佈置決策。原則上，至少在設廠、增加產能、變更設備及情況顯示有必要重新佈置時，管理者必須正視此一問題，確實的做出佈置決策。在哪些狀況下，管理者應該研究是否有必要重新佈置呢？原則上，重新佈置常見的理由至少有以下八項：

⑴有瓶頸作業，致使生產成本居高不下。

⑵佈置不良而易有工業安全等意外事件。

⑶產品或服務改變。

⑷引進新產品或新服務。

⑸產量或產品組合有所改變。

⑹生產方法或生產設備、科技等有所改變。

⑺環保及公安法規之改變。

⑻員工對工作環境有所不滿。

一般而言，在設計佈置藍圖前，管理者可能已選定其佈置所欲達成之目標。假如需要重新考慮佈置的問題，則原有的目標也有可能受到影響。因此，在重新考慮佈置問題時，管理者也要同時思考原有的目標是否仍能達成。如果必須改變目標，則管理者更要確保新目標符合企業的需求，而新的佈置也能達成這個新目標。

在考慮佈置決策時，管理者通常要設法顧及以下五種考量：

⑴生產／服務成本。

⑵營運上的效率。

⑶生產或服務之彈性。

⑷品質。

⑸留住能幹的員工。

如果廠房佈置促使半成品存貨增加、造成生產瓶頸，或增加原物料的運輸距離，則生產或服務成本必將提高。假如佈置造成時間、原物料或空間之浪費，則營運效率亦可能下降。生產上的彈性通常是指因應需求而改變產品／服務、產量、產品種類及生產過程的能力。佈置改變時，工作品質、工作內容均可能改變，並造成彈性及品質水準之變化。這種影響在服務業中特別明顯，因為佈置之改變可能改變了企業體系內員工與員工、員工與顧客，以及顧客相互間之接觸及互動。佈置對員工在工作中的生活也有很大的影響。如果佈置不良，則工作情緒、工業安全、工作的連續性等都可能受到影響。

雖然在考慮佈置時，管理者可能想要顧及上段所述的五項考量，但在實務上企業在設計佈置決策時，大多仍以設法降低營運成本為最主要的目的。

二、廠房佈置的原則

前面討論了佈置決策的中心議題，現在我們由整體面討論廠房佈置的原則。在處理廠房佈置決策時，若將此一課題交由建築師或廠房佈置專家、室內設計師，他們或有不同的看法，但由企業管理者的角度而言，我們注意的項目，是佈置對於生產過程產生的影響。現在說明如下：

◆ 1.佈置應該符合生產作業的要求

佈置廠房、設施、設備，以及室內各種水、電、公用設備時，需要注意員工在生產過程中的動線。尤其是生產部門裡各單位和設備的佈置，更要注意符合生產過程的工序，以便合理安排生產線。

◆ 2.縮短原物料運輸距離

在生產過程中，必須將原物料送進生產線，半成品、成品也要有出路。原則上，在佈置決策中必須顧及輸送原物料的距離，並盡可能縮短運輸距離。若能將進料口接近倉庫或原物料進廠區，必然能縮短運輸距離。另外，也應該按照物流路線佈置運輸路線，並避免路線交叉、迴轉路線或重複往返，以免造成瓶頸或混亂。

◆ 3.有效使用廠房空間

廠房佈置當然要注意空間的使用，最好能提高廠房空間使用率以達成經濟原則。另外，如何利用立體佈置以節省空間，也值得考慮。最好能將平面與立體有效結合，以更有效率的使用廠房空間。

在盡可能有效利用空間的時候，也要顧及員工在工作時的安全與溝通需求。佈置時應該避免造成獨立、隔離的狀況，以免員工被迫單獨處於一個空間裡，而產生離群索居的感覺。

◆ 4.創造整體感以便協調、管理

在大部分工廠中，由於業務性質或噪音、溫度、危險，總有部分廠區或部門被隔離起來，因而產生溝通障礙。例如品質管制部門便經常與製造部門隔離，並因而造成生產與品管部門的對立或隔閡。尤其是此類相對立或需要合作的部門，更特別要讓它們之間有「無障礙空間」，以便互相接近、共同合作。雖然在佈置時需要按功能將廠區、部門劃分到不同的區域，並明確其間的差異，以利分別，但若造成過大的隔閡，

將造成協調或管理的困難。若造成國中有國的感覺，或有特殊身分的象徵時，一定會造成部門山頭主義以及管理上的困難。

5. 保留調整空間

在企業運作的過程中，設備或製程隨時有調整的必要。因此，必須保留調整的空間，以便在必要時進行調整。因此，雖然要經濟有效的利用空間，卻也不可過度，否則必然調整不易，使彈性下降。

6. 創造溫馨有禮、安全的工作環境

企業員工長期居留在工作現場，為保障員工的身心健康，廠房佈置必須考慮工作生活安全。尤其操作安全、防火、防毒、防爆、污染防護、機械安全使用等事項，更是注意的重點。對噪音、震動、採光、照明、衛生、溫度、濕度，以及通風，都要注意，以保護員工長期工作的安全。同時，也需要注意如何創造溫馨有禮的工作環境，以及綠、美化，以協助員工提高生活品質。不知道什麼是美的人，無法創造美的東西。不溫馨有禮的人，無法與人合作。因此，創造溫馨有禮的工作環境，是所有管理者的責任。

7. 預留廢棄物出路

在任何生產活動中，都可能產生廢棄物，並造成環境污染。因此，在佈置廠房時，必須預留廢棄物出路，以免廢棄物存留，或造成環境污染。這是一個很重要的課題，必須在整個佈置計畫完成前定案，否則到時難以處理，必生問題。

第三節 廠房佈置決策的定義

所謂廠房佈置是對生產活動中所有工具、設備、人員、原物料、半成品、成品等做一實體之配置，以使生產活動得以經濟、有效的進行。在廠房佈置決策中，最主要的二個因素是產品及產量。所謂產品是所欲製造或生產的物品，而產量則是所欲生產的數量。原則上，在佈置決策中的所有考量因素都與產品及產量有關。在考量過產品及產量之後，下一步就是要決定產品生產過程所經過的流程 (Routing)。流程包含生產過程、設備、作業及其順序等。接下來需要考慮的則有支援服務 (Supporting Service) 及時效 (Timing) 這兩個因素。支援服務是指公共服務、補給及相關的服務，其具體內容則包含保養 (Maintenance)、修理 (Machine Repair)、工具間 (Tool Room)、洗手間 (Toilets)、衣帽間 (Locker Room)、餐廳 (Cafeteria)、醫務室 (First Aid)、相關之

辦公室、收貨站 (Receiving Dock)、發貨站 (Shipping Dock)、收貨區 (Receiving) 及發貨區 (Shipping) 等等。一般而言，若將廠區內所有支援服務所佔用的地板或樓板面積加總起來，其總面積常常較生產方面所使用之面積還要多。因此，在佈置時，我們應該確實針對支援服務多所觀察及計畫。

其次則是時效方面的問題。在考慮時效時，首先，我們考慮的重點在於何時產品要開始生產，或何時佈置要完成。其次，生產作業時間也是重點之一。作業時間與所需使用的設備及數量有關，也和空間大小、人員數量、生產線平衡等等相關。另外，交貨期長短、多久生產一批 (Batch/Lot)，以及相關支援服務所需的前置時間等也都牽涉到時效的問題。第四，完成佈置所需要的時間也是必須列入計畫的因素之一。

若將上述四因素綜合考量，則此四因素間之關係可如圖 10–1 所示。

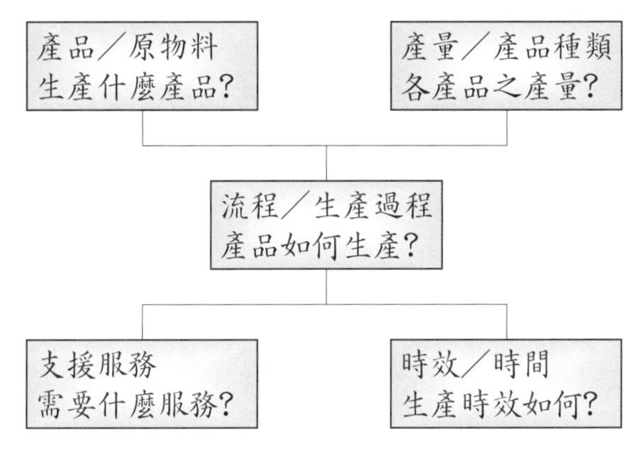

圖 10–1　佈置決策所應考慮之因素

一、佈置決策的階段

若將圖 10–1 中的五個因素綜合考量，則不難發現佈置決策有不同的階段，各階段之中也應該有不同的考量。如圖 10–2 所示，一個佈置決策可有四個階段之考量。在第一階段中，廠址或地點 (Location) 必須先行決定。此處有關地點之決定，可以是新廠址之選擇，也可以是舊廠中原有設備或設施重新佈置之位置。在地點或位置決定之後，第二階段則是整體佈置 (General Overall Layout) 之決定。此時主要的考量是產品流動型態 (Flow Pattern)、區域 (Area)、面積 (General Size)、關係 (Relationship)，及整體配置 (Configuration) 等項目。整體佈置有如都市計畫，是就各區域之大小及使用而劃分出分區 (Block) 之計畫。

第三階段則是詳細佈置計畫 (Detailed Layout Plan) 之擬訂。在這個階段中，各

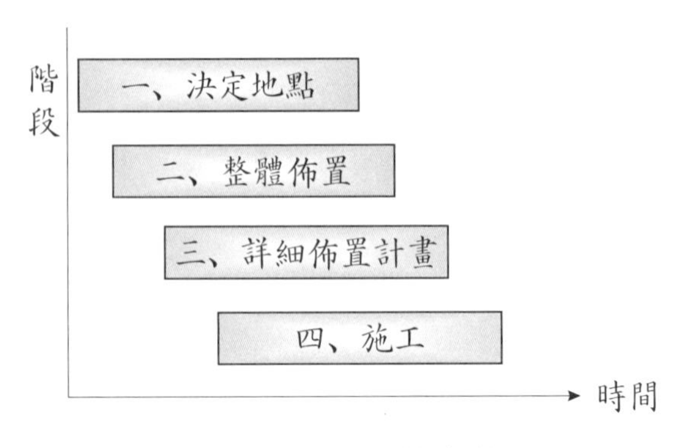

圖 10–2　佈置決策之階段

設備、公共設施、服務之位置均應計畫清楚並予以製圖。第四階段是最後的一個階段，也是把計畫付諸實行的階段。第四階段是施工 (Install)。在施工前，佈置計畫必須先獲得批准，設備移動之計畫、相關裝修之施工，以及所需經費多少及來源均應計畫妥當。在施工過程中，管理者也要確保施工品質符合計畫及需求。

以上這四個階段有其順序，應該依序進行。不止如此，這四個階段亦應有重疊之處。各階段間重疊之時間可作為修訂計畫之用，對提高佈置品質應該有相當之助益。

二、佈置決策之計畫

佈置決策的計畫過程牽涉到「整體佈置」及「詳細佈置計畫」這兩個決策階段。也就是說，此時我們要把有關佈置的整體規劃和細部計畫做出來。原則上，佈置應該以下列三個基本資訊為基礎：

⑴相互間之關係。

⑵空間之需求。

⑶調整之方式。

所謂相互間之關係是廠區內、部門間或生產線上各設備、功能間所需要或希望保持之距離。空間之需求則是在某特定空間內佈置或存放物品、設備等之種類、數量、形狀等，以及空間之配置。至於調整，指的是在實際佈置時，視情況而必須進行的調整工作。不論所欲生產的產品為何，以上所述之三個基本資訊都是佈置專案之基礎。

美國學者馬特 (Richard Muther) 據此而提出其「系統化佈置計畫過程」(Systematic Layout Planning (SLP) Procedure)。如圖 10–3 所示，在這個過程中，佈置計畫過程係以相互間之關係、空間之需求，以及調整等三個元素為其計畫之基礎。原則上，在進行佈置計畫之前，管理者要搜集有關產品、產量、流程、服務、時效等資料，然後根據這些資料把物料流程、作業關係，以及部門、作業間之關係註明清楚。接下來管理者應該根據部門、作業間之關係把空間需求列出，再對照現有可用之空間而建立空間關係圖表。

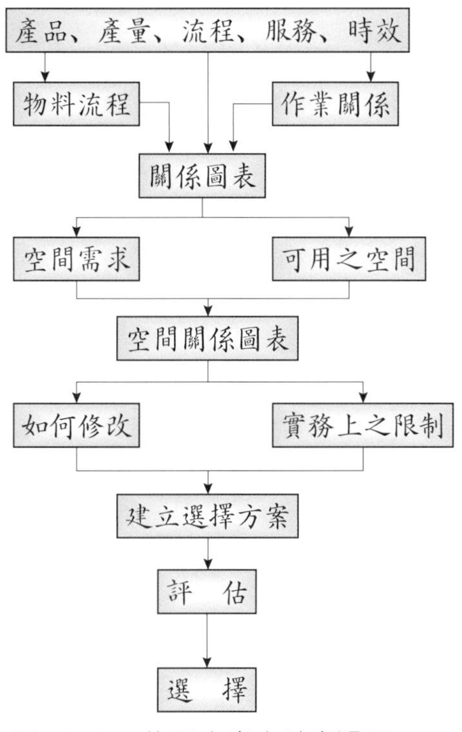

圖 10–3 佈置方案之計畫過程

在建立空間關係圖表之後，還需要就實務上之需求進行考量及修改，並把可行之方案逐項列出以供選擇。在選擇方案之前，管理者亦應逐項評估各方案，並選擇其中最佳之方案。現在簡單說明此一過程如下。

三、佈置決策所需之資料 (Input Data)

在任何佈置計畫中，都需要有關該企業生產活動的相關資料。在圖 10–3 中，我們已知所需的資料有產品 (Product)、產量 (Quantity)、流程 (Routing)、服務 (Service)、時效 (Timing) 及作業活動 (Activities) 等六項。為了協助讀者容易記憶起見，在英文中曾經使用 PQRST & Activities 這樣的方式來稱呼這些佈置決策所需的資料。

原則上，產品及產量是最主要的二種資料。我們通常可進行數量種類分析 (Volume-variety Analysis)，以便決定其生產型態，及其所需之佈置方式。

在佈置計畫中，我們通常把生產型態分成以下二種：

⑴少樣大量 (High Volume, Low Variety)。

⑵小量多樣 (Low Volume, High Variety)。

少樣大量之生產型態可以使用高度機械化、特殊目的之重型設備。至於小量多樣之生產型態則以使用勞力密集、通用之設備為宜，可能也無需使用自動化之物料搬運設備。

佈置方式原則上可如圖 10–4 所示，分成三種：

⑴固定位置或定點式 (Fixed Position)。

⑵程序佈置 (Process Layout)。

⑶產品佈置 (Product Layout)。

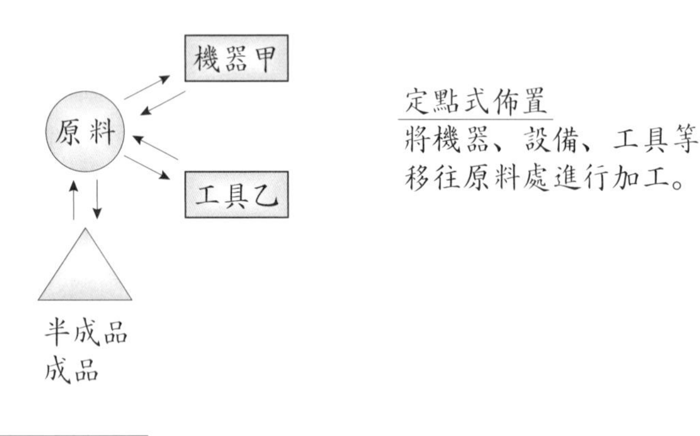

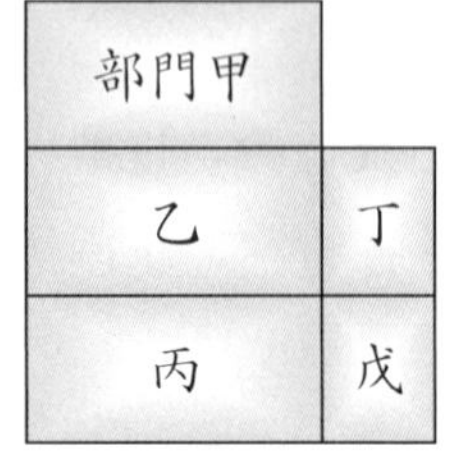

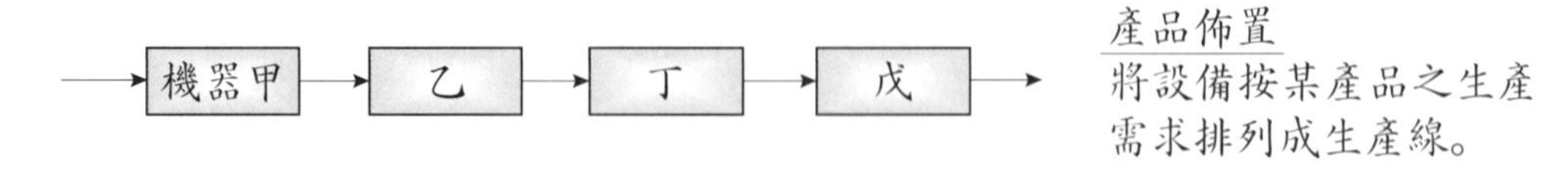

圖 10–4　三種不同的佈置方式

這三種方式在前面均已介紹過了。定點式佈置通常可用以生產體積龐大而數量少的產品，在生產時也大都使用可移動之設備。程序佈置適用於生產體積小而多樣的產品，在生產時所使用的設備通常較大，而且需要特殊的廠房及設施。至於產品佈置，通常可用於生產大量、簡單而類似的產品。

我們在佈置決策中的主要工作是把生產型態和佈置方式互相搭配起來，以便經濟而有效的進行生產活動。為了達成這個目的，在佈置決策中，我們一定要把生產型態先行查明，然後再選擇適當的佈置方式以搭配之。

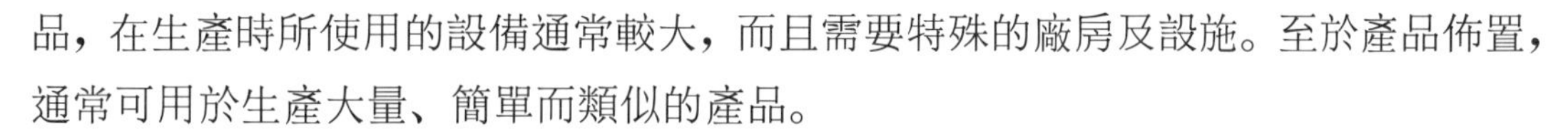

第四節　廠房佈置常用的工具

企業廠房佈置對生產過程及空間利用有很大的影響，更直接影響到生產力，是必須重視的管理決策之一。因此，不論是新建、改建、擴充或改進廠房時，都應該注重廠房的佈置。廠房佈置應該考慮的範圍極大，由原材料的接收，到產品的製造完成，以及完成品之發運均可包含在內。而佈置決策是把上述過程中的人員、設備和物料所需的空間做最適當的安排與組合，以便達成最高的經濟效益。有關廠房佈置的方法，現在已發展出完整的計畫及決策過程。本書之篇幅有限，故在此不擬對此做過度詳細的說明。在此我們將僅就較常用的工具及方法做一簡明之介紹。

一、產品產量圖表

產品產量圖表 (Product-quantity Chart; PQ Chart) 是一種產品種類及產量分析 (Volume-variety Analysis) 的工具，非常有用。它可作為選擇佈置方式的基礎，是值得學習的工具之一。通常在使用產品產量圖表時，我們⑴把產品分門別類。然後，⑵將各類別產品之產量做一統計記錄。接下來，⑶再把產品按產量大小依序畫成如圖 10–5 之圖表。在製作產品產量圖表之後，原則上可以根據產量之大小而決定各該產品或各類產品所應使用之佈置方式。

假如產品產量圖表的曲線很深 (如圖 10–6)，則企業生產之產品至少可由產量之多少而區別為兩組。如圖 10–6 所示，在圖左邊之產品群產量較大，其生產過程可以使用產品佈置。而產量較小之產品群則可使用程序佈置之佈置方式。

假如產品產量曲線較淺 (如圖 10–7)，則較適當之做法，是將所有產品以一個通用的 (General) 生產過程生產之。而其詳細之佈置方式則應該參考所有產品之生產需求而加以修改之。

雖然佈置方式的選擇不可能只憑產品產量圖表曲線之形狀而定，但這種觀念仍是

產量
產品別

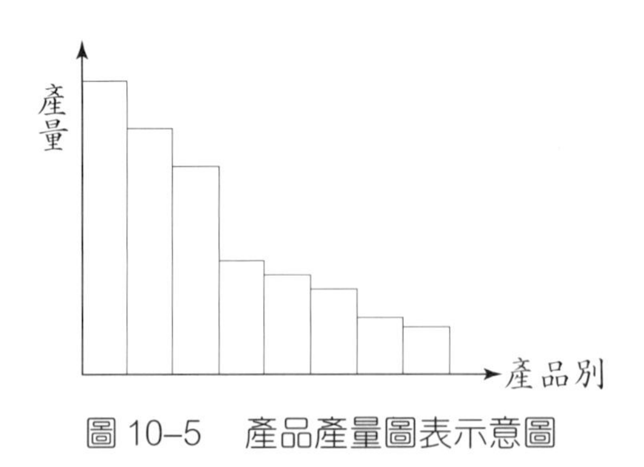

圖 10–5　產品產量圖表示意圖

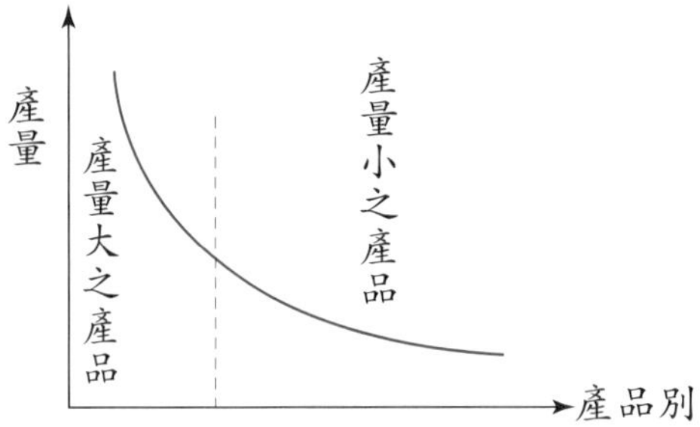

產量
產量大之產品
產量小之產品
產品別

圖 10–6　產品產量曲線較深之狀況

產量
產品別

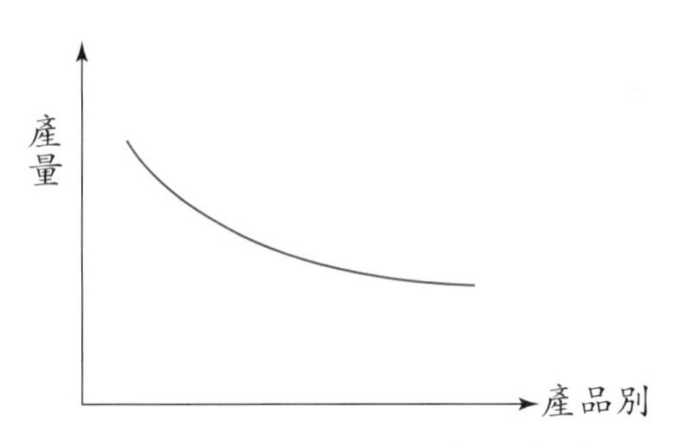

圖 10–7　產品產量曲線較淺之狀況

非常值得參考的。而在經由圖 10–6 及圖 10–7 之觀察之後，管理者仍需以各產品或產品類別之實際產量來決定其生產過程所應使用之佈置方式。

二、物料運量表

在生產過程中，原物料、半成品及成品在各設備、部門或廠區間流動。在考慮各單位間之距離時，各單位之間的物料流動量是一個重要的考量因素。企業的物料運量表，是將各單位間物料流動量做出統計資料的工具之一。如表 10–1 所示，管理者在決定如何安排各部門之空間位置前，可先將各單位間之物料流動量統計列表，然後決

定哪些單位應該座落在附近。

表 10–1　方英公司物料運量表實例

單位：噸

來＼往	1	2	3	4	5	6	合　計
1		8		2	7	3	20
2			6	5	3		14
3		7		6	5	4	22
4			8		2	4	14
5				1			1
6		2	3				5
合　計	0	17	17	14	17	11	76

若將表 10–1 中方英公司各單位之吞吐量合計，則各單位之吞吐量可合計如下：

單　位	1	2	3	4	5	6
運　入	0	17	17	14	17	11
運　出	20	14	22	14	1	5
合　計	20	31	39	28	18	16

若將吞吐量按其大小排列，則可成如下之排列：

單　位	3	2	4	1	5	6
吞吐量	39	31	28	20	18	16

由上表可知，在各單位中，其吞吐量最大者為單位 3，其次依序為單位 2、單位 4、單位 1、單位 5、單位 6。因此，在安排各單位時，為減少運輸費用起見，我們便可依照此一順序，由單位 3 開始安排。而若由表 10–1 中之吞吐量觀之，則 1–2，4–3，1–5，3–2，2–3，3–4 等單位間之運量較大，亦應優先考慮，使這些單位間盡量靠近。若以上述觀念而安排各部門之位置，則其空間之安排可如圖 10–8 所示。

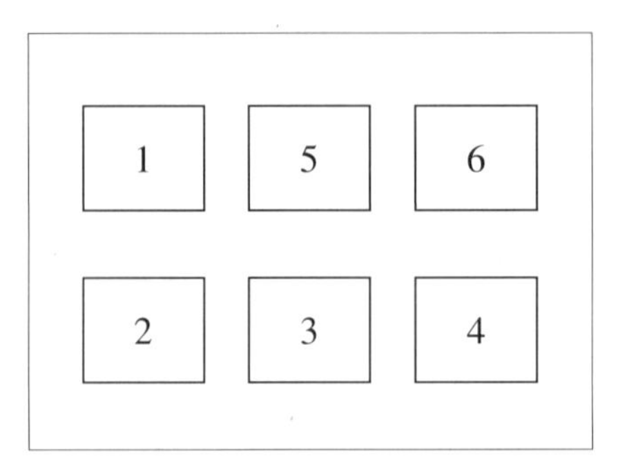

圖 10–8 各單位平面位置圖

如果相鄰單位間之距離為 50 公尺，則此一佈置方案所造成之運量距離可計算如表 10–2，共為 5,250 公尺。

表 10–2 方英公司佈置方案一之運量距離統計

單位間	運量（噸）	距離（公尺）	運量距離
1–2	8	50	400
1–4	2	150	300
1–5	7	50	350
1–6	3	100	300
2–3	6	50	300
2–4	5	100	500
2–5	3	100	300
3–2	7	50	350
3–4	6	50	300
3–5	5	50	250
3–6	4	100	400
4–3	8	50	400
4–5	2	100	200
4–6	4	50	200
5–4	1	100	100
6–2	2	150	300
6–3	3	100	300
合 計			5,250

三、作業／單位關係圖表

除了運輸成本之外，在一般的佈置決策中還有其他的因素需要考慮。可能影響佈置決策的因素極多，前面討論的物料運量表即係以運輸成本為主要考量，而運輸成本只是需要考慮的因素之一。另外，例如作業、工作或單位之間的關係也是重要的考慮因素之一。關係圖表 (Relationship Chart) 可以用來註明並考慮作業或單位間之關係，以便改善佈置決策之品質。

在採用關係圖表時，作業或部門間的關係可以分成六級如表 10–3 所示。此外，並將關係之原因分成十等如表 10–4 所示。這種關係圖表可如圖 10–9 所示，是用來對鄰近程度做一分析，而這種分析可稱為鄰近度評估 (Closeness Rating)。此一方法可以協助管理者將作業或部門間之關係經由判斷而評等，再包括進入佈置計畫中。現在說明如下：

表 10–3 關係圖表中關係密切程度分類

代 號	關係密切程度
A	非常必要
E	很重要
I	重要
O	普通
U	不重要
X	不希望在鄰近

表 10–4 關係密切程度之原因

代 號	關係密切程度之原因
1	工作流程之順序
2	使用相同之設備
3	共同相同工作人員
4	共同空間
5	工作人員接觸程度
6	公文上之來往
7	使用相同資料
8	類似工作
9	噪音、震動、煙霧、危險
10	其他原因

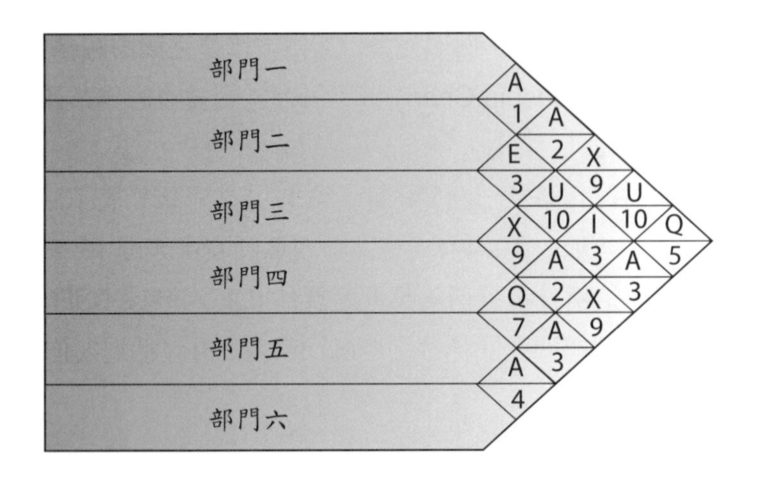

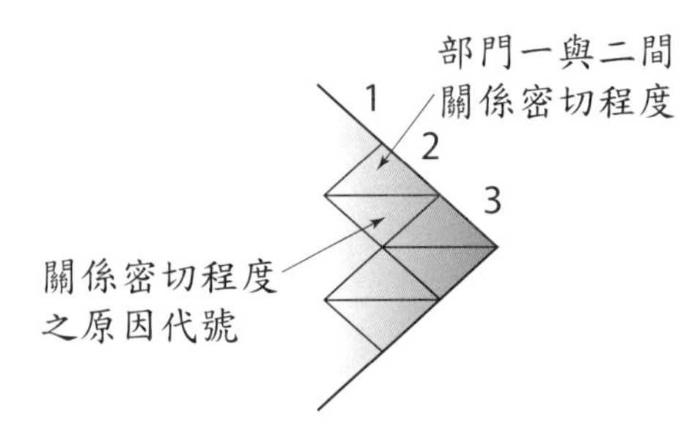

圖 10–9　方英公司部門間關係圖表

如圖 10–9 所示，方英公司在決定其部門空間之安排時，較具關鍵性之部門是關係評等為 A 及 X 之部門，計有：

關係 A 級者	關係 X 級者
1–2	1–4
1–3	3–4
2–6	3–6
3–5	
4–6	
5–6	

由於與其他部門具 A 級關係最多者為部門 6，其次為部門 1、2、3 及 5，故我們可由部門 6 開始將其關係以線條聯繫表明之（如圖 10–10（甲））。

其次我們可將部門 1 也納入上圖中而得如圖 10–10（乙）之圖。部門 1 與部門 2、3 之間之關係均為 A 級。同時若將部門 3 放入此圖中，則部門 3 與部門 5 之關係亦可顧及。在圖 10–10（乙）之線條圖中，我們已經把 6 個部門通通包括在圖內。但由於在圖 10–9 中已表明，在部門 1–4、3–4、3–6 這三個關係上，我們不希望他們之間有相鄰之關係，所以我們還需要再更進一步查明上述之三個關係是否存在?

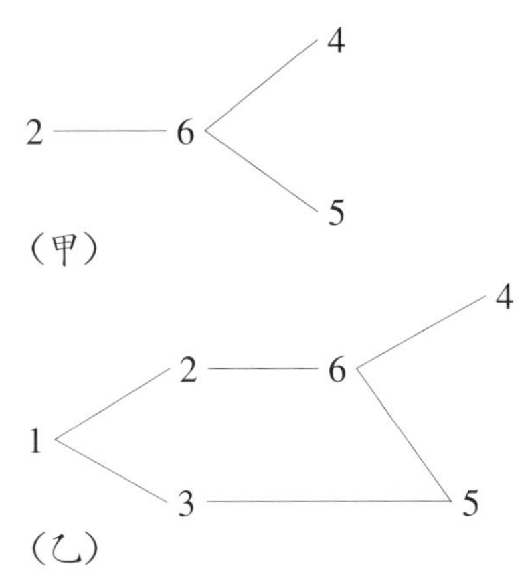

圖 10–10 根據部門間關係所製之佈置線條圖

再一次觀察圖 10–10（乙）之線條圖之後可知，部門 1–4、3–4，及 3–6 之間均無鄰接之關係，故此一佈置方式已可滿足圖 10–9 中關係圖表之需求。而根據圖 10–10（乙）所計畫之佈置亦可表明如圖 10–11 所示。

按照作業或部門間關係所製成之佈置雖然可以顧及相互間關係，但卻不一定是最佳解，有時亦可能無法滿足所有部門之要求。原則上，管理者可以不斷的嘗試 (Trial and Error)，以設法取得較佳的答案。

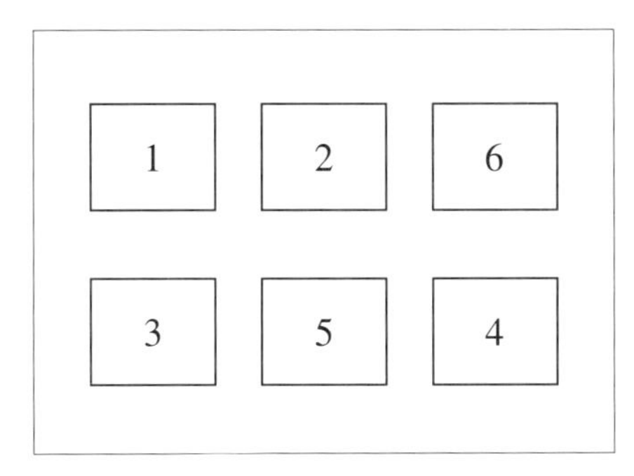

圖 10–11 方英公司按部門關係之佈置圖

第五節 生產線平衡

截至目前為止，在本章內所討論過的內容，只包含了有關佈置決策、計畫及空間之分配或利用。本節討論的內容是生產線平衡。這個問題較為深入，除了空間配置的問題之外，也考慮到時間平衡上的做法。此外，前面的討論大都集中於可用於程序佈置中的概念、工具及方法，而本節探討的內容則專用於產品佈置之範圍。因此，本節的內容與其他節次有極大之差異。現在開始介紹本節之內容：

一、生產過程中之時間結構

在討論生產過程的文獻中，討論的重點大都集中在科技、方法、空間等方面，很少有人提及時間的問題。有關時間的問題大都放在日程 (Scheduling) 或計畫中。但即使在這兩類的文獻中，在討論到時間這個因素時，其討論內容仍然並不全面，通常只就日程安排或計畫需求這兩方面進行討論。其實若要把日程或計畫做好，首先便應該先把「生產過程中的時間組成」計算清楚。假如對生產過程中的時間不夠瞭解，則日程或計畫的基礎並不穩固，其品質當然也難以確保。

企業在選擇及規劃生產過程時，除了要合理運用空間之外，也要能合理的組織其加工時間。假如能合理的組織加工時間，則總生產時間可以縮短，設備的使用率提高，產品之生產加快，在製品可以減少。而連帶的，在製品儲存量及空間、積壓的資金等均可相應下降，這對降低成本、提高生產力的需求將有極大之助益。

所謂總生產時間是從原物料投入生產過程開始，到加工完成為止所經過的所有時間。原則上，產品的生產時間包含有效生產時間及中斷時間這兩個部分，其組成可如圖 10-12 所示。原則上，在有效生產時間內，生產時間可能利用在實際生產作業上，也可能消耗在學習，或裝換機具、運送或檢驗與修改等輔助作業之中。至於中斷時間則可包含上班時間內更換生產批量、或在工序之間之等待時間。在工作時間之外則有例假日之休假時間，以及休息與用餐等之時間屬於中斷時間。

總工作時間之組成是一個值得觀察的現象。據說管理較差的企業，其總生產時間較長，有時總生產時間還可能超過生產作業時間之 12 至 20 倍之多。在這種狀況下，原物料、資金、空間等之浪費必大，而交貨時間當然也不易控制，將造成企業經營上極大之困擾。

經由觀察及研究生產時間的組成，管理者可以瞭解到底有多少時間是用於必要之生產作業，並可研究縮短工期之方法及途徑。各行各業的合理生產時間各有不同，其中斷時間之合理比例亦無統計資料可資依循。不論如何，企業仍應設法記錄並研究生產時間之結構，設法減少學習、中斷時間及輔助作業時間所佔之比例，以提高企業之生產力。

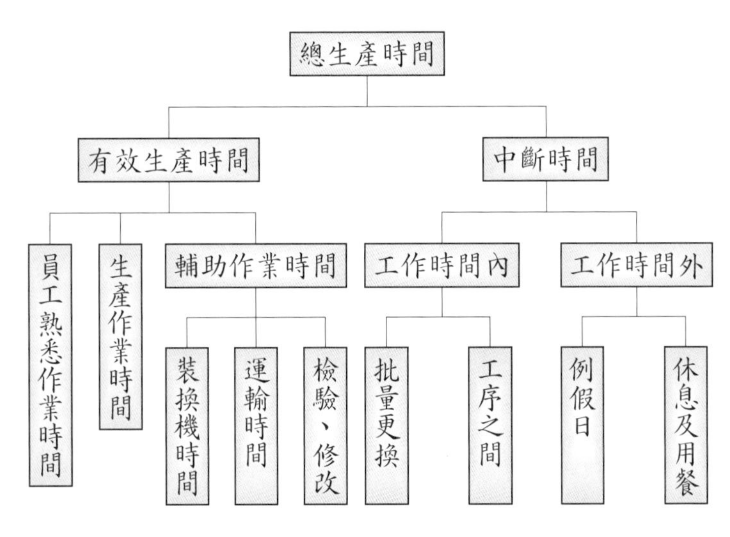

圖 10–12　生產時間之組成

二、單位生產時間與半成品之移動

一般而言，任何產品之生產都需要時間，生產一個產品所需的時間可稱為單位生產時間。在生產一個產品的過程中，其所包含的工序可能有數個之多（如表 10–5）。而各個工序所需之時間可能不盡相同，而且由於經驗、設備、材料、員工體力等等因素之影響，原則上每次生產所耗用之時間也不可能完全一樣。因此，在討論單位生產時間或各工序之加工時間時，我們通常要使用其平均值。

表 10–5　某產品之加工時間

工序編號 (i)	單位工作時間 t_i（分）
1	0.20
2	0.37
3	0.21
4	0.18
5	0.19

6	0.39
7	0.36
合　計	1.90 分

一般而言，一個產品之單位生產時間可計算如下:

$$t = \sum_{i=1}^{m} t_i \tag{10.1}$$

m = 工序數

若將公式 (10.1) 應用於表 10–5 中該產品單位生產時間之計算，則

$$\begin{aligned} t &= \sum_{i=1}^{7} t_i \\ &= 0.20 + 0.37 + 0.21 + 0.18 + 0.19 + 0.39 + 0.36 \\ &= 1.90 \text{ 分} \end{aligned}$$

由於各工序之時間為平均值，故此一單位生產時間亦為生產一單位產品之平均時間。同時，在上述之計算過程中，我們假設半成品在製程中之移動時間為零，故此一產品之單位生產時間不必考慮半成品移動之問題。若將此一單位生產時間之計算以圖示之，則其過程可如圖 10–13 所示。

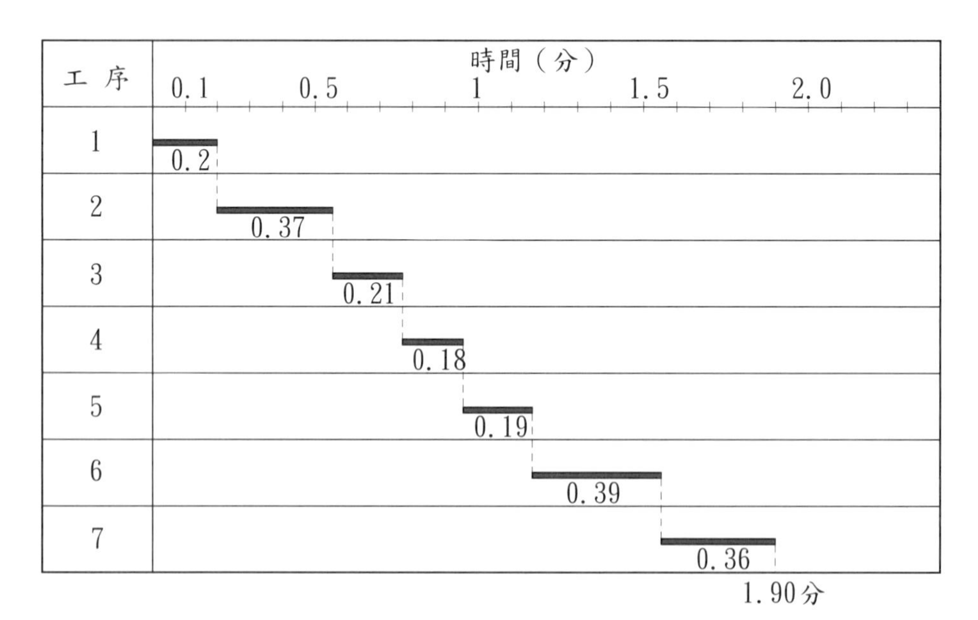

圖 10–13　某產品一單位之生產時間

三、批量生產時間與半成品之移動

在每次生產一件產品時，半成品在工序間的移動不致引起問題，只要在完成一個工序之後，再把產品下移至另一工序即可。但在批量超過一件時，何時移動產品便值得思考了。原則上，半成品可採取順序移動的方式移動之，也可以採取平行移動的方式移動之；而將順序及平行移動方式混合起來亦可。現在以圖 10–14 中之範例說明之。

前面在表 10–5 中討論了單一產品之生產時間。現在假設此一產品將以一批三件的方式生產之，而其各件各工序上之加工時間仍如表 10–5 及圖 10–13 所示。如圖 10–14（甲）所示，若我們採取順序移動的方式，則在整批均完成同一工序之作業後，同一批量之產品才一起移往下一工序，以進行下一工序之生產作業。而若採行所謂的平行移動，則我們在每件產品完成一個工序之作業後，便將該件產品移往下一工序，繼續其未完成之加工作業。平行移動方式下之移動狀況可如圖 10–14（乙）所示。

在採行順序移動方式時，該批量之總生產時間可以下式計算之：

$$T = n\sum_{i=1}^{m} t_i \tag{10.2}$$

$$= 3(1.9)$$

$$= 5.7 \text{ 分}$$

而若採用平行移動方式時，其總工作時間之計算則可以下式計算之：

$$T = t + (n-1)t_{i\max} \tag{10.3}$$

由表 10–5 可知 t=1.9，而 $t_{i\max}=t_6$=0.39，故

$$T = 1.9 + (3-1)(0.39) = 2.68 \text{ 分}$$

由此可知，半成品之移動方式對批量生產之總生產時間有極大之影響。原則上，若採行順序移動方式，則管理工作較為簡單，只要在整批產品生產完成之後，再一次整批將產品移交下一工序即可。但使用此法時，在各工序之間均將一次收進整批產品，故半成品積壓時間及儲存空間較大，可能造成極大之浪費。若採用平行移動法時，各工件可連續加工，其總生產時間將大為縮短。可是在使用此法時，亦有其缺點。在平行移動半成品時，各工序同步運作，故管理工作較複雜。同時，各單位之生產可能受

上一工序之影響而被零星分散（如圖 10–14（乙）中之工序 3、4、5 及 7），並因而造成設備利用上之困難。

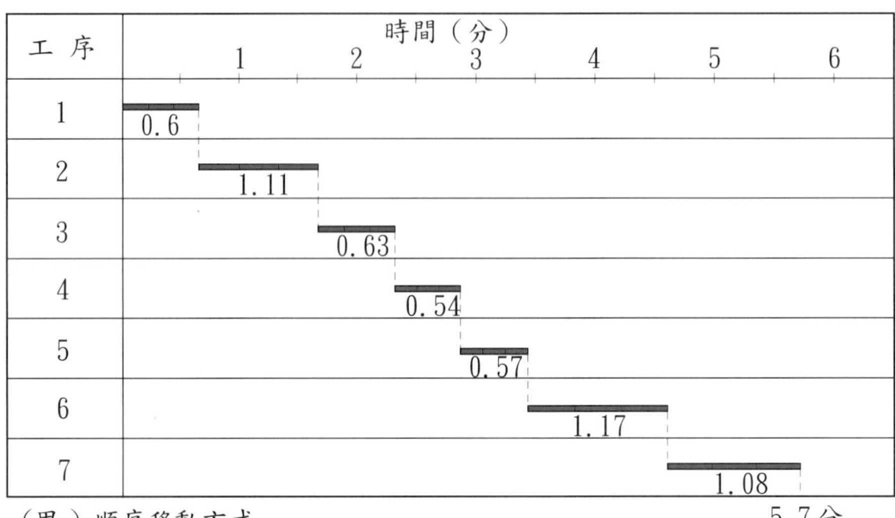

（甲）順序移動方式

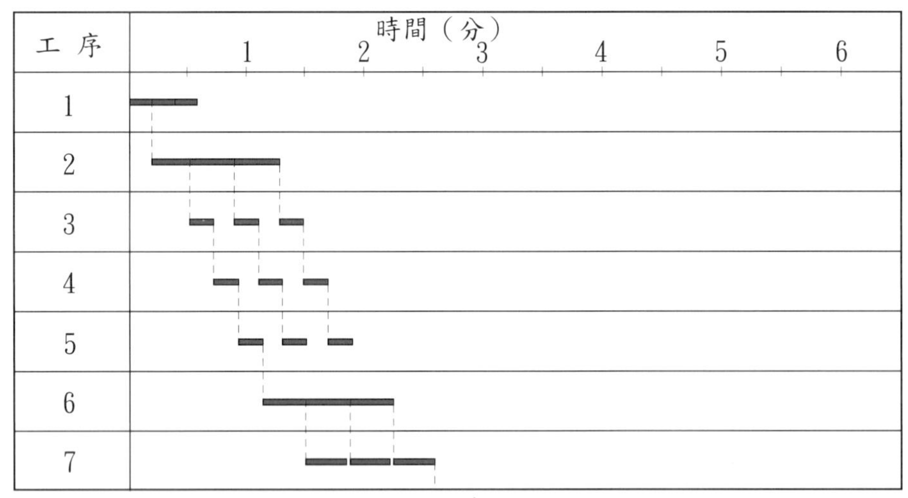

（乙）平行移動方式

圖 10–14 批量半成品之移動方法

除上述之順序及平行移動方式之外，管理者也可以將此二方式混合使用之。例如，管理者可將一批分成兩批，再分批採取平行移動方式。原則上，在批量大時，可行的混合方式增加，管理者可以視狀況而調整之。

四、生產線平衡

生產線平衡 (Line Balancing) 是一個重要而有趣的問題，歷年來吸引眾多學者的注意。生產線是根據產品的生產需求，排列機器設備而成連續之生產過程。產品在生產線上逐站移動至下一工序，直至生產加工過程完成為止。原則上，一個員工只在生產線上的一個工作站上工作，而其工作則不斷重複，直至所有產品生產完畢為止。根據上面的說明，我們可知，生產線是一種連續生產過程，產品在生產線上按照既定的路線及速度，有節奏的不斷經過各工作站進行加工，直至成為成品為止。具體而言，生產線適用於：

⑴大量製造的標準化產品。

⑵需求大而穩定之產品。

⑶操作過程平衡、物料流動簡單、可採機械連續搬運者。

通常在設計生產線時，應該先查明生產的產品是否已符合設立其專屬生產線之條件。原則上，設立生產線的條件有以下四項：

⑴產品已經標準化，產品結構及生產科技已經成熟。

⑵產品的需求量已經達到設立生產線的水準。

⑶生產線上所生產之產品可達到所需求之品質及數量。

⑷產品生產過程之加工及工序能細分，且能合併，並能分組以達節奏化、同步化之加工型態。

一般而言，在設計生產線時，我們所進行的工作，大略而言，至少可以包含以下幾個步驟：

⑴選擇並審查產品及產品結構，以決定是否適合以生產線進行生產工作。

⑵計畫生產線上之產量及工作節奏。

⑶決定生產線上之工作站數。

⑷計算生產線上之產能利用率。

⑸研擬能否消除瓶頸而提高產能利用率。

⑹假如有需要， 則重複步驟⑵至⑸以改進之。

⑺確定生產線之組成。

⑻配備輸送帶、工具及員工。

本書由於篇幅所限，無法全面討論以上之八個步驟。本章此一部分之討論將集中於生產線平衡部分，也就是步驟⑵至⑷之部分。

所謂生產線平衡，是指使生產線上各工作站之產出相等，使原料、零件在生產線上得以平穩的按一既定速度流動，以避免瓶頸作業之產生。為了達成此一目的，管理者必須根據產量的需求而決定工作站之數目，然後嘗試正式配備工作至各工作站。在完成上項之配置之後，管理者並應就總體及各工作站之產能利用率或效率進行計算，以決定瓶頸作業及生產線之效率。現在將生產線平衡之做法簡介如下。

在進行生產線平衡時，我們的目的是在找出一個適當的工作週期 (Cycle Time)，以便同在生產線上的所有工作站都能同步完成工作。所謂工作週期，亦稱為循環時間，是一條生產線生產一件產品所需的時間。在這個工作週期之內，生產線上的各工作站各自完成其所負責的一部分工作，而總合起來，則一件成品便已生產完成。除了工作週期之外，在這個工作週期的限制之下，如何把生產作業分組，並交給各工作站同步完成，又是另一個需要解決的問題。現在舉例說明如下。設義方公司某產品之加工作業、時間等如表 10–6 及圖 10–15 所示，每一工作天共 8 小時擬生產 1,200 件產品，則其生產線平衡可以下述方式完成之。

表 10–6　義方公司某產品加工作業工時表

加工作業號碼	平均作業時間（分）	先行作業
a	0.21	–
b	0.38	a
c	0.19	a
d	0.18	a, b
e	0.19	c, d
f	0.37	e
g	0.36	f
合　計	1.88	

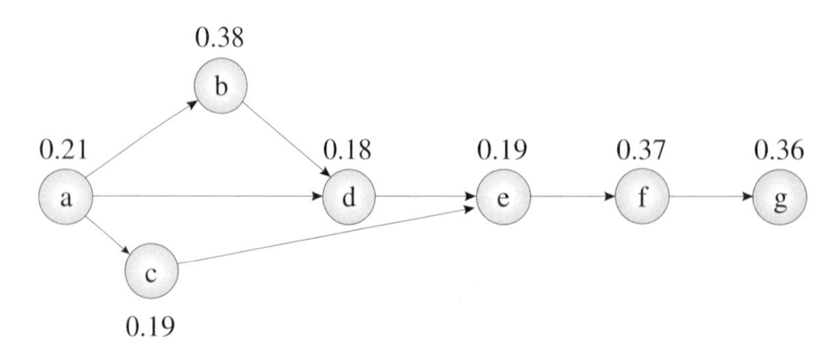

圖 10–15　義方公司某產品加工作業工序圖

由於每工作天 8 小時擬生產 1,200 件產品，故每件產品之平均生產時間或工作週期可計算如下：

$$工作週期 = \frac{總工時}{生產量} \tag{10.4}$$

$$= \frac{60\text{ 分} \times 8\text{ 小時}}{1{,}200\text{ 件}}$$

$$= 0.4\text{ 分}$$

也就是說該生產線上之各工作站應在 0.4 分之內便完成各該工作站內之工作。而該生產線亦每 0.4 分生產完成一件產品。由表 10–6 可知，每件產品所需之總生產時間為 1.88 分。若每一工作站之工作週期為 0.4 分，則該生產線上應有之工作站數為

$$工作站數 = \frac{單位總生產時間}{工作週期}$$

$$= \frac{\sum t_i}{\text{Cycle Time}} \tag{10.5}$$

$$= \frac{1.88}{0.4} = 4.7\text{ 個}$$

工作站的數目當然是整數，因此我們需要 5 個工作站。

在某些狀況下，由於工作分派上的問題，工作站數可能會超過以公式 (10.5) 所計算出之整數工作站數。此時，生產線上之效率 (Efficiency) 便可能下降。而由於這種工作分配上的問題，有些生產線在設計完成後，便已有因生產線平衡而引起之「平衡延遲」(Balance Delay)。而這種平衡延遲也就是生產線的「不效率」(Inefficiency) 之由來。生產線效率之計算公式如下：

$$效率 = \frac{用於生產之時間}{投入之時間} \tag{10.6}$$

在本例中，每件產品之總加工時間，由表 10–6 可知，為 1.88 分。在此一生產線上共有 5 個工作站，每站之工作週期為 0.4 分，故其效率為

$$效率 = \frac{1.88}{5(0.4)} = 94\%$$

而此一工作站之平衡延遲為

平衡延遲 = 1 − 效率

= 1 − 94% = 6%

以上之數值是由理論的觀點所推導出來的，在實務上是否可行則尚屬未知數。為了確定可行性，我們應該再把加工作業分組並分配於各工作站之內。在分配工作時，為了簡化問題起見，我們可以假設所有員工均能夠從事其所獲配之工作。同時，在分配工作時，有許多規則可用以決定分配之優先順序。在此我們不深入討論這些可用的規則。在分配工作時，我們使用「最長作業時間」(LOT) 這個規則，在有需要選擇時，由工作時間最長之作業開始。

現在我們參考表 10–6 由第一個作業開始進行分組的工作。工作 a 並無先行作業，故可由工作站一開始分配。由於工作週期為 0.4，扣除工作 a 之時間後還剩 0.19。接下來可以選擇的工作有三：工作 b (0.38 分)、工作 c (0.19 分) 及工作 d (0.18 分)。由於我們採行 LOT 規則，故應先測試 b，然後 c，最後才試 d。由於工作週期 0.4 分之限制，所以在工作站一中，我們只能放入工作 a 及工作 c，其總工作時間為 0.21+0.19=0.4，並無任何平衡延遲。

接下來我們把工作 b 安排到工作站二。工作站二在放入工作 b 之後只剩下 0.02 分，無法再加入任何工作，故工作站二之工作安排至此已告完成。再下來我們就進入工作站三。在工作站三之中，我們可以先放入工作 d (0.18 分)，再加上工作 e (0.19 分)，並造成工作站三中有 0.03 分之平衡延遲。工作站四必須由工作 f (0.37 分) 開始。在放入工作 f 之後，工作站中雖有 0.03 分之閒置時間 (IdleTime)，但由於工作 g 需時 0.36 分而無法合併於工作站四之內。下一個工作為工作 g (0.36 分)，我們可把它放在工作站五之內，並結束工作分組的工作。以上之工作分組可綜合整理如表 10–7 及圖 10–16 所示。

表 10–7　各工作站之工作分配

工作站	可分配之工作	分配之工作	時間（分）	閒置時間（分）
一	a, b, c, d	a, c	0.4	0
二	b, d	b	0.38	0.02
三	d, e	d, e	0.37	0.03
四	f	f	0.37	0.03
五	g	g	0.36	0.04

上例是一個簡化的生產線平衡問題，其目的在於協助讀者瞭解生產線平衡之做

法。在現實工作當中，管理者所處理的問題可能極為複雜，需要考量的因素也可能大量增加，並造成此一問題之難解。現在把常見的難題概述如下：

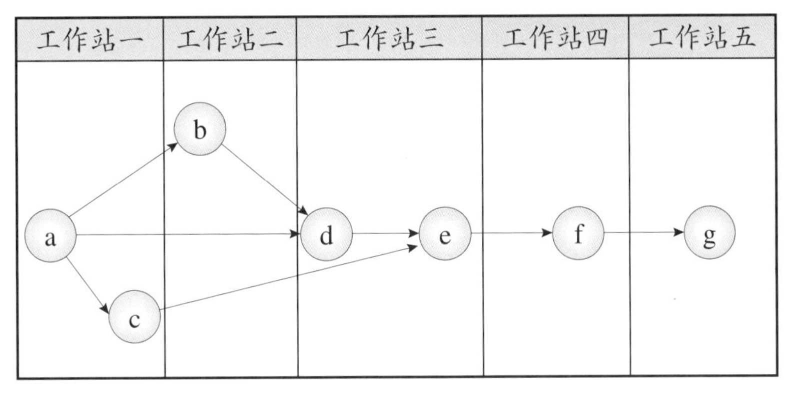

圖 10–16　工作站之工作分配

(1)在實際工作中，與生產線平衡有關的因素極多，而其中相互之牽連又廣，常造成生產線平衡問題難解。

(2)在同一生產線中，有時許多工作需由相同的員工，使用相同的設備、工具、零件、技術等進行加工。在這種狀況下，這些工序由同一組人員負責可能更為有效。但若進行生產線平衡，卻可能必須分組並交由不同的工作站分組完成之。因此，在進行生產線平衡時，管理者必須將計算所得之結果詳細核對，以確定利用生產線能提高生產力。

(3)為了達成同步化、節奏化的要求，在進行生產線平衡時，我們把工作分組並交由不同的工作站負責。原則上，各工作站中的工作人員是固定的，他的工作也是固定的。在大部分狀況下，一個工作站中只有一人，而此人將經年累月的從事相同的工作。這種做法顯然不符合工作豐富化 (Work Enrichment) 及工作多樣化或工作擴大化 (Work Enlargement) 之需求。

(4)有些工作間的良性及惡性影響有時並未列入考量，並可能造成問題。例如噪音、惡臭、工作安全上的顧慮等都可能造成生產線平衡問題中的困擾。

(5)有時某些工序的時間可能超過工作週期並造成困擾。如果這些工序可以分散成若干小的工作，則問題便可迎刃而解。否則管理者可能必須以一個以上的工作站來做相同的工作。

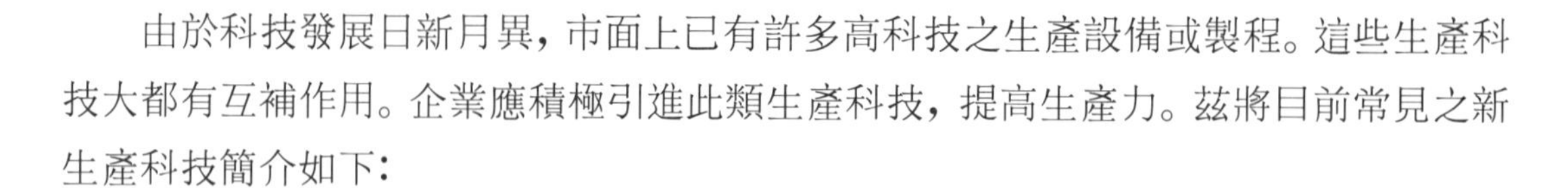

第六節 新生產科技

由於科技發展日新月異，市面上已有許多高科技之生產設備或製程。這些生產科技大都有互補作用。企業應積極引進此類生產科技，提高生產力。茲將目前常見之新生產科技簡介如下：

一、機器人

所謂機器人 (Robotics)，係指功能廣泛，經由電腦或其他指令操作以取代人力，執行某些工作的機械設備。世界上已有數百種工作由機器人執行。這些機器人大都設置於製程中，執行單調、重複的工作，也有些機器人可代替人力，執行危險的工作。原則上，機器人可經由設定之指令操作，也可以由工作人員於現場操作。在汽車、電子、電機、化工及許多行業中，都有使用機器人的實例。機器人的工作包含搬運、銲接、噴漆、裝配等等。由於機器人準確度高、速度快，又能執行單調、重複或危險的工作，使用機器人的企業不斷增加。

許多企業已使用條碼以增強機器人的辨識能力。但是，截至目前為止，還沒有由機器人執行高智慧工作之實例。日本、美國、英國、義大利等國在發展及使用機器人這方面起步較早，其中尤以日本使用機器人最為普遍。

二、數值控制

數值控制 (Numerical Control; NC) 是以數字或符號控制自動化製程從事生產。通常數字代表特定的電腦指令或工作程序，改變指令即可改變工作內容。由於改變指令即可改變製造程序，使用數值控制之生產系統有極大之生產彈性。數值控制可由生產人員於現場下達指令，亦可與電腦連線，經由電腦控制。若全部或部分指令已事先存入專用之電腦記憶庫中，則稱為電腦數值控制 (CNC)。若製程中之某些設備與電腦連線，而設備之操作則交由工作人員於現場使用電腦操作，則稱為直接數值控制 (DNC)。

通常數值控制可用以控制工具或工具機，在許多彈性製造系統中均可見由數值控制之工具機或工具。美國於 1950 年代起即曾經以數值控制改良設備。使用數值控制之優點很多，改裝後之設備可由電腦控制，執行較高難度之工作。這種做法不但能減少設備投資，也可以縮短裝換機具之時間。因此，工人、存貨均可隨之下降。數值控制使用範圍廣泛，幾乎所有機器設備上均可添加這種裝置。

於積體電路問世之後，電腦體積日漸縮小。在各型工廠中，使用數值控制更為方便。由於電腦價格日低，數值控制之使用將更頻繁、更普遍。

三、電腦輔助設計

電腦輔助設計 (Computer Aided Design; CAD) 係以電腦協助設計產品。使用電腦輔助設計系統之目的有二，第一為提高設計人員之生產力，其次則為建立生產過程所需之資料。電腦輔助設計系統可協助設計人員由資料庫中選擇適合之零件圖，調整至正確之尺寸，合成在同一產品圖中。設計圖可於電腦終端機上檢視，亦可經由印表機或繪圖機印製出來。繪圖人員也可以使用電腦軟體，隨心所欲的在電腦終端機上設計新產品。Auto Cad 是目前較通用的電腦輔助設計系統之一。

電腦輔助設計已經改變了設計工作及內容。以往需耗時數月之繪圖工作，在改用電腦輔助設計之後，僅需數小時即可完成。管理者也可以使用電腦輔助設計進行模擬以測試新產品之實用性及壽命。由於使用電腦輔助設計系統以後，設計時間大幅減少，市面上產品之生命週期已經大為縮短。

四、電腦輔助製造

電腦輔助製造 (Computer Aided Manufacturing) 包含以電腦管制製程及以電腦支援生產二種。自動控制之生產系統即為以電腦管制製程之實例。數值控制、物料需求規劃系統 (Materials Requirement Planning)、以電腦軟體自動訂貨、自動排程、自動設定工作標準、自動記錄生產內容及產品件數等則屬於以電腦支援生產。

電腦輔助生產管理 (Computer Aided Production Management; CAPM)，自動處理／搬運系統，及自動測試／檢驗系統等均為電腦輔助系統之實例。電腦輔助生產管理系統之做法在於以電腦連接各部門，將各部門之工作記錄、程序及計畫等儲存於電腦主機記憶庫中，進行管制。使用電腦輔助製造之後，所有之決策及管理系統均可電腦化；各項工作，諸如計畫、控制、稽核、報告等，亦均可經由電腦處理或執行。自動處理／搬運系統在化工業及自動倉儲系統中較為常見，此類系統可取代人力，處理危險工作，搬運並管理原物料、成品等。自動測試／檢驗系統能取代人力，定期檢驗或測試產品。電子業、水廠、各類化工廠中均不乏使用此類系統之實例。如果產品規格不合，此類系統亦可查明原因，停止生產，或自動調整製程。

五、彈性製造系統

在彈性製造系統 (Flexible Manufacturing System; FMS) 中，通常包含數個數值控制工作站。這些工作站由自動處理 / 搬運系統連結成一個體系，彈性製造系統可由電腦控制其生產活動。由於其機械設備等係以數值控制操作，經由電腦連線之後，可以輕易調整。彈性製造系統能同時執行多種工作，生產多種產品。同時，機具調整及更換模具之時間亦可大幅減少。因此，彈性製造系統可用以生產各種批量之產品。

前述各類新生產科技均可裝置於彈性製造系統中。只要經由電腦下達指令，彈性製造系統即可自動執行工作。一般而言，彈性製造系統之效用如下：

(1)生產多種類似產品。

(2)自動送料。

(3)減少裝換機時間及生產時間。

(4)降低半成品庫存。

(5)提高設備使用率。

彈性製造系統之配置圖及應用範圍可如圖 10–17 及圖 10–18。

六、自動化策略

生產系統自動化的優點很多。自動化以後，工作時間短、工作輕鬆、產品成本低、生產力高，企業之競爭力也可提高。但是，自動化也可能造成負面影響。自動化過度，則員工可能受制於設備之規格、產能，員工的重要性也可能降低。原則上，自動化能提高生產力，減少人力。值此勞力短缺、工業升級之際，企業均應設法提高自動化比率，以提高競爭能力。

在生產系統中，能自動化的部分很多。企業應依據其目的，設定其自動化策略。一般而言，生產活動範圍包含下列四種：

(1)材料處理或裝配。

(2)搬運或儲存。

(3)管制。

(4)建立資訊以支援前三項工作。

自動化可能分別或同時提高以上四項工作之效率。管理者在進行自動化之前，應明瞭其效果，並選定合適之自動化策略，以達成企業之目標及策略。各種自動化策略之範圍及效果可列如表 10–8。謹此說明如下：

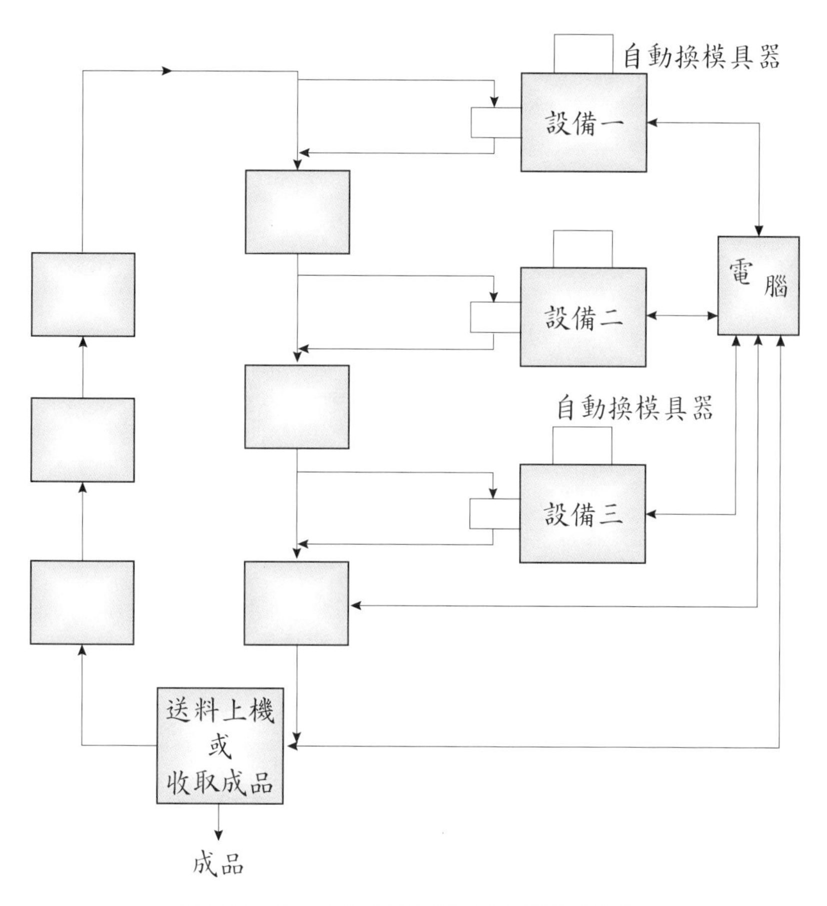

圖 10–17 彈性製造系統配置示意圖

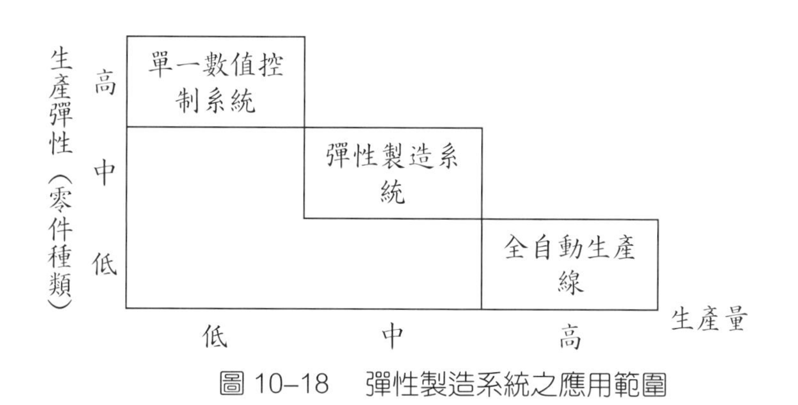

圖 10–18 彈性製造系統之應用範圍

表 10–8　自動化策略之範圍及效果

策　略	生產活動範圍	效　果(註)
1.作業專門化	(1)	減少 T_m, T_o
2.合併作業	(1)、(2)	減少 T_n, T_{th}, n
3.同時作業	(1)、(2)	減少 T_h, T_m, T_{th}, n
4.協同作業	(1)、(2)	減少 T_h, n
5.減少裝換機時間	(1)、(3)	減少 T_s
6.改良搬運方法	(2)	減少 T_{no}
7.加強製程管制	(1)、(3)	減少 T_m
8.設立電腦生產資料庫	(4)	減少 n, T_{no}
9.電腦生產管理	(3)、(4)	減少 T_{no}

(註) n：工作站數
T_h：零件處理時間
T_m：單位產品上機時間
T_{no}：單位產品於各作業中之閒置時間
T_o：單位產品或零件之作業時間
T_s：裝換機時間
T_{th}：單位產品於各機器上之平均調整機具時間
$T_o=T_m+T_h+T_{th}$

◆ 1.作業專門化

以專用機械或設備執行某特定工作或作業，必然能提高生產力。這種做法通常使用於各工作站中，其目的在於提高生產力，降低單位生產時間與設備使用時間。

◆ 2.合併作業

一件產品由原物料、零件轉變為成品的過程中，根據產品內容及複雜程度，而有不同的作業。作業數目愈多，生產時間愈長，生產過程也愈複雜。將不同作業合併在一個作業中，可減少作業數目，提高生產力。其做法係將二種以上作業，合併於一個改良作業中，由一個工作站執行。這種做法能減少工作時間及工作站數目。合併作業之後，各單位產品之工作時間、各單位產品使用設備時間，及生產過程中之機械設備數均將減少。

◆ 3.同時作業

生產過程中或有相同或類似作業。如將此類作業同時執行，生產時間及生產過程可同時縮短，例如於生產過程中需於零件上鑽三個孔，若可改良機具，同時鑽孔，則鑽孔時間即可減少三分之二。同時作業可減少工作時間、工作站數、設備使用時間及設備數目。

◆ 4.協同作業

使用這種策略時，管理者將不同工作站連結於同一系統中，同時生產，這種做法通常需使用自動化設備。全自動或半自動生產線即為連結作業之實例。此類做法將減少工作時間及工作站數目。

◆ 5.減少裝換機時間

減少裝換機時間可減少設備閒置待料時間。同時生產類似產品，使用相同機具、零件，增加生產系統彈性等做法均可減少裝換機時間。豐田汽車以吊車、鐵軌、推車等設備減少裝換機時間，已將裝換機時間降為五分鐘左右。由於裝換機時間大幅減少，豐田汽車已可以訂貨生產方式生產汽車。

◆ 6.改良搬運方法

以機械或自動化裝置改良原物料、半成品或產品搬運之方法，可有效縮短設備及材料閒置時間。搬運時間減少之後，原物料周轉率提高，半成品減少，總生產時間也大為降低。改良搬運方法之做法包括減少搬運距離，設法連結工作站，減少搬運次數，使用自動化搬運設備等。

◆ 7.加強製程管制

以管理工具或電腦加強製程管制，能更有效的利用生產設備，減少工作時間。

◆ 8.設立電腦生產資料庫

生產過程常由於資料不全或其他因素而無法順利運行。若以電腦協助設計產品及工作、工作方法、計畫生產、衡量工作結果，並管制生產，將較易建立完整的生產資料。此類做法可減少工作站數及設備閒置時間。

◆ 9.電腦生產管理

電腦生產管理係以電腦協助管理全廠之生產活動。策略中之做法係以電腦協助管理製程。電腦生產管理之目的在於以電腦搜集全廠之資訊，並據以改良全廠之生產管理。電腦生產管理能協助管理者減少原物料及半成品之閒置時間。

七、企業資源規劃

國際化與網路帶動了電子商務發展的同時，也促成企業資源規劃系統 (Enterprise Resource Planning; ERP) 的問世。所謂企業資源規劃系統，是一個新的管理資訊系統 (Management Information System; MIS)，其基本概念與流行已久的物料需求規劃 (Material Requirement Planning; MRP) 類似，都設法以電腦軟、硬體來處理企業內部的管理資訊。由於此一發展，世界各地企業正逐漸以企業資源規劃

(ERP) 管理企業整體資訊。臺灣大、中型企業在此一趨勢中正積極採用此一系統。

企業資源規劃系統可用以整合利用企業內所有財務、人力資源、營運、行銷、配銷資料、資訊。企業使用此一系統的目的，是借助此一軟體整體蒐集、利用更多、更好的資料與資訊，以降低成本並達成更高程度的流程自動化。據說在使用企業資源規劃系統以後，由於此一系統可以由工作、工作中心、個人、活動取得所有資訊與資料，並進行追蹤、記錄、分析，然後將各種資訊即時分享給所有需要部門，企業成本系統的品質與生產力可大為提高。據說企業資源規劃系統對生產低價、高量、大宗商品的企業最有用處。

使用企業資源規劃系統時，由於電腦軟硬體設備支出龐大，也需要經過電腦與人力系統同步運作的過程，企業必須承受使用初期較高的成本支出與轉型壓力。企業資源規劃系統使用上軌道之後，由於效率提高，整體成本可有效下降。此一系統可協助取得企業內部各種活動的資料與訊息，會計人員可使用作業成本法 (Activity Based Costing; ABC) 以更有效、更準確地計算、分攤、分析成本。大型企業部門、活動、顧客、訂單眾多，改用企業資源規劃系統之後，可以電腦軟硬體更快速、聰明 (Informed)、有效地追蹤、記錄、分析資訊，必然提高資訊管理效率。

但國際化企業使用資源規劃系統之後，若被迫與上游廠商連線時，也有其他不能避免的問題。例如若企業資源規劃系統詳實記錄所有資訊，而企業的訂貨廠商可毫無阻礙的使用這些資訊時，企業本身的管理資訊、有用情報、供應廠商、成本、利潤資料等將完全透明的透露給自己的顧客，使企業受制於人。因此，若欲使用企業資源規劃系統時，企業或需分別設置內網與外網，將機密資訊建立於自己的機密情報系統內網中，以免產生受制於人的困擾。為協助讀者對企業資源規劃取得更進一步的瞭解，謹此將企業資源規劃的組織配備附錄如❶所示，有意讀者請自行參考。

第七節 引進新生產科技

生產科技是應用於生產活動中的科技與方法。若企業使用之生產科技改變了，則企業之生產活動、管理資訊及管理方法均將改變。引進新生產科技，應為經過深思熟慮之策略行為。引進新生產科技不但改變生產過程與管理活動，也影響企業反應市場變化之方式與速度。若隨意引進新生產科技，卻無具體之方法應變，則新生產科技必然受企業員工、組織系統及管理系統之排斥。不但新生產科技無法發揮作用，更可能影響企業之運作。以物料需求規劃系統 (MRP) 為例，美國企業於 1970 年代間開始採用這種系統，在開始使用這個系統時，大多數人以為這個系統能解決所有的存貨管理問題。同時，該系統之創造者、供應商及使用者亦均不瞭解該系統對企業之影響。在經過十年嘗試之後，於 1981 年間，終於有人開始討論物料需求規劃系統對企業員工及管理系統之影響、以及如何引進該系統。物料需求規劃系統由 IBM 委託該公司之員工發展而成，由於該系統之設計未顧及生產日程及使用量之變化，亦未考慮如何減輕該系統對使用企業之影響，截至目前為止，仍未見全面成功之使用案例。甚至有人認為此一系統之發展及運用均為極大之錯誤。

引進新生產科技之後，企業反映市場變化的方式與速度均將改變。這二種變化，一種是系統上的變化，一種是市場行為的改變。這些變化影響深遠，企業必須嚴肅的面對引進新生產科技的問題。

一、新生產科技對管理者之影響

新生產科技大都與電腦有關。引進新生產科技之後，電腦將許多工作與部門連結在一起。由於整體連貫在一起，各部門必須配合整體運作，部門之行動自由減少，企業內員工之自由也因此降低。上層管理者可以經由電腦，直接決定生產日程。另一方面，由於新科技使用之員工數目少而素質高，員工之技術及學識水準可能高於管理者。管理者必須與技術背景不同之員工合作才能完成生產工作。由於員工的專長不同，各人的思考及溝通方法互異，管理工作將日趨複雜。管理者應具備充足之技術與管理技能，才能領導員工，管理方式亦應由指揮改變為領導。

原則上，新生產科技對管理者之影響如下：

⑴管理者較依賴少數、高素質員工之專業知識。

⑵管理者必須具備某種程度之電腦知識，才能與員工溝通。

⑶管理者有時受制於系統、制度或員工之專業技能。

⑷管理者的品質責任提高，自由度低，必須配合企業整體及其他部門之運作。

⑸管理者必須使用電腦以執行計畫及管制工作。

二、如何引進新生產科技?

引進新生產科技之後，企業之目標、策略、技術、員工、組織、工作系統、管理系統、管理方式等均將改變。因此，管理者必須注意生產科技之策略性影響，在引進新生產科技之前，企業應訂定明確之目標。引進生產科技時，亦應根據其企業目標、系統目標，及技術目標而修訂計畫與管制系統。企業目標包括企業成長率、利潤、投資報酬率等。根據企業目標，管理者可訂定其系統及技術目標。系統目標應具備之內容包含系統之內容、目的、規格、裝機／試機之過程，技術目標則為技術規格。企業目標、系統目標，及技術目標應互為因果。在達成技術或系統目標之同時，應該亦可達成全部或部分之企業目標。

為達成上述三種目標，管理者亦應設計相對應之管制系統及方法。如圖 10–19 所示，各類目標應有其相對應之管制系統及方法。三種目標應互為因果；三種控制之間亦應環環相扣，互為表裡。目標愈清楚，計畫愈容易，而管制系統之設計也愈益簡單明瞭，管制工作亦可確實執行。如果管制系統環環相扣又互為表裡，則管制系統及管制工作均將簡單易行。

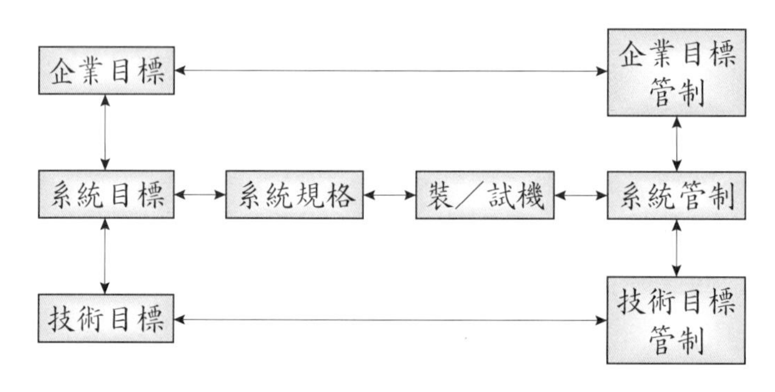

圖 10–19　企業、系統及技術目標與管制

引進新生產科技之工作包含計畫、設計及執行等三項。計畫及設計對執行之影響極大。計畫及設計工作愈完備，執行工作愈單純。若事先之計畫及設計不足，則引進新生產科技之後，必然產生始料所不及之困擾。因此，企業應於引進生產科技前即將目標、應變措施、管制及執行方式設計妥當。在執行時，管理者則遵照計畫中之執行步驟，逐步引進新生產科技。唯有將新生產科技與原有之生產系統融合於一體，才能完全發揮新生產科技之功能，提高生產力。而將生產科技融合於生產系統之方法，則在於瞭解生產科技對企業目標、策略、組織、員工及生產系統之影響，並預做準備。如果可能，企業亦應提供員工必要之訓練，並改變工作程序及管理規章。原則上，管理者應該：

⑴瞭解引進新科技之目的、新科技之功能、及如何將新生產科技與企業之生產系統合而為一。

⑵設計適用之管制系統以確保企業目標、系統目標及技術目標之達成。

⑶設計將生產科技與生產系統融合於一體之方法與步驟，並妥善執行之。

三、生產系統定位

新生產科技與生產系統合而為一之後，生產系統之生產能力及特長均將改良。企業應據此而重新決定其生產系統定位。

生產科技日新月異。為了提高企業之競爭地位及生產力，管理者應依據企業目標及策略，選擇合適之自動化策略及新生產科技。生產科技應能滿足生產系統及產能之需求。生產科技必須能協助生產部門達成企業中總體及各部門之目標與策略。同時，生產科技必須具備承先啟後之特性，以確保企業之生產科技及系統能不斷接納與融合其他新生產科技。引進新生產科技以提高生產力是管理者的責任，管理者應明瞭生產科技對企業之影響，並設計管制系統以確保新生產科技能迅速發揮其效果。

第八節　結　語

廠房佈置是一個重要而有趣的課題，它對廠內生產活動的進行及互動有極大的影響，與生產力也有密切的關係。原則上，廠房佈置除了空間利用的考量之外，動線的規劃也頗受重視。此外，工作量、原物料的移動及其他許多因素也都需要注意。為了協助讀者對此一議題有較全面的瞭解起見，本章由佈置決策的簡介談起，然後在第二節中討論佈置決策的重要性、時機及考量因素。在第三節中我們則以較嚴謹的態度來觀察此一決策的定義。

在第四節中，廠房佈置常用的工具是我們討論的主題。廠房佈置決策可用的工具極多，由於篇幅所限，第四節只簡介產品產量圖表、物料運量表，及作業／單位關係圖表等三項常用的工具。本章第五節則針對生產線平衡問題做一稍微深入的探討。其討論內容先從生產時間之組成談起，再討論生產時間與半成品移動方式之關係，最後才討論生產線平衡的方法及難題。

企業決策最有趣之處，可說在於決策因素間之互動及關聯。佈置決策除了與本章前五節內容有關之外，所使用的生產科技也對佈置決策有極大的影響。本章第六節針對新生產科技做一簡介，並於第七節討論引進新生產科技之做法。本章之內容由淺入深，甚有可讀性。

重要名詞

廠房佈置	產品佈置	半成品移動方式
動　線	產品產量圖表	平衡延遲
廠房規劃	產量分析	數值控制
佈置決策	物料運量表	電腦輔助設計
佈置決策階段	作業／單位關係圖表	電腦輔助製造
整體佈置	生產線平衡	電腦輔助生產管理
詳細佈置	時間結構	彈性製造系統
佈置型態	總生產時間	自動化策略
程序佈置	總工作時間	合併作業

習　題

一、簡答題

1. 佈置決策之中心議題何在？其思考方向為何？
2. 佈置決策在策略上的考量有哪些？
3. 佈置決策是一個重要的決策，其原因何在？
4. 常見的重新佈置之理由為何？
5. 在佈置決策中管理者應設法顧及之考量為何？
6. 試說明廠房佈置之定義。
7. 試說明佈置決策所應考慮之因素。
8. 試說明佈置決策之階段。
9. 試說明佈置計畫之基礎。
10. 試說明佈置方案計畫過程。
11. 試說明產品產量圖表在佈置決策上之應用。
12. 試說明物料運量表之運用。
13. 試說明作業／單位關係圖表之運用。
14. 試說明生產過程中之時間結構。
15. 試說明兩種不同之半成品移動方式及其影響。

16.試說明生產線之適用範圍及設立條件。

17.設計生產線時應遵循之步驟為何?

18.生產線平衡之定義為何?

19.如何進行生產線平衡?

20.彈性製造系統是什麼?其效用又何在?

21.自動化之策略有哪些?其範圍及效果又如何?

22.生產活動有幾種?

23.新生產科技對管理者的影響有哪些?

24.試說明應如何引進新生產科技?

二、計算題

1.同心公司之物料運量表如下:

來＼往	1	2	3	4	5	6	合計
1		7		3	7	2	19
2			5	3			8
3		6		4		2	12
4			8				8
5		5		7			12
6	2						2
合計	2	18	13	17	7	4	61

若廠房為長方形,試問應如何安排各部門之位置?

2.德佳公司產品加工工時表如下:

加工作業	平均作業時間	先行作業
a	0.2	–
b	0.3	a
c	0.2	a
d	0.15	c
e	0.25	b, d
f	0.35	e

若欲每天 8 小時生產 1000 件產品，試問在生產線平衡時應有幾個工作站？其效率如何？其平衡延遲又是多少？

3. 上題中各工作站之工作分配如何？

4. 若下圖中之加工作業擬每天 8 小時生產 1200 件產品，試進行生產線平衡。

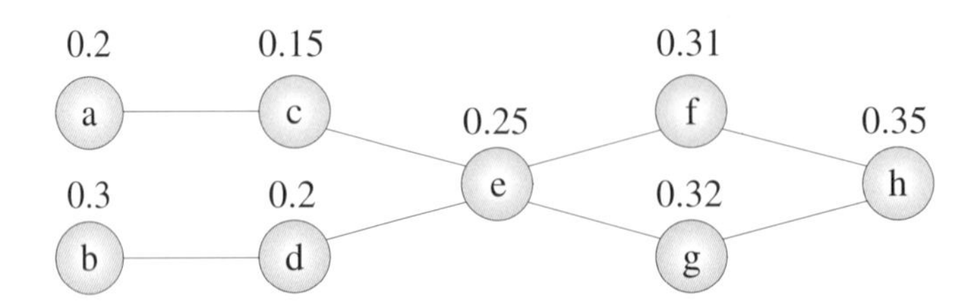

5. 上題中各工作站中之工作分配如何？

6. 若下圖中之加工作業每天 8 小時擬生產 1600 件產品，試進行生產線平衡。

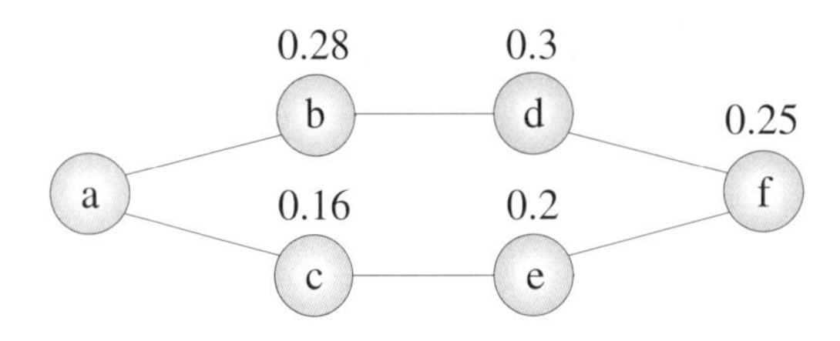

7. 若上題中之 a 作業耗時 0.14 分，試進行生產線平衡。

註　文

❶ 企業資源規劃的組織配備

企業使用企業資源規劃系統時，需要建置許多基礎設施，在這一方面，學者專家提出許多建議①②③，現在說明如下：

1. 基礎設施

企業使用企業資源規劃系統時，網路、寬頻、電腦系統等，是其中主要的基礎設施。在區域網路、企業內部網路上，重點是要與國內、外網路有兼容性。

2. 區域網

企業在使用企業資源規劃系統時，必須設置有自己的區域網路 (Local Area Network; LAN)。所謂區域網是指架設在一個範圍較小區域的網路，通常是在同一辦公區域或同一建築物內，例如一個公司組織的內部網路。LAN 的基本構成元件包括：網路用戶端的個人電腦或工作站、傳輸媒介，例如同軸線路、網路介面卡、網路作業系統，常見的是 Novell 或是 Windows NT；以

及檔案伺服器 (File Server)，例如高階個人電腦或是工作站。這個網路系統能用以傳送數據、圖像以及語音，其傳輸速率在 1～20 Mbit/s。因為涵蓋區域有限，通常在數十公里以內，所以發生傳訊錯誤的情形要比廣域網路 (WAN) 少。一般而言，LAN 依存取方式可分三大類：

⑴使用記號作為存取依據的 FDDI 光纖網路與記號環網路 (Token Ring)，特色為使用光纖作為傳遞的介質，而且是一個環狀網路。

⑵ IEEE 802.3 區域網路，依據速度的不同，而有 10Base-x、100Base-x、1000Base-x 的不同。常見的傳輸媒介有雙絞線、同軸電纜 (Cable, Coaxial) 、光纖等。這類網路可以連接成匯流排狀、星狀或是混合狀的網路。

⑶具有需求優先權的網路，常見的是 100VG-AnyLAN，傳輸速率可達 100 Mbps，可以選擇使用 UTP 或是光纖線路傳送。

3. 伺服器 (Server)

所謂伺服器，通常指的是執行管理軟體的電腦，可用以控制網路 (Network) 的存取 (Access) 及使用的資源，提供網路使用者所需的磁碟或印表等服務，有如網路上的一個工作站。不過，伺服器比一般網路工作站擁有更大容量的周邊儲存裝置及其他硬體資源。常見的伺服器有檔案伺服器與列印伺服器 (Printer Server) 兩種。

相對於伺服器的是用戶端 (Client)，以這種形式所架構而成的網路稱為「主從架構網路」(Client-Server Network)。在這種架構中，伺服器會回應用戶端程式所發出的指令，而伺服器可以是一部電腦或一種程式。Web 伺服器即指長駐於電腦中的程式，執行超文件標示語言 (HTML) 網頁或檔案。而 Web 瀏覽器是用戶端的一種，當指令下達至 Web 伺服器時，Web 伺服器即回應用戶端，傳送 HTML 檔案。

4. 電腦硬體

在使用企業資源規劃系統時，所有電腦軟硬體都需要更新，以便與企業資源規劃系統兼容運作。

5. 人力資源與教育訓練

企業需要聘用專家或提供員工有關企業資源規劃系統及使用方法的教育訓練。

6. 企業員工參與

企業員工需要有意願參與相關的教育訓練，並積極使用企業資源規劃系統，以便儘速發揮企業資源規劃系統的功能。

7. 高層管理參與

改用企業資源規劃系統耗時費力，成本極高，高層管理者必須積極參與，才能儘速將企業規劃資源系統上線使用，並正常發揮功能。如果高層管理者不積極支持改用企業資源規劃系統的過程，將使改用企業資源規劃系統的努力付諸流水，並帶來管理危機。

8. 試用過程

改用企業資源規劃系統是一個龐大、繁雜的過程。為使此一過程進展順利，企業應該小心謹慎的推動試用過程，並觀察此一過程中發現的問題，進而積極改善之。尤其對於員工在此一過程中所表現出來的對抗與反感，更要設法疏導改善。

9. 是否設置新網站的考量

在引介企業資源規劃系統進入企業時，設置一個全新的網站，可能是較佳的做法。使用一個全新網站，可以避免新舊系統之間的角力與拔河，迴避選邊站的問題，並可給予此一新系統一個不受干擾的啟用、適應過程。

10. 原有系統的參與

在改用企業資源規劃系統的過程中，原有系統的參與很重要。如果原有系統不配合，可能造成其他困擾。因此，如何鼓勵原有管理系統積極參與，如何將兩個系統同步運用，值得管理者積極思考。同時，即使企業資源規劃系統正常運作之後，也可以思考是否仍應維持兩個系統，以及其間的利弊得失。

11. 中央集權與地方分權

自從管理資訊系統 (Management Information Systems) 發展以來，資料儲存、計算、分析工作的集中與分散便是考慮的一個重點。其中的關鍵，其實是中央集權與地方分權的程度，以及功能上、權力上的集中與分散。一般企業都採取部份集權、部份分權的做法。企業在使用企業資源規劃系統之後，應該如何處理此一問題，也是一個重要的策略運用，值得管理當局認真思考。

參考文獻

① Chase, R. B., Aquilano, N. J. and Jacobs, F. R., *Operations Management for Competitive Advantage*, 9th ed., Boston, MA: McGraw-Hill/Irwin, 2001.

② Rao, S. S., "Enterprise Resource Planning: Business Needs and Technologies," *Industrial Management and Data Systems*, Vol. 100, No. 2, 2000, pp. 81–88.

③ Turban, E., McLean, E. and Wetherbe, J., *Information Technology for Management*, 3rd ed., New York: John Wiley and Sons, 2002.

第十一章

後勤管理

Production and Operations Management

前 言

在營運過程中，企業必須取得資源以生產產品，然後經由配銷渠道，將產品送交市場以供顧客消費。這個過程由選擇廠址開始。在選定廠址之後，接下來要決定由何處取得原物料，以及生產完成後如何把產品配銷出去。以上工作內容，在美國企業中常由 Logistic 部門負責。Logistic 在國內的翻譯有軍方所用的「聯勤」，以及「後勤學」、「物流」這三種。在國內企業大舉進行國際化之後，後勤工作的範圍及其重要性大增，成為一個重要的管理領域。

本章討論後勤管理與物流系統，並由後勤管理與物流系統的定義談起。第二節則討論常見的運輸方式。本章第三節簡介物料搬運與倉儲的概念與方法。第四節說明後勤組織及其選擇方法。第五節是一個小小的結語。本章課題是現在流行的主題之一，值得好好研讀。

第一節 後勤管理與物流系統

由於國際化、全球化的發展，近年來，隨著市場擴大，後勤管理 (Logistic Management) 日趨重要。同時，由於配銷通路日趨整合，造成連鎖店業不斷成長，例如 7–11 已經擁有超過 4,300 家店鋪，使物流系統的重要性更形擴大。在這種狀況下，可以說，後勤管理與物流系統已成目前重要的競爭工具之一。

謹此簡介後勤管理如下。

一、後勤與物流的發展

在《孫子兵法・作戰篇》第二中，「孫子曰：凡用兵之法，馳車千駟，革車千乘，帶甲十萬，千里饋糧，內外之費，賓客之用，膠漆之材，車甲之奉，日費千金，然後十萬之師舉矣。其用戰也，貴勝。久則鈍兵挫銳，攻城則力屈，久暴師則國用不足。夫鈍兵挫銳，屈力殫貨，則諸侯乘其弊而起，雖有智者，不能善其後矣。故兵聞拙速，未睹巧之久也。」俗語說，兵馬未動，糧草先行，因此，物流是作戰的基礎。例如 2003 年美國挾打敗阿富汗之威，想要攻打伊拉克。但由於糧草軍火未齊，卻必須等待糧草充足之後才能動手，就是受限於物流能量的例子之一。

另外，在《三國演義》第一〇二回中，有這樣的內容:「忽一日，長使楊儀入告曰:『即今糧米皆在劍閣，人夫牛馬，搬運不便，如之奈何?』孔明笑曰:『吾已運謀多時也，前者所積木料，並西川購買下的大木，教人製造木牛流馬，搬運糧米，甚是便利。牛馬皆不水食，可以搬運，晝夜不絕。』」由此可知，我國古人早已瞭解後勤是作戰致勝的基礎，諸葛亮更已針對當時物流需求設計出木牛流馬，以協助運輸軍需品。

有關古人對於物流方面的貢獻，筆者雖能由古典小說中擷取一二，但由於才疏學淺，卻仍無法有系統的討論，謹此致歉。對於近代有關物流方面的發展，謹此略述於後，以協助讀者瞭解。

㈠美國物流發展概況

近代有關物流的討論，在二十世紀之中，應該以美國的發展最值得討論。美國物流研究的發展可分為四個階段。第一個階段由 1901 年起至 1949 年止，屬於啟蒙階段。1901 年時，客羅威爾 (J. Crowell) 在美國政府報告「農產品流通產業委員會報告」中，討論了農產品流通影響因素，說明了農產品物流以及其影響。其後，蕭 (A. Shaw)、威爾德 (L. Weld)、克拉克 (F. Clark) 等人由行銷的角度，討論了物流在行銷策略、行銷渠道、市場經營中的角色。到了 1927 年，柏守迪 (R. Borsodi) 開始使用 Logistics 來代表整個後勤或物流，也開啟了近代物流的概念。

在物流發展的第二個階段中，物流活動的重要性提高，成為提供顧客服務的工具之一，因此，此一階段可稱為物流理論體系成形的階段。1954 年康帕斯建議在行銷過程中，應該考慮物流在其中的策略涵義。1956 年陸意斯等人 (H. T. Lewis, J. Cullition, J. Steele)，由航空業的觀點提出應該由物流總體成本的角度評估各種運輸工具的優劣。史墨客等人 (E. Smkay, R. Bowersox, F. Mossman) 曾撰寫《物流管理》一書，並使物流管理成為一個專業學科。1962 年彼得杜拉克發表了〈經濟的黑暗大陸〉一文，建議注重物流以及物流管理。1963 年美國物流管理協會成立，將物流定義為：所謂物流，是為了滿足顧客需求，對於商品由生產至消費之間有關原物料、半成品、成品，以及相關資訊的流通與儲存，進行計畫、執行與管制的過程。

美國物流發展的第三階段由 1978 年開始，至 1985 年為止，是美國物流理論的成熟階段。在此一階段中，美國航空業、汽車業、鐵路、海運法案相繼通過。夏爾曼 (G. Scharmann) 為文建議高層管理者注重物流的策略意義。1985 年美國物流管理協會將英文名稱改成 National Council of Logistics Management，使現代物流概念明確化，也使物流有了策略與管理的意義。美國物流發展的第四階段由 1985 年開始，主要表現在物流理論及制度的豐富化與制度化。除了學者的研究論文之外，美國政府於 1997 年提出美國運輸部 1997～2002 年度策略規劃，認為未來物流體系上的最大挑戰，是建立一個以國際為範圍，能聯合多種運輸方式，以資訊為主導有環保意識的運輸系統。在這一個策略規劃中，共有十四個部分，為協助讀者瞭解其大要起見，謹此略述如下：第一部分是前言，第二部分是美國運輸部的組成，第三部分是美國運輸部的現在和未來，第四部分是價值觀，第五部分是美國運輸部的觀點、任務和戰略目標概述，第六部分是戰略目標，第七部分是年度實施計畫中戰略目標間的關係，第八部分是數據能力，第九部分是計畫評估，第十部分是外部因素之影響，第十一部分是總體管理戰略，第十二部分是相關業者的意見，第十三部分是傳播策略目標與步驟，第十四部分是有關部門的功能與分工。

由以上討論可知，美國在物流理論與實務上的發展，由美國政府與學術、實務界共同推動，但由美國政府肩負主導的角色。

㈡日本物流發展概況

整體而言，日本物流理論的發展較美國晚，但其理論與實務的發展有其特色，也累積許多自己的經驗與方法，使日本成為物流現代化的國家之一。日本物流的發展與行銷結合，使物流成為日本企業以行銷競爭的基礎之一，值得我們學習。

日本物流發展也可以分成四個階段。第一個階段由 1956 年開始，到 1964 年止，可稱為物流概念導入階段。在這個階段中，日本由美國導入物流的概念，日本當時用「物的流通」來代表物流，而其內容則包括運輸、配送、裝卸、保管、庫存管理、包裝、流通加工、資訊傳遞等。日本物流發展的第二階段由 1965 年開始，至 1973 年為止。當時日本政府頒佈中期五年經濟計畫，開始在全國建立高速公路網、港灣、流通集散地等基礎建設。各企業也設立物流業務的專業部門，並建立企業內部的物流設施。因此，日本物流的第二階段可稱為物流現代化時期。

日本物流發展的第三階段，由 1974 年到 1983 年止，可稱為物流合理化時期。在這個階段中，由於石油危機剛過，經濟分工的內容改變，部分輕重工業加工轉移到臺灣、東南亞等地，日本企業必須降低成本以提高競爭力。因此，降低成本也成為物流的重要課題。當時物流合理化的主要工作有：縮短物流路線、擴充工廠直接送達、減少運輸次數、提高車輛裝載效率、實施有計畫的輸送、導入協同配送、改變運輸方式、選擇最佳運輸方式、減少店鋪數量、徹底實施庫存管理、維持正常庫存、提高保險效率、包裝簡化、包裝樸素化、降低包裝材料成本、包裝作業機械化、導入貨櫃與貨櫃碼頭設施、導入搬運機械等。

同時，日本運輸省於 1977 年制定了一個標準，以協助估算相關物流成本。由於物流需求擴張，專業物流部門或子公司也開始興起。

日本物流發展的第四階段由 1985 年開始至今，也表現在物流理論及實務的豐富化與制度化。由 1977 年起，市場差異化造成產品多種少量的狀況層出不窮，使物流成本不斷提高。同時，JIT 概念興起後倡導零庫存的做法。因此，物流也朝向多向、多品種、少量化，以及進、送、交貨時間縮短等方向努力。1997 年日本政府制定了政策白皮書，規劃到了 2001 年時，能達到物流成本效率化、物流品質國際化。目前日本正在繼續推動物流資訊化、發展物流技術、培養物流人才、商品包裝機械化、發展物流增值服務、推動物流國際化、庫存管理數碼化、加強物流系統、充實物流業資本、推動規格化、標準化、合作、協作等。

由以上討論可引申而知，物流發展階段的改變，代表國家與企業對於物流觀點的變化。美國在物流方面領先世界，我們可以猜想，日本二次大戰失敗固然由於小國寡民、資源不足，但物流系統建設與研究不足，應該也是原因之一。日本在二次戰後不斷加強物流基礎建設，走的路子與美國類似，都由國家層次進行規劃與基礎建設，其做法則先由瞭解物流需求著手，然後建立物流體系及基礎建設，發展物流中心與物流能力。第三，則進行系統化。第四步，朝降低物流成本、提高物流效率的方向努力。第五，則進一步進行系統的合理化，以便有系統的降低物流成本。

另外，我們還可以提出另一個觀察。物流的發展應該配合經濟結構的需求，以協助經濟順利轉型。同理，企業在發展的過程中，也要注意企業發展與內、外物流需求的改變，並適時改善企業內部、外部物流系統與組織，以協助企業繼續發展。

二、物流系統的組成

所謂物流系統，是為達成物資運輸目的，由所運送的物資以及包裝、裝卸、搬運、運輸工具、倉儲設備、人員以及通訊聯繫等系統合組而成的系統。物流系統與其他系統類似，都由許多子系統合組而成。

(一)物流系統的特點

1.物流系統是一個人機系統

物流系統由人與搬運、運輸方面的設備、工具合組而成，並由人負責操作系統內的設備、工具，因此，人是系統的主體，卻也受限於系統內的設備與工具。近來電腦、網路、通訊設備發達之後，物流系統的內容更形複雜，使物流系統運作更困難。

◆ 2. 物流系統隨運作的時空環境而擴大

企業規模小時，原物料、產品的來源與去處分由其他企業負責，因此，中小企業的物流系統簡單而小。但隨著企業規模擴大，企業參與的後勤作業增加，物流系統的運作範圍相形擴大。對於國際企業而言，此一物流系統更可能擴及全世界，因此，物流系統的運作時間與空間隨之擴充。

◆ 3. 物流系統可劃分為若干子系統並各自單獨運作

物流系統中有許多工作，各部門工作可交由相應的子系統分工運作。本小節第二部分將介紹物流系統中的子系統，此不再贅言。物流系統中的子系統組成根據物流系統與物流管理系統的目標而定，每一個子系統各有目標，也自成體系。

◆ 4. 物流系統與大部分系統相似，是一個動態系統

物流系統為因應環境與工作的改變，必須經常修改，因此，物流系統與大部分系統類似，是一個動態系統。原則上，外部環境逐步變化，物流系統也應該隨之不斷變化、成長。因此，物流系統也應不斷繼續改善。

㈡物流系統的組成

物流系統由物流的作業系統與物流作業資訊系統合組而成。在物流作業系統中，通常有以下六個子系統：

◆ 1. 包裝子系統

包裝子系統包括產品出廠包裝、半成品與在製品的包裝，以及物流途中的換裝、分裝、再包裝等。

◆ 2. 裝卸子系統

裝卸子系統包括在運輸途中輸送、保管、包裝、流通加工的各項銜接活動；以及在保管活動中的檢驗、維護、保養等。

◆ 3. 運輸子系統

運輸子系統包括推動物流與銷售活動中的車、船、飛機等各運輸方式，以及生產活動中的物流如輸送帶、管路等運輸。

◆ 4. 保管子系統

保管子系統包括堆放、保管、保養、維護等各活動。

◆ 5. 流通加工子系統

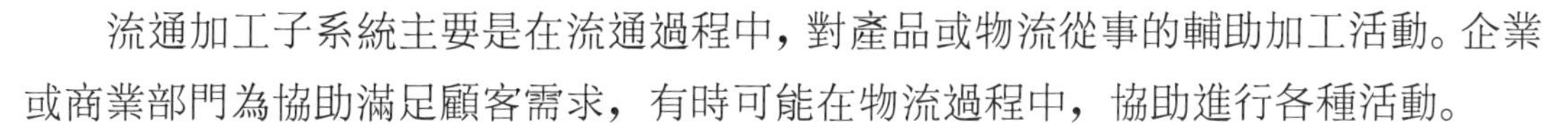

流通加工子系統主要是在流通過程中，對產品或物流從事的輔助加工活動。企業或商業部門為協助滿足顧客需求，有時可能在物流過程中，協助進行各種活動。

◆ 6.配送子系統

配送子系統在物流最終階段中，以配貨、送貨的方式，協助將商品送達顧客手中。現在市面上有許多物流、宅急便等，便從事配送業務。

至於在物流系統中的物流作業資訊系統，則負責處理訂貨、進貨、庫存、出貨、配送資訊，並保證資訊正確、流通正常，使通訊站、線路、資訊流通等達成網路系統化、準確化的目的，並搜集、整理各項管理資訊。與此相關的系統正在積極發展中。

㈢物流系統內在的自我約束

物流系統與任何系統一樣，由於內在有許多子系統，各子系統的運作除本身之外，也受到其餘系統的影響。因此，物流系統的運作有自我調控或自我約束的現象。現在說明如下：

◆ 1.倉庫數目與運輸次數

在物流系統中，若在各地設立倉庫，則長途運輸的次數減少，補貨時可就近由地區倉庫取得貨品。否則，運輸次數必然增加。

◆ 2.包裝強度與倉儲、運輸成本

原則上，若簡化包裝，則包裝成本下降，但運輸時破損增加，同時，由於包裝強度不足，儲存時無法堆高，將造成倉儲成本提高。

◆ 3.運輸時間與運輸成本

通常運輸費用低時，運輸時間較長，反之，則運輸時間短。例如若以空運，則時間縮短而費用高，若以海運則時間長但費用低。

以上簡短說明物流系統運作時的內在自我約束，以供讀者參考。原則上，上述三個現象都牽涉到時間、費用、距離的互動與選擇 (Trade-off)，管理者在決策時，必須根據現狀與需求進行選擇。

三、企業的後勤管理

後勤管理通常包括原物料、人員、設備及成品，在企業內外的供應、儲存以及運輸。這個範圍橫跨了採購 (Purchasing)、物料管理 (Materials Management)、配銷 (Distribution)、保養 (Maintenance) 等領域。這個領域支援企業活動，是企業內外溝通的橋樑，自有其重要性。中小企業由於僅負責整體企業活動中的一小部分，其後勤工作相對減少。但有些大型企業營運範圍大，可包括由原物料的尋找、生產開始，一直到將產品上市、提供售後服務為止，因此，其後勤工作多而複雜，極為重要。同時，若能做好後勤管理，並建立自營配銷渠道，將可建立自有品牌，以賺取配銷利潤，並提高競爭優勢。

四、供應鏈管理

近年來，由於波特 (Michael Porter) 提出供應鏈管理 (Supply Chain Management) 的概念。波特認為，從物料採購、生產，到將貨品上市以供顧客使用的整個過程，是一個供應鏈。若能管理供應鏈，應該可以提高企業增值的效果。因此，波特鼓吹將企業整個物流系統中所有環節連結起來，以成為一個價值鏈，然後加強後勤管理以提高價值鏈的效率，實現企業增值的作用。這種說法牽涉到經濟分工與策略的課題，現在說明如下。我們臺灣地區有世界上最高的企業彈性與分工。以螺絲、螺帽為例，不論是哪一種規格，或哪一種產品，據說臺灣商人在三小時之內，便可在周圍地區找到足夠的螺絲、螺帽，以完成組裝產品的任務。臺灣地區中小企業眾多，在「分工競爭」的概念下，每家公司僅負責加工過程的極小部份，但綜合起來則可創造分工、彈性、價格、時效上的競爭優勢。

波特所鼓吹的供應鏈管理，卻有與臺灣「分工競爭」完全不同的概念。波特認為若將物流系統中所有環節連結起來，可以成為一個價值鏈。若加強後勤管理，以提高價值鏈的效率，便可實現企業增值的作用。這種想法其實是一種「整合競爭」的概念，認為若能將價值鏈整合起來，使它們更緊密合作，應該可以提高價值鏈的整體效率，使成本下降、利潤提高。但若將價值鏈中所有環節整合起來，由於此時以整體效率為主，各環節並不追求各自的效率極大化。若將因整合而在各環節中所產生的閒置稱為整合閒置 (Integration Idle)，則將供應鏈整合之後，必然產生整合閒置的問題，應該不可能使效率極大化。這是一個很有趣的問題，值得學者繼續研究。

由波特的角度而言，西方企業在改善了製程之後，接下來可改善供應體系，以繼續提高整體效率。但對臺灣企業而言，若以網路將供應鏈完全整合起來，固然可以協助國際企業達成供應鏈整合的效用，但除了更明確身為國際企業代工廠商的角色之外，到底對自己有多大效益，仍然值得研究。

◆ 1. 供應鏈的概念

所謂供應鏈是環繞核心企業，經由對資訊流、物流、商流、資金流的控制，由採購原材料開始，對原材料、生產、半成品及成品進行管制，最後經由銷售網絡將產品交到消費者手中的過程，將供應鏈中的供應商、製造商、配銷商、零售商、顧客連結一體的一個整體功能網路。為協助讀者理解有關供應鏈管理的內容，謹此簡單說明供應鏈的概念如下。

若採用供應鏈管理的概念時，後勤體系內所有廠商都是供應鏈的成員。同時：

⑴供應鏈的成員包含所有加盟的企業，每一個企業都是供應鏈中的一個節點。

⑵活動內容包括原材料的供應、供應鏈中不同企業的製造加工、組裝、配銷、使用。

⑶供應鏈結構包括物料鏈、資訊鏈、商業鏈、資金鏈。

⑷原物料在供應鏈上因加工、包裝、運輸等過程而增加價值，故供應鏈就是一個價值鏈。

在有關供應鏈的特性方面，概略而言，供應鏈運作特性有以下四項：

⑴供應鏈由多層次、各類型、多國企業組成，結構上有複雜性。

⑵供應鏈內各節點企業各自有所求，為因應市場變化需要整體調適運作，故有其動態變化性質。

⑶供應鏈基於市場需求而運作，因此是一個由需求拉動 (Pull) 的系統。供應鏈最終顧客的需求，是帶動整條供應鏈運作的動能。

⑷各節點企業在供應鏈中同時扮演供應與需求角色，同時也可能是其他供應鏈的成員。由於這種交叉性質，其協調運作、管理上自有其特殊困難之處。

◆ 2. 使用供應鏈所可能產生的效益

所謂供應鏈 (Supply Chain)，是「將所有參與營運活動的企業納入同一供應鏈，合作提供產品與服務。供應鏈的活動由取得原料開始，一直到提供最終客戶(消費者)所需的產品或服務為止。同時，為使此一供應鏈順利運作，在管理中，並特別設計、管理其中的資訊流，物流和現金流。」所謂供應鏈管理，是針對供應鏈整體與各自運作及活動進行設計、計畫、執行、管理和監控。一般而言，供應鏈管理至少希望達成以下三個目的：

⑴滿足顧客的需求。

⑵提高競爭優勢。

⑶提高獲利。

由於使用供應鏈管理之後，可以減少供應鏈中的浪費，提高經濟效益。因此，供應鏈也是一個價值鏈 (Value Chain)。有關供應鏈管理所管理的範圍，雖然討論的文獻不少，相關的定義卻仍然不是特別清楚。實際上，供應鏈管理希望將除了生產工藝與人力資源管理以外的功能，通通由原有企業手中轉由供應鏈管理。嚴格的說，如果真正全面實行供應鏈管理，而且能夠強制執行的話，供應鏈中的所有企業都成為概念上的代工廠商，其管理業務全都交由供應鏈管理進行一條鞭式管理。這當然是一個理想而已。供應鏈中的所有廠商各自獨立，各有股東與管理者，必然將追求自己的獨立與福祉，也只可能為了自己的福祉而配合供應鏈的運作。

一般而言，供應鏈管理所牽涉到的功能領域及相關功能如下。在需求滿足方面，供應鏈管理希望能介入預測、客戶服務、生產排程、回收和處理等領域；在存貨管理方面，則協助有關倉儲、配銷、供應商評選和採購；在供應商合作方面，可能協助有關現金流、供應鏈資訊管理、售後服務方面的業務。

在進行供應鏈管理時，我們希望供應鏈中的所有公司，都能設法祛除公司之間的壁壘，無私的合作以追求整體的最大效益。在線型規劃等數學模型分析中，我們都知道各自的極佳化 (Optimization) 不等於整體的極佳化，同時，整體的極大化，大於各自極大化的總和。因此，供應鏈管理在整體效益上，應該大於各自獨立的運作過程。但問題出在這裡，整體極大化確實大於各自極大化的總和，但此一整體極大化的效益，可能全由進口商取得，卻沒有分配給供應鏈中的其他廠商。不只如此，由於參與供應鏈的運作，供應鏈中各廠商的管理資料已經公開化，並因而喪失了資訊、組織上的隱密性與特殊優勢。因此，導入供應鏈管理的最大障礙，就是缺乏信任。若供應商和客戶之間沒有信任，供應鏈將無法順利運作。為建立供應鏈中的良好合作關係，供應商需要建立以下信任領域：

(1)共同的目標和政策。

(2)透明的運作及執行方法。

(3)願意無私分享資訊。

(4)組織各層級之間良好的合作關係。

(5)遵守承諾。

(6)尊重並保護各自的商業機密。

(7)願意公平分享利益。

一般而言，供應鏈所可能產生的效益，可歸納成內部效益和外部效應這兩類。現在說明如下。在內部效益方面，企業通常能(1)有效實現供需良好組合；(2)促使企業利用電腦技術、通訊技術、機電一體化技術、語言辨識技術，以及網路科技進行產業升級與現代化；(3)協助減少整體庫存、流通配銷費用，以及整體成本。在外部效應方面，通常有(1)可達成資訊共享的目的；(2)提高服務品質並刺激銷售；(3)產生規模效益並有效提高供應鏈中各企業競爭力。

加入供應鏈，並實行供應鏈管理之後，企業內部的運銷體系成為企業內部的供應鏈。此一供應鏈要能與產業供應鏈（亦稱動態聯盟供應鏈）、全球供應鏈互動合作。供應鏈管理將供應鏈中所有節點企業當成整體之一部，在管理時，其內容涵蓋由供應商到最終用戶之間的採購、生產、配銷、零售的整體物流。供應鏈管理強調並倚賴策略管理，以供應的概念分工合作，並研擬、執行策略以改善成本與市場佔有率。供應鏈管理以集體集成的概念和方法，進行整體調適與合作，類似日本企業與供應商之間的半垂直整合，卻迴避了進行直接投資的困擾。

現在有關供應鏈管理概念的發展，正具體改變後勤管理的做法。物流的發展以及全球運籌管理的推動，都是供應鏈管理的延伸。這是一個有趣的課題，值得管理者認真思考。

◆ 3. 供應鏈與全球運籌管理

由於電腦、網路、國際化、全球化的發展，企業跨越國界進行全球營運 (Global Operations) 逐漸成為常態。國際化、全球化是一個發展趨勢，看起來也是一種全球政治、經貿、文化演變的現象與前景。國際化、全球化已經開始改變企業營運的環境與範圍，更已帶動企業管理觀念演變。將供應鏈擴及全球市場時，就有了所謂的全球運籌管理 (Global Operations and Logistics)。也就是說，全球運籌管理可說是因應國際化與全球化的需求，而發展出來的一個新觀念與做法。

供應鏈的概念應該是取材自日本企業與供應商的合作模式，現在為了使供應鏈的應用跨越國界，遂有全球運籌管理之出現。

所謂全球運籌管理，有全球營運 (Global Operations) 和全球後勤 (Global Logistics) 這兩部分。Global Operations 牽涉到利用外國廠址進行生產，而 Global Logistics 則討論全球物流內容。所以會注重到在全球生產／製造與全球物流，在後勤／物流改善方面，其原因可能是由於在以往企業環境演變的過程中，已經大力改善了企業內部的各功能部門與流程管理，以及企業內部的組織合作，現在改善重點開始轉向企業內各部門的整體連結，以及整個供應鏈的連結效率，而其目的主要在於縮減供應鏈的週期時間 (Cycle Time Compression) ①。

其次，在全球物流的部分，另一個重點是探討由於全球供應鏈 (Global Supply Chain) 從頭到尾太長的關係，在面對需求變化時所可能產生的「長鞭效應」(Bullwhip Effect) ②。所謂「長鞭效應」，並不是一個新的發現，以往在許多學科中都曾對此一課題進行討論。在一個系統前後距離很長時，前端一個小小的變動，感應到後方時，卻可能放大了許多倍，並因而產生所謂「長鞭效應」。

學者認為造成「長鞭效應」的原因有四個。首先是對於需求變化的訊號處理問題 (Demand Signal Processing)。其次，是因缺貨而產生的配給問題 (Rationing Game)。第三，企業採購時必須有最低訂貨量的限制 (Order Batching)。第四，則是因上市時間已久而產生的價格波動問題 (Price Variation)。「長鞭效應」最直接的影響，是造成零售業者在需求減緩或消失後，仍然在手頭上保有大量存貨並使其淨利潤下降。為解決這些問題，學者專家仍繼續研究，希望能儘速找到解決之道，以繼續改善全球運籌管理的效率。

五、採　購

一般而言，後勤活動可大略分為採購、庫存控制、配送、運輸，以及系統維護保養、修理等工作。本書在各章節中已經討論了庫存控制、配送、運輸，以及系統維護保養、修理等課題，現在討論採購課題如下。

(一)採購管理

採購是後勤管理活動中重要的一環。採購攸關於原物料的供應、品質、價格，對企業競爭力有很大影響。一般而言，在採購管理方面，值得注意以下幾方面：

1.採購程序

在進行採購時，採購品種、品質水準、數量、交貨期限等，應該能配合生產準備與實際生產之需求。因此，訂單或製造通知單是採購計畫的基準。另外，庫存資料、物料供需平衡等，也應該列入參考。

2.選擇採購方案

一般而言，「品質」、「數量」、「價格」、「交貨期」這四個因素，可稱為採購四要素。在選擇採購方案，決定向哪一家訂貨時，必須就這四個要素進行評估，以選擇供貨廠商。原則上，公家機構要求至少貨比三家，並就比較結果進行選擇，但實際上經常只比較價格，並選擇價格較低者為準。這種做法雖然有用，但深入調查以掌握確實資訊，才能真正達成貨比三家的目的。另外，若能同時考慮採購四要素的搭配方式，也可能取得更好的結果。筆者曾經為文建議使用線型規劃模型，在已知各供應商品質、數量、價格、交貨期表現之下，以最佳品質、數量、價格、交貨期四項因素的綜合表現為目標函數求解，以決定應選擇哪幾家為供應商，以及各供應商之供貨量。

3.訂　貨

在完成溝通或談判，選擇採購方案，並決定了交貨條件之後，買賣雙方應該就採購條款訂定一份合約，明列採購物品之品名、規格、品質、數量、單價、總價、交貨期、交貨地點、付款條件、包裝、運輸方式等，以為雙方履行合約的依據。這個合約是訂貨的書面保證，只有雙方簽署合約之後，買賣才開始生效。同時，合約也是買賣雙方履行合約的契約，可作為雙方內部控制和管理的依據。

◆ 4.蹤　催

在簽訂合約、發出訂單之後，採購人員應該定期與供應商聯絡，以監控供應廠商、確保已開始準備貨品，並可準時交貨。有效蹤催可以防止延誤或品種、質量產生問題，也是採購人員搜集市場資訊的渠道之一，值得認真執行。

◆ 5.交貨驗收

在供應廠商交貨時，採購部門應該會同生產、倉儲、驗收等部門，根據訂單與生產需求進行品質、數量與價格的驗收工作。在這一方面，通常品質管制部門應該事先訂有品質檢驗的方案，並按照方案要求執行檢驗，以確保品質優良。

㈡採購策略

除了上述採購管理注意事項之外，還有一些值得思考的策略問題，現在說明如下：

◆ 1.自製或外購

企業使用許多種原物料，通常無法全部自己生產，因此，必須訂有策略，以決定哪些品種應該自製或外購。自製或外購決策，與企業規模、生產能力有關，必須事先決策，以決定自製與外購的比例，以及哪些自製，哪些外購。在決定自製或外購決策時，成本當然是一個主要考量。除此之外，還可考慮以下因素：

⑴原物料供應的自主性及時效如何？

⑵如何確保原物料品質、數量？

⑶是否牽涉到商業、技術祕密？

⑷能否更有效利用企業資源？

⑸對企業規模有無影響？

原則上，自製比例愈高時，企業垂直整合程度愈高，企業規模愈大。因此，自製或外購，是一個與策略有關的決策。近年來出現許多討論垂直整合比例的文章，看起來，現在流行外購或委託加工，並不鼓勵過度垂直整合。

◆ 2.集中採購與分散採購

所謂集中採購，是以專門部門負責企業內所有採購工作；分散採購則將採購工作與權限交付給各分公司或部門負責。一般而言，集中採購有管理效率，同時，由於採購集中，採購數量大，有數量折扣和價格優惠，因此集中採購已成為一個趨勢。但在下列狀況中，分散採購較為適用：

⑴很少使用的零星物料。

⑵牽涉到專業技術的原物料。

⑶有時效性、易腐、易損的貨品。

⑷體積龐大、運費昂貴的物品。

⑸集中採購沒有優勢的貨品。

◆ 3.供應商選擇

在供應商選擇方面，牽涉到如何選擇供應商、使用幾家供應商，以及如何維繫供應商關係等三項。現在說明如下：

⑴選擇供應商。

對於企業而言，為維持生產穩定，必須確保所有原物料的穩定供應。其中，尤以重要原物料、零組件，更特別需要可靠的供應商。因此，在選擇供應商時，必須有科學化的評價制度，以明確的評價指標、方法對供應商進行考核，並進而擇優錄取。原則上，除品質、數量、價格、交貨期這四個因素之外，還要考慮供應商的財務狀況、製造能力、技術水準、人力資源、品質意識、產能、企業文化、管理水準，以及以往記錄等。

⑵使用幾家供應商。

美國企業在 1972 年石油危機之後，體會到若要提高供貨穩定性，必須使用多家供應商，因此，現代企業對於同一種貨品，大多同時使用兩家以上供應商。在供應商超過一家時，供應商之間將產生競爭，使價格下降、品質提高。同時，由於有兩家以上供應商，市場資訊多元化，對瞭解商情也有幫助。但若採購量小，卻使用多家供應商時，企業的議價能力低，也難維持與供應商交好。

⑶維繫供應商關係。

近年來買賣雙方關係，已經由競爭轉向合作。尤其在波特提出供應鏈管理之後，此一概念更形明確，使買賣雙方多尋求以合作代替競爭。現在最流行的說法，是鼓勵買賣雙方建立夥伴關係。

日本企業在這一方面做得最徹底，在合作之前，日本企業將嚴格的考核供應商，並提出改善意見。改善後，日本企業還要進行審核，以確保雙方品質意識、合作意願，與合作能力對雙方有利。只要通過審核之後，日本企業定期下單，並協助供應商隨時改善，以繼續跟上日本總公司的進步。有時日本公司並以交叉持股或其他方式加強雙方的歸屬感。供應商對企業發展有很大影響，管理者必須加強維繫與供應商的關係。日本企業的做法，頗有值得參考之處。

六、企業的物流系統 (The Supply/Distribution System)

在一般企業活動中，取得原物料、配銷成品，以及提供售後服務，都是重要的後勤工作。這些工作和產品成本、產品配銷，以及廠址的選擇都有密切關係。在產品成本中，運輸成本佔有極大比率。以美國為例，產品運輸成本的比率，在機械產品成本中約佔 10%，食品類則可高達 30%。因此，不容忽視。除運輸成本外，物流體系還有很多影響，現在說明如下。

物流系統不但可以降低供銷成本，還可以提高服務品質。若能管理得當，物流系統可以協助迅速交貨，減少缺貨損失，並提供顧客更多樣產品，以滿足顧客需求。現在市面上經常討論的物流系統，多以此為工作目標。概念上，物流系統可以將廠址與倉儲、發貨中心串聯起來，以減少**處理訂單** (Order Processing)、**倉儲** (Warehousing)、**物料處理與搬運** (Material Handling)、**存貨管制** (Inventory Control) 以及**帳務處理** (Record Keeping) 等各方面成本。

除達成迅速有效交貨、存貨管理、減少缺貨，以滿足顧客需求之外，在現代化的物流系統中，也使用自動化資料處理系統，以執行**信用查核** (Credit Checking)、帳務處理及存貨管制活動。隨著科技的進步，還有更多各種新科技及新觀念，正陸續進入物流系統之內。產品、產業不同時，應使用不同的物流系統。選擇物流系統時，通常以總成本之高低為其考量。常見的成本來自兩方面。其一是將產品由產地或倉庫運送到顧客手中之成本。其次，則是在顧客附近設廠或建立倉庫之成本。這兩種成本之間的關係很有趣，呈現此消彼長或你減我增的現象。若在顧客附近設廠或建立倉庫，運費自然降低，但設廠成本高；反之，若集中生產或發貨，則運費必然提高，但可降低設廠成本。因此，在決定採用集中式或分散式物流系統時，便需考量這兩種成本。

有些產業屬於**分散產業** (Fragmented Industry)。在分散產業中，市場分散在許多中小廠商手中，沒有任何企業可以控制市場。分散產業中的企業，無法以集中、大量生產取勝，便只好普設分公司或分店，以擴大市場。診所、教堂、洗衣店、零售業者、美容院、餐飲業等，都屬於分散產業，因此只好到處設立分店。大部分服務產業都是分散產業。分散產業可採用分散式的物流系統。但對於生產企業而言，由於可以儲備存貨，因此可集中、大量生產，以取得經濟規模效益。因此，生產企業也可以採用集中式物流系統。

本章第四節討論後勤組織及其選擇方法，對於此一議題有更詳盡的說明，在此不再贅言。

第二節 常見的運輸方式

在後勤系統的運作過程中，選擇運輸方式常是一個重點工作。臺灣地方不大，運輸成本所佔比率不高。但若進軍國際市場或在國內進行連鎖經營時，則選擇運輸方式就是一個重要決策。原則上，若國土廣大，廠址或市場分佈很廣時，運輸費用較高。同時，運輸過程中，有時需要使用數種運輸方式，才能完成運輸工作。此時，如何搭配運輸工具，就是一個重點。常見的運輸方式有以下五種：

(1)水路 (Water)。

(2)管路 (Pipeline)。

(3)鐵路 (Rail)。

(4)陸路 (Truck)。

(5)空運 (Air)。

在不同國家之中，各種運輸方式的成本，以及使用比率不同，不可一概而論。原則上，在國家進步的過程中，其主要的運輸方式將由水路而鐵路，再逐漸增加陸路的比率。國家發展到某一個程度之後，空運的比率也將提高。但由於空運費用高昂，截至目前為止，除軍事作戰之外，還未見到以空運大幅取代其他運輸方式的現象。通常上述五種運輸方式可同時存在。運輸體積大，路途長時，常以水路或鐵路運送。短途運輸則以陸路較多。現在將以上五種運輸方式說明於下：

◆ 1.水　路

一般而言，水路運輸費用低。水路運輸可包括海運及內陸之河流船運兩種。水路運輸必須利用港口，否則無法起卸貨物。由於此一缺點，通常水路運輸只用於運輸低單價、大體積、不易腐壞的產品。例如原油、煤、礦產品、鹽等之國內外運輸，以及工、農產品之外銷等，都可使用水路運輸。

◆ 2.管　路

管路運輸大都用於運輸石化產品、瓦斯、水等產品。最近由於科技發展，管路也可用以運送煤、木屑等物品。管路的通路有限，無法四通八達。運輸速度慢，又只能運送流體產品。若欲以管路運送一般粉塵類產品，常需先滲水使其呈流體狀，但許多地方水源不足，因而無法以管路運輸。

◆ 3.鐵　路

鐵路運輸在貨運中，仍居於重要地位。大體而言，煤、鐵、木材、糧食、化學品等大宗物資，多以鐵路輸送。以火車運送時，不論貨品尺寸大小，均可以鐵路貨運車箱或車臺裝載。由於車站多，裝卸月臺及工具等均已設置完成，容易使用，因此，鐵路運輸仍然具有優勢。

◆ 4.陸　路

高速公路增加之後，陸路運輸更見普及。陸路運輸的工具也不斷進步。現在的貨車既大又快，有些更可直接拖載貨櫃車。因此，近年來陸路已有取代鐵路的趨勢。具體而言，陸路運輸風行的原因有以下幾項：

(1)卡車速度及容量很有彈性。

(2)道路系統已經改善。

(3)卡車裝備不斷改善。

(4)裝卸設施已經具體改善。

(5)可按照客戶要求，隨時隨地到府裝、卸貨物。

陸路運輸可裝載的貨品種類多，其方便性與鐵路運輸相似。因此，幾乎所有物品均可以卡車或其他陸運工具裝載。基於此一競爭狀況，目前除化學藥品、易燃品、煤、礦產等仍以鐵路運輸外，其他產品多已改用陸路運輸。

◆ 5.空　運

空運常用於小量、易碎、高價貨品之運輸，例如光學儀器、高科技產品、積體電路零件、半導體等。其次，如易腐而高價的農、漁產品等亦常以空運輸送；例如荷蘭的花卉、生魚片、神戶牛肉等，即常以空運上市。這些產品採用空運輸送的目的，除了爭取時效之外，也藉以降低儲存、存貨、腐爛等成本，並提高對顧客的服務水準。

以上五種運輸方式各有優缺點，在選擇運輸方式時，通常可由成本、營運特性 (Operating Characteristics of Transportation Services) 等兩方面進行比較。以上五種運輸方式，在營運上的特性可以數學符號表達其間關係，如表 11–1 所示：

表 11-1 運輸方式營運特性之比較

速　度	空運 > 陸路 > 鐵路 > 水路 > 管路
頻　率	管路 > 陸路 > 空運 > 鐵路 > 水路
可靠性	管路 > 陸路 > 鐵路 > 水路 > 空運
載貨能量	水路 > 鐵路 > 陸路 > 空運 > 管路
普及程度	陸路 > 鐵路 > 空運 > 水路 > 管路

在選擇運輸方式時，考慮的因素可因時因地而有不同。現在將選擇運輸方式時，所應考慮的因素列如表 11–2，以供讀者參考。表 11–2 已列出較常見的因素，有時在特殊狀況下，其考量因素也可能改變。因此，在選擇運輸方式時，仍需針對當時需求選擇考量因素。

表 11–2 選擇運輸方式時所考慮的因素

優先順序	考量因素
1	產品單價
2	單位運輸成本
3	數量是否能裝滿於同一包裝或運輸工具中
4	產品是否容易受到天災人禍的危險
5	運輸時間長短
6	能否保險與保險費用
7	是否由於法令規章、上下貨設施而有安排裝運的困難
8	運送方式、接受貨品的設施、相關費用等
9	能否與不同產品合併裝運或處理
10	有無季節性特殊考量
11	對產品、交期、成本所能造成的風險
12	交運貨品的尺寸、體積、重量
13	產品交運過程中有無變質的可能

第三節 物料搬運與倉儲

在後勤管理中，物料搬運 (Materials Handling) 與倉儲 (Warehousing) 是非常重要的兩項工作。一般製造業中，負責物料處理或搬運的人工很多。在製造業中，這方面資金積壓與支出約佔全廠的四分之一，由此可知其重要程度。至於倉儲方面，現在國內外都在推廣電腦化及自動倉儲，此一領域正在改變。這也是一個有趣的課題，值得讀者研究、瞭解。現在簡單介紹上述兩個課題如下：

一、物料的處理及搬運

在生產活動中，物料處理及搬運佔極大百分比。產品在加工過程中，約有 70% 的時間消耗在處理、搬運活動中。因此，值得注意物料處理及搬運工作。管理者必須做好原、物料的處理及搬運工作，才能確保生產活動順利進行。在原、物料的處理及搬運工作方面，學者曾提出兩個改善方向如下：

⑴減少物料處理工作。

⑵改善物料處理效率。

這兩個方向具體指出改善物料處理工作的方向。現在簡介相關原則如下。在減少物料處理工作方面，常見的原則有以下三個：

◆ 1.盡可能避免原、物料處理工作

企業應該改善生產過程與設備佈置，並增加自動搬運設備，以減少原、物料處理或搬運工作。

◆ 2.縮短搬運距離以便減少物料之處理工作

管理者可改善廠房佈置，設法使用自動搬運設備，並改善門戶及通道等，以縮短搬運路線，並進而減少處理及搬運物料的工作量。

◆ 3.盡可能以重力協助搬運

在由上而下搬運貨品時，可以採用滑梯、滾輪、管道、坡道等設備，使貨品藉自然重力由上方滑下來。這種做法省時省力，又可以節省成本，值得推廣。

至於在「改善物料處理之效率」方面，常見的做法如下：

◆ 1.明確標示貨品

若能正確、明顯標示產品及其儲存位置，則容易辨識產品，也容易查明貨品位置，以減少搬運錯誤之損失。

◆ 2.整批搬運以減少搬運次數

◆ 3.減少上、下貨時間

第 2、3 兩項做法可減少搬運次數、搬運時間與設備閒置時間，非常有用。在這兩方面最常見的做法，是將貨品整齊排列在棧板上，以利整批以棧板移動之，或使用貨櫃以節省上、下貨時間。

4.單元化 (Unitization)

所謂單元化，是統一包裝尺寸、重量、外型等，以使物料搬運及處理工作簡單、標準化。常見的做法有：將紙箱規格標準化、搬運貨櫃化、使用標準規格的棧板等。

5.盡量使用機械化設備

在使用機械化設備方面，可使用有軌或無軌車輛、工具等，以進行搬運工作。在有軌車輛方面，輸送帶、滾筒、固定通道、管路及推車等都很常見。在無軌車輛方面，常以使用卡車、舉重機及人力車為主。

二、倉　儲

在倉儲改善方面，近年來自動倉庫可說拔得頭籌。電腦帶動自動倉儲系統的發展，也是自動倉儲系統的靈魂。自動倉儲系統中有許多組件，其中影響較重要的項目有以下九個：

(1)電腦軟、硬體。

(2)光學讀寫設備。

(3)自動分類設備。

(4)輸送帶。

(5)搬運單元化。

(6)自動存取系統。

(7)倉儲結構之改變。

(8)模擬模型之發展。

(9)自動倉儲之概念已獲得大眾認可。

以上九項發展，使自動倉儲系統獲得長足的進展，並終使自動倉儲系統成形。同時，自動倉儲系統也是上述九項觀念與產品的結合。在自動倉庫中，最主要的部分是「自動存取系統」。自動存取系統有四個主要部分：

(1)存取設備。

(2)倉儲之結構體。

(3)輸送帶。

(4)管制設備。

有了自動存取系統之後，可經由電腦指令自動找出貨品，並將貨品移送到管理人員指定之處所，以進行儲存、加工或銷售。同時，存貨記錄、訂單、存量等，也可由系統自動調整或準備。因此，自動存取系統才是自動倉庫的靈魂。自動倉庫已成為現代的一個趨勢，許多大企業已有自動倉庫。未來這一方面還可能有更大的進展。自動倉儲未來發展的趨勢有三：第一，發展更小的自動存取系統。第二，發展更整合的自動倉庫系統。第三，發展更有效、更有生產力，更為人接受的自動倉儲系統。

第四節 後勤組織

各產業中的產品、行銷方式、顧客不同，因此所使用的配銷系統互異。即使在同一產業中，若經營方式不同，其配銷系統也可能有所差異。另外，配銷組織與配銷系統的功能相關。除了配銷系統的功能之外，管理級距 (Span of Management)、授權方式 (Delegation of Authority)、工作分配 (Grouping of Activities)、權責劃分 (Authority Relationships)，以及組織集權程度 (Degree of Centralization) 等，也影響配銷組織的結構。

一、運銷系統的組織結構

一般而言，「集權程度」對配銷組織有重大影響。在極端集權的狀況下，管理級距極寬，很少授權，工作及權力集中，而工作責任也由總公司負責。這樣的配銷組織，是所謂的「集中式」後勤系統。如圖 11-1 所示，一般集中式的後勤組織，常將後勤工作分類，並委由下級部門負責執行。這些下級部門大略有訂單處理、存貨管理、顧客服務、交通運輸、倉儲等單位。

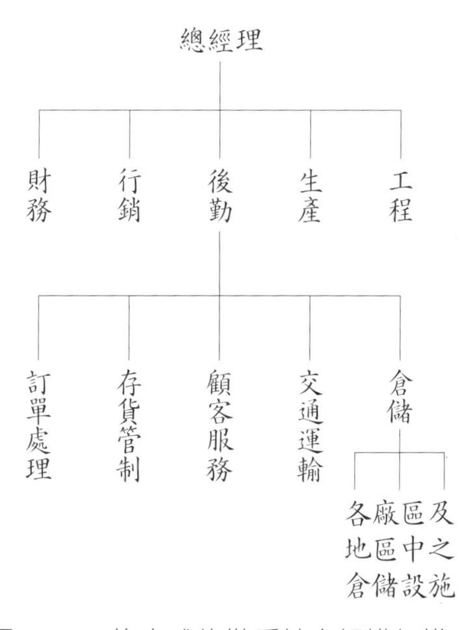

圖 11-1　集中式後勤系統之組織架構

至於「分散式」後勤系統，則有如圖 11–2 所示之組織架構。在這種架構之下，後勤部門負責訂單處理、存貨管制、顧客服務、交通運輸、倉儲、資訊管理等工作，但實際配銷業務之執行，則委由各地區分公司負責執行。總公司的後勤部門，對各地後勤作業，只有建議權卻無直接管轄權（虛線部分）。

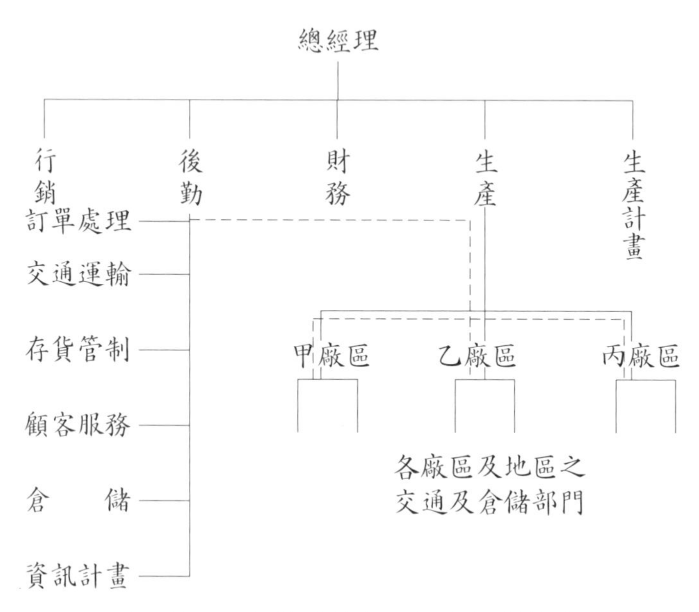

圖 11–2　分散式後勤系統之組織架構

集中式後勤系統有權責集中的優點，較能顧及整體需求。分散式後勤系統則較有彈性，能視各地特殊需求而調整作業。原則上，企業可根據實際需求，進而選擇後勤部門的組織架構。一般而言，在下列狀況下，集中式後勤系統較為可行：

⑴系統內廠區不多。

⑵各廠區、市場、產品性質、來源、顧客類似，集中處理有經濟規模效益。

⑶集中計畫及執行，可創造有利狀況。

⑷必須建立大型資料庫以管制後勤作業。

⑸必須多次小量交貨，才能滿足顧客需求。

若有上述五種狀況時，以使用集中式後勤系統為宜。否則，便應使用分散式後勤系統。

二、運銷系統的層級

在大部分產業中，參與配銷活動的企業，可包括生產廠商及負責運銷、分配工作的廠商。這些廠商合組而成一個運銷體系或配銷體系。一般而言，運銷商可由生產廠商直營，也有專屬經銷商，以及兼營商品買賣商。如圖 11–3 所示，常見的運銷體系有四種。有些廠商的垂直整合程度高，可經營運銷體系中所有業務。但大部分企業限於資源，無法全面整合運銷體系，因此，需要批發商及零售商協助配銷業務。運銷體系除可協助企業運銷產品之外，並可協助搜集價格、成本、需求變化等資訊。這些資訊可協助企業提高顧客服務水準，以及市場應變能力，非常有用。但對中小企業而言，與運銷體系合作有優點也有缺點。例如，若規模過小，與運銷體系合作後，可能使企業受制於運銷體系。尤其是在分散產業中的企業，由於買賣數額小，對運銷體系影響力小，常受制於運銷系統。

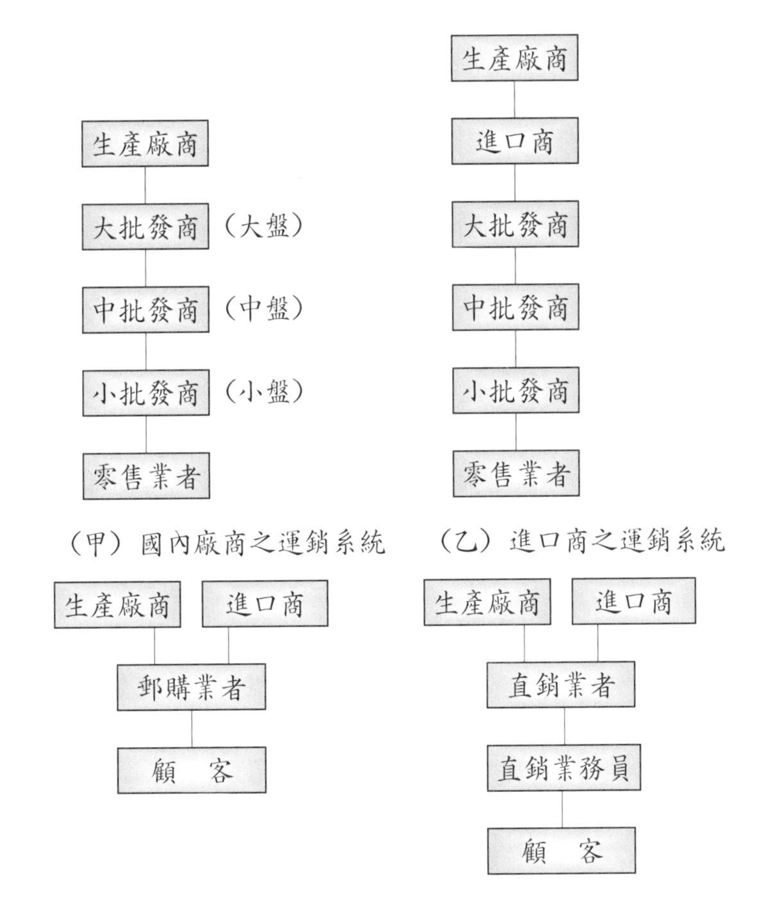

圖 11–3　常見之運銷系統

在整個經濟體系中，運銷體系還有其他作用。例如日本的運銷體系規模大，權力集中，因此可對產品上市掌握生殺大權。在與外國貿易競爭中，日本的運銷體系曾經發揮作用。例如若日本的運銷體系抵制某一商品或某一商家，將造成貨品賣不出去，或買不到貨品的狀況，甚或無法在日本市場生存。因此，日本國內的運銷體系成為日本市場進入障礙之一，對日本企業可產生保護作用。

第五節 結　語

由於國際化、全球化的發展，近年來，企業營運範圍擴大，市場也跟著擴大，使後勤管理日趨重要。同時，連鎖店業務不斷成長，國內配銷通路也日趨整合，例如 7–11 已經擁有超過 4,300 家店舖，使該公司的物流系統不斷擴大。後勤管理與物流系統已成為新時代的競爭工具。

本章討論後勤管理與物流系統，第一節討論後勤管理與物流系統的定義。第二節則說明常見的運輸方式。第三節簡介物料搬運與倉儲。第四節講解後勤組織。第五節是一個小結語。本章課題是現在正流行的主題，值得好好研讀。

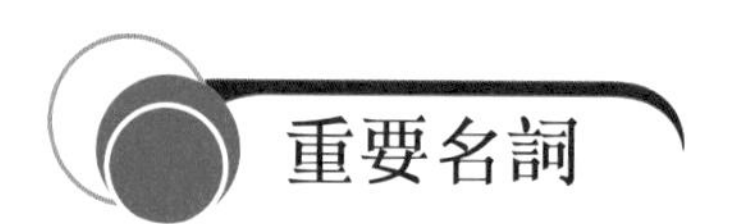

重要名詞

後勤管理	供應商選擇	單元化
整合閒置	物流系統	自動倉儲
採購管理	配　銷	自動存取系統
採購策略	物料搬運	後勤組織
供應鏈管理	倉　儲	運銷系統的層級
採購程序	運輸方式	分散產業

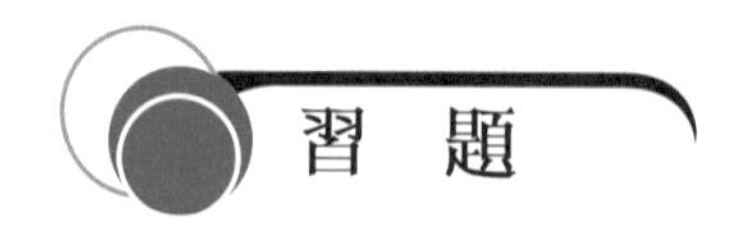

習　題

簡答題

1. 試說明後勤管理的內容。
2. 試說明美、日物流發展概況。
3. 試說明物流系統的組成。

4. 試說明供應鏈管理的意義與目的。

5. 試說明採購管理與採購策略。

6. 試說明物流系統的工作內容。

7. 試說明常見的運輸方式。

8. 選擇運輸方式時，應注意哪些因素?

9. 試說明改善物料處理的方向。

10. 試說明改善物料處理效率的方法。

11. 自動倉儲系統中有哪些組件?

12. 試比較集中式與分散式運銷系統。

13. 試說明運銷系統的層級。

參考文獻

① Gavirneni, S., Kapuscinski, R., and Tayur, S., "Value of Information in Capacitated Supply-Chains with Fixed Ordering Cost," *Management Sciences*, Vol. 48, No. 5, 2002, pp. 644–651.

② Chen, F., Drezner, Z., Ryan, J. K., and Simchi-Levi, D., "Qualifying the Bullwhip Effect in A Simple Supply-Chain: The Impact of Forecasting, Lead Times, and Information," *Management Sciences*, Vol. 46, No. 3, March 2000, pp. 436–443.

筆記欄

第十二章

日程管理

Production and Operations Management

前　言

企業規模不同時，計畫方式也會不同。此外，企業的人力資源、計畫能力等，也可能影響計畫方式。假如規模大、部門多、產品多，也有自己的銷售通路時，生產計畫的層級通常較複雜，計畫期間也較長。中小型企業由於銷售通路操控在別人手中，通常只能根據訂單及交貨日期訂定生產計畫。因此，中小企業計畫層次少，計畫期間也短。

原則上，大企業計畫層次多，有長期計畫、中長期計畫、年度計畫、月計畫等。計畫期間可能超過一年以上。中、小企業計畫層次少，計畫期間可能只有一個月到數個月之久。原則上，計畫的層級愈多，計畫涵蓋的期間愈長，則考慮的因素及狀況愈多，計畫也愈詳盡確實。這可能是大企業勝過中小企業的原因。本章討論生產計畫的定義與方法，現在說明如下。

第一節　排程管理

為規劃企業日常活動，以經濟有效的方式推動生產活動起見，企業必須進行日程 (Schedule) 規劃與管理，這就是「排程管理」。簡而言之，排程管理就是生產計畫與管制，也可稱為日程管理。企業活動的目的，是進行生產或服務，以滿足市場需求，因此，生產或服務的時效與品質很重要。本章討論如何提高生產或服務的時效，生產或服務的品質管理則在本書第十七章中再行介紹。

在本節中，我們將以大企業之架構來探討生產計畫及管制。我們參考一般生產管理教科書，也假設企業使用三種計畫：總體計畫、生產計畫及總日程這三種。而伴隨著這三種計畫而來的，則有決定先後順序、決定產能計畫，及排定生產日程這幾項工作。在執行管制這個部分，主要的工作在於製造通知或工作命令和追蹤管制這二部分。在圖 12-1 之中，筆者把生產計畫和管制的工作內容以圖形列出來。這裡面計畫層次及種類多少，實際上與企業的規模、企業的計畫能力及人力有關，並不是一定的。

一、生產計畫活動內容

生產活動的計畫過程，牽涉到許多工作項目，為協助讀者瞭解，謹此將此一過程繪製如圖 12–1 所示。由圖 12–1 可知，在生產活動中，由預測需求開始，至開動生產活動為止，共有 11 項計畫工作。茲將此 11 項工作列述如下：

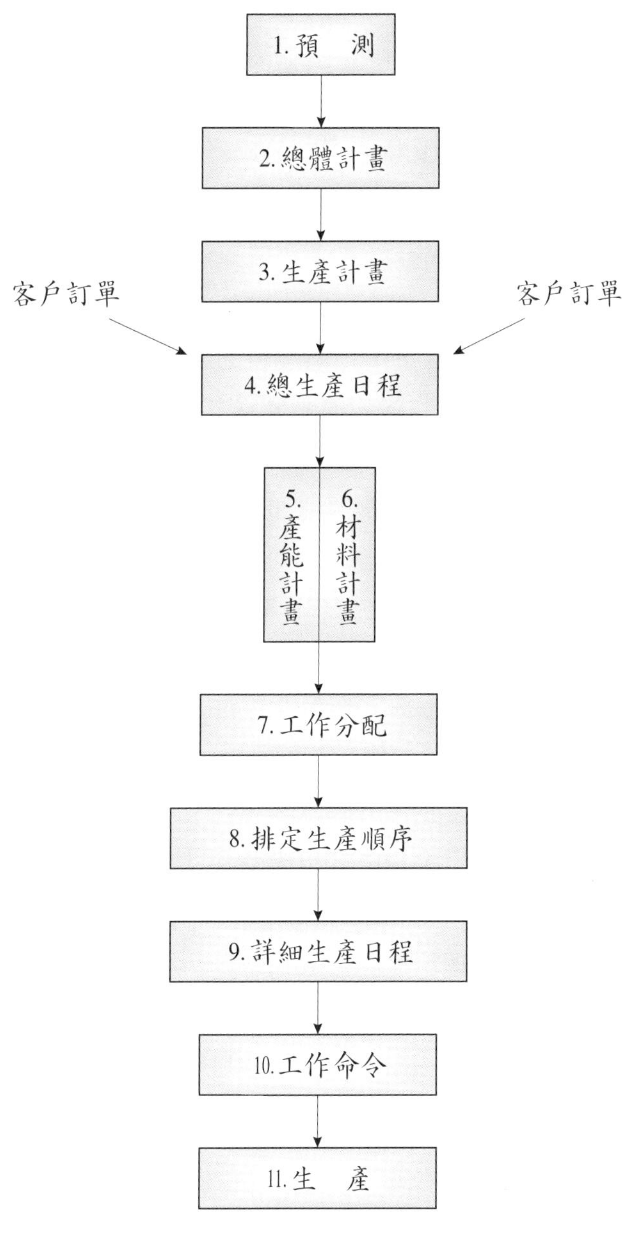

圖 12–1　生產計畫活動圖示

現在我們談談各項工作的內容:

◆ 1. 總體計畫 (Aggregate Scheduling)

總體計畫期間較長,通常為一年的計畫,所以總體計畫也稱為年度計畫。由於期間長,又以公司總體為計畫的標的,所以計畫中以產品群為單元。在計畫中,我們考慮每季或每月中,各產品群之產量、需要的原物料、產能等。總體計畫或年度計畫由於期間長,又以產品群為計畫單元,準確性較低。但是,由於總體計畫的期間長,眼光放得遠,對企業整體之產量及需求取得基本認識,可以避免由於短期需求變動影響長期目標之達成。

◆ 2. 季或月生產計畫 (Production Plan)

在年度計畫中,我們以產品群為計畫單元,但是在季或月生產計畫裡,我們則以產品種類為單元。譬如汽車廠之年度計畫中可能以總共生產多少車為計畫。而季或月生產計畫中則分門別類把卡車、小客車、跑車等的產量、原物料、產能等計算出來。這個計畫還是不太精確,因為在計畫中仍然沒有列明實際生產的汽車型號與顏色。但是季或月生產計畫中已勾勒出原物料、產量和產能的數額,比年度計畫精確多了。

◆ 3. 實際生產計畫或總日程

實際生產計畫之期間以公司之計畫區間而定,原則上可長達一個月或一季。為了消除變動生產計畫而引發之緊張與困擾,有些企業在訂定實際生產計畫之後,就把生產計畫固定下來,不再更動。開始生產以後,到生產完成之前,完全以這個計畫為活動之依據。這種方法非常有效,可以減少因為更改日程而產生的損失。實際生產計畫中,各種產品的實際生產量,按車型、顏色、時間,詳細列明。同時,各個訂單中包含哪些產品、數量多少、何時交貨也都包含在實際生產計畫中。在編訂實際生產計畫的時候,管理者必須瞭解以下幾點:

⑴實際生產計畫是否能滿足季或年度計畫之需求?

⑵是否能滿足市場需求?

⑶先後順序及產能是否合理?

⑷設備、前置時間、設施、零配件等是否充足?

⑸是否合乎企業政策?

⑹是否合乎法令要求及工會之契約?

⑺計畫彈性及支援夠不夠?

實際生產計畫如因故不能滿足以上七項中的任何一項,必然造成某些問題。管理者必須不斷的調整或修改實際生產計畫,設法以最經濟有效的方式生產客戶需求的產品。

◆ 4.決定生產順序

在實際生產計畫中，我們排定生產的順序（排序）(Priority Planning)。生產順序當然是根據交貨日期、產能、原物料供應等因素而定。決定了生產順序以後，管理者必須確保原物料能準時到達，以免生產停頓，造成損失。對訂貨生產之企業而言，由於交貨日期通常很急迫，原物料又無法事先備妥，生產過程的管制非常困難。但是大企業由於周詳的計畫，又有充足的準備時間和準備工作，在決定生產順序之後，通常較能依計畫生產。

◆ 5.計畫產能 (Capacity Planning)

在訂定實際生產計畫時，管理者必須要確定產能足以應付生產要求。在計畫中，每天、每週或每月的實際需求都要計算清楚。如果產能過剩，也要增加產量，以免造成損失。如果在計畫中沒有檢核實際產能，在產能不足時，生產目標勢必無法達成，也必然會造成一系列調整生產計畫的問題。

◆ 6.分配工作 (Loading)

在實際生產計畫中，如果可能，也該把各部門、各工作站的工作內容及日程安排好。也就是說，管理者應該把各單位在某個時間做什麼事先決定下來。在安排工作時，管理者可能發現同一部設備或同一個工作站在同一個單位時間裡，必須做二個以上的工作。一個設備或一個工作站最好一次只做一個工作，因為如果工作太多，可能造成管理上的困擾。另外，有時一個工作站或一個設備一次只能做一個工作。在這種情況下，如果按照生產計畫，這個工作站必須同時生產二個產品，則其中一個必須延期。如果不事先瞭解這種狀況，在生產時才修改生產計畫，可能造成許多困擾。

◆ 7.決定工作順序

如果一個工作站同時收到一個以上工作命令，而生產計畫中又沒有明確指定生產工作順序，或者是在生產過程中發生延誤的狀況下，工作站必須決定如何調整工作順序以減輕損失。學者專家們已經發展出許多規則，我們在第二節中將詳細討論決定工作順序的規則。

◆ 8.發出製造通知單或生產命令

原則上，在接近生產日程所訂定的時間時，生產管理單位應該將製造通知單或生產命令發交生產單位。生產部門在收到製造通知單時，則可按日程向倉儲單位領取原物料，開始生產。製造通知單是生產單位領料、開始生產，及交貨給「成品倉庫」的依據，自有其重要性。

◆ 9. 生產與蹤催

生產單位在收到製造通知單、領取原物料，並事先預做準備之後，即可按照日程開始生產。生產活動的管制是極其重要的事，如果管制不善，則原物料、半成品等滯留在生產過程中的時間便會拉長，並造成企業重大的資金積壓及經濟損失。在美國曾有統計，有些管理不善的企業，其產品的生產時間有時是真正生產時間的 12 至 20 倍左右。類似這種狀況可造成企業極大的經濟損失，值得管理者特別注意。

二、向前與向後排程

對於訂貨生產的企業而言，收到訂單才是工作的開始。行銷部門通常會根據顧客的需求而訂定交貨日期。在企業收到訂單之後，企業可以按照收到訂單的順序，把相關的生產工作排上日程，這種做法就是「向前排程」(Forward Scheduling)。另一方面，企業也可以根據訂單的交貨時間反算回去，在適當的時間內把相關的生產工作排上工作日程，這就是所謂的「向後排程」(Backward Scheduling)。這兩種做法一種以收單順序為依據，另一種則以交貨日期為準。由於其基準點不同，其排程的結果當然也不相同。現在我們來看看這兩種排程方法。

假設創業先鋒公司收到三個訂單，其生產工作所需使用的設備及時間可如表 12–1 所示。現在我們來看看使用前述兩種排程方法時之差異。

表 12–1　創業先鋒公司訂單交貨、生產資訊表

工　作	交貨期	加工時間及順序 設備編號（時間）
A	8	3 (1), 2 (3), 1 (2)
B	5	2 (1), 3 (2), 1 (1)
C	4	1 (2), 3 (1)

由表 12–1 可知，創業先鋒公司有三個訂單。A 訂單的交貨期是第 8 小時，其加工順序為由設備 3 開始加工 1 小時，然後到設備 2 加工 3 小時，最後到設備 1 加工 2 小時。B 訂單應於第 5 小時交貨，其加工則由設備 2 開始加工 1 小時，接下來到設備 3 加工 2 小時，最後到設備 1 加工 1 小時。C 訂單則由設備 1 開始加工 2 小時，然後到設備 3 加工 1 小時，應於第 4 小時交貨。如果以向前排程的方式排定生產日程，則我們可由工作 A 開始，按其加工順序排上日程。然後把工作 B 及工作 C 也排進工作日程。向前排程的結果可如表 12–2 所示。

表 12–2　創業先鋒公司向前排程之日程

小　時	設備 1	設備 2	設備 3
1	C	B	A
2	C	A	B
3		A	B
4	B	A	C
5	A		
6	A		
7			
8			

如果是採用向後排程的方式排程，則其做法便與前述的「向前排程」有所不同。現在說明如下。原則上，我們仍然根據收到訂單的先後次序來決定排程之順序。因此，我們將由工作 A 開始。但在將工作 A 排上日程時，我們也需要考慮其交貨期，並由其交貨期開始反算回去。由表 12–1 可知，工作 A 的交貨期為 8，因此我們可把工作 A 的最後加工程序排在第 7 及第 8 小時。在安排完工作 A 在設備 1 上面的兩個小時之後，接下來我們可以利用設備 2 在第 4、5、6 這三個小時中生產工作 A。最後，則是把工作 A 排上設備 3，並排定設備 3 的第 3 小時用於生產工作 A。

在安排好了工作 A 之後，接下來我們可以採用上段所述相同的方式，由交貨時間開始反算回去，把工作 B 及工作 C 排上日程。創業先鋒公司以向後排程方式所擬定之日程可如表 12–3 所示。

若比較表 12–2 及表 12–3 則可知以下之事實。在使用向前排程之方式時，工作 A 及 C 分別提早了 2 及 1 小時，但工作 B 則延誤了 2 小時。而在使用向後排程時，工作 A 及工作 B 均可準時交貨，只有工作 3 延誤 1 小時交貨。同時，設備 3 在第 3 小時及第 4 小時均發生產能上之衝突。在 3 小時的時候，工作 B 及工作 A 均需使用設備 3。而在第 4 小時的時候，又發生工作 B 及工作 C 都要使用設備 3 的狀況。但雖然有上述產能需求上的衝突，由排程的結果看來，則仍然是向後排程的結果較佳。在使用向前排程時，三個工作的交貨時間共有 2+1+2=5 小時之誤差。但在使用向後排程時，則只有 1 小時之延誤。除此之外，向後排程也可把原物料投入生產線的時間延後，企業可因此而延緩原物料之投入，提高企業生產上的自主性。

表 12–3 創業先鋒公司向後排程之日程

小　時	設備 1	設備 2	設備 3
1		B	
2			B
3	C		B
4	C	A	B
5	B	A	C
6		A	
7	A		
8	A		

另外，我們也知道，不論是使用向前或向後排程，管理者都仍然可以設法調整日程。例如在本例中，在使用向前排程時，我們也可以把工作 C 延後 1 小時生產，或把工作 B 在設備 3 上的加工時間提前。而在使用向後排程時，我們也可以把工作 A 在設備 3 上的加工時間安排在第 1 小時加工，並將工作 B 或工作 C 在第 3 個設備上的加工時間向前移。如此則可使工作 C 準時交貨。但是此處討論的目的在於說明向前排程與向後排程，以及「向後排程」的優越性。因此，我們對日程的調整不再多做討論，留到以後再說。

第二節 總體規劃

大企業由於規模、資源、人才、產品等等都較多，其可能有的計畫層次也比較多，通常大企業可能有長期計畫、中長期計畫、年度計畫、月計畫、週計畫等等。原則上，計畫的層級愈高，其所涵蓋的範圍愈廣、期間愈長，而所需要的準確性則愈低。計畫的層次愈低，其所計畫的內容愈接近現實，其範圍逐漸縮小，而其時間較短，準確性的要求也高。例如長期、中長期、年度計畫等都可能以整個企業為其計畫範圍。但月計畫及週計畫等則可能已把計畫範圍縮小到各個部門了。

在圖 12–1 當中，我們已經把生產計畫活動明細圖示出來。原則上，長期計畫及中長期計畫是有關整個企業的發展，在計畫時也還要顧及企業內其他部門的看法。因此，在此不予討論之。按照圖 12–1 之概念，則我們在做生產計畫時，先由銷售預測做起，然後再做整體規劃、生產計畫及總生產日程。在總生產日程計畫中，應該把實際客戶訂單列入考量。若把本段與上段之內容互相對照，則我們可以把整體規劃視為「年度計畫」，把生產計畫視為「季計畫」，並把總生產日程視為月計畫。

由此一觀點來討論總體規畫或總體計畫時，總體規劃是由企業整體的角度來看，把企業內的所有生產單位看成一體，依據市場需求之預測、工廠的產能、全廠的存貨計畫、員工人數等資料，預估未來一年或一年半中企業滿足市場需求所應該使用的生產方式及生產速度。因此，我們可以說，總體規劃便是將需求與產能做一比較，由全公司的角度來看產能是否充足，能否達成企業目標，以及在達成企業目標時應採行的生產方式及生產速度。在進行總體規劃的過程中，我們以產品群為單位，以其平均每單位所需之產能為基準，並據以比較現有產能與生產需求。在比較產能與需求時，管理者並可藉以瞭解企業在未來是否應該增加產能，以及用什麼方式增加產能。也就是說，在總體規劃中，我們如果發現產能不足，便可以利用方法增加短期產能。而除此之外，管理者更應觀察產能及需求之變化趨勢，並進而研擬增加中、長期產能的方法。

一、總體規劃所需之資料

總體規劃既然是將需求與產能做一比較，並進而選擇較佳的生產方式與生產速度，則在進行總體規劃時，我們便應該由產能與需求這兩個角度來觀察相關的因素。原則上，在產能方面與總體規劃有關的因素有以下五項：

⑴員工之聘用及裁撤政策、成本。

⑵加班及休假之規定。

⑶可否聘用臨時工？

⑷存貨政策及相關之成本。

⑸是否可將工程轉包？其成本如何？

而與需求相關之因素則可歸納如下：

⑴企業可否利用訂價策略以調整需求？

⑵企業能否利用廣告及促銷方法調整需求？

⑶是否能延遲交貨 (Backorder)？

⑷是否能在淡季以方法創造新需求？

原則上，不論是由產能或需求方面來設法調整產能與需求上之差異，都需要消耗資金。在進行總體規劃時，我們也要選擇一個最佳的生產方式，使總生產成本下降。在總體規劃中所需考慮的成本因素很多，也與其所選擇的生產方式有關。現在將總體計畫中所需考慮的成本因素條列如下：

⑴存貨成本。

⑵裝機成本 (Setup Cost)。

⑶生產成本與加班費用。

⑷外包成本。

⑸缺貨成本。

⑹人工成本。

二、總體規劃之策略

在進行總體規劃時，其計畫期間為 12 至 18 個月之間。由於計畫期間長，在不同的季節或月份之內，由於季節性或週期性等因素的影響，各個期間內之需求必然有所差異。如果在某些月份內需求多，而在某些月份內需求少，則管理者便有需要探討產能的最佳水準及其利用方式。

原則上，在總體規劃中，針對上述的狀況，可行的策略有以下三種：

◆ 1. 以當期產量滿足當期需求 (Chase Demand)

在採行這種策略時，我們根據各該期間之需求而調整產能，只生產當期所需之數量。為了達成這個目的，在需求低時我們便裁撤多餘員工，而在需求較高時，管理者則可採行聘用人員、加班、外包等方式增加產能。

◆ 2. 以平均產量滿足需求 (Level Production)

這種策略的做法與上一個策略極不相同。在採用這個策略時，我們把計畫期間分成數個單位，每一單位可由 1 個月至 18 個月之間。在各單位時間內，我們以平均產量生產，並在該計畫期間結束時滿足該期間內之所有需求。例如若將一年分成四季，則在各季之內我們維持一個既定生產速度以滿足當季之需求。也就是說，我們在一個既定期間之內維持某一平均生產速度，若需求小於生產則有存貨，反之則有延遲交貨的狀況發生。也就是說，我們以存貨或延遲交貨來調整產能與需求間之差異。

◆ 3. 混合策略

所謂混合策略就是將前二種策略混合使用。

原則上，上述的三種策略都很常見，通常我們可以根據其成本之高低或生產調整之難易而選擇策略。除了上述的考量之外，策略對員工士氣的影響也是不能忽略的。假如經常裁撤員工，則員工的士氣一定下降。同理，如果經常延遲交貨，則顧客的信心也可能減退。這些影響在短期及長期都有不同的表現，管理者在選擇總體規劃策略時，應該也把這些因素列入考量。其最佳的做法可能是把這些策略與企業之長期策略搭配起來，以便在短、中、長期之間的企業活動能相輔相成。

三、總體規劃的方法

在進行總體規劃時，其所可使用的方法甚多。原則上這些方法可分為測試法、數學法及統計法等三類。所謂測試法是經由多次嘗試以選擇較佳之方法。數學法則有以數學規劃 (Mathematical Programming) 選擇最佳組合者，也有以發展出一些簡易法則 (Heuristic Rules) 並藉以選擇較佳解者。至於統計法則是以迴歸分析的方式找出產品與各種產能之關係，並據以歸納而決定較佳方法。統計法中較知名的方法是管理係數法 (Management Coefficients)。本節將介紹測試法，對其他方法有興趣的讀者可參考其他研究文獻以取得更深入之瞭解。

在採行測試法時，管理者可以嘗試不同的總體規劃策略，並選擇較佳之生產方式及生產速度。在測試的過程中，管理者可以調整生產方式，使用不同的產能組合生產。而在選擇較佳的生產方式時，則通常是根據其總成本之多少而定。現在將此一方法說明如下。

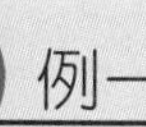

例一

假設洛城美女公司生產女裝，其明年度各季之需求如表 12–4 所示。該公司現有三名員工，每人每季可生產 100 件產品。存貨成本每件每季 100 元，缺貨時每件成本 1,200 元。聘用或裁撤員工時每人每次花費 1,000 元。若員工閒置時，則每人每季約消耗 5,000 元。加班生產時，每生產一件產品之成本增加 300 元。假設在期初時並無存貨，試問其最佳之生產方式及生產速度如何決定？

表 12–4　洛城美女公司明年度需求

季　節	需　求（件）
1	400
2	600
3	300
4	100

解答

在面對此類問題時，所可選擇的策略有前述的三種總體規劃策略。本節之目的在於說明總體規劃的方法。因此我們只討論「以當期產量滿足當期需求」與「以平均產量滿足需求」這兩種做法。現在說明如下。假設我們使用第一種策略，以當期產量滿足當期需求，則其做法可如圖 12–2 所示。

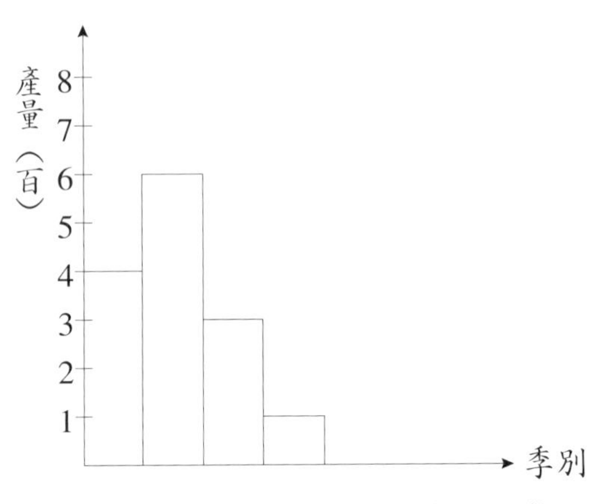

圖 12–2 以當季產量滿足當季需求

如圖 12–2 所示，在第 1、2、3、4 季中，我們分別採用不同的生產速度生產以滿足各該季之產量。而在由第 1 到 4 季中之產量則分別為 400、600、300，及 100 件。

假如使用第二種策略，我們則「以平均產量滿足需求」。現在我們嘗試兩種做法：把四季合在一個期間之內，以及每兩季合成一個期間。把四季合在一個期間內的做法是以一年為單位，並計算其平均產量。而每兩季合成一個期間的做法，則是把第 1、2 兩季合成一期，而將第 3、4 兩季合成另一期，並在各該期間內以平均產量滿足其需求。這兩種做法之結果可如圖 12–3 及圖 12–4 所示。

由圖 12–2、12–3、12–4 這三個圖中可發現，所採行的策略不同時，在各個期間內的生產速度便有不同。而在生產速度不同時，其產能之使用方式當然也會不同。不只如此，在同樣的生產速度之下，管理者還可以調整其生產方式。也就是說，管理者可以選擇生產時所使用的產能，以便同時降低成本。現在我們就從這個角度繼續討論下去。

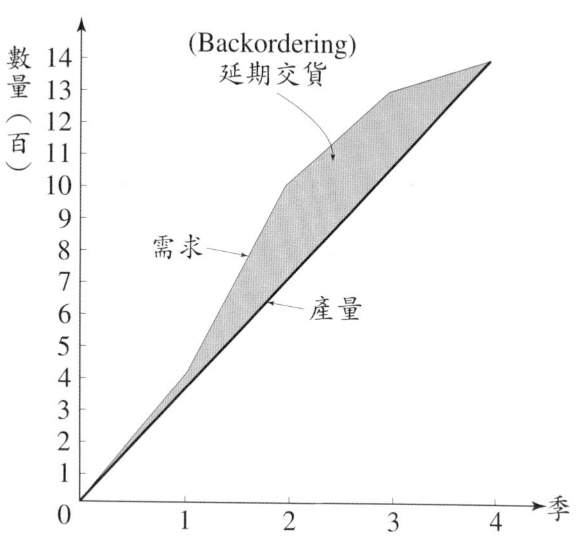

圖 12-3　一年為期，以平均產量滿足需求

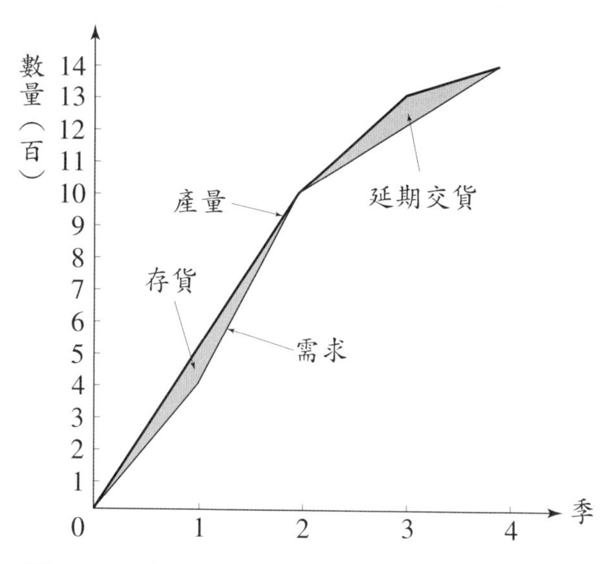

圖 12-4　每二季為一期，以平均產量滿足需求

在表 12-5、12-6、12-7 中，我們把前述三種策略所衍生的成本表列出來。在這三個表中的成本值是除原有成本之外，在使用該一策略時所增加的成本。因此，原來已有之成本並未列於表中。

由表 12-5 可知，在使用「以當期產量滿足當期需求」策略時，在第 1 季中若以加班之方式增產 100 件，則加班費用增加 30,000 元。在第 2 季中同樣以加班方式增產 300 件，其加班費用為 90,000 元。在第 4 季中，由於產量銳減而造成2名員工閒置，並因而產生總共10,000元之閒置成本。將這些成本合計之後，則合計共增加130,000元之支出。由表12–6可知，若以一年為一期而以平均產量來滿足需求時，在第1、2、3等三季中共產生600件之延遲交貨，同時在每季中亦各有50件以加班生產，而其衍生之總成本則為780,000元。再由表12–7可知，若以兩季為一期，並在各期中以平均產量滿足需求時，則在第1季中將產生存貨及加班兩項費用，合計為70,000元。在第2季中則有加班費用60,000元。在第3季中另有閒置成本及延遲交貨之成本，合計125,000元。至於在第4季中則有一人閒置而造成5,000元之費用。將這些成本加總之後則共增加了260,000元之支出。而若將上述三種做法之成本做一比較時，則其結果顯然非常清楚，當然是第一種做法較佳。也就是說，在本題之架構下，仍然以採用「以當期產量滿足當期需求」的策略較佳。

值得注意的是，假如題中的單位成本值有所改變，則其結果亦可能改變。例如在本題中的缺貨成本很高，因而造成第二及第三種做法成本甚高。如果此一缺貨之單位成本下降，則其結果一定會有所改變，有興趣的讀者可嘗試看看。

表12–5 以當期產量滿足需求，並以加班及閒置員工方式生產之成本

季節	需求	生產	存貨成本	加班費用	閒置成本	缺貨成本	聘裁費用	總計
1	400	400	0	100×300 =30,000	0	0	0	30,000
2	600	600	0	300×300 =90,000	0	0	0	90,000
3	300	300	0	0	0	0	0	0
4	100	100	0	0	2×5,000 =10,000	0	0	10,000
合計								130,000

表12–6 全年為一期，以平均產量滿足需求，使用延遲交貨時之成本

季節	需求	生產	存貨成本	加班費用	閒置成本	缺貨成本	聘裁費用	總計
1	400	350	0	50×300 =15,000	0	50×1,200 =60,000	0	75,000
2	600	350	0	50×300 =15,000	0	300×1,200 =360,000	0	375,000

3	300	350	0	50×300 =15,000	0	250×1,200 =300,000	0	315,000
4	100	350	0	50×300 =15,000	0	0	0	15,000
合計								780,000

表 12-7 兩季為一期，以平均產量滿足需求，使用存貨、加班、閒置及缺貨之成本

季節	需求	生產	存貨成本	加班費用	閒置成本	缺貨成本	聘裁費用	總計
1	400	500	100×100 =10,000	200×300 =60,000	0	0	0	70,000
2	600	500	0	200×300 =60,000	0	0	0	60,000
3	300	200	0	0	1×5,000 =5,000	100×1,200 =120,000	0	125,000
4	100	200	0	0	1×5,000 =5,000	0	0	5,000
合計								260,000

四、總體規劃的分解及還原

企業之所以需要做總體規劃，是想由整體的觀點來看產能與需求間之差異，並藉以瞭解產能是否足夠，能否達成企業目標，以及使用什麼方式、以什麼速度來滿足生產需求。在企業做總體規劃時，首先要對產品需求做一預測，並以此為基礎來比較產能與需求。由於需求是預測的，尚未實現。因此，在總體規劃中，我們只是要看「要生產多少才能達成企業目標」，並以此為基準再進一步查明「是否有足夠的產能來完成生產任務」以及「如何完成生產任務」。在這個過程中，我們使用產品群為基準，以其平均產能需求來估計總產能需求。這樣的計畫內容是「總體的」或「概括的」(Aggregated)，是概略的對產能與需求做一估計與比較。

在總體規劃完成並達成了其前述之目標以後，管理者還要把計畫的內容反映在次級計畫之中。此時，計畫的內容便愈來愈明細，也愈來愈翔實，這個過程可稱為「分解並還原」(Disaggregate)。在分解並還原成各個產品原有單位的過程中，有時亦可能發現總體計畫在付諸實行時有窒礙難行之處。這是非常好的事，因為管理者正可以藉以發現問題，並設法改善計畫及執行之品質。

在分解及還原的過程中，管理者可逐步將總體規劃的內容轉化於「生產計畫」中，然後再參酌實際訂單內容而做出「總日程計畫」。總日程計畫等於是月計畫，已經是確實可行且要付諸實行的生產計畫了。在這個計畫中，所有的產品應該分門別類註明生產時間、地點、數量等資料，以便照章行事。

從總體規劃轉化成總生產日程的過程就是總體規劃的「分解與還原」。這個過程中有許多出人意料的事，是一個極有趣的過程。管理者可以多費心思，試著改善其計畫品質，這不是也很有挑戰性嗎?

五、產品類型與產出計畫的關係

每一種產品有其生產特色，並對其生產速度產生影響，也就是說，產品類型對生產速度有影響，在進行生產計畫時，必須瞭解產品類型的影響，並據以決定生產速度。生產速度與產量有關，因此，產品類型影響產量。基於此一認識，在決定產出計畫前，管理者必須瞭解產品類型帶來的影響，並據以調整產出計畫。

原則上，在生產量擴大時，由於學習效果的影響，生產速度逐漸加快。但由於各使用的人力比例不同，其加工方式也有差異，因此有不同的學習效果，在產量擴大時，生產速度的變化程度不一。另外，任何企業都生產多種產品，若同時考慮所有產品，產出計畫就更難作。

生產速度與產出量是一體的兩面。產出計畫除了與提高產能利用率有關之外，也影響產品上市、滿足顧客訂單需求的能力。也就是說，產出計畫對內來講，影響總體規劃及產能利用，對外而言，則影響企業出擊的速度與幅度，因此，產出計畫是將企業能力與市場表現兩者相整合的工具，管理者必須事先瞭解產品類型與產出計畫的關係。現在以批量的概念說明產品類型與產出計畫的關係如下。

◆ 1.大量生產的產品

大量生產類型產品量大而品種相對少，因此，產量大而穩定。一般而言，此類產品接近存貨生產 (Make to stock) 生產方式，其生產目的以補充成品庫存為主，故可採用均衡生產的方式。也就是說，在面對大量生產類型產品時，在產量計畫上，可採用以平均產量滿足需求的策略，在平均產量不敷需求時，並可輔以存貨居中調節。

在上述概念下，還有三種做法:

(1)均勻分配產量

所謂均勻分配，是將全年需求量平均分攤到各季、各月、各週、各日，每天生產相同的數目。原則上，若需求與生產過程都很穩定時，大量生產的產品可使用此一策略。

⑵平均遞增產量

對於學習效果緩慢遞增的產品，可採用平均遞增產量策略。採用這種策略時，可按照學習效果遞增的狀況，預測產量遞增的比率，然後按照此一比率，有秩序的平均提高產量要求。原則上，這種策略適用於穩定成長，產量也可持續提高的狀況。

⑶拋物線式遞增產量

若考慮學習效果漸增然後遞減的原則，我們也可以拋物線式遞增的方式設定產量。原則上，若產品需求穩定且不斷增加時，可以採用拋物線式遞增的方式設定產量。

◆ 2.批量生產的產品

若採用批量生產的方式時，通常產品種類不只一種，不但要處理產量的問題，還要面對多品種的挑戰。同時，由於交期各異、數量大小有別，設定產量非常困難。若要趕上交期，有時無法顧及產能利用率和產出率；而若以產出率或產能利用率為主，又難免造成交期延誤。因此，在面對此一狀況時，值得思考到底以哪一個因素為準，或應該綜合考量哪些因素。

一般而言，對於批量生產的產品，應該注意以下三方面：

⑴按產品的主從關係排序

在管理批量生產企業時，對於常年有需求、需求量較大的主要產品，可以細水長流的方式，均勻分配產量，使此類產品的生產活動具有穩定性。其他附屬類、需求小的產品，則按訂單需求在適當時間插入生產。

⑵盡量避免在同一期間內生產太多品類產品

原則上，為使產出量極大化、簡化生產、管理工作，在進行生產計畫時，應該在保證交期的概念下，盡量減少在同一期間內生產太多品類產品。為提高經濟效益，也可以將同類型、類似產品合併起來，安排在同一期間生產，以提高學習效果。

⑶盡量將新產品、使用關鍵設備、難度較大的產品分期安排，以避免超過計畫、技術、設備能力負荷。

在試製新產品，或生產難度大的產品時，相關的技術、管理工作繁複。關鍵設備的產能有限，有時無法同時生產太多產品。為避免同一期間內，在計畫、技術、設備上發生超過能力負荷的狀況，管理者應該盡量把這些工作錯開，並均勻分配在各期間內，以便能專注、有效的進行此類生產活動。

◆ 3.單件或小批量產品

單件或小批量產品重複性低，產品種類相對較多，大多是根據顧客訂單生產。由於重複性低，而且由收到訂單到出貨之間時間緊迫，計畫起來較為困難。通常對於這種產品，我們根據顧客要求的交貨期，在資訊不足的狀況下，仍然盡可能詳細計畫，以確保生產順利。

原則上，在生產單件或小批量產品時，仍可參考前述各項原則，並以交期為準，優先安排產期。由於生產單件或小批量產品時，每次更換產品，都要面對新挑戰，因此，也可盡量將新產品、使用關鍵設備、難度較大的產品分期安排，以避免超過計畫、技術、設備能力負荷。

第三節 生產排程

日程 (Schedule) 這個字有「計畫」(Plan) 的意思。所謂日程，是按時間順序排列出事情細節。而為了確保這些細節按時進行，我們把各該細節所應始終之時間，詳細註明於日程中。排程 (Scheduling) 則是時間或生產資源的分配及利用。由以上可知，排程是計畫的主要內容，排程也決定了企業的生產力。

雖然在談到排程時，立刻浮上我們心頭的就是時間的安排，但排程並不只是在討論時間的安排及利用而已，常見的排程至少有以下幾種：

(1)時間排程 (Time Scheduling)。

(2)資源排程 (Resource Scheduling)。

(3)生產排程 (Production Scheduling)。

(4)一般排程 (General Scheduling)。

(5)功能排程 (Functional Scheduling)。

(6)概括排程 (Topical Scheduling)。

而我們在這個課程中所討論的排程則只是生產排程這個部分而已。通常適用於生產排程的工具可分成三類：

◆ 1. 車間排程 (Job Shop Scheduling)

所謂車間排程，是對單一工作或產品進行排程。可用於此類排程的方法則有關鍵路徑法 (CPM)、計畫評核術 (PERT)、及排序規則 (Priority Rules)、工作安排 (Loading) 及江森法則 (Johnson's Rule) 等。

◆ 2. 大量生產 (Mass Production)

假如生產過程是類似生產線的結構，則可使用「生產線平衡」的方法進行排程。

◆ 3. 連綿生產過程 (Processing Process)

對於化工廠、水廠、電廠等類連綿生產過程而言，所可使用的排程方法則以網路理論 (Network Theory) 為主。

本節的討論以車間排程為主。所討論的內容則有工作安排、排序、及江森法則等。至於關鍵路徑法及計畫評核術的內容則包含在下一節的討論中。

一、排程的定義

所謂排程，是以書面把工作的時間及順序按照其目標而排定，以便確保這些工作或作業能準時完成。由上述的定義可知，排程的主要依據在於能否有效達成其目標。因此，在衡量排程的表現時便要有明確的標準 (Criteria)。常見衡量排程表現的標準有以下三種：

⑴交貨期 (Due Date)。

⑵流程時間 (Flow Time)。

⑶工作站利用率 (Work Center Utilization)。

所謂交貨期，是訂單上約定的交貨日期。所謂流程時間，則是產品或工作經過工作過程所需之時間。而工作站利用率則是工作站所有的工時利用在工作上的比率。而相對於這些衡量標準，則又有一些排程表現的評量方法。現在把這些評量標準列示如下：

衡量標準	評量方法
交貨期	‧平均延遲 ‧平均提前 ‧延遲之變異數
流程時間	‧平均流程時間 ‧流程時間變異數 ‧最大流程時間
工作站利用率	‧所有工作站之利用率 ‧單一工作站之利用率

原則上，在衡量標準不同時，其排程之結果便有差異。同時，在評量方法不同時，排程結果也可能改變。這是一個非常有趣的現象，值得管理者特別注意。在下面的討論中，我們便可以觀察這種現象。

二、日程管理與生產調度問題

一般而言，在管理學界討論排程 (Scheduling) 或日程管理課題時，為了簡化問題以提高學習效果，我們通常只討論日程的安排，而未同時討論分配工作 (Loading)。實際上在進行排程工作時，必須處理 loading 的問題。所謂 loading，是「負荷」、「裝載」或「載荷」的意思。在分配訂單時，我們必須考慮將訂單分配給哪一個部門或工作站，以及在哪一個時段中執行。也就是說，我們要決定把這一個訂單，安插在哪一個部門，以及排定在哪一個時段中執行。這與該部門的總負荷量有關。該部門的工作時間有限，我們只能在這一有限的工作時間中，選擇一個時段來生產這一批訂單。如果安排給這一個部門的工作，超過它的總工作時間，就無法準時完成了。

也就是說，工作時間是一個有限資源 (Limited Resource)。通常我們在安排工作時，只能受限於時間資源，進行「有限制的載荷」(Finite Loading) 計算。在學術研究中，有時候我們假設資源無限大，此時可進行「無限載荷」(Infinite Loading) 之計算，以為參考之用。在實務上，除了各部門的工作時間有限之外，該部門的設備、人力資源、原材料供應也有限。在有些開發中地區，有時連水電供應也有總量管制。因此，排程時也要同時把這些限制計算在內，以確保其他資源能同步供應。若否，則排出來的日程可能在實務上並無意義。

若在排程時，同時考慮各項資源的搭配供應與利用，則排程問題不只是日程管理，而是一個「資源調度」的問題。我們有時簡稱之為一個「調度」的問題。同時，我們需要瞭解，調度工作不只是日程管理，日程管理只是調度工作中的一環而已。

「調度」得當可協助企業維持競爭能力。荷蘭的海尼根 (Heineken) 啤酒公司為做好調度工作，特別使用了一個稱為事先計畫與日程系統 (Advanced Planning and Scheduling System; APS)，以確保能做好整個供應鏈的物流工作①。在這一 APS 系統中，使用物料需求規劃系統 (Materials Requirement Planning) 以增進短期需求的透明度，並做好長期需求預測。該系統並執行供應鏈規劃以規劃滿足當期需求的最佳供應計畫。為確定運輸路線和車輛裝卸模型，APS 並進行運輸規劃。APS 也對「現貨供應量」(Available To Promise; ATP) 進行管制，以便隨時掌握可直接由生產線和庫存中取得的現貨數量，以及能直接滿足多少顧客需求。為掌握滿足特殊訂單的能力，ATP 系統也計算緊急供貨能力 (Capable To Promise; CTP)，以便在必要時立即調度，在某一生產線中插入顧客的特殊訂單。此外，ATP 系統根據原材料和其他生產資源排定詳細生產計畫，並根據需求的變化、顧客提貨日期，以及其他有限資源的限制安排訂單優先次序。

三、一對一排程

安排工作 (Loading) 是在排程中的一個重要部分。所謂安排工作，是要決定由哪一個設備來負責哪一個工作。對於連續生產的工作過程而言，每一個工作站或設備所應做的工作都事先設定了，所以不需要再安排工作。但對於小量生產或「車間」而言，則安排工作便是一個重要而常見的挑戰了。假如管理者不能做好「安排工作」，則很可能在工作交接之際產生人員或設備的閒置，也就可能造成經濟損失。

安排工作的方法很多。對於「每人一個工作」或「每個工作一個人做」的狀況而言，這就是一個「一對一」的排程問題。對於這種問題，我們通常可以使用所謂的「指派模型」(Assignment Model) 來求解。原則上，指派模型的主要目的是把總成本或工作時間減至最小。我們現在以一個例子來說明之。

例二

林碧齡公司有三位秘書小姐。現在有三個工作可任意交由這三位秘書負責執行，每人可負責一項工作。各工作由各小姐負責時所需之時間可如表 12–8 所示。試問應該如何安排工作?

表 12–8　林碧齡公司祕書／工作所需時間表

祕　書	工　作		
	1	2	3
甲	10	6	6
乙	9	7	5
丙	8	8	7

解答

在使用指派模型解「一對一」排程問題時，我們可先把問題列成如表 12–8，然後按照以下過程解之:

(1)把各列中之數減去該列中最小之數，再將結果列在另一表之同一列中。

(2)把各行中之數減去該行中最小之數，再將結果列在另一表之同一行中。

(3)以直線將各列中之 0 連結起來。

(4)以直線將各行中之 0 連結起來。

⑸如果直線少於列數，將未畫線 (Uncovered) 之數減去未畫線中最小之數，並另列一張新表。

⑹將上一步驟（步驟⑸）中所減去之最小數與原表中「在直線交叉處之數」相加。

⑺重複步驟⑶至⑹，直至直線等於列數為止。

⑻在各行、列中選擇 0 之處進行「安排工作」事宜。

現在以此一方法試解林碧齡公司題目如下(各步驟之編號參考上述之步驟而定)：

⑴將各列中之數減去該列中最小之數，並將結果列於另一表中。其結果如下：

祕　書	工　作		
	1	2	3
甲	4	0	0
乙	4	2	0
丙	1	1	0

⑵將各行中之數減去該行中最小之數，並將其結果另立一表。其結果如下：

祕　書	工　作		
	1	2	3
甲	3	0	0
乙	3	2	0
丙	0	1	0

⑶以直線將各列中之 0 連結起來。

⑷以直線將各行中之 0 連結起來。

祕　書	工　作		
	1	2	3
甲	3	0	0
乙	3	2	0
丙	0	1	0

(5)直線數 = 3，故可直接進行步驟(6)。

(6)可在各行、列中選擇 0 之處進行安排工作，其安排結果可如下表所示：

祕書	工作		
	1	2	3
甲	3	[0]	0
乙	3	2	[0]
丙	[0]	1	0

由上表可知，我們可以將工作 1、2、3 分別交由祕書丙、甲、乙負責，而其總工作時間為 8+6+5=19 小時。在本題中，由於數字湊巧，故可以迅速求解。假設在步驟(4)之後仍未能求解，則可將該表中未畫線之數減去 2，並將在第三行中直線交叉之二個 0 加上 2 即可繼續求解。這個問題也可以用線性規劃來求解。現在將其線性規劃模型列述如下：

$$\text{Minimize: } 10X_{11}+6X_{12}+6X_{13}+9X_{21}+7X_{22}+5X_{23}+8X_{31}+8X_{32}+7X_{33}$$

$$\text{Subject to: } X_{11}+X_{21}+X_{31}=1$$
$$X_{12}+X_{22}+X_{32}=1$$
$$X_{13}+X_{23}+X_{33}=1$$
$$X_{11}+X_{12}+X_{13}=1$$
$$X_{21}+X_{22}+X_{23}=1$$
$$X_{31}+X_{32}+X_{33}=1$$
$$X_{ij}=0 \quad \text{或} \quad 1$$

四、一對多安排工作

假如在安排工作時發生某一人或某一工作站必須做兩個以上的工作時，則這個問題便是「一對多安排工作」的問題了。這類問題可用指數法 (Index Method) 解之。現在說明如下。

民生公司有三位修護人員負責修理電視機。現有五部電視送修，其所需之工作時間可列表如表 12–9 所示。修護員甲、乙、丙各有 15、10、5 小時剩餘工作時間，試問應如何安排工作？

		修護員		
		甲	乙	丙
工　作	一	4	3	2
	二	2	3	3
	三	5	4	5
	四	1	1	1
	五	3	3	1

在使用指數法解此類問題時，其可採行之步驟如下：

⑴將各該工作所需之時間列表如表 12-9 所示。

⑵將各工作時間除以該列中最小之數後，將所得之指數另列一表。

⑶將各該工作分配給指數最小值所對應之人或工作站。

現在依此步驟解決民生公司問題如下：

⑴列表如表 12-9。

⑵將各工作時間除以該列中最小之數，並將所得之商數（即指數）另列一表。其結果如下表。

		修護員		
		甲	乙	丙
工　作	一	2	1.5	1
	二	1	1.5	1.5
	三	1.25	1	1.25
	四	1	1	1
	五	3	3	1

⑶將各該工作分配給指數最小值所對應之人。其結果可列表如下。

		修護員		
		甲	乙	丙
工　作	一	2	1.5	[1]
	二	[1]	1.5	1.5
	三	1.25	[1]	1.25
	四	[1]	1	1
	五	3	3	[1]

由上表可知，我們可以把工作一及五分配給修護員丙，工作二及四分配給甲，而工作三則可交由乙負責。如果以此一方式分配工作，則甲尚餘 15 – 2 – 1 = 12 小時，乙尚有 10 – 4 = 6 小時，而丙則仍有 5 – 2 – 1 = 2 小時剩餘之工作時間。因此，此解是可行的。

原則上，在分配工作時，各人所得之工作不得超出其可用之時間。假如有特殊考量時，亦可將某人之時間事先保留下來以備不時之需。有時也可把一個工作分成二份，由二人負責之。

第四節 排 序

一、一對多排序

排序 (Sequencing) 是利用排序規則 (Priority Rules) 以決定各工作的優先順序。原則上，在安排工作之後，接下來便要決定各工作站內各工作的優先順序。我們排序的目的通常希望能及時完成所有工作，同時又能提高工作站之利用率，並且減少半成品存貨。由於各排序規則各有其優缺點，且各企業所使用的衡量標準及評量方法亦可能有所不同。因此，在討論排序時，有時要根據各企業的目標或成本因素而決定排序規則之使用。在有些企業中，延遲交貨的成本極高，而有些企業則希望提高產能或設備之利用率。更有些企業想要減少半成品存貨，因而希望平均流程時間能夠減少。因此在不同場合中，可能需要不同的排序規則。

假如我們面對的問題是一個人或一個工作站要做數個工作，並且我們要決定工作之先後順序，則這個問題就是一個「一對多排序問題」。這種問題通常要使用排序規則來決定之。一般常見的排序規則可列示如下：

⑴先到先做 (FCFS)：先來的工作先做。
⑵交貨期 (Due Date) 或最早交貨期 (Earlist Due Date (EDD))：交貨期較早的工作先做。
⑶最小工作時間 (SOT)：工期短的工作先做。
⑷最大工作時間 (LOT)：工期長的工作先做。
⑸寬放時間 (SS)：交貨期減去收到訂單時間即為寬放時間。寬放時間小的工作先做。

(6)平均寬放時間 (SS/RO)：平均寬放時間是「寬放時間」除以「作業數」所得之平均值。採用此一規則時，平均寬放時間小者先做。

除了以上所列之六種排序規則外，學者專家另曾提出許多可用之排序規則。但這些規則較為複雜，已超出本書之範圍，在此不多討論。對此有興趣之讀者可參考其他研究文獻以取得更深入之瞭解。

原則上，最小工作時間 (SOT) 及最早交貨期 (EDD) 這兩個排序規則是公認較佳的規則。採用 SOT 規則時，通常可達到減少流程時間、提高設備利用率、減少延遲交貨、在最短時間內產出最多產品、平均流程時間最短等效果。而 SOT 在減少「延遲交貨百分比」上也僅次於 EDD 規則。

現在列表比較 FCFS、EDD、SOT 及 LOT 如下。讀者可觀察流程時間及平均延遲之變化，並藉以比較各排序規則。

順　序	工　時	流程時間	交　期	延誤（提早）
排序規則：FCFS				
1	1	1	4	0 (3)
2	4	5	7	0 (2)
3	3	8	2	6 (0)
平　均		4.67		2 (1.67)
排序規則：EDD				
3	3	3	2	1 (0)
1	1	4	4	0 (0)
2	4	8	7	1 (0)
平　均		5		0.67 (0)
排序規則：SOT				
1	1	1	4	0 (3)
3	3	4	2	2 (0)
2	4	8	7	1 (0)
平　均		4.33		1 (1)
排序規則：LOT				
2	4	4	7	0 (3)
3	3	7	2	5 (0)
1	1	8	4	4 (0)
平　均		6.33		3 (1)

二、二對多排序

我們在前面的討論都集中在一人或一個工作站在面對一個工作或多個工作的情況中。在某些狀況下，也可能有連續二個人（或兩個工作站）組成一個加工過程，而所有的工作都要經過這個加工過程。對這樣的過程，假如所有工作在兩個工作站上的加工時間都相等，則其工作順序便無關緊要了。但若其工作時間不同，則其工作排序便極為重要了。因為如果沒有把排序做好，兩個工作站都可能發生設備閒置的狀況，而造成工作延誤。這種排序問題就是一個「二對多排序問題」。我們排序的目的則在於縮減加工時間，並設法減少這兩個工作站的閒置時間。

在 1954 年間，江森 (S. M. Johnson) 提出了著名的江森法則 (Johnson's Rule)，並以此一法則解這種二機排序問題。現在將江森法則說明如下。

假設有連續二個工作站，所有的工作都需要經由這連續二個工作站加工。若其工作時間如下：

工　作	第一站工時	第二站工時
1	t_{11}	t_{12}
2	t_{21}	t_{22}
3	t_{31}	t_{32}
⋮	⋮	⋮
n	t_{n1}	t_{n2}

通常在加工時先由第一個工作站開始，然後再移轉至第二個工作站加工。為了減少第二個工作站在開工時之等待時間，因此我們應該把第一站工時最短的工作排在前面。由於在第二站加工完成後才能完工，為了在接近完工時，這二個工作站收工時間差異最小，因此，我們應該把第二站工時最短之工作排在最後。也就是說，江森法則的做法可歸納如下：

(1)找出所有工時中之最小工時

$$\min\{t_{i1}, t_{i2}\}$$

(2)若此一最小工時是在第一個工作站上，則將此一工作由前面排上日程。

(3)若此一最小工時是在第二個工作站上，則將此一工作由後面排上日程。

(4)將已排上日程之工作刪除，並就尚未排上日程之工作重複步驟(1)至(3)，直至所有工作均已排上日程為止。

江森法則簡便而有效，是非常有用的一個法則。現在我們以一例子來說明這個法則。

例三

東鋌公司的生產過程中有兩部設備，所有的加工都需要先經過第一部設備加工，然後再上第二部設備加工。該公司現有 5 個工作，其加工時間可列表如下：

	工作				
	1	2	3	4	5
設備一	100	35	20	40	60
設備二	10	60	110	30	50

若欲降低總完工時間，試問應如何排序？

解答

本題可以採用江森法則解之，其步驟如下：

(1)選擇最小之工時，

$$\min\{t_{i1}, t_{i2}\} = 10$$

這是工作 1 在設備二上之工時，故由後排上日程。將工作 1 由上表中刪除。

(2)選擇最小之工時，

$$\min\{t_{i1}, t_{i2}\} = 20$$

此一工時為工作 3 在設備一上之工時，故將工作 3 由前排上日程，並將工作 3 由上表中刪除。

(3)選擇最小之工時，

$$\min\{t_{i1}, t_{i2}\} = 30$$

這是工作 4 在設備二上之工時，故可將工作 4 由後排上日程，放在工作 1 之前，並由上表中刪除工作 4。

(4)選擇最小之工時，

$$\min\{t_{i1}, t_{i2}\} = 35$$

此一工時為工作 2 在設備一上之工時，故可將工作 2 由前排上日程，放在工作 3 之後，並將工作 2 由上表中刪除。

(5)工作 5 則可在工作 2 之後，工作 4 之前。

本題排序之結果可綜合如下所示。

工作 3	工作 2	工作 5	工作 4	工作 1

第五節　結　語

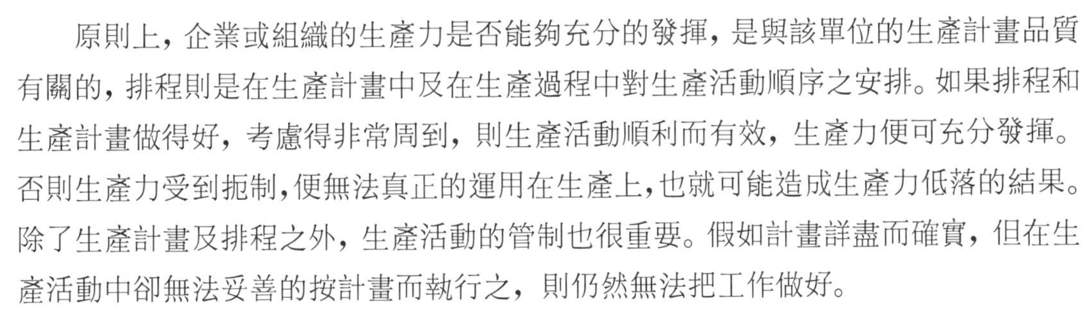

原則上，企業或組織的生產力是否能夠充分的發揮，是與該單位的生產計畫品質有關的，排程則是在生產計畫中及在生產過程中對生產活動順序之安排。如果排程和生產計畫做得好，考慮得非常周到，則生產活動順利而有效，生產力便可充分發揮。否則生產力受到扼制，便無法真正的運用在生產上，也就可能造成生產力低落的結果。除了生產計畫及排程之外，生產活動的管制也很重要。假如計畫詳盡而確實，但在生產活動中卻無法妥善的按計畫而執行之，則仍然無法把工作做好。

在本章中我們討論生產計畫及排程的問題和技巧，本章中提及的各項方法與工具都是生產計畫及管制中有用的工具。本章的討論內容實用而有趣，值得讀者深入的研究之。

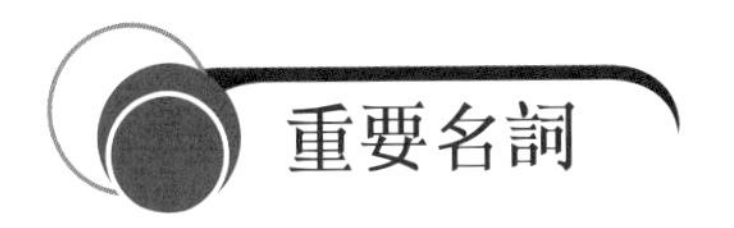

重要名詞

日程管理	向前排程	產品類型
計畫層次	向後排程	產出方法
排程管理	總體規劃	產量計畫
排　序	總體規劃策略	指派模型
分配工作	總體規劃方法	計　畫

日　程	排程的種類	排序規則
江森法則	安排工作	
指數法	排　序	

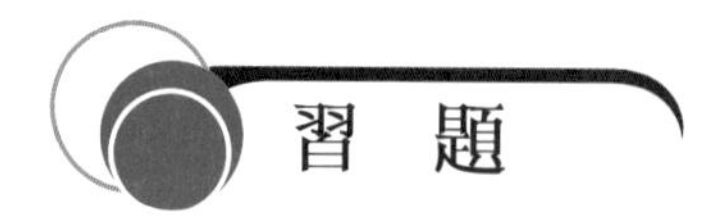

一、簡答題

1. 試說明生產計畫的活動有哪些？其各自之內容為何？
2. 向前與向後排程有何不同？哪一個較佳？
3. 總體規劃是什麼？為什麼要做總體規劃？
4. 總體規劃所需考慮之因素有哪些？可使用的策略又有幾種？
5. 總體規劃如何分解及還原？為什麼要分解及還原？
6. 試說明產出類型與產出計畫的關係。
7. 試說明排程的意義。
8. 常見的排程有幾種？
9. 通常適用於生產排程的工具有幾類？
10. 排程是什麼？衡量排程表現的標準有哪些？
11. 排序是什麼？選擇排序規則之依據為何？
12. 哪些排序規則是公認較佳的規則？其優點何在？

二、計算題

1. 德明創新公司收到四個訂單，其資料如下表：

工　作	交　期	加工時間及順序 設備編號（時間）
1	8	3 (1), 1 (2), 2 (1)
2	4	1 (2), 3 (1), 2 (2)
3	6	3 (2), 2 (1), 1 (2)
4	7	2 (2), 3 (1), 1 (1)

請以向前與向後排程方式排程。試問哪一種排程方式較佳？各種排程方式中之產能衝突又於何時產生？

2. 美如公司明年度各季需求為600、300、500、200。若每人每季可生產100件產品，在採用「全年為一期，以平均產量滿足需求時」，共需多少員工？

3. 上題若已有期初存貨200件，共需多少員工？

4. 在第2題中，若前二季為一期，後二季為一期，則各期中需用員工若干名？

5. 美德公司明年度各季需求為45、60、50及25。美德公司現有員工四名，每人每季可生產10件產品。若加班時每人每季最多5件，每件成本10000元。工作不足時，每人每季仍應最少生產5件，此時則每人每季增加約50000元之成本。若採用「以當期產量滿足當期需求」之策略，試問其成本若干？

6. 若各季需求為20、40、30、25，存貨成本為每單位每季100元，延遲交貨每單位每季300元，試問其總成本為若干？

7. 若星企業有三個員工，現有三個工作應分給這些員工處理，若其各工作所需時間如下表：

員工／工作	林	陳	楊
工作一	9	6	5
工作二	10	5	6
工作三	5	4	2

試問應如何分配工作？

8. 榮康公司擬採購四項貨品，各項貨品報價如下：

貨品／商店	甲	乙	丙	丁
忠　孝	20	23	22	26
仁　愛	23	21	24	23
信　義	22	24	26	25
和　平	23	21	25	23

試問應由何處採購各商品？

9. 自強修車廠有員工三名，現有五個工作如下表：

員工／工作	陳	秦	李
BENZ	2	3	4

BMW	3	3	4
VOLVO	3	2	2
TOYOTA	3	1.5	1.5
裕　隆	1	1	1

試問應如何分配工作?

10. 上題中若陳、秦、李等三員工各剩 5、2、3 小時之工作時間，試問又應如何分配工作?

11. 試以 FCFS、EDD、SOT、LOT 等規則將下列工作排序，並計算其流程時間及延誤（提早）時間。

工　作	交　期	加工時間
一	6	4
二	4	1
三	5	3

12. 試將下列工作排序。

工作號	1	2	3	4	5
設備一	6	5	8	1	4
設備二	2	1	2	3	3

13. 試將下列工作排序。

工作號	1	2	3	4	5
設備一	8	5	5	6	4
設備二	5	3	9	4	7

14. 試將下表中之工作製作成網路圖，並計算其關鍵路線、完工時間，以及在 12 天內完工之機率。

工　作	工　時	標準差	先行作業	壓縮成本
A	40	40	–	30,000
B	30	20	–	40,000
C	20	10	–	30,000
D	10	10	A	–
E	30	30	C	60,000
F	50	40	B、C、D、E、F	50,000

15.在上題中，若欲在 80 天內完工，其壓縮成本及所應壓縮之工作各應為如何？

16.若在第 14 題中，每個工作最多只能壓縮 10 天，試問若欲於 80 天內完工，其所應壓縮之工作為何？其壓縮成本又為若干？

17.試計算下表中專案之完工日期，若希望在 60 天內完成，其機率如何？若壓縮到 60 天，其所需之壓縮成本若干？

表 12-1　創業先鋒公司訂單交貨、生產資訊表

工　作	工　時	變異數	先行作業	壓縮成本（萬元）
A	15	100	–	10
B	20	49	–	9
C	18	25	–	8
D	17	10	A	7
E	10	10	C	15
F	5	9	D	13
G	9	16	B、C	21
H	15	10	E	7
I	21	25	F、G、H	15

參考文獻

① Harrinton, L. H., "Better Forecasting Can Improve Your Bottom Line," *Transportation and Distribution*, Vol. 40, No. 7, 1999, pp. 21–24.

筆記欄

第十三章

專案管理

Production and Operations Management

前　言

科技、知識快速成長，使社會日新月異，並造成許多必須以專案解決的問題。專案是現在常見的一種生產、管理過程。使用專案過程時，由於採取矩陣式組織，而人員、設備、技術來自四面八方，使管理工作複雜難解。在新生產方式、新重型設備愈來愈普遍之後，需要專案管理的場合愈來愈多，專案管理更形重要。專案使用日益頻繁，其原因有：(1)科技更發達、更複雜，(2)人民教育水準提高，(3)生產力提高，(4)人民休閒時間增加，(5)政府責任增加，以及(6)需要快速反應等六項。現在說明如下。

由於科技持續發展，現在已經可以使用龐大、複雜的科技及設備。這些設備可用以生產更新更大的產品，也創造對於專案管理更多需求。在教育水準提高之後，民風日開，更瞭解科技與世界，也瞭解應該使用科技、設備以滿足需求。因此，人民愈來愈不能容忍問題。在這種氣氛之下，對於專案的需求也日漸提高。人民、企業及機構的生產力提高以後，社會經濟、科技能力提高，而資源也日益增加，人民有意願，也有能力支持更多專案。由於人民有更多休閒時間，而生活已經改善，對於社會、政府要求日增，促使政府不得不使用專案以改善施政。同時，參與政治、社會活動的人多，在表達社會關心時，也可能利用專案過程。例如各種環保、政治遊行等，多採行專案管理方式，並吸引許多人參加。人民對生活及社會要求提高之後，國家、政府、企業必須增加更多建設。這些建設需求也帶動了專案管理。

同時，國際化及國際政治角力造成環境擴大、軍事防衛需求提高等現象，對於大型軍事武器、快速攻擊、快速反應的需求也增加。另外，在工商業中，市場競爭激烈，也造成對專案的需求。專案管理彈性及反應好，因此，使用專案管理的機會日增。

在瞭解專案日漸風行的原因以後，本章接下來繼續介紹專案的定義與管理。

第一節　專案生產過程的定義

所謂專案管理，是以專案的方式，對於某一特定事項或產品，進行規劃、組織與管制。一個專案只生產少數幾種或幾個新型產品，通常由於產品新穎、以往沒有生產經驗，或由於產品體積、重量、規模太大而無法移動，必須以專案的方式，結合人才、資源及設備，到現場執行生產活動。生產完成之後，此一專案即便解散。因此，原則上，一個專案只生產某一產品一次。即使下一次再生產類似產品，其負責生產的人員、資源、及設備也可能不同。以下說明由專案的種類、專案生產過程適用的時機，以及專案管理常見的問題。

一、專案的種類

專案有很多型態，其大小也不同。雖然都稱為專案，其實差異極大。為協助讀者瞭解，現在將常見的專案分類說明如下：

◆ 1. 單一專案 (Individual Projects)

單一專案是可由一個人或數個人在短期內完成的專案。

◆ 2. 部門專案 (Staff Projects)

部門專案是可由一個部門負責完成的專案。

◆ 3. 特別專案 (Special Projects)

在某些特殊狀況下，某一專案需要數個部門同時負責。但由於某些特殊要求，其中某一部門居於領導地位，而其他部門則接受領導。

◆ 4. 整合型專案 (Matrix or Aggregate Projects)

整合型專案通常牽涉許多部門及資源，也花費較長的時間。

除了以上分類方式之外，我們也可以由專案工作的性質分類之。若由專案工作的性質分類時，專案也可分為以下四種：

◆ 1. 公共工程、建築，以及開設工廠、採礦等工業專案

此類專案通常在特定地點進行。由於規模、資金需求大，以及牽涉不同專業等因素，通常在進行此類專案時，需要由數個公司共同合作執行之。因此，在進行這類專案時，風險很大，組織、溝通問題多，因此特別需要嚴格管理進度、財務，以及品質。由於建造工程牽涉到數家公司，組織、溝通問題顯得特別複雜或困難。

◆ 2. 製造專案

所謂製造專案，通常以生產、製造某一特殊、新穎產品為目的而組成。例如製造太空船、飛機、船艦、特殊設計的設備等。在進行製造專案時，產品的功能、時效、成本都是重點。此類專案也可能需要多家企業共同合作，因此，專案的組織、溝通，也同樣可能產生困擾。

◆ 3. 管理專案

在引進新管理系統、處理跨領域的新問題時，所有公司、機構都可能成立專案小

組，以專案組織執行管理與執行工作。例如公司進行電腦化、電腦、系統升級等，或企業改變公司的管理系統時，都需要利用管理專案，以推動整體、同步的改變。雖然與其他大型專案相比，這種專案並不算大，但其中所牽涉到的業務同樣繁雜。

◆ 4.研究專案

目前研究專案的總數，在專案中佔最大的比例，總數也最多。在研究專案中，研究人員或團隊針對某一議題，或某一產品概念，進行資料蒐集、整理、研究與發展，並試圖整理、發展出一個符合需求的研究成果。但研究專案與其它專案不同。研究專案在開始之前，通常難以明確定義出可能取得的結果。雖然研究專案也可以先排出日程來，但其研究專案的實際進度，則仍有賴於該研究取得的實際成果。因此，在管理研究專案時，應該把專案管理工具當成協助管制的工具，除了加強注意成本控制之外，對於研究過程與結果等，則需要稍微寬鬆一點，不可過於嚴格。

二、適用專案生產過程的時機

常見的專案生產過程，有造橋、修路、建屋、造船、挖井、建造太空梭等。在服務業產品方面，委員會、會議、成立公司、研討會、集會遊行等，也都是專案的型態。專案生產過程的適用時機，可由以下三項判定之：

⑴產品種類極多，各產品所使用的生產科技極不相同。

⑵產品改變速度快，企業必須追蹤產品的變化。

⑶工作局限在一段期間之內，完工後該組織便解散。

若生產活動符合以上三個要項，便應該使用專案生產或管理過程。專案生產過程能在「時間」及「成本」壓力下進行工作。因此，如果時間和成本是主要的考慮因素，便值得採用專案生產過程。同時，若以系統化的觀點來觀察這個問題，也可以由下列五個角度來決定應否成立專案：

⑴工作的複雜程度。

⑵能否掌握環境動態？

⑶面臨的限制有多少？

⑷能否整合相關活動？

⑸能否串連現有組織、部門，以打破限制、完成工作？

三、專案管理常見的問題

專案生產過程通常由各地召集各類專家共同工作。這些人在專案完工後便解散歸建，因此專案生產過程最大的缺點，是生產技術資料及經驗無法整理、流傳下來。為了彌補這個缺憾，許多企業在專案中使用矩陣式組織。在這個矩陣式組織之內，所有人員縱向隸屬於原有單位，但橫向則向專案經理 (Project Manager) 負責。專案經理在矩陣式組織內管理所有人員，也負責技術資料及經驗的記錄及流傳。雖然這種做法造成雙向管理的問題，但矩陣式組織可協助在原有組織架構下，向各單位徵集必要的人力，以便合作進行專案生產活動，仍然是極可取的組織架構。

在專案生命週期中，期初之時，需要很快召集人員、資源及設備，以便盡快展開各項生產活動。在接近完工時，人力、資源及設備大量減少。到完工時，由於曲終人將散，所有人、資源及設備都要歸建。由於這種特殊狀況，在專案的人事管理方面，常見以下兩種問題。第一，專案使用大量借調人員，這些人只負責專案中某些工作，對其職權與工作沒有長期興趣，其忠誠度不足。其次，專案內的工作人員都瞭解，專案完成後，人員及設備便要歸建。因此，在專案即將結束時，工作人員開始準備下一份工作，並因此造成專案結束前，常發生人手不足無法準時完工的困擾。

專案生產過程中，為確保準時達成生產目標，必須注重日程管理與目標管理 (Management by Objectives)，因此，要將工作目標、日程明確訂定出來。專案員工則依據目標管理的觀念與內容，依序進行生產活動。為趕上日程，有時也必須進行資源取捨 (Trade-off)，以增加設備、人力的方式換取時間。專案管理通常分為開始、執行及結尾等三個階段。在專案開始時，如何迅速有效的將生產技術應用於專案生產活動之中，是最關鍵的問題。在專案的執行階段之中，則以如何降低成本最為重要。到了收尾的時候，如何趕上交期又成了極其重要而難以達成的事。

第二節 專案管理簡介

專案管理中較為人所矚目者，是其使用的管制工具與方法。例如「要徑法」及「計畫評核術」便為眾所周知。但若空有工具、方法，卻無詳盡的計畫，則再好的工具、方法也無法確保專案順利。專案管理包含專案計畫與專案管制。專案計畫的重要性有時還大於專案管制。管理裡面有計畫、組織、領導、控制等內容。專案計畫是專案組織、領導、控制的基礎。因此，專案計畫可說正是專案管理的重點工作。

具體而言，專案成功的基礎有以下六項：

(1)與顧客保持聯繫。

(2)專案的計畫、執行有明確的方向。

(3)對於專案工作有詳細的計畫。

(4)對於專案過程有適時、嚴密的管制。

(5)對於專案過程、結果有適時、正確的評價。

(6)對於專案過程、結果有完整的書面報告。

一、專案管理簡介

前面說過，所謂專案管理，是以專案的方式，對於某一特定事項或產品，進行規劃、組織與管制。一個專案通常只生產少數幾種或幾個新型產品，通常由於產品新穎、以往沒有生產經驗，或由於產品體積、重量、規模太大而無法移動，必須以專案的方式，結合人才、資源及設備，到現場執行生產活動。在現代化的社會中，專案及專案管理的使用愈來愈廣泛，已經成為一個重要的課題。為協助讀者瞭解專案的性質與內容，謹此簡介專案的部分特性如下：

專案的共同特性

專案是為了達成特定目標，而產生的非日常、一次性的工作項目。通常專案具有明確目標、預算與完成時間，也對於成果有明確的要求。雖然每一專案目標、內容不同，但專案仍有其共同點。現在說明專案的共同特性如下：

◆ 1.專案有一次性

任何專案都有單一、明確的目標，每一專案由開始到完成，都有其獨特性，而專案完成之後，也很難重複。即使未來還有類似專案，其所負責主持、計畫、施工的人員或組織也不同。因此，專案有其一次性。

◆ 2.專案工作內容極為複雜

由於專案大多有完成的時間限制，因此，在短時間內必須從事許多工作，造成專案工作內容複雜的問題。由於各工作由不同的人或組織負責，專案牽涉到的人與組織眾多，又各有專業，更增加了專案的複雜性。

◆ 3.專案對所需資源、工作內容、成果有明確的時間要求

在成立專案時，通常對於專案所需資源、工作內容、成果有明確的時間要求，因此，時效是一個明確的管理指標。有時資源並非問題，重點反而是如何在時效之內完成各項工作。但若要達成時效，卻又牽涉到以資源換取時間，或調配工作順序的問題，造成專案管理的困難。

二、專案面對的風險

◆ 1.專案風險簡述

在使用專案時，目的在以專案過程將概念與活動整合起來，以實現專案的目標。這是所有專案共通的特性之一。由於使用專案組織時，難免有風險或不確定性，因此，有時雖然使用專案，卻難以達成目標。有關專案面對的風險，學者認為至少來自於兩方面：產品與專案。在產品風險方面，原則上有以下五項：產品規格不符，由於科技改變使產品因而失效，法規改變使產品無法使用，產品需求下降，以及營運成本過高。產品風險通常由業主承擔。

專案風險則由專案組織或施工單位負擔。專案風險一般牽涉到施工中所使用的原物料、科技、人才等，其結果則表現於時間、成本、品質等三方面。為免因風險而造成施工困擾，通常在專案計畫過程中，應該先衡量風險，並據以研擬因應之道。但衡量專案風險時，由於⑴風險的大小難以估計；⑵即使可以衡量，有時也難免過於主觀而失準，致使難以確實衡量專案的風險。

目前在處理專案面對的風險方面，常用統計方法以估計風險，並設法於事先降低風險。

◆ 2.專案對正式組織的影響

有關專案對正式組織的影響，坊間的討論不多，論者似乎多以為專案組織與正式組織的目標可以並行而不悖，組織間也不必然有扞格。有關專案對正式組織的影響，其實是一個很有趣的問題，值得學者研究。在使用專案組織時，由於專案組織分散了正式組織的資源、職權與人力，對於正式組織必然有所影響。

若專案組織運作時過於強勢，或高層主管兼任專案組織管理者時，若過於倚重專案組織，原有的垂直組織確有可能癱瘓。即以2003年臺灣面對SARS疫情時，由於過於倚重專案處理 SARS 疫情，政府中原有的行政部門確實曾經顯示癱瘓或脫節的狀況。因此，謹此提醒讀者，在使用專案管理時，必須事先明確訂定專案的目標、權責與執行策略，同時還要特別明訂如何與原有垂直組織合作，以及如何與原有組織互助，以免因推動專案而癱瘓了原有組織，或使原有的正式組織完全失效。

第三節 專案管理

專案管理通常牽涉到時間、成本與品質這三方面。在管理專案時，有時無法同時顧及時間、成本與品質這三方面的需求，因而以時間為主要考量。但有時卻又可能以成本或品質為主。照理說，所有專案都應該努力同時達成時間、成本與品質這三方面的要求。

◆ 1.時　效

通常任何專案管理都要考慮時效問題。通常在專案完工時間確定之後，一切的準備與管理工作都以此為依據，以確保整個專案如期完成。但有時不免產生某項工作延誤的狀況，並因而產生日程管理上的問題。但若要趕工，又要增加支出，因此，如何取捨又成為問題。

◆ 2.成　本

專案成本包括實施專案的所有直接與間接成本。管理者的主要工作，是經過合理的管理，以控制所有費用與支出，以免超出預算。

◆ 3.品　質

專案的品質表現在許多方面，例如日常管理、成本控制、時效，以及完工的品質。雖然如此，但考慮專案品質時，仍以完工品質為主。有趣的是，專案完工的品質與成本、時間又有衝突，俗語說，慢工出細活，有時必須花錢費力才能提高品質，但時效卻又是管理的重點。因此，如何取捨，仍然是重點。

一、專案管理者的任務

專案管理者負責推動專案，也要負責專案的成敗。為確保專案成功，專案管理者有以下六項任務：

◆ 1.專案計畫

專案計畫要界定專案的目標與範圍，充分瞭解相關的細部計畫，並準確的掌握其中要點。在計畫中並要瞭解其中作業的相互關係，以便營造合理的工作環境，使所有工作能順利有效的完成。

◆ 2.專案組織

為使專案順利推動，必須要有合適的專案組織。專案管理者負責建立專案組織，以便明確分工，並能掌握專案的進度與品質。

◆ 3.資訊交流與溝通

專案管理者應該協助各部門搜集資訊。在搜集資訊後，並應促進資訊的流通，以達成溝通、協調的效果，使專案順利推動。

◆ 4.日程控制

專案管理者應該根據計畫，確保按照日程動工與完工。因此，檢查施工進度、發現問題、研擬解決之道，都是重要的工作。

◆ 5.成本控制

為控制專案成本，管理者應該根據進度查核支出，以確保支出控制在計畫目標之內。在專案生命週期中，各階段有各階段的問題，管理者應該事先規劃，以預防成本支出超過預算。

◆ 6.掌握品質

在專案過程中，有時施工以後，便難以提高品質。因此，應該事先設定標準，並適時指導與監督，以確保品質。若已經產生品質問題，管理者還要權衡問題的性質，並提出解決之道。

二、專案的組織與管理

專案需要有明確的組織與管理。假如組織不健全，管理當然做不好。因此，對於專案的管理，首先要建立明確的組織。在選擇專案組織時，首先要瞭解組成專案的目的，然後再選擇專案的組織型態。一般而言，組成專案的目的至少有三項：

⑴透過專案達成一個單一的目標。

⑵對過程進行專案管理。

⑶把此一部分的操作過程交由專案執行。

為達成上述目的，要有健全的專案組織。一般而言，專案組織包括「專案經理」、「專案管理助理」、「專案辦公室」、「專案管理群」等四種組成分子。專案組織採用矩陣式組織，而借調進來的人才、設備，便納入此一組織的管理。在選擇專案組織時，我們是在計畫如何將這些人才、設備、工作進度、工作品質等，納入矩陣式組織的計畫、組織與管制範圍。也就是說，我們要思考如何組建協調管道，使人才、設備、使用方法、日程、成果等，得以順利在組織內協調與溝通。

在專案進行中，最常見需要協調的領域，包括規章制度、計畫過程、工作進度、資源需求、上下級間的聯繫、溝通管道等。

三、專案管理者的工作

專案的管理原則與一般管理相同，但做法則遠較一般管理複雜。在專案管理中，專案管理者的工作由專案開始至專案完成之間，有如重新創立一個公司一般，必須從頭到尾面對並解決嶄新的問題。為能有條不紊的做好管理工作，專案管理者必須做好以下七項工作：

⑴設定目標。

⑵建立計畫。

⑶將資源組織起來。

⑷建立組織。

⑸建立管制方法。

⑹執行與督導。

⑺維持與鼓舞士氣。

執行專案時，管理者所需考慮的因素很多。其中最重要的有：專案組織型態、整合的機制、權責劃分的結構、權限的分配、資訊系統、產品線的複雜程度、產品線的改變率、部門間的依存度、科技水準，以及經濟規模。專案管理者是專案的管理人，同時又要向高層管理者負責。在與長官溝通時，要能獲得批准專案計畫，並協助解決衝突。專案管理人在決定工作的優先順序，以及專案管理方面，也有求於高層管理者。

此外，專案管理人負責的對象，還有專案業主 (Project Sponsor)，他才是專案真正的負責人。在面對高層管理者與專案業主時，專案管理者身分曖昧，有時受制於高層管理者，但又要合作面對專案業主，頗為不易。通常在專案業主之上還有顧客，因此，專案管理人也要面對顧客向顧客負責。原則上，在專案管理人、專案業主、顧客三者之間溝通時，專案管理人應協助認清、瞭解專案衝突的原因、專案的目標、環境與現況、可行方案、利弊得失等，並在溝通後修訂專案計畫，依序執行。

第四節 計算完工時間

隨著科學技術的發展，人類所使用的設備及系統日漸擴大而複雜。有些設備或工程的建造牽涉多種技術，而參與的人員也為數眾多，極為龐大。例如我國建造的捷運系統、美國發射的人造衛星都是這類工程的實例。一般而言，這些工程都各有其獨特

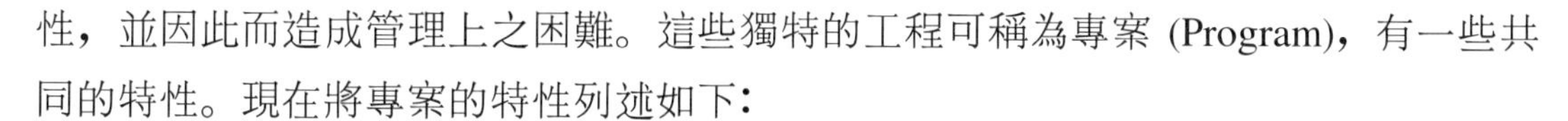

性，並因此而造成管理上之困難。這些獨特的工程可稱為專案 (Program)，有一些共同的特性。現在將專案的特性列述如下：

⑴專案是獨一無二的，很少重複

⑵難以確切的估計資源需求及完工時間

⑶包含太多工作而又責任分散，因而難以管制

目前稱通用於管理專案的方法，大多由網路理論發展出來。最常見的兩種方法是「關鍵路徑法」或「要徑法」(Critical Path Method; CPM) 及計畫評核術 (Program Evaluation and Review Technique; PERT)。要徑法在 1957 年由杜邦公司和藍德公司 (RAND) 合作發展出來。在要徑法中，關鍵路線是管制重點。計畫評核術在 1958 年由美國海軍武器特種計畫室研究出來，後來與洛克希德公司合作用於核子潛艇上發射北極星導彈之專案管理，並獲得優異成果。這兩種方法雖然分別發展出來，但其基本原理相同。這兩種方法在早期發展時有些觀念上的差異。現在將其早期觀念上之差異列述如下：

⑴ CPM 假設各活動的作業時間是固定的，而 PERT 則假設各活動的作業時間是變動的。

⑵ CPM 既考慮時間又考慮成本，同時控制時間與成本，而 PERT 的重點在於時間之控制。

但近年來這兩種方法有相互結合的趨勢，人們也經常將這兩種方法合用以同時管制時間和成本。使用網路圖式的專案管理方法有許多優點。現在將這些優點列述如下：

⑴把專案中的所有活動整合成一個系統，並系統化的規劃、執行與管制這些活動。

⑵由網路圖中可找出關鍵作業及關鍵路線，並可進行重點管制。

⑶使用網路圖可以適時計畫、及時管制並大幅提高管理品質。

⑷網路圖條理清晰、關係明確，既能注意局部，也能顧及全局。

⑸可以使用網路圖協助生產計畫及管制，更可協助預留時間、預訂設備及資源，以提高生產力。

⑹可使用電腦管理並改善專案中的時間、資源及流程等因素。

網路圖式的專案管理方法雖然有以上種種優點，但這類方法在理論及實務上均頗為複雜，並因而造成實用推廣上的困難。在大企業中使用此類技術者較為常見。至於中、小型企業則少見有人利用此類技術。

在使用 CPM 或 PERT 時，我們通常把專案中的各個活動按其工作順序繪製在網路圖中。一個網路圖中至少有箭線 (Arrow)、結點 (Node) 及虛線等三種符號。這三種

符號各有其作用及意義，不可混用。如表 13–1 所示，箭線表示一個作業，而箭線的長短與時間長短無關。虛箭線是用來表現兩個結點間的關係的，是一個虛擬作業。結點是作業開始或結束之時點，結點本身並不佔用時間。表 13–1 中最下端則是由一條箭線連結兩個結點。這是由一個結點 (*i*) 開始至另一個結點 (*j*) 結束的作業。而其上方的符號 (a) 則是該作業之代號或名稱。

表 13–1　網路圖中各符號之圖形、名稱及意義

符　號	名　稱	意　義
箭　線 ——→	作　業	1. 表示需要時間之作業 2. 工作由線頭開始到箭頭為止
虛箭線 - - - -→	虛擬作業	1. 工作時間為零之虛擬作業 2. 只代表兩個結點間之關係
結　點 ○	結　點	1. 作業開始或結束之時點 2. 結點本身不耗用時間
(i) —a→ (j)	作　業	1. 由 i 至 j 之作業 2. a 為該作業之名稱

一、網路圖之繪製

在製作網路圖時，一定要把作業之間的關係正確的表現在圖中，同時，在任何兩個結點之間也只可以由一條箭線連結。下面概略的介紹四種畫法以協助讀者取得一些印象。

(1)作業 a、b 完成後，可以做 c。

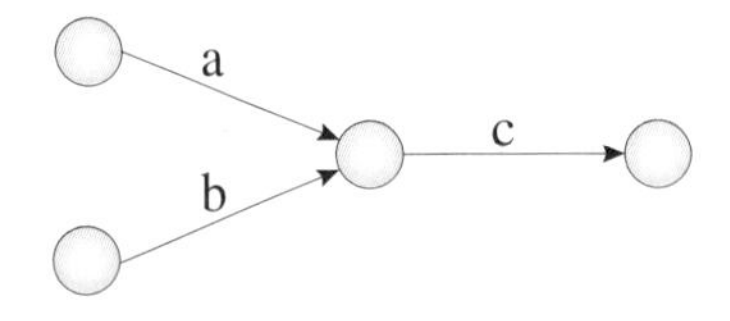

(2)作業 a、b 應同時開始，在 a、b 完成後才做 c。

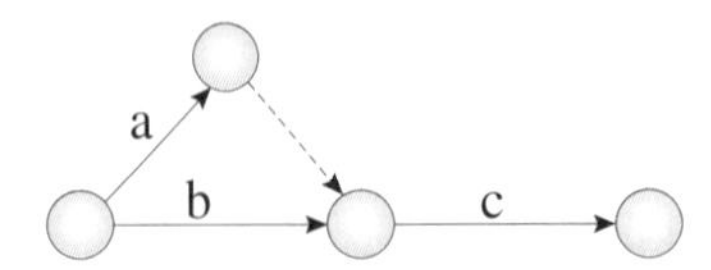

(3)作業 a、b 完成後做 c，b 完成後做 d。

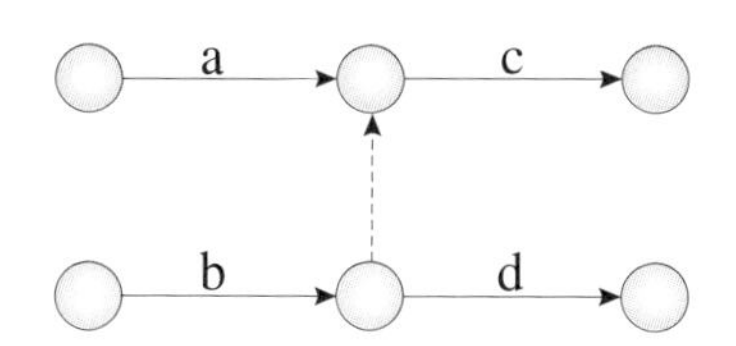

⑷作業 a、b 應同時開始，a、b 完成後才做 c，b 完成後做 d。

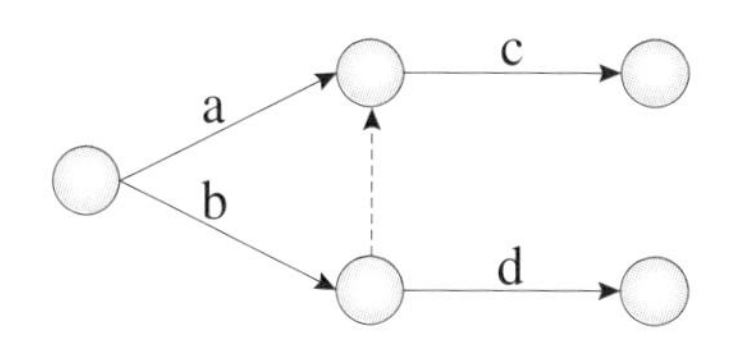

原則上，每一個作業都要有起始及完成之結點。網路圖中每一作業均應有其專用之編號。而由同一結點流出的作業在進入同一個結點時，只有一個作業可以直接連結這兩個結點。也就是說，在任何兩個結點之間只可以有一條直線連接。另外，在網路圖中也不得有循環路線出現。

二、網路圖之種類

隨著網路理論及技術的發展，各類型的網路圖及網路技術不斷出現。最常見的網路圖有兩種。一種是以箭線來代表作業的 (Activity-on-Arc; AOA)，另一種則以結點來代表作業或事件 (Activity-on-Nodes; AON)。這兩種網路圖流傳至今，以箭線式 (AOA) 較為通用。而如圖 13–1 所示便是一個箭線式的網路圖。

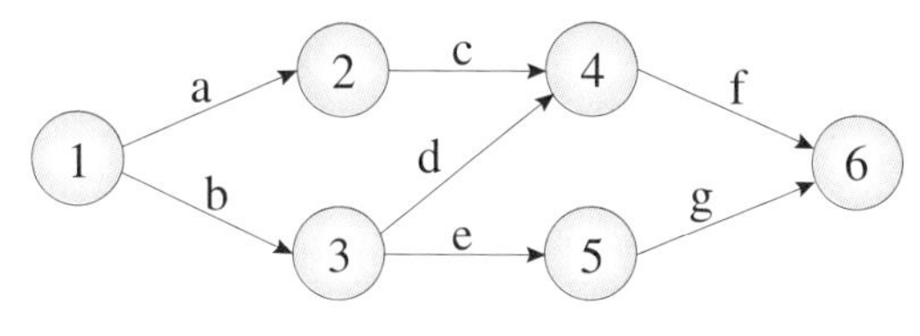

圖 13-1　網路圖範例

如圖 13–1 所示，在使用箭線式網路圖時，我們由左至右把作業依序繪製在圖中。先做的作業先編號，而其編號應小於後行作業之編號。

三、作業時間之計算

在專案管理中，各個作業之工作時間是進行管制時的基礎。而作業時間就是在既定的生產狀況下，完成該作業所需之時間。一般而言，在專案中的作業很少重複，因此，作業時間只能憑經驗估計，無法取得特別準確的時間資料。對於作業時間之估計，常用的方法有二種。現在介紹如下：

◆ 1. 單一基準估計法

採用此法時，計畫人員對各作業之時間做一個估計，並以此一估計值為其工時。

◆ 2. 變動時間估計法

採用此一方法時，我們以樂觀、可能、及悲觀三種估計時間為基準，利用「貝他分配」(Beta Distribution) 模型計算其作業時間及標準差，其公式如下。

$$t = \frac{a + 4m + b}{6} \tag{13.1}$$

$$V = (\frac{b - a}{6})^2 \tag{13.2}$$

而在公式 (13.1) 及 (13.2) 中，t 是某一作業之估計工時，a 是樂觀時間，m 是可能時間，b 是悲觀時間，V 則是該作業時間之變異數。

例一

試計算希望工程公司專案中各工作之作業時間及標準差。希望工程公司專案作業時間之各項資料可如下表所示：

作　業	先行作業	a	m	b
a	–	1	2	3
b	a	2	4	6
c	a	1	2	3
d	a	1	2	3
e	d	2	3	4
f	b	1	2	3

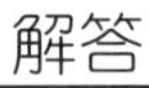

解答

作　業	$a+4m+b$	t	$\frac{b-a}{6}$	V
a	12	2	1/3	0.11
b	24	4	2/3	0.45
c	12	2	1/3	0.11

d	12	2	1/3	0.11
e	18	3	1/3	0.11
f	12	2	1/3	0.11

四、結點時間

使用 CPM 或 PERT 管理專案時，各個作業的開始及結束時間必須先行決定。原則上，結點本身並不佔用時間，只表示某一工作在此一結點開始或結束。現在將結點時間說明如下：

1.最早開始時間與最早結束時間

所謂最早開始時間 (Earliest Starting Time; *ES*)，是某一作業可能開始的最早時間。而最早結束時間 (Earliest Finish Time; *EF*)，則是該作業可能完成的最早時間。原則上，*ES* 和 *EF* 之間的關係如下：

$$ES_j = ES_i + t_{ij} \tag{13.3}$$

$$EF_j = ES_{ij} + t_{ij} \tag{13.4}$$

其中，ES_j 是由 j 點流出作業之最早開始時間，ES_{ij} 是結點 i 與 j 間作業之最早開始時間，EF_{ij} 是結點 i 及 j 間作業之最早完成時間，t_{ij} 則是結點 i 及 j 間作業之工作時間。

例二

試計算希望工程公司專案作業之 *ES* 及 *EF*。

解答

希望工程公司之專案網路圖可繪製如下：

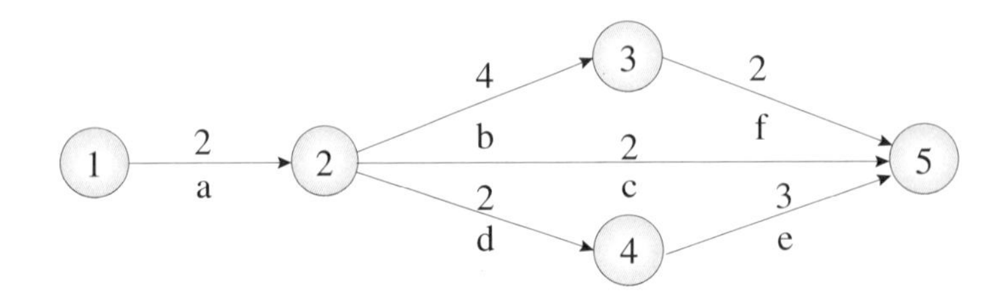

而其 *ES* 及 *EF* 可計算如下：

作　業	代　號	*ES*	*t*	*EF*
1–2	a	0	2	2
2–3	b	2	4	6
2–5	c	2	2	4
2–4	d	2	2	4
4–5	e	4	3	7
3–5	f	6	2	8

◆ 2. 最遲開始時間與最遲完工時間

最遲開始時間 (Latest Starting Time; *LS*) 是某作業在不影響後續作業的狀況下，所可能開始的最晚時間。而最遲完工時間 (Latest Finish Time; *LF*) 是在不影響專案進度下，而可能完工的最晚時間。原則上，最遲完工時間應由專案完工時間反算回來。若以例二中之資料為例，則希望工程專案之最早完工時間為 *EF*=8。既然 *LF* 是不影響專案完工時間之最晚完工時間，則專案中最後一個工作的最早完工時間就是其最遲完工時間。也就是說，$EF_f=LF_f=8$。同時，*LS* 和 *LF* 的關係式可寫成如下：

$$LF_{ij} = LS_j \tag{13.5}$$

$$LS_i = LS_j - t_{ij} \tag{13.6}$$

$$LS_{ij} = LF_{ij} - t_{ij} \tag{13.7}$$

在上述公式中，$LS_i=L_{ij}$ 是 i 點與 j 點間作業之最遲開始時間，LF_{ij} 則是其最遲完工時間，而 t_{ij} 則是該作業之作業時間。

例三

試計算希望工程公司專案中各作業之 LS 及 LF。

解答

作業	代號	LS	t	LF
1–2	a	0	2	2
2–3	b	2	4	6
2–5	c	6	2	8
2–4	d	3	2	5
4–5	e	5	3	8
3–5	f	6	2	8

五、寬裕時間、關鍵路線與工期

所謂寬裕時間 (Slack Time) 是一個作業在其最遲開始時間與最早開始時間之差。由於有這個寬裕時間，該作業可以在此一寬裕時間之內調整該工作開工之時間。而這種自由，使得管理者可藉以調整人力、設備、資源等之利用，是非常值得注意的。寬裕時間有二種，一種是總寬裕時間 (Total Slack)，而另一種則是自由寬裕時間 (Free Slack)。總寬裕時間是一個作業的 LS 與 ES 之差或 LF 與 EF 之差，亦即

$$\begin{aligned} S_{ij} &= LS_{ij} - ES_{ij} \\ &= LF_{ij} - EF_{ij} \end{aligned} \tag{13.8}$$

而自由寬裕時間則是專屬於某一作業之寬裕時間，這個寬裕時間不受其他作業延誤或提早之影響。自由寬裕時間可計算如下：

$$FS_{ij} = ES_j - ES_i - t_{ij} \tag{13.9}$$

我們知道，在專案中的關鍵路線上，所有作業均無寬裕時間。因此，沒有寬裕時間的作業可能就是關鍵路線上的作業。所有關鍵路線上工作工時之和即是該專案的工期。而關鍵作業若有延誤，工時便即拉長，因此，管理者必須採取重點管理的方式，加強管理這些作業。

現在以例四說明寬裕時間、關鍵路線及工期。

例四

試計算希望工程公司專案中之寬裕時間、關鍵路線及工期。

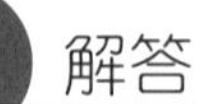

解答

作　業	代　號	*ES*	*EF*	*LS*	*LF*	*S*	*FS*
1–2	a	0	2	0	2	0	0
2–3	b	2	6	2	6	0	0
2–5	c	2	4	6	8	4	4
2–4	d	2	4	3	5	1	0
4–5	e	4	7	5	8	1	1
3–5	f	6	8	6	8	0	0

由本表可知作業 (1–5)、(2–3) 及 (3–5) 沒有寬裕時間，因此，本專案之關鍵路線為 (1–2–3–5)。關鍵路線通常可用雙線標示之（如下圖）。而此一專案之工期便為 8。

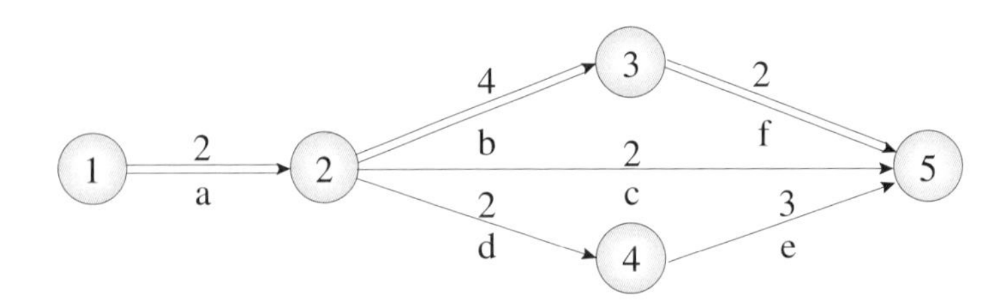

同時，由上圖可知，由於 (2–5)、(3–5)、(4–5) 等作業之後並無其他作業，故 ES_5=8。因此各工作之自由寬裕為

$$FS_{2\text{-}5} = ES_5 - ES_2 - t_{2\text{-}5} = 8 - 2 - 2 = 4$$
$$FS_{3\text{-}5} = ES_5 - ES_3 - t_{3\text{-}5} = 8 - 6 - 2 = 0$$
$$FS_{4\text{-}5} = ES_5 - ES_4 - t_{4\text{-}5} = 8 - 4 - 3 = 1$$
$$FS_{2\text{-}4} = ES_4 - ES_2 - t_{2\text{-}4} = 4 - 2 - 2 = 0$$

故僅有作業 (2–5) 及 (4–5) 有自由寬裕時間。

六、完工時間

我們在找出關鍵路線之後，便可將關鍵路線上之所有作業時間加總而得其工期。假如不考慮各作業時間之變動性，則此一工期即為該專案之完工時間。但若各工作之工時有其變動性時，不考慮此一變動性是不可以的。

在例一中我們已經將希望工程公司各作業之變異數計算完成。我們知道，在統計裡面有這種說法「和的變異數，是其變異數之和」。也就是說，完工時間的變異數是關鍵路線中各作業時間變異數之和。由例一中之表可知，希望工程公司工期之變異數為

$$
\begin{aligned}
V_5 &= V_{12} + V_{23} + V_{35} \\
&= 0.11 + 0.45 + 0.11 \\
&= 0.67
\end{aligned}
$$

在估計完工時間時，我們通常以常態分配來估計工期的變動性。因此，在計算完工時間時可使用如下之公式，

$$X = \overline{X} + Z\sigma_X \tag{13.10}$$

在公式 (13.10) 中，X 為完工日期，$\overline{X}$ 為工期，Z 為根據想達成之完工機率，由附錄中常態分配表所查得之常態值，而 σ_X 則是工期之標準差。

若管理者想要找出 95% 完工機率之完工時間，則由常態分配表可知，Z=1.645。將工期、工期之標準差及 Z 值代入公式 (13.10) 可得

$$
\begin{aligned}
X &= \overline{X} + Z\sigma_X \\
&= 8 + (1.645)\sqrt{0.67} \\
&= 9.35
\end{aligned}
$$

也就是說，若把完工時間訂為 9.35，則有 95% 的機率此一工程可在 9.35 天內完成。

值得管理者注意的是，前面所算出之工期只是完工時間常態分配之平均值。如果以計算所得之工期為其完工日期，則有 50% 之機率其完工時間可能超過工期。一個負責的管理者希望能訂出一個準確性較高的完工日期，因此，在計算出工期之後，仍應再使用公式 (13.10)，根據所希望之機率再計算出一個保守的完工時間。

七、壓縮完工時間

在計算工期及完工時間之後，如果上級要求要縮短完工時間，則我們便需壓縮完工時間。假如要壓縮完工時間，我們還是要回到工期，並設法縮短工期。然後再根據修訂後之工期來計算完工時間。現在仍以希望工程公司為例來說明壓縮工期的做法。

假設希望工程公司專案之完工日期希望能由 9.35 天下降到 8.35 天，則換算回去約等於希望將工期由 8 天降為 7 天。若作業時間之壓縮成本如下：

作業	代號	作業時間	可壓縮天數	壓縮成本/天
1–2	a	2	1	3
2–3	b	4	1	2
2–5	c	2	–	–
2–4	d	2	–	–
4–5	e	3	1	8
3–5	f	2	–	–

則很明顯的，我們應該由關鍵路線著手，設法由其中選擇若干關鍵作業以壓縮工期。由於作業 (2–3) 之壓縮成本較低，故我們可選擇作業 b 並壓縮一天之工期。其壓縮成本為 2。

以上之說明甚為簡單，但在工作多或擬壓縮太多時間時，則有可能產生意想不到的困難。例如若欲壓縮兩天，則工期為 7 之路徑亦將遭受影響。在本題中，路徑 (1–2–4–5) 之工期為 7。假如要將總工期下降到 6 天，則我們也要由此一路徑中壓縮掉一天。此時，可能便應該再壓縮作業 (1–2) 一天。因為如此可以同時縮短 (1–2–3–5) 及 (1–2–4–5) 各一天，並使工期下降為 6。而其總壓縮成本將為 2+3=5。

常見的壓縮方法有以下幾種：

1. 任意壓縮法

隨意選擇一個作業並壓縮其工期。

2. 平均壓縮法

將所有作業時間平均壓縮。

3. 依次壓縮法

按作業順序由前面開始壓縮。

4. 選擇壓縮法

按成本高低或壓縮之難易選擇作業。

我們在前面所使用的是選擇壓縮法，並由壓縮成本較低者開始。但其他三種方法也常有人使用，仍然極有參考價值。

第五節　結　語

所謂專案管理，是以專案的方式，對於某一特定事項或產品，進行規劃、組織與管制。一個專案通常只生產少數幾個新型產品，通常由於產品新穎、以往沒有生產經驗，或由於產品體積、重量、規模太大而無法移動，必須以專案的方式，結合人才、資源及設備，到現場執行生產活動。專案及專案管理的使用愈來愈廣泛，已經成為一個重要的課題。

本章討論專案管理。第一節討論專案生產過程的定義。第二節簡介專案計畫與管理概念。第三節說明如何計算專案完工時間。第四節介紹壓縮工期的方法。第五節有一個結語。

重要名詞

專案管理
專案生產過程
專案種類
專案經理
目標管理
專案計畫
專案組織
網路圖符號
管理專案
專案特性
專案風險
專案管理者的工作
最早開始時間
最晚結束時間
寬裕時間
關鍵路線
壓縮完工時間

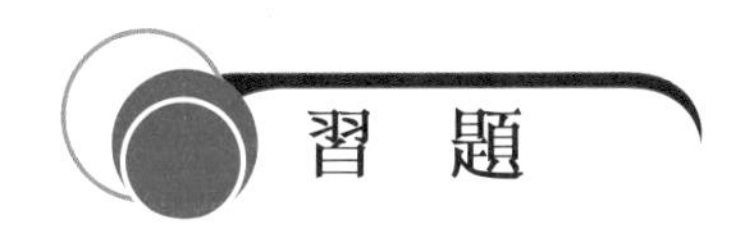

習　題

一、簡答題

1. 專案有何特性？最常見的管理方法為何？
2. 試說明專案的種類。
3. 試說明適用專案生產過程的時機。
4. 試說明專案管理常見的問題。

5. 試說明專案管理者的任務。

6. 要徑法與計畫評核術早期在觀念上有何差異?

7. 網路圖式的專案管理方法有哪些優點?

8. 估計作業時間的方法有幾種? 試說明之。

9. 何時要壓縮完工時間? 如何進行之? 常見的方法有哪些?

二、計算題

1. 若如下表之專案，試問其完工時間為何?

工作	時間
1–2	5
1–3	7
2–3	3
2–4	6
3–4	5

2. 試計算下表中專案之完工時間。

工作	時間
1–2	2
1–3	4
1–4	3
2–5	3
3–2	1
3–5	1
4–5	3

3. 試將下表中之工作製作成網路圖，並計算其關鍵路線、完工時間，以及在 12 天內完工之機率。

工　作	工　時	標準差	先行作業	壓縮成本
A	40	40	–	30,000
B	30	20	–	40,000
C	20	10	–	30,000
D	10	10	A	–
E	30	30	C	60,000
F	50	40	B、C、D、E、F	50,000

4. 在上題中，若欲在 80 天內完工，其壓縮成本及所應壓縮之工作為何?

5. 若在第 3 題中。每個工作最多只能壓縮 10 天，試問若欲於 80 天內完工，其所應壓縮之工作為何? 其壓縮成本又為若干?

6. 試計算下表中專案之完工日期，若希望在 60 天內完成，其機率如何? 若壓縮到 60 天，其所需之壓縮成本若干?

工　作	工　時	變異數	先行作業	壓縮成本（萬元／天）
A	15	100	–	10
B	20	49	–	9
C	18	25	–	8
D	17	10	A	7
E	10	10	C	15
F	5	9	D	13
G	9	16	B、C	21
H	15	10	E	7
I	21	25	F、G、H	15

7. 若某專案之工作時間如下：

工作	1–2	1–3	1–4	2–5	3–2	3–5	4–5
時間	2	4	3	3	1	1	3
壓縮成本	5	6	7	8			9
可壓縮日數	1	1	2	1			3

試問若欲於 6 日內完成，其壓縮成本若干?

8. 某專案網路圖如下，箭線旁的數字代表：作業時間（每日需用工人數）。試問完工時間及需用工人數。

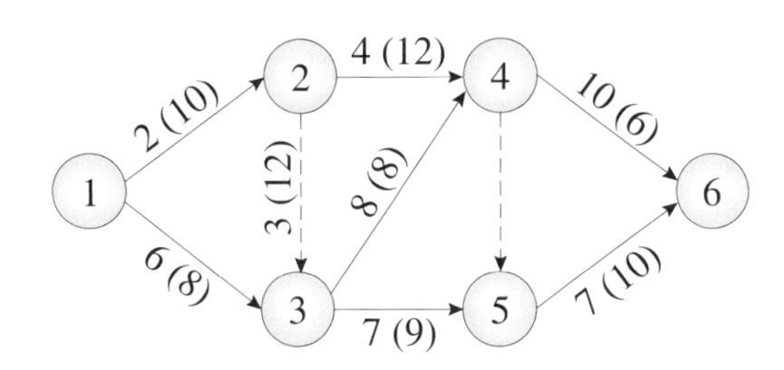

9. 某專案網路圖及相關數據如下，試問完工時間如何?

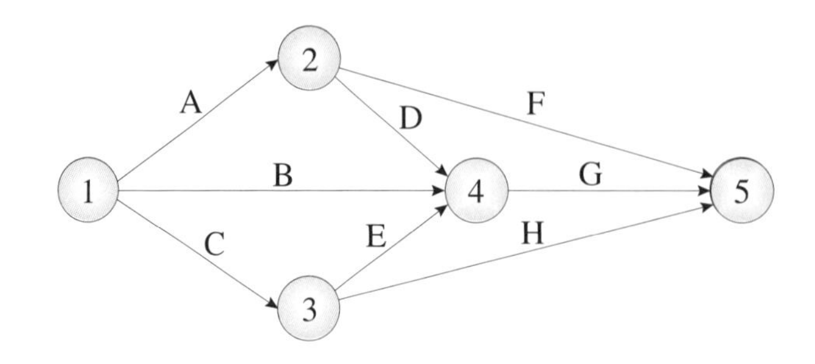

作　業	正常時間（天）	可壓縮日數	費　用	
			正　常	壓　縮
A	4	3	100	200
B	7	2	280	500
C	3	1	50	100
D	5	3	200	300
E	2	1	160	300
F	10	2	350	600
G	7	2	480	500
H	2	–	200	–

第十四章

存貨管理

Production and Operations Management

前 言

存貨管理是對原料、物料、工具、零件及機器設備等生產元素，進行科學化的計畫、採購、驗收、保管、供應，以及合理使用。若要確保生產過程穩定，就必須做好存貨管理。如果做好存貨管理，將可減少原物料消耗，並將提高經濟效益。原、物料、工具、零件及機械設備的費用佔產品成本的 50 到 80%。加強存貨管理以後，只要減少 1% 的浪費，就等於增加 0.5 到 0.8% 的利潤。如果銷貨毛利是 20%，這等於銷貨額增加了 2.5%。由此可知，存貨管理的經濟效益很大。

服務業存貨少，製造業存貨多。製造業積壓在存貨上的流動資金有時高達 50 到 60%。存貨管理做得好，這筆資金就可以轉供財務部門運用，可降低公司營運成本。另外，成品存貨管理則與銷售部門績效有關。為了公司整體利益，必須做好存貨管理工作。

第一節 存貨管理的工作內容

存貨管理牽涉極廣，由原物料等的需求量計算開始，到把成品送到客戶手上，搜集顧客使用意見為止，才算完成了存貨管理的任務。如圖 14–1 所示，採購部門根據企業的需求，向供應商採購。供應商交貨時，企業的收貨部門驗收貨品之後，將貨品存入原物料及配件倉庫中。生產部門在開始生產前再向倉庫領料使用，在生產過程中則有半成品及不良品存貨。半成品經過各項加工後將成為成品並存入成品倉庫中以便上市滿足顧客需求，而不良品及廢料等則搜集後存入廢料倉庫待日後處理。

在上述的過程中，有許多有關存貨管理的工作。有些人認為整個企業的活動就是物料流動的過程，而圖 14–1 在某個角度上，正有類似之看法。

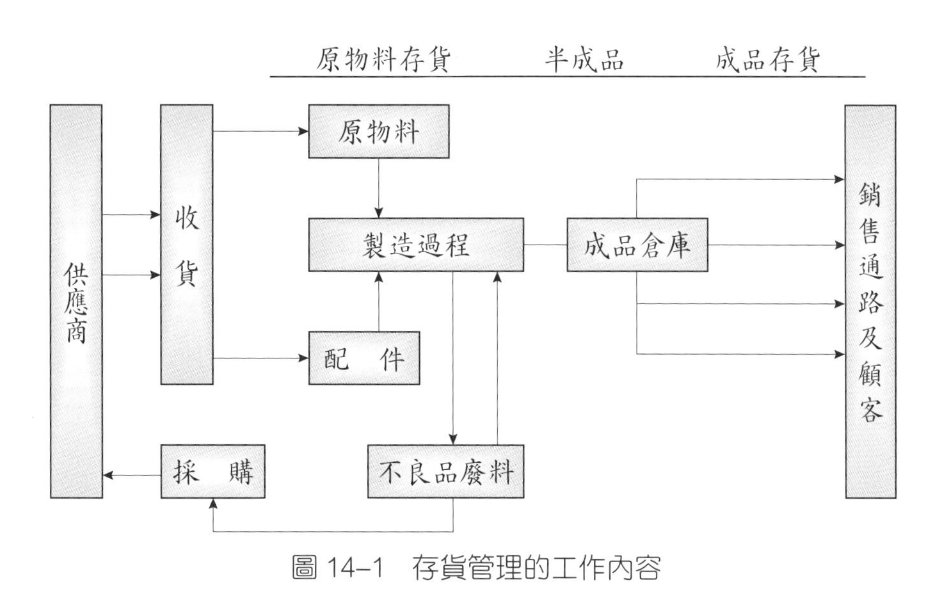

圖 14–1　存貨管理的工作內容

第二節　常見的存貨管理問題

一般教科書在討論存貨管理時，都專注於存貨成本這個部分。存貨成本確實重要，但是，除了存貨成本之外，在存貨管理上還有許多其他也很重要的課題。現在我們簡單的談談這些問題。在採購完成後，廠商交貨時，必須要經過驗收這個程序。驗收的標準，驗收的方式，驗收人員的稽核以及確認驗收結果，都是不可忽視的工作。如果工作不謹慎，其中很可能出現弊端，例如收受了不合格的原物料等，會對品質、工作流程及企業形象造成莫大的損害。驗收完畢之後，物品入庫時，如何與會計部門溝通以確保入庫品質、數量、單價和總價與採購單據上的數量、單價及總價符合，也是一個重要的問題。如果不嚴格稽核，也可能造成極大的損失。

物品入出庫時記錄之建立、使用單位領料之手續、領料數量之控制、餘料如何收回、廢料如何估價、處理，又是幾個重要的問題。如果這些工作沒做好，多餘的消耗當然歸屬產品成本項下，極不合理。另外，成品存貨之入庫程序，物品保管注意事項等也都是防止成品、包裝短少或損毀的必要工具。管理者必須於建廠之前就把各種規章、記錄及程序訂定清楚。除此之外，還要定期或不定期的檢討、修正管理規章及程序，以確保存貨管理公正、清廉、有效。

一、存貨的種類

原則上，企業在其營運活動中一定要使用原、物料。由於此一緣故，企業保有一些存貨其實是必需而合理的。對於應保有多少存貨才合理，這卻是一個見仁見智的問題。如表 14-1 所示，原則上，行銷、生產及採購部門希望保有較多存貨，而財務及工程技術部門則傾向於減少存貨的儲存量。

其實，應該保存多少存貨這個問題，應該看保有存貨之目的何在。根據功能之不同，存貨可分為以下幾個型態：

表 14-1　不同部門對存貨量之觀點

功能領域	職　責	存貨用途	對存量觀點
行　銷	銷售產品	改善顧客服務水準	高
生　產	生產產品	經濟生產規模	高
採　購	準備物料	低單價	高
財　務	提供營運資金	善用資金	低
技　術	設計產品	避免原物料過期	低

1. 運輸過程中之存貨 (Transit Inventory)

已經訂購而尚未收貨之存貨。

2. 安全存貨 (Buffer Stock)

為免缺貨而維持之存貨。

3. 預期存貨 (Anticipation Inventory)

為應付預料需求之增加而保存之存貨。

4. 分工存貨 (Decoupling Inventory)

為免上下部門間互相影響而保有之存貨。

5. 週期存貨 (Cycle Inventory)

因生產批量而造成之存貨。生產批量大則開工前之原物量存貨大，但在完工時，其成品存貨量卻大。

除了以上這幾種分類方式之外，根據原、物料的性質，也可以把存貨分成以下幾種：

(1)原、物料。

(2)零、配件。

(3)半成品。

(4)成品。

二、獨立需求與相依需求

另外一種將存貨分類的方式，是根據它的需求是否獨立而定。通常對成品的需求是獨立的，但生產這些產品所需的原物料則相依於成品的需求。對成品的需求愈高，對原物料的需求便愈高，反之亦然。例如市面上對汽車的需求即是獨立需求。但為生產這些汽車，我們需要輪胎、方向盤及車上各類零、配件、車身等等。這些物品的需求量是根據汽車的需求量而定的。因此，這種需求就是所謂的「相依需求」(Dependent Demand)。對獨立需求 (Independent Demand)，我們可以預測之，但對相依需求，我們則應該根據獨立需求而計算之。這種觀念在使用電腦系統管制存貨時非常有用，值得大家瞭解。

三、存貨管理的目標

企業營運的最主要目的是滿足顧客需求，並藉以營利。原物料、配件等物品是企業用以生產產品，以便達成上述目標的工具之一。因此，存貨管理的目的也是要設法提高顧客的滿意程度，並協助企業謀利。但更明確的說，則存貨管理之目的可分為二。一是提高對顧客的服務水準，提供高品質、低價格的產品，並適時適地的把貨品交到顧客手中。其次則是設法降低存貨管理相關的成本。原則上，這兩個目標是相衝突的。因此如何能在這兩個目標間取得平衡，便是存貨管理的主要目的。

四、訂貨決策考慮的因素

訂貨時考慮的因素很多，我們現在只討論與存貨成本相關的幾個因素。為了降低總存貨成本，我們希望把存貨成本中的各種成本都減至最少。為了達成這個目的，我們由「訂購次數」及「訂購量」著手。也就是說，我們希望知道應該：

(1)多久買一次?

(2)一次買多少?

不論使用的存貨管理系統是哪一種，上面這二個問題都是必須考慮的。

五、存貨成本的項目

所謂存貨成本，是訂貨成本、保管成本，以及缺貨成本之總和。現在介紹一下這些費用。

◆ 1.訂貨成本

訂貨成本是與採購、驗收相關之成本，一般是把它當成是不變的。也就是說，每一個訂單的訂貨成本是一樣的，所以每個訂單的訂貨成本是

$$\frac{(\text{年度平均採購相關成本} + \text{年度平均驗收相關成本})}{\text{年度平均訂單數}} \tag{14.1}$$

也有人假設訂貨成本為 $A+B(Q)$，A 為每批訂單的固定成本，$B(Q)$ 則為變動成本，其數值隨訂貨量而變。一般情況下，我們可以假設 $B(Q)=CQ$，而 C 為一個常數。

◆ 2.保管成本

物品存放在倉庫裡，除了保管人員的薪金等支出之外，還有利息、保險、倉租、搬運、失竊、毀損、電力等消耗。除此之外，積壓資金的「機會成本」也是很可觀的。保管成本通常以下式表示之：

$$C_H = Vi \tag{14.2}$$

C_H 是單位保管成本，V 是物品單價，而 i 是保管成本比率。保管成本比率因物品性質而異。原則上，一般物品其保管成本比率在 15～40% 之間。

◆ 3.缺貨成本

如果庫存不足，發生缺貨，一定會造成損失。如果是生產元素不足，生產停頓的損失必然不小。如果是成品存貨不足，則除了損失利潤之外，還可能造成商譽上的傷害。原則上，缺貨成本可包含生產停頓的損失、銷售利潤的損失、商譽的損失等等。

第三節 常用的存貨管理模型

西方自工業革命以來，在存貨管理方面便一直有新觀念及做法出現。但直到 1915 年經濟訂購量模型出現之後，才有公認可以通用的模型。在經濟訂購量模型之後，在存貨管理這個領域中的研究仍然繼續發展。至今為止，存貨與日程管理這兩個領域已成為管理方面研究的二個主要領域。其相關之文獻可謂汗牛充棟，多得不得了。在各類文獻中所探討的模型雖然為數極多，但截至目前為止，仍以經濟訂購量模型最為通用。

為了將需求及時間方面的變動也包含在分析模型之中，許多學者另外也發展出各類模型及方法。這些模型及方法各有其優缺點及適用範圍，本書限於篇幅，無法介紹所有的研究結果。在本節中，我們將以經濟訂購量模型為經，以其後續在需求、價格等方面變動性之研究為緯，將常見的存貨管理模型做一簡介。

一、經濟訂購量

經濟訂購量模型 (Economic Order Quantity Model; EOQ) 是一個簡單而有力的模型。因此，至今為止，它仍然是最通用的一個存貨管理模型。現在將此一模型說明如下。EOQ 的假設有以下四個，原則上，我們假設需求是已知而不變的 (Deterministic)。在訂貨時可立即交貨，不容許有缺貨狀況，且物料可一次送達。同時，價格也不受訂購量的影響。另外，訂貨成本與單位保管成本也是固定不變的。在這些假設之下，存貨管理決策中所發生的成本便只有訂貨成本及保管成本兩種。其總成本可如下式所示：

$$\mathrm{TC} = \frac{AD}{Q} + \frac{hQ}{2} \tag{14.3}$$

其中之 TC 為總成本，D 為在既定期間內之需求，Q 為每次之訂購量，h 為每單位每期間之保管成本，而 A 則是每次之訂貨成本。

公式 (14.3) 中之狀況也可以用圖形表示之 (如圖 14–2)。也就是說，存貨管理之總成本是總訂貨成本與總保管成本之和，而這兩種成本都是訂購量 Q 之函數。由圖 14–3 可知，最低之總成本是在總訂貨成本與總保管成本相交之一點。而這一點也可以計算如下：

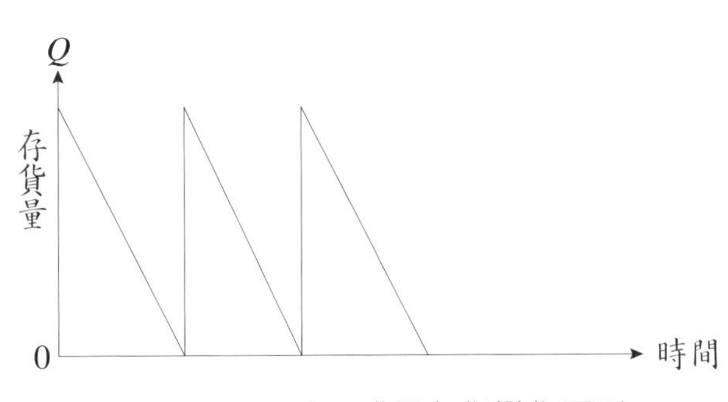

圖 14–2　經濟訂購量存貨變化圖形

由於訂貨次數為 D/Q，每次訂貨成本為 A，故總訂貨成本為 C_o=AD/Q。另一方面，由於每次訂購之數量為 Q，平均存貨為 $Q/2$，而每單位存貨之保管成本為 h，故其總保管成本為 $C_H=hQ/2$。我們知道總成本在 $C_o=C_H$ 時最低，故可設 $C_o=C_H$，並計算其訂購量 Q 如下：

設

$$\frac{AD}{Q}=\frac{hQ}{2} \tag{14.4}$$

$$Q=\sqrt{\frac{2AD}{h}} \tag{14.5}$$

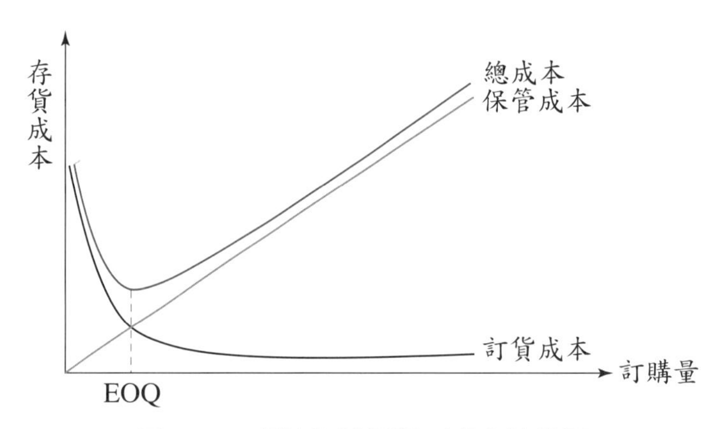

圖 14–3　經濟訂購量模型成本結構圖

另外，我們也可以把公式 (14.2) 對 Q 微分，並計算 Q 如下：

$$\frac{d\text{TC}}{dQ}=-\frac{AD}{Q^2}+\frac{h}{2}=0$$

$$Q=\sqrt{\frac{2AD}{h}}$$

而公式 (14.5) 中所計算之 Q 即為總成本最低時之訂購數量，亦即所謂的經濟訂購量。而若將公式 (14.5) 代入公式 (14.3)，則其總成本為

$$\text{TC}=\sqrt{2ADh} \tag{14.6}$$

例一

若慧敏公司以經濟訂購量模型管理存貨，其年需求為 1,250 單位，訂貨成本為 100

元，每單位每年度之保管成本為 1 元，試計算其 EOQ 及總成本。

解答

由題旨可知 $A=100, D=1250, h=1$。將這些數據代入公式 (14.5)，則其 EOQ 為

$$Q=\sqrt{\frac{2AD}{h}}$$
$$=\sqrt{\frac{2(100)(1{,}250)}{1}}$$
$$=500 \text{ 件}$$

若將 $Q=500$ 代入公式 (14.6)，則其總成本為

$$\text{TC}=\sqrt{2ADh}$$
$$=\sqrt{2(100)(1{,}250)(1)}$$
$$=500 \text{ 元}$$

由例一可知，EOQ 模型之應用極為簡便，且其結果也很明確。在使用 EOQ 模型時，可立即解得應訂購之數量及因此而衍生之成本。除上述之優點之外，在使用 EOQ 模型時，若公式中之係數估計錯誤，其因而產生之誤差也非常的小。也就是說，EOQ 模型對係數誤差並不敏感，即使係數估計誤差確實存在，其所計算出之經濟訂購量仍有極大的準確性，仍然可據以決策。而這也是 EOQ 模型之應用能歷久而不衰的主因之一。

二、經濟生產批量

在某些狀況下，生產所用的原物料是由企業自己生產的。在這種狀況下，企業當然不可以使用 EOQ 模型來決定生產批量。為了協助決定企業在這種狀況下之生產批量，學者便發展出「經濟生產批量」模型 (Economic Production Quantity; EPQ)。原則上，EPQ 的假設與 EOQ 相同。但由於該原物料是自製的，其產量應大於自身之需求，所以我們又假設本身之產能大於需求，$P>D$。如圖 14–4 所示，在企業以 P 的速度生產該原、物料時，也同時以 D 的速度將該貨品消耗於成品之生產上。因此，該原、物料以 $(P-D)$ 的速率增加。

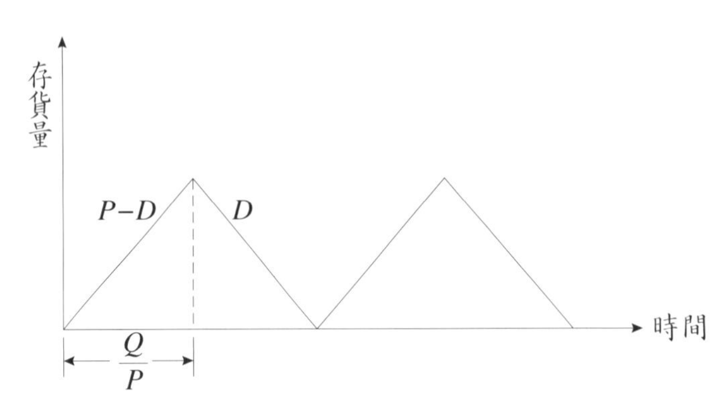

圖 14–4 EPQ 存貨變化圖形

假如這個原物料每次之批量為 Q，則一共要生產 Q/P 之久。其最高存貨量是 $(P-D)Q/P$，而其平均存貨則為 $(P-D)Q/(2P)$。由於總需求為 D，每次生產 Q，故共生產 D/Q 次，而其總裝機成本則為 AD/Q。由以上之敘述可知，此一模型之總成本為

$$\text{TC}=\frac{AD}{Q}+\frac{hQ(P-D)}{2P} \tag{14.7}$$

對公式 (14.7) 中之 Q 進行一次微分，並設其值為 0，則可計算 Q 如下：

$$\frac{d\text{TC}}{dQ}=-\frac{AD}{Q^2}+\frac{h(P-D)}{2P}$$

$$Q=\sqrt{\frac{2AD}{(1-\frac{D}{P})h}} \tag{14.8}$$

利用公式 (14.8) 便可決定企業的經濟生產批量。

例二

臺生公司生產產品所用之原料是自製的。臺生公司該原料之產量為一年 3,000 個。若在成品生產中對此原料之需求為 1,250 個，裝機成本為每次 100 元，保管成本為每件每期 1 元，試問其 EPQ 為何？

解答

由題旨可知，A=100, D=1,250, P=3,000, h=1。將這些數據代入公式 (14.8) 中，

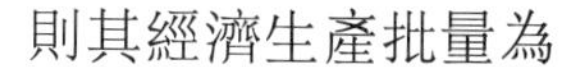

則其經濟生產批量為

$$Q = \sqrt{\frac{2AD}{(1-\frac{D}{P})h}}$$

$$= \sqrt{\frac{2(100)(1,250)}{(1-\frac{1,250}{3,000})(1)}}$$

$$= 654.65 = 655 \text{ 件}$$

三、EOQ 與數量折扣

在算出 EOQ 之後，管理者便可根據其結果而決定訂購量及採購時間等。但若此時供應商為鼓勵大量採購而提供數量折扣 (Quantity Discount)，企業又該如何處理呢? 這是一個有趣而常見的問題。現在我們討論如下。假如供應商所供應的貨品並非不良品，而且也沒有停用、非法等之顧慮，則此一決策中便仍應以總成本為其考量。在前面討論到保管成本時，我們曾經提及保管成本是單價與保管成本比率之乘積，$h=Vi$。如果單價改變了，原則上其單位保管成本便可能改變，並進而使其總保管成本產生變化。現在以例一中之狀況為例來說明數量折扣之影響。

如圖 14–5 可知，在單價改變時，其總保管成本因之改變，並造成總成本曲線之

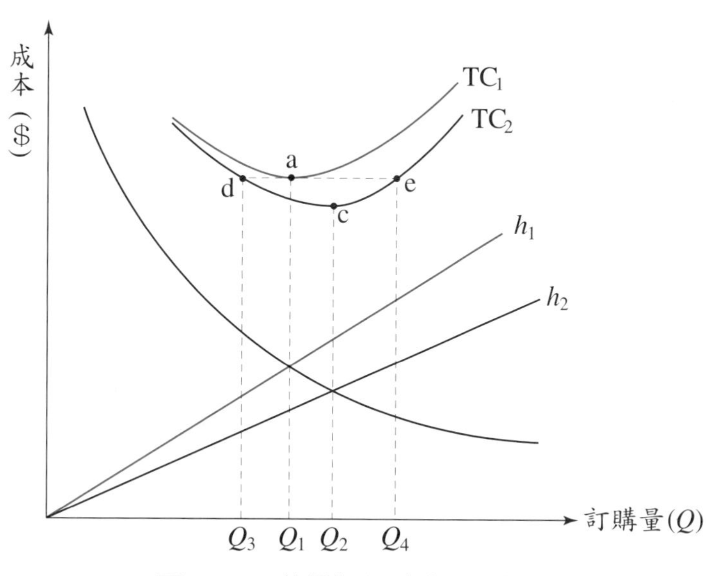

圖 14–5　數量折扣時成本之變化

改變。如果其單價下降了，原則上總保管成本下降，訂購量便可增加。也就是說，在數量折扣時，相對應於單價之下降，其 EOQ 便可能增加，並帶動總成本下降。

但在數量折扣之下另有一個問題，那就是數量折扣與數量有關。也就是說，必須採購量大到一個程度，才能享有折扣，否則便不能享用這個折扣價。因此，在算出折扣後之 EOQ 之後，還要確定這個 EOQ 是落在折扣數量之中，否則企業便不能利用這個折扣及所算出之訂購量。除了這個考量之外，由圖 14–5 可知，在折扣之後之總成本曲線 (TC_2) 落在原總成本曲線 (TC_1) 的下方。在 TC_2 曲線上，由 d 點至 e 點之間的 TC_2 值都小於原 EOQ 之總成本。因此，我們還可以再測試折扣數量之總成本是否小於原有 EOQ 之總成本。也就是說，我們應該測試折扣數量是否在 d 點與 e 點之間。如果折扣數量在此二點之間，則接受折扣仍可降低成本，故應該訂購「折扣數量」並接受折扣。

由以上所述可知，在遇見數量折扣問題時，我們應採行的步驟如下：

(1)計算折扣後之 EOQ=Q_2。

(2)查明 Q_2 是否大於折扣數量。是，則可接受折扣。否，則進入步驟(3)。

(3)計算未折扣前之 EOQ=Q_1 及其總成本 TC_1。

(4)計算折扣數量之總成本 TC (Q_D)。

(5)假如 TC (Q_D)<TC_1 則接受折扣，並採購折扣數量 Q_D。否則，不接受折扣並仍使用原有之 EOQ=Q_1。

現在以例三說明如下。

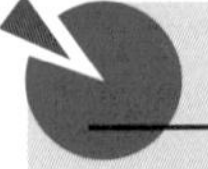

例三

臺生公司某產品之年需求為 1,250 件。若訂貨成本為每個訂單 100 元，每件之保管成本為單價之 20%，h=1 元。

現在供應商提供數量折扣如下：

購買量（件）	單價（元）
1～599	5
600 以上	4

試問應否接受此一數量折扣？

解答

步驟(1)：在單價降為 4 元時，其單位保管成本為 $h=4\times0.2=0.8$，故其 EOQ 為

$$Q_2=\sqrt{\frac{2AD}{h}}=\sqrt{\frac{2(100)(1{,}250)}{0.8}}=559\text{ 件}$$

步驟(2)：$Q_2<600$

故尚不可決定能否接受折扣。

步驟(3)：計算原有之 EOQ 及 TC。

由例一可知，$Q_1=500$, TC=500，若亦將採購單價計入，則其總成本為

$$\text{TC}_1=\text{TC}+DV_1=500+(1{,}250)(5)=6{,}750\text{ 元}$$

步驟(4)：計算折扣數量之總成本並與步驟(3)中之成本比較

$$\begin{aligned}\text{TC}_2&=\frac{AD}{Q}+\frac{hQ}{2}+DV_2\\&=\frac{100(1{,}250)}{600}+\frac{0.8(600)}{2}+1{,}250(4)\\&=5448.33\text{ 元}<6{,}750\text{ 元}\end{aligned}$$

故可接受折扣並決定採購 600 件。

四、EOQ 與變動需求

在 EOQ 中我們假設需求是已知而固定的。如果需求有其變動性且又有前置時間，則其存貨量之變化可如圖 14–6 所示。在圖 14–6 中，我們可以看出前置時間為 L。為了因應這個前置時間，因此我們需要提早採購。也就是說，在存量下降到訂購點 s 時便應該採購 Q 的數量。

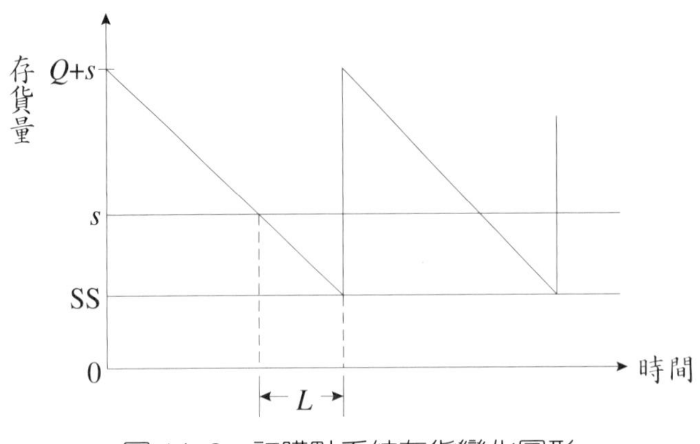

圖 14–6 訂購點系統存貨變化圖形

由於需求有其變動性，在下單之後交貨之前仍有可能缺貨。因此，我們還可以再多保留一些安全存貨 (Safety Stock; SS)。而在此一狀況之下，則訂購點便改成

$$s = x + \mathrm{SS} \tag{14.9}$$

而 x 是在前置時間內之需求，SS 是安全存貨，s 則是訂購點 (Reorder Point, s)。

一般而言，我們假設前置時間內的需求變動是常態分配的 (如圖 14–7)，因此我們可以用常態分配的公式來估計安全存貨量。在計算訂購點時，我們並應將安全存貨量包括在內。也就是說，訂購點可計算如下：

$$\begin{aligned} s &= \bar{x} + \mathrm{SS} \\ &= \bar{x} + Z\sigma_x \end{aligned} \tag{14.10}$$

其中，s 是訂購點、$\bar{x}$ 是前置時間內之平均需求、SS 是安全存量、Z 是常態數值，而 σ_x 則是前置時間需求的標準差。

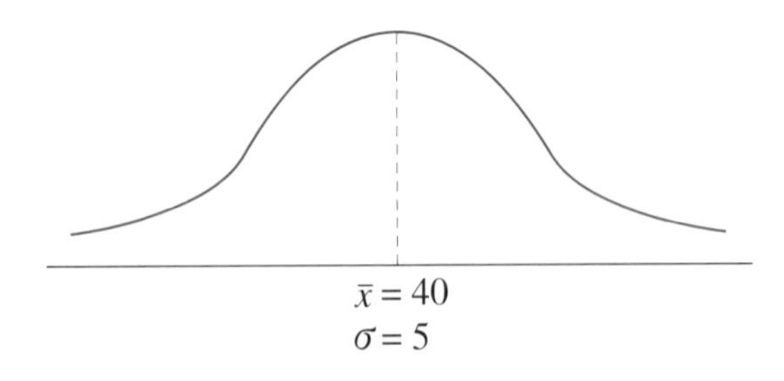

圖 14–7 前置期間之需求（假設為常態分配）

例四

臺生公司使用 EOQ 模型以管理存貨。現若訂購之前置時間為 10 天，每天使用 4 件貨品，在前置時間內需求之標準差為 5 單位。試問在 90% 服務率下之安全存量及訂購點為何?

解答

由題意可知 $\bar{x}=10(4)=40$, $\sigma_x=5$。若查附錄中之常態分配表可知，90% 時之 Z 值為 $Z=1.285$，故其安全存量為

$$SS = Z\sigma_x = 1.285(5) = 6.425$$

因此，其訂購點可計算如下:

$$s = \bar{x} + SS = 46.425 \text{ 件}$$

五、報僮問題

對於百貨公司等零售店而言，在年節中應景的貨品是非有不可的。但是這些貨品在年節之後便立即跌價，如果採購過量，其可能造成的損失也是極為可觀的。因此，這種貨品的採購決策也很重要。**報僮問題 (Newsboy Problem)** 便是針對這種問題而發展出來的一種解題模型。現在說明如下。

原則上，這種問題是一種「一次採購」的問題。若採購量太大，則多餘貨品的價值下跌，可能只能以折扣價格出清之。若出清價格小於購進成本，便可能產生損失。但若採購太少，則應賺之錢沒有賺到，也可能產生損失。原則上，我們希望採購到某一個數量，並使多買一件產品或少買一件產品都沒有差別。也就是說，我們希望多買一件產品所得盈餘之期望值 (M) 等於少買一件產品所得盈餘之期望值 (N)。根據這種想法，則所應採購之數量，應該達到需求中的某一個比例 p，且

$$p \geq \frac{M}{M+N} \tag{14.11}$$

例如若某「一次採購」商品之需求如表 14–2 所示，而每單位之成本為 C=10 元，售價為 P_r=15 元，若無法售出時，可以折扣價 d=3 元出清存貨，則

表 14–2　某商品需求量之統計資料

需求量	次　數	機率 (p)	累計機率 (P)
30	20	0.20	1.00
31	30	0.30	0.80
32	10	0.10	0.50
33	25	0.25	0.40
34	15	0.15	0.15
合　計	100		

$$M = c - d = 10 - 3 = 7$$
$$N = Pr - c = 15 - 10 = 5$$

把上述數據代入公式 (14.11) 之中，則

$$p \geq \frac{M}{M + N}$$
$$p \geq \frac{7}{12}$$
$$p \geq 0.583$$

也就是說，在上述狀況中所應採購之數量應在比率上大於需求分配的 58.3%。而由表 14–2 可知，在本例中所應採購之數量為 31 件。

第四節　存貨管理系統

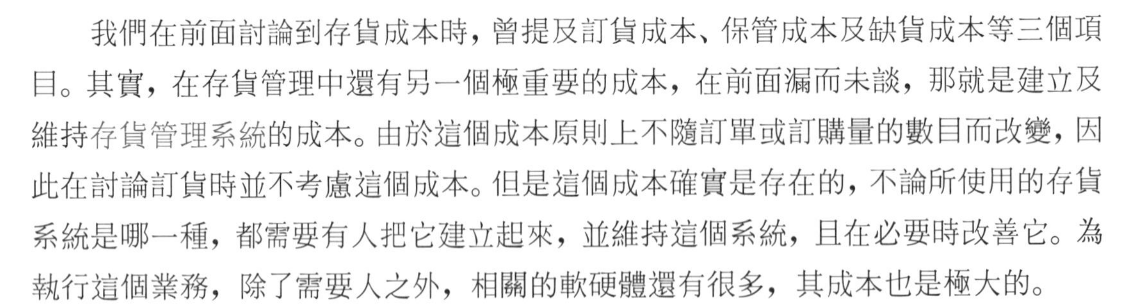

我們在前面討論到存貨成本時，曾提及訂貨成本、保管成本及缺貨成本等三個項目。其實，在存貨管理中還有另一個極重要的成本，在前面漏而未談，那就是建立及維持存貨管理系統的成本。由於這個成本原則上不隨訂單或訂購量的數目而改變，因此在討論訂貨時並不考慮這個成本。但是這個成本確實是存在的，不論所使用的存貨系統是哪一種，都需要有人把它建立起來，並維持這個系統，且在必要時改善它。為執行這個業務，除了需要人之外，相關的軟硬體還有很多，其成本也是極大的。

本節內容主要是介紹存貨管理系統的觀念，在此不再多談存貨系統之成本及相關之軟硬體。對此一課題有興趣的讀者可參考存貨管理方面的文獻以便取得更深入的瞭解。

常見的存貨管理系統有以下三種:

⑴訂購點系統 (Reorder Point System)。

⑵訂購期系統 (Periodic Review System)。

⑶物料需求規劃系統 (Material Requirement Planning System; MRP)。

MRP 系統是電腦應用在存貨管理上的一個有名的系統，我們將在下一節中詳細的說明之。在本節中，我們主要在討論訂購點及訂購期系統。現在開始討論如下。

一、訂購點系統

訂購點系統在我國也稱為「永續盤存法」，其實我們在前面討論模型時已經討論過它。公式 (14.9) 及 (14.10) 中所計算的訂購點正是此處所討論的訂購點。訂購點系統的運作方式可如圖 14–8 所示。原則上，我們事先計算出 EOQ 下之訂購量 Q。每次在領料時，管理者同時查核剩餘之存貨量。如果存貨量下降到訂購點 s，我們便開出一個訂單採購 Q 數量的產品。

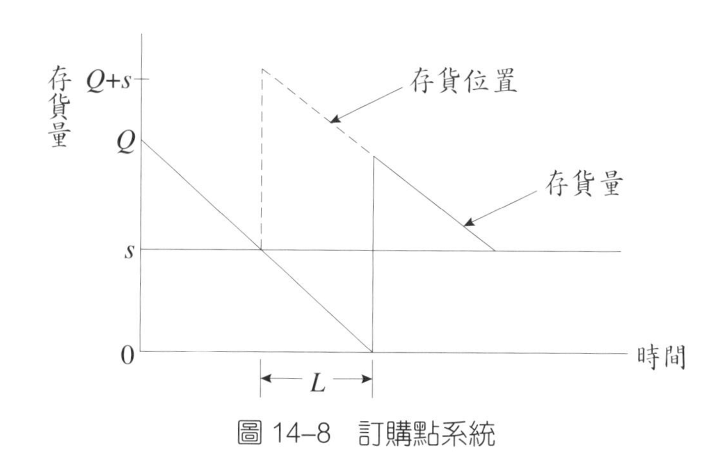

圖 14–8　訂購點系統

值得注意的是，有時可能已發出訂單採購，但尚未收到貨品。假如此時我們因存貨量已下降到訂購點而再下單採購 Q，當兩個訂單之貨品均收到時，其存貨量將太大而造成困擾。為了避免這種狀況，我們通常在領料時核對「存貨位置」(Inventory Position)，而不只是核對其現有之存貨量。所謂存貨位置，是「現有存貨量」與「已訂購而尚未交貨數量」之和。也就是說，

$$存貨位置 = 現有存貨量 + 已訂未交數量 \tag{14.12}$$

一般而言，在使用訂購點系統時需要經常查核存貨量，耗費的人力及時間較多。

因此，這種管理系統通常較適用於管理價格中上、用量也大的原物料。訂購點系統也可以用於價格低廉而體積很小的物品。在管理此類物品時，我們常使用所謂的兩箱法(Two-bin System)，同時保有二筒或兩箱貨品，並在存量只剩一箱時再下單採購兩箱。此時，其訂購點便是一箱之存量。

二、訂購期系統

訂購期系統的觀念與訂購點系統不同。如圖 14–9 所示，在使用此一系統時，我們通常定期查核存量。如果存量不足，則將存量補足至某一既定的水準。由於這樣的做法，每次採購的數量便有不同。例如在圖 14–9 中第一、二、三次訂購之數量為 Q_1、Q_2 及 Q_3，而這三次之訂購量均不相同。

在使用此一系統時，管理者需要事先決定多久查核存貨量一次。也就是說，要先決定訂購期，然後管理者並應決定系統中存貨之最大存量 S。在每次查核存貨時，其採購量之決定則可依下式處理之，

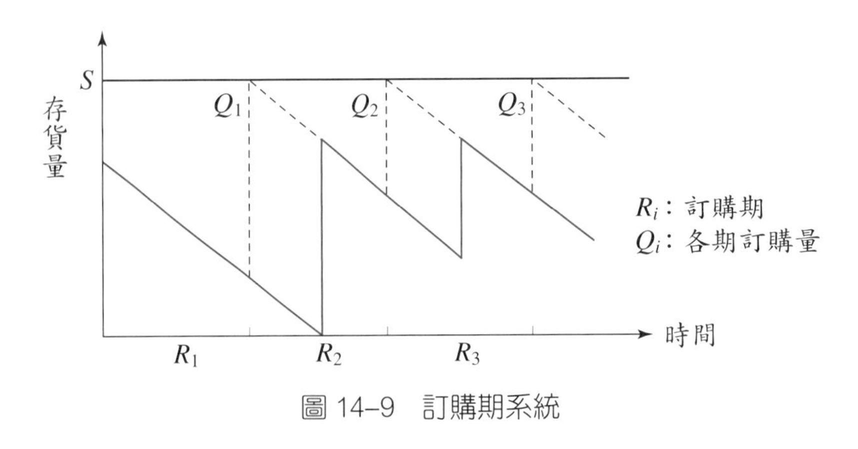

圖 14–9 訂購期系統

$$Q = S - (\text{現有存貨量}) \tag{14.13}$$

訂購期系統使用起來較為簡便，但這個系統卻也有其缺點。此一系統不能密切的管制存貨，因此，訂購期系統通常用於管理價格低廉、數量龐大、且不必詳細管理之存貨。

三、重點管理

徐志摩曾經說過：「數大便是美。」這句話在眺望遠山，欣賞美景的時候，實在既寫意又貼切。但是，在執行存貨管理工作時，面對成千上萬種物品，卻希望倉庫裡只

有一種或二種物品，以便容易做好存貨管理。為了節約成本，提高管理績效，管理者常用庫存規模分類或 ABC 分類法 (ABC Classification) 的制度。對庫存品按其資金及用量分類，做重點管理。

ABC 分類法，主要是按品種及佔用資金之多少分類。而其分類方式可如下表及圖 14–10 所示。

類 別	價 值	數量百分比 (%)	金額百分比 (%)
A	高價	15～20	75～80
B	中價	30～40	15
C	低價	40～50	10～15

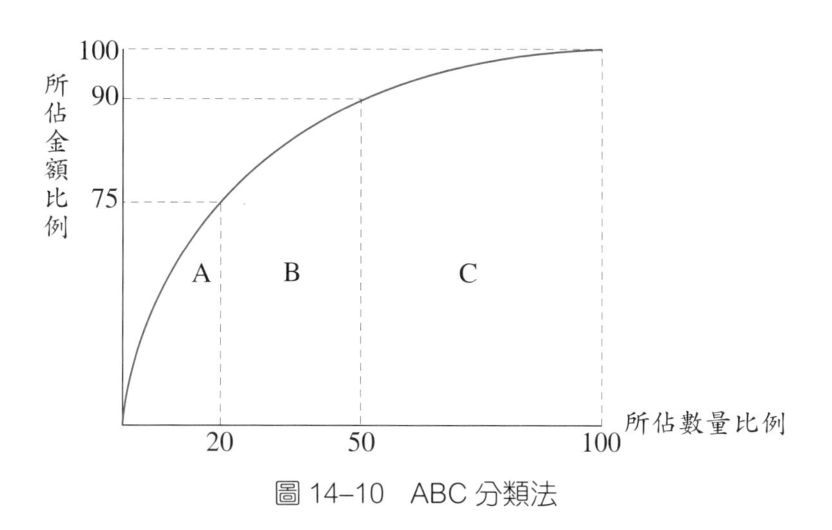

圖 14–10 ABC 分類法

原則上，A 類物品的單價較高，B 類次之，而 C 類之價格最低。通常我們先把 A 類物品挑選出來，再選擇 B 類貨品，而剩下來的物品則可歸屬於 C 類。價格雖然是一個重要的考量，但只看價格仍不全面，必須也要顧及其使用量。如表 14–3 所示，若同時考量價格及使用量，則存貨分類可有如表 14–3 中之分類方式。

表 14–3 存貨重要性分類表

單 價	數 量	類 別
高	高	A
高	中	A
中	高	A
高	低	B

中	中	B
低	高	B
中	低	C
低	中	C
低	低	C

對於不同類別的貨品，我們可以採用不同的管理方式以減輕管理工作的壓力，加強管理的效果。原則上，A 類產品關係重大，管理者應該嚴密管制，並經常檢核其存量及記錄。因此，A 類產品可以採用訂購點系統管理之。B 類產品之重要性較 A 類產品稍低，通常可以使用 EOQ 及訂購點系統管制之，也可以用訂購期系統定期檢核存量。至於 C 類貨品，由於其單價很低，可以使用訂購期系統來簡化其管理工作。假如價格很低，甚至可以一次購足半年或一年之用量。

四、盤　點

為了確保帳面與實際存貨量符合，並藉以瞭解及管理存貨之品質，企業應該進行盤點的工作。所謂盤點，就是確實清查存貨之數量及品質，並與帳卡核對。有些企業一年一次，在年底時可能停工數日以進行盤點。這種做法是定期盤點。另一種盤點方式則是指定專人負責核對帳卡與存量，一發現錯誤便行更正之。第三種盤點方法則稱為週期盤點 (Cycle Counting)。所謂週期盤點，是要求存貨管理人員一點一點的逐日清查貨品，以查核帳面與實際之差。其標的則大多以 A 類產品為主。在電腦普及之後，現在常用第四種方法來盤點。而這種方法就是設計軟體，讓電腦在每次貨品出入帳時自動查核。盤點自有其重要性，如果因而能使帳面與實際吻合，則企業營運中的準確性提高，可提高顧客服務率，有時亦可使原物料成本及總生產成本下降。

第五節 結　語

存貨管理是對原料、物料、工具、零件及機器設備等生產元素，進行科學化的計畫、採購、驗收、保管、供應，以及合理使用。若要確保生產過程穩定，就必須做好存貨管理。如果做好存貨管理，將可減少原物料消耗，並將提高經濟效益。製造業積壓在存貨上的流動資金極大，存貨管理做得好，這筆資金就可以轉供財務部門運用，可降低公司營運成本。成品存貨管理則與銷售部門績效有關。為了公司整體的利益，必須做好存貨管理工作。

本章討論存貨管理。第一節討論存貨管理的工作內容。第二節說明常見的存貨管理問題。第三節簡介常用的存貨管理模型。第四節討論存貨管理系統、第五節是一個小結。

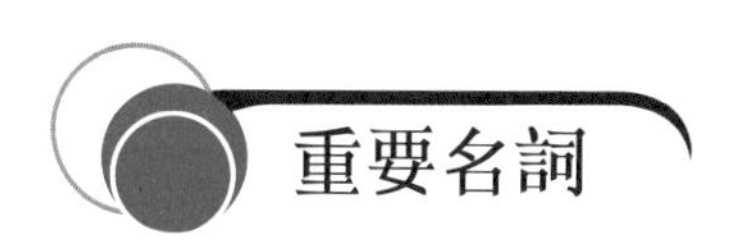

存貨管理
存貨管理問題
安全存貨
分工存貨
週期存貨
獨立需求
相依需求
存貨成本
經濟訂購量
存貨管理系統
訂購點系統
ABC 分類

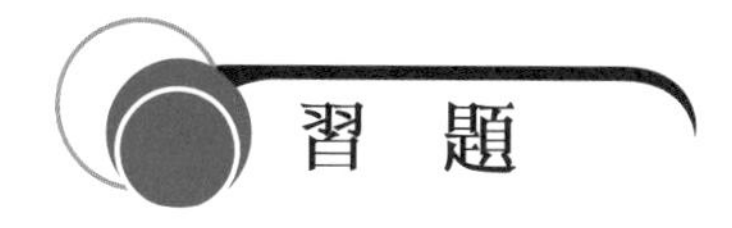

一、簡答題

1. 存貨管理有什麼經濟效益？
2. 試說明存貨管理的工作內容。
3. 常見的存貨管理問題有哪些？
4. 根據功能之不同，存貨可分為哪幾種？
5. 試說明不同部門對存貨量之觀點。
6. 獨立需求與相依需求有何不同？其間又有何關係？
7. 存貨管理的目標是什麼？
8. 存貨成本有哪些項目？各個項目又應如何決定之？
9. 如何減少處理物料的工作？
10. 如何改善物料處理之效率？
11. 自動倉庫的發展與哪些項目的發展有關？其中最重要的部分是什麼？
12. 常見的存貨管理系統有哪幾種？試說明之。
13. 存貨管理中的重點管理是以 ABC 法執行之，試說明其分類方式。
14. 試說明 ABC 各類存貨所應使用之存貨管理方式。
15. 為何要盤點？常用的盤點方法有哪些？

二、計算題

1. 同仁公司使用江東一號引擎生產淑女機車，其需求為每年 600 部。假設訂貨成本為每次 300 元，每個引擎每年之保管成本為 100 元，試問其經濟訂購量應為若干？
2. 假設上題中之訂貨成本為每次 100 元，而每個引擎每年的保管成本為 300 元，試問其經濟訂購量又應為若干？
3. 若需求為 1,000 件，裝機成本為 1,000 元，保管成本為每件 50 元，日產量每天 8 件，日用量每日 6 件，試問其經濟生產批量為若干？
4. 若上題中之裝機成本為 500 元，試問其經濟生產批量若干？
5. 假設某產品年需求為 1,000 件，訂貨成本每次 1,000 元，單價為 500 元，每件產品每年之保管成本為 50 元。若供應商提議將採購量提高為 250 件以上，並將單價下降為 450 元，試問應否接受此一數量折扣？試問其訂貨量應為若干？
6. 若某產品之年需求為 500 件，訂貨成本為 1,200 元/次，單價為 10,000 元，每單位之年度保管成本為 3,000 元。若供應商提議將採購量提高至 200 件以上，並願意將單價下降為 5,000 元。試問應否接受此一數量折扣？試問其訂貨量應為若干？其總成本又為若干？
7. 假設某企業訂貨之前置時間需求為 100，且此一前置時間需求之標準差為 15。若欲達成 95% 之服務率，其安全存量及訂貨點各應為多少單位？
8. 設若在上題中之服務率可降為 80%，試問其安全存量及訂貨點又為若干？

第十五章

物料需求規劃

Production and Operations Management

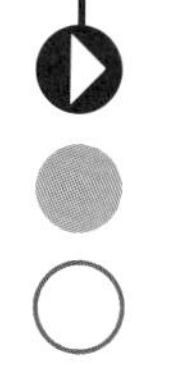

前　言

由 1960 年代開始，美國就有人嘗試將電腦應用在企業的存貨管理上。奧利奇 (Joe Orlicky) 是當時努力發展這些系統的人物之一。奧利奇寫了著名的《物料需求規劃》一書，使「物料需求規劃」成為眾所周知的一個名詞。奧利奇生前在 IBM 公司工作，他們當時想把電腦應用在企業活動及管理中，而物料需求規劃系統 (MRP) 正是可用於存貨管理的第一個電腦軟體。謹此簡介如下。

第一節　物料需求規劃簡介

物料需求規劃 (Material Requirement Planning; MRP) 是一種存貨管理及存貨運用計畫的工具。MRP 內有一系列的邏輯程序和決策法則，可用以將生產計畫或總生產日程中的原物料需求轉化成各時段中的明細需求資料。根據此一明細需求資料，MRP 並可整合數量後據以開立「訂購單」，下單採購。

目前在商業自動化的過程中，許多商店已經採用自動收銀機，在售貨時自動扣除存貨數量。此一概念及做法均由 MRP 中衍生出來。因此，MRP 的發展自有其重要貢獻。此外，現在流行的產能資源規劃 (CRP)，企業資源規劃 (ERP)，以及電子商務都有 MRP 的影子在內。

MRP 的優點可列示如下：

⑴提高顧客服務率及滿意程度。

⑵存貨管理成本下降。

⑶提高存貨計畫、管理及日程管理效率。

⑷銷貨量提高。

⑸更快速反映市場變化。

⑹存貨量降低。

除以上優點外，在需求、日程改變時，MRP 更可快速、準確的重新計算原物料需求，以立即反映日程改變所帶來的原物料需求變化。這個優點可改善企業活動的時效，值得注意。

一、存貨管理系統與問題

在大部分企業中，由於採購量與使用量的差異，後來在倉庫中都有許多餘料，因此，在帳面上盈餘很多，卻有一大部分是不能變現的存貨，毫無用處。許多臺灣中小企業後來竟因為存貨過多而周轉不靈，並產生經營危機。這種現象也造成了臺灣到處有人擺地攤的現象，講起來，臺灣到處有地攤，實在是經濟發展引發的自然現象。由於地攤處處有，使中小企業得以出清存貨以實現盈餘，也維持中小企業的持續發展。

◆ 1.訂購點存貨系統的盲點

在生產時，管理者根據訂貨數量，並進而計算原物料需求，因此，原物料需求依附於訂貨數量，是一種相依需求，而其數量則取決於最終生產量。本書第十四章討論過相依需求的概念，在此不再贅述，現在繼續討論下去。原則上，尤其在訂貨生產的企業中，若使用訂購點存貨管理系統管理原物料，則在訂單生產完成後，至少仍然保存約等於訂購點的存貨數量。若未來沒有類似訂單，這些存貨就永遠留在倉庫中而無法變現。因此，若使用訂購點系統，可能造成資金積壓，也不能確保未來供應穩定。

◆ 2.提高服務水準時，存貨量大為提高

在存貨管理理論中，若需求或時間有變化，通常以常態分配 (Normal Distribution) 來估計其中的變動程度。在這種理論背景下，若提高服務水準，相對應的常態分配指數大增，使必備的存貨數量急遽擴大，甚至無窮大。此一現象是由於將變動視為常態分配而產生的結果，並因而使人認為無法確保百分之百的服務水準。

同時，為提高服務水準，企業傾向於提高所有原物料的存貨數量，並導致庫存品種與庫存量大幅增加。

◆ 3.訂購點系統造成進貨量呈批量增加，並與實際需求產生時間差

在使用訂購點系統時，假設需求穩定下降至訂購點時，可以立即採購以供需求，交貨後也穩定消耗，但這種假設有時並不正確。但由於這種現象，可能導致原物料同時進貨，存貨同時累積的狀況。

對於上述困難，許多管理學者曾經提出各種解決之道，但多半無法處理時間與需求同時變化的狀況。物料需求規劃系統則是試圖解決此一問題的方法之一。

二、物料需求規劃系統與其發展

在奧利奇之前，於 1960 年代已經有許多學者提出類似 MRP 的概念，但奧利奇的書出版之後，才真正使物料需求規劃理論與方法得以實現。他的理論中有以下幾個特色：

(1)原物料與配件屬於相依需求，並非最終產品

(2)最終產品數量確定之後，原物料、零配件的需求可因而計算出來

(3)對於需求量可以精細計算，不必使用訂購點系統

(4)可使用電腦協助計算原物料與零配件的需求

MRP 系統經過不斷的發展，不但使物料需求規劃系統的概念與運作漸趨完善，也帶動其他相關概念的發展。現在說明如下：

◆ 1.MRP 系統本身的發展與完善

MRP 系統的發展，由早期用於協助計算物料需求，而逐漸發展成能分析需求、可平衡物料需求、協助生產計畫、可協助排定訂單、交期、提供回饋資訊的生產計畫管理系統。發展至今，MRP 系統已經可用以編製生產計畫，並與計畫的實施和控制連結起來。

◆ 2.製造資源規劃

再將 MRP 的概念與做法延伸之後，又產生了製造資源規劃 (Manufacturing Resources Planning; MRP II) 的概念。為保證生產計畫的成功，提高生產計畫對企業整體的支援，MRP II 跳出原有 MRP 生產計畫與生產的範圍，改以企業整體的角度，將物料需求與企業其他資源、企業生產活動、企業運作搭配起來，以進行整體的計畫、執行與控制。也就是說，MRP II 將 MRP 的理想擴及整個企業，並同時考慮企業的財務與內部控制，而企業其他部門也可依據 MRP II 提供的訊息制定各自的計畫。這種新的 MRP 系統促成企業內部製造資源的整合，也協助協調、統一企業的生產與作業管理活動。

◆ 3.企業資源規劃

隨著企業環境日趨複雜，為適應電腦、網路的發展，以及企業國際化的需求，企業資源規劃系統應運而生。企業資源規劃系統按照市場導向，以及 MRP II 的概念，更擴大了規劃範圍，將整個供應鏈包括在內，使 ERP 涵蓋了企業內部所有功能與活動。據說 MRP II 可以協助解決企業內部物流問題，ERP 則試圖解決整個供應鏈中的物流問題。ERP 系統雖已有商用版本出現，但其發展正突飛猛進，相信未來有更大的發展。

三、MRP 的基本原理

MRP 的基本概念，是以訂單數量為依據而準備生產計畫，然後根據生產計畫計算原物料、零配件的需求量、時間，以及生產、訂貨的數量與時間。由於 MRP 以電

腦協助計算原物料、配件需求，可大幅簡化計算工作，使採購與存貨管理工作大為簡化。同時，由於 MRP 可協助製作、追蹤各種表單，也可協助執行存貨管理工作，以提高存貨管理的效率。

若與 JIT 系統比較，JIT 系統以當時、當天的交貨量為依據，進而計算所需的原物料與零配件。但 MRP 則以整批為單位，再推算整批所需原物料與零配件之數量。因此，JIT 與 MRP 的目的類似，但 MRP 由整體著眼，以由上而下的方式整體處理存貨管理問題。JIT 系統則以個體需求著手，以上一階段的需求帶動下一階段的原物料、配件準備工作，也就是說，以上一環節的需求為下一環節的開關。據說這兩種系統搭配起來，可以真正有效的解決存貨問題，此說是否正確，也是一個有趣的研究問題。

第二節　物料需求規劃的基本結構

一、MRP 的基本結構

物料需求規劃的基本結構可如圖 15-1 所示。為簡化說明起見，我們不談整體規劃及生產計畫，直接由預測到總生產日程。但生產日程等資料雖未顯現於圖中，仍然是必要的資料。

MRP 的主要輸入資料有需求預測（含顧客訂單）存貨總檔及材料表。其輸出資料則有「目前計畫發出」或「取消」訂單資料 (Order Action Report)、訂單催貨報告 (Open Order Report)，以及未來訂單發放報告 (Planned Order Release report) 這三種。MRP 與一般存貨管理有相同之處，以 MRP 進行存貨管理時，訂購量及何時發出訂單仍然是管理的重點。但在相依需求部分，MRP 可以根據材料表自動計算，以簡化並加速計算過程。

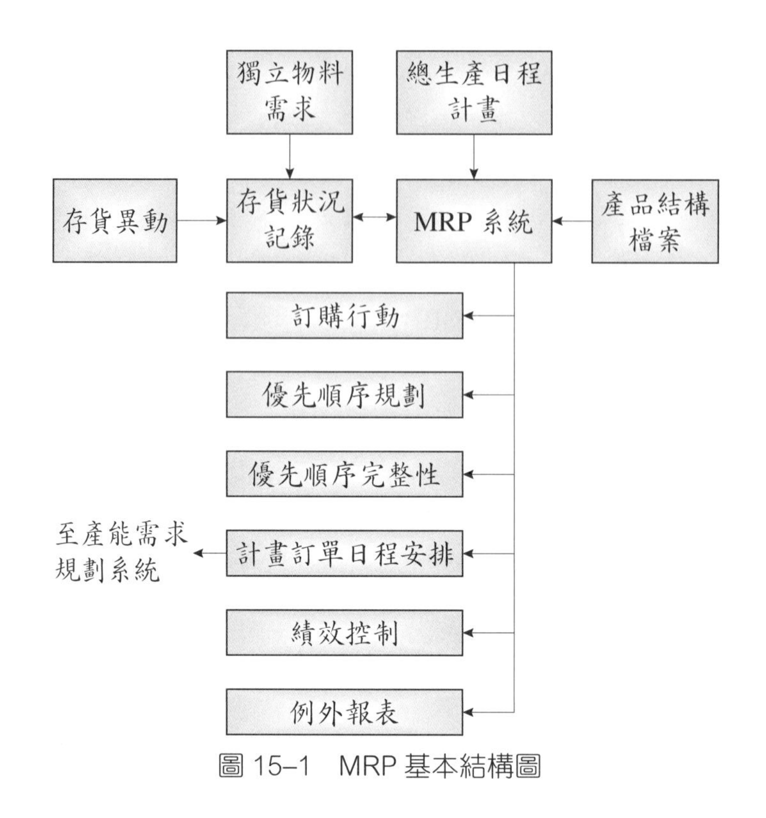

圖 15–1 MRP 基本結構圖

二、MRP 所使用及產出之資料

在 MRP 運作的過程中，它使用三種資料檔案：

(1)總日程檔案 (Master Schedule File)。

(2)產品結構檔案 (Product Structure File)。

(3)庫存資料檔案 (Inventory Record File)。

原則上，MRP 根據總日程決定何時生產哪一種貨品，以及生產多少數量，然後根據產品結構計算原物料、配件等之毛需求 (Gross Requirements)。最後則查明現有存貨資料，將存貨由毛需求中扣除，再計算出各種原物料、配件之淨需求 (Net Requirements)。根據上述之計算，MRP 並製作三種報告出來：

(1)訂單行動報告 (Order Action Report)。

(2)開放訂單報告 (Open Order Report)。

(3)計畫訂單發放報告 (Planned Order Release Report)。

訂單行動報告是本期應發出或應撤銷訂單的記錄報告，開放訂單報告是應催貨或應停止催貨訂單之記錄，計畫訂單發放報告則是未來應發出訂單之時程計畫。由以上敘述可知，MRP 根據其計算結果，將未來及現在應訂貨品之相關資料統計出來，並列入檔案中以供管理者參考。

三、產品結構樹與材料表

為瞭解產品在生產過程中共使用哪些材料，我們可以把它們製作成如圖 15–2 之產品結構樹 (Product Structure Tree)。在產品結構樹中，為免同一物品列在不同的等級中或使用不同的編號而造成困擾，我們通常把同一物品用其較低階之號碼編號，這種做法稱為低階編碼 (Low Level Coding)，是很實用的一種做法。

類似圖 15–2 中之產品結構樹對人類是簡明易懂，但在輸入電腦時卻不太容易。因此，學者又發展出材料表以作為輸入電腦存檔備查之用。圖 15–2 中之產品結構樹可改寫成如表 15–1 的材料表。由圖 15–2 及表 15–1 可知，每生產一個 A 產品共需二個 B、三個 C 及一個 E。每生產一個 B 則需要二個 D 及三個 E。而每生產一個 C 則需要一個 E 及二個 F。另外，由圖 15–2 及表 15–1 可知，在第一階中雖然也有 E，但我們使用相同而較低階之編號來代表之，並不另外編第一階中之編號。這就是低階編號之利用。

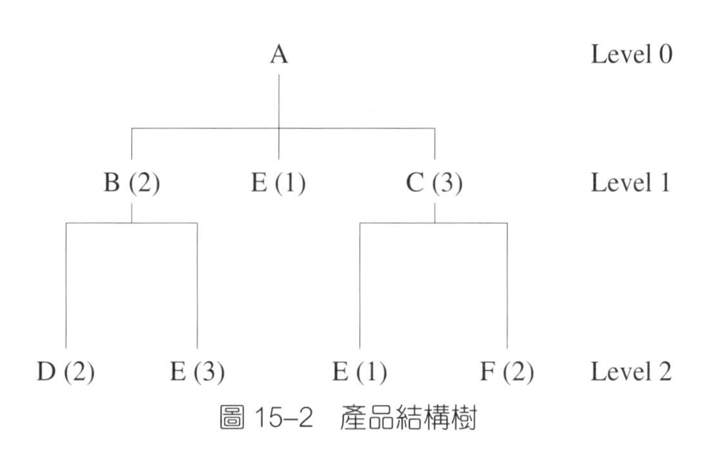

圖 15–2　產品結構樹

表 15–1　材料表

第一階	第二階	明　細	數　量
E			1
B			2
	D		2
	E		3
C			3
	E		1
	F		2

四、MRP 系統的決策參數

MRP 系統的運作，在輸入資料的部分，除了前面提過的總日程檔案、產品結構檔案、庫存資料檔案三者之外，還受到計畫期間、訂貨提前期間、訂貨批量、安全庫存等決策參數的影響。因此，管理者應該謹慎選擇決策參數，以確實發揮、提高 MRP 系統的效用。現在說明這些參數如下：

◆ 1.計畫期間

所謂計畫期間，是 MRP 涵蓋的未來時間區間。原則上，計畫期間至少要能涵蓋 MRP 中原物料、配件的最長累計提前期間，否則，便無法對較低層次的原材料進行計畫與管理。MRP 的計畫期間愈長，所能涵蓋的原物料計畫與管理愈多，但若計畫期間太長，所需要處理的數據資料愈多，電腦儲存空間與速度難免受影響。通常在決定此一計畫期間之長度時，應該參考(1)企業計畫工作的需求，(2)實際計畫時，最常累計提前期間之長度，以及(3)企業電腦所能承受及處理的數據量。

◆ 2.計畫所使用的時間單位

在使用 MRP 時，我們以各時間單位為基準，並計畫、組織、管理在該時間單位內所需生產、使用的產品、原材料種類與數量。原則上，此一時間單位愈小，計畫就愈精確，但所需處理的數據愈多，其所需用的電腦時間與空間愈大。因此，在決定使用的時間單位大小時，必須就精確度與處理困難程度進行取捨。有關計畫所使用的時間單位，一般而言，大多以週或日為一單位。

◆ 3.訂貨提前時間或前置時間

所謂訂貨提前時間，與在存貨管理中的前置時間同義，是某一活動由開始到完成所需之時間。例如，若採購某一零配件時，供應商在收到訂單後需要一週的時間準備貨品，因此，要一週之後才能交貨，則其訂貨提前時間是一週。同理，在自製時，仍然需要時間，因此，也需要訂貨提前時間。原則上，訂貨提前時間愈長，所需保持的存貨數量愈大，否則服務水準下降。

為免訂貨提前時間太長而影響效率，管理者應該認真評估訂貨提前時間的組成因素，並盡量精準估計訂貨提前時間，以確保決策參數正確可用。

◆ 4.批　量

在 MRP 系統中，對於每一種原物料、配件，在需要下訂單採購時，都需要決定訂貨批量的大小。若需求穩定，則可以經濟訂購量決定採購批量。如果需求有變動性，則也需要考慮安全存貨的問題。如果交貨時間固定，則可以一週或某一固定時間的需求量為準，並進而決定批量大小。

第三節 MRP 的計算

一、毛需求的計算

由圖 15–2 及表 15–1 我們已經知道產品結構。根據這個結構，再加上需求資料，我們便可計算對每一物品之需求。由圖 15–2 也可以清楚的看出，A 的需求是獨立的，而 B、C、D、E、F 等之需求則相依於 A 之產量，故它們的需求是相依的。現在假設已有顧客要買 50 件 A 產品。根據圖 15–2 及表 15–1，因 A 之需求而產生 B、C、D、E、F 之需求量如下：

$B: 2\times(A\text{ 之數量}) = 2\times(50) = 100$

$C: 3\times 50 = 150$

$D: 2\times 2\times 50 = 200$

$E: 1\times 50 + 3\times 2\times 50 + 1\times 3\times 50 = 500$

$F: 2\times 3\times 50 = 300$

以上之計算在使用 MRP 系統時，MRP 系統會自動計算之，並加上有關前置時間之資訊，再將這些數字放入適當的表格中，而這個過程便是毛需求之計算。現在說明如下。

為簡化問題起見，我們現在假設所有材料均可向外採購而來。若生產 A 需一週時間、生產 B 要二週、C 要一週、D 要一週、E 要二週、而 F 則要三週，則毛需求 (Gross Demand) 之計畫表可如表 15–2 所示。

表 15–2　A 產品 50 單位之毛需求

	週次						
產品別	1	2	3	4	5	6	前置時間
A：需用日期						50	一　週
發放訂單					50		
B：需用日期					100		二　週
發放訂單			100				

C：需用日期					150		一 週
發放訂單				150			
D：需用日期			200				一 週
發放訂單		200					
E：需用日期			300	150	50		二 週
發放訂單	300	150	50				
F：需用日期				300			三 週
發放訂單	300						

二、淨需求的計算

淨需求與毛需求之差異主要在於是否已將期初存貨由需求中扣除掉，淨需求是毛需求扣除期初存貨之後的真正需求。在發單採購時，其數量之計算應該是以淨需求為依據。現在我們假設各物品之期初存貨如下表（表 15–3）所示，並據以計算其淨需求 (Net Demand) 如表 15–4。

表 15–3　現有存貨記錄

物品編號	現有存貨
A	5
B	10
C	20
D	15
E	10
F	10

原則上，淨需求之計算與毛需求類似。不過此時我們查明存貨中之數量，並由毛需求中將期初存貨予以扣除而得其淨需求。值得注意的是，期初存貨只可以扣除一次。假如忘記了而重複扣除之，後來便可能產生缺貨狀況。另外，由表 15–2 及表 15–4 可知，為因應 A 之需求，企業要在六週前便開始準備。在後續的各週之內也都有許多工作要做。如果沒有 MRP 系統，則相關的計畫工作要以人力為之，是吃力又不討好的。但若使用 MRP 系統，則系統可以自動將這些資料計算清楚並列明。因此，MRP 系統是非常有用的一種系統。

表 15-4　A 產品 50 單位之淨需求

產品別	週次 1	2	3	4	5	6	前置時間
A: 毛需求						50	
存貨: 5						5	
淨需求						45	一　週
收　貨						45	
發　單					45		
B: 毛需求					90		
存貨: 10					10		
淨需求					80		二　週
收　貨					80		
發　單			80				
C: 毛需求					135		
存貨: 20					20		
淨需求					115		一　週
收　貨					115		
發　單				115			
D: 毛需求			160				
存貨: 15			15				
淨需求			145				一　週
收　貨			145				
發　單		145					
E: 毛需求			240	115	45		
存貨: 10			10	0	0		
淨需求			230	115	45		二　週
收　貨			230	115	45		
發　單	230	115	45				
F: 毛需求				230			
存貨: 10				10			
淨需求				220			三　週
收　貨				220			
發　單	220						

第四節　MRP 的實施

物料需求規劃系統 (MRP) 是「新生產科技時代」的代表作之一，也是第一個大型且可用於企業管理的軟體。在 MRP 剛推出時，企業界一片歡迎之聲，許多企業爭相使用此一系統。由於 MRP 是第一個大型且可使用於企業中的電腦軟體，還沒有整理過的使用經驗，因此，企業只能抱著由做中學的態度，一面實驗，一面繼續學習。到了 2000 年代，企業已經使用 MRP 近二十年之後，學者及企業界已經整理出一些學習經驗。由使用經驗可知，MRP 雖仍然無法全面解決存貨管理問題，卻可藉以改良存貨管理以提高生產力。

另外，許多人認為將 JIT 與 MRP 搭配使用時，可以有效解決存貨管理問題。這是一種很有趣的看法，現在討論如下。西方近年來的發展，大多試圖以整合來解決問題。以 MRP 的概念為例，MRP 嘗試建立一個大系統，將存貨或物流過程全面納入此一系統，然後以系統為核心，進而簡化、消除整個系統運作上的問題。但東方的概念，則傾向於由個體改善開始，然後由內而外，逐步改善周遭環境，並進而擴及整體。因此，JIT 由改善系統內各環節開始，強調各環節的運作效率。但 MRP 則強調由整體著眼，試圖達成整體效率的極大化。若將 JIT 與 MRP 合併使用，照理說可以達成內外同步改善的效果，應該有更大的效果。

MRP 本身是一個電腦軟體系統，若要使用 MRP，必須注重實施的過程，以及如何將一個電腦軟體，納入組織，並轉化為一個人機共構的管理系統。現在討論 MRP 的實施如下：

一、資料更新的概念

在 MRP 運作過程中，不斷有新資料進入系統。例如新訂單、收貨及退貨等，都需要將資料輸入 MRP 系統。這種資料輸入與變更，一天不知道有多少。假如沒有適時更新，則 MRP 系統便可能提供錯誤資訊。但若在每一筆資料進來時，都一次全面更新資料，卻可能耗用電腦主機 (CPU) 時間，有時甚至可能造成 MRP 系統停擺。針對資料更新與維護的問題，學者曾經發展出兩種方法。第一種是重算法，亦稱再生法 (Regenerative Approach)。第二種方法稱為修改法 (Net Change Approach)，亦稱為淨變法。重算法是將系統內的所有數據全部重新計算一次。修改法則將數據有變化之處，按照輸入的資料修改，其他的資料則並不改變。原則上，這兩種方法各有其優缺點。重算法成本高，但資料較為準確。修改法成本低，卻有可能提供錯誤資訊。

二、追溯的概念

使用 MRP 系統有另一個重要的優點，那就是可藉系統追溯 (Pegging) 可能的變化。例如在供應商延誤交期時，便可借助此一系統，將該批原物料使用之訂單與時機迅速查明，並同時清查有無其他貨品可用以解燃眉之急。MRP 是一個有趣的產品，它是第一個較具規模，而可應用於企業管理之電腦軟體。在 MRP 設計過程中，對需求與時間的變動缺乏考慮。開始使用此一系統時，這個缺點曾經造成極大困擾。許多學者專家曾經研究這個問題，相關研究論文極多。原則上，若前置時間有變動性，則可在計算及發單時預留「安全時間」(Safety Time)。若需求有變動性，則可以保留一些安全存貨。

三、實施 MRP 的基礎

MRP 是一個電腦軟體，要使一個電腦軟體順利運作，至少要有相應的電腦硬體、能使用電腦的專業人才，以及相關的管理數據資料。現在說明如下：

◆ 1. 充分的電腦硬體設備

MRP 既然是一個電腦軟體，若要讓 MRP 正常運作，便需要有充分的電腦硬體以資配合。一般而言，在電腦主機的儲存空間、速度方面，至少要能讓 MRP 正常記錄與計算，否則 MRP 便無法正常運作。通常在使用 MRP 之後，系統中的資料、數據逐漸增加，使計算過程需要更大空間、更快的速度，因此，在建立電腦硬體時，寧可使用較高階的電腦，並預留多餘的儲存空間，以應不時之需。

◆ 2. 充足的數據資料及軟體系統

MRP 負責分析與整理原物料使用、儲存相關資料，並提供存貨管理相關的決策建議，因此，先要有完備的原物料、配件數據資料，才能確保 MRP 有用。企業必須建立完整的資料搜集、記錄系統，以確保資料正確、即時，並能完整輸入 MRP 系統，以便 MRP 系統適時提供正確的資訊與建議。

◆ 3. 專業管理與資訊人才

若要使一個系統運作正常，首先要有專業管理人才與資訊人才。管理者必須瞭解 MRP 的運作與功用，才能預期 MRP 運作的需求與貢獻，並適時提出改善建議。同時，在系統運作過程中，由開始建立系統，到系統發揮功用之間，需要一段試用、熟悉時間，管理者必須瞭解這個過程，並有適當的心理準備，才可能順利度過這個磨合期。否則，不免要由期待逐漸轉趨失望，並引發 MRP 無用論之嘆。

在引進 MRP 系統以後，企業各部門主管與資訊處理人員，都要對 MRP 系統的運作，以及可能產生的問題有足夠的瞭解，也要有隨時應變的心理準備。通常在引進一個系統之後，系統無法立即全面取代舊有系統，因此，必須讓新舊兩個系統同步運作一段時間，待 MRP 系統運作成熟之後，才全面使用 MRP 系統。同時，全面改用 MRP 系統前，企業必須提供教育、訓練，以保證所有處理、使用 MRP 資訊的人，都具備充足的電腦與 MRP 知識、技能。MRP 計畫涵蓋的空間與時間較大，若要使用 MRP 系統，企業系統的透明程度也要提高。

四、MRP 的實施步驟

在實施 MRP 之前，先要瞭解 MRP 實施的步驟，並依序推動，才能順利達成實施 MRP 的目的。現在說明 MRP 的實施步驟如下：

◆ 1.事前教育

為建立環境，幫助員工瞭解與接受 MRP 系統，企業在實施 MRP 系統前，首先應該推動事前教育。事前教育的對象有兩類，第一，高、中階主管，第二，生產、計畫、採購、行銷、財務、技術、資訊相關部門的主管。事前教育的重點，在於說明 MRP 的用處與目的、功用，以及可能產生的效益。另外，相關的投資金額、實施時可能產生的問題，以及如何因應等，也是教育訓練的重點。此一事前教育的目的，主要在協助主管人員對於 MRP 有廣泛的瞭解，提高他們的參與感與支持。

◆ 2.對推動 MRP 的決策進行專案研究

若能將實施 MRP 看成為一個專案，並進行專案研究，以確定其中的實施步驟與程序，則實施 MRP 時有充分準備，推動起來必然較為順利。在進行專案研究時，應該確定開始實施的時間與成本，以及相關作業內容。原則上，實施 MRP 的成本有三部分。第一，電腦軟硬體系統；第二，搜集、輸入數據、維持系統運作，以及改善系統的成本；第三，推動、教育、訓練，以及相關諮詢成本。在使用 MRP 的效益方面，通常可來自於四方面，第一，採購成本下降；第二，庫存減少；第三，生產效率提高；第四，服務水準與品質提高。

◆ 3.成立 MRP 專案小組

MRP 專案小組除了專任人員之外，應該將大部分中高階主管納入在內，以便整個企業瞭解專案的進度。專案小組的工作內容如下：第一，擬定專案計畫；第二，報告執行狀況；第三，發現並解決問題；第四，調整進度、資源；第五，對企業高層主管進行必要的建議與會報。

◆ 4.選擇專案負責人

為使專案成功，必須慎選專案負責人。一般而言，應該選擇能力強、有經驗、瞭解系統運作的管理者擔任專案負責人。此時，切忌將 MRP 視為一個單純的電腦系統，

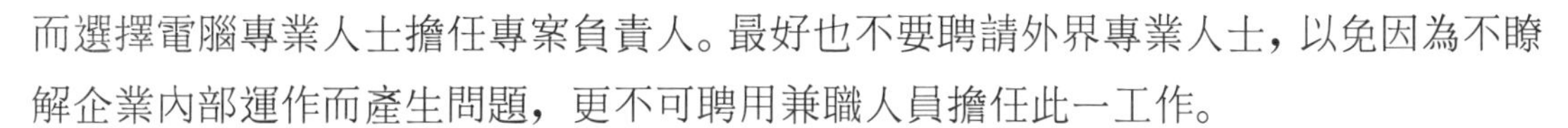

而選擇電腦專業人士擔任專案負責人。最好也不要聘請外界專業人士，以免因為不瞭解企業內部運作而產生問題，更不可聘用兼職人員擔任此一工作。

◆ 5.成立指導委員會

為使專案小組運作順利，企業應成立指導委員會，以定期瞭解進度，並適時提出指導與協助。此一指導委員會可由數名企業高層主管與專案負責人合組而成，以提供執行的原則性指導，瞭解執行狀況、困難，並協助採取適當措施以調整執行過程。

◆ 6.教育訓練

為使未來 MRP 能順利運作，企業必須對全體員工提供教育訓練，以協助瞭解 MRP 的意義，以及導入 MRP 之後，企業內外作業中的差異與效益。其他企業使用的經驗，相關專業知識，以及實際運用上的技巧、問題等，也都是討論的重點。

◆ 7.選擇試用單位

在全面實施 MRP 之前，應該先選擇試用單位，以實地測試導入 MRP 之後，所可能產生的狀況與問題，以利事先改良並確保實施順利。一般而言，可以經過三個試用階段。第一，電腦軟硬體試用；第二，輸入數據、資訊，並進行虛擬試用；第三，選擇某一部門開始試用，並整合經驗，以為未來全面使用之參考。

◆ 8.全面實施 MRP

在試用成功之後，企業可以逐步增加使用 MRP 的部門，以及 MRP 的用途。例如逐步增加現場作業種類、存貨種類、採購等工作，直到將所有部門納入為止。

◆ 9.全面實施 MRP II

在成功實施 MRP 之後，企業可以逐步將 MRP 擴大到 MRP II 的程度，以繼續提高、發揮 MRP 的效益。

◆ 10.持續改善 MRP 系統與運作

MRP 雖然出現已久，但由於使用者不同，也有不同的使用經驗。原則上，此一系統有很多功能，但若要使 MRP 順利運作，仍有賴於使用者嘗試。因此，若要使 MRP 真正發揮功能，企業必須不斷嘗試與改善 MRP 系統的運作。

第五節　結　語

MRP 是「新生產科技時代」的代表作之一，也是第一個大型且可用於企業管理的軟體。在 MRP 剛推出時，企業界一片歡迎之聲。豈料啟用 MRP 近二十年之後，學者及業界都發現 MRP 仍有缺點，而 MRP 仍然無法解決存貨管理問題。許多人認為將 JIT 與 MRP 搭配使用時，成功機會大。這是一個有趣的看法。

MRP 開啟了電腦應用於企管中的新頁。MRP 計算過程及資料處理方式是有用的進展，也值得學習。相信不久的將來，此一系統可能發展成更人性化、更有生產力的系統。

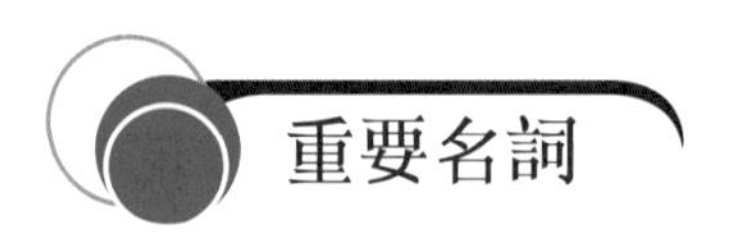

物料需求規劃系統
MRP 輸入資料
MRP 產出資料
製造資源規劃
企業資源規劃
毛需求
淨需求
產品結構樹
低階編碼
材料表
資料更新
再生法
淨變法
追 溯
安全時間

一、簡答題

1. 試說明 MRP 及其優點。
2. 試說明存貨管理系統常見的問題。
3. 試說明 MRP 的發展。
4. 試說明製造資源規劃的概念。
5. 試說明企業資源規劃。
6. MRP 使用及輸出的資料有幾種？試說明之。
7. MRP 中資料的更新有幾種方法？試說明之。
8. 試說明 MRP 的基本結構。
9. 試說明 MRP 如何因應時間與需求的變動。

二、計算題

1. 設某產品之產品結構樹及前置時間如下表所示。

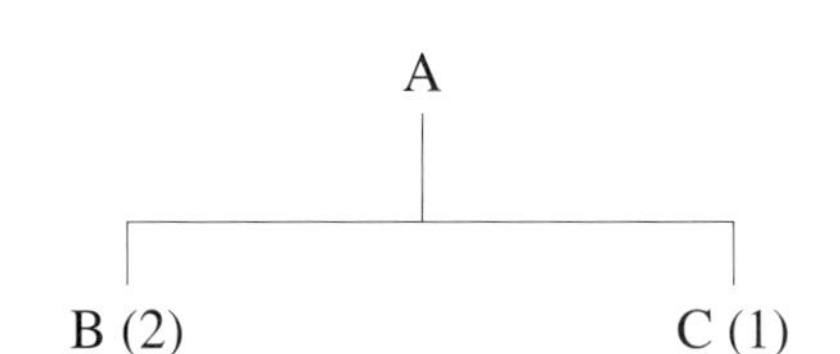

產　品	前置時間
A	二　週
B	二　週
C	一　週

若於第 10 週需要 100 件 A 產品，且 B 及 C 之期初存貨為 5 及 10，試列表計算其 MRP 之淨需求。

2. 若上題中之前置時間分別改變為一週、一週及二週，試再列表計算其 MRP 之淨需求。

3. 若前置時間為二週，期初存貨 50，何時應該發出第一個訂單，其訂購量為何?

週　別	7	8	9	10	11
毛需求	20		25	15	

4. 某成品之需求在第 8 週時為 58 件，若前置時間 2 週，期初存貨 32 件，預計在第 7 週時將收到 10 件。若每一該成品需用 A 組件 2 個，目前 A 在第 5 週時已有外部訂單 10 件，目前有存貨 14 件，前置時間一週，試問何時應採購多少件 A?

5. 第 3 題中若期初並無存貨，採購時每次訂貨成本 100 元，每件每週存貨成本 5 元，試問應於何時採購幾件?

6. 第 4 題中，若 A 在第 6 週另有 10 件外部訂單時，試問應於何時採購多少件 A?

筆記欄

第十六章

安全管理與設備保養

Production and Operations Management

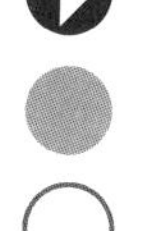

前　言

在科技、知識快速成長之際，人類使用更多、更新、更大的設備，以追求更完美的生活。為這一分執著，許多人投身於工商活動中，並付出代價。根據統計，因工作受傷、患病而停工四天以上者，其比例有時竟可高達百分之三十，不得不令人擔憂。在新生產方式、新科技、新重型設備登場之後，這種現象有增無減。例如在半導體等新電子產業中，員工有時必須接觸化工原料，此一現象造成職業災害轉型，也使安全管理更形困難。

為今之計，唯有要求企業與管理者負起責任，設法預防工作場所中的災害，使職業災害降到最低程度，以保障員工追求幸福理想的機會。本章討論安全管理與設備保養。安全管理與設備保養有關。設備管理考慮設備的安全使用，而安全管理則更擴及對人與工作環境的關懷。

第一節　安全管理的意義

根據勞委會的定義，所謂職業災害，是勞工就業場所之建築物、設備、原料、材料、化學物品、氣體、蒸氣、粉塵等或作業活動及其他職業上原因所引起之勞工疾病、傷害、殘廢或死亡。職業災害有失能傷害、非失能傷害，與永久全失能傷害等三種。所謂失能傷害，是損失工作日一日以上之傷害，包括死亡、永久全失能、永久部分失能及暫時全失能等。所謂非失能傷害，是損失工作日未達一日之傷害，即輕傷害。所謂永久全失能傷害，則是除死亡之外的任何足以使罹災者造成永久全失能，或在一次事故中損失下述各項之一，或失去其機能者。例如失去雙目、一隻眼睛及一隻手，或手臂或腿或足，或不同肢體中任何下述兩種：手、臂、足或腿。這些定義看起來令人怵目驚心，令人關切職場中人的安全。

以社會的觀點來討論安全問題時，宜從人道與經濟這兩個角度著手。在人道方面，意外災害除導致受害者人身痛苦之外，也引發家屬精神與經濟上的壓力，更造成社會不公義的現象與結果。若由經濟面考慮此一問題，意外災害足以直接、間接造成社會經濟損失。國內實行全民健保之後，已由全民健保分攤了部分經濟上的壓力，但仍然難免醫療費用以外的損失。對於企業而言，此成本來自於以下六方面：⑴傷者療養、休工、復健，亡者安家費用、喪葬補助，⑵傷者暫時或永久離開工作崗位，影響生產，⑶意外發生時的急救、送醫、災後現場清理，⑷意外時對建築物、設備、工具之影響，⑸意外對於員工工作意願、生產力產生影響，以及⑹職業災害造成工期延誤、延遲交貨之成本。

一、安全管理的定義

所謂安全管理，是推動安全管理以建立安全工作方法與環境，並改善企業內外安全意識。一般而言，若要改善安全意識或安全文化，企業需要做到以下六項：

⑴注重安全，並在組織內創造全體對於安全衛生的關切與熱情。

⑵改善組織內部所有層級之間的溝通管道，以促進安全資訊交流。

⑶將安全管理納入企業策略中，並堅持不懈以維持組織成員對安全管理的熱情。

⑷設置安全衛生規章，並在規章中明確訂定安全管理的執行細則與標準。

⑸訂定生產、服務與安全目標，並將健康、安全與生產效率三者平等看待，以求在生產、健康、安全之間取得平衡。

⑹評估企業安全衛生管理系統，不斷提供安全衛生管理資訊給組織各部門，並取得回饋，以繼續大幅改善企業安全衛生管理系統。

二、安全管理方面新問題

㈠治安問題

對於安全管理的意義，以往僅著重於工業安全 (Safety) 與健康 (Health) 的部分。隨著科技、社會的發展，國民教育水準提高，以及國際化帶動人員流動等原因，安全的定義應該也要包括由外部引起的安全或治安問題 (Security)。

安全管理問題不僅發生在製造業中，在服務業中此一問題有時更為嚴重。例如臺北市敦化北路民生東路口的麥當勞爆炸案便是一例。當時歹徒在廁所天花板上放置炸彈，爆炸後造成人員傷亡、社會震盪。後來麥當勞公司並終止與臺灣合夥人的合約，將臺灣麥當勞經營權轉交他人，以平息眾怒。製造業在廠內生產，職業災害大多由於內部員工失誤，但服務業是一個開放的系統，與外界接觸頻繁，因此，安全管理在服務業中更形重要。

㈡慢性疲勞症候群對企業產生挑戰

除了治安問題之外，管理者還要面對另一個新增加的健康問題——慢性疲勞症候群。現在說明如下。

現代醫學進步，人類的健康日漸改善。但在人類整體健康已經改善的同時，由於人類生活節奏加快，為了追求效率，有時不免長期超負荷工作，因此，遂有「慢性疲勞症候群」的出現。「慢性疲勞症候群」在 1980 年代中出現以後，已經造成許多問題。許多大企業的管理者因「慢性疲勞症候群」而導致猝死，並稱為「過勞死」。「過勞死」的症狀不只出現在企業高層，也發現在企業各階層之中。

由古史可知，梁代周興祠撰寫千字文，以及司馬遷撰寫史記時，都有在短時間之內鬢毛全白的可怕現象。目前在「慢性疲勞症候群」的影響之下，國內產官學研各界內各階層不乏員工加速老化，鬢髮全白、體力衰退，甚或提早死亡的現象。因此，「慢性疲勞症候群」已經成為一個重要的課題，管理者必須思考如何防止「慢性疲勞症候群」在企業內出現，以及在「慢性疲勞症候群」出現時，如何協助改善工作環境與員工健康。

◆ 1.慢性疲勞症候群的定義

因此，觀察及協助處理「慢性疲勞症候群」應該也成為管理者重要工作之一。為協助讀者瞭解「慢性疲勞症候群」，謹此簡介「慢性疲勞症候群」如下。

1987 年 4 月，美國疾病管制局 (Center for Disease Control and Prevention; CDC) 通過專家鑑定，將「慢性疲勞症候群」定義為：慢性、持久或反覆發作的腦力和體力疲勞，並正式將之命名為「慢性疲勞症候群」(Chronic Fatigue Syndrome; CFS)，並制定了相應的診斷標準共十八項，謹此條列如下以協助讀者參考使用。

⑴主要診斷標準

①持久或反覆發作的疲勞，持續六個月以上。

②根據病史、體徵或實驗室檢查結果，可排除引起慢性疲勞的各種器質性疾病。

③疲勞造成活動力下降一半以上。

⑵症狀標準

①體力或心理負荷過重，並引起不易解除的疲勞。

②沒有明確原因的肌肉無力。

③失眠癥狀普遍存在，或有多夢和早醒。

④頭脹、頭昏或頭痛。

⑤注意力不易集中，記憶力減退。

⑥食欲不振。

⑦肩背部不適、胸部有緊縮感，或有腰背痛、不定位的肌痛和關節痛，但無明確的風濕或外傷史。

⑧心情抑鬱、焦慮或緊張、恐懼、興趣減退或喪失。

⑨性功能減退。

⑩低熱。

⑪咽乾、咽痛或喉部有緊縮感。

⑫不明原因的排泄異常。

(3)生理指標

①低燒。

②非滲出性咽喉炎。

③頸前、後部位或咽喉部淋巴結觸痛。

美國疾病管制局認為，若(1)同時產生包括兩項主要標準中的現象，或累計八項以上症狀指標，或(2)同時有六項症狀指標出現，並加上兩項生理指標時，就可確診為「慢性疲勞症候群」。

臨床上慢性疲勞症候群好發於二十歲至五十歲的中青年人，並以白領階層居多。患者的共同特點是工作時間過長，腦力運動大，並有長期疲勞。其長期疲勞症狀有身體乏力、睡眠不安穩、記憶力減退、經常腰酸背痛、食慾不振、關節酸痛等。有些症狀類似感冒，但就醫時卻沒有明顯症狀。在這種「慢性疲勞症候群」狀況下，久而久之可能引起內分泌失調，自律神經紊亂、免疫機能下降，並導致多種疾病出現，或造成過勞死。

◆ 2.慢性疲勞常見狀況

在忙碌、多變的現代社會中，「慢性疲勞症候群」正是一種因之而起的現代文明病。假如以彈簧代表人類身體，工作與壓力就是物理學中的「外力」，在外力超過彈簧的彈性限度時，就可能產生永久變形，甚至於彈簧斷裂的現象。因此，在面對「慢性疲勞症候群」時，企業或管理者如果不瞭解，或坐視狀況惡化，便可能造成員工身體加速老化、衰竭，甚至死亡，並因而對企業的人力資源造成損害。

持續性的慢性疲勞可能引起頭痛、腹痛、注意力減退、潰瘍、心肌梗塞以及心臟冠狀動脈受損病，嚴重時還可能會引起死亡。常見的慢性疲勞情況，有以下情況（如表 16-1 所示）：

表 16–1 慢性疲勞常見狀況表

慢性疲勞症候群患者常見狀況	
早上起床時就感覺難受	等候公車時，沒有意願追趕上車
爬樓梯容易跌倒	不願意和主管或人群相處
寫文章不順利	說話無精打彩，前後不連貫
無法聚精會神聆聽他人說話	兩手不知不覺的托腮
食物中喜歡加辛辣的調味料	想喝茶或咖啡提神
對較油膩的食物沒有食慾	感覺兩手緊張或是僵硬
感覺眼睛睜不開	哈欠連連
記不住重要或常用的電話號碼	喜歡把腳蹺到桌面上
煙酒過量	體重突然減低太多
容易腹瀉或是便祕	容易失眠

概念上，若在員工身上發現上表中一至兩個情況，則該員工可能有輕微的慢性疲勞。如果有表中所示三至四個情況同時發生，便可能有中度的慢性疲勞。若有五個以上的情況發生時，可能已經有嚴重的慢性疲勞。也就是說，慢性疲勞有許多症狀，也有不同程度，管理者應該鼓勵員工觀察自我的疲勞程度，並適時調整身心，以免過勞並產生損害。

◆ 3. 慢性疲勞對職業女性的影響

目前慢性疲勞綜合症已成為 45 歲以下女性常見病症，因為它的症狀有時很像感冒，所以慢性疲勞症常不受女性重視，她們認為不免有疲勞感，因此，只要休息就行了。實際上年輕女性的疲勞感，常源自於體內失調，若不能及時改善，可能造成嚴重後果。

職業女性除了像男性一樣，在工作場所中承受工作壓力之外，大多還要承擔家務勞動，同時，女性生理結構不同，造成女性更容易身心疲憊。女性面對慢性疲勞綜合症候群時，還包括憂鬱症、纖維肌肉疼痛、甲狀腺功能衰退等。發生纖維肌肉疼痛時，早晨起床時身體有僵硬感，頸、肩、背部以及臀部有大面積僵硬感，有時還有瘙痒。由研究發現，若採行游泳、步行之類運動、熱敷和按摩等物理治療，能立即產生肌肉放鬆的作用，並提高肌肉力量和柔韌性，以減少肌肉疼痛。

女性員工面對慢性疲勞時，也常見甲狀腺異常的現象。由於甲狀腺異常來勢平緩，所以患者通常並無特別感覺，直到疾病加重，才發現甲狀腺已經無法分泌充足甲狀腺荷爾蒙，使新陳代謝功能下降。此時若不治療，甲狀腺功能衰退會損害人體器官，並使心臟和腦部受損。女性慢性疲勞導致甲狀腺異常的發病率，通常比男性高出 5 – 8 倍。因此，女性提前衰老時，常伴有異常皮膚乾燥和粗糙、臃腫、肥胖、易患感冒、經血過多、指甲變脆、眉毛變疏、掉頭髮等。此時，便應到醫院檢測體內甲狀腺激素的水平。

另外，也有皮膚蒼白、頭暈、氣短、暈眩、冷過敏、情感冷漠、煩躁易怒和注意力降低等現象，這是缺鐵性貧血的表現。妊娠期女性更易患缺鐵性貧血。體內缺鐵時向組織供氧的血紅蛋白不足，遇到大量運動、節食、月經期長等情況時，貧血症狀更為明顯。原則上，多吃含鐵食物，比如肉、魚、家禽、豆腐、豆類植物，以及經過含鐵強化處理的食物很有幫助。同時，女性過勞時還容易導致失眠、狼瘡等問題。這些問題都與過勞有關，因此職業女性特別需要注重休息。如果疲勞感已經長達半年以上，更應立即前往醫院進行身體檢查。

◆ 4. 因應慢性疲勞症候群的挑戰

一般而言，慢性疲勞症候群的主因，可能是由於慢性壓力累積以後，將影響人的心智及行為。同時，患者也常出現健忘、頭暈、焦躁、易怒、注意力不集中、情緒化、焦慮或憂鬱等變化。有時也伴有增加吸菸、酗酒、體重大幅起落、不運動、濫用咖啡、提神飲料等不健康行為。

為防止員工因慢性疲勞而產生健康問題，管理者可就以下四方面進行努力。第一，為防止或提早瞭解慢性疲勞的出現，醫師建議應定期進行全身檢查，在檢驗時，至少應該檢驗血液及尿液常規、血清生化、胸部 X 光、心電圖等。若有頭痛，可加做腦波檢查。另外，B 肝帶原者可做肝臟超音波等。若一切都正常，一方面可針對現有症狀治療，同時進行壓力舒解，或協助患者調整生活方式，以解除慢性疲勞的不適。慢性疲勞與大多數疾病類似，後續可能衍生或惡化成為高血壓、糖尿病、冠心病、精神官能症等慢性疾病患者，甚至過勞死。

第二，在面對慢性疲勞時，管理者應該協助員工及早發現病情，並了解身體的極限，然後據以調整工作與生活步調，幫助員工學習放鬆心情的方法。因此，對於長時間工作的上班族，以及長期處於壓力下的企業人而言，最好能在教育訓練中，教導員工調整生活作息，以及抒解壓力的方法，協助員工學會放鬆心情。此外，也應該鼓勵員工安排時間定期運動，以調適壓力。

第三，提供日常休閒設施，以協助員工抒解壓力。在討論廠房與設施規劃時，我們曾經提起，國內企業在支援性服務設施方面做得不夠，與國外仍有極大差異。其實，這種現象與整個國家的進步有關。企業若有充分的支援性服務設施，將可以協助改善員工的疲勞程度。如果我們的企業管理者瞭解這一點，則國內各級機構與企業就會開始注重支援性設施，並鼓勵企業員工使用休閒設施，以抒解員工壓力、改善員工的體力與生產力。

第四，定期強迫員工休假或旅遊。報導中曾有某女性程式設計師，由於天天超時工作而積勞成疾。有一天起床時單側手臂無法動彈，經緊急治療後，仍不幸成為植物人的例子。國外企業流行提供員工有薪休假與旅遊，有時並採取強迫手段，要求一定要暫時離開工作。這種做法非常有用，為免員工過勞，除了應該於日常協助員工抒解壓力之外，更應該規定員工定期休假或旅遊，以確保員工得以適時、適度脫離工作的壓力。

慢性疲勞症候群正以全新的面貌影響企業，其影響層面深而廣，不容忽視。但此一問題與原來企業中的健康問題，頗有其不同之處。因此，對於此一部份的工作，到底應該由哪一個單位負責，坊間還沒有定論。但由於此一問題可能具體影響企業人力資源與生產力，企業必須儘速正視此一問題，並決定負責的部門與處理之道。

㈢防疫問題

人類進步雖然帶來新科技，以及更舒適的生活，卻也可能引發自然的反撲。在自然界的反撲方面，土石流已經是常見的問題，另外一個凶猛的問題，就是新株病毒的不斷出現。過去十數年中，我們見到愛滋病毒肆虐世界，中非洲為伊波拉病毒所苦，美國新墨西哥州出現類似非典型肺炎 (Severe Acute Respiratory Syndrome; SARS) 病例。美國出現 SARS 病例的十年後，SARS 爆發於臺灣、大陸、香港、新加坡等華人世界，並繼續向世界各國進軍。由於 SARS 的傳染速度快、死亡率高，又無藥可救，世界各國莫不為之震動。

SARS 疫情蔓延不但影響亞洲經濟，各國企業也都連帶遭殃。其中尤以航空運輸、旅遊、餐飲業首當其衝，其他產業則跟隨在後，也全都受到影響。2003 年 5 月份的《時代》雜誌報導，SARS 在全球造成的損失已接近 300 億美元。根據 J. P. 摩根證券公司估計，由於 SARS 肆虐，加拿大多倫多市每天損失 3,000 萬美元。連鎖店龍頭老大麥當勞 (McDonald's) 報導，由於 SARS 疫情發燒，大陸地區營收估計衰退 20%。

經濟學家估計，在打擊最重的亞洲地區，除臺灣地區外，中國大陸與南韓的觀光收入、零售額及生產力損失可達 20 億美元；日本與香港的損失則各約 10 億美元。對企業而言，只要發現公司或廠內有人感染 SARS，便需進行隔離，甚或暫時歇業而產生極大經濟損失。例如摩托羅拉大陸總部便因為有一人感染 SARS，而將設於北京的中國大陸總部關閉兩周。專家曾針對 SARS 疫情提出看法說：SARS 危機的影響，比單純的經濟危機更持久。如果疫情無法有效控制，受感染地區的製造和供貨將受影響。其中尤以小額訂單、出口量分散的企業，以及上下游原料、配套在疫區的企業，和需要與密集國外交流的產業等，可能受到更大的影響。

據統計，1970 年代中至今，世界上已有約三十種新疾病出現。現在看來，疾病的出現有長江後浪推前浪之勢，舊的一走，新的又來，不斷出現。一直到 SARS 出現之後，各國才愕然發現，原來的防疫系統似不足以防疫。同樣的，企業也面對類似問題。大陸臺商面對 SARS 疫情，既無法放下大陸事業，又恐懼感染而無法返臺，更面臨極大壓力，可謂苦不堪言。

由於 SARS 疫情的挑戰，企業管理者有機會重新思考企業內安全管理體系的組成與重點。近年來新病毒與新疾病不斷出現。二次大戰後，亞洲各國有亡國滅種危機，並因而大量生育，使都市人口居住密集，而生活環境偏差。因此，企業內防疫組織與應變計畫、措施等，應該成為安全管理的重點之一。

◆ 1.應建立企業內外防疫標準作業程序

在 SARS 疫情爆發之後，雖然醫療機構、人員、官員、首長、學者、專家等各自努力，但網路、媒體上有關預防、診斷、疫情資料大量而紛雜，已經混淆不清而令人不知如何是好。照理說，制訂並公布有關 SARS 的標準作業程序應為當務之急。同時，此一標準作業程序應該至少包括民眾自我診斷、醫師診斷與通報、居家隔離的標準與規範、公務單位的防疫作為、分工、執行等。同理，企業也需要建立企業內外防疫標準作業程序。

◆ 2.應在建立安全管理體系時，也考慮並建立防疫組織架構

在建立防疫組織架構方面，除了防疫工作組織之外，如何分散居住、辦公，以防範高層管理者集體感染，也是一個重點。例如大陸中央政府為防止高幹及眷屬感染 SARS，便於 SARS 疫情爆發時啟動若干戰時體制，將高幹分散居住。另外，如何調整產能、生產線，如何分散原物料、半成品、零組件來源、儲存場所、顧客或市場區域等，才能避免過於受疫情影響，也值得注意。

◆ 3.建立企業內防疫救濟系統

在臺灣爆發 SARS 疫情時，許多疑似曾與 SARS 病患接觸者，受到隔離的處置。但在隔離人數增加時，臺北市區曾經發生公務系統不足以服務隔離人員的狀況，並因而無法管制隔離狀況。同理，若企業內發生疫情時，值得思考、準備以下問題：(1)若需要將管理者或員工進行隔離時，如何提供充分的服務，以照顧、救濟到受隔離者，

以及(2)如何根據危機處理授權方式，定期檢視企業內疫情，並設法維持企業正常運作。

三、職業道德受到重視

在電腦、網路、國際化與全球化風潮鼓動之時，有關職業道德 (Ethics) 再度浮上檯面並受到重視。通常在通訊工具、交易規則，或法治、經濟、企業環境改變時，由於遊戲規則改變，可能產生經濟學上所說的資訊不對稱問題。其中有些負責訂定規則，或有內線消息、熟習電腦、網路使用方法的人，由於內線資訊或資訊取得較為充分，便可能利用機會圖利自己。有些企業也可能設法漁利。這種狀況也可能發生在企業內部而形成問題。

2003 年 11 月 10 日的《商業週刊》(*Business Week*) 以美國家族企業 (Family INC.) 做專題報導。所謂家族企業，是家族創業成功的公司，其企業創業者或成員持續擔任此一公司董事、決策經理階層，或仍握有絕大部分股票控制權者。*Business Week* 以過去十年 Standard and Poor (S&P) 美國年度排名前 500 大公司為樣本，並以股東年獲利、資產報酬率、公司年收益成長與公司年銷售成長率四個指標來評估公司的經營成效。該報導發現表現好的公司中，約有三分之一，也就是有 177 家公司屬於家族企業。

家族企業股東年收益平均有 15.6%，非家族企業股東平均年收益 11.2%。在資產報酬率方面，家族企業為 5.4%，非家族企業為 4.1%。在公司年收益方面，家族企業 23.4%，非家族企業為 10.8%。在公司年銷售成長率方面，家族企業為 21.1%，非家族企業則有 12.6%。這些數據不僅打破一般人對家族企業經營良莠的疑慮，也讓人思考家族企業內員工的忠誠是否勝過一般公司，以及全球正極力推動的「公司治理」課題。

一般而言，美國家族企業的經理人員對公司較為忠誠，非家族企業經理階層難望其項背。美國排名一百大公司中，高科技業的 Dell、eBay，和 Oracle 的股東獲益率、公司年收益率與公司年銷售成長率之成長表現，相較於其他百大公司中的家族企業相形見絀，就是一個明證。家族企業融合老、中、青家族成員共同經營，必然提高家族企業的經營表現。家族企業若能不斷創新，並提高技術層次與強化客戶服務，即使是一個百年老店，也能展現高競爭力。

由以上例子可知，企業員工對於企業的向心力，以及企業和員工的職業道德水準，對於企業經營績效可能有極大影響。近數十年來，國內外企業有關職業道德的問題叢生，已經對國家、社會風氣、經濟產生很大衝擊。近年來，新加坡的英國霸凌銀行 (ING)、美國的恩龍公司 (Enron)、日本的三井住友公司都曾經由於內控失效、會計帳目不實，或虛設科目不實營業等原因，都曾造成很大的金融問題。國內的國際票券公司曾經發生楊瑞仁非法周轉四百多億臺幣於股市中的案件。東隆五金、太平洋 Sogo 企業集團、博達科技、力霸集團等許多企業也發生過內部資金周轉不良、資金不當移轉、失蹤的案件。這些現象點出臺灣企業內部有關職業道德的問題，並已促使國內外企業開始注意職業道德問題。

有關職業道德的問題，國內外商管學院一向並不特別重視，在許多企業中顯然也非管理重點。現在由於前述的許多企業資產掏空問題，國內外已經開始注重企業治理課題 (Corporate Governance)，政府及國內企業也不得不開始關切。在電腦、網路、國際化、全球化不斷發展的過程中，各項新金融、投資商品不斷出現，許多企業也已經跨足於金融、投資業務。由於國際化風潮帶動企業進行國外投資，企業之間或跨國之間大額資金移轉已成司空見慣的事情。此時，如何加強企業內控，如何加強企業內有關職業道德的培養、檢視與管理，可說是一個亟待解決的課題。管理者如何健全自己、如何自律以提高部屬的向心力與忠誠，應該也是另外一個重點。

第二節　安全管理的內容

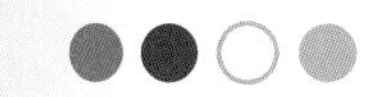

在討論企業生產活動時，國外教科書大多以生產效率為主要考量，很少討論安全與衛生的問題。但企業生產活動除效率之外，應有其基本人道理念。因此，首先應謀求員工個人與家庭的幸福。其次，設法強化工作人員的團隊合作，以建立健康工作環境，使員工愉快、安全的參與生產活動。第三才是高效率生產高品質產品，以貢獻社會。這種說法聽起來好像唱高調，但企業家與管理者必須瞭解，賺錢固然重要，但實現人道關懷基本理念才是企業真正的目的。

一、安全管理工作的內容

企業經營者、管理者、員工在企業內合作，以群體的力量設法達成企業目標。因此，在企業組織內保持良好人際關係，是確保安全的第一步。一般而言，企業人有以下四個任務：

⑴確保工業安全衛生。

⑵達成生產目標，嚴守交貨期。

⑶降低成本，維持並提高品質。

⑷改善工作場所之人際關係。

為達成以上任務，經營者應該以向社會負責的立場，提供安全的工作場所、機械設備、模、工具、原物料等，以達成生產目標。管理者應該以推展、實踐經營目標為立場，確保員工在安全環境中進行生產活動。工作人員應該站在協助管理者、經營者的角度，負起推動安全作業的責任，以確保生產計畫得以實施與實現。工作品質與安全管理是一體之兩面，因此，工作品質與安全管理都是企業人工作的內容。

安全管理通常需特別留意以下八項內容：

◆ 1.建立企業、建築物、設備、作業場所、工作方法安全管理制度

企業應建立安全管理制度，對於企業活動、建築物、設備、作業場所、工作方法進行安全管理。工作現場中發生意外可能性極大，當發現異常狀況時，應確認是否具有立即危險，以及危險程度。除應儘速向有關單位或人員提出報告外，應立即採取應變行為，例如停工、停電等，以消弭後續可能的危險。此外，應該採取措施，以防止同類異常狀況再度發生。例如應該檢討建築物、設備、工作場所、作業方法，然後提出改善方法、檢討管理體系，並就其中不合理、有工安危險處進行改善。

◆ 2.定期檢查、修護安全裝置與保護器具

在安全裝置與保護器具方面，應該有系統的設定檢查期間，指定安全檢查員，檢討安全檢查方法等。定期檢查的目的，在確保安全裝置與保護器具確實可用，也能達到維護安全的作用。同時，企業應該事先訂定處理措施，以便發現異常狀況時，能按表操課以確保無虞。

◆ 3.教育訓練

在教育訓練方面，除相關法令規章外，應建立企業整體計畫，按階級、階層與職種分別，針對生產、管理、作業需求，教育員工安全觀念與做法，不斷訓練應變方法。各部門負責人員應與安全衛生人員一起上課，以便培養共識與合作機制，提高應變速度與協調能力。

◆ 4.災害調查與對策

災害調查應由各部門管理者負責，若有必要，也可以請求安全管理部門參與計畫與考核。災害調查表內應包括災害原因、當時狀況、今後對策、肇事人、受害人等，以及如何提出報告、報告內容、時效等規定，以便儘速取得相關報告資料。災害發生應儘早調查，除屬人、屬物的原因之外，更要注重與管理相關之原因，以便依照調查結果修訂安全管理規章與措施。

不論災情如何，即使僅屬輕微災害或並無傷害的事故，也要確保有效提報。提報後應詳加調查。災害調查結果應回饋到災害發生部門、設備、作業標準與肇事人、受

害人手中，以確保修訂後之安全管理規章、措施能令人滿意。各年度應統計災害數量、受災人、損失金額、損害程度等資料，並借助教育訓練的機會，傳報給員工周知，以提高防災警覺性。

◆ 5.消防及避難訓練

企業、部門應該預定防災行動標準，對於火災、爆炸、地震等緊急事故，擬定應變措施，並定期實施基本訓練。演習就是作戰，因此，在訓練中應該確實執行、記錄實際表現，事後應該充分檢討，並參考專家意見修訂防災準則。

◆ 6.監督安全作業負責人與安全管理員

在訂定安全計畫與標準後，應該不定期評估生產現場安全作業負責人與安全管理員的表現，以確保安全維護作業品質。生產部門安全維護工作應與生產部門、生產線工作職責相結合，以確保安全管理工作得以執行。

◆ 7.搜集、整理安全資料與重大事項

企業應搜集、整理安全管理資料、法令規章、經營者安全意識、安全管理計畫、災害數量、損失成本統計、安全診斷、專家意見等資料，以利推廣安全管理。同時，也要保存企業安全衛生委員會之會議記錄、現場安全檢查表、教育訓練教材、成果資料等，並成立圖書專區以利查閱。

◆ 8.混合作業的安全措施

有時買方、賣方，或廠內兩部門，廠內、廠外工作人員共同執行工作。此時為防止災害，便需要實施綜合安全管理作業。對於綜合安全作業，通常要對以下六項，有明確的計畫與措施：(1)設置災害防止會議，(2)聯絡與協調機制，(3)現場巡視，(4)現場指導援助，(5)信號統一，(6)標誌統一。執行混合作業時，應有現場指導、監督人員，以確保混合作業符合安全標準。

混合作業經常發生職業災害，必須謹慎進行。謹此提供一個實例如下。

二、職業災害實例

民國九十年十月十七日，某印刷電路板製造廠商送貨司機載運鹽酸進廠後，準備輸入鹽酸儲槽，因接錯管路誤將鹽酸輸入酸性蝕刻液槽，致鹽酸與酸性蝕刻液中之氯酸鈉發生反應，產生大量氯氣外洩並飄入廠內，導致勞工五十二人因吸入氯氣送醫診治。

災害原因分析：

◆ 1.直接原因

吸入氯氣導致身體不適。

◆ 2.間接原因

(1)不安全情況：輸送氯酸鈉之管線未標示輸送原料、供料對象及其他必要事項。

(2)不安全動作：送貨司機卸料作業時操作錯誤，誤將鹽酸輸入酸性蝕刻液儲槽。

◆ 3.基本原因

(1)未訂定安全衛生工作守則。

(2)對勞工未實施從事工作及預防災變所必要之安全衛生教育訓練。

(3)卸料時未指派人員監視。

◆ 4.災害防止對策

(1)應訂定必要之安全衛生工作守則並依此實施作業（安衛法第 25 條；特化標準第 42 條）。

(2)對勞工應施以從事工作及預防災變所必要之安全衛生教育訓練（安衛法第 23 條；訓練規則第 13 條；特化標準第 34 條）。

(3)應設勞工安全衛生人員（安衛法第 14 條第 1 項；自動檢查辦法第 4 條）。

(4)應訂定自動檢查計畫，並實施自動檢查（安衛法第 14 條第 2 項；特化標準第 37 條、第 39 條、第 40 條；自動檢查辦法第 38 條、第 39 條）。

(5)雇主對裝有危害物質之容器，應依規定之分類、圖式及格式，明顯標示圖式及內容（安衛法第 7 條；通識規則第 5 條）。

(6)應訂定危害通識計畫及製作危害物質清單(安衛法第 7 條;通識規則第 17 條)。運送鹽酸作業時，應指定操作人員及監視作業（安衛法第 5 條第 2 項；設施規則第 178 條第 7 款）。

(7)輸送鹽酸之管線未標示輸送方向；輸送氯酸鈉之管線未標示輸送原料，供料對象及其他必要事項（安衛法第 5 條第 1 項；特化標準第 25 條；設施規則第 196 條第 3 款）。

由以上實例可知，當職業災害發生時，其損害及損失極大。企業應該正視此一問題，並做好職業安全管理。我國勞委會已設立網站以提供各類職業安全衛生資訊，企業經營者、管理者、從業人員都應該關心職業安全管理，並致力於安全維護以營造安全的企業環境。

第三節 建立保養制度

保養是維護機器設備，以保持機器設備經常在良好、堪用狀態。保養可以延長機器設備使用年限，減少因機器設備故障而產生的損失，提高工業安全。因此，保養也是安全管理重要的一環。安全問題不只發生於老舊設備上，新機器設備進廠時，由於使用不熟練，發生安全問題的可能性更大。在這種狀況下，新機器設備的使用人與保養單位更要精心研究其保養需求，事先做好保養與安全維護工作。

常見的保養概念有：維修或預防保養 (Preventive Maintenance)、修護保養 (Corrective Maintenance)、生產保養 (Productive Maintenance)、保養預防 (Maintenance Preventive) 四種。維修保養是事先進行必要的檢驗、零件更換、維修等，以確保設備安全可用。修護保養是設備損壞時，進行修理或保養，使設備恢復堪用狀況。生產保養是由美國奇異電器公司於 1954 年發展出來，倡導在開始生產前，根據經濟價值重要程度分類，對於影響重大的機器設備進行預防保養，並對生產設備整體進行綜合保養，以確保設備使用與安全。至於保養預防則是改進工程設計，使新產品保養需求降到最低程度。

保養工作範圍很廣，清潔、潤滑、記錄檢查、試驗、調整、修改、修理、大修等都屬於保養的內容。保養工作可以集中、分散進行，也可以有些集中，有些分由使用部門負責。同時，由於一般企業內機器設備種類、數目甚多，保養工作繁多，也可以將保養工作分成不同的等級，依序實行之。保養組織方面，若採用集中式組織，則通常在工業工程部門之下，另設一保養部門。各部門保養工作，諸如日常檢查、保養、維修等，則由保養部門下設單位分工負責。若採用分散式組織，則將保養工作委由各部門負責。

在保養工作等級方面，通常有二段四級。第一段是預防保養段，內有一級保養與二級保養兩種，由使用或保管單位負責。一級保養包含日常清潔、檢查、上油、調整、使用記錄、異常記錄等。二級保養由修護保養單位負責，採每週、每月派員至現場檢查設備，並進行調整、小修的方式。第二段稱為修護保養段，有三級與四級保養兩種，由修護保養單位負責。三級保養每季或每半年一次，包括更換零件、定期修理等。四級保養通常在年終停工時進行，包括設備主要部件翻修、更換，以及設備全部大修等。由以上討論可知，企業內保養工作繁瑣，企業必須建立維修保養制度，詳細分工、切實執行才能做好保養工作。

第四節 保養與可靠度

保養 (Maintenance) 與可靠度 (Reliability) 是兩個重要的課題，對產品與生產都有影響。在談到保養時，一般人都會聯想到設備使用的問題。而可靠度則通常在討論產品與品質等標題時，大都會提及。其實保養這個主題與產品設計也有關係，因此在本章中也把這二個課題列入討論的範圍。

一、保　養

一般而言，若要提高設備的可靠度、提高設備的利用率，則企業便需注重保養。除此之外，產品的品質也與保養有關。如果設備保養不佳，則其準確度便會下降，而利用此類設備生產時，其產品的品質便較不穩定。原則上，企業在日常活動中便應注意設備的保養。設備的修理、換油、調整、大修、更換零件、檢驗等等都是保養的一部分。保養工作做得好，則設備穩定而耐用，生產過程也較為穩定。

在一般工廠內，一般保養通常由使用的員工負責，較複雜的保養工作則可能交由專職的保養工程師或工業工程部門負責。有些企業也聘請兼職人員負責某些特定部分的維修保養，也有些企業則將特殊器材委由供應商做定期保養。

保養至少可分為修護保養 (Corrective Maintenance) 及維修保養 (Preventive Maintenance) 兩種。所謂修護保養是在設備損壞時，進行修理或保養工作，以使設備回復到堪用的狀況。而維修保養則是在事先進行必要的檢驗、更換零件、維修等工作，以便確保設備可用。這種做法是要防止設備故障，而非在設備故障時才排除故障。設備的壽命與保養有關，原則上，妥善保養的設備可以使用較長的時間，且其穩定性亦高。在設計一個機器或設備時，假如已經考慮到設備之使用及保養，並設法提高設備之使用時間，則該設備的「保養性質」(Maintenability) 便較佳。因此，在設計新產品時，設計人員及管理者均應特別注意這一點。設備的保養性質通常是以其「可用程度」(Availability) 來估計的。設備或產品的可用程度與兩個數值有關。第一個是該設備每次修護所需之平均時間或「平均修護時間」(Mean Time To Repair; MTTR)。另一個則是該產品平均使用多久才會故障或「平均修護後可用時間」(Mean Time Before Failure; MTBF)，或其「兩次修護間之平均時間」。把這兩個數值導入公式中，便可以

計算之。可用程度之公式如下:

$$可用程度 = \frac{\text{MTBF}}{\text{MTBF} + \text{MTTR}} \tag{16.1}$$

例如，若某電腦平均每次修護後可使用 1,000 小時，而每次修護約需 96 小時，則其可用程度為

$$\begin{aligned} 可用程度 &= \frac{\text{MTBF}}{\text{MTBF} + \text{MTTR}} \\ &= \frac{1{,}000}{1{,}000 + 96} \\ &= 91\% \end{aligned}$$

假如我們可以把修護時間縮短，則其可用程度便可提高。例如若將修護時間縮短一天，則其可用程度便提高為 1,000/1,072=93.3%。

通常修護保養與維修保養是並行的。企業可能排出日程，定期對某些設備進行維修或大修，這便是維修保養。設備損壞時的立即修護則是修護保養。企業應多久才進行維修保養一次，每次維修應做哪些事情，則應視設備現況、維修時所衍生之成本，及故障所造成的損失有多大而定。原則上，飛機、汽車等公共運輸工具必須經常進行維修保養，以免造成人員損傷。一般企業的保養工作雖然不如在公共運輸中這般重要，但仍有其重要性及影響。對於保養的做法究應如何，西方有如圖 16–1 所示之看法。

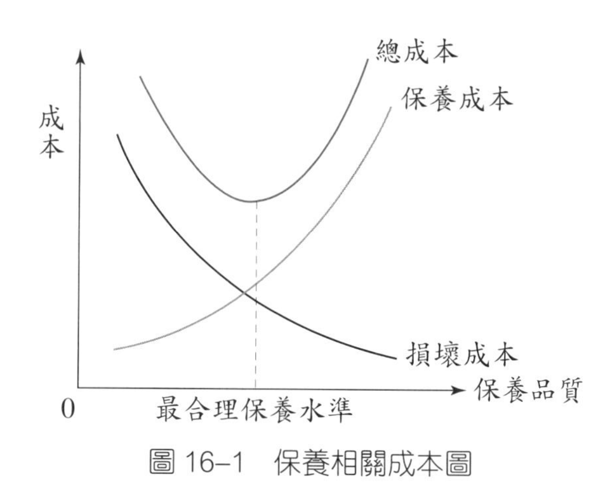

圖 16–1　保養相關成本圖

由圖 16–1 可知，西方認為與保養有關之成本有保養成本及設備停機或產品損壞所衍生的損壞成本 (Cost of Breakdown)。原則上，保養做得愈好，保養成本愈高，

而損壞成本愈低。這兩種成本合計便是保養的總成本，而總成本最低時的保養品質便是最合理的保養水準。

除了如圖 16–1 之看法以外，在討論保養成本時還可以觀察保養成本及損壞成本之組成。原則上，保養成本可分為修護方面的成本與維護方面的成本兩種。通常維護保養的成本較低，而修護保養之成本較高。因此，企業應該多注重維護保養。至於損壞成本這個部分，有關它的組成有時頗有爭議。其最大之爭議在於因設備或產品損壞所衍生出的成本有長、短期之分。短期的還可以估計，長期的就難以估計了。東方企業家及學者頗有些人認為長期成本可能極大。因此，至少日本企業便認為保養非常重要，企業應全力做好保養，不應斤斤計較其成本。

二、可靠度

近年來有關可靠度的研究不斷開展，此一領域已日漸受到重視。所謂可靠度，是一個產品或設備在預計狀況下正常運作的機率。可靠度 (Reliability) 也稱為可信性、信賴度、可靠性等名稱。由於學者對於所謂「正常運作」(Perform Properly) 有不同的觀點，因而對於產品失效 (Fail) 便產生不同的定義。其中，對於「失效方式」(Mode of Failure)，學者把它分成以下四種：

◆ 1. 重大失效 (Outright Failure)

產品中之重要零件損壞並造成產品無法使用。

◆ 2. 明顯失效 (Apparent Failure)

產品已接近出廠檢驗階段，但卻有明顯易見的問題，並造成困擾。

◆ 3. 運作表現不佳 (Insufficient Performance)

產品在運作時不如預期，看起來有問題。

◆ 4. 不正確的狀況 (Improper Conditions)

產品雖然運作，但卻沒有功效。

由以上的討論可知，任何產品在運作時均可能發生問題。而所產生的問題或狀況更是五花八門、無奇不有。尤其是在產品中包含很多零配件時，每一零配件都可能出錯，而錯誤所造成的影響更常常會出人意料之外。由於這種現象，要提高產品的可靠度其實並不容易。在科學發達之後，產品及系統更加複雜，要掌握可靠度更成為一個極大的挑戰。

由過去的研究及經驗中，學者已經歸納出一些提高可靠度的方法，管理者可以藉用這些方法來解決有關可靠度的問題。現在將這些方法概述如下：

◆ 1.增加備用零件或設備

在產品或設備中，常用的部分，或受力較大的零件，比較容易損壞。為了提高產品的可靠度，我們可以在這些部分增加備用零件或系統。這種做法極為有效，可以輕易的提高產品的可靠度。

◆ 2.提高零配件的可靠度

對容易損壞的零配件，企業可以改變其設計，提高其可靠度。通常我們可以將注意力集中在「最易損壞」及「最重要」的零配件上。只要把這兩個部分的可靠度提高，則產品的可靠度便可能大為改善。

◆ 3.改善工作狀況或系統

如果前二種方法實行不易，則企業也可以設法改善工作狀況或工作系統之運作。舉例而言，我們可用減少設備的工作量、增加停機時間、增設空氣調節裝置、改用較佳之機油等方式讓設備的工作量或損耗降低，並進而提高其可靠度。當然管理者也可以利用熟手工或專業技工操作這些設備。熟手工或專業技工對設備及科技較為瞭解，也可以適度照顧這些設備而提高其可靠度。

◆ 4.推行維修保養

企業也可以事先計畫並安排日程，定期的實行維修保養，以便提高設備的可靠度。在維修保養中，企業應該進行檢驗、修理及更換零件等工作，以確保設備在重要時刻能正常運作。

◆ 5.多增加一部設備

假如某設備極為重要，且該設備損壞即可能引起重大損失，則企業可以多增加一部設備，以便確保該設備損壞時，企業仍可正常運作。如有些企業及醫院便自備發電機，在停電時自己發電。這種做法可確保企業或醫院在停電時仍可正常運作。

◆ 6.縮短修理時間

在設備損壞時，企業若能迅速修護之，則停工所造成的損失下降，且設備的可靠度便提高了。

◆ 7.將易損壞之工作隔離

在生產過程中，若有某加工過程常易損壞，則管理者可以在該處增加半成品存貨，以免該加工過程停頓時，造成其後續工作隨之停頓。這種做法等於是把這個部分隔離開來，以免影響到整體之運作。這種觀念與產品設計中的「模組化」(Modularization)有其類似之處。現在的影印機把碳粉部分獨立出來，一有損壞便可以存貨更換之。這種做法簡明易行，極為可取。

◆ 8. 忍受風險

假如無法提高可靠度，或提高可靠度所需之成本太高，企業或管理者有時也只好保持現狀，忍受「可靠度不高」之風險。此時，管理者便應量力而為，減少產能之利用率，設法注意安全，以免造成困擾。

三、設備數目與可靠度的關係

在生產系統或生產線中，所使用的設備愈多，則發生故障的機會愈大。這個關係可以下式說明之：

$$R = (R_1)(R_2)\cdots(R_n) \tag{16.2}$$

在公式 (16.2) 中，R 是整個生產線的可靠度，R_i 則是各個設備的可靠度，而整體的可靠度則為所有設備可靠度之乘積。例如若一個生產線中有十個設備，每個設備的可靠度為 90%，則這個生產線上所有設備都完好無缺的機率只有

$$R = (0.90)^{10} = 0.3487$$

由此可知，若一條生產線中的加工種類太多，使用的設備太多，則生產過程便容易出問題。因此，為了減少發生問題的機率，管理者應該設法減少生產線中的加工種類及設備數目。

在一個生產線中，通常一定有一些設備的故障率特別高。為了防止因為這個設備故障而停工，管理者應該多準備一部備用的設備。這種做法非常有用，可以輕易的提高該設備的可靠度。這個現象可以圖 16–2 表示之。在圖 16–2 中，設備 B 的故障率最高。為了免於因設備 B 故障而使生產線中斷，管理者便增加一部備用之 B 設備，用以提高 B 設備及整個生產線之可用率。這種做法非常有效，因為若企業擁有二部 B 設備，則二部 B 設備均同時故障之機率只有

$$\hat{R}_B = (1 - R_B)(1 - R_B) = (1 - R_B)^2 \tag{16.3}$$

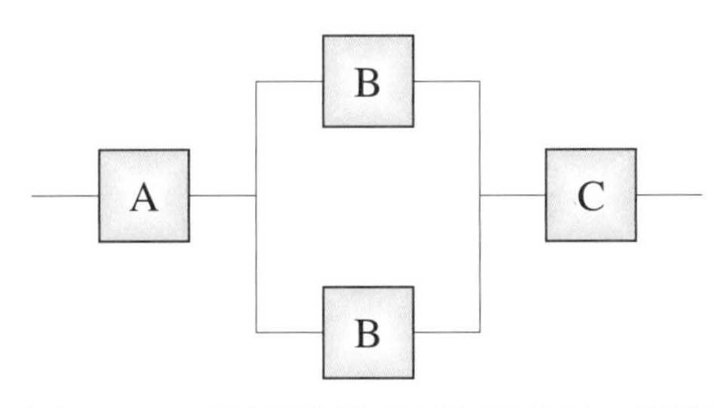

圖 16–2　備用設備 B 對可用率之影響

也就是說，這種做法可以迅速提高 B 設備之可用率，改良生產線的生產力。現在以下例說明這種現象。假設在圖 16–2 中，A、B、C 三部設備共同組成一條生產線。這些設備之可靠度如下：

設　備	A	B	C
可靠度	0.98	0.8	0.98

若將上述資料代入公式 (16.2)，則該生產線之可靠度為

$$R = (0.98)(0.8)(0.98) = 0.768$$

由於這個生產線的可靠度只有 76.8%，生產線故障的機率便高達 23.2%，極需改善。在這個生產線中，B 設備之可靠度最低。若增加一個 B 設備，則生產線中之設備佈置便類似圖 16–2 所示，在這種狀況下，根據公式 (16.3)，B 設備之可靠度便提高為

$$R_B = 1 - (1 - R_B)^2 = 0.96$$

也就是說，增加一部 B 設備之後，在生產線中共有二部 B 設備。只有在兩部 B 設備均故障時，生產線才可能受到 B 設備之影響而停工。而在這種狀況下，整條生產線之可靠度也可提高為

$$R = (0.98)(0.96)(0.98) = 0.922$$

由此可知，增加備用設備之後，生產線的可靠度可以大幅提高。因此，增加備用設備可以迅速大幅提高生產力。

由另一個角度來看，增加備用設備之後，產能增加，產能利用率便可能下降。但是，管理者在面對這個問題時，不可以僅以產能利用率為著眼點。對於企業而言，整體的生產力應該是最重要的考量依據。為了提高生產力，增加生產部門的市場反應能

力，企業仍應增加備用設備。至於其間的取捨 (Trade-offs)，則仍屬於政策性的問題。

第五節 結 語

本章討論安全管理與設備保養。由於篇幅所限，討論內容僅限於相關概念及做法之介紹。保養可以提高生產力，也可改善設備使用之安全。安全管理的重要性大於生產力，管理者切不可忽視之。

重要名詞

安全管理	保養制度	可靠度
職業災害	預防保養	保養性質
永久全失能	維修保養	平均修護後可用時間
慢性疲勞症候群	一級保養	可用程度
保　養	二級保養	重大失效
安全管理制度	三級保養	

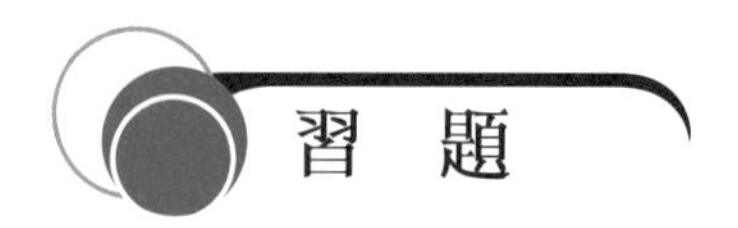

習 題

一、簡答題

1. 試說明安全管理的意義。
2. 試說明慢性疲勞症候群常見狀況。
3. 試說明職業婦女產生慢性疲勞症候群時所併發的現象。
4. 企業應如何防疫？
5. 試說明安全管理方面的新問題。
6. 試說明安全管理工作的內容。
7. 保養是什麼？有幾種做法？
8. 試說明保養工作的等級分類。
9. 提高設備可用程度的方法有哪些？
10. 可靠度是什麼？

11.如何提高可用程度?

12.失效方式有幾種?

13.提高可靠度的方法有幾種?

14.為什麼混合作業容易產生安全顧慮?

二、計算題

1. 某製程中有三部機器，其可靠度分別為 0.98、0.90、0.75，若可增設一部機器，試問其生產線之可靠度可提高為若干?
2. 某電腦平均每次修護需時 100 小時，修護後可使用 1,800 小時，試問其可用程度如何?
3. 某設備之修護所需平均時間 (MTTR) 為 96 小時，其兩次修護間之平均時間 (MTBF) 為 1,000 小時。若欲將其可用程度提高到 95%，其 MTTR 應下降多少?
4. 若修護成本 100 元，採用 100% 修護政策時，若某設備的故障率如下表，試問平均每日修護成本若干?

日	1	2	3
故障率	0.1	0.3	0.6

5. 若某一設備可用率為 80%，維護後平均可使用 100 小時，試問其平均修護時間若干?
6. 若某一設備售價 10 萬元，價值每年減少 20%，第一年的保養成本為 2 萬元，其後則跳增為一年 4 萬元，試問於第 2 年底時其使用成本為若干?

筆記欄

第十七章

品質管理

Production and Operations Management

前　言

在俗語中有「物美價廉」這種說法。「物美」指的是東西好，而「價廉」則是說價格低廉。把這兩個優點合在一起，就成了物美價廉。假如一個產品是物美價廉，則其競爭能力就一定高強。如果以企管的用語來說明之，則物美價廉的產品就是在品質和價格上都有競爭優勢的產品。假如企業能生產出這種產品，則該企業必能擁有競爭上的優勢，其市場佔有率及獲益能力也一定能提高了。因此，如何生產物美而價廉的產品，是所有管理者都應該思考的一個問題。

要生產物美價廉的產品，則企業必須要能先設計出能吸引顧客，能滿足市場需求的產品。其次，企業還要能在生產的過程中妥善控制產品的品質。由以上的敘述可知，一個產品的品質便取決於二方面，其一是產品的「設計」品質，其次則是其「生產」品質。因此，在談品質管制時，我們不能只談生產過程的管制，必須也要顧及產品的發展及設計。另外，在討論品質管制的教科書中，對於「檢驗」這個主題大都非常注重，有些書籍甚至以為檢驗便是品質管制，而品質管制就是對產品進行檢驗。其實檢驗只是品質管制的一部分，而只做檢驗是無法做好品質管制的。

原則上，企業要能生產物美價廉的產品，要先能改善企業內員工的素質。只有所有員工都有品管意識，都想把工作做好，企業才能做好品質管制。基於此一觀點，筆者特別在本章中加入一節有關企業人力規劃的內容。

第一節　品質管制之沿革

在手工生產時代，大部分的生產工作是由專業的「師傅」負責的。各個師傅的信譽和產品價格不同。產品品質高的師傅享有較佳的信譽，且其產品也較值錢。這種現象促使從業人員「敬業」並設法改善其工作品質。同時，「學徒」也競相爭取向這些高手學習的機會，假如能向「名師」學習，則出來之後就是「高徒」了，成功的希望也比較大。這種狀況便使得師徒之間的關係趨於密切，而工作現場中互相合作、互相學習的氣氛也使現場管理簡明方便而有效。

工業革命改變了手工業時代的生產方式，連帶的也摧毀了原有的工場社會體系。

工業革命之後，工廠取代了工場，領班也取代了原有的「師傅」。在分工之後，每個人只負責產品中的一小部分，技術不再特別重要，而產品責任的歸屬也不太明確了。此外，工資的計算也時常根據產量而定，並不特別重視品質。在這種狀況之下，企業為了保障品質，只好委由管理者負責品質之管制，而品質管制的工作及責任便由工人手中轉交到管理者身上。

隨著企業及環境的發展，企業規模逐漸擴大。在產量日增、員工眾多之後，管理者分身乏術，有時便無法顧及或做好品質管制的工作。企業在這種狀況之下，便只好設置品質管理人員或品質管制部門負責品質管制的工作。在產量擴大、製程日漸繁複的同時，學者及專家們也感覺有必要利用統計工具以進行品質管制。因此，各種統計品質管制的工具便陸續被引用於品質管制之中。

在 1924 年時，美國的貝爾電話公司開始利用管制圖表於品管及記錄工作中。在 1930 年代中，道奇 (H. F. Dodge) 及羅米格 (H. G. Romig) 又在貝爾公司中引用了允收抽樣 (Acceptance Sampling) 的做法。然後到了二次大戰之後，美國政府更要求其供應商使用統計品質管制。後來美國品質管制協會更以期刊、會議及訓練課程等方式推廣品管及統計品質管制的觀念及做法。在這個階段之中，品質管制及其做法也流傳到世界其他地區，並造成回響。例如在 1950 至 1960 年間戴明 (Edward Deming) 便曾將品管及統計品管介紹給日本，並因而具體的對日本造成影響。我國也在這個時期之中大力推行品管，政府及當時的大企業如台塑等均曾努力推廣品質管制。當時的學者，如林秀雄等也大力推行品管，林秀雄並曾著作《品質管制》一書。

在這個階段中，除了品管及統計品管日漸完備之外，另一個重要的進展是品質管制的責任由管理者身上轉交由專業品管人員或部門負責。由於生產人員與品管人員分屬於不同的部門，有關品質管制的問題便造成一些工作上的摩擦與紛爭。不論生產員工或品質管制人員都不時為此一現象所困擾，而品質管制工作也仍然難以圓滿完成。

這種現象到了日本推廣品管圈之後，似乎有了轉機。在 1960 年代日本推行品管圈之後，品管責任又再交到所有員工手中。企業內的員工有了正規的管道，可以正式的提出改善意見及做法，並可因此而獲得獎勵。這種做法改變了員工的心態，員工也因此而對品質管制產生興趣。後來日本更提出「全面品質管制」(Total Quality Control; TQC) 及零缺點 (Zero Defect; ZD) 等多項做法。許多人認為日本今日之成功實得力於以上提及的多項品質管制做法，這些做法不但改善了產品品質，更提高了員工的水準和企業的生產力。

品管圈及全面品質管制的做法現在已受到世界各國普遍的接受。我國產業界及學界均對此二議題多所討論，採用此類做法之企業日增，「生產力中心」更經常開課並提供業界相關資訊。美國在這些領域也逐漸認清品管圈及全面品質管制的優點。他們把全面品質管制改名為全面品質管理 (Total Quality Management; TQM)，此方面的書籍不斷增加，不但企業界開始引進此類做法，即便在學術單位中也多所引用。

除了前面提及的品質責任歸屬之外，在由 1920 年間至今，我們也看到了品管觀念上的改變。傳統的品管觀念以管制品質為主，採行此種觀念的管理者使用各項工具來觀察品質的變化，並適時介入以控制品質。但自從「零缺點」這種做法於 1962 年在美國太空總署啟用以來，「設法防止品質問題」的概念便日漸成形，也日益受到重視與接受。後來日本的品管圈及全面品質管制都有這種觀念摻雜於其做法中。這種觀念上的改變也是很重要的一項發展。在這個變化中，管理者對品質管制的想法及做法，均由被動的管制變成主動的出擊，希望能瞭解問題的成因並消除問題於無形。

第二節 品質與品質管制

一般而言，產品的價格、供應狀況及其品質是影響消費者採購決策的三個重要因素。企業若要在商場上居於優勢，便需注重這三個因素。本章的主題是品質管制，因此我們暫時不談價格及供應狀況，先只就品質進行一些討論。除了上段探討之現象外，品質對企業還有一些長遠的影響，現在說明如下。品質對企業的影響至少有五方面：

⑴企業的聲譽及形象。

⑵企業責任 (Liability)。

⑶生產力。

⑷成本。

⑸士氣。

原則上，產品品質是影響企業名譽或形象的重要因素之一。假如產品品質好，顧客在使用產品之後產生信心，連帶的也會對企業產生好感及信心，而企業的信譽及形象便可以因而提升。反之，若企業產品的品質不佳，則可能造成顧客不滿而影響其聲望，企業形象當然也可能受損。假如因產品品質不佳而造成顧客受到損害時，則顧客、政府及公益團體都可能向企業索賠或追查其法律責任。在這種狀況下，則企業必須負起其企業責任。這種企業責任是很可怕的，有些企業更可能因而倒閉。在有些狀況下，企業主便可能因此而入獄。

生產力和員工的士氣都與產品的品質有關，產品的品質和產品的設計及其生產有關。若產品設計不良，則除了產品品質不良之外，其生產過程也不易控制，產品的生產也可能比較困難。假如不良品還要修改，則所花費的時間與金錢也可能造成損失。另外，假如企業形象不佳、品質不良，員工的士氣一定會受打擊。若產品不易生產、員工士氣又差，則企業的生產力與士氣就可能每下愈況，愈來愈差了。而在這種不良影響之下，產品的生產成本自然提高，企業的競爭力也將日漸低落而無法自拔了。此時，顧客也可能轉而向其他企業採購，並造成企業因銷售下降而引起的一些機會成本。

一、品質的定義

由古至今，人們都知道品質的重要。對於人，我們把「品格」、「道德」、「能力」、「教育水準」…… 等等當成其品質的定義。但是，到底哪幾項才是最好的衡量標準，卻是見仁見智的問題。同樣的，在討論產品的品質時，我們也似乎沒有一個通用的定義。有人認為產品壽命長、產品所使用的材料好，比較耐用，則產品的品質便較佳，這種講法似乎言之成理。但是我們也知道在許多狀況下，這種定義卻不盡合用。例如電器用品中的「保險絲」如果太耐用，便失去了使用保險絲之目的。我們使用保險絲或任何斷電系統時，是希望在電流過強時，保險絲或斷電系統由於無法負荷電量而自動斷電。假如保險絲過於耐用，則其品質便太差了。

因此，所謂「品質」，應該是「該產品滿足其擁有或使用目的之程度」。也就是說，假如一個產品能正確的滿足消費者在購買時或使用時之需求，則其品質便好。否則，其品質便較差了。

原則上，產品的品質取決於其設計及生產。在設計的過程中，設計人員根據市場需求與其他一些考量而設計產品。產品是設計概念的具體實現，有其設計之目的以及其設計概念中所賦予產品之品質 (Design Quality)。例如同一汽車廠生產高級、中級及普通級三類汽車。這三類汽車的市場定位及價位不同，在設計時便已設計出不同品質的汽車。而各級車在設計完成時，其所欲生產之品質便已不同。而這種品質之差異便是由各級汽車「設計品質」(Design Quality) 不同所造成的。

產品在設計完成之後還要上線生產，才能大量上市。以往在設計產品時，其考慮的重點常常集中在產品的外觀、功能等因素之上，對產品的生產過程較不關心。但是這個產品在生產時是否能產出符合設計概念的產品，也對產品的品質有極大的影響。假如在生產時，產品的符合性 (Conformance) 不足，與設計不符或產品相互間有差異，則產品的品質差異大，品質便較差。對於「符合性」的問題，我們通常可以用品質管制中的「檢驗」設法查明並控制之，但產品在設計時設計出的問題卻很難解決。例如馬克杯或茶壺的「提把」通常是最容易損壞之處，這是因為 「提把」是先做好才黏著到杯子或茶壺上的，它們並非杯子或茶壺主體的一部分。同時，在設計產品時，由於產品的定位不同，設計人員在設計時便可能已經決定不要提供最佳的品質給顧客。這種產品假如在生產時又有意想不到的困難或缺失，其品質便更難估計了。

除了前面提及的「設計品質」及「符合程度」之外，在討論品質的定義時，還需要顧及產品的「使用品質」(Availability Quality)。所謂「使用品質」，是在顧客採購產品一段時間之後，在使用產品時，產品運作中所表現出之品質。原則上，對使用品質有影響的因素有二。第一個因素是產品的可靠度 (Reliability)，也就是產品能正常運作的平均時間。可靠度也可以用產品在二次失效之間的平均時間 (Mean Time Between Failures) 來衡量之。另一個因素則是有關產品的「保養難易程度」(Maintainability)，這是在考慮能否在產品失效時，很迅速的修理或替換該一產品。

二、影響品質的因素

許多人認為品質與價格或成本有關，品質高則價格高，而要生產高品質的產品，便一定要消耗較高的成本。基於這種觀念，企業便不一定要提供最佳的品質給顧客。如圖 17–1 所示，在改善產品的品質時，管制品質及改善品質所需之成本不斷提高。到了某一個程度之後，提高成本所獲得之效益開始下降。到了最後，其成本之增加更可能超過其效益，並使企業造成損失。若以這種觀念來看品質與成本的關係，則產品

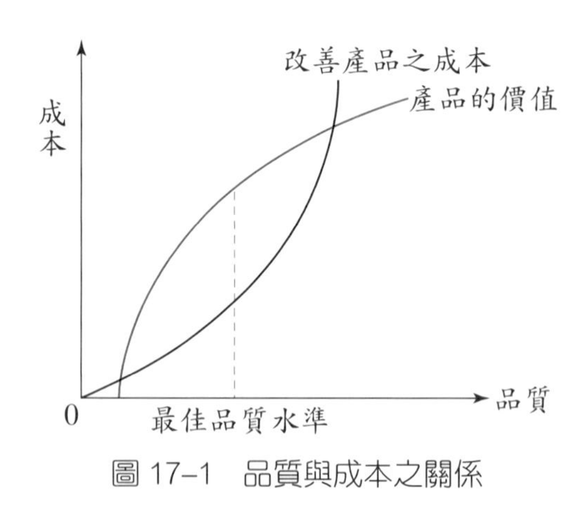

圖 17–1　品質與成本之關係

之最佳品質水準，是產品價值與改善品質成本間差異最大的一點。

這種看法也可用圖 17–2 來說明之。如圖 17–2 所示，原則上，提高產品品質的成

本很高，而產品品質下降所造成的損失則增幅較小。若將這兩種成本相加，則總成本最低的一點便是對企業最有利的品質水準。圖 17–1 與圖 17–2 中的觀念正是西方企業對品質的看法。由於這種看法的引導，西方企業並不期望對顧客提供最高品質的產品。

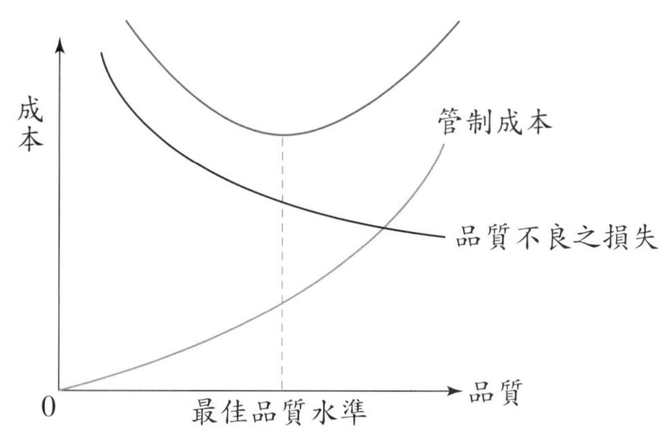

圖 17–2　西方對品質成本之看法

但是日本有些企業的看法卻有所不同。這些企業認為品質不良的成本極高，在商譽上的損失更極為深遠而巨大。因此，企業一定要千方百計的設法改善品質。改善品質的成本雖然愈來愈高，但若管理者能設法使管制成本下降，則改善品質便一定對企業有利。這種觀念可以圖 17–3 示之。如圖 17–3 所示，假如管理者可以找出方法，把改善品質的成本降低，則品質愈高，企業的獲利便愈大。這種看法應該便是日本企業不斷提高品質的原因。

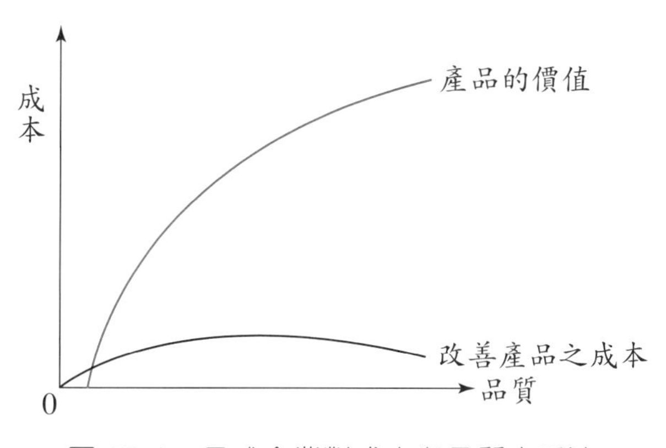

圖 17–3　日式企業對成本與品質之看法

除了成本以外，可能影響品質的因素還有很多。現在把這些因素說明如下：

◆ 1.市　場

市場中的競爭狀況可說是對品質影響最大的一個因素。為了應付市場中的需求及競爭，企業應該要選擇對企業最有利的產品品質。

◆ 2.企業的目標

根據企業目標，企業才能決定市場定位，以及產品競爭的方式。這些決策便決定了企業產品的生產方式、價格及差異等。

◆ 3.產品測試

原則上，測試次數多，則企業能根據測試結果而修改產品並提高品質。否則，產品的品質便較難掌握。

◆ 4.產品設計

企業在設計產品時，可能已有一些看法，並賦予該產品某個程度的品質。這種品質水準是既定的，通常難以改變。

◆ 5.生產過程

產品的製程也可能具體的影響品質。

◆ 6.生產元素的品質

在生產時所使用的人力、原物料、設備、技術等也可能影響產品品質。

◆ 7.保　養

若設備保養不良、零件不足或溝通不足而造成設備未適度保養，則產品的品質亦將降低。

◆ 8.品質標準

假如企業及員工對品質不注重或沒有合用的品質標準 (Quality Standard)，則產品的品質不易維持。

◆ 9.消費者的反應

假如企業不注重消費者的反應，不理會客訴或抱怨，則企業產品的品質便無法因而改善。

三、企業為何不注重品質？

雖然品質管制推展的歷史已久，幾乎全民都已知道「品質管制」這個名詞，但不可否認的，仍然有許多企業的產品品質不佳。這種現象在世界各國都有。有些學者研究這個問題，並發現企業不重視品質的原因有以下幾種：

⑴品質責任不明確，分工不清楚。
⑵員工不瞭解品質管制的觀念、方法及過程。
⑶以論件計酬的方式計薪，只重數量不顧品質。
⑷經常趕工，為了趕工而無法顧及品質。
⑸由於原料、半成品及成品存貨甚多，發現不良品時不至於產生重大的影響。
⑹採購的前置時間太長，原物料收到之後便需盡速動工，企業因而無法退回品質不良之原物料。

四、品質管制的定義

品質管制是現代企業中無人不知的一個名詞，可以說幾乎所有的企業都在做品質管制。所謂品質管制，美國的裘蘭博士 (J. M. Juran) 認為是一項管制程序，我們藉此一程序衡量真正的品質水準，並將此一品質水準與品質標準互相比較，再採取必要的措施以矯正品質上之差異。從這個定義中，我們可以看出來一個看法，那就是「假如品質與既定的標準不合，則我們便要使用方法糾正之，以確保品質符合標準」。在這個定義中，「成本」的觀念並沒有明確的包含在內，似乎是不論成本如何，都要把品質做好。但在實務上「成本」卻常是其中主要的考量之一。

品質管制的工作需要人和制度、標準等，在執行品質管制時，如果發現問題，又要停工檢查或調整設備及產品，這些都是要花錢的，而產品的成本亦將隨之而提高。假如企業用於「品質管制」上的成本過高，則產品成本提高，其競爭能力將下降。因此在討論品質管制時，我們也應該要把成本的觀念包含進去。基於此一觀點，品質管制的定義似可以修正為「品質管制是一項管制程序，我們利用此一程序來衡量品質水準，並將此一品質水準與標準相互比較，再採取必要的措施以改善品質、降低成本、提高企業的競爭力」。

在俗語中，對品質精良而價格低廉的產品，有所謂「價廉物美」的說法。假如一個產品價廉物美，則其競爭力就強。如果以企管用語來形容它，也就是說這個產品在價格和品質上都有競爭力。若企業能生產這種產品，這個企業就能擁有競爭上的優勢，其市場佔有率和獲益率也一定能提高。價格、品質、花樣、交貨能力等四項是企業賴以競爭的工具。在短期內，企業可以用價格、花樣或交貨期上的優勢吸引顧客。但長期而言之，則企業高品質的產品和穩定的交期才是能牢牢拉住顧客的手段。因此，如何改善品質，是所有管理者都要思考的一件事。

五、品質管制的階段目標

目前幾乎所有企業、機構都在進行品質管制，但有趣的是，年年都在做品質管制，而年年所做的內容都一樣。這當然不合情理。照理說，由於開始推動品質管制，員工學習之後，其品質意識與技術提高，應該更上一層樓，去做更高階的品質管制工作。韓國延世大學前商學院院長金基永 (Kee-Young Kim) 教授對品質管制的演變曾提出一些有趣的看法，現在略述如下以供讀者參考。

金教授認為品質管制或品質改善的過程可如圖 17–4 所示。也就是說，他認為在實行品質管制的第一個階段中，企業應該是在求取產品「符合規格」，而其目的則在於提供顧客品質穩定的產品。在完成了第一階段的任務之後，第二階段品質管制的目標則是求取產品的「耐用」，並希望能生產符合顧客需求的產品。在達成了第二階段的目標之後，企業執行品質管制的目標應該再予以升級，改以提高「產品效能」為目標。在這第三個階段中，我們應該設法提高企業的生產能力，賦予企業生產「高效能產品」的能力。

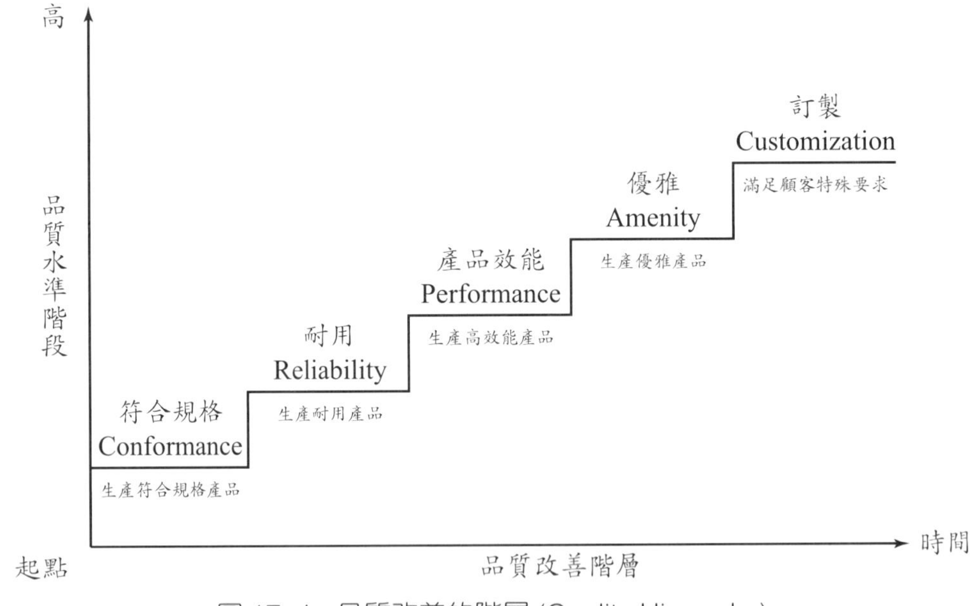

圖 17–4 品質改善的階層 (Quality Hierarchy)

接下來，企業在取得生產「高效能產品」的能力之後，便應該在此一基礎之上更進一步，設法生產「優雅」的產品。也就是說，企業不但要能提高產品的效能，更要使產品由內到外都具有高雅氣質，能使消費者在使用時感覺愉快。在到達這個程度之後，企業在品質管制上的工作就可以邁向圖 17–4 中之最後的一個階段，設法能瞭解顧客潛在的需求，並按顧客的特殊需求而生產。同時，其所生產的產品還要內外均具有優雅的品質水準或「氣質」。

金教授前述的看法非常有趣，也提供企業管理者在推行品管活動時努力的重點和方向，極有參考價值。另外，若由圖 17–4 中所述的觀點而言之，則在各階段中，產品品質的水準應有不同，其品質管制的目標及做法也有差異。所以，其所使用的工具和管制方法也應該改變。

原則上，要生產「價廉物美」的產品，企業就要先設計出優秀的產品。其次，企業還要能在生產過程中妥善管制品質。因此，要談品質管制還要考慮到「設計」以及「設計出來的品質」。假如「設計」不佳，或「所設計的品質」不佳，則不論製程品管做得多好都沒有用。如果「先天」的設計不良，而「後天」的品質管制又做不好，則情況就可能更嚴重了。

大部分的教科書在討論品質管制時，都只強調「檢驗」這個主題。「檢驗」在原物料入廠、製程、及成品檢驗中都非常重要。但檢驗只是品質管制的一部分而已，還有許多其他的工作要做。前面在圖 17–4 中所標示的品管階段及重點，已把企業推行品管時的工作內容概略勾勒出來。原則上，要做好品質管制，便要員工人人有能，且有品質意識，願意改善品質。因此，「人力資源的改善」以及「做好教育訓練」，才是其主要的重點。

第三節　檢　驗

前面曾經提到，品質管制的觀念有主動與被動兩種。若採取被動的做法，則管理者以管制品質為主。而採取主動的管理者，則除了管制品質之外，也可能以品管圈、全面品質管制等方法全面改善品質。我們在前面已經討論過品管圈及全面品質管制，在此不再多談。本節將以介紹檢驗為主。

檢驗 (Inspection) 是管制品質時所使用的主要工具之一。檢驗的目的在於決定企業所使用的原物料和產品是否符合企業事先所設立的標準。檢驗的做法在各行各業中都已常見，製造業可以說已經百分之百的使用檢驗來管制品質，其他行業如配銷、處理及服務業等也早已利用檢驗來確保品質。例如酒及咖啡的生產廠商也都已進行檢驗以決定其產品品質。檢驗的工作內容複雜，有時也有其困難。因此，有時檢驗極為耗時費力，假如生產過程不斷重複，產品類似或相同，則檢驗較為簡單易行。但若產品複雜，牽涉或利用之科技高深，或其中有大部分需要技工之技術，則產品之檢驗便極為困難。對於這種產品，其檢驗所需之時間有時可高達直接人工之一半左右。

檢驗是一種頗有挑戰性的工作，不論所耗費的人力與時間多少，仍然無法確保一定能把不良品完全消除掉。檢驗工作牽涉到人及檢驗方法、時間、地點等等，只要在某些環節中有所失誤，檢驗的結果便難以控制。因此，在討論檢驗時，管理者便要先把何處、何人、如何檢驗，以及處理不良品的方法等研究清楚，才能對檢驗的功效有所瞭解。在瞭解檢驗的功效之後，管理者也才能選擇並計畫檢驗工作。

對於生產事業而言，原物料在進入企業之後，經過生產系統的加工，便成為成品。在這整個過程中，為了確保品質，便一定要進行檢驗。在各個階段中所可能使用的檢驗方法可如圖 17–5 所示。原則上，原物料在進入企業前，以及產品在生產完成出廠前，均可以使用抽樣 (Sampling) 的方式，進行允收抽樣 (Acceptance Sampling)。在允收抽樣之後，管理者可以根據其結果而決定是否收貨以及該批量之品質水準。在生產過程中所使用的檢驗方式則是統計製程管制 (Statistical Process Control)。所謂製程管制，是在生產過程中對各階段中的半成品進行抽樣檢驗，並藉以判斷應否調整製程中的設備，以便改善產品的品質。

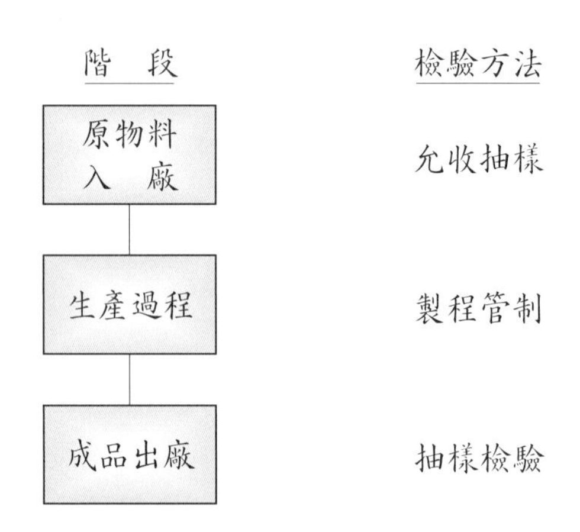

圖 17–5 在生產事業中各階段可使用之檢驗方法

以上所介紹的兩種檢驗方法都利用統計方法。因此在許多書籍中便把這兩種方法歸類於「統計品質管制」(Statistical Quality Control) 項下。而在談到統計品質管制時，所指的便是抽樣檢驗（或允收抽樣）與統計製程管制二項。

一般而言，在討論檢驗時，其考慮的基本內容應包含以下幾項：

⑴多久檢驗一次?

⑵如何檢驗?

⑶在何時、何處檢驗?

⑷由誰檢驗?

⑸採用什麼檢驗方法?

⑹如何處理不良品?

原則上，在檢驗成本不高、產品複雜，而產品不良可能造成極大損失時，企業可以增加檢驗次數。同時，若產品簡單、製程穩定、產品不良時又無太大之影響，則企業可以相對減少檢驗次數。另外，假如企業有記錄，也瞭解製程中設備的穩定程度，則企業可以定期檢驗，以確保製程之穩定性。至於「如何檢驗」，所指的是到底應該針對產品的屬性 (Attributes) 或變數 (Variables) 進行檢驗。通常所謂屬性檢驗，是在分辨產品是良品或不良品，可以接受還是不可以接受。至於產品變數檢驗，則是對產品的長度、寬度、高度、張力及其他項目進行檢驗，其目的在於查明產品與標準之差異。假如差異太大或超出預設的標準，則該產品便不可接受。原則上，屬性檢驗的成本低，其所耗時間亦少，所以大部分產品係以檢驗其屬性的方式檢驗之。本章中有關統計品質管制的討論以屬性檢驗為主。變數檢驗雖有其重要性，但由於並不在本章討論範圍內，在此不多做討論。另外，在討論如何檢驗時，也可以就「破壞性」或「非破壞性」檢驗做一選擇。所謂破壞性檢驗，是在檢驗過程中就產品的承受力、耐撞、耐摔程度做一檢驗。在檢驗完畢之後，產品已經損壞而無法再用了。反之，非破壞性檢驗則僅就產品之某些方面進行衡量而已。

在何處檢驗?這也是一個值得思考的問題。在這一方面至少有兩個問題需要回答。其一是「集中檢驗」或「分散檢驗」? 所謂集中檢驗，是把受檢貨品或人員集中到檢驗單位檢驗之。而分散檢驗則就地進行檢驗。原則上，這和「檢驗所需之設備」以及「檢驗人員所需之訓練」有關。若設備昂貴、且檢驗人員需要極高之訓練，則以集中檢驗的方式較佳，否則，均可採用分散檢驗的方式就地檢驗。例如體格檢查、醫學、化學及破壞性試驗多以集中檢驗的方式為之。而一般屬性之檢驗則多採分散檢驗的方式。

在圖 17-5 中我們已對生產的階段及檢驗方法有所介紹，現在對「在何處檢驗」做一更詳細之說明。原則上，在製程中可進行檢驗的時機與處所有以下幾個:

⑴收貨時。

⑵生產前。

⑶在生產過程中。

⑷在進行昂貴工序或無法變更之工序前。

⑸在剛開始生產時。

⑹在生產完成時。

⑺包裝前。

⑻客戶抱怨、退貨或修理時。

檢驗工作由誰負責執行，這也是一個有趣的問題。這牽涉到品質責任的歸屬問題，以及檢驗的難易。原則上，對品質負責之單位或人員便應該負責檢查。若企業生產單位內有品管部門，則品管部門當然也要負責檢驗。若由品管部門負責檢驗時，品質管制記錄應送交生產部門之主管，並由該主管與生產人員溝通，以免製造、生產與品管人員間之衝突。假如檢驗工作簡單易行，則檢驗工作可由現場人員負責。否則便可能需要聘請專業人員負責品質檢驗工作。

檢驗方法對檢驗結果有極大之影響，為了做好檢驗工作，管理者應該慎選檢驗方法。此處所討論的檢驗方法除前面提及的允收抽驗及製程管制之外，更牽涉到其中參數 (Parameter) 的選擇。也就是說，管理者應該根據所欲達成的效果，進一步設計出一個檢驗計畫 (Plan)，並在該計畫中註明樣本數、觀測次數，以及決定結果的方法等。

在檢驗並發現不良品之後，應該如何處理這些不良品呢? 原則上，假如收貨時檢驗發現不良品，可將這些不良品退回，或由貨款中扣除之。但若這些產品是由企業所生產出來之不良品，則常見的處理方式，有整修、以次級品銷售或回收等。至於那些無法處理的，則亦可拆除後取出有用零件，或當成廢料處理。

第四節 統計品質管制簡介

檢驗可分為全檢與抽檢兩種。在使用全檢時，我們檢驗所有的產品，並將不良品剔除。至於抽檢或抽驗則是利用統計方法由產品中取樣檢驗，並藉以評斷其品質。在某些狀況下，全檢確有其必要。現將這些狀況列舉如下：

⑴不良品所造成之損失極高時。

⑵必須完全合乎品質要求時。

⑶產品每次只買賣一部或一個時，例如電視、冰箱等。

⑷產品抽驗不合格時。

除了上述四種情況之外，在一般狀況下，我們都使用抽驗的方式。而使用抽驗的原因也可概述如下：

⑴產品件數太多，全檢成本太高。

⑵時間不足。

⑶若採行破壞性檢驗，當然不能全檢。

⑷抽驗即可控制品質到某一程度。

由於以上原因，抽檢的做法處處可見。至今為止，抽檢並已成為企業品質管制中的必要工具之一，而統計品質管制正是抽驗的理論基礎，故統計品質管制已日趨重要。

在使用統計品質管制時，由於統計方法的特質，在檢驗時可能產生一些誤差。常見的誤差有第一類誤差 (Type I Error) 及第二類誤差 (Type II Error) 這兩種（如表 17–1）。由表 17–1 可知，在檢驗時若把品質合格的產品收下，或把品質不良的批量 (Lot) 退回，則我們所做的檢驗便達成了它的目的。但若在檢驗時造成錯誤，把應收的貨品判定為不合格，則我們便犯了第一類誤差（亦稱 α 誤差，或型 I 誤差）。若我們在檢驗後，把應退回之貨品判定為合格品而收下，則我們就造成了第二類誤差（亦稱 β 誤差，或型 II 誤差）。原則上，第一類誤差對供應商不利而對我們無害，故我們稱它為生產者風險 (Producer's Risk)。至於第二類誤差則對生產廠商（或供應商）有利，卻對我們這些消費貨品的人不利，故我們稱它為消費者風險 (Consumer's Risk)。

表 17–1　檢驗所產生之誤差

貨品之品質	檢驗結果	
	合　格	不合格
合　格	正　確	第一類誤差
不合格	第二類誤差	正　確

除了以上的兩種誤差之外，在生產或製程中亦有兩種誤差值得注意。在製程中所產生的第一種誤差純粹是因機率而產生的，並無特殊的原因。這一種誤差我們稱它為「隨機誤差」(Chance Variation)。至於第二種誤差則是因為製程中某些變化造成的。這種誤差有跡可循，可以找出造成誤差的原因，我們可以稱它為「有原因的誤差」或「可追溯變異」(Assignable Variation)。原則上，隨機誤差是由於系統、投入、設備等等因素中的未知變化所造成的，並無特殊的意義。至於有原因的誤差則是由於系統中的某些部分或操作狀況上出了問題而產生的。在企業的生產過程中，設備及人力都是投入的一部分。由於設備及人力的運作都無法十全十美，因此在設計生產系統的過程中，便預留了一些空間。這就是所謂的容許偏差 (Allowable Variation)，而這也就是

隨機誤差的來源。隨機誤差的來源既然是在系統設計的容許範圍之內，隨機誤差當然便是正常的。有原因的誤差是因為系統運作出了問題才產生的。因此我們希望藉檢驗來管制或消除造成這些誤差的原因。而在使用統計方法時，我們則希望能選擇一個理想的抽驗計畫 (Sampling Plan)，設法平衡在抽驗時所產生的第一類誤差 (α Error) 及第二類誤差 (β Error)。

第五節 允收抽驗

允收抽驗亦稱為允收抽樣，是對一批貨品進行抽樣檢驗，並藉以判斷該批貨品之品質。在圖 17–5 中我們已經說明過，原則上這種方法可用於進貨及出貨時之檢驗。允收抽驗的結果有接受（或允收）(Accept) 及退回（或拒收）(Reject) 兩種。不論是允收或拒收，在檢驗中所發現的不良品都需要處理。原則上，在允收的狀況下，檢驗出來的不良品可以由批量中扣除掉，也可以請供應商以品質合格的產品替換之。以上這種做法對品質當然有所影響，我們在後面會再討論與此相關之議題。若抽驗的結果使我們判定該批貨不合格，則該批貨品應予全檢。在全檢中所發現的不良品也可以由批量中扣除或敦請供應商以合格品替換之。

在做抽樣檢驗時，我們是以抽樣的方式，由一批貨品中採取 n 個產品檢驗。如果在這 n 個產品中發現有 c 個不良品，則其不良率可計算如下：

$$p = \frac{c}{n} \tag{17.1}$$

而在公式 (17.1) 中之 p 是對該批貨品不良率之推測值。當然我們在做抽樣檢驗時，其樣品之採取應是以隨機的方式為之。若此一過程並未以隨機 (Random) 的方式執行之，則其結果便可能受到影響而不具代表性。上述的抽樣檢驗可如圖 17–6 所示。

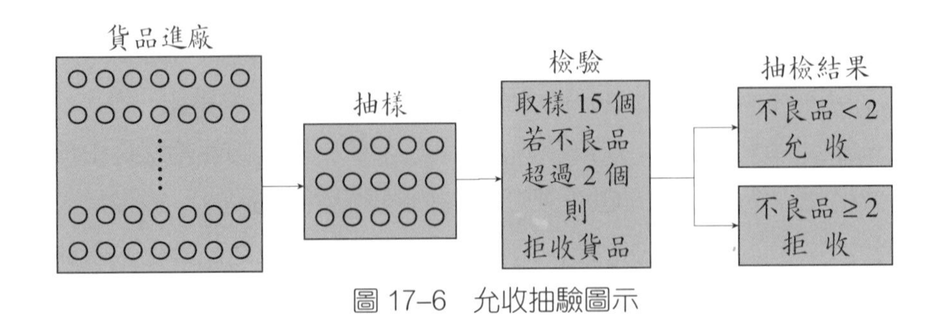

圖 17–6 允收抽驗圖示

如圖 17–6 所示，在貨品進廠時，若所使用的檢驗計畫為取樣 n=15，且不良個數限制為 c=2，則在檢驗後若其不良個數小於 2，則接受該批貨品。假如不良個數大於或等於 2，則拒收該批貨品。

由上述可知，在一個檢驗計畫中，其最重要的兩個參數便是「取樣之樣本數」及據以判定品質水準的「不良個數」。在樣本數及不良個數改變時，允收抽驗的準確程度有所改變。如圖 17–7 (甲) 所示，在樣本較小時，作業特性曲線 (Operating Characteristic Curve; OC Curve) 的斜率較小。而若樣本數增加，則其斜率漸增，其所可能產生的第一類型誤差及第二類型誤差均較小。也就是說，其允收抽驗之準確性較高。

另外，若檢驗計畫中所設定之不良個數改變，其 OC 曲線亦可能隨之而變。如圖 17–7（乙）所示，在不良個數改變而樣本數不變時，不良個數愈小則 OC 曲線愈向下移。而不良個數值設定較大時，OC 曲線之斜率較小，其檢驗計畫之準確度亦較低。也就是說，「樣品數」及「判定不良個數」可以決定一個檢驗計畫的準確程度，而 OC 曲線可以將檢驗計畫之誤差顯示出來。

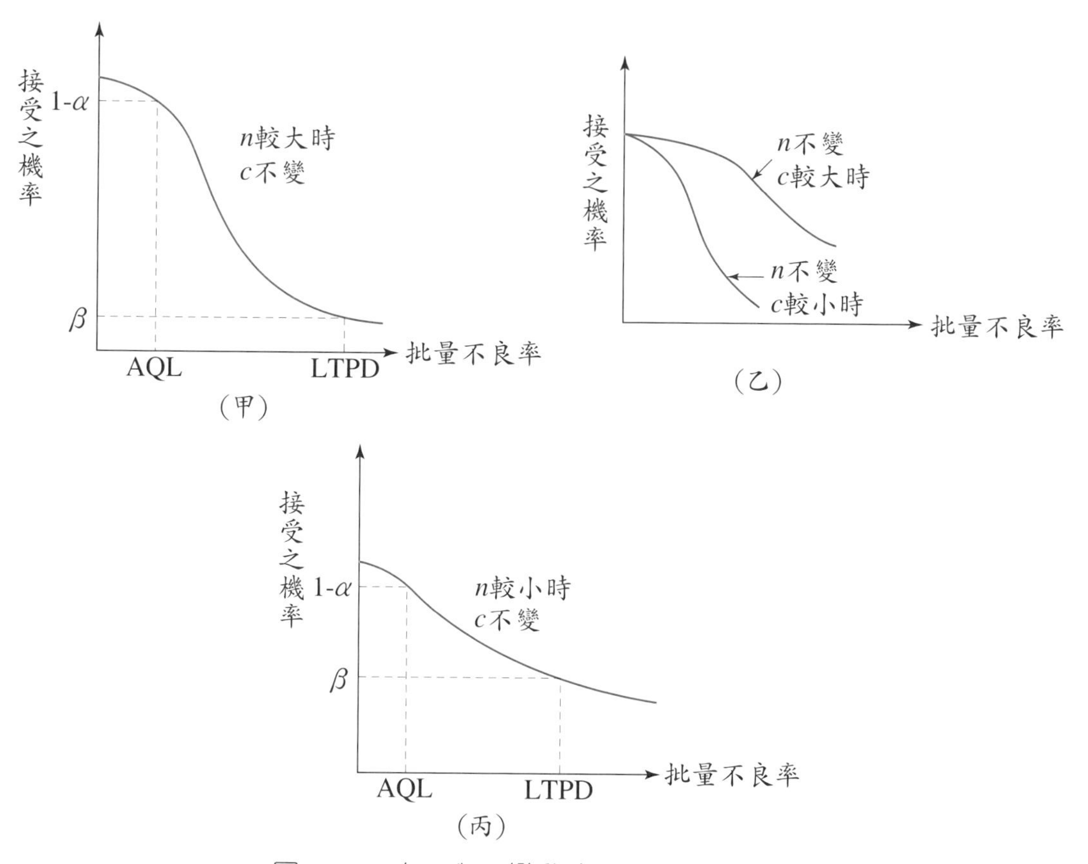

圖 17–7　在 n 與 c 變動時，OC 曲線變化圖

一、作業特性曲線

我們剛才談到作業特性曲線時，並未詳細討論之，現在說明如下。作業特性曲線亦稱 OC 曲線，是使用同一檢驗計畫，在不同進貨品質水準下，判定接受該批貨品之機率圖。如圖 17–7 所示，在確定了樣本數及不良個數之後，此一檢驗計畫的 OC 曲線便可製作出來。在圖 17–7 中，縱軸上有 α 及 β 這兩種誤差的數值，而橫軸上則有 AQL 及 LTPD 這兩個數值。我們在前面已討論過 α 及 β，α 是第一類誤差，而 β 是第二類誤差。至於 AQL 則是允收品質水準 (Acceptable Quality Level)，亦即採用此一檢驗計畫時所可以接受之最低不良率。而 LTPD 是 Lot Tolerance Percent Defective，亦即採用此一檢驗計畫時所可能接受之最高不良率。綜合言之，則採用此一檢驗計畫時所可能接受之批量品質應介於 AQL 及 LTPD 之間，而相對應的第一類及第二類誤差則為 α 及 β。

第一類誤差是生產者風險，而第二類誤差是消費者風險。原則上，我們希望能對生產者及消費者均有適度的保障，能使這兩類風險均適度降低。

雖然每一組 n 及 c 均可製作出一條 OC 曲線，但製作 OC 曲線之目的不只是要做出這條曲線而已。製作 OC 曲線之目的在於清楚的瞭解 α、β、AQL 及 LTPD，並據以選擇一個較佳的抽驗計畫。為了達成此一目的，美國國防部已發展出軍方抽驗計畫標準 MIL–STD–105 以資利用。對此一方法有興趣的讀者可參考相關資料研究之。

二、平均出驗品質

允收抽樣在檢驗的過程中可以根據檢驗結果來判定各批貨品的品質及應否收貨。原則上，品質水準在 AQL 及 LTPD 間的貨品均可能被判定為品質合格。但同時也存在另一種現象，那就是品質愈佳者，獲得接受的比率愈大，而品質較差者，其接受之比率則低。判定為不合格的批量通常便交付全檢。而在全檢的過程中，所有發現到的不良品便可予以剔除，或以合格品替代之。

由於使用上述的做法，在使用允收抽樣之後，通過檢驗過程而收下的貨品已經具有較高的品質水準。這是一個非常有趣的現象，而這種現象也證明允收抽樣確實可以提高品質水準。

「平均出驗品質」(Average Outgoing Quality) 也譯為「平均出廠品質」，是在檢驗而收下合格品，並將不合格的各批貨品全檢之後，經過驗收而收下的所有貨品之平均品質水準。假設各批貨品的不良率已知為 p，經過允收抽驗的過程之後，合格的批量便被收下，而不合格的貨品則經過全檢而僅剩下那些品質合格的貨品。假設我們在檢出不良品之後便將其淘汰，並未要求供應商以合格品替代之，則其平均出驗品質便成為 p 的一個函數如下：

$$AOQ = P_a p(1 - \frac{n}{N}) \tag{17.2}$$

公式 (17.2) 中之 AOQ 即為平均出驗品質，p 為該批貨品之不良率，P_a 是不良率為 p 時判定該批合格之機率，n 是樣本數，而 N 則是該批之批量數。現在舉例說明如下。

例一

假設某批入廠檢驗之貨品不良率為 3%，由其 OC 曲線可知判定該批貨品合格之機率為 55%。若已知該批貨品之批量為 2,500，允收抽驗時每次取樣 100 件。請問其平均出驗品質若干？

解答

由題目中之敘述可得下列資料，

$p = 0.03$
$P_a = 0.55$
$N = 2{,}500$
$n = 100$

將這些數據代入公式 (17.2) 後，其平均出驗品質為

$$\begin{aligned} AOQ &= P_a p(1 - \frac{n}{N}) \\ &= (0.55)(0.03)(1 - \frac{100}{2{,}500}) \\ &= 0.01584 \end{aligned}$$

由上述之計算可知，經過前述之允收抽驗，入廠貨品之平均收貨品質已大幅提升。其平均出驗品質為 1.584%。

在貨品品質水準 p 不同時，其 AOQ 亦有不同。若將其 AOQ 製圖，則可得如圖

17–8 之圖。在圖 17–8 中之最高點即為平均出驗品質水準 (Average Outgoing Quality Level; AOQL)。所謂平均出驗品質水準，就是採用此一檢驗計畫時，所收貨品平均品質水準。原則上，AOQL 一定小於貨品之原有不良率。因此，AOQL 極有參考價值，我們可藉 AOQL 來瞭解所收貨品之品質，以及在這種狀況下品質至少可達到哪一種水準。因此，管理者也可以根據所希望達成之 AOQL 而選擇其抽樣計畫。

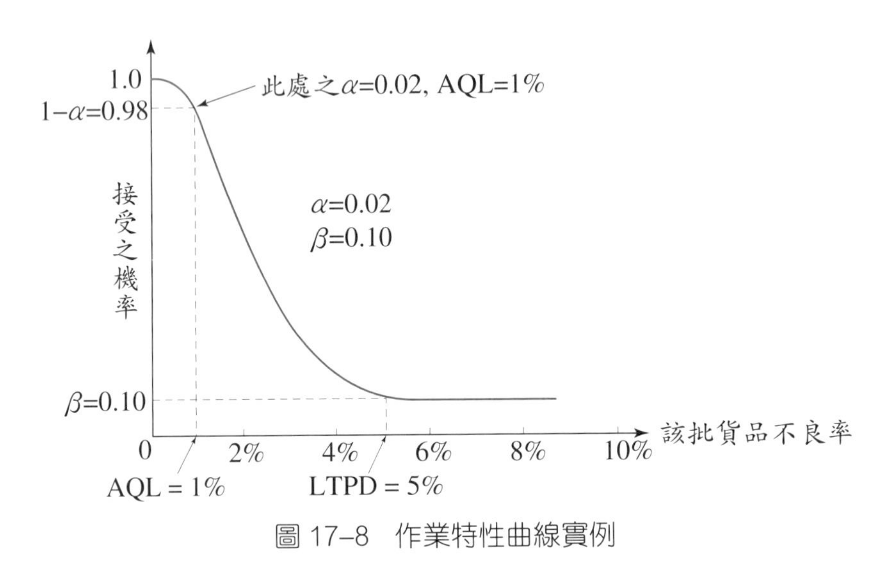

圖 17–8 作業特性曲線實例

三、多次抽樣 (Multiple Sampling)

截至目前為止，在本節內所探討的均只局限在一次抽樣的部分而已。除了一次抽驗或單次抽樣之外，亦有多次抽樣的做法。採用多次抽樣時，我們每次抽樣檢驗之後，再根據累計的不良個數判定貨品的品質水準。如果累計不良數在允收水準之內，則接受該批貨品。若累計不良數已達拒收水準，我們便應拒收該批貨品，並將該批貨品送交全檢。但若累計不良個數介於允收與拒收之間時，我們則可進行下一次抽樣，再計算其累計不良個數，並據以參考上述之方式做出結論。

多次抽樣中又有一種「雙重抽樣」(Double Sampling)。雙重抽樣的概念與多次抽樣類似 (如圖 17–9)。原則上，我們在使用雙重抽樣時，一共抽樣兩次。第一次抽樣檢驗的結果有三種：接受、退回或保留。如圖 17–9 所示，如果檢驗的結果為保留，則進行第二次抽樣。在第二次抽驗時，由於一定要做出結論，因此其結果便只有接受與拒收兩種。雙重抽樣的做法中有兩組判定合格與否的數據。圖 17–9 中所使用之數據可列表如下。

雙重抽樣標準表				
抽樣次數	樣本數	累計樣本數	合格判定數	不合格判定數
1	100	100	2	5
2	200	300	4	5

原則上第一次抽樣之樣本數為 100，若不良個數 ≤ 2 則可接受。若不良個數 ≥ 5，則應予拒收。假如不良個數為 3 或 4 個，則可進行第二次之抽樣。在第二次抽樣時，其取樣個數便有所增加，由一次取 100 個樣品，增加為一次取樣 200 個。同時，在判定合格與否時則將二個樣本中之不良個數合計，再以合計之不良個數為基準來判定合格與否。若二次合計之不良個數 ≤ 4，則接受之。若其總不良個數 ≥ 5，則予以拒收並逕交全檢之。

至於多次抽樣的做法，其具體之做法與雙次抽樣完全一樣，只不過在中間增加了更多的機會，讓該批貨品有較多次的受驗機會。原則上，不論抽驗若干次，到最後一次抽驗時，企業都必須決定是否接受該批貨品。因此，在最後一次抽驗時，其結果便只有接受與拒收這兩種。

原則上，抽樣計畫的選擇亦可參照 Dodge-Romig Sampling Inspection Tables 而為之。對抽樣檢驗有理論或實務上之需要而欲取得更多資訊時，讀者可參考有關品質管制之書籍以進行更深入之探討。

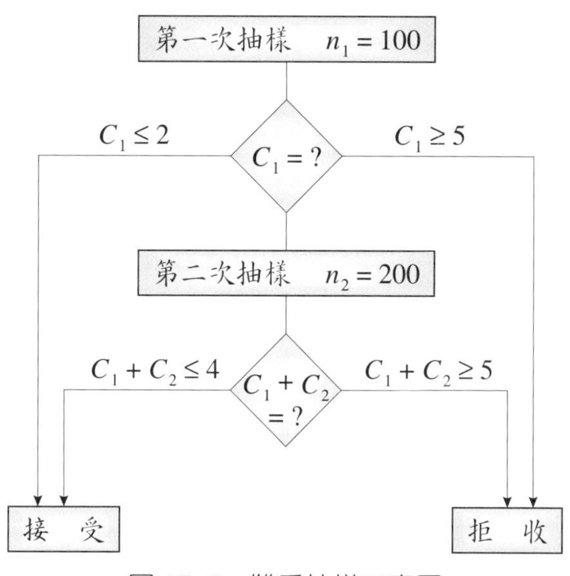

圖 17–9　雙重抽樣示意圖

第六節 製程管制

我們在前面曾經說明過抽驗與製程管制的使用場所或時間並不相同。如前面之圖 17–5 所示，原則上允收抽樣（亦稱抽樣檢驗）可用於進貨或出貨時之檢驗，而製程管制則專用於生產過程中對製程或半成品之管制。在進貨或出貨之檢驗中，我們對一批貨品進行抽驗或全檢，該批貨品是固定的，因此其檢驗過程是靜態的 (Static)。相反的，製程管制的對象是生產過程中的半成品。而在抽驗時，其對象一直改變，因此製程管制的對象是動態的 (Dynamic)。

製程管制對確保製程中所生產產品的品質極有助益。原則上，在原料驗收，進用生產線之後，在整個生產過程之中，對各工序所生產的半成品都應該抽驗並評估其品質。製程管制可以協助企業發現製程中的異常現象並及早管制之。因此，製程管制對於提高產品品質助益極大。在管理生產活動時，管理者必須在需要時中斷生產線，並進行必要的設備調整或更換機具，以確保生產的產品合乎其品質需求。但若經常停止生產線以調整機具而改善品質，則企業的生產力便一定降低。因此，為了達成保障品質並維護生產力的雙重目的，管理者應該只在品質或製程確實出問題時，方可停止生產。假如能確定活動已經「失控」(Out of Control)，則管理者便可適時停止生產線以進行必要的調整。

管制圖是協助員工及管理者觀測並研判製程品質的主要工具之一。在進行製程管制時，我們定期由製程中取樣檢驗，並將其結果記錄於管制圖中。原則上，生產過程在運作時，由於震動或機具磨損等原因，其設備之準確性逐漸下降。因此，隨著時間的改變，製程及半成品的品質水準也逐漸降低。我們管制製程的目的在於維持生產設備的準確性及產品或半成品的品質，只要生產的品質維持在某一個範圍之內即可。如果生產品質經觀測並發現已有失控的可能，則管理者便應該介入以改善品質。但在介入之前，管理者應該先查明造成製程失控的原因到底是「機會誤差」，還是「有原因的誤差」? 原則上，我們希望找出造成誤差的原因，並進而設法解決或消除之。

造成製程失控的原因極多，而有些原因造成的影響大而頻繁，有些原因的影響則較小。對於影響較大者，我們應該特別重視並管制之。

一、管制圖簡介

在 1920 年代間，休哈特 (Walter A. Shewhart) 發展出了統計管制圖，並用此一圖形來分辨機會誤差與有原因之誤差，而管制圖之使用自此即大為流傳。原則上，在製程上若已產生問題，則我們可使用管制圖觀測而發現之。接下來我們可以設法找出造成問題之原因，然後再根據所發現的原因而設法解決之。由於造成問題的因素很多，製程中的「變動性」可以用常態分配來表示。也就是說，我們在使用管制圖時，假設抽驗所得之數值呈現常態分配的狀況，同時，這些數值也對整個群體 (Population) 具有代表性。因此，我們就可以用常態分配的概念來控制或記錄其變動性 (Variability)。而整個群體的變動性則可以「標準差」來顯示。如圖 17–10 所示，在管制圖中，我們可以使用統計上「信賴區間」的概念，設定平均值、管制上限 (Upper Control Limit; UCL)，及管制下限 (Lower Control Limit; LCL)。

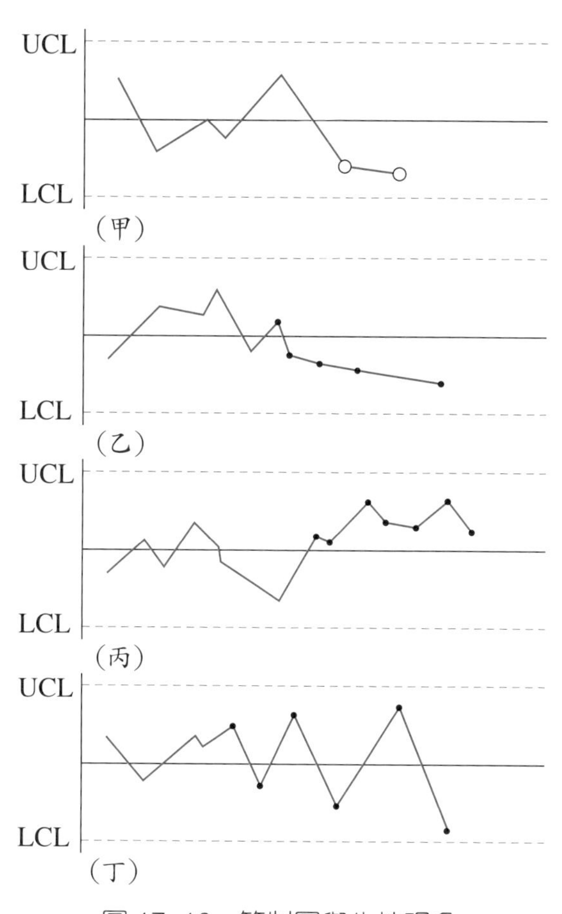

圖 17–10　管制圖與失控現象

所謂管制上限與管制下限，是管理者抽驗時對各樣本平均值所可接受之上、下極限。如果樣本平均值超過管制上限或管制下限，便需要採取行動以矯正品質。如果其樣本平均值在管制上、下限之間，則原則上便無需特別處理。一般在使用管制圖時，其上、下限大都以平均值加或減三個標準差而定。除此之外，在討論管制圖時，對於在哪些狀況下，製程可能已經失控 (Out of Control)，這也是值得管理者特別注意的事項之一。在西方有所謂的「2–5–7 法則」可用以協助管理者來研判製程的失控狀況。現在我們可參考圖 17–10 中的四個管制圖以瞭解所謂的「2–5–7 法則」。如圖 17–10 中之（甲）圖所示，在有連續二點接近某一個管制界限時，製程便可能已有失控的傾向。這就是 2–5–7 法則中的 2。另外，在（乙）圖中可見有連續五點呈現向下限接近的狀況，這顯示出製程品質已陸續下降，當然值得深入瞭解其原因。不論連續五點是向上或向下，這都是異常，而且值得特別注意。這就是 2–5–7 法則中的 5。而在圖 17–10 中之（丙）圖，很明顯的，製程中的品質已經有向上變化的趨勢，其變化的區間也已經與管制圖所預定的區間有所不同，這當然便值得特別注意。而（丙）圖中所顯示的就是 2–5–7 法則中所謂的 7 的部分。至於圖 17–10（丁）圖之部分則顯示出製程中的變動性已逐漸擴大。這種狀況當然也值得管理者立即檢視生產線，並查明變動擴大的原因。

在上段所討論的狀況中，值得注意的是，即使連續幾點是在管制中線上方，顯示出品質有整體改善的趨勢，管理者仍然應該查明製程變化的原因。因為這可能是由於工作方法、設備、工具或員工的改善而引起的。如有這種狀況，管理者更應該明確的瞭解這種狀況，以便作為未來管理生產活動的參考。反之，則有可能員工有意隱藏不良品，因而在檢體中不良品減少，並使得檢驗結果令人產生錯誤的假象。至於在（丙）、（丁）二圖中所顯示出的狀況則有長期而明顯的品質變化，這當然值得管理者立即進行調查並設法改善製程。

二、變數的管制

假如我們在製程管制中所欲檢驗或管制者是產品或半成品的某些特性 (Characteristics)，則我們應該使用變數管制圖。例如我們管制的對象是產品或半成品的規格（如長、寬、厚度等），則便可使用變數管制圖。在管制變數時所使用的管制圖有平均數管制圖 ($\overline{X}$ Chart) 及全距管制圖 (R Chart) 兩種。平均數管制圖是把由「取樣所得之平均數」記錄在管制圖中，並觀察其變化。而全距管制圖則將每次取樣中「極大值與極小值之差」記錄在管制圖中，並藉以觀察樣本中的變異性 (Variance)。

通常平均數管制圖與全距管制圖是同時使用的。在這兩種管制圖共用時，我們可以用平均數管制圖來管制「平均值」的變化，也可以用全距管制圖來管制樣本中的「變異程度」。如圖 17–11 所示，在某些狀況下，每次取樣所得之平均值可能相同或接近，但其原群體 (Population) 之變異程度卻有極大之不同。因此，假如我們只管制其平均值，而未管制其「全距」，則所取得之資訊並不全面，且可能造成誤導。

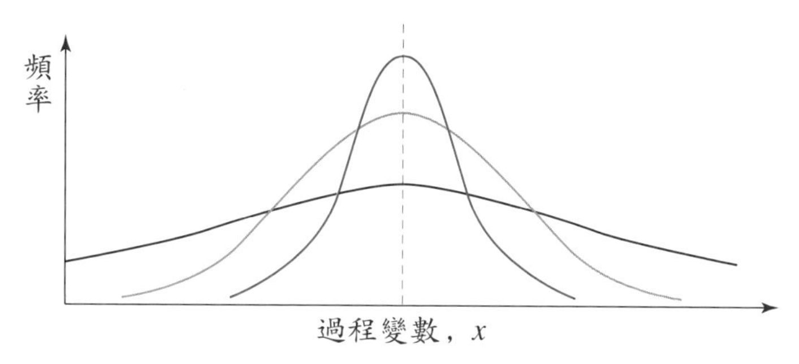

圖 17–11　平均值相同，變異數不同之狀況

前面曾經提及，在使用管制圖時，其上、下限通常可以用加減三個標準差 ($\pm 3\sigma$) 的方式決定之。但若將「平均數管制圖」與「全距管制圖」共用時，則可根據全距的平均值來決定這兩種管制圖的上、下限。這種做法非常簡便，可查表便決定其管制圖之上、下限（如表 17–2）。

表 17–2　管制圖係數表

取樣數 n	A_2	D_3	D_4
2	1.880	0	3.267
3	1.023	0	2.575
4	0.729	0	2.282
5	0.577	0	2.115
6	0.483	0	2.004
7	0.419	0.076	1.924
8	0.373	0.136	1.864
9	0.337	0.136	1.864
10	0.308	0.223	1.777
12	0.266	0.284	1.716
14	0.235	0.329	1.671
16	0.212	0.364	1.636

18	0.194	0.392	1.608
20	0.180	0.414	1.586
22	0.167	0.434	1.566
24	0.157	0.452	1.548

原則上，這種做法是由全距值的平均值反算出樣本的標準差。其關係式可表示如下：

$$A_2\overline{R} = 3\sigma_{\overline{X}} \quad (17.3)$$

$$D_4\overline{R} = \overline{R} + 3\sigma_{\overline{X}} \quad (17.4)$$

$$D_3\overline{R} = \overline{R} - 3\sigma_{\overline{X}} \quad (17.5)$$

根據公式 (17.3) 及 (17.4) 中之關係，平均數管制圖的上、下限便可查表 17–2 並參照下式決定之：

$$\text{UCL}_{\overline{X}} = \overline{X} + A_2\overline{R} \quad (17.6)$$

$$\text{LCL}_{\overline{X}} = \overline{X} - A_2\overline{R} \quad (17.7)$$

同理，則全距管制圖的上、下限亦可決定如下：

$$\text{UCL}_R = D_4\overline{R} \quad (17.8)$$

$$\text{LCL}_R = D_3\overline{R} \quad (17.9)$$

使用公式 (17.4)～(17.9) 的優點很多，其最主要的優點是免除了繁複的計算過程，而且只要有 $\overline{X}$ 及 $\overline{R}$ 這兩個數值就可以據以決定平均數管制圖及全距管制圖的上、下限。

現在以一個例子來說明有關平均數管制圖與全距管制圖之使用如下。

例二

在創新技術公司的製程中，在自動車床的加工部分使用平均數管制圖與全距管制圖來管制其加工結果。若每次抽驗時取樣 20 個，抽驗 20 次後所計算工件的外徑平均值 ($\overline{X}$) 為 0.3 公分，全距平均值 ($\overline{R}$) 為 0.01 公分，試決定其平均數管制圖及全距管制圖之上、下限。

解答

由題意可知，$\overline{X}$=0.3 公分，$\overline{R}$=0.01 公分。若使用公式 (17.4)～(17.9)，並查表 17–2 可知 A_2=0.18, D_3=0.414, D_4=1.586，故可計算平均數管制圖之上、下限如下：

$$\begin{aligned}
上限 = \mathrm{UCL}_{\overline{X}} &= \overline{X} + A_2\overline{R} \\
&= 0.3 + (0.18)(0.01) \\
&= 0.3018 \text{ 公分} \\
下限 = \mathrm{LCL}_{\overline{X}} &= \overline{X} - A_2\overline{R} \\
&= 0.3 - (0.18)(0.01) \\
&= 0.2982 \text{ 公分}
\end{aligned}$$

同理，我們用公式 (17.8) 及 (17.9)，將 D_3、D_4 代入後，其全距管制圖之上、下限為

$$\begin{aligned}
上限 = \mathrm{UCL}_{R} &= D_4\overline{R} \\
&= (1.586)(0.01) \\
&= 0.01586 \text{ 公分} \\
下限 = \mathrm{LCL}_{R} &= D_3\overline{R} \\
&= (0.414)(0.01) \\
&= 0.00414 \text{ 公分}
\end{aligned}$$

而其平均數管制圖及全距管制圖則可如圖 17–12 所示。

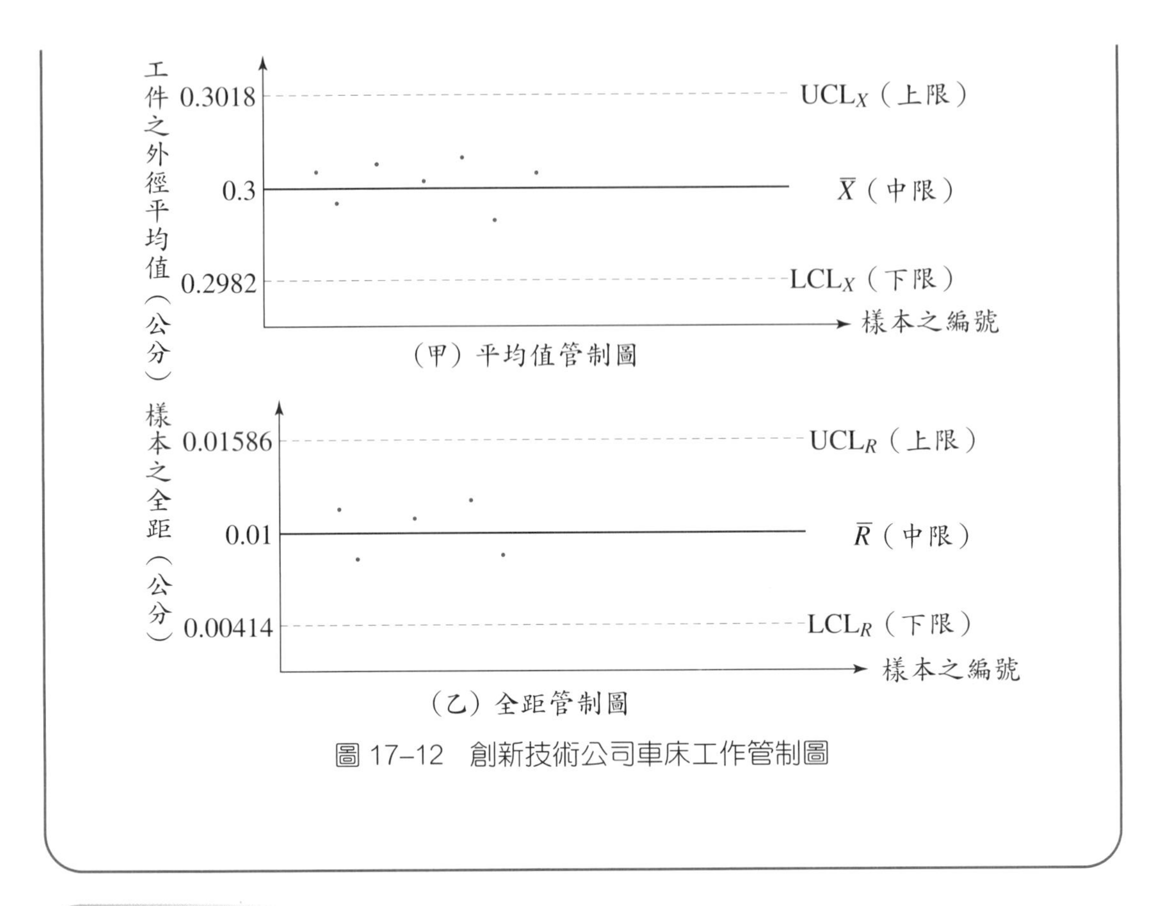

圖 17–12　創新技術公司車床工作管制圖

三、屬性之管制

假如在抽驗時，我們檢驗而決定產品的品質是否合格，則這是一種屬性 (Attribute) 的管制。在這種狀況下，我們便應該使用屬性管制圖。對於屬性的檢驗，最常見的有對「不良率」和「不良數」做檢驗的兩種做法。假如管制不良率，則我們可使用「不良率管制圖」(*p* Chart)。如果要管制不良個數，則「不良個數管制圖」(*c* Chart) 才是正確的管制圖。現在將這兩種管制圖逐次說明如下。

通常在檢驗時，我們如果要查明樣本中的「不良率」是多少，而且我們的目的在於「將不良率維持在某一個水準之下」，則我們應該使用「不良率管制圖」。在使用不良率管制圖時，為了確實顯現其不良率，所取的樣本數必須大到一個程度。原則上，若不良率在 3% 左右，則取樣便至少要有 33 個才可能有一個不良品出現。而若不良率為 2%，則應每取樣 50 個，才可能發現一個不良品。因此，樣本數必須至少大到能在抽樣時真正的發現不良品才行。由於檢驗結果只有「合格」與「不合格」這兩種，因此其結果可以用「二項式分配」(Binomial Distribution) 來估計。

由於是以二項式分配來估計其分配，所以其標準差可以用下式計算：

$$\sigma_p = \sqrt{\frac{\overline{p}(1-\overline{p})}{n}} \qquad (17.10)$$

其中之 σ_p 為不良率之標準差，$\overline{p}$ 為平均不良率，而 n 則是各樣本中的產品數。原則上，若不良率較大（接近 0.5），或 n 很大（大於 30），則亦可用常態分配來估計不良率之分配。因此，在計算不良率管制圖之上、下限時，我們也可以用加減三個標準差的方式來決定之。另外，不良率是一個比率，因此不可能有負值。所以，不良率管制圖的下限最小只能下降到零，不可以有負值。現在我們也以一個例子來說明不良率管制圖如下。

例三

某森林小學圖書館中的書籍由於種種原因，常常失蹤。有些書籍確實遭竊，但也有些是因為讀者有意無意的把書籍隨手放上書架而造成的。該小學的圖書館發現約有 15% 的書籍不知去向。若每次取樣 50 本，請問其不良率管制圖之上、下限應為若干？

解答

由題旨可知，$\overline{p}$=0.15, n=50。若使用公式 (17.10)，將 $\overline{p}$ 及 n 代入之，則可計算不良率之標準差為

$$\begin{aligned}\sigma_p &= \sqrt{\frac{\overline{p}(1-\overline{p})}{n}} \\ &= \sqrt{\frac{(0.15)(0.85)}{50}} \\ &= 0.0505\end{aligned}$$

若以加減三個標準差的方式計算其管制圖之上、下限，則其上、下限為

$$\begin{aligned}\text{上限} &= \overline{p} + 3\sigma_p \\ &= 0.15 + 3(0.0505) \\ &= 0.3015\end{aligned}$$

$$下限 = \overline{p} - 3\sigma_p$$
$$= -0.0015$$

由以上之計算可知，森林小學圖書館在使用不良率管制圖管制書籍之歸位時，其上、下限可計算為

$$上限 = 0.3015$$

$$下限 = -0.0015$$

但由於不良率管制圖之下限最小時為零，故其下限應改為

$$下限 = 0$$

而其所相對應之不良率管制圖則可如圖 17–13 所示。

圖 17–13　森林小學圖書不良率管制圖

如果在檢驗時我們計算在樣本中有幾個不良數，則此時所應該使用的便是「不良數管制圖」。例如若產品為桌椅，而檢驗時要查明油漆剝落的處所共有幾個，抓痕有幾個等等，便可使用不良數管制圖。另外如本市的火災次數、打字錯誤多少、旅館內的空屋數等，也都可用不良數管制圖以管制之。不良數管制圖 (*c* Chart) 既然是針對不良數進行管制，便應該用波松分配 (Poisson Distribution) 來估計其不良數之分配。這裡所說的「不良」，其實是在談缺點，該產品的缺點愈多，則其品質水準愈差。但該產品仍然可用，只是產品品質較差而已。原則上，在使用不良數管制圖或缺點數管制圖時，缺點數平均值可以根據以往記錄而決定之。由於波松分配的特性，其標準差的平方值便等於其平均值，

$$\sigma = \sqrt{c} \tag{17.11}$$

公式 (17.11) 中之 σ 是不良數之標準差，而 $\bar{c}$ 則是平均不良數。

使用缺點數管制圖時，和使用不良率管制圖或全距管制圖一樣，其管制下限之最小值都是零，絕對不可以有負值。

現在以一個例子說明此管制圖之使用如下。

例四

方圓銀行在使用自動提款機之後，收到不少顧客的抱怨及申訴，有些人認為軟體不好，要等太久；也有人覺得說明不夠清楚，造成顧客無謂的嘗試；更有人不知如何使用，卡片被機器吃掉了。方圓公司為了對此類狀況有所瞭解，擬使用缺點數管制圖以管制之。若本週的記錄如下表所示，試問其不良數管制圖的上、下限為何？

星　期	抱怨及申訴次數
一	5
二	1
三	4
四	8
五	2
六	4
合　計	24

解答

由上表可知其不良數之平均值為：$\bar{c}=\frac{24}{6}=4$ 次/天。若使用公式 (17.11)，則其不良數之標準差為

$$\sigma=\sqrt{\bar{c}}=\sqrt{4}=2$$

若使用加減三個標準差的方式來計算其不良數管制圖之上、下限，則該缺點數管制圖之上、下限為

$$\begin{aligned}\text{上限}=UCL_c&=\bar{c}+3\sigma\\&=4+(3)(2)\end{aligned}$$

$= 10$

下限 $= LCL_c = \bar{c} - 3\sigma$

$= -2$

我們知道，最佳品質為零缺點。因此，其下限應修正為 $LCL_c=0$。

相對應於上述資料之缺點數管制圖可如圖 17–14 所示。

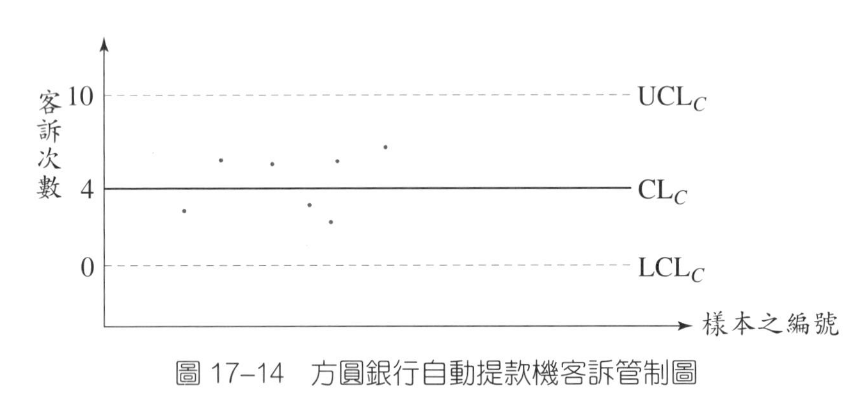

圖 17–14　方圓銀行自動提款機客訴管制圖

第七節　人力規劃

現代化工廠由於使用自動化設備，資訊及決策權正逐漸由管理者轉移至從業人員手中。這種變化也對企業之營運及管理造成極大之衝擊，管理者必須密切注意此類變化，並謀取因應之道。一般而言，資訊時代及新生產科技產生之影響包含下列幾種：

(1)電腦將資訊同時傳遞給管理者與員工。員工憑藉其實際工作經驗與知識，可能比管理者更瞭解現狀。

(2)員工的知識及技能提高。

(3)中級管理者日漸減少。

(4)組織結構日益簡化，組織層級減少。

(5)工作方式為適者生存，將工作交由專家執行。

(6)企業文化更注重創新、矩陣式組織、獨立工作，及自主管理等觀念。

(7)管理工作由指揮改變為指導、參謀或顧問、協調等方式。

由於員工，生產科技與工作方式均已改變，企業及管理者均應改變。今日之企業已無法控制員工，管理者應予員工較大之自治權。同時，管理者亦應教導員工如何自治以提高生產力，達成企業及員工之目標。

一、現代員工之期望

美國公共事務基金會於1983年間曾經調查員工對工作之期望，名列前10名之因素如下：

⑴受到尊重。

⑵工作有趣。

⑶肯定工作表現。

⑷能發展及發揮技能。

⑸主管能接受建議。

⑹能自主思考，不完全照章行事。

⑺能貫徹始終，看到工作成果。

⑻主管很有效率。

⑼工作輕鬆。

⑽瞭解工作內容及其前因後果。

我國之國情與美國雖有差異，但人民之教育水準與消費水準均與美國不相上下，員工之創造力及生產力有時更高於美國之水準。照理說，我國之從業員工也可能與美國員工類似，對工作抱持以上十種期望。在以上十項因素中，工作之穩定與否，薪資水準福利等均不重要，而工作性質，員工之自主性，工作與生活之關係等，卻極受重視。由此可知，今日之員工希望工作與生活結合，希望在工作中與企業一起成長，並能藉工作而達成其生活之目標。

截至目前為止，大部分企業仍然以薪資、福利、安全等因素吸引或激勵員工。這可能是因為管理者尚未瞭解員工之變化，而企業也還未能由原有之境界跨步進入新時代之故。薪資固然重要，挑戰性、工作能否提升個人水準及技能、自主性、參與程度、是否受尊重、能否進入情況掌握變化、獲取資訊等等，也都是極為重要之考慮。因此，管理者必須改變企業吸引與激勵員工之方式，提高工作水準及員工參與程度。在任何成功的企業中，員工均不斷進步，互相扶持，也抱持積極進取，全力以赴的態度。若將前列十項工作期望與成功企業中員工之行為與態度互相對照，管理者將可見其相似之處。嚴格的說，前列之十項工作期望正是企業成功所必需之特質。因此，管理者不但不應抗拒員工對工作之期望，更應該因勢利導，將員工對工作之期望化為力量，全力促成企業目標之實現。

二、生產部門之變化

社會型態、社會風氣及從業人員對企業組織影響極大。我國之社會型態不斷變化，人民生活不斷改善，而企業組織及型態也由小而大，即為一明顯之實例。當前國內企業正面臨工業升級之轉型期，勞工意識、環保觀念也日漸高漲。這些因素成形之後，人民之生活方式，企業組織、型態及運作方式均將改變。這些因素及影響將日趨明顯，企業的生產部門將遭受極大之衝擊。原則上，生產部門之變化至少應該包含以下幾種：

◆ 1.整體觀

許多企業及管理者至目前為止，仍然不斷設法降低直接人工成本。其實，薪資在現代工業中，只佔成本的 3～20%。降低直接人工成本，並無法大幅降低產品成本，在現代化工廠中，生產設備及營運成本投資龐大，企業應該設法提高設備之效率及企業整體之生產力。至於勞力密集產業，如果不改變經營方式，即便勞工成本降低，仍將日趨沒落。現代化工廠之運作與員工之工作品質及態度密切相關，若薪資不高，員工之工作情緒與態度不佳，則企業終將受害。

同時，消費者之消費經驗增加，更注重產品品質。因此，企業不但應該注重內部之結構與管制，更需加強產品之品質與企業整體之工作品質。部門成本遠不如產品成本重要，若因增加某部門之投資而能提高整體效率，則企業即應盡速進行。總成本重於部門成本，因此，企業應以整體觀取代狹義之部門成本控制。企業應設法降低總成本，勿因管制部門成本而影響企業整體之效率。管理者應該設法突破現行財務管制之限制，注意整體效率而非各部門之成本效益。在管理科學之研究中，學者專家早已發現各部門最大效率之和並不等於企業整體之最大效率。反之，欲求整體效率極大，則有些部門即無法達成其最高效率。管理者應以整體效率為重，協調各部門以配合整體之運作。這就是我國常說之「見樹不見林、見林不見樹、見樹又見林」這種觀念。管理者應見樹又見林，以各部門支援整體，謀取企業之最大效率。管理者若秉持此一觀念，則對於研究發展工作及支出，將可能採取較積極之做法。

◆ 2.層級減少

生產科技，社會型態及員工之變化將改變企業之組織。在傳統之大企業中，由上至下，可能共有 10 至 15 級。組織結構呈金字塔形（如圖 17–15（甲））。隨著產業結構、社會型態、生產科技等之變化，企業內之直接人工減少，企業組織可能由金字塔形轉變為鑽石形（如圖 17–15（乙））。也就是說，工人減少，有些工人取代管理者，中級管理人員亦將減少。企業層級因此由 10 至 15 級降為 8 至 10 級。類似情況不斷演變，於電腦化及自動化更普及之後，許多部門合併，企業層級將更為減少。最後可能只剩 5 級左右（如圖 17–15（丙））。

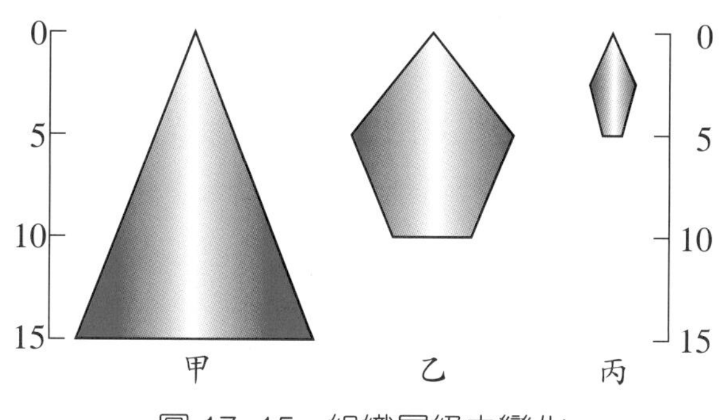

圖 17–15　組織層級之變化

層級減少之原因約有三種。第一個原因在於今日之員工教育水準較高，能迅速瞭解工作，也能消化更多資訊。因此，許多原本由中下級管理者負擔之工作可改由工人執行。中級管理者減少以後，不但成本降低，資訊流通也更迅速確實。其次，現在管理界已逐漸瞭解在工作流程簡化之後，工作效率將可提高，減少中間管理者可以簡化工作流程，提高工作效率。最後一個原因則為電腦可以取代中級管理者執行分析、過濾與組織資訊等工作。電腦處理資訊既迅速又確實，倘若資訊業者能發展出較佳之軟體，則企業層級減少之速度將更快。

管理者各有其思考方式及喜好。在溝通之過程中，管理者可能因其思考方式或喜好而扭曲資訊，甚或阻礙資訊流通。管理層級減少之後，資訊扭曲或斷線之機會減少，資訊正確性提高。因此，企業的生產力及效率將大為提高。在電腦軟體方面，使用者才瞭解軟體應具備之功能。許多資訊管理 (Management Information System) 專家都認為未來的軟體將由在現場工作之員工設計。因此，生產人員將取代程式設計人員，進行程式設計的工作。反之，亦可能由程式設計人員擔任生產工作。類似之狀況不斷增加以後，未來的工程師可能需要具備廣泛的專長，並瞭解整體之運作方式，才能勝任其工作。

◆ 3. 工作內容增加

基於相同的理由，工人的工作內容亦將增加。工人除了操作機械、設備之外，可能還要負責維修、保養、試機、調機等任務。在自動化到達某種程度之後，工人可能也必須瞭解系統理論、檢修、分析及組織方法，並負擔起保管、維修整個生產系統或生產過程的責任。因此，工人與管理者的工作內容及目的將極為類似，均需設法提高生產力，創造企業利潤以增加投資報酬率。

◆ 4. 工時縮短

由於企業逐漸引進自動化設備，企業之固定投資將不斷增加。為了善用設備，加速投資之回收，未來的企業可能需要採行全日工作之政策。生產設備一天運轉 24 小時，在維修或保養時方才停機。但是，由於勞工意識提高，人民生活水準改進，員工更渴望休閒活動。因此，現在之趨勢可能為每人每天工作 8 小時，一週工作 5 天，管理者及工人均參與輪班。類似狀況在臺灣之期貨業已很普遍。期貨業必須處理世界各地之期貨交易，因此，日盤與夜盤必須有不同的管理者與工作人員。這種狀況未來將更普遍，除了對生產業造成影響之外，更可能改變我們的生活方式。24 小時商店、餐館，甚或早、午、晚報紙、24 小時公車等，都是可能出現的現象與行業。

◆ 5. 自動裝機、試機

採用數值控制或電腦化生產設備之企業已不斷增加。由於此類設備之試機、換模時間短，企業為了及早回收投資，設法滿足多元化之需求等等因素，生產部門可能必須生產許多型式及尺寸不同之產品。為因應這些變化，未來可能有許多軟體供應商生產軟體以協助企業進行裝機、試機等工作。企業亦可能自行設計此類軟體以縮短裝、試機及調整時間。由於電腦連線，工作站、光纖通訊等技術之持續改進，軟體交換及共用軟體之可行性也不斷增加。企業可能在不久的將來，設立其軟體圖書館，將此類軟體儲存於其電腦資料庫中。企業之任何分支機構或工廠均可由此資料庫中呼叫、取用軟體及指令。因此，自動裝機、換機、調整等等，將極具可行性。企業可同時於不同工廠內生產相同產品。即便工廠在其他國家，管理者或工程師仍可經由通訊網路使用企業之軟體，進行生產活動，因此，企業將能迅速的調整產能以因應變化。此類發展將對企業產生極大衝擊，管理者必須預做準備。

◆ 6. 系統保養

在一般工廠中，當設備故障時，工作人員需花費極多時間執行分析原因、修復及保養之工作。若工廠已使用自動化設備，則工廠中之設備維修日趨複雜，如果仍以人力維修，可能力量不足。若委由設備供應商負責保修，不但成本極高，花費於聯絡、等待之精力與時間也極為龐大。目前，人工智慧已逐漸成形，未來電腦極可能取代人力，進行保修工作。在人工智慧取代人力之前，企業應設法提高員工之電腦工作能力，及自力維修能力。若能加強員工之電腦知識及能力，以電腦協助進行系統保養工作，企業將能自力使用新生產科技，提高生產力。

三、教育與訓練

由於社會、員工、企業及生產科技均已改變，企業主管及管理者對於員工應有不同之看法，管理者與工人間之關係亦應調整。除此之外，企業亦需設法改變工人對企業、工作及自身之看法。為了因應環境之變化，生產組織應予簡化，現行於企業中之許多做法亦應予以改良（如表 17–3）。許多管理者以為引進各類先進機械設備即可改良生產過程，提高生產力。因此，在遇到問題時，即設法找尋可用以解決問題之工具，許多企業就是在這種情況下引進物料需求規劃系統。其實，改良生產流程，消除問題於無形，才是有效的做法。企業能否改良流程，消除問題，其關鍵在於是否具備能將科技、方法、才能及人員組織起來的人才。企業最需要此類人才，這種人才能將企業中之各類資源組合於一體，統籌運用。企業進步的主要動力為其員工，常見之企業管理問題大都因管理者或員工無法或無能使用新科技、新方法而產生。企業文化、觀念或私心也是影響企業運作之主因。若員工均以企業目標為個人目標，則泰半之管理問題均將自動消失，企業管理將極為簡單易行。此類企業之唯一挑戰將為如何利用企業之生產力與其他企業一較長短。

表 17–3　企業中應該改良之做法

現行之做法	改良之做法
部門為主之思考方式	整體觀
得過且過	積極進取
維持生產部門	加強生產部門
高層管理者煞車、思考	高層管理者領隊前進
存貨為資產	存貨為負債，愈少愈好
各人自掃門前雪	這是我們的責任
由上而下之通訊方式	平行及上下並行之通訊系統
達成目標即可	不斷進步
被　動	主　動
自力更生	引進各種新科技新方法
自己生產	向外採購
計畫無用論	完美的計畫才能把事情做好
數字遊戲	正確資訊
主導客戶	客戶主導
對我有何利益	對企業有何利益

如何完工	如何做好
電腦太貴	如何使用電腦以提高生產力
資料、數據及管制不重要	如何善用企業資源
這個人過於能幹	如何善用人才以提高生產力
管　理	領　導

企業管理者之挑戰在於如何將企業目標與員工之個人目標結合，提升員工之工作熱情與工作技能，摒棄私心，共同達成企業目標。人力規劃策略之目的即在於選擇並教育員工，配合企業之策略、產品及生產系統，使用企業之生產科技及產能，在日常工作中，以組織的力量，達成企業之目標。教育與訓練是人力規劃策略中重要的一環。目前已有許多企業實行在職訓練。但大部分的在職訓練通常只教導員工做事之方法，我們知道企業必須也教導員工思考方法。企業應設計完整之教育計畫，教育員工思考方法、學習方法及方向、創新等。管理者之當務之急在於瞭解社會、員工及企業之變化與發展，設計教育計畫，並執行教育員工之工作。只有把教育做好，企業才有因應未來挑戰之人才與能力。

◆ 1. 人力規劃策略

人力規劃策略是企業運用人力資源以達成企業目標的方法及步驟，因此，人力規劃策略應以企業目標為導向。企業目標與製造系統之目標有上下連帶的關係，根據企業目標，管理者將可設定其製造目標。一般而言，製造部門之目標應可包含如下幾種：

⑴縮短前置時間。

⑵提高存貨周轉率。

⑶縮短新產品開發時間。

⑷提高品質。

⑸提高生產彈性。

⑹加強對顧客之服務。

⑺減少浪費。

⑻提高資產報酬率。

降低成本或提高生產力這兩個名詞過於籠統，不應該視為製造部門目標。製造部門之目標應該明確，最好還能以數字表示之。例如，「將品質不良率由 5% 降為 3%」，即為一明確之製造部門目標。同理，「將生產成本降低 5%」或「將生產力提高 10%」亦可為企業目標。製造部門目標應與企業目標一致，製造部門目標應為企業目標之一部分（如圖 17–16）。達成製造部門目標之目的在於達成企業目標；而達成製造部門目標為達成企業目標之手段之一。如表 17–4 所示，提高存貨周轉率、減低不良率及減少浪費均為達成減低生產成本之手段。相對應於各個製造部門目標，則仍有其策略及做法。各級目標及策略均應相輔相成，製造部門目標，財務部門目標，行銷目標及人事目標等之總合為企業目標。相對應於各級目標之策略亦應一致，若各級目標之策略或做法互相抵觸，則必事倍功半或窒礙難行。

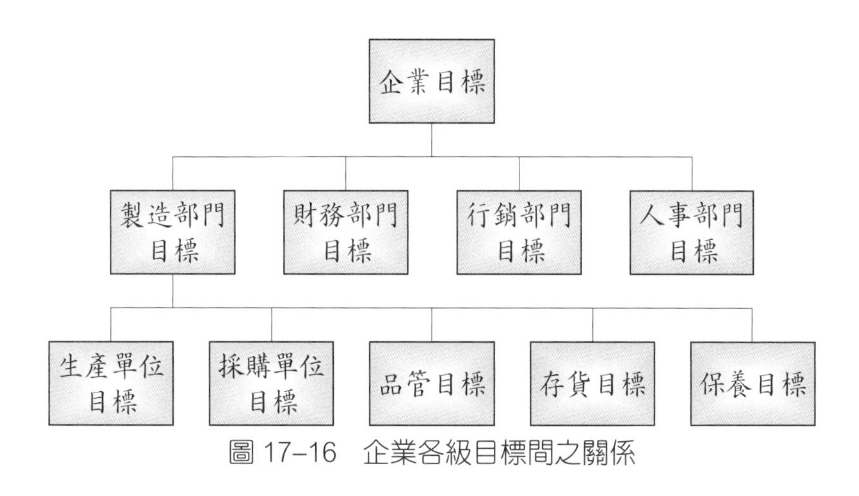

圖 17–16　企業各級目標間之關係

表 17–4　企業目標、製造部門目標、製造策略及做法之範例

企業目標	製造部門目標	製造策略	做　法
生產成本減少 10%	1. 將存貨周轉率由 5 提高為 10	1.1 減少裝機換模時間 50%	1.1.1 使用自動化設備 1.1.2 設計及裝置各種設備以減少裝換模時間 1.1.3 將類似產品同批生產 1.1.4 …… ⋮
		1.2 使用豐田式即時生產系統	1.2.1 簡化倉儲管理系統 1.2.2 加強供應商管理 1.2.3 …… ⋮
		1.3 瞭解產品需求狀況，減少成品積壓	1.3.1 …… ⋮

			⋮
	2.將不良率由12%降為5%	2.1 使用統計品管 2.2 …… ⋮	2.1.1 實行製程管制 2.1.2 …… ⋮

根據企業之各級目標及策略，管理者將可制定其人力規劃策略。人力規劃策略應包含人員之招收、教育、升遷等，招收及升遷不在本章範圍之內，在此將僅討論教育、訓練之做法。教育及訓練為一持續性工作，管理者應依據企業之各級目標、策略及做法，設計其教育計畫。其目標應為儲備各級人才，設法實行企業之各級目標及策略，以確保企業總體目標之達成。

◆ 2.教育訓練經費

到底教育訓練經費應該多少？這是一個見仁見智的問題，IBM公司每年平均花費約2,000美元教育經費於一個員工身上。而XEROX的平均教育經費則為每人每年1,700美元左右。一般的美國公司則大約每年在每位員工身上投下100美元左右之教育經費。教育經費與教育計畫之品質成正比，教育經費少，教材、講師及教室品質自然受影響。原則上，企業應依據其需求，決定其教育經費，而非由教育經費之多少，決定讓員工學什麼。同時，教育經費之使用亦需事先計畫，如果將教育經費之大半使用於教室設備，則教育計畫造就完美的訓練室或訓練設施，卻無法培育出企業必需的人才。教育經費的效益分析，也是一件重要的工作。到底員工學到什麼？學了多少？是否足夠？這些都是管理者平常應該檢討的事項。

政府及公會常有協助企業進行教育及訓練之預算。管理者應責由人事部門，瞭解如何申請及使用這類經費，以減輕企業之負擔。教育經費若能妥為編列，善加利用，其效果必然可觀。在世界上名列前茅的日本企業，其產品不良率約為1%至2%。若企業之營業額為10億元，其不良率為10%，則該企業每年消耗於不良品之費用至少為1億元。若企業之教育計畫能將不良率減至9%，每年即可節省1,000萬元。假如企業能因而將不良率減至2%，則更將節約8,000萬元，其效用不可謂不大。另外，有些企業主或管理者可能擔心員工受訓後離職而協助其對手與企業競爭，這種憂慮正表示管理者對教育訓練之誤解。教育訓練計畫除了提供員工必要之訓練及技能，亦應兼具發掘企業缺點，設計改良方法之功能。若企業能由教育計畫中，發掘問題、改善工作環境、創造開放且具創造力的成長環境，則不但可提高生產力，員工之離職率也必然降低。日本企業之做法即基於此種信念；日本企業中管理者之工作主要在於藉教育及訓練改良員工之知識及技能。有些企業更進而獎勵員工至學校就讀或參加政府之各類資格考試。此類做法將使員工更具獨立工作之能力，也必然能把決策過程下移，提高企業之生產力。

◆ 3.教育誰？

毫無疑問，企業中的中、下級主管及員工均應接受教育訓練，以吸收新知識，培養新技能。除此之外，企業主及高層管理人員也應該定時受訓。企業主及高級主管肩負領導企業、邁向未來之重擔，若無法趕上時代、瞭解管理及科技之變化，則必然無法勝任其工作。教育計畫之內容或許不同，但教育及訓練之需求則不論員工之工作及階級，均有其必要。原則上，階級或職位愈高，其訓練內容應更以管理為導向、以策略為其內容。職位中下者，則應著重於技術或技巧之訓練。不論職務之輕重，企業中的所有員工均應瞭解與本行相關之競爭環境、管理及科技等之變化。

許多管理者常將年老或教育程度低的員工排除在教育訓練計畫之外，這種觀念及做法不太正確。這些員工已有長久之工作經驗，應能於接受教育之後，從事新工作。市面上各類電動玩具之顧客中，即包含稚齡兒童及各類人士，這些顧客大都未曾修習電腦課程。既然連這些人都能使用這類電腦產品，年老及程度較差之員工當然也能使用電腦操作之設備。因此，教育及訓練之問題不在於員工能否接受訓練；管理者應改進自己的觀念、設計員工能接受之教育計畫，並鼓勵員工接受教育及訓練。在引進新科技之同時，員工及管理者亦應引進新做法。只有善用科技及方法，才能提高生產力。

◆ 4.教育訓練計畫之內容

教育訓練之內容應該多彩多姿、包羅萬象。教育計畫若僅以上課為主，其內容及效果均將不足。原則上，閱讀學術雜誌、工商雜誌、參加展覽會、參觀同業或其他行業之公司或工廠、與顧問討論、參與研討會及上課等均應為教育計畫之一部分。並不是人人均能閱讀學術性雜誌，因此，管理者應設計辦法，將雜誌上的新知以淺近的言詞分享大眾。若能事先分派責任，指定學有專攻的人才，將文章內容以淺近的語言或文字公諸員工，則其效果必然可觀。學術雜誌及工商雜誌價格低廉，又充滿新知識，企業應善加利用。商展及研討會也都是獲取新知的好地方，國內外的政府、商會、工會及各種協會等機構均常舉辦各類展覽會或研討會。在這些活動中，買賣雙方或學術行政單位均可能提供最新之知識、情報或設備，供大眾觀賞、選用。演講會或發表會中也可能搜集各類知識與經驗，供大家參考。日本還有些企業或機構將不同企業中之人才集合起來，舉辦研討會，分享經驗，互相學習。

國內外許多企業也願意接受參觀或訪問。參觀其他企業常能吸取該企業之經驗或知識。有時還有機會與該企業合作，進行技術交流或引進人才與新科技。若與企業之企管或科技顧問討論，也能因此而產生新觀念或發展新方法。許多企業中存在已久的問題，對員工而言，已習以為常，顧問卻可能立刻找出問題。此類顧問人員亦可藉演講或研討會，將管理與科技之新知識介紹給企業員工。

上課是最正式的教育方式。企業可以委託企管公司、大學或供應商，舉辦各類訓練班。此類訓練班之內容應於事先規劃，其做法應嚴謹、完整而有趣。參加訓練班或定期課程，既可吸取新知，又可使員工藉此機會檢討日常工作，進行各類之交流活動。

教育訓練是企業員工與外界人士、知識及科技交流的好機會。員工可因此瞭解競爭環境、科技、社會及管理之變化。管理者應善用經費，設計並執行教育計畫以達成教育之最大效果。教育訓練為長期的工作，員工應有上進之機會及權利，若教育計畫之設計及執行完備，企業及員工將可同時成長，共同創造及分享成果。

◆ 5. 教育訓練課程之內容

知識及科技的變化速度愈來愈快，由大學或碩士班畢業五至六年之後，該員工於校內修習之科技知識即已過時。因此，科技密集之企業更應注重教育計畫。管理者在設計教育計畫時，應使教育計畫課程之內容盡量廣泛，員工對企業功能瞭解愈多，在計畫及執行工作時考慮愈周到。因此，管理者不可心存成見，而限制員工學習之內容。一般而言，任何教育計畫均應至少包括以下之內容：

⑴新產品發展。

⑵領導統御。

⑶激勵技巧及方法。

⑷科技發展及各類新觀念。

⑸供應鏈、全球運籌管理及團隊合作之方法。

⑹保養觀念及做法。

⑺計畫與執行。

⑻品質管理。

⑼專案管理方法。

⑽創造及改良的觀念及方法。

課程內容並應配合企業之各級目標、策略及做法，培養員工必需之知識與技巧，以確保企業之各級目標、策略及做法確實可行。教育課程之內容亦應與時並進，反映出各種知識、科技及方法之變化。若員工教育能確實執行，則企業具備優秀人力，必可善用科技、知識及方法，提高生產力而取得競爭優勢。

經濟結構、國際環境、社會型態、員工及科技不斷變化，企業正經歷極大之衝擊。教育及訓練是促使企業及員工進步之不二法門。管理者應依據企業之中、長期計畫、目標、策略及做法，設計及執行教育計畫，以確保企業能與日俱進，獲取競爭優勢。

第八節　全面品質管制

全面品質管制是目前正十分熱門的一個課題，在歐美國家都廣為傳播。所謂全面品質管制 (Total Quality Control; TQC)，顧名思義，是全面且由基層而上的進行品質管制及改善，並將品質責任回歸到所有員工身上。全面品質管制的觀念認為品質是由產品概念開始，並經由產品發展、生產交運，以及顧客的購買及使用而成形。為了提高品質，企業需要由企業體系整體著眼，同時尋求新而具有創造性的方法來改善品質、提高生產力。在這個過程中，品質不良的原因有的是外在的，有的是內在的。但不論其成因如何，我們都要找出其原因並徹底消除之。

一、全面品質管理

全面品質管制的概念在日本及我國獲得成功之後，此一概念也獲得美國及其他工業化國家採用。美國並把此一概念加以改善，而提出「全面品質管理」(Total Quality Management; TQM) 的口號及做法。全面品質管理的做法是要投資在員工的待遇及訓練上，以便改善員工的品質觀念及技巧，設法在工作中找出品質不良的原因並設法消除之。

在此一概念之下，則企業內無所不可改善，同時，其改善方法也不只是對現狀有所改善而已，更希望一次便能徹底找出原因，並將問題之成因徹底消除掉。企業內各部門間之關係及概念，也在此同時有所改變。上下部門或前後部門間之關係由同事之互助概念，而改變成供應商與顧客的關係，總要設法盡力滿足顧客之需求。

二、有學習能力的組織

在全面品質管理的概念之下，最重要的工作是「改善」。品質改善是一個永無止境的過程。在這個過程中，企業及員工藉改善而學習，且因學習而得以繼續改善。這種觀念可如圖 17–17 所示。在改善過程中，企業與員工隨時都在學習，而找出問題、查明原因、消除成因，則是一個不斷的循環。經由此一過程，企業及員工都在不斷的進步，而實行品質改善的企業，也就是一個學習型組織 (A Learning Organization)。

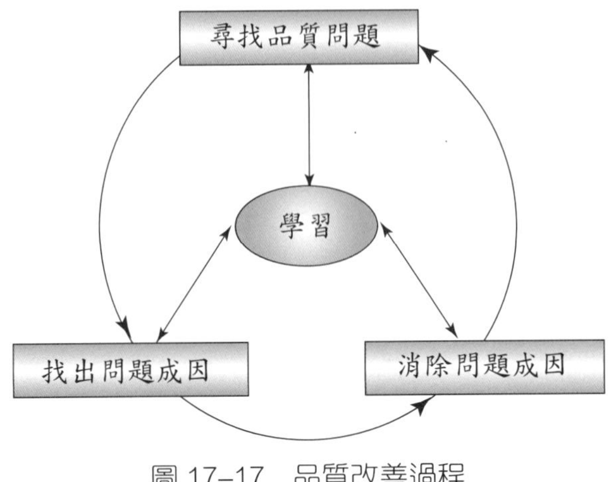

圖 17–17 品質改善過程

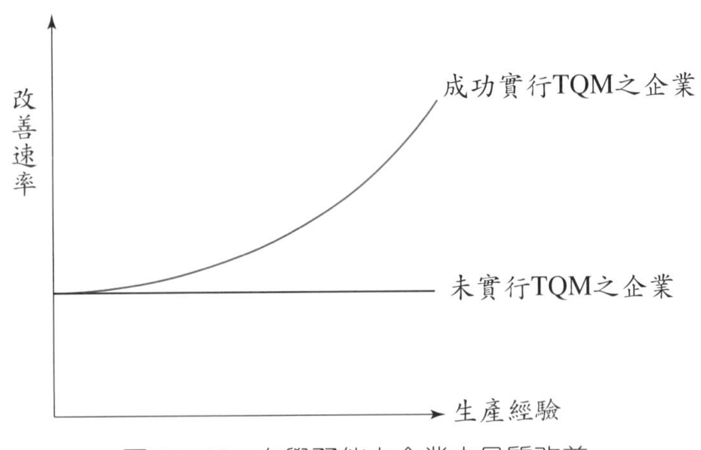

圖 17–18 有學習能力企業之品質改善

在一個有學習能力的組織中，由於企業組織、管理方法、設備、工具、員工、工作方法等都不斷改善，產品的成本下降，而品質不斷提升，便可能造成低成本、高品質的優勢。這種品質改善的現象可以圖示之（如圖 17–18 所示）。由於這種優勢，成功推行全面品質管理的企業在競爭上便自有其不可阻擋的優勢。

三、全面品質管理的方向

全面品質管理企圖以不斷改善的過程，來提高所有員工及企業的品質觀念，並藉以改善企業體質、降低成本、提高產品品質及生產力。而在這個過程中，可謂百廢待舉，千頭萬緒，不知由何著手。由國外之做法，我們可以看出一些改善的方向（如表 17–5）。

在表 17–5 中，筆者簡明的列出一些在推行全面品質管理時可行之做法。在這裡雖然只列出有關設備、品質、組織，及供應商等四大項，但其他許多方面卻也可以，也應該進行改善。我們在此限於篇幅，並未探討之。管理者應可以使用本節中所探討之概念，根據實際需求，再以具創造力的方法改善之。

表 17–5 全面品質管理的一些做法

	全面品質管理的做法
設 備	‧設計能防止錯誤、自動檢核之設備及製程 ‧加強保養使設備維持最佳運作狀況
品 質	‧使人人均負責查核及改善品質 ‧如果可行，在完工時立即檢驗每件產品 ‧如果可行，在檢驗後立即將其結果通報原生產者
組 織	‧授權員工在發現品質問題時，可以立即停止生產線，以免品質問題擴大 ‧各生產單位負責整修其所生產之不良品 ‧由原生產者負責整修其所生產之不良品 ‧給予員工充分時間以生產品質精良的產品 ‧盡量按照工作流程來安排員工及設備 ‧將員工組織到各品管圈內，亦可成立工作小組 ‧訓練管理者及員工使用統計圖表 ‧實施提案改善獎勵制度
供應商	‧協助供應商吸收及應用全面品質管理之做法

四、全面品質管理的概念與特色

全面品質管理的概念，是指一個企業組織以品質為中心，以全員參與為基礎，全面全方位的改善品質。前面已經介紹過全面品質管理、學習型組織、全面品質管理的方向，現在說明全面品質管理的特色如下：

⑴全面品質管理以整個過程、整個企業、所有成員為目標與內容，對於企業內外與產品、製程、市場有關的部門，追求全面、全方位的改善，以提高整體品質。

⑵以顧客與需求為全面品質管理的起點與目的。

⑶以事先預防取代事後檢驗，產品不是檢驗出來，而是設計、製造出來的。

⑷運用統計工具分析，一切以數據表達。

五、ISO 品質管理與品質保證

自從 1987 年國際標準化組織 (ISO) 公佈了 ISO 9000 品質管理與品質保證標準系列之後，此一品質保證標準已為世界大多數工業國家採用，形成一股 ISO 9000 熱潮。許多國家都以 ISO 9000 的要求納入國家標準體系，更有許多國家將通過 ISO 9000 作為選擇供貨廠商的標準。ISO 9000 帶動了國際品質認證的風氣，對於未來全球品質管理有一定程度的影響。為協助讀者瞭解 ISO 系列，謹此簡略說明 ISO 如下。

國際標準化組織品質管理和品質保證技術委員會 (ISO/TC 176) 於 1986 年發佈 ISO 8402（品質一術語）標準，並在 1987 年公佈了 ISO 9000～ISO 9000 系列標準。1994 年 ISO/TC 176 在廣泛徵求使用意見後，繼續發佈了修訂後、更全面、更準確的 ISO 8402 和 ISO 9000 系列標準。接下來，ISO/TC 176 又發表了「二十世紀 90 年代品質領域貫徹國際標準的戰略」報告，又稱「2000 年展望」，以作為未來修訂、補充 ISO 9000 系列的參考標準。

根據 ISO 9000 的定義，ISO 品質標準體系可如圖 17-19 所示，包括了品質術語和定義、品質技術導則、品質保證要求，以及品質管理準則等四部分。簡單說明如下：

◆ 1.品質術語和定義

在 1994 年修訂的「ISO 8402——1994 品質管理和品質保證——術語」中，定義了 67 個術語。這些術語分成四部分：通用術語、與品質有關的術語、與品質體系有關的術語，以及與工具和技術有關的術語。

◆ 2.品質技術導則

所謂品質技術導則，是有關技術的標準。至今為止，已經公佈的標準有 ISO 10011「品質體系審核指南」、ISO 10012「測量設備的品質保證要求」，和 ISO 10013「品質手冊編寫指南」等三種。「品質體系審核指南」提出審核的概念、基本原則和做法、審核員資格、審核工作的組織及管理方面的規定。「測量設備的品質保證要求」對於如何確認供應商使用的測量設備，提出了準則。「品質手冊編寫指南」則提出相關規定，以指導如何撰寫與管制品質手冊。

◆ 3.品質保證要求

在品質保證要求方面，已經公佈的標準很多，現在簡略說明如下：

(1) ISO 9000-1「品質管理與品質保證標準，第一部分，選擇和使用指南」。ISO 9000-1 說明整個 ISO 9000 系列有關的品質概念，以及其間關係，也為整個 ISO 9000 系列標準的選擇提供指導。

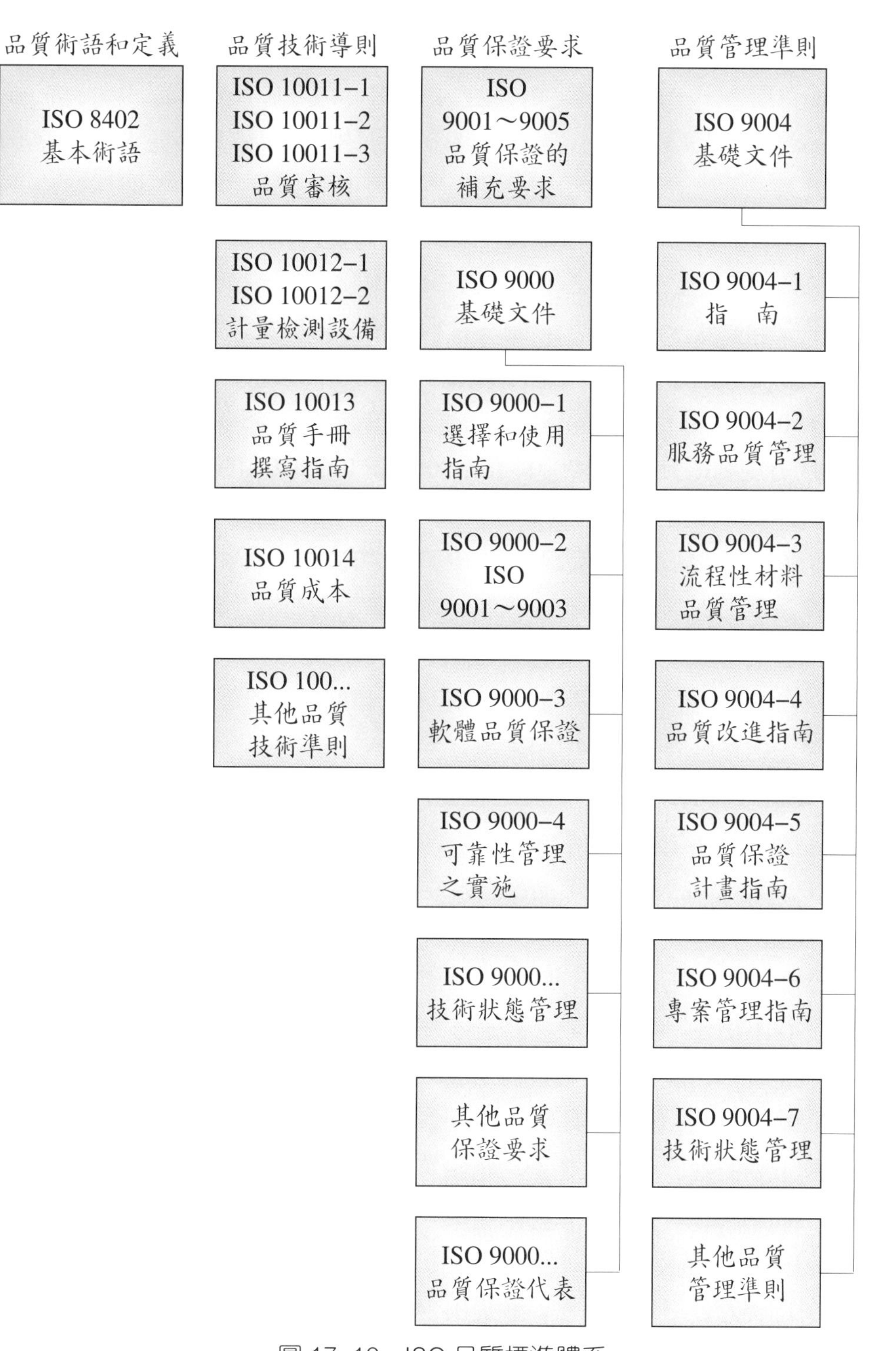

圖 17-19 ISO 品質標準體系

(2) ISO 9001～ISO 9003 提供三種品質保證模式以供選擇使用。其中，ISO 9001「品質體系——設計、開發、生產、安裝和服務的品質保證模式」說明了從產品設計、開發開始，一直到售後服務為止之間的品質保證要求。ISO 9002「品質體系——生產、安裝和服務的品質保證模式」則說明由採購開始，一直到產品交貨之間的生產過程品質保證要求。ISO 9003「品質體系——最終檢驗和試驗的品質保證模式」說明由產品最終檢驗，到成品交付的成品檢驗和試驗的品質保證要求。原則上，這三種標準都可用於買賣雙方之間的品質保證，而以 ISO 9001 對品質保證的要求最高，ISO 9002 其次，ISO 9003 的要求最低。

(3) ISO 9000-2「品質管理與品質保證標準，第二部分，ISO 9001、ISO 9002 和 ISO 9003 實施細則」是 ISO 9001、ISO 9002 和 ISO 9003 的使用指南，對於標準的涵義、要求等提出具體的說明。

(4) ISO 9000-3「品質管理與品質保證標準，第三部分，軟體品質保證要求」對資訊產業中的電腦軟體、程序等軟體產品，對於軟體生命週期中，負責開發、供應和維護軟體的組織及其活動提出品質要求。

(5) ISO 9000-4「品質管理與品質保證標準，第四部分，可靠性管理的實施」對複雜系統的可靠度管理提出明確規定。

◆ 4. 品質管理準則

在品質管理準則方面，已經公佈的標準有五種。現在說明如下：

(1) ISO 9004-1「品質管理與品質體系要點，第一部分，指南」，提出企業健全品質體系的指導。

(2) ISO 9004-2「品質管理與品質保證標準，第二部分，服務指南」是對於 ISO9004-1 應用於服務類產品之補充規定，說明了服務有關的概念、原理和品質體系要求，並提出可用於協助服務業開展品質管理活動的標準。

(3) ISO 9004-3「品質管理與品質保證標準，第三部分，流程性材料工業品質管理指南」對石油、化工、塑膠、造紙等流程性質材料產品業，提出展開品質管理活動的標準。

(4) ISO 9004-4「品質管理與品質保證標準，第四部分，品質改善指南」說明品質改善的概念、原理與方法，並提出企業進行品質改善的標準。

另外，ISO 9004-5「品質管理與品質保證標準，第五部分，品質保證計畫指南」和 ISO 9004-6「品質管理與品質保證標準，第六部分，專案管理的品質管理指南」還在審查階段，尚未公佈。一般而言，坊間提及 ISO 9000 系列標準時，通常包括 ISO

9000–1、ISO 9001、ISO 9002、ISO 9003，以及 ISO 9004–1 這五個標準。這五項標準的相互關係可如圖 17–20 所示。

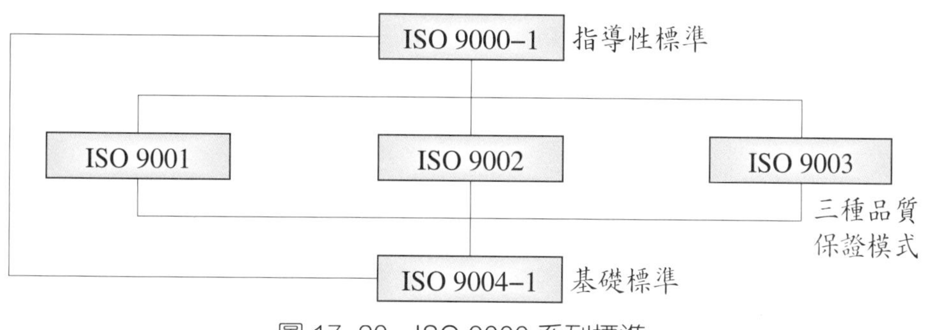

圖 17–20 ISO 9000 系列標準

第九節 結 語

原則上，若要生產「價廉物美」的產品，先要設計優秀產品，然後還要在生產過程中管制品質。品質管制受到「設計」以及「設計品質」的影響。「設計」不佳，則不論製程品管多好都沒有用。若「先天」設計不良，後天品質管制又做不好，則情況就更嚴重了。大部分的教科書討論品質管制時，都強調「檢驗」這個主題。檢驗是品質管制的方法之一，另外還有許多工作。

重要名詞

品質管制	允收抽驗	全面品質管制
品質改善階層	平均出驗品質	全面品質管理
檢驗方法	作業特性曲線	管制上、下限
第一類誤差	屬性檢驗	全 距
統計品質管制	變數檢驗	不良率管制圖
抽樣檢驗	檢驗誤差	不良個數管制圖
製程管制	管制圖	ISO 品保體系

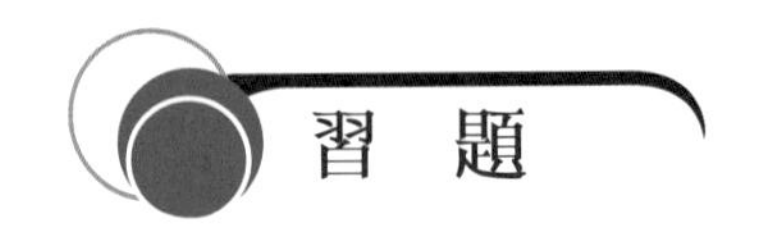

一、簡答題

1. 產品的品質取決於那兩方面?
2. 試說明品質管制的沿革。
3. 品質對企業的影響何在?
4. 品質的定義為何?
5. 影響品質的因素有哪些?
6. 何時應進行檢驗? 檢驗時其考慮的基本內容有哪幾項?
7. 在各階段中所可使用的檢驗方法有哪些?
8. 在製程中應進行檢驗之處所有哪些?
9. 何時應進行全檢? 何時應進行抽樣?
10. 檢驗中常見的誤差有哪些? 其涵義為何?
11. 理想的抽驗計畫應達成什麼目的?
12. 允收抽驗是什麼? 樣本數及設定不良個數對允收抽驗結果有何影響?
13. 我們可用什麼工具或方法選擇抽樣計畫?
14. 允收抽驗對平均出驗品質有何影響?
15. 試說明雙次與多次抽樣之做法。
16. 製程管制是什麼? 其所使用之工具為何?
17. 試說明 2–5–7 法則。
18. 何時應使用變數管制圖? 為何將平均數管制圖與全距管制圖搭配使用?
19. 何時應使用屬性管制圖? 屬性管制圖有哪幾種?
20. 新時代的員工有何特色?
21. 資訊時代與新生產科技所產生之影響為何?
22. 現代員工之期望為何?
23. 在新時代中,生產部門應有哪些變化?
24. 為因應環境的變化,企業中所應改良的做法有哪些?
25. 企業內哪些人應接受教育訓練? 而教育訓練中所應包含之內容有哪些?
26. 試說明 ISO 品質標準體系。

二、計算題

1. 若每批產品受檢之不良率為 5%，由 OC 曲線可知其檢驗合格之機率為 64%。若已知該批之批量為 3000，每次取樣 100，試問其平均出驗品質若干？
2. 在上題中若取樣 500，其平均出驗品質又為若干？
3. 某產品在抽驗時每次取樣 10 個，抽驗 20 次之後，其外徑平均值為 0.5 公分，其全距平均值為 0.1 公分。請決定其平均數及全距管制圖之上、下限。
4. 上題中若其全距之平均值為 0.01，每次取樣數為 22 個，試再決定其平均數及全距管制圖之上、下限。
5. 在檢驗 200 個產品之後，發現其平均不良率為 5%。試問其 3 個標準差不良率管制圖之上、下限各為何？
6. 在上題中，若共檢驗 500 個產品，則其管制圖之上、下限又為多少？
7. 若平均不良數為 5，試問其 3 個標準差之管制圖上、下限各為若干？
8. 圓德公司針對其產品進行不良數檢驗，其結果如下表：

星　期	不良數
一	6
二	2
三	5
四	3
五	8
六	4

試問其 3 個標準差之管制上、下限各為若干？

筆記欄

第十八章

生產與作業管理未來發展

Production and Operations Management

前　言

近代企業環境經過生產導向時代、行銷導向時代、財務導向時代以後，已經進入生產力導向時代。同時，國際化與全球化擴大了企業營運範圍，造成企業市場範圍擴大，也帶動科技轉移與科技進步。國際化使企業經營產生改變，企業原有問題仍須解決，但國際化以後，問題範圍擴大，也更為複雜。另外，電腦、網路，與分析工具如線性規劃、各種資源規劃電腦系統等，正改變生產與營運管理的內容。國際化與全球化的趨勢，也改變企業營運的概念。

但 2001 年 9 月 11 日紐約雙子星大廈爆炸事件改變了全球化的進程，促使各國重新思考全球化的意義。美歐各國似已師法東方，在人事、系統、策略上進行改變。東方一向以人本為主，較注重員工、系統與策略之運用。因此，東、西方企業經營方法與制度頗有其不同之處。但此一趨勢在各國進入世界貿易組織 (World Trade Organization; WTO) 後，或將受到影響。例如美國的投資公司曾認為台積電員工分紅制度，與美國一般會計制度不合，並要求改變之。雖然至今台積電此一制度未變，但未來如何則仍值得注意。

東、西方近年來在生產與作業管理上的演進，頗有使兩方企業管理方法日漸接近的趨勢。這種演進因國際化而引起。同時，國際化以後，企業競爭對手增加，也包括其他國家的企業，導致競爭狀況改變。國際化的發展方興未艾，未來應該對生產管理有持續的影響。另外，產品與製程科技的改變、因電腦而引起的組織型態及結構的變革、決策方法及管制工具的更新等，也都可能使生產與作業管理的未來改變。本章將因電腦及通訊科技而產生的營運管理體系，稱為新營運體系。接下來並由新科技、未來的挑戰等角度，研討管理者在生產及作業管理方面的因應之道。

第一節　新營運體系與科技

前面曾經說過，生產與作業管理在過去百餘年間已經累積許多成果，成為一個完整的學門。隨著科技的發展，此一領域日漸擴大，並顯示多采多姿的面貌。生產與作業管理的意義，在不同國家、地區、產業中頗有不同之處。由於使用不同世代的科技，雖然生產與作業管理的概念類似，但進行生產與作業管理時所使用的工具與方法卻有極大差異。現代生產與作業管理，有以下六項特色：

⑴重視新科技的工、商業應用。

⑵根據國際分工，各國與地區有各自特色。

⑶管理與過程有標準化的趨勢。

⑷生產系統彈性化。

⑸生產模式改採顧客導向，可能使多樣小量的生產模式當道。

⑹注重環保、推動綠色永續生產。

除了上述六項之外，新科技正改變生產與作業管理的工作內容。其中較為人知且影響比較明確的，有電子通訊系統、決策科技及電腦整合等三類。現在我們概略介紹於後，以增進讀者對這些新科技之瞭解。

一、電子通訊系統 (Telecommunication Systems)

電子通訊系統發展之後，企業可將產品資訊快速傳達給顧客。所謂電子通訊系統，包含無線電 (Radio)、電報（含有線之 Cable 及無線之 Telegraph）、電話、電視等。目前在電子通訊系統上的進步，已使企業能更迅速有效發展及運送產品。專家認為電子通訊系統可縮短生產前置時間，使企業更具競爭能力。在通訊系統中，光纖、衛星通訊、區域網路、數位通訊及整體服務數位網路最引人注目。現在概略說明如下：

◆ 1. 光纖與衛星通訊

使用光纖 (Fiber Optics) 通訊線路之後，資訊輸送的能量及品質提高，使通訊費用大幅下降，而顧客也可以更迅速有效的取得資訊。同時，衛星通訊科技日漸成熟，若借助衛星通訊，管理者可對位於遠方的工廠，進行即時追蹤及管制。這種優點不只提高對於遠方工廠的管理能力，更等於擴大了廠區範圍。

◆ 2. 區域網路

所謂區域網路 (Local Area Networks; LANs) 是將區域內電腦主機、印表機及其他周邊設備相互連結，使資訊相互流通。區域網路可協助部門共用資訊，也可用以對內或對外連線、溝通。在生產活動中，區域網路則亦可用以監控、操作數值控制設備，及協助工作站間資訊交流等。

◆ 3. 數位通訊

以往使用的電話，大都是類比 (Analog) 系統，但現在另有新式的數位式系統 (Digital System)。數位通訊可以快速輸送影像，也可以傳送各種型態的資訊。在通話時，也可以經由電視或電腦螢幕，對現場活動進行瞭解。

4.整體服務數位網路

若使用**整體服務數位網路** (Information Services Digital Network; ISDN)，可以把電子通訊設備連結在同一個網路上，以進行資訊轉移及溝通。例如公共電話網路、私人資訊網路等，均經此一系統連結在同一個大系統中，以進行影音輸送、電話過濾、留言、文字輸送、列印資料等業務。在有整體服務數位網路的區域中，管理者可以此一系統與各地分公司連線，或直接上線舉行電子會議。

二、決策科技

在決策科技 (Decision Making Technology) 領域中，近年來，已發展出人工智慧 (Artificial Intelligence; AI)、專家系統 (Expert System)，及電腦整合軟體工程等幾種有用的科技。現在簡介如下：

1.人工智慧與決策支援系統

人工智慧 (Artificial Intelligence) 與決策支援系統 (Decision Support System) 都是近年來電腦應用的重點發展項目。所謂人工智慧，是設法使電腦具備思考能力，能像人類一樣思考及運作。而決策支援系統則是一種電腦軟體系統，能經由計算、分析等過程，把最佳決策計算出來，以供管理者參考。概念上，若將人工智慧與決策支援系統共用，可以取代部分管理者的決策工作。

在適用此類科技的環境中，決策品質的穩定程度及速度均明顯高於人類。現在許多新設備或製程中，已配備有此類系統。使用這些設備之後，新式工廠更形整合，其中設備也更為聰明。掌上型電腦也可用來管理或控制現場的機器設備。例如「可程式化控制器」(Programmable Controllers; PLCs) 及「**單元控制器**」(Cell Controllers) 便是可用於製造現場的掌上型電腦。可程式化控制器內，包含電腦軟、硬體控制器，可用以設計及執行程式，以及控制現場設備。單元控制器則是另外一種「可程式化控制器」，通常用以控制同一群組中的所有設備。

2.電子購物

電子購物系統 (Electronic Shopping) 是一種電腦系統，可以協助顧客利用電腦選擇及下單採購。使用這種系統時，顧客可利用電話連線，直接在電腦螢幕上取得相關資訊或開發訂單。此類系統現在也常用來做電話問卷調查。

3.整合軟體系統

在**整合軟體系統** (Integrated Software Systems) 中，電腦整合製造 (CIM) 是較

知名者。通訊、決策科學、系統整合科技等方面的發展，已使「電腦整合製造」漸露曙光。說不定在不久的將來，「電腦整合製造」真可以實現。除了電腦整合製造之外，這種系統也可利用在其他方面。例如全球性的生產、銷售、氣象及其他資訊整合等。

第二節　新挑戰

自從工業革命以來，企業環境便不斷改變，科技發展當然是其中主要的動力。原則上，企業增加產能之後，由於產能擴大，可能採取積極的市場作為，並使產品多樣化。近年來科技與政經環境演變加速，使生產與作業管理面對更多挑戰。其中最受人矚目者，有以下三項：

(1)產品生命週期縮短。

(2)產品多樣化。

(3)市場競爭白熱化。

除了上述三項明顯易見的變化之外，國際化的發展更推波助瀾，快速的改變生產與作業管理的環境。

由於環境及科技不斷改變，企業面臨許多挑戰，比較引人注意的有國際化與全球化、品質競賽、生產力導向，以及科技整合等四項。現在說明於下：

一、國際化與全球化

國際化與全球化正大步開展。新電腦及通訊科技催化此一過程，也協助企業快速的取得資源及滿足市場。首先，可以預見生產管理的國際化。其次，電腦及通訊系統的構建及其管理，牽涉新科技及各國不同的政、經文化，且此一系統的規模將遠大於現有的系統，因此其構建及管理將極為複雜。

第三，國際化也可能造成一些新的限制。例如國際標準組織 (International Organization for Standardization) 所設立的 ISO9000 系統已造成品質標準的國際化或全球化。而參加 WTO 之後，各國法律、規章，甚至行為模式都要符合某一規範，也對工商活動產生影響。

第四，是跨國生產的現象。大型跨國公司資源充足，可以設計各地廠區，使生產設施具有當地特色，並產生互補作用。小型跨國公司由於資源限制，為能利用各地獨特優勢及資源，常利用合資方式，與各國企業合作，以設立各地分支機構。據說歐洲許多企業投下鉅資，以建立電腦整合製造等自動化設備，其目的在於預留空間，讓各地設備可以統一規劃，以發揮其各自之優點及彈性。這些已在歐洲共同市場中觀察到的經驗，應可供國內企業參考。

二、品質競賽

自 1970 年代初開始，日本、德國、以及以我國為首的亞洲四小龍便已在世界市場上嶄露頭角。同時，歐美企業的生產力不斷下降，其市場佔有率也日漸流失。當時許多學者往訪日本，並對日本使用的 JIT、零庫存、全面品質管制等等做法進行研究。這些方法在學者們的推介之下，相關課題均已進入教科書及實務運作中。

另外，全面品質管理在歐美實行之後，更特別注重所謂的「不斷改善製程」(Continuous Process Improvement; CPI)。其改善標的不但包括機器設備、工作方法，更包括整個營運過程。因此，品質競賽重點已擴及生產系統之改善。

三、生產力導向

由於世界各國努力提高生產力，生產力導向的時代已經來臨。截至目前為止，生產力導向時代的競爭方式尚未完全明朗化。由美國波士頓大學主導的「製造未來調查」發現，目前美國企業有人提倡「顧客導向」(Customer Oriented) 的概念，歐洲則推動「國際分工」，而日本則強調提升員工生產力。

以往西方企業產品常以單一因素取勝，這種現象已有改變的趨勢。在現在的國際市場中，不但品質重要，價格、交期、前置時間、產品設計、服務等也要具有競爭力。也就是說，市場上的競爭已由單一因素變成多因素 (across More Dimensions) 競爭。要在此一競爭中取勝，企業必須改善企業體系的運作。企業內各部門都要具備生產力，並能互助合作以整合力量競爭，才能在市場上取勝。

四、科技整合

隨著科技以及自動化的發展，各種科技及設備常組合在一起，成為一個系統。對於這樣的系統，西方的做法常注重整個系統的運作。但東方則加強系統中的各子系統，以使系統的運作更順暢。為使科技整合或系統整合首尾兼顧、整體與各部運作順利，負責系統整合的人員必須對整合過程與結果，建立全面而深入的瞭解，能不厭其煩的追求完美。同時，管理者必須尊重並培養科技人員，協助他們逐漸增進科技整合的專業知識及經驗。如此，才能培養出優秀系統整合人才，以繼續改善科技及系統之整合。

五、推動供應鏈與全球運籌管理

由於電腦、網路、國際化、全球化的發展，企業跨越國界進行全球營運 (Global Operations) 逐漸成為常態。國際化、全球化是一個發展趨勢，看起來也是一種全球政治、經貿、文化演變的現象與前景。國際化、全球化已經開始改變企業營運的環境與範圍，更已帶動企業管理觀念演變。其中，供應鏈與全球運籌管理 (Global Operations and Logistics)，就是因應國際化與全球化的需求而發展出來的觀念。

在本書第十一章曾經討論過，供應鏈的概念可能取材自日本企業與供應商的合作模式。現在為了將供應鏈的應用跨越國界，遂有全球運籌管理之出現。為了和國際大進口商合作，許多本地企業不得不配合而參與全球運籌管理的行列。我們可說，全球運籌管理是國際大企業為整合全球供應鏈，並引導組織改變而提出的一個方向與做法。國際化之後，由於企業營運範圍和市場擴大，企業必須擴大規模。在參與國際競爭時，領先國際化的大企業將具有「先行」(Preempt) 與「規模經濟」上的優勢。此一趨勢持續下去，國際大企業在科技、人力、原料、市場、行銷通路、財務上都可能創造出新的優勢，甚至可能控制產業或市場。

但此類企業規模已大，若繼續擴大而其組織結構未能相應改善時，必然超過成長的極限，使內部控制產生問題。供應鏈與全球運籌管理可協助國際大企業以虛擬整合的方式，與上、下游廠商合作，繼續創造、維持其競爭優勢。因此，全球運籌管理推出之後，立即受到先進國家企業的歡迎。我國企業為參與國際企業分工，當然需要積極參與全球運籌管理，並設法經由參與全球運籌管理的過程，順便發展出自己獨特的競爭優勢。

所謂全球運籌管理，有全球營運 (Global Operations) 和全球後勤 (Global Logistics) 這兩部分。Global Operations 牽涉到利用外國廠址進行生產，而 Global Logistics 則討論全球物流內容。所以會注重到在全球生產／製造與全球物流，在後勤／物流改善方面，其原因可能是由於在以往企業環境演變的過程中，已經大力改善了企業內部的各功能部門與流程管理，以及企業內部的組織合作，現在改善重點開始轉向企業內各部門的整體連結，以及整個供應鏈的連結效率，而其目的主要在於縮減供應鏈的週期時間 (Cycle Time Compression)。

如何操作全球營運與全球後勤，國際大廠早已有經驗。但以供應鏈的概念將全球營運與全球後勤整合起來，是一個新的嘗試。在全球物流的部分，討論的重點之一是全球供應鏈 (Global Supply Chain) 在面對需求變化時，所可能產生的「長鞭效應」

(Bullwhip Effect)。所謂「長鞭效應」，並不是一個新的發現，以往在許多學科中都曾對此一課題進行討論。在一個系統前後距離很長時，前端一個小小的變動，感應到後方時，卻可能放大了許多倍，並因而產生所謂「長鞭效應」。「長鞭效應」最直接的影響，是造成零售業者在需求減緩或消失後，仍然在手頭上保有大量存貨並使其淨利潤下降。為解決這些問題，學者專家仍在繼續研究，希望能儘速找到解決之道，以繼續改善全球運籌管理的效率。

嚴格的說，臺灣企業在供應鏈中的地位，與國際大廠不同，大多僅扮演 OEM、ODM 代工以提供無品牌產品的角色。在全球運籌管理發展成熟之後，如果臺灣企業不能建立自有品牌，只能配合全球運籌管理運作的話，由於供應鏈整合之後，供應廠商資訊逐漸透明化，有可能造成代工廠商只能取得微利的困擾。這是值得所有管理者思考的一個重要課題。

現在國際化、全球化的列車已經啟動，筆者建議：為因應此一變化，我國企業可以就以下課題進行思考：

⑴在面對國際化、全球化的演變趨勢時，國外大企業未來可能創造出哪些優勢？

⑵臺灣企業應該如何定位、如何改造，才能培養出未來獨特的競爭優勢？

⑶臺灣企業應該仿效國際大企業進行國際化競爭固守本土市場並創造本土的競爭優勢，還是以某種方式兼顧這二種競爭方式？

⑷在選定競爭方式後，臺灣企業應該如何發展、維持競爭優勢？

也就是說，在積極參與全球運籌管理時，臺灣企業應該努力發展自己獨特的優勢，否則不免隨波逐流，僅能維持國際大廠代工伙伴的身份而已。但臺灣由於存在族群問題，許多本土大廠多有員工族群來源單一的狀態，先天上已經有文化單一而不易國際化的不良條件，看起來一時難以順利進行國際化。一個文化單一的企業，進行國際化時必然面臨無法處理不同語言、文化的問題。為提高本身的國際化能力，企業應該先在企業內部進行文化的多元化，藉以學習、理解各種不同的文化、邏輯與互動關係。筆者建議國內企業在參與全球運籌管理的過程中，儘速開始招募來自不同族群、不同國籍、其他地區的員工，在內部先學習並發展出能超越語言、文化藩籬的溝通能力與管理團隊，以逐步建立屬於自己的國際化能力。

第三節　因應未來的挑戰

我們知道，在國際化改變企業環境之際，生產與作業管理的重要性有日漸提高之象。粗略而言，生產與作業管理的發展趨勢有以下六個跡象：

(1)生產與作業管理的策略地位提高。

(2)利用新科技以建立更有彈性的生產系統。

(3)利用新科技改良生產系統，以提高生產力。

(4)發展、改良綠色產品以提高競爭力。

(5)研究因應、參與國際化競爭之道。

(6)積極研究服務產品與產業，以尋求增進產值之道。

生產與作業管理的發展，對服務業的內容與成長有利，也對經濟產生影響。由於服務業所佔比例日漸增加，改善服務業效率已經日趨重要。照理說，生產與作業管理中的理論與方法，或可轉用於服務業中，以改善服務業生產力。另外，生產工業產品以滿足顧客需求時，產品固然扮演重要角色，卻仍只是其中一小部份。管理者值得思考如何擴大產品中的服務成分，以具體實現市場價值與利潤。

自工業革命至今，生產管理已產生極大改變。工業革命初期，生產管理的重點在於如何利用科學方法、工具，以改善生產工作。因此，生產管理的重點是「工作」。到了行為學派發展時，增加了工作豐富化、工作擴大化、工作輪調、工作生活品質等議題，生產管理的重心由「工作」轉向「工作的人」與「員工的人性需求」。此一現象在崔斯特 (Eric Trist) 提出「科技社會體系」的概念之後，又開始改變。崔斯特認為企業是人與科技組合而成的「科技社會體系」，因此，除了「工作」與「人」之外，也要注重「系統的組成與運作」。以上演變經過了「見林不見樹、見樹不見林、見樹又見林」的過程，也增進我們對生產管理整體的瞭解。

人類使用的生產設備日漸龐大，生產內容也逐漸改變。電腦進入人類生活之後，企業運作的時空更形擴大，其管理工作與範圍更形困難。凡此總總都影響營運系統的運作，將使營運管理日漸複雜。目前在生產管理上，環境變化包含國際化、全球化、網路發展等，為因應未來的挑戰，除繼續加強現有生產與作業管理工作外，管理者亦可朝以下三個方向努力：(1)結合網路科技以發展企業優勢，(2)建立差異化競爭能力，以及(3)鼓勵研究發展及內部創業，以繼續發展創新能力。現在說明如下：

一、結合網路科技以發展企業優勢

在以往發展的過程中，我國製造業者以強大的生產力，累積了國家經濟實力。目前製造業者的加工過程已由「代客加工」(Original Equipment Manufacturing; OEM)，逐漸升級到「代客設計生產」(Original Equipment Design and Manufacturing; ODM) 和「品牌加工」(Original Brand Manufacturing; OBM)。為了維持競爭優勢，企業應該繼續加強產品設計、製造、行銷的能力，以增強企業核心競爭力。進入網路時代以後，各大企業爭相進入網路虛擬世界，希望利用並實現其中商機。

電子商務是一種新科技，因此，若利用電子商務以提高生產力，很值得鼓勵。但 90 年代美國生產力重新超越日本與亞洲四小龍的原因，除資訊基礎建設完備，可掌握知識經濟優勢外，應該是美國早已擁有關鍵零組件技術。我國企業應該思考如何利用網路科技發展關鍵技術及競爭優勢。其中，特別值得思考如何利用網路科技，將製造上現有的技術應用知識 (Know-how) 利用到其他應用領域中，以創造出更多、更高層次的競爭優勢。創新與設計能力是企業的主要競爭因素之一。目前產品開發仍以技術導向為主。進入網路時代以後，如何利用網路與電子商務科技，以發展新技術、新方法與新產品，正是當務之急。

二、建立差異化競爭能力

企業競爭策略有總體成本領導、差異化與定點化等三種。目前世界大部分企業利用總體成本領導策略，並以低價格競爭。由於大家都採行此一策略，造成競爭合流 (Competitive Convergence) 現象，大家都以營運效益競爭。但由於競爭方式相同，人人都努力培養最佳實務操作 (Best Practice) 能力，造成僅注重生產效率的改善而已。因此，造成產品差異縮小，使市場以價格為唯一選擇依據的狀況。國際化與全球化後，競爭對手增加，有爭相分食市場的現象。企業應該改以差異化競爭，在營運效益的基礎上，發展以策略競爭的能力。

所謂策略競爭，是自己選擇目標、方向與策略，朝差異化的方向發展。在使用策略競爭時，首先要選擇有前景、能回收投資的目標。其次，企業應該選擇產業與競爭對象。第三，應該培養能力以提高競爭優勢。原則上，最好的策略，是定位在沒有競爭對手的市場中，與自己競爭，而非與對手競爭。同時，企業必須具備反省能力，能不斷檢視目標與策略定位，繼續整合企業內各部門，不斷改善競爭能力，以維持企業在最佳 (Fit) 狀態。所謂最佳狀態，是企業內各部門互動良好，能以最佳方式互助合作，並發揮最大生產力。

也就是說，第一，企業的價值鏈包括供應商、企業內各部門、配銷通路，要有一致性，能以相同策略概念運作。第二，部門之間要能互補，願意也能夠利用各自優勢互助支援，以產生互補加成的效果。第三，能合作互動發現問題、進行調整、並發展自己獨特的優勢。

三、鼓勵研究發展及企業內創業

近年來由於產業科技發展接近瓶頸，市場漸趨飽和等因素，研究發展已成為重點發展方向之一。為繼續成長，許多企業鼓勵內部創業。企業內創業有很多優點，首先企業內創業可以培養創新能力，能利用企業現有資源，也可以利用現有製造設備、供應商、營銷網路、技術、資源、人才等，對原有的品牌有增值、加成效果。同時，企業內創業在創業資金上已有後盾，創業時壓力低、成功的機會相形擴大。

但企業內部創業也有執行上的困難。企業本身雖然鼓勵並提供資助，但組織內部也會產生阻力。企業內創業時，其研發標的常與原有產品不同，因此，對現有產品、活動會造成資源競爭。因此，在推動企業內創業時，企業主管需要強力支持，在組織與管理上也要有明文、充分的配合措施，才能確保成功。

一般而言，若鼓勵企業內創業，可遵循以下五個原則推動之：(1)將「企業內創業」與公司的遠景、目標、經營策略互相結合，(2)發掘、鼓勵、支持企業內部有創業潛力的人才，(3)建立創業團隊與保護機制，(4)名實相副，要求成果，(5)以紅利、內部資本等方式協助企業內創業，並容忍可能的失敗。

企業鼓勵內部創業，雖可培養創新能力，但創新失敗壓力大，因此，一般員工寧可保守，不願冒險。但進行企業內創業，可增加企業發展機會，因此，企業應該建立制度，積極鼓勵員工。例如可使用紅利，或開放員工入股等獎勵制度，以便塑造鼓勵創新的企業文化。同時，對內部創業失敗者，也要抱持容忍、諒解的態度。

四、設法建立自有品牌

前面說過，由於電腦、網路、國際化、全球化的發展，企業跨越國界進行全球營運 (Global Operations) 逐漸成為常態。為適應國際化、全球化的營運環境與範圍，國際大廠已推動供應鏈與全球運籌管理。由於臺灣企業在供應鏈中的地位，與國際大廠不同，大多數只能扮演 OEM、ODM 代工以提供無品牌產品的角色。在全球運籌管理發展成熟之後，如果臺灣企業不能建立自有品牌，有可能造成身為代工廠商，只能取得微利的困擾。因此，臺灣企業可能也應該研究如何建立自有品牌，並以全球運籌管理的方式進入全球市場。為協助讀者瞭解此一課題，謹此就品牌相關的概念簡單討論如下。

我們知道，激烈的市場競爭早已改變了競爭環境。單獨以「產品核心利益」進行差異化已經不能致勝。因此，塑造品牌以便在消費者心目中建立獨特的品牌個性，已經成為產品差異化的一個重要手段①。也就是說，品牌管理是改善競爭優勢的一個主要戰略工具。所謂品牌，實際上由品牌的屬性、名稱、包裝、價格、歷史、聲譽，以及廣告的風格合組而成。品牌是一種名稱、術語、標誌、符號或設計的組合運用，可藉以辨認產品與服務，以及其供應商、銷售者或經銷商，使之與競爭對手，以及其產品、服務產生區別與差異。

在品牌的用途方面，早期品牌是一種與其他產品區別的標幟，現在則成為消費者心目中價值的來源之一，可對消費者形成一種綜合印象，以幫助在消費者心目對產品中產生一個獨特、良好、令人矚目的形象。除了品牌本身作為區別的標誌與價值來源之外，品牌還向消費者傳遞六種訊息：

⑴同一產品應該有相同的屬性 (Attributes)，不同品牌表現不同的屬性差異。

⑵消費者購買產品時著重購買後取得的利益，而品牌屬性之中，包含了品牌功能和情感利益。

⑶品牌價值提供或承諾消費者有關產品功能、情感、自我定位、自我表現的價值。

⑷品牌文化是社會中物質、精神型態的綜合體，是一種現代社會消費心理與文化價值、文化取向的結合。

⑸品牌個性代表品牌的基本特性或靈魂，是與消費者溝通的心理基礎，也是博取消費者認同的依據。

⑹品牌將消費者區隔出來，暗示購買或使用此一產品的消費者類型。所謂消費者類型包括消費者的年齡、收入、心理特徵和生活方式。

因此，品牌與產品有以下區別。產品以實體存在，品牌存在於消費者的認知中。產品就是產品，品牌則是消費者購買的內涵。同時，品牌是消費者心目中被喚起的某種情愫、感受、偏好與信賴。其次，產品由生產部門完成生產，品牌形成於營運組合中。品牌依據產品而設計，也影響產品的設計，在營運過程中，營運組合的每一環節都要傳達特屬於品牌的相同訊息。第三，產品注重品質與服務，品牌需要傳播。產品注重品質與服務，品牌傳播則包括品牌與消費者之間的所有連結。例如產品的設計、包裝、促銷、廣告，可用以形成、加強消費者對品牌的認知，並強化品牌形象與資產。

第四，產品有生命週期，強勢品牌卻可長青。產品是品牌的載體，產品雖有各自的功能與壽命，但在產品演變時，其品牌卻仍能延續下去。

簡單的說，在品牌與產品的關係方面，產品是品牌的載體，品牌依附於產品上。品牌利益由產品屬性轉化而來。品牌的核心價值由產品功能特徵中提煉而成。品牌經由產品向消費者兌現承諾。消費者對品牌的信任來自於使用產品的過程，而產品的品質是品牌競爭力的來源。對於生產廠商而言，品牌可培養消費者忠誠、協助提高產品價格、降低新產品投入市場的風險、幫助企業保持競爭能力，並防禦競爭對手的攻擊。因此，建立品牌是一個生產事業提高競爭力的必要做法。

在建立品牌的步驟方面，首先是品牌定位與品牌再定位的問題。所謂品牌定位，是企業經由設計、選擇出自己的產品與形象，並向目標市場進行傳播以便在目標顧客心中確立與眾不同的價值與地位。所謂品牌再定位，則是在市場定位改變時，根據改變而調整定位。原則上，我們可以根據品牌屬性或利益、價格／品質、產品用途、使用者、產品種類、產品定位、競爭者的定位、與某一特殊文化的聯繫等因素而決定品牌的定位，並在需要時進行品牌再定位。

在品牌管理的發展方向方面，有以下幾種現象。首先，公司品牌 (Corporate Brand) 重要性提高。例如飛利浦 (Philips) 公司就使用公司名稱作為品牌名稱。其次，品牌管理朝向品類管理移動。也就是說，公司內部功能與協調由品牌管理主導運作。不只以品牌為中心，開始將範圍擴大，改以品類為中心進行組織和協調。第三、公司營銷管理由品牌中心過渡到以顧客為中心。也就是說，企業將品牌當成一個載體，藉以承載眾多市場訊息，並以之代表一定的品質與價值，用以協助消費者簡化收集、處理訊息的過程。

現在品牌管理已經成為一個重要課題，相關討論甚多。許多學校也已開設此類課程。由於篇幅所限，筆者僅簡單介紹此一課題如上。在此鼓勵有興趣的讀者繼續參考其他文獻，以便深入理解此一重要課題❶。建立品牌並進行品牌管理有其必要，這個課題看起來有趣，但對國內企業而言，卻可能並不容易。為了協助企業建立品牌，經濟部技術處於 2006 年 1 月曾提出「品牌臺灣」發展計畫②，以塑造一個「多元品牌、百花齊放」的品牌發展環境為願景，並提出兩個總目標如下：

(1)整合長期發展品牌相關資源，提供企業所需人才及營造優質品牌環境。

(2)提升臺灣國際品牌價值之成長率，縮小與全球百大品牌之差距。

「品牌臺灣」計畫將整合經濟部及相關部會資源，在實務面上有效協助發展國際品牌業者在技術研發、品牌設計、諮詢、鑑價、融資、國際宣傳及人才培訓等每一環節提升競爭力，其 8 項具體措施如下：

◆ 1.激發全民品牌意識

為提高人民對臺灣產品與品牌的支持與重視，將舉辦品牌政令宣導、臺灣優良品牌及最受歡迎品牌選拔、品牌與生活展覽及講座等活動，以促進企業發展自有品牌，並增進社會大眾對品牌價值、品牌美學的認知與共識，使塑造品牌成為臺灣全民運動。

◆ 2.建立品牌知識交流平臺

「品牌臺灣」計畫將提供臺灣健全的品牌知識與資訊交流平臺、建置品牌專業入口網站、產業品牌調查、研析各國品牌發展政策、整合品牌輔導資源等措施，並提供品牌線上教學、品牌輔導資訊、國際品牌發展趨勢等資訊服務，以活絡國際品牌資訊與經驗交流。

◆ 3.成立品牌創投基金

為協助企業發展國際品牌，「品牌臺灣」計畫擬成立品牌創投基金，並委由專業公司經營管理，除投資在有潛力之品牌外並將提供顧問諮詢之服務，積極協助並輔導被投資之公司，發展自有品牌拓展國際市場，創造利潤。

◆ 4.創造有利之法制環境

為使企業加速拓展國際市場，「品牌臺灣」計畫規劃政府建立更有利的法制環境，擴大行銷通路，提升品牌知名度。其工作項目包括：

(1)政府部門優先採購本國品牌貨品。

(2)擬定「併購國際品牌貸款要點」，提供貸款並由政府提供信保。

(3)擬定「流通服務業優惠貸款要點」，並提供貸款。

(4)修正自創品牌貸款要點為「自有品牌推廣海外市場貸款要點」，由政府提供信保並免收信保手續費。

(5)「研發創新支持品牌廠商核心競爭力」工作項目，2006 年起由現有業界參與之科技專案經費支持品牌廠商以提高其核心競爭力。

◆ 5.建構品牌輔導與諮詢體系

為加速臺灣品牌國際化及提升企業品牌價值，針對潛力品牌、臺灣特色產業品牌提供品牌經營、併購品牌或通路方面有關法務、財務及管理等專業諮詢服務與專案輔導補助。

◆ 6.建立品牌鑑價制度

協助國內企業建立與國際接軌之品牌價值比較指標，反映臺灣品牌與國際品牌之差距；建立鑑價評估機制及統一公司財務報表提列品牌相關支出和收益之原則等。

7.宣傳特色產業與品牌形象

選擇具有未來市場性、在世界已具有優勢的臺灣特色產業，以整合性宣傳行銷方式，打造代表臺灣的國家產業形象。並針對具國際品牌發展潛力的 10 大臺灣國際品牌、優良品牌及最受歡迎的品牌等，在不同的目標市場進行海外宣傳，以提高臺灣潛力品牌國際能見度與知名度。此外，「品牌臺灣」計畫並將推動「輔導中小企業建立品牌行銷管理計畫」及「連鎖加盟服務事業推動計畫」等。

8.人才供給與培訓

我國發展國際品牌的主要障礙，是缺乏國際行銷人才及國際管理能力。「品牌臺灣」計畫擬成立虛擬的品牌管理學院，長期培育優質品牌專業人才，建立國際化品牌經營能力以落實臺灣品牌化的目標。

以自有品牌參與國際工商業競爭，是一個很重要的競爭手段。現在政府已經有輔導政策，我國企業可參考上述「品牌臺灣」計畫的內容，利用政府的政策協助建立自有品牌以儘速提高企業競爭能力。

第四節　結　語

近代企業環境已經進入生產力導向時代。同時，國際化與全球化擴大了企業營運範圍，造成企業市場範圍擴大，也帶動科技轉移與科技進步。國際化使企業經營產生改變，企業原有問題仍須解決，但國際化以後，問題範圍擴大，也更形複雜。另外，電腦、網路，與分析工具如線性規劃、各種資源規劃電腦系統等，正改變生產與營運管理的內容。

東、西方在生產與作業管理上的做法日漸接近，這種演進因國際化而起。國際化的發展方興未艾，未來應該對生產管理有更大的影響。另外，產品與製程科技的改變、因電腦而引起的組織型態及結構的變革、決策方法及管制工具的更新等，也都可能改變生產與作業管理的未來。未來的營運管理體系已逐漸成形，此類營運管理體系將大量引用電腦及通訊科技。本章將未來的營運管理體系，稱為新營運體系，並由新科技、未來的挑戰等角度，研討、說明管理者在生產及作業管理方面的因應之道。

本章討論生產與作業管理未來發展。第一節討論國際化、全球化、網路等影響下的新營運體系。第二節說明此一變化帶來的新挑戰。第三節提出因應未來挑戰的策略。第四節是一個小結語。本章內容精簡而有趣，值得參考。

重要名詞

新營運體系　　整體服務數位網路　　ISO–9000

電子通訊系統　　人工智慧決策支援系統　　科技整合

區域網路　　國際化

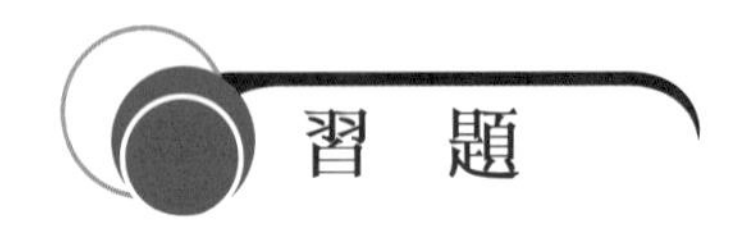

習　題

簡答題

1. 形成新營運體系的新科技有哪些?
2. 電腦整合軟體系統有哪些功用?
3. 為何國際化後，生產、管理系統將極為擴大?
4. 試說明品質競賽的內涵。
5. 管理者應該如何因應生產與作業管理方面的未來挑戰?

●○● 註　文 ●○●

❶ 有興趣的讀者可搜尋網址：

http://www.amazon.com/gp/product/sitb-next/002900151X/ref=sbx_rec/102-3331707-7234555?ie=UTF8#bort 查詢 Amazon 網路書局資料。國內另有由吳克振編譯，華泰書局出版的品牌管理一書可資參考。

●○● 參考文獻 ●○●

① 高登第譯，《品牌領導》，天下文化，2002 年。

② 經濟部技術處，品牌臺灣計畫，2006 年 1 月 4 日。

附錄　常態分配表

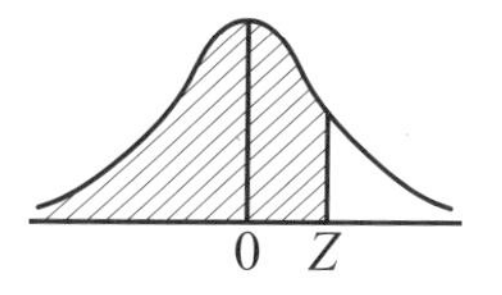

（附錄表：常態曲線下由 $-\infty$ 至 Z 的面積（累積機率））

Z	0.00	0.01	0.02	0.03	0.04	0.05	0.06	0.07	0.08	0.09
0.0	0.5000	0.5040	0.5080	0.5120	0.5160	0.5199	0.5239	0.5279	0.5319	0.5359
0.1	0.5398	0.5438	0.5478	0.5517	0.5557	0.5596	0.5636	0.5675	0.5714	0.5753
0.2	0.5793	0.5832	0.5871	0.5910	0.5948	0.5987	0.6026	0.6064	0.6103	0.6141
0.3	0.6179	0.6217	0.6255	0.6293	0.6331	0.6368	0.6406	0.6443	0.6480	0.6517
0.4	0.6554	0.6591	0.6628	0.6664	0.6700	0.6736	0.6772	0.6808	0.6844	0.6879
0.5	0.6915	0.6950	0.6985	0.7019	0.7054	0.7088	0.7123	0.7157	0.7190	0.7224
0.6	0.7257	0.7291	0.7324	0.7357	0.7389	0.7422	0.7454	0.7486	0.7517	0.7549
0.7	0.7580	0.7611	0.7642	0.7673	0.7704	0.7734	0.7764	0.7794	0.7823	0.7852
0.8	0.7881	0.7910	0.7939	0.7967	0.7995	0.8023	0.8051	0.8078	0.8106	0.8133
0.9	0.8159	0.8186	0.8212	0.8238	0.8264	0.8289	0.8315	0.8340	0.8365	0.8389
1.0	0.8413	0.8438	0.8461	0.8485	0.8508	0.8531	0.8554	0.8577	0.8599	0.8621
1.1	0.8643	0.8665	0.8686	0.8708	0.8729	0.8749	0.8770	0.8790	0.8810	0.8830
1.2	0.8849	0.8869	0.8888	0.8907	0.8925	0.8944	0.8962	0.8980	0.8997	0.9015
1.3	0.9032	0.9049	0.9066	0.9082	0.9099	0.9115	0.9131	0.9147	0.9162	0.9177
1.4	0.9192	0.9207	0.9222	0.9236	0.9251	0.9265	0.9279	0.9292	0.9306	0.9319
1.5	0.9332	0.9345	0.9357	0.9370	0.9382	0.9394	0.9406	0.9418	0.9429	0.9441
1.6	0.9452	0.9463	0.9474	0.9484	0.9495	0.9505	0.9515	0.9525	0.9535	0.9549
1.7	0.9554	0.9564	0.9573	0.9582	0.9591	0.9599	0.9608	0.9616	0.9625	0.9633
1.8	0.9641	0.9469	0.9656	0.9664	0.9671	0.9678	0.9686	0.9693	0.9699	0.9706
1.9	0.9713	0.9719	0.9726	0.9732	0.9738	0.9744	0.9750	0.9756	0.9761	0.9767
2.0	0.9772	0.9778	0.9783	0.9788	0.9793	0.9798	0.9803	0.9808	0.9812	0.9817
2.1	0.9821	0.9826	0.9830	0.9834	0.9838	0.9842	0.9846	0.9850	0.9854	0.9857
2.2	0.9861	0.9864	0.9868	0.9871	0.9875	0.9878	0.9881	0.9884	0.9887	0.9890
2.3	0.9893	0.9896	0.9898	0.9901	0.9904	0.9906	0.9909	0.9911	0.9913	0.9916
2.4	0.9918	0.9920	0.9922	0.9925	0.9927	0.9929	0.9931	0.9932	0.9934	0.9936
2.5	0.9938	0.9940	0.9941	0.9943	0.9945	0.9946	0.9948	0.9949	0.9951	0.9952
2.6	0.9953	0.9955	0.9956	0.9957	0.9959	0.9960	0.9961	0.9962	0.9963	0.9964
2.7	0.9965	0.9966	0.9967	0.9968	0.9969	0.9970	0.9971	0.9972	0.9973	0.9974
2.8	0.9974	0.9975	0.9976	0.9977	0.9977	0.9978	0.9979	0.9979	0.9980	0.9981
2.9	0.9981	0.9982	0.9982	0.9983	0.9984	0.9984	0.9985	0.9985	0.9986	0.9986
3.0	0.9987	0.9987	0.9987	0.9988	0.9988	0.9989	0.9989	0.9989	0.9990	0.9990
3.1	0.9990	0.9991	0.9991	0.9991	0.9992	0.9992	0.9992	0.9992	0.9993	0.9993
3.2	0.9993	0.9993	0.9994	0.9994	0.9994	0.9994	0.9994	0.9995	0.9995	0.9995
3.3	0.9995	0.9995	0.9995	0.9996	0.9996	0.9996	0.9996	0.9996	0.9996	0.9997
3.4	0.9997	0.9997	0.9997	0.9997	0.9997	0.9997	0.9997	0.9997	0.9997	0.9998

索　引

六 劃

十　劃

十一劃

十二劃

十三劃

十四劃

十五劃

十六劃

十七劃

十八劃以上

推薦|閱讀

初級統計學　呂岡玶；楊佑傑 著

這是一本給統計初學者，尤其是對於數學不甚拿手的同學的教科書。本書以非理論的方式切入，避開艱澀難懂的公式和符號，以直覺且淺顯的文字闡述統計的觀念，再佐以實際例子說明。

本書以應用的觀點出發，藉此說明統計為一種有用的工具，讓讀者瞭解統計可以幫助我們解決很多週遭的問題。其應用的領域涵蓋社會科學、生物、醫學、農業等自然科學，還有工程科學及經濟、財務等商業上的應用。

王怡心 著

本書整合成本與管理會計的重要觀念，內文解析詳細，討論從傳統產品成本的計算方法到一些創新的主題，包括作業基礎成本法(ABC)、平衡計分卡(BSC)等。全書有12章，分為基礎篇、規劃篇、控制篇及決策篇四大篇。

本書依下列原則編寫而成：1.提供要點提示，學習重點一手掌握；2.更新實務案例，拉近理論與實務的距離；3.新增IFRS透析，學習新知不落人後；4.強調習題演練，方便檢視學習成果。